徹底攻略

データベーススペシャリスト教科書

株式会社わくわくスタディワールド 瀬戸美月 著

令和**6**年度
（2024年度）

インプレス

インプレス情報処理シリーズ購入者限定特典!!

●電子版の無料ダウンロード

本書の全文の電子版（PDFファイル，印刷不可。付録の令和5年度秋期試験の問題＆解説は別ファイルにて提供，印刷可）を下記URLの特典ページでダウンロードできます。

加えて、下記の過去問題＆解説（PDFファイル，印刷可）もダウンロードできます。

▼本書でダウンロード提供している過去問題＆解説

- 平成25年度～31年度春期試験
  （それぞれ、翌年度版の書籍に収録した過去問題＆解説）
- 令和2年度10月試験（著者解説生原稿をPDF化）
- 令和3年度秋期試験（令和4年度版に収録した過去問題＆解説）
- 令和4年度秋期試験（令和5年度版に収録した過去問題＆解説）

●スマホで学べる単語帳アプリ「でる語句200」について

出題が予想される200の語句をいつでもどこでも暗記できる単語帳アプリ「でる語句200」を無料でご利用いただけます。利用方法については、下記のURLをご確認ください。

特典は、以下のURLで提供しています。

URL：https://book.impress.co.jp/books/1123101134

※特典のご利用には、無料の読者会員システム「CLUB Impress」への登録が必要となります。
※本特典のご利用は、書籍をご購入いただいた方に限ります。
※特典の提供予定期間は、いずれも本書発売より1年間です。

インプレスの書籍ホームページ

書籍の新刊や正誤表など最新情報を随時更新しております。

https://book.impress.co.jp/

はじめに

「データサイエンティストになりたがる人は多いんだけど，そのデータ基盤を作れるデータベースエンジニアが全然足りない」

先日，ある企業でデータサイエンティストをしている人と話したときに出てきた話です。

データサイエンスやAIはこれからの時代に向けて注目されている技術で，学習する人も大勢います。しかし，データサイエンスのためには，元となるデータベースを含むデータ基盤が必要となります。地味ですが，データベースを適切に作成し管理することは，これからの時代にも不可欠です。

データベーススペシャリスト試験は，データベースを扱うデータベースエンジニアのための試験です。単にデータベースを使いこなすというだけでなく，**データベースの理論を使ってデータベース設計を行い，それを実装することができるスキル**が求められています。そのため，知識を覚えるだけでなく，理論を理解すること，それを実際の事例に応用することなど，幅広く学習する必要があります。特に，近年はデータウェアハウスやビッグデータを扱うデータベースなどの実装についての出題が増えており，新しい知識もいろいろ身につける必要があります。

本書は，**データベースの考え方やデータベースに関する理論を理解し，必要な知識をひととおり身につけるための教科書**です。本書の内容をマスターすれば，データベーススペシャリスト試験に合格するのに十分なスキルが身につきます。また，**ビッグデータやAI，情報セキュリティなど，最新の動向を踏まえて改訂**を重ねていますので，これからの時代に必要な，データベースエンジニアとしての知識が得られます。**データベーススペシャリスト試験自体も近年，時代に合わせて新しく変化**しており，それに対応することで，試験にだけでなく実務にも役に立ちます。

本書の発刊にあたり，企画・編集等様々な分野で多大なるご尽力をいただきました，インプレスの皆様，ソキウス・ジャパンの皆様，わくわくスタディワールドの齋藤健一様に感謝いたします。そして，本書を執筆するにあたっていろいろな示唆を与えてくださった，弊社セミナー，企業研修，勉強会などに参加してくださった皆様，また，インターネット上でのやりとりなど，様々な場所で関わってくださった皆様にも感謝いたします。皆様のおかげで，この本を完成させることができました。本当に，ありがとうございます。

令和6年2月

わくわくスタディワールド　瀬戸　美月

本書の構成

本書は，解説を読みながら問題を解くことで，知識が定着するように構成されています。また，側注には，理解を助けるヒントを豊富に盛り込んでいますので，ぜひ活用してください。

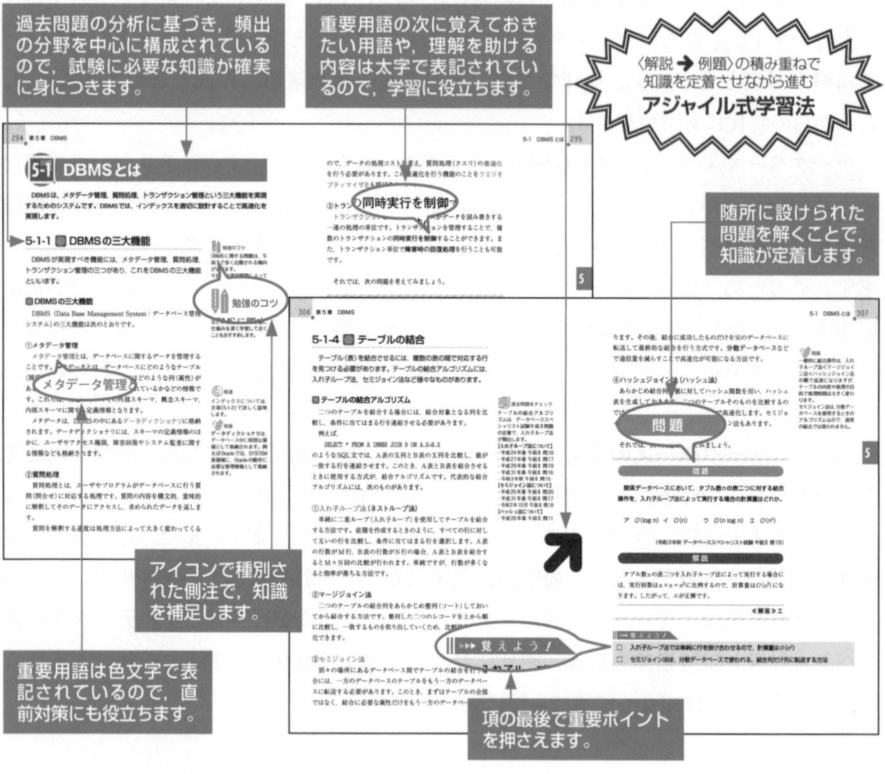

過去問題の分析に基づき，頻出の分野を中心に構成されているので，試験に必要な知識が確実に身につきます。

重要用語の次に覚えておきたい用語や，理解を助ける内容は太字で表記されているので，学習に役立ちます。

〈解説 ➔ 例題〉の積み重ねで知識を定着させながら進む

アジャイル式学習法

随所に設けられた問題を解くことで，知識が定着します。

アイコンで種別された側注で，知識を補足します。

重要用語は色文字で表記されているので，直前対策にも役立ちます。

項の最後で重要ポイントを押さえます。

本書で使用している側注のアイコン

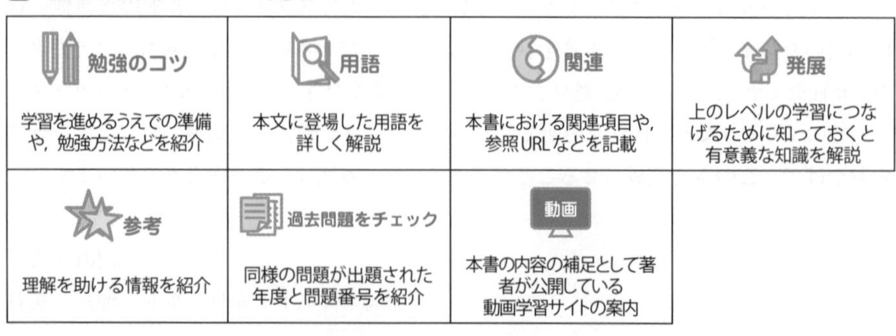

勉強のコツ	用語	関連	発展
学習を進めるうえでの準備や，勉強方法などを紹介	本文に登場した用語を詳しく解説	本書における関連項目や，参照URLなどを記載	上のレベルの学習につなげるために知っておくと有意義な知識を解説
参考	**過去問題をチェック**	**動画**	
理解を助ける情報を紹介	同様の問題が出題された年度と問題番号を紹介	本書の内容の補足として著者が公開している動画学習サイトの案内	

本書の使い方

本書は，これまでに出題された問題を分析し，試験によく出てくる分野を中心にまとめています。ですから，本書をすべて読んで頭に入れていただければ，試験に合格するための知識は十分に身につきます。ただし，知識だけを問う試験ではありませんので，理解を深め，実力をつけることが大切です。そのためにも，本書を有効に活用してください。

■ 随所に設けた問題で理解を深める

理解を深めるために，ぜひ，随所に設けた演習問題を考えながら読み進めてください。特に，午後Ⅰや午後Ⅱの問題は，解き方を読みながら演習を行うと，効率良く勉強していただけると思います。

■ 辞書としての活用もOK

文章を読むのが苦手な人，特に参考書を読み続けるのがつらいという人は，**無理に最初から全部読む必要はありません**。過去問題などで問題演習を行いながら，辞書として必要なことを調べるといった用途に使っていただいてもかまいません。

■ 過去問題で実力をチェック

巻末に令和5年秋試験の問題と解答解説を掲載しました。また，平成25～31年の春試験と令和2年度10月試験、令和3年度，4年度の秋試験の解答解説は，本書の特典としてダウンロード可能です。学習してきたことの力試しに，そして問題演習に，ぜひお役立てください。

■「試験直前対策　項目別要点チェック」を最終チェックなどに活用

P.7～12の「試験直前対策　項目別要点チェック」は，各項末尾の「覚えよう！」を一覧化してまとめたものです。重要な用語は色文字にしてあります。試験直前のチェックや弱点の特定・克服などにお役立てください。

本書のフォローアップ

本書の訂正情報につきましては，インプレスのサイトをご参照ください。内容に関するご質問は，「お問い合わせフォーム」よりお問い合わせください。

●お問い合わせと訂正ページ
https://book.impress.co.jp/books/1123101134
上記のページで「お問い合わせフォーム」ボタンをクリックしますとフォーム画面に進みます。

また，書籍以外の手段でも学べるように，データベース理論などを動画で解説した内容を公開しています。本書との関連は以下のWebページにまとめてありますので，よろしければご活用ください。

徹底攻略データベーススペシャリスト教科書　書籍関連情報
https://wakuwakustudyworld.co.jp/blog/dbinfo/

それでは，試験合格に向けて，楽しく勉強を進めていきましょう。

試験直前対策　項目別要点チェック

第1～9章の各項目の末尾に確認事項として掲載している「覚えよう！」をここに一覧表示しました。試験直前の対策に，また，弱点のチェックにお使いください。「覚えよう！」の掲載ページも併記していますので，理解に不安が残る項目は，本文に戻り，確実に押さえておきましょう。

第1章　データベースとは

1-1-1　データベースとは

□□□　データを1か所に集めることで，業務を効率化できる ……… 43

□□□　システムからデータを独立させるデータ独立が大切 ……… 43

1-1-2　データモデル

□□□　論理データモデルは，階層型，ネットワーク，関係，オブジェクト指向の4種類 ……… 47

□□□　関係モデルが最も普及しており，様々なデータベースで利用されている ……… 47

1-1-3　関係モデル

□□□　ドメイン（定義域）の直積の部分集合がリレーション（関係，表） ……… 50

□□□　リレーション（関係，表）には，タプル（行，組）とカラム（列，属性）がある ……… 50

1-1-4　データベースの3値論理

□□□　データベースの3値論理では，真，偽に加えてNULLを使用する ……… 51

□□□　NULLは値ではなく，不明・未知や，非存在・適用不能を示すために利用する … 51

1-2-1　システム開発のアプローチ

□□□　システム開発のアプローチは，プロセス中心アプローチ，データ中心アプローチ，オブジェクト指向アプローチの三つ …… 56

□□□　データベーススペシャリスト試験では，データ中心アプローチで設計を行う … 56

1-2-2　データ中心アプローチ

□□□　3層スキーマでは，外部スキーマ，概念スキーマ，内部スキーマがある ……… 61

□□□　外部スキーマではビュー，内部スキーマではインデックスを定義する ……… 61

1-3-1　データ分析基盤

□□□　データウェアハウスは，時系列で，削除や更新を行わないデータを扱う ……… 66

□□□　データマイニングでは，大量のデータから新たな知識を取り出す ……… 66

1-3-2　AIで活用するためのデータベース

□□□　ビッグデータは，データ量だけでなく，種類や発生頻度などの特徴もある（3V）… 68

□□□　AIでは，学習させるデータの品質を高めることが大切 ……… 68

第2章　データベース基礎理論

2-1-1　正規化とは

□□□　正規化は，更新時異状を排除するために，通常は第3正規形まで行う ……… 79

□□□　更新時異状には，タプル挿入時異状，タプル更新時異状，タプル削除時異状の三つがある ……… 79

2-1-2　第1正規形

□□□　第1正規形では，属性がすべて単一値をとる ……… 85

□□□　候補キーは，関係のタプルを一意に特定できる属性または属性の組のうち極小のもの ……… 85

□□□ 主キーは，候補キーのうちの一つで，NULLを許さない …………………………… 85

2-1-3 第2正規形

□□□ 第2正規形では，すべての非キー属性が各候補キーに完全関数従属している …… 91

□□□ 第2正規形にするために，部分関数従属性を排除する …………………………… 91

2-1-4 第3正規形

□□□ 第3正規形では，すべての非キー属性に推移的関数従属性が存在しない ………… 97

□□□ 第3正規形にするために，○→△→□といったかたちの推移的関数従属性を排除する …………………………………… 97

2-1-5 高次の正規形

□□□ ボイス・コッド正規形では，候補キーに関する関数従属性も分解する ………… 106

□□□ ボイス・コッド正規形以上では，関数従属性保存の分解ができないこともある … 106

□□□ 第4正規形では多値従属性，第5正規形では結合従属性を排除する …………… 106

2-2-1 関係演算の種類

□□□ 和はOR，差はマイナス，共通（積）はAND，直積は二つの関係を単純にかけ合わせる …………………………………114

□□□ 射影は列，選択は行を取り出し，結合は二つの関係を共通の属性で結び付ける …………………………………114

□□□ 商R÷Sは，Sをすべて含むRの列の値を取り出す …………………………………114

2-2-2 結合演算

□□□ θ結合は様々な演算，等結合は=，自然結合は共通属性を一つ減らす ……………119

□□□ 外部結合には，左外部結合，右外部結合，完全外部結合がある ……………………119

第3章 データベース設計

3-1-1 データベース設計の二つのアプローチ

□□□ トップダウンアプローチでは，E-R図を作成してから，属性を洗い出し，正規化する …………………………………… 138

□□□ ボトムアップアプローチでは，属性を洗い出し正規化してから，E-R図を作成する …………………………………… 138

3-1-2 トップダウンアプローチ

□□□ カーディナリティ（数の関係）に着目して，E-R図を作成する …………………… 142

□□□ 多対多のリレーションシップの場合には，連関エンティティを作成する ……… 142

3-1-3 ボトムアップアプローチ

□□□ ボトムアップアプローチは，帳票一つ一つに対して行う ………………………… 146

□□□ E-R図は，正規化した関係から作成すると，1対多のリレーションシップのみになる …………………………………… 146

3-1-4 正規化による不都合と非正規化

□□□ 履歴を残す必要があるとき，発生時点のデータを残す場合には，非正規化が必要 …………………………………… 149

□□□ 高速化のため，あえて非正規化などテーブル構造の変更を行うこともある …… 149

3-1-5 データベースの制約

□□□ 主キー制約は，一意性制約+非ナル制約 ……………………………………151

□□□ 参照制約は，参照する表の追加と，参照される表の削除で制限がかかる …………151

3-1-6 データベースシステム設計

□□□ CRUD分析では，Create，Read，Update，Deleteで，機能とテーブルの関連を確認 ……………………………………155

□□□ 決定表では，条件の組合せすべてと結果を対応させる ……………………………155

3-2-1 E-R図

3-2-2 スーパータイプ／サブタイプ

3-2-3 E-R図での表現

第4章 SQL

4-1-1 SQLとは

4-1-2 SQL-DDL

4-1-3 SQL-DCL

4-1-4 SQL-DML

4-1-5 データ分析のためのSQL

4-2-1 グループ化

4-2-2 結合

4-2-3 副問合せ

4-3-1 ビュー

4-3-2 カーソル

第6章　概念設計

6-1-1　概念データモデルの作成

□□□　概念データモデルは，トップダウンアプローチとボトムアップアプローチで作成していく …… 376

□□□　弱実体は，単独では存在できない実体で，主キーも複合キーになる …… 376

6-1-2　概念データモデル作成上の注意点

□□□　共存的サブタイプは切り口を分ける… 378

□□□　多対多のリレーションシップには連関エンティティを使う …… 378

第7章　論理設計・物理設計

7-1-1　論理設計とは

□□□　論理設計では，システムとデータベースを対応させる …… 443

□□□　関係スキーマとテーブル構造は異なることがあり，それにより独立性を実現する …… 443

7-1-2　システム開発

□□□　製品の品質特性には八つあり，利用時の品質特性も五つある …… 447

□□□　ペアプログラミングでは，二人一組で一つのプログラムを作成する …… 447

7-1-3　移行設計

□□□　データベースの負荷テストでは，性能の測定シナリオが必要 …… 449

□□□　マスタデータの統合時には，データ型やコード設計などの統一を図る …… 449

7-2-1　データベースの実装

□□□　NULLを許す場合には，NULLかどうかを格納するため，1バイトの領域が必要 … 464

□□□　格納できる行数の計算は切り捨て，必要ページ数の計算は切り上げ …… 464

7-2-2　信頼性設計

□□□　システムの冗長化には，デュアルシステムとデュプレックスシステムがある … 470

□□□　RAID5では，パリティディスクをブロックごとに分散させる …… 470

7-2-3　性能設計

□□□　SQLの記述方法やテーブル構造を変えることで，パフォーマンスに大きな差が出る …… 472

□□□　インデックスは最適化することが重要で，そのためにオプティマイザを使う … 472

7-2-4　運用・保守設計

□□□　障害回復に備え，あらかじめバックアップやログを取得しておく …… 474

□□□　障害に気づかないことも多いので，日々監視をして定期的にメンテナンスを行う …… 474

第8章　セキュリティ

8-1-1　情報セキュリティ

□□□　公開鍵証明書は，認証局の秘密鍵でディジタル署名 ……512

□□□　RSAは公開鍵暗号方式，AESその他は共通鍵暗号方式 ……512

8-1-2　情報セキュリティ管理

□□□　リスク対応は，最適化，回避，移転，受容の4種類 ……521

□□□　認証の3要素は，記憶，所持，生体で，多要素認証が大事 ……521

8-1-3　セキュリティ技術評価

□□□　ISO/IEC 15408（CC）は，セキュリティ製品の評価規格 …… 525

□□□　CVSSは，共通脆弱性評価システムで，三つの視点から評価 …… 525

8-1-4　情報セキュリティ対策

□□□　セキュリティ対策は，技術的，人的，物理的の3種類 …… 537

□□□　クライアントで動くのがXSS，サーバで動くのがCSRF …… 537

CONTENTS

目次

第2章 データベース基礎理論

第3章 データベース設計

第4章 SQL

第5章 DBMS

第8章 セキュリティ

第9章 最新データベース技術

付録　令和5年度秋　データベーススペシャリスト試験

データベーススペシャリスト試験 活用のポイント

ビッグデータや人工知能（AI）など，データをとりまく状況は，時代の流れに乗って大きく変化しています。これからの時代に輝くエンジニアになるために，データベーススペシャリスト試験の学習をうまく活用していきましょう。

データサイエンス領域は，これからの時代に輝くスキル

情報処理技術者試験を実施している団体であるIPA（独立行政法人情報処理推進機構）では，ITスキル標準センターで，IT全般に関するスキル標準（ITSS）を作成しています。2017年4月に，今の時代に対応した過渡的なスキル標準として「ITSS＋（プラス）」が発表され，セキュリティ領域と**データサイエンス領域が追加**されました。

データサイエンス領域は，需要が多くあるもののスキルがあまり定義されていなかった領域として急遽整備されたもので，これからの時代に向けて注目されているスキルです。現在は，2023改訂版が公開されています（https://www.ipa.go.jp/jinzai/skill-standard/plus-it-ui/itssplus/data_science.html）。

データサイエンス領域のスキルカテゴリには，次の3つがあります。

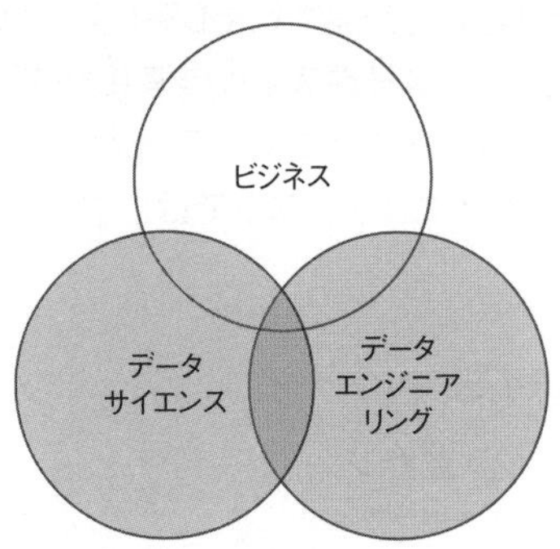

データサイエンス領域のスキルカテゴリ

データサイエンス領域では，一人がフルセットのスキルをもつことは現実的ではなく，様々な人が協力してプロジェクトを遂行することが想定されています。そのために三つの役割を定義しており，それぞれの対象に応じて学習する内容が異なります。

データサイエンス領域のスキルカテゴリとその内容

スキルカテゴリ	内容・対応する試験など
ビジネス	課題背景を理解した上で，ビジネス課題を整理し，解決するスキル。情報処理技術者試験ではITストラテジスト試験などが該当する
データサイエンス	情報処理（IT），人工知能（AI），統計学などの情報科学系の知恵を理解し，活用するスキル。体系的にまとまっておらず，該当する試験はまだ存在しない分野だが，コンピュータサイエンス全般についての深い理解が必要となるので，応用情報技術者試験などで全体的に幅広く知識を身につけておくことが役に立つ
データエンジニアリング	データサイエンスを意味のある形にして使えるようにし，実装，適用するスキル。情報処理技術者試験ではデータベーススペシャリスト試験などが該当する

データベーススペシャリスト試験は，この三つのスキルのうち，**データエンジニアリング**に関係の深い，データベースエンジニアのための試験です。適切なデータベース設計，正規化を行うことによって，データの特性に応じた情報を収集し，分析に役立てることが可能となります。

DXとデータサイエンス

さらにIPAでは2022年12月，DX（Digital Transformation）推進のために，デジタルスキル標準（DSS）を公開しました。現在は，2023年8月の改訂版が公開されています（https://www.meti.go.jp/policy/it_policy/jinzai/skill_standard/main.html）。個人の学習や企業の人材確保・育成の指針として公開されたDSSには，DXを推進する人材の役割や習得すべきスキルの標準として，DX推進スキル標準（DSS-P）が定義されており，主な役割を5つに区分しています。その役割の1つに，データサイエンティストがあります。

DSS-Pで定義されるデータサイエンティストでは，次の3つのスキル項目が設定されています。

・データビジネスストラテジスト
・データサイエンスプロフェッショナル
・データエンジニア

このうち，データベーススペシャリスト試験ではデータエンジニアのスキル項目についての内容が出題されます。データエンジニアのスキルでは，データエンジニアリングの“データ活用基盤設計”や“データ活用基盤実装・運用”のスキル項目の重要度が最も高くなっています。

企業のDX推進にはデータサイエンティストが不可欠で，そのデータサイエンティストにはデータエンジニアも含まれます。近年のデータベーススペシャリスト試験では，データ活用基盤で使用するデータベースに関する問題が増えており，時代の流れに対応しているといえます。

データベーススペシャリスト試験の学習で得られるスキル

データベーススペシャリスト試験は，基本的にデータベースエンジニアのための試験です。しかし，単にデータベースを使う人向けの試験ではなく，業務に合わせて，**データの特性に応じたデータベース設計**を行うスキルが問われています。

例えば，どのようなデータでも「テーブルは正規化しなければならない」というわけではありません。特に，データ分析で用いるデータは正規化されないことも多く，あえて非正規形にすることで，分析を高速化することもよくあります。

例えば，平成29年春の午後II 問1 設問3では，「販売分析」のためのデータベースが出題されています。これはデータウェアハウスでの典型的なデータ構造で，正規化を行わない，分析軸を用いたデータベース設計が必要となります。近年のデータベーススペシャリスト試験では，このような新しいデータ構造についても出題されており，データベーススペシャリスト試験の学習を行うことで，時代に合わせたスキルの学習もできるようになるのです。

また，**ビッグデータ分析を行うときに使われる言語の中心はSQL**です。SQLを使いこなせるようにしておくことは，単にデータベースを構築する以上に汎用性の高いスキルとなります。

それでは，実際にデータベーススペシャリスト試験のデータを分析し，どのような出題傾向があり，何を学習すればいいのかを見ていきましょう。

データベーススペシャリスト試験の傾向と対策

データベーススペシャリスト試験の傾向は，ここ数年で大きく変化してきています。単に昔の定番内容をマスターするのではなく，これからの時代を見据えて新しいことを学習していくことも大切です。

なお,本項では試験の出題傾向の分析に,わくわくスタディワールドで開発し,現在データの学習を進めているAI（人工知能），わく☆すたAIを活用しています。

データベーススペシャリスト試験の傾向

データベーススペシャリスト試験は午前Ⅰ試験，午前Ⅱ試験，午後Ⅰ試験，午後Ⅱ試験の4区分に分かれていて，それぞれ異なる方法で異なる力が試されます。まとめると，以下のようになります。

データベーススペシャリスト試験の構成

	試験時間	出題形式	出題数・解答数	合格ライン
午前Ⅰ	9:30 ～ 10:20（50分）	多肢選択式（四肢択一）	30問・30問	60点／100点満点（18問正解）
午前Ⅱ	10:50 ～ 11:30（40分）	多肢選択式（四肢択一）	25問・25問	60点／100点満点（15問正解）
午後Ⅰ	12:30 ～ 14:00（90分）	記述式	3問・2問	60点／100点満点
午後Ⅱ	14:30 ～ 16:30（120分）	記述式	2問・1問	60点／100点満点

過去5回の各試験時間での突破率と全体の合格率は，次のとおりです。

突破率と合格率

試験時間	平成31年春	令和2年10月	令和3年秋	令和4年秋	令和5年秋
午前Ⅰ	59.0%	57.5%	55.0%	55.8%	55.4%
午前Ⅱ	67.1%	85.8%	85.6%	91.9%	85.4%
午後Ⅰ	63.0%	53.9%	52.4%	52.6%	53.1%
午後Ⅱ	42.5%	42.5%	49.5%	46.5%	51.8%
合格率	14.4%	15.8%	17.1%	17.6%	18.5%

※情報処理技術者試験センター公表の統計資料を基に算出

それでは，わく☆すたAIを用いて分析した結果をもとに，それぞれの区分での出題傾向を見ていきましょう。

■ 午前Ⅰ試験

午前Ⅰ試験は，データベーススペシャリスト試験だけでなく，その他の高度試験（情報処理安全確保支援士，プロジェクトマネージャ，エンベデッドシステムスペシャリスト，システム監査技術者）とも共通の，IT全般について選択式で問われる試験です。**応用情報技術者試験の午前問題80問から抽出された30問で構成され，全分野から**出題されます。なお，一度，いずれかの試験の午前Ⅰ試験で60点以上を獲得する，または応用情報技術者試験に合格すると，その後**2年間は午前Ⅰ試験が免除**されます。

出題される分野は次のようになります。

午前Ⅰ試験の出題分野

分類	分野
class1	基礎理論（2進数，アルゴリズムなど）
class2	技術要素（ハードウェア，ソフトウェアなど）
class3_notsec	技術要素のセキュリティ分野以外（ネットワーク，データベースなど）
class3_sec	技術要素のセキュリティ分野
class4	開発技術（システム開発など）
class5	プロジェクトマネジメント
class6	サービスマネジメント（運用管理，監査など）
class7	システム戦略（情報システム戦略，企画など）
class8	経営戦略
class9	企業と法務（会計，法律など）

分野ごとの出題数は，次のように推移しています。

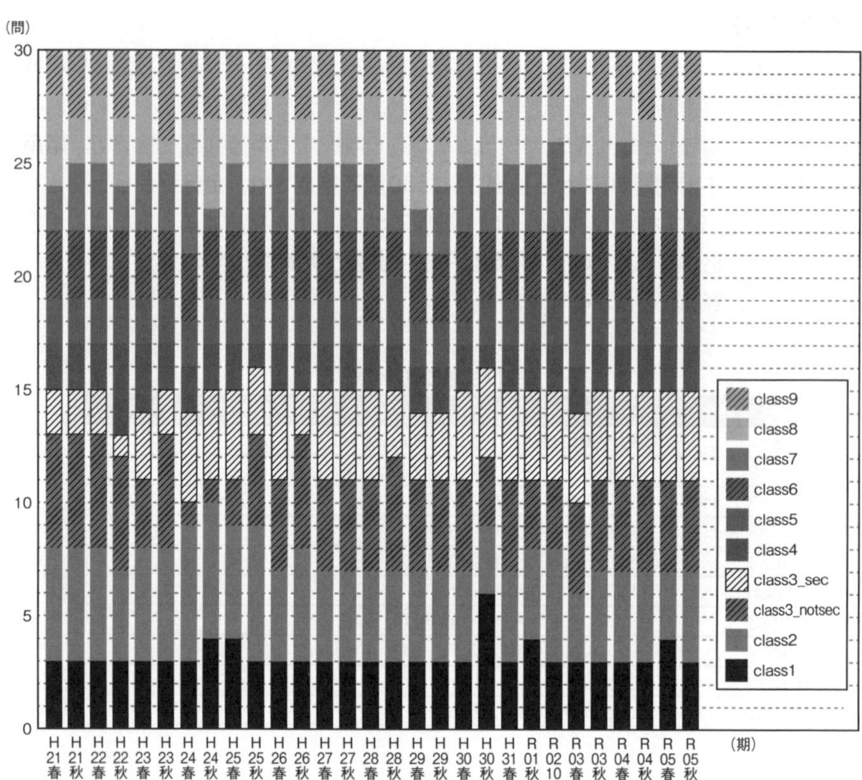

午前Ⅰ試験の分野別出題傾向（平成21年春～令和5年秋）

図で示したとおり，どの年度でも分野ごとに同じくらいの割合で出題されており，前半の3分野（class1 ～ class3）の出題が多い傾向があります。詳細な出題数は次のとおりです。

午前Ⅰ試験の分野別出題数（平成21年春～令和5年秋）

期	class1	class2	class3_notsec	class3_sec	class4	class5	class6	class7	class8	class9
H21春	3	5	5	2	2	2	3	2	4	2
H21秋	3	5	5	2	2	2	3	3	2	3
H22春	3	5	5	2	2	2	3	3	3	2
H22秋	3	4	5	1	4	2	3	2	3	3
H23春	3	5	3	3	3	2	3	3	3	2
H23秋	3	5	5	2	2	2	3	3	1	4
H24春	3	5	5	2	2	2	2	3	3	3
H24秋	4	6	1	4	2	2	3	3	3	2
H25春	4	5	2	4	2	2	3	1	4	3
H25秋	3	6	4	3	1	2	3	2	3	3
H26春	3	4	4	4	2	2	3	3	3	2
H26秋	3	4	4	4	2	2	3	2	4	2
H27春	3	4	4	4	2	2	3	3	3	2
H27秋	3	4	4	4	2	2	3	3	2	3
H28春	3	4	4	4	2	1	4	3	3	2
H28秋	3	4	5	3	2	3	2	2	4	2
H29春	3	4	4	3	2	2	3	2	3	4
H29秋	3	4	4	3	2	2	3	3	2	4
H30春	3	4	4	4	2	1	4	3	1	4
H30秋	6	3	3	4	1	2	3	2	3	3
H31春	3	4	4	4	2	2	3	3	3	2
R01秋	4	4	3	4	2	2	3	3	3	2
R02 10月	3	5	3	4	2	2	3	4	2	2
R03春	3	3	4	4	2	3	2	3	5	1
R03秋	3	4	4	4	2	2	3	2	4	2
R04春	3	4	4	4	2	2	3	4	2	2
R04秋	3	4	4	4	2	2	3	2	3	3
R05春	4	3	4	4	2	2	3	3	3	2
R05秋	3	4	4	4	2	2	3	2	4	2

特筆すべきは“セキュリティ”分野です。今回はセキュリティを，同じ分野に分類されるネットワークやデータベースから独立して集計していますが，**セキュリティ分野だけ出題数が多い**という傾向があります。セキュリティ重視の方針は令和元年11月のシラバス改訂で明記されましたし，平成25年度以降は，毎回3，4問は出題される分野ですので，しっかり対策をしておくことが望まれます。

■ 午前Ⅱ試験

午前Ⅱ試験は，データベーススペシャリスト試験に関連する分野の知識が問われます。データベース分野が中心ですが，セキュリティ，システム構成，及び開発技術の各分野も出題されます。

出題される分野は次のようになります。

午前Ⅱ試験の出題分野

分類	分野
db1	データベース方式（3層スキーマなど）
db2	データベース設計（基礎理論，E-R図など）
db3	データ操作（SQLなど）
db4	トランザクション処理（DBMSなど）
db5	データベース応用（データマイニングなど）
sec	セキュリティ
sys	システム構成要素（稼働率，性能など）
dev	開発技術（システム開発など）

分野ごとの出題数は，次のように推移しています。

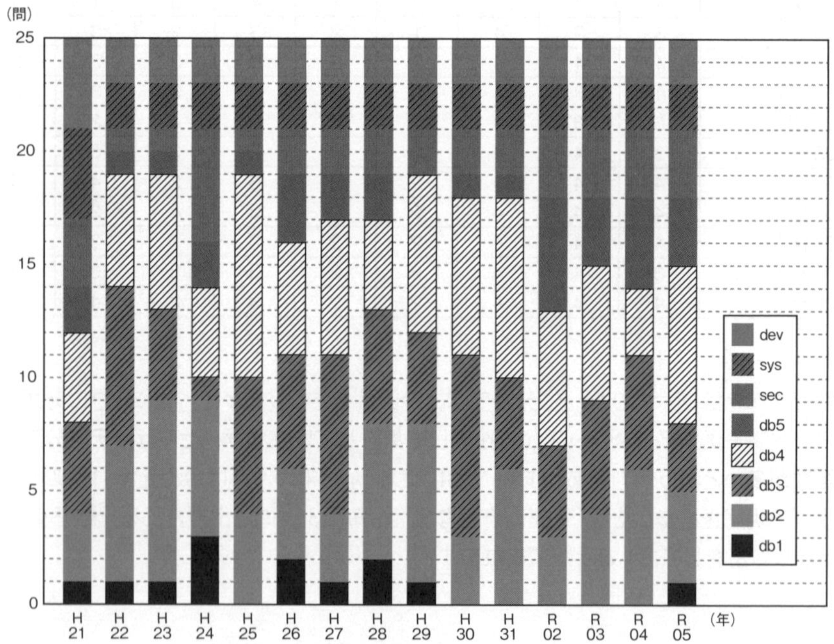

午前Ⅱ試験の分野別出題傾向（平成21年～令和5年）

午前IIは，年度によって出題数がかなり異なっています。データベース分野全体の出題数はだいたい25問中19問で一定ですが，年度によってDBMSが多く出題されたり，SQLが多く出題されたりします。

詳細な出題数は以下のとおりです。

午前II試験の分野別出題数（平成21年～令和5年）

年度	db1	db2	db3	db4	db5	sec	sys	dev
H21	1	3	4	4	2	3	4	4
H22	1	6	7	5	1	1	2	2
H23	1	4	6	6	3	1	2	2
H24	1	8	4	6	1	1	2	2
H25	0	4	6	9	1	1	2	2
H26	2	4	5	5	3	2	2	2
H27	1	3	7	6	2	2	2	2
H28	2	6	5	4	2	2	2	2
H29	1	7	4	7	0	2	2	2
H30	0	3	8	7	1	2	2	2
H31	0	6	4	8	1	2	2	2
R02	0	3	4	6	5	3	2	2
R03	0	4	5	6	3	3	2	2
R04	0	6	5	3	4	3	2	2
R05	1	4	3	7	3	3	2	2

年度によってばらつきはありますが，基本的に**データベースに関する全分野から出題され，「ここさえやっておけばいい」という内容は存在しません**。**全体的にひととおり学習しておくこと**が最も安全な対策となります。また，令和2年度より，**セキュリティ分野は重点分野**となり，レベルもレベル4と最高難度となっています。そのため，従来以上にセキュリティについて学習する必要があります。

■ 午後I試験

午後Iでは，記述式の問題が3問出題され，そのうち2問を選択して解答します。

出題される内容は，大きく分けて次の五つ（4分野＋その他）となります。

午後I試験の出題内容

分類	分野	頻出内容
theory	データベース基礎理論	関数従属性，候補キー，正規化，関数代数演算
design	データベース設計	主キー，外部キー，E-R図（概念データモデル），テーブル設計
SQL	SQL	外結合，結合，グループ化，副問合せ，カーソル，テーブル作成，権限設定
DBMS	DBMS	トランザクション，デッドロック，索引，性能設計，運用設計，バックアップ
other	その他	セキュリティ，データマイニング，分析

それぞれの分野が単独で1問として出題されることもありますし，同じ問題でまとめて出題されることもあります。各分野の出題割合をまとめると，次のようになります。

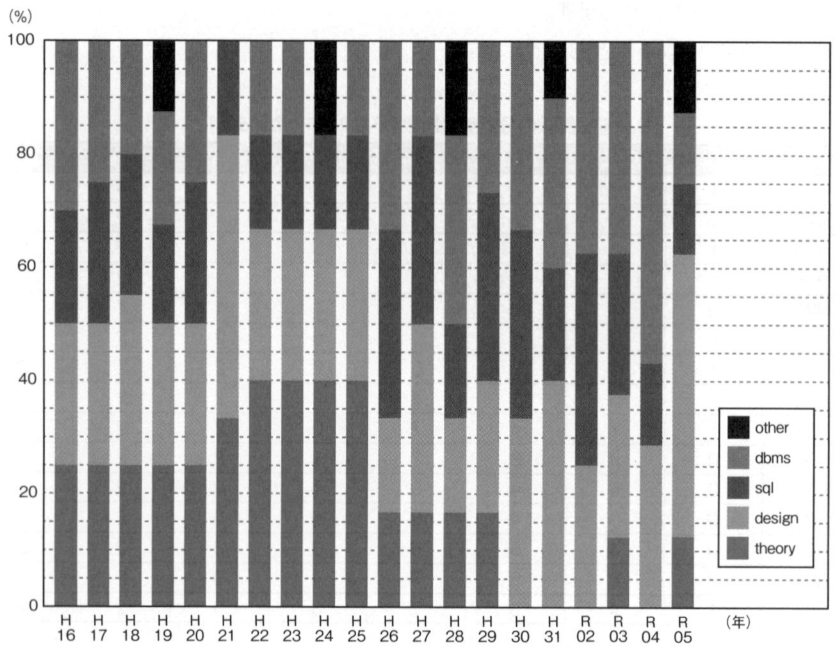

午後Ⅰ試験の分野ごとの出題割合

平成20年度までは4問中3問選択という形式でしたので，「その他」を除く4分野から1題ずつ出題されるのが定番でした。平成21年度からは3問中2問選択となったのですが，その際にSQLとDBMSの出題割合が下がり，相対的に基礎理論と設計の重要性が増しました。しかし，平成26年度からは，基礎理論と設計が合わさって同じ問として出題されることになり，出題頻度が減りました。さらに，平成30年度にはとうとう，基礎理論の出題が全くなくなっています。今後，完全になくなるかどうかは定かではありませんが，基礎理論の比重が徐々に下がってきているということは考えられます。

全体的な傾向としては，平成25年以前は「データベースの基礎理論と設計」が最重要テーマであり，これを極めることが合格のポイントでしたが，平成26年以降は，それだけでは合格できなくなっています。ここ数年は，毎回出題割合が変化していますので，**決め打ちで"出るところだけ"学習するというテクニック的な対策は通用しなくなっている**，と考えられます。

具体的な例としては，基礎理論や設計で定番の「候補キーを答えさせる問題」や「正規形を答える問題」があります。これらは正規化理論を基にしておりパターン化が可能です。そのため，各種参考書などで，必勝テクニックとして取り上げられることが多い内容です。確かに以前は，正規化理論関連だけで半分近くの得点を取ることも可能だったため，この対策は有効でしたが，だんだん通用しなくなってきています。平成26年以降は正規化理論に関する問題は午後1の設問一つ分だけしか出題されておらず，平成30年度ではとうとう出題自体がなくなりました。さらに，データベーススペシャリスト試験特有で，解法テクニックによく使われていた“関数従属性の図”は，平成25年度を最後に掲載されておらず，定番パターンで機械的に解くことはできなくなっています。

もちろん，**正規化理論は基本となる分野ですし，しっかり学習する必要があります。**しかし，それだけでは不十分です。最近は特に，**SQL，DBMSの2分野の重要性が高くなって**きており，これらの分野についてもしっかり学習することが大切となります。近年のSQLでは，**ウィンドウ関数などデータ分析系のSQLの出題が増えており**，基本的な文法だけではなく，データ分析のためのSQLを学習しておくことの重要性が増しています。また，**概念データモデル（E-R図）を記述させる問題が午後Ⅰでも定番化**してきており，午後Ⅱと合わせて，しっかり練習することがポイントです。

なお，分析の基となった問題内容は，次のとおりです。

午後Ⅰの出題テーマと主に必要な知識

年度	問	テーマ	主に必要な知識
H16	1	データベースの基礎理論	関数従属性，候補キー，第1～3正規形，第4正規形
	2	販売分析システムのSQL文	SQL（LEFT JOIN），外部結合，性能設計
	3	プロジェクト稼働管理システムのデータベース設計	主キー，外部キー，テーブルや列の変更・追加
	4	関係データベースの索引設計	索引，クラスタ索引，非クラスタ索引，データページ，RDBMS
H17	1	データベースの基礎理論	関数従属性，候補キー，第1～3正規形，関係代数演算
	2	受注管理システムのデータベース設計	主キー，外部キー，制約，テーブルの統合・分割
	3	会員管理システムのSQL文	SQL（LEFT OUTER JOIN），クロス集計，COALESCE関数
	4	関係データベースのテーブルを更新するプログラムの設計	カーソル，トランザクション，排他制御，デッドロック
H18	1	データベースの基礎理論	関数従属性，候補キー，非正規形，第1～3正規形，オブジェクト指向モデル
	2	シフト勤務表作成システムのデータベース設計	主キー，外部キー，正規化，テーブルの構造変更
	3	研修管理システムのデータベース設計	SQL（CREATE TABLE），参照制約，主キー制約，CASCADE
	4	関係データベースにアクセスするバッチ処理プログラムの性能設計	カーソル，SQL，SQL発行回数，性能設計

※次ページに続く

午後Ⅰの出題テーマと主に必要な知識（つづき）

年度	問	テーマ	主に必要な知識
H19	1	データベースの基礎理論	関数従属性，主キー，候補キー，第1～3正規形，関数従属性損失
	2	データベースの設計	テーブルの作成，列の追加，E-R図，実装時のデータチェック
	3	データベースセキュリティ	SQL（GRANT，ROLL），アクセス制御，USER関数，監査証跡
	4	関係データベースの索引設計	RDBMS，Bツリー，索引，SQL，アクセス経路
H20	1	データベースの基礎理論	関数従属性，候補キー，第1～3正規形，内・外自然結合
	2	データベースの設計	主キー，外部キー，正規化，新テーブル設計，テーブル変更
	3	チケット予約システム	SQL（外結合，CASE，USING），主キー，NULL，RDBMS，性能
	4	関係データベースの性能分析	性能分析，SQL，索引，トランザクション，排他制御，デッドロック
H21	1	データベースの基礎理論	関数従属性，候補キー，第1～3正規形，拡張した形式（XML）
	2	データベースの設計	正規化，主キー，外部キー，外部キー，制約，決定表，階層構造
	3	変更履歴を記録するテーブル	SQL（相関副問合せ），テーブル設計，履歴保存
H22	1	データベースの基礎理論	関数従属性，候補キー，第1～3正規形，データモデルの拡張（メタ属性）
	2	データベースの設計	候補キー，テーブル追加，変更，決定表
	3	データベースの保守・運用	制約，SQL，トランザクション，CRUD分析，バックアップ
H23	1	データベースの基礎理論	関数従属性，候補キー，第1～3正規形，第4正規形
	2	データベースの設計	候補キー，正規化，区分追加，決定表
	3	関係データベースの性能	SQL，RDBMS，索引，アクセス経路，ログ
H24	1	データベースの基礎理論	関数従属性，候補キー，第1～3正規形，関係代数演算
	2	データベースの設計	主キー，外部キー，正規化，E-R図，データ移行，名寄せ
	3	データウェアハウスの設計・運用	SQL，データウェアハウス，サマリテーブル
H25	1	データベースの基礎理論	関数従属性，候補キー，第1～3正規形，内・外自然結合
	2	受注管理システムのデータベース設計	テーブルの分割と変更，候補キー，E-R図，主キー，外部キー
	3	SQLの設計及び性能	SQL，RDBMS，アクセス経路，索引探索
H26	1	データベースの設計	関数従属性，候補キー，第1～3正規形，データベース設計（E-R図，階層構造，テーブル設計），関係代数演算
	2	データベースアクセスの同時実行制御	SQL（相関副問合せ），RDBMS，同時実行制御，デッドロック
	3	テーブルの設計及びSQLの設計	SQL（SQL-DDL，UNIQUE制約，外結合，集計），テーブル設計，外部キー，トランザクション，デッドロック
H27	1	データベースの設計	関数従属性，候補キー，第1～3正規形，データベース設計（E-R図，テーブル設計，業務との連携）
	2	データベースの設計	SQL（結合，グループ化），外部キー，E-R図（リレーションシップ，スーパタイプ），テーブル設計
	3	バッチ処理の性能設計	SQL（カーソル，INSERT），トランザクション，チェックポイント，テーブル設計，性能設計
H28	1	データベースの設計	関数従属性，候補キー，第1～3正規形，データベース設計（E-R図，テーブル設計，関係の追加）
	2	データベースの運用設計	RDBMS，トランザクション，運用設計，バックアップ，回復
	3	RDBMSのセキュリティ	SQL（ビュー，ロール），ビュー及びロールの設計，セキュリティ
H29	1	データベースの設計	関数従属性，候補キー，第1～3正規形，データベース設計（E-R図，テーブル設計，関係の追加・修正）
	2	トランザクションの排他制御	SQL（外結合，集計，グループ化，カーソル），トランザクション，独立性，デッドロック，索引，性能設計
	3	テーブル及びSQLの設計	SQL（NULL，動的SQL），分析処理，索引，性能設計，テーブル構造の変更

年度	問	テーマ	主に必要な知識
H30	1	データベースの設計	データベース設計（E-R図，テーブル設計，サブタイプ分割，関係の追加・修正）
	2	データベースでの制約	SQL（DELETE文，集計，グループ化），検査制約，参照制約，トランザクション
	3	物理データベースの設計及び実装	SQL（INSERT文，CHECK句），検査制約，索引設計，表領域設計，アクセスパス
H31	1	データベース設計	データベース設計（E-R図，テーブル設計，関係の追加・修正），決定表
	2	データベースでのトリガの実装	SQL（CREATE TRIGGER），トリガ設計，トランザクション（ISOLATIONレベル），デッドロック
	3	部品表の設計及び処理	データベース設計（階層構造），SQL（JOIN句），プログラム処理手順
R02	1	データベース設計	データベース設計（E-R図，テーブル設計，関係の追加・修正）
	2	データベースの実装	SQL（CASE句，NATURAL JOIN，USING），トランザクション（ISORATIONレベル）設計，排他制御，レプリケーション設計
	3	データウェアハウス	SQL（CREATE TABLE 文，FOREIGN KEY，LEFT OUTER JOIN，COALESCE関数），データ分析，サマリテーブルの作成
R03	1	データベース設計	データベース設計（E-R図，テーブル設計，関係の追加・修正），関数従属性，候補キー，第1～3正規形
	2	データベースの実装	性能見積り，SQL（BETWEEN，UPDATE文），テーブルの区分化，処理の多重化
	3	テーブルの移行及びSQLの設計	行数／列値個数見積り，SQL（WITH句，FLOOR，GROUP BY，INSERT文，LEFT OUTER JOIN），テーブル移行
R04	1	アフターサービス業務	データベース設計（E-R図，テーブル設計，関係の追加・修正）
	2	データベースの実装	履歴管理，SQL（ALTER TABLE文，CREATE TRIGGER文，WITH句，ウィンドウ関数），基盤設計（RPO，RTO，ログの量）
	3	データベースの実装と性能	再構成の要否，バッチ処理ジョブの多重化，デッドロック，SQL（WITH句，ウィンドウ関数）
R05	1	電子機器の製造受託会社における調達システムの概念データモデリング	関数従属性，候補キー，第1～3正規形，データベース設計（E-R図，テーブル設計，階層構造，関係の追加・変更）
	2	ホテルの予約システムの概念データモデリング	データベース設計（E-R図，テーブル設計，新規案件），業務処理と制約，インスタンス
	3	農業用機器メーカーによる観測データ分析システムのSQL設計	SQL（WITH句，ウィンドウ関数），DBMS（区分化）

■ 午後Ⅱ試験

午後Ⅱでは，記述式の問題が2問出題され，そのうち1問を選択して解答します。

午後Ⅱのテーマは事例解析といわれ，組織にある大量のデータをデータベースで取り扱うための設計を行います。データベースの設計の方法には，大きく分けて概念設計，論理設計，物理設計の三つがあり，それぞれに関する出題があります。

午後Ⅱ試験の出題内容

分類	分野	頻出内容
conceptual	概念設計	概念データモデル，関係スキーマの作成，変更
logical	論理設計	テーブル設計，定義，制約，インスタンス例示，集計
physical	物理設計	性能設計，データ配置，移行，運用設計，分割/パーティション化

それぞれの分野が単独の問題として出題されることもありますし，同じ問題でまとめて出題されることもあります。各分野の出題割合をまとめると，次のようになります。

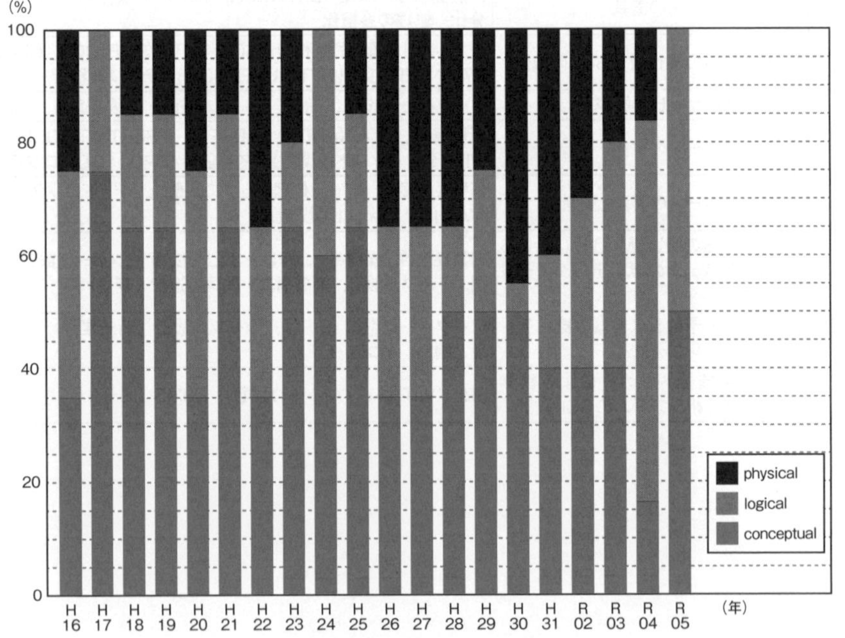

午後Ⅱ試験の分野ごとの出題割合

全体的な傾向としては，概念設計が最もよく出題されています。特に，**概念データモデル（E-R図）の作成**が中心となる問が毎回出題されており，**E-R図を正確に書けるかどうかが合否の一番のカギ**となります。しかし，近年では論理設計，物理設計に関する問題も多く出題されており，また，概念設計が中心の問題でも，論理設計や物理設計が問われることが多くあります。そのため，**概念設計を中心に学習しつつも，他の内容についても学習しておく必要があります**。令和4年度では，概念設計よりも論理設計の問題が多くなっており，概念設計だけで合格を勝ちとることは，今後は難しくなっていくと考えられます。

なお，分析の基となった問題内容は，次のとおりです。

午後IIの出題テーマと主に必要な知識

年度	問	テーマ	主に必要な知識
H16	1	人材派遣会社の受注管理システムにおけるデータベース設計とメタデータの管理	テーブル設計，インスタンス，制約，リポジトリ，メタデータ管理
	2	商品配送業務の概念データモデル設計	概念設計及び概念データモデルの改善，属性値の設定方法や契機
H17	1	機械式駐車場設備のメンテナンス業務	概念設計及び概念データモデルの変更，テーブル設計
	2	建設機材レンタル業務	概念設計
H18	1	業績管理システムの設計	概念設計，テーブル設計，インスタンスの例示，データ集計
	2	部品の在庫管理業務及び部品調達業務	概念設計及び概念データモデルの統合
H19	1	データベース設計	概念設計，テーブル構造の変更，CRUD分析，パフォーマンス分析
	2	オーディオ・ビジュアル（AV）機器のシステム事業	概念設計（ゼロを含むか否かを含む）
H20	1	既存データベースシステムのデータ移行	テーブル設計，データ移行処理，移行処理時間の見積り
	2	食品製造業務とトレーサビリティ管理データベース	概念設計（概念データモデルの統合，変更），エンティティタイプの汎化，データのトレース
H21	1	届出印管理システムのデータベース設計・運用	概念設計，テーブル設計，テーブル構造の変更，制約，データ配置
	2	カタログ通信販売	概念設計
H22	1	データベースの実装	表領域の設計，データベースの配置，性能設計，パーティション化
	2	組立て家具メーカにおける受注・入出庫・出荷業務	概念設計，属性値の設定方法や契機（論理設計）
H23	1	データベースの概念設計，論理設計，性能設計及び運用設計	概念設計，論理設計，性能設計，運用設計
	2	部材の在庫管理システム	概念設計
H24	1	自動車ディーラの販売促進用の物品及び展示車を管理するシステム	概念設計及び値の取得元の特定，テーブル構造の変更
	2	ホテルの食材管理システム	概念設計及び概念データモデルの改善，コード設計

午後IIの出題テーマと主に必要な知識（つづき）

年度	問	テーマ	主に必要な知識
H25	1	OA周辺機器メーカの部品購買管理システムの統合	概念設計及びテーブル設計，データ移行設計
	2	スーパーマーケットの特売業務，販売業務及び商品管理業務を支援するシステム	概念設計（ゼロを含むか否かを含む）
H26	1	データベースの物理設計	テーブル構造の検討，テーブル定義，制約，性能測定
	2	ホテルの宿泊管理システムのデータベース設計	概念設計，制約条件の設定，テーブル構造の設計
H27	1	データベースの物理設計	テーブル構造の検討，性能の見積りと物理分割の検討，論理設計（集合演算）
	2	部品在庫の倉庫管理	概念設計，概念設計の変更，移行計画
H28	1	データベースの物理設計とデータ移行	テーブル構造の検討，容量・性能設計，個人情報保護，データ移行
	2	アフタサービス業務の概念データモデリング	概念設計（概念データモデリング）
H29	1	データベースの設計，実装	テーブル配置の検討，連携DBの設計・実装，販売分析（データウェアハウス），問合せ
	2	販売物流業務の概念データモデリング	概念設計，データ構造，概念設計の統合
H30	1	データベースの設計，実装	テーブル設計，テーブル構造の検討，検査制約，性能設計，クラウドサービス選定，バッチ処理性能
	2	受注，製造指図，発注，入荷業務の概念データモデリング	概念設計（概念データモデリング）
H31	1	データベースの設計，実装	テーブル設計（傾向分析，階層構造），索引設計，SQL（CASE句，NULL，再帰），物理分割，クラスタ構成，性能評価
	2	製パン業務	概念設計（概念データモデリング，モデルの変更），データベース設計（テーブル設計，物流パターン）
R02	1	データベースの設計，実装	索引設計，テーブル設計（テーブル構造），SQL（WITH句，RANK，ウィンドウ関数），応答時間見積り，性能テスト
	2	調達業務及び調達物流業務	概念設計（概念データモデリング，モデルの変更），データベース設計（テーブル設計，物流パターン）
R03	1	データベースの実装	テーブル設計（サブタイプ，制約），SQL（CASE句，INSERT文，CREATE TABLE文），バックアップ，リカバリ，障害復旧手順
	2	製品物流業務	概念設計（概念データモデリング，モデルの変更），データベース設計（テーブル設計），関係スキーマ処理フロー
R04	1	データベースの実装・運用	分析データ抽出，SQL（副問合せ，JOIN句），異常値の調査，異常値対応，データベース設計（テーブル変更），トリガー同期方式
	2	フェリー会社の乗船予約システムのデータベース設計	概念設計（概念データモデリング），データベース設計（テーブル設計，テーブルの変更）業務処理の制約
R05	1	生活用品メーカーの在庫管理システムのデータベース実装・運用	業務ルール整理（論理設計），問合せ・SQL（WITH句，ウィンドウ関数，CASE句），分析データ作成の仕組み（論理設計）
	2	ドラッグストアチェーンの商品物流の概念データモデリング	概念設計

分析結果から見る，試験対策の重点ポイント

試験問題や統計情報から出題傾向を分析した結果から導き出される，データベーススペシャリスト試験の重点ポイントには，次のようなものがあります。

■ 午前を侮らない

試験センターの統計資料では，午前Ⅰ，午前Ⅱ，午後Ⅰ，午後Ⅱの得点分布が公開されています。これらのデータから導き出される各試験時間ごとの突破率は，P.15にまとめてあります。年度によって動きがありますが，午前Ⅰの突破率は6～7割，午前Ⅱの突破率は7～8割程度です。突破する受験者の方が多く，きちんと勉強しさえすれば確実にクリアできる内容ではあるのですが，油断すると60点の足切りにかかることもよくあります。例えば，令和3年秋期の例では，受験者7,409名のうちの30.5%にあたる2,260名が，午前Ⅰまたは午前Ⅱで59点以下となり，午後を採点されるところまでもたどり着けていません。3割以上が午前中で不合格になっているというのは，侮りがたい数字です。

特に午前Ⅰについては，受験が必要な場合は，免除される受験者より全体の試験時間が長くなるので，午後Ⅱまでに疲れがたまりやすくなります。**応用情報技術者試験に合格するか，他の区分も含めた受験で高度共通午前Ⅰを突破しておく**ことで午前Ⅰが免除になりますので，事前にその資格を得ておくことをおすすめします。午前Ⅰから受験する場合には，なるべく早めに午前Ⅰに向けた対策を行う必要があります。

■ 基礎理論を理解する

データベーススペシャリスト試験では，以前はデータベースの基礎理論（正規化，関係代数など）そのものの出題が多くありました。そのため，基礎理論を学習することが即，試験対策となったのですが，近年の試験ではあまり出題されていません。しかし，正規化はデータベース設計の，関係代数はSQLの基本的な理論でもあり，理解しておくことは，実際に出題される応用的な問題を解くためにも必須です。

近年の出題傾向では，正規化の理論そのものについてはあまり問われなくなってきています。その代わり，午後Ⅱなどでは，「第3正規形にする」ことを前提条件として出題されていますので，基本的な，特に第1～第3正規形については，しっかりマスターしておく必要があります。

■ E-R図を書けるようにする

最新の試験を含め，これまで，データベーススペシャリスト試験でE-R図（概念データモデル）作成の問題が出題されなかったことはなく，近年では，午後Ⅰと午後Ⅱの両方で出題されています。重点項目であり，避けて通ることが難しい分野ですので，しっかり

書けるようにすることが大切です。

■ SQLとDBMSについて，ひととおり学習する

データベーススペシャリスト試験で，近年明らかに出題数が増えた分野としては，SQLを利用した論理設計と，DBMSの仕様を基にした物理設計があります。

例えば，平成31年春期～令和3年秋期の午後Ｉでは，問2と問3の両方で，SQLやDBMSについての問題が出題されています。午後IIでも，問1はDBMSの仕様を基にした物理設計の問題で，SQLの記述についても出題されています。以前は，SQLやDBMSに関しては問題数が少なく，選択問題で避けることは可能だったのですが，近年は出題数が増え，避けて合格することは難しくなってきています。

問題を見る限り，難易度は特に変わっていないのですが，問題の比率として，明らかに基礎理論やテーブル設計などの問題が減って，SQLやDBMSについての比率が上がってきています。このとき，ビックデータの活用やデータ分析の重要増加に合わせて，新しい知識も身につけておく必要があります。具体的には，ウィンドウ関数などの分析系SQLや，クラスタリングなど分散データ基盤で使用するDBMS技術などです。

SQLやDBMSや物理設計についても，しっかり学習して準備することが合格の可能性を上げるカギとなりますので，避けずに取り組みましょう。

■ 計算問題を解く練習をする

物理設計が増えたことと連動して，午後試験での計算問題の出題が増えてきています。

実は，データベーススペシャリスト試験の午後で出題される計算問題は，テーブルのストレージ所要量の計算など，定番の内容がほとんどです。特別な知識が必要なわけではなく，問題文の数字を基に解くことができる問題ですので，事前に学習しておくと確実な得点源になります。試験本番は電卓を使うことはできませんので，手計算で計算ができるように，ある程度練習しておきましょう。

試験結果の分析から言えることは，月並みですが以上です。重点ポイントをしっかり押さえて，必要なことを学習していきましょう。

データベーススペシャリスト試験に向けての学習ステップ

以上の傾向や重点ポイントを踏まえ，また，過去の合格者の学習方法なども合わせて考えると，データベーススペシャリスト試験合格に向けた学習ステップは次の四つになります。

ステップ1. IT全般についてひととおりの知識を身につける
ステップ2. データベース全般についてひととおりの知識を身につける
ステップ3. 正規化やSQL記述，E-R図作成などが，“できる”ようになる
ステップ4. 試験問題の事例に合わせて，問題が“解ける”ようになる

データベース技術はITの応用技術であり，数学の理論に基づいているため，理解するためには練習する時間が必要です。特に，

・**正規化**ができるようになること
・**SQL**が書けるようになること
・**DBMS**が使いこなせるようになること
・**E-R図**が書けるようになること

については，**“分かる”ことと“できる（書ける）”ことに大きな差**があります。単に知っているだけ，理屈が分かっているだけでは役に立たないのです。そのため，ひととおり知識を身につけた後に実践してみることが大切になります。

では，それぞれのステップでの学習方法を見ていきましょう。

■ステップ1. IT全般についてひととおりの知識を身につける

試験では午前Ⅰに対応しますが，データベースを学習するためには，データベースを構築するためのハードウェアやソフトウェア，データベースに関するコンピュータサイエンス，情報セキュリティなど，IT全般の幅広い知識が必要です。すでに応用情報技術者試験に合格しているレベルであれば問題ありませんが，そうでない場合には，一度，**応用情報技術者試験の学習**を行ってみることをおすすめします。

姉妹書『徹底攻略 応用情報技術者教科書』で学習されると万全です。一見まわり道に思えますが，基礎が分かっていると応用的な学習が進みます。試験を突破する必要は特にありませんし，午前Ⅰ問題がひととおり解けるようになれば十分です。

■ステップ2. データベース全般についてひととおりの知識を身につける

試験では午前Ⅱに対応しますが，データベース全般についてひととおりのことは知っておく必要があります。このとき，**「定番のよく出る分野」**だけでなく，**「これから話題に**

なりそうな新しい分野」について学習しておくと，今後の業務やスキルアップにも役立ちます。特にデータサイエンス関連は，データウェアハウスやデータマイニング，機械学習やディープラーニング，AI，ビッグデータなど，新しい技術が目白押しです。

本書では1章と9章で新しい内容を取り扱っていますので，読み進めてみてください。また，定番技術は2章～8章で説明していますので，ひととおり読んで本文中や巻末の午前演習問題を解けば，全体的に学習することができます。

■ ステップ3．正規化やSQL記述，E-R図作成などが，“できる”ようになる

試験では主に午後Ⅰに対応しますが，正規化やSQL，E-R図は，単に覚えただけでは意味がありません。過去問演習を兼ねて，実際に問題を解きながら正規化やSQL記述，E-R図作成などを実践してみることが大切です。特に，SQLやE-R図は，試験問題の穴埋めだけでなく，**自分で一から書いてみる経験**を積むと，より効果的に学習することができます。

演習量の目安としては，午後Ⅰの過去問題を3～5回分（9～15問）解けば十分です。本書には，ダウンロード特典の付録も含め，数回分の過去問解説が付属していますので，ご活用ください。

■ ステップ4．試験問題の事例に合わせて，問題が“解ける”ようになる

試験では主に午後Ⅱに対応しますが，試験問題の長文を読みこなして必要なデータベースの特徴をつかみ，それを基にデータベースの設計を行うためには，かなりの練習が必要です。**実務経験を積むのがベストですが，試験問題の演習をしっかり行うことでも対応できます**。午後Ⅱの問題は分量が多く，1問解くだけでも大変ですが，一つ一つ丁寧に解いていくことによって，必要な実力を身につけることができます。

演習量の目安としては，午後Ⅱの過去問を3～5回分（6～10問）解けば十分です。本書には，ダウンロード特典の付録も含め，数回分の過去問解説が付属していますので，ご活用ください。

いわゆる“お勉強”以外の学習方法

データベーススペシャリスト試験に向けた学習は，試験勉強だけしていると“苦行”になりがちです。データベースというのは実際に業務で使うものですし，試験勉強さえすればよいというものでもありません。特にDBMSは，実際に使った経験がないと「試験用語を覚えただけ」になりがちで，それでは午後問題は解けません。また，候補キーの導き方を覚える，E-R図の線の引き方のパターンを覚えるなど，**データベーススペシャリスト試験の過去問題に特化した解法テクニックは，実務では全く役に立ちません**。実務で役に立たないだけでなく，出題傾向が変わってきているため，**解法テクニックを覚えても合格できない**状況です。

このようなときには，王道の学習をするのが一番です。本来，データベーススペシャリスト試験は，データベースに関する実務経験を問うための試験です。そのため，**実際にデータベースを使ってみる**ことが，試験にも今後の仕事にも役立ちます。このとき，単に構築して終わりではなく，「データ分析100本ノック」のようなかたちで，実際のデータを入れてSQLを実行する実践演習を行うとより効果的です。

以前は，データベースを構築するにはサーバを立てる必要があり，難易度が高いものでした。しかし今は，オープンソースをはじめ，一般のPCに導入できるもの，また，クラウド上で試せるものが増えてきたため，手軽に経験を積むことが可能です。データベースをさわってみる具体的な方法としては，次のようなものがあります。

1. クラウド上でデータベースを構築してみる
2. 自分のPCにデータベースをインストールする
3. Webブラウザ上でSQLが実行できる環境で試す

それぞれの特徴と，具体的な方法を見ていきましょう。

■ 1. クラウド上でデータベースを構築してみる

データベーススペシャリスト試験の午後IIで出題されるような，複数のサーバにまたがった複雑なデータベースは，昔は構築するだけで高い費用がかかるため，実務で使う以外に触れる機会はありませんでした。しかし現在では，**クラウド上で大規模なデータベースを構築することができ，複数台のハードディスクに分散する，ビッグデータを取り扱うデータベースなども手軽に試してみることが可能**です。

学習用途であれば，トライアルが無料となっているものが多いので，基本的に無料分だけで試すことが可能です。AmazonのAWS（Amazon Web Services）やGoogleの

GCP（Google Cloud Platform），MicrosoftのAzureなどが有名です。データベーススペシャリスト試験向けとして筆者がおすすめするのは，GCPにあるCloud SQLです。Cloud SQLは，サーバを作って立ち上げるだけでMySQLのデータベースが構築されるため，手軽に本格的なRDBMSを利用することができます。また，AWSでは関係データベースを構築するRDSやAuroraの他に，キーバリュー型のDynamoDBやグラフデータベースのNeptuneなど，様々なデータベースを構築できます。応用的な実践として，いろいろ試してみるのもおすすめです。

■ 2. 自分のPCにデータベースをインストールする

オープンソースの手軽なデータベースが増えてきており，自分のWindows PCにインストールして実行することが簡単になっています。Microsoft OfficeにAccessが入っていれば，これを使ってSQLをいろいろと利用することができます。オープンソースのMySQLなども，Windows版があり，インストールすることが可能なので，無料で環境を構築できます。

■ 3. Webブラウザ上でSQLが実行できる環境で試す

Web上のプログラミング学習サイトには，ブラウザ上でSQLを動かすことができるものが増えてきています。例えば，プログラミング学習サイト「paiza.IO」では，MySQLをWebブラウザで実行することが可能です。実際にCREATE TABLEでテーブルを作ってそれを表示させてみるといった動作が，インストールなしで簡単に行えます。分散DBなど，高度なことはできませんが，基礎的な文法を学ぶならこれで十分です。

データベースに関する学習は，これからの時代に向けて，とても役に立つ基礎スキルとなります。ぜひ，今後の仕事やスキルアップに役立てるかたちで学習を進めていきましょう。

第1章

データベースとは

データベーススペシャリスト試験の勉強を行う前に，データベースの基本を理解することはとても大切です。

この章ではまず，データベースとは何かについて学びます。様々なデータモデルと，現在最も使われている関係モデルについて解説します。

次に，システム開発とデータベースの関連について，その概要を学びます。データベースは単独で使われるものではなく，システムから利用されるものです。システム開発の流れと，その中でのデータベースの位置付けについて，開発手法の一つであるデータ中心アプローチを中心に学習していきます。

さらに，データ分析とデータベースの関連について，その全体像を学びます。データウェアハウスやデータマイニング，AIなどで活用するためのデータベースについて学習していきます。

1-1 データベースの基本

データベースとは，いろいろなシステムで使われるデータを1か所に集めて，データ活用の利便性を高めたものです。ここではまず，データベースの成り立ちとデータの格納方法について基本を押さえておきます。

1-1-1 データベースとは

データベースという用語は，1950年頃のDoD（Department of Defense：米国国防総省）において，各所に分散していた軍事情報などを1か所に集め，そこに行きさえすればすべての情報を見られるようにした「データの基地（Data Base）」に由来しているという説が一般的です。

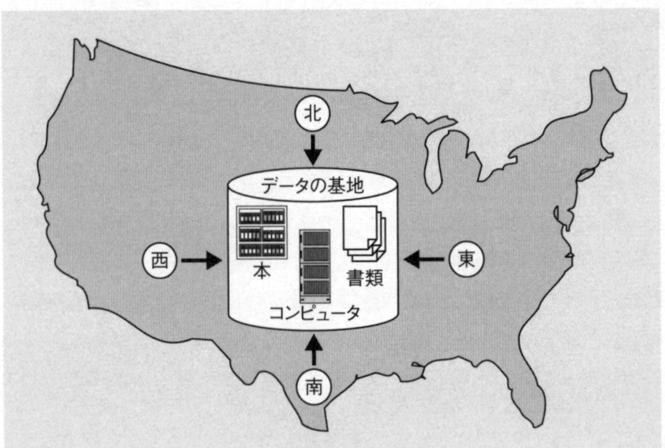

データの基地（Data Base）

データを1か所で集中管理

データベースでは，データを1か所に集めることで，情報を集中的に管理でき，そのデータを活用しやすくしています。統合することで検索しやすくなり，また同じデータがいくつも重複することを避けられるので，業務を効率化することができます。

勉強のコツ
データベースにはいろいろな製品がありますが，ほとんどが関係モデルを基にした関係データベースです。様々なデータモデルについて学習しつつ，なぜ関係モデルが普及したのか知っておくと，その利点がよく分かります。

発展
ネットワーク分野でよく知られているTCP/IPプロトコル群も，別名をDoDモデルといい，DoDが作成したモデルです。
データベースやネットワークなど現在のITの基本になる技術は，ほとんどがアメリカの軍事産業での研究に基づくものです。

この「データベースとは」などを学ぶ動画を公開しています。以下にまとめてありますので，参考にしてください。
https://www.wakuwakustudyworld.co.jp/blog/dbinfo/

データ独立

昔のシステム開発では，システムごとにデータを保存してファイルなどに格納していました。次のようなイメージで，それぞれのシステムが別々にデータを管理していたのです。

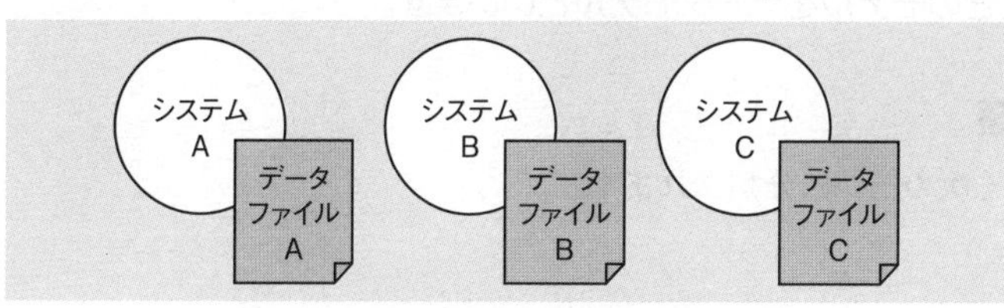

それぞれのシステムでデータを別々に管理

この方法では同じようなデータを重複してもつことになり，また，データの受け渡しの効率も悪くなります。

そこで，システムからデータを独立させ，そのデータをまとめてデータベースに入れるという方法が考え出されました。次のように，システムとは別にデータベースを用意します。

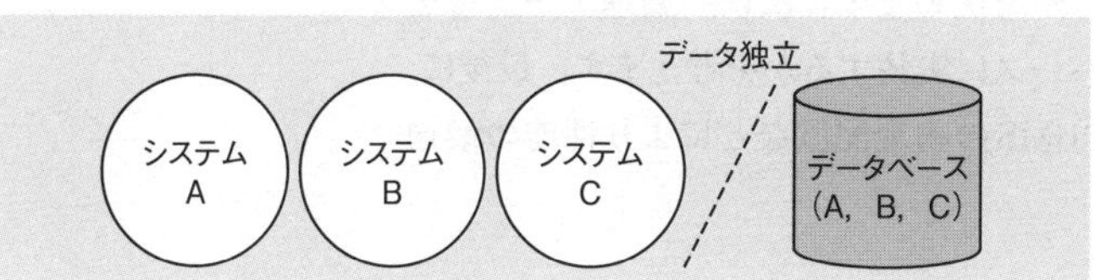

システムからデータを独立させ，データベースにデータを格納

システムからデータを独立させて別に管理することを**データ独立**といいます。データベースは，このようにシステムから独立したデータを扱うために必要な仕組みです。

発展

昔のシステムには，データがプログラムと結び付いているものが多くありました。このようなシステムだと，プログラムを変更するとデータも変更しなければならず，システムの修正が大変でした。そこで，プログラムの変更がデータに影響を与えないように，データを独立させる手法が考えられました。この手法により，変更に強いシステムが実現できるようになりました。

関連

データ独立の観点から考案されたデータの格納方法が，関係モデルです。次項以降で詳しく解説します。

▶▶▶ 覚えよう！

- □ **データを1か所に集めることで，業務を効率化できる**
- □ **システムからデータを独立させるデータ独立が大切**

1-1-2 データモデル

データベースを構築するときには，現実世界にあるデータをデータベースに適切に格納できるように変換する必要があります。データを変換するときのモデルをデータモデルといいます。

データモデルの種類

データモデルは，大きく次の三つに分類されます。

- **概念データモデル**
  データの内容や概念をまとめた抽象的なモデル
- **論理データモデル**
  データベースで実際に実装可能なモデル
- **物理データモデル**
  データをDBMSで物理的に配置するモデル

データベースを考える前に，概念データモデルで，どのような内容のデータを格納するかを決めます。次に，論理データモデルで，どのようにデータベースに実装するかを考えます。最後に，物理データモデルで，DBMSの物理配置などにより性能の最適化を図ります。

主な論理データモデル

論理データモデルとしては，次の四つがよく知られています。

- **階層型**（ハイアラキカル）モデル
- **ネットワーク**モデル
- **関係（リレーショナル）**モデル
- **オブジェクト指向**モデル

関連
それぞれのデータモデルのシステム開発時の具体的な流れについては，「1-2-2 データ中心アプローチ」で取り上げます。また，概念データモデルについては，第6章「概念設計」で詳しく学習します。

それぞれのデータモデルの特徴は，次のとおりです。

① 階層型モデル

データを階層型の**親子関係**で表現する，最も古くからある方法です。データ同士の関係は次のようにポインタ（矢印［→］での関連付け）で表します。

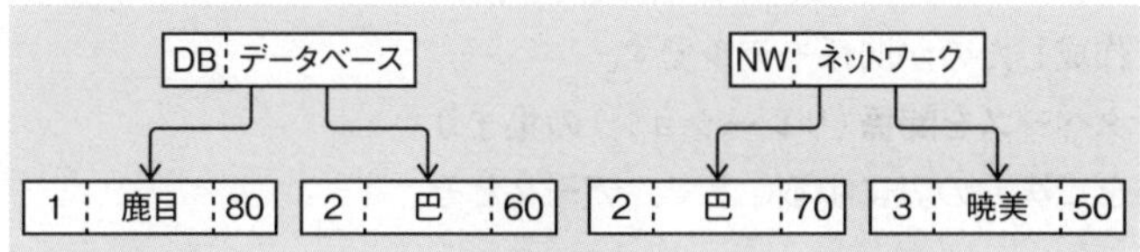

階層型モデル

階層型モデルでは，階層構造の親子関係は1対1または1対多で表します。そのため，子が複数の親と関係をもつことはありません。上の図の場合，巴さんのデータが二つありますが，これらは，「データベース→巴」「ネットワーク→巴」のかたちで別々に管理され，交わることはありません。

② ネットワークモデル

階層型で表現できない，子が複数の親をもつ場合などを網状（ネットワーク）で表現するデータモデルです。データ同士の関係は次のようにポインタで表します。

参考

階層型モデルやネットワークモデルは，システム開発の過程で経験的にでき上がってきたモデルです。そのため，データ独立は考えられておらず，データとシステムは同時に変更する必要があります。
関係モデルは，データ独立のために数学的に考えられているモデルなので，データとシステムを独立させることが可能になります。

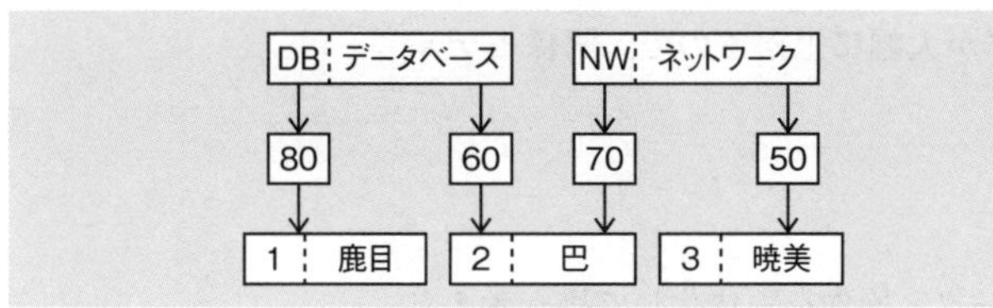

ネットワークモデル

先ほどの階層型モデルとは異なり，子は複数の親をもつことが可能になります。巴さんのデータは一つで，複数の関係「データベース→60→巴」「ネットワーク→70→巴」をもつことができます。

③ 関係モデル

テーブル（表）とテーブル間の関連でデータを表現する方法です。数学の理論（関係理論）を基に考え出されたデータモデルなので，階層型モデルやネットワークモデルとは，考え方がまったく異なります。

データをシステムから切り離す**データ独立**という概念を考えた計算機科学者のエドガー・F・コッドが，数学的，形式的な観点から徹底的に練り上げて作成したのが関係モデルです。

関係モデルでは，データベースを**関係**（リレーション）の集まりだと考えます。その関係を二次元の表にすることで，データとその関係を表現します。

先ほどの階層型モデル，ネットワークモデルの図を関係モデルで表現すると，次のような形式になります。

科目

科目	科目名
DB	データベース
NW	ネットワーク

生徒

番号	氏名
1	鹿目
2	巴
3	暁美

受験

科目	番号	点数
DB	1	80
DB	2	60
NW	2	70
NW	3	50

関係モデル

このように表の形式で表現することで，関係を分かりやすく示すことが可能になります。データ独立が実現すると，システムの変更が容易になり，開発効率が大幅に上がるので，関係モデルは急速に普及していきました。

④ オブジェクト指向モデル

オブジェクト指向とは，データと操作を一体化して扱う考え方です。これに対応したデータモデルが，オブジェクト指向モデルです。

オブジェクト指向ではデータの型であるクラスを作成し，そのクラスからデータの数だけインスタンスを生成します。オブジェクト指向モデルでは，それぞれのクラスのインスタンスを関連付けて，関係を表します。

関係モデルの表と同じデータをオブジェクト指向モデルで表現すると，次の図のようになります。

用語

インスタンス（Instance）とは，オブジェクトの実体です。オブジェクト指向では，クラスは実体ではなくデータ型を定義するものです。そこから実際のデータであるインスタンスを生成します。この例では，科目（属性は科目，科目名）がクラスです。インスタンスはその実体（実データ）である（DB, データベース）や（NW, ネットワーク）にあたります。

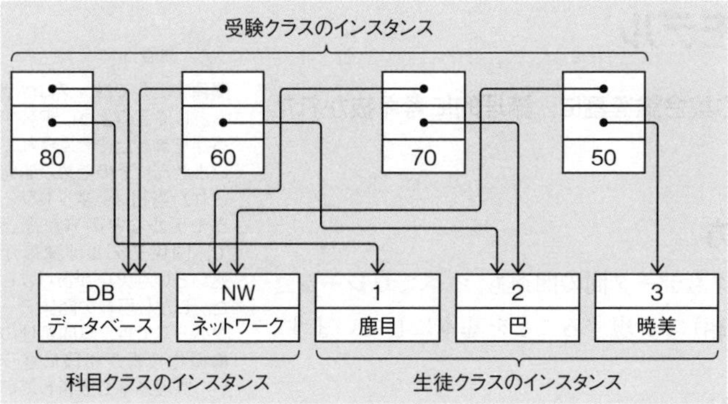

オブジェクト指向モデル

オブジェクト指向モデルに合わせたオブジェクト指向データベース（OODB：Object Oriented DataBase）も開発されていますが，関係モデルのデータベースにデータを格納することも可能です。その場合には，オブジェクトと関係（リレーション）を対応付ける**O-Rマッピング**が行われます。

関連
オブジェクト指向データベースについては，「9-1-3 オブジェクト指向データベース」で改めて取り上げます。

ここまで四つのデータモデルを見てきましたが，その中で**関係モデル**は，理論的に他のデータベースよりも完成度が高く，一般的によく利用されています。そこで，以降では関係モデルを中心に学習していきます。

覚えよう！

- □ **論理データモデルは，階層型，ネットワーク，関係，オブジェクト指向の4種類**
- □ **関係モデルが最も普及しており，様々なデータベースで利用されている**

1-1-3 関係モデル

関係モデルは，数学の集合論を基に，論理的に考え抜かれたモデルです。

発展

関係モデルでは，プログラムとしてどのように実装するかをまったく考えられていません。そのため，開発された当初は，ネットワークモデルなどの方が高速で，関係モデルは速度が遅いという欠点がありました。しかし現在の関係データベースでは，質問処理の最適化技術が格段に進歩し，処理効率も改善しています。そのため，「とりあえず普通の用途なら関係モデル」という認識が一般的になりました。

関係モデルの考え方

関係モデルでは，データもデータ間の関連も，すべてリレーション（関係）とタプル（行，組）で表現することを基本にしています。

リレーション（関係）

ここで，リレーションについて正確に理解しておきましょう。まず，ドメイン（定義域）という概念があります。ドメインとは集合のことで，人名の集合，年齢の集合など，様々な集合がドメインです。

例えば，先ほどの関係データベースのうち，関係“科目”について考えてみます。関係“科目”でドメインを表すと，次の二つのドメイン，“科目”と“科目名”が定義されます。

科目 {DB，NW}
科目名 {データベース，ネットワーク}

次にドメインの直積を考えます。直積とは，それぞれのドメインを単純にかけ合わせ，すべての組合せを表したものです。科目×科目名の直積は，次のようになります。

(DB，データベース)
(DB，ネットワーク)
(NW，データベース)
(NW，ネットワーク)

用語

関係モデルの用語は，同じ意味を複数の言葉で表現しているので，ややこしく感じられることも多いと思います。
次のように整理して，一度覚えておきましょう。

表＝関係，リレーション
行＝組，タプル
列＝属性，カラム

何度も出てくる言葉なので，忘れたらこのページに戻って見直すことを繰り返していると，そのうち頭に自然に入ってきます。

これらの各要素，1行1行のことをタプル（行，組）といいます。直積で表されたタプルはすべて必要なわけではなく，実際に存在する組合せのみを取り出します。

このとき，必要なタプルのみを選んだ**直積の部分集合**のことをリレーション（**関係**）といいます。先ほどの直積から，実際にある組合せを部分集合として取り出すと，次のようになります。

(DB，データベース)
(NW，ネットワーク)

このリレーション は，**表(テーブル)**として表すことができ，次のように表現されます。

"科目"表

科目	科目名
DB	データベース
NW	ネットワーク

このとき大切なのは各タプルのドメインの組合せであり，その**並び順に意味はありません。**

また，テーブルの縦の列のことを**カラム**(列，**属性**)と呼びます。

それでは，次の問題で確認してみましょう。

問題

図のような関係R(A, B)において，属性Aの定義域の要素は{a_1，a_2，a_3}，属性Bの定義域の要素は{b_1，b_2}である。a_1とb_1を結ぶ線は，(a_1，b_1)のように，関係Rの要素を表している。この関係Rの要素を表す語として，適切なものはどれか。

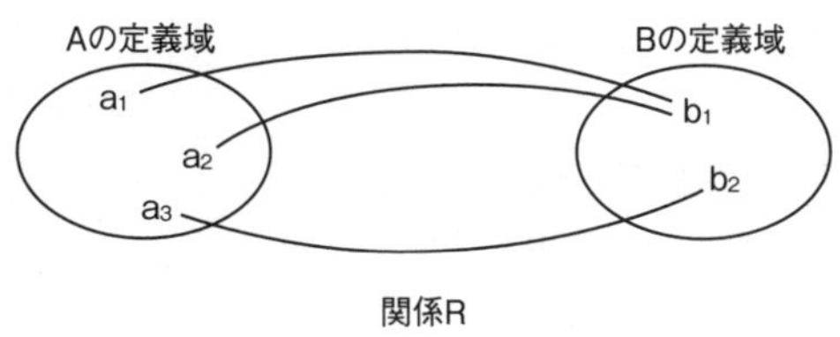

関係R

ア 組　　イ 属性　　ウ ドメイン　　エ 列

(平成22年春 データベーススペシャリスト試験 午前Ⅱ 問1)

過去問題をチェック
リレーション(関係)やタプル(組)などの用語に関する問題は，データベーススペシャリスト試験の午前Ⅱでときどき出題されます。
この問のほかには以下で出題されています。
【関係Rでの最大のタプル数について】
・平成23年特別 午前Ⅱ 問10

午後で改めて設問として問われることはありませんが，用語は当たり前のように問題文中に出てきます。きちんと理解して，読んだらすぐにイメージが浮かぶくらいにしておきましょう。

解説

Aの定義域{a_1, a_2, a_3}と，Bの定義域{b_1, b_2}の直積A×Bは，(a_1, b_1)，(a_1, b_2)，(a_2, b_1)，(a_2, b_2)，(a_3, b_1)，(a_3, b_2)の六つです。

このうち，関係（リレーション）Rとして(a_1, b_1)，(a_2, b_1)，(a_3, b_2)の三つの要素を取り出します。この一つ一つの要素のことをタプル（組，行）といいます。選択肢の中ではアの組が当てはまるので，アが正解です。イの属性とエの列にはAとBが，ウのドメインには定義域が対応します。

≪解答≫ア

▶▶▶覚えよう！

- □ ドメイン（定義域）の直積の部分集合がリレーション（関係，表）
- □ リレーション（関係，表）には，タプル（行，組）とカラム（列，属性）がある

1-1-4 データベースの3値論理

データベースでは，3値論理という，通常とは異なる論理体系を使用します。真，偽のほかに第3の値としてNULLを利用することで，いろいろな状況を表現できます。

3値論理

データベースを扱う上での大切な考え方に，**3値論理**があります。通常，論理は「真（true）」か「偽（false）」の2値で表されるもので，この考え方を2値論理といいます。

3値論理では，真，偽のほかに第三の論理値をもちます。この第三の値として，データベースでは**NULL**を使用します。このNULLは特別な値として様々な場面で利用されます。

発展

第2章で詳しく解説する主キーには，NULLを使用できません。しかし，候補キーにはNULLが含まれていてもかまいません。
このように，用語の定義を学習するとき，NULLが使用可能かどうかも押さえておくと役に立ちます。

NULLの利用方法

NULLの代表的な利用方法には，次の二つがあります。

①**不明・未知**（Unknown）
②**非存在・適用不能**（Inapplicable）

1

①の不明・未知とは,「値は存在するはずだが,どのような値か分からない」という場合を指します。例えば,顧客の表に氏名という属性があり,その値が分からないときにはNULLを設定します。

②の非存在・適用不能は,「値が存在しないので,そのことを示す」場合に使われます。例えば,図書館の書籍貸出表で,返却年月日という属性があったとします。書籍を貸し出す際には返却年月日にNULLを設定し,返却されたときに返却年月日にその日の日付を設定します。このときのNULLは,「返却年月日が存在しない(=返却していない)」という意味を示すことになります。

①と②のどちらの場合でNULLを使用するかは,データの種類によって変わってきます。例えば,メールアドレスの欄がNULLになっている場合には,メールアドレスをもっていないことを示すのかもしれませんし,メールアドレスが分からないことを示すのかもしれません。こういったデータ特有の意味は,NULLを使用するときにあらかじめ定義しておく必要があります。

NULLを利用する際の注意点

NULLを扱う上での一番の注意点は,**NULLは値ではない**ということです。そのため,NULLを含むデータを取り扱うときには注意が必要です。

具体的には,あるカラム(列)のデータ数を数えるときに,NULLの行はカウントされません。また,以上,以下などの条件指定で行を抽出するときに,NULLとの演算では条件を満たすことはありません。さらに,NULLを含む演算をAND,ORなどで結び付けると,全体がNULLになり,結果が不明になることがあります。そのため,NULLを含む演算では,意図した結果が得られないというトラブルがよく生じます。NULLは第三の値であり,通常の値とは異なる扱いになるので,その性質を知って有効活用していきましょう。

データベース内部では,NULLは値とは別に,「NULLかどうか」についての情報を保管するメモリ領域で管理されることが多いです。そのため,SQLでNULLを含む値を検索するときには,"列名=NULL"ではなく"列名 IS NULL"というように,「NULLかどうか」を判定する必要が出てくるのです。

▶▶▶ 覚えよう!

- □ データベースの3値論理では,真,偽に加えてNULLを使用する
- □ NULLは値ではなく,不明・未知や,非存在・適用不能を示すために利用する

コラム 変化し続けるデータベーススペシャリスト試験

データベーススペシャリスト試験は，平成7年（1995年）にスタートして以来，15年くらいはほとんど出題傾向が変わらない試験でした。その頃は，業務で使われるデータベースは関係データベースがほとんどでした。関係モデルを中心としたデータベース基礎理論は数学がベースとなっており，時代の流れで変化することがなかったからです。そのため，他の高度区分に比べて，特に午後試験の傾向がまったく変わらず，主に基礎理論やデータベース設計が出題されていました。

しかし，平成23年（2011年）頃から少しずつ傾向が変わってきて，昔ながらの対策は通用しなくなっています。正規化などの基礎理論は，午後で出題されないことが多くなりました。データベース設計について出題されることは同じなのですが，その比率が下がりました。その分，データ分析に用いるビッグデータの扱い方やSQL，情報セキュリティなど，物理的，実践的な内容がいろいろ出題されるようになりました。特に，SQLについては年々難易度が上がっており，分析系SQLと呼ばれる，ウィンドウ関数を中心とした複雑なSQL文の出題が増えてきています。

これは，近年のクラウドシステムなどを中心としたシステム環境の変化により，データベース設計を行うために，理論以外の要素も考える必要が出てきたからだと考えられます。業務を行うトランザクションを中心としたシステムだけでなく，データ分析のためのデータ基盤構築の需要が増えてきており，データベーススペシャリストの役割が多様になってきています。また，データサイエンスが重要性を増し，大量で様々な形態のデータを扱うために，関係データベース以外のデータベースの割合が増えてきたことも大きな変化です。

関係モデルの考え方は普遍的な知識なので，身につける必要があることは変わりません。その上で，ビッグデータに対応するための物理設計や，分析を行うためのSQL文など，新しい内容を学習する必要がでてきました。変化し続ける現状に対応して，幅広く知識を積み重ねていきましょう。

勉強のコツ

データベーススペシャリスト試験の傾向は，10年ほど前から少しずつ変化してきています。ときどき揺り戻しがあるのですが，徐々に変わってきていて，年度ごとに出題内容が異なります。そのため，過去問演習を行うときには，なるべく直近の問題を使用することが効果的です。過去3年分をしっかり演習すれば実力はつきますし，5年分やり切れば万全です。
それ以前の過去問だと，今の傾向と異なる部分が多いため，あまり昔の過去問にこだわらずに最近の問題を学習するようにしましょう。

1-2 システム開発とデータベース

データベースは，単独でデータを保存するわけではなく，何らかのシステムから利用されることがほとんどです。そのため，システム開発とデータベースは切っても切り離せない関係にあります。ここでは，データベースを活用するシステムの開発手法を取り上げます。

1-2-1 システム開発のアプローチ

システム開発において，目的のシステムを作っていく方法は複数あります。この方法のことをシステム開発のアプローチといいます。

> **勉強のコツ**
> データベーススペシャリスト試験で出てくる内容は，ほとんどが「システム開発におけるデータベース設計」です。
> そのため，システム開発の基本についてはひととおり知っておく必要があります。システム開発の知識や経験がまったくない方は，基本的な開発手法などについて学習しておきましょう。応用情報技術者試験で出題されるレベルの知識があれば大丈夫です。

システム開発の三つのアプローチ

システム開発のアプローチには，大きく分けて次の3種類があります。

①プロセス中心アプローチ

プロセス中心アプローチ（POA：Process Oriented Approach）とは，ソフトウェアの機能（プロセス）を中心としたアプローチです。機能を一つのプロセスと考え，そのプロセスを段階的に詳細化していき，最終的には最小機能の単位であるモジュールに分割していきます。

図法としては，データの流れ（データフロー）を表現する**DFD**（Data Flow Diagram）や，プロセスの状態遷移を表現する**状態遷移図**などがよく用いられます。DFDでは，データフローを矢印で表し，プロセス間で受け渡されるデータを記述します。

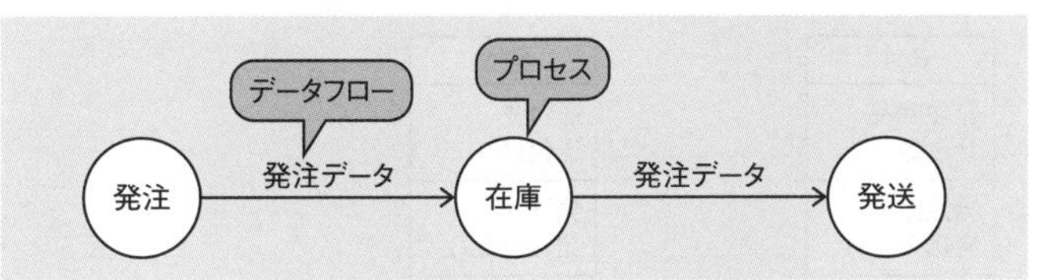

プロセス中心アプローチでのDFDの例

②データ中心アプローチ

データ中心アプローチ(DOA:Data Oriented Approach)とは，業務で扱うデータに着目したアプローチです。まず，業務で扱うデータ全体をモデル化し，データベースを設計します。個々のシステムはこのデータベースを中心に設計することによって，データの整合性・一貫性が保たれ，システム間のやり取りが容易になります。プログラミングとデータベースを分離するデータ独立の考え方が基になっています。

図法としては主に，実体(データ)と実体間の関連を表現する**E-R図**(Entity-Relationship Diagram)が用いられます。

発展

情報処理技術者試験のうちデータベーススペシャリスト試験では，主にデータ中心アプローチでのシステム開発について出題されます。その他のプロセス中心アプローチやオブジェクト指向アプローチでのシステム開発については，主にシステムアーキテクト試験で出題されます。そのため，DFDやUMLはシステムアーキテクト試験の定番であり，E-R図はデータベーススペシャリスト試験の定番です。システム開発を極めたい方は，両方とも学習してみることをおすすめします。

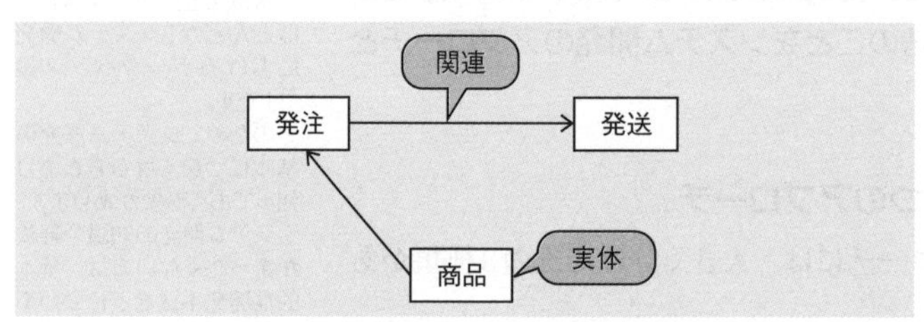

データ中心アプローチでのE-R図の例

③オブジェクト指向アプローチ

オブジェクト指向アプローチ(OOA：Object Oriented Approach)とは，プログラムやデータをオブジェクトとしてとらえ，それを組み合わせてシステムを構築するアプローチです。

図法としては，クラス図やシーケンス図などの**UML**(Unified Modeling Language)が用いられます。クラス図のクラスでは，データ(属性)とメソッド(操作)を一体化してカプセル化します。データを操作するためには，対応するクラスのメソッドを利用する必要があります。

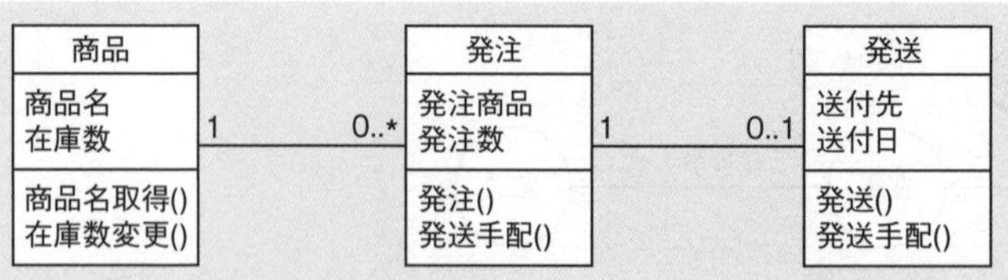

オブジェクト指向アプローチでのクラス図の例

それでは，次の問題を考えてみましょう。

問題

データ中心アプローチの特徴はどれか。

ア クラス概念，多態，継承の特徴を生かして抽象化し，実体の関連を表現する。
イ 対象システムの要求を，システムがもっている機能間のデータの流れに着目して捉える。
ウ 対象世界の実体を並列に動作するプロセスとみなし，プロセスはデータを通信し合うものとしてモデル化する。
エ 対象とする世界をシステムが扱うデータに着目して捉え，扱うデータを実体関連モデルで整理する。

（令和5年秋 データベーススペシャリスト試験 午前Ⅱ 問24）

解説

データ中心アプローチ（DOA：Data Oriented Approach）とは，業務で扱うデータに着目したアプローチです。対象とする世界をシステムが扱うデータに着目して捉え，扱うデータを実体関連モデル（E-R図）で整理していきます。したがって，エが正解です。

ア オブジェクト指向アプローチ（OOA：Object Oriented Approach）の特徴です。
イ データの流れ（データフロー）を表現するDFD（Data Flow Diagram）を用いた開発手法です。
ウ プロセス中心アプローチ（POA：Process Oriented Approach）の特徴です。

≪解答≫エ

データベーススペシャリスト試験での出題

データベーススペシャリストの試験では，3種類のアプローチのうち，主にデータ中心アプローチでのデータベース設計を取り扱います。データ中心アプローチについては次項で詳しく学習します。

また，実際のシステム開発は，一つのアプローチだけでなく複数のアプローチによって行い，融合することが多いため，試験でも，プロセス中心アプローチで作成されたプロセス（機能）と，データ中心アプローチで作成されたエンティティ（テーブル）を対応させるCRUD分析など，開発アプローチを融合させる問題がときどき出題されます。

用語

CRUD分析とは，機能とテーブルをCreate（作成），Read（参照），Update（更新），Delete（削除）の四つの操作で関連付ける分析です。関連付けることで，「作成」がないのに「参照」があるといったデータのライフサイクルの矛盾がないことを確認します。
詳しくは，「3-1-6 データベースシステム設計」で解説します。

▶▶▶ 覚えよう！

- □ システム開発のアプローチは，プロセス中心アプローチ，データ中心アプローチ，オブジェクト指向アプローチの三つ
- □ データベーススペシャリスト試験では，データ中心アプローチで設計を行う

データベーススペシャリストは，主にデータベース設計を行う人

データベーススペシャリストという試験は，その名称から，「データベースを直接さわって，設定を行う人」が対象というイメージをもたれがちですが，実際には，「システム開発において主にデータベース設計を行う人」という位置づけです。

データベースに関する専門職には，次の二つがあります。

- **DA**（Data Administrator）：データ管理者
- **DBA**（DataBase Administrator）：データベース管理者

DAは，データそのものの管理を行う人です。データベースの中にどのようなデータをどれだけ格納するのかを決めます。

DBAは，データベースの管理を行う人です。データベースを構築し，運用保守も行います。データの内容によっては暗号化などが必要になる場合もあるため，個人情報保護などの情報セキュリティについても意識する必要があります。

システム開発の工程では，データベース設計などの上流工程をDAが行い，物理設計や運用保守などの下流工程をDBAが行うという役割分担です。

データベーススペシャリストは，この二つのうち，主にDAに該当する人のための試験です。そのため，データ中心アプローチでのデータベース設計などについて主に出題されます。

DBAに関する問題もある程度出題されるので勉強する必要はありますが，メインではありません。DBAが行うことはDBMS（データベース管理システム）に大きく依存するので，国家試験であるデータベーススペシャリスト試験ではDBMSに関する内容は，多くのDBMSに共通する部分を中心に出題されます。代わりにベンダ資格が充実していて，OracleならOracle Master，PostgreSQLなどのオープンソースの場合はOSS-DBなど，DBMSごとに資格試験が用意されています。

また，クラウドサービスと関係するデータベース試験は，AWS Certified Database - Specialty（AWS認定データベース－専門知識）や，GCP Professional Data Engineer認定試験，Data Engineering on Microsoft Azure（Microsoft Azureでのデータエンジニアリング）など，プラットフォームごとに用意されています。

自分の状況に合わせて，必要な勉強をしていきましょう。

勉強のコツ

データベーススペシャリスト試験はDAの試験なので，DAの勉強をメインで行うことがとても大切になります。具体的には，データベース設計をしっかり学習して，正規化ができてE-R図が書けるようになることが肝心です。
実務でデータベースに関わる場合には，DAとDBAに関する両方のスキルが必要になることが多くなります。データベーススペシャリストの資格を取得したら，他のベンダ試験に挑戦すると，データベースのスキルをさらにアップさせることができます。また，データベーススペシャリストの勉強と並行してベンダ試験の勉強を行うのも，相乗効果があるのでおすすめです。

1-2-2 データ中心アプローチ

データベーススペシャリスト試験では，データ中心アプローチでのシステム開発が取り上げられます。データ中心アプローチでは，データベース設計として，概念設計，論理設計，物理設計を行います。

データ中心アプローチの流れ

データ中心アプローチでのシステム開発は，以下の図のような流れで行います。

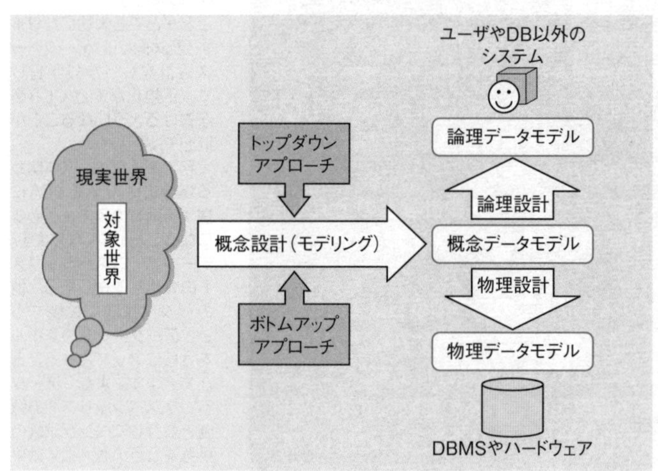

データ中心アプローチでのシステム開発の全体像

システムを作成するときには，開発する対象を絞り込むため，まず現実世界から，開発を行う対象世界を決定します。

その対象世界に対して，概念設計（モデリング，またはデータモデリング）を行います。概念設計には，**トップダウンアプローチ**と**ボトムアップアプローチ**の二つの手法があり，両方を組み合わせて設計を行います。概念設計の結果，でき上がるのが，概念データモデルです。

次に，でき上がった概念データモデルに対して論理設計を行います。論理設計は，データベースとユーザやデータベース以外のシステムとを結び付けるための設計です。論理設計ででき

関連

トップダウンアプローチやボトムアップアプローチなど，概念設計の具体的な手法については，第3章「データベース設計」や第6章「概念設計」で学びます。
論理設計，物理設計については，第7章「論理設計・物理設計」で学びます。
ここでは全体像を理解して，各章に入ったときに全体のどの部分のことを説明しているのかイメージできるようにしておきましょう。

上がるデータモデルを**論理データモデル**といいます。

さらに，概念データモデルに対して**物理設計**を行います。物理設計は，データベースとDBMS（データベース管理システム）やハードウェアを結び付けるための設計です。物理設計ででき上がるデータモデルを**物理データモデル**といいます。

論理データ独立と物理データ独立

データモデルを3層に分ける理由は，**データ独立**を行って，変更に強いシステムにするためです。

概念データモデルとは別に論理データモデルを作成することによって，互いの独立性が保たれます。例えば，データベース以外のシステムの変更があった場合には，論理データモデルを変更するだけでいいので，概念データモデルには影響を及ぼしません。逆に，データベースの構造など，概念データモデルに変更があった場合でも論理データモデルは変更されないので，システムに影響が及ぶことがありません。このような，概念データモデルと論理データモデルの間のデータ独立のことを**論理データ独立**といいます。

同様に，概念データモデルとは別に物理データモデルを作成することによって，互いの独立性が保たれます。例えば，DBMSやハードウェアに変更があった場合でも，物理データモデルを変更すればいいので，概念データモデルに影響を与えません。このような，概念データモデルと物理データモデルの間のデータ独立のことを**物理データ独立**といいます。

概念データモデルは，DBMSやシステムにはまったく依存しない机上のデータモデルです。そのモデルを，データ独立を確保しつつ，論理データモデルや物理データモデルで実装することによって，システム変更による影響箇所が少ない，変更に強いシステムを構築することが可能になります。

用語

ANSI/X3/SPARCのSPARCは，Standards Planning And Requirements Committee（標準化計画委員会）の略です。3層スキーマアーキテクチャは，この委員会のスタディグループが制定したことから付けられた名称です。

3層スキーマアーキテクチャ

データベースを3層に分ける方式は，前述した3層のデータモデルのほかにもあります。ANSI（American National Standards Institute：アメリカ規格協会）で標準化されたANSI/X3/SPARCの**3層スキーマアーキテクチャ**です。

スキーマとは，データベースの構造であり，DBMSでサポートされる言語（SQLなど）で定義される具体的なものです。ANSI/X3/SPARCの3層スキーマアーキテクチャでは，次の三つのスキーマが定義されています。

①外部スキーマ

データベースに関係ないプログラムやユーザが使用する，データベースの記述です。代表的なものにビューがあります。

②概念スキーマ

エンティティやテーブル，テーブル間の関連などの記述です。内部スキーマと外部スキーマの間に位置します。

③内部スキーマ

DBMSで使用する，データベースを物理的にどのように配置するのかなど，具体的に実装するための記述です。代表的なものにインデックスがあります。

それでは，次の問題で確認してみましょう。

用語

データベーススペシャリストの午後試験では，関係スキーマを記述する問題が多く出てきます。関係スキーマは，3層スキーマアーキテクチャでは概念スキーマに当たり，関係データベースでの関係，つまり，表（テーブル）を記述するのに使われます。

問題

データベースの3層スキーマアーキテクチャに関する記述として，適切なものはどれか。

ア 概念スキーマは，内部スキーマと外部スキーマの間に位置し，エンティティやデータ項目相互の関係に関する情報をもつ。

イ 外部スキーマは，概念スキーマをコンピュータ上に具体的に実現させるための記述であり，データベースに対して，ただ一つ存在する。

ウ サブスキーマは，複数のデータベースを結合した内部スキーマの一部を表す。

エ 内部スキーマは，個々のプログラム又はユーザの立場から見たデータベースの記述である。

（平成29年春 データベーススペシャリスト試験 午前Ⅱ 問1）

発展

データモデルやスキーマには，いろいろな分け方があります。3層スキーマや3層データモデルにも多くの種類があり，分け方が2層になっているものもあります。しかし，これらの違いを細かく覚える必要はありません。大切なのは，階層化してデータ独立をさせるという概念です。

データベーススペシャリスト試験で問われるのは，基本的にANSI/X3/SPARCの3層スキーマアーキテクチャだけなので，それだけはしっかりと押さえておきましょう。

解説

データベースの3層スキーマでは，概念スキーマは，内部スキーマと外部スキーマの間に位置します。そして，エンティティやデータの関連に関する情報をもつので，アが正解です。

イは内部スキーマ，エは外部スキーマを指します。

ウのサブスキーマは，CODASYL（Conference on Data Systems Languages）という，COBOLを開発した団体が定義する3層スキーマでの用語です。サブスキーマは，外部スキーマの一部に対応します。

≪解答≫ア

▶▶▶ 覚えよう！

- □ 3層スキーマでは，外部スキーマ，概念スキーマ，内部スキーマがある
- □ 外部スキーマではビュー，内部スキーマではインデックスを定義する

1-3 データ分析とデータベース

ビッグデータなどの大量データを分析するためには，通常のシステムで用いるデータベースとは異なる，データウェアハウスなどのデータベースを用意する必要があります。また，ビッグデータを利用するためにAIを活用することも一般的になってきました。

1-3-1 データ分析基盤

大量のデータ分析処理を行い，ビジネスに役立てるためにデータ分析基盤を構築します。データ分析基盤を活用し，分析システムで活用していきます。

基幹システムと分析システム

データベースを使用するシステムは，大きく**基幹システム**と**分析システム**に分けられます。それぞれの特徴は，次のとおりです。

● 基幹システム

基幹システムとは，業務上必須となるシステムで，在庫管理，物流管理，販売管理など，様々な基幹業務を行うために稼働しています。

基幹システムでは，トランザクションと呼ばれる一連の処理の単位ごとに，データベースの更新を行います。この処理を**OLTP**(OnLine Transaction Processing)といいます。

OLTPでは，データ行が頻繁に追加，更新，削除されますので，正確に高速にデータ行を更新できる仕組みが重要となります。行に対するアクセスが高速に動作するように作られたデータベースを**行指向**のデータベースといい，関係データベースがよく用いられます。

● 分析システム

分析システムとは，データ分析のためのシステムです。売上の分析やWebサイトへのアクセス分析など，データ分析に特化した機能を提供します。

分析システムは，基幹システムのデータを取得して分析を行い，基本的にデータの更新は行いません。分析システムでは，複雑で分析的な問合せに素早く回答する処理を行う必要があります。この処理を**OLAP**（OnLine Analytical Processing）といいます。

OLAPでは，関係データベースなどのデータのスナップショットを取り，別のデータベースに移します。データの分析では，同じ列を集計することが多く，列の集計操作などを効率的に行うため，**列指向**のデータベースが用いられます。列指向のデータベースとしては，**データウェアハウス**がよく用いられます。

関連
データウェアハウスに関連する技術の詳細は，「9-1-2 データウェアハウス」で取り扱います。

BI

BI（Business Intelligence：ビジネスインテリジェンス）とは，企業などの組織に関するデータを収集・蓄積し，それを分析して活用することにより，経営上の意思決定を効率的に行うための方法です。過去や現在のデータから未来の予測を行い，誤った経営判断を少なくします。ビジネスにおいてBIを実現するためには，データ分析を行うための分析システムと，そのためのデータ分析基盤の構築が不可欠です。

データ分析基盤

データ分析基盤とは，データ分析を行うために，継続的にデータを収集して蓄積しておく場所です。分析システムで様々なデータ分析を可能にするために，収集したデータを保管し，活用しやすい形式に加工しておきます。

データ分析基盤の全体的なイメージは，次のとおりです。

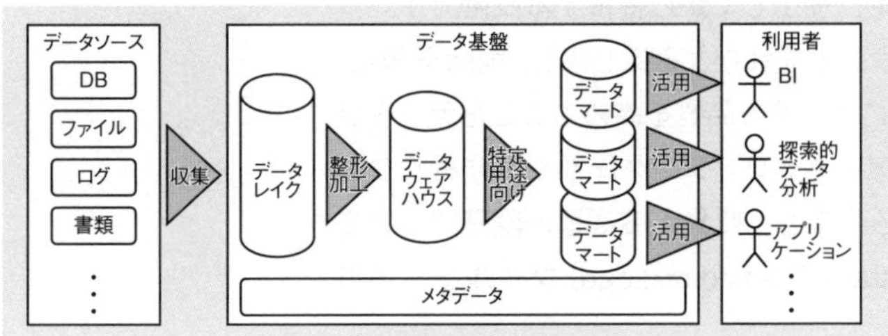

データ分析基盤の全体像

データ分析基盤では，生成→収集→蓄積→活用の4段階でデータを加工していきます。各段階で行うことは，次のとおりです。

①生成

データ分析のためのデータを生成する段階です。事業システムでトランザクション処理を行ったときに生成するデータは，分析の基となります。

また，Webのアクセスログや，IoTのデバイスが送るセンサデータなども，分析の基となります。インターネットからのデータ取得（スクレイピング）など，Webサイトからデータ収集をすることも多くあります。

生成されたデータはすべて，**データソース**と呼ばれます。大切なのは，「集まったデータを活用する」のではなく，「分析する内容を想定してデータを生成する」ことです。

②収集

生成されたデータを収集する段階です。

収集したデータを加工し，特定の分析に合わせて整形すると，他の用途に使えなくなることがあります。そのため，収集して加工する前のデータ，加工した後のデータなどを保管しておき，対応できるようにする必要があります。このとき，基のデータ，ファイルなどをすべて保管しておく場所のことを，データレイクといいます。

③蓄積

収集したデータを，整形，加工してから蓄積する段階です。

データの重複や誤記，表記の揺れなどを探し出し，削除や修正，正規化などを行い，事前にデータの品質を高めることをデータクレンジングといいます。データクレンジング作業や，分析しやすいようにデータを整形する作業を，収集から蓄積の段階で行います。加工には，**ETL（Extract/Transform/Load）ツール**などが用いられます。

加工されたデータは，データウェアハウスに蓄積されます。

④活用

収集したデータを分析して活用する段階です。

活用段階では，データマイニングなどを行い，ビジネスに有益な情報を得ます。データ可視化を行い，データから情報を得られるようにすることも多いです。データ分析の結果を経営層に見せ，意思決定に利用できるようにすることが目的です。また，データ活用の段階を自動化し，例えば，Webサイトへのアクセス分析を行い，おすすめの商品を表示するようなWeb広告などのアプリケーションで利用することもあります。

データウェアハウスから特定の利用者，または特定の用途向けに加工して取り出したデータを，**データマート**といいます。データマートは，用途ごとに1対1の対応で作成されます。

■ データレイク

データレイクとは，収集したすべてのデータを蓄積しておく場所です。業務システムのデータベースから取得するような構造化データだけでなく，画像やPDF，ファイルなどの非構造化データも含まれます。データレイクには主に**分散ストレージ**が用いられます。

用語

分散ストレージとは，ハードディスクやSSDなどのストレージを，複数の場所に分散させて保管する手法です。複数の場所に保管することで，1か所に障害が発生してもデータが保全されます。また，複数の場所から一度に読み取ることによって，高速化も実現できます。

■ データウェアハウス

業務システムのデータベースのデータや，その他のデータレイクに収集したデータを加工し，再構成して格納した分析用のデータベースのことをデータウェアハウスといいます。再構成するときに多次元データとすることで，様々な次元（分析軸）で分析できるようになります。

データウェアハウスの概念を提唱したビル・レイモンは，データウェアハウスを「意思決定のため，目的別に編成され統合された時系列で，削除や更新を行わないデータの集合体」と定義しています。データウェアハウスを用いて分析を行うことで，ビジネス戦略などにおける意思決定にデータを活用します。

■ データマイニング

データマイニング（Data Mining：DM）とは，統計学やパターン認識，AI（人工知能）などのデータ解析の技法を大量のデータに適用することで新たな知識を取り出す技術です。

普通のデータ活用からは想像しづらい発見的な知識を獲得することが期待されています。大量に蓄積されたデータから，これまで知られていなかった有用な情報を抽出します。

▶▶▶ 覚えよう！

- □ データウェアハウスは，時系列で，削除や更新を行わないデータを扱う
- □ データマイニングでは，大量のデータから新たな知識を取り出す

1-3-2 AIで活用するためのデータベース

AIでは，ビッグデータを分析した結果を用い，様々な場面で応用します。

ビッグデータ

RDBMSだけでは扱い切れないデータのことを一般にビッグデータといいます。ビッグデータとは，単に大量のデータというだけでなく，次の三つの特徴をもちます。これらの特徴は，頭文字を取って3Vと呼ばれます。

① データの量（Volume）

データの量が多く，1台のサーバで処理できる限界を超えると，1台のサーバで動かすことを前提としたRDBMSでは処理し切れなくなります。

② データの種類（Variety）

データの種類が多く，頻繁に変更される場合には，テーブル構造が固定化され変化に弱いRDBMSでは管理が大変になります。

近年のWeb系システムでは，短いサイクルで改善を繰り返すことが多く，そうした場合には頻繁にテーブル構造を変更する必要があり，データベース管理のコストが大きくなってしまいます。

③ データ発生／処理の頻度／速度（Velocity）

データの更新において，RDBMSではトランザクション管理を

行っています。トランザクション管理を行うことで整合性は保たれますが，その分速度が犠牲になります。データ処理の頻度が多く，連続してクエリ(質問)が発行されるような場合には，トランザクションのコストの影響が大きくなってしまいます。

ビッグデータ分析のためのSQL

ビッグデータは，データの量が多いだけでなく，テーブル構造が固定化されていません。そのため，従来の関係データベース用のSQLでは十分な分析ができません。以前は，データ加工や分析には，SQLではなく専用の言語が用いられることも多かったのですが，近年は分析を行うためのSQL文が考案されたことで，SQLを用いた分析がよく行われるようになりました。データウェアハウスでも,SQLを用いて分析を行うことが増えています。

分析用のSQLには，ウィンドウ関数を始めとした，範囲ごとに集計するための様々な機能が備わっています。ウィンドウ関数は，OLAP関数とも呼ばれ，近年ではほとんどのDBMS製品が対応しています。

関連
ウィンドウ関数などの分析用SQLの詳細は，「4-1-5 データ分析のためのSQL」で取り扱います。

AI

AI（Artificial Intelligence：人工知能）とは，人間と同様の知能をコンピュータ上で実現させるための技術です。人間を完全に模倣できる「強いAI」と呼ばれる技術はまだ実現していませんが，人間の一部の機能を代替して実現できる「弱いAI」と呼ばれる技術では，現在様々なものが実用化されています。

AIの代表的な実用化事例に画像認識があり，音声認識やテキスト翻訳などの分野でも大きく技術が進歩しています。生成AIも普及し，画像生成やテキスト生成の分野も大きく伸びているところです。

AIとビッグデータ

関連
AIやビッグデータに関する技術の詳細は，「9-2-3 ビッグデータとAI」で取り扱います。

AIを活用するためには，大量のデータを利用し，学習させる必要があります。このときに，ビッグデータを利用します。ビッグデータは，それに対応するデータベースに格納します。

AIに学習させるためのデータを作成するときには，事前に**データクレンジング**や加工を行い，元データの品質を高めることが大切です。

データマイニングを行い，データの中に法則を発見するときにAIを利用することも増えてきています。

それでは，次の問題を考えてみましょう。

問題

ビッグデータの利用におけるデータマイニングを説明したものはどれか。

ア 蓄積されたデータを分析し，単なる検索だけでは分からない隠れた規則や相関関係を見つけ出すこと

イ データウェアハウスに格納されたデータの一部を，特定の用途や部門用に切り出して，データベースに格納すること

ウ データ処理の対象となる情報を基に規定した，データの構造，意味及び操作の枠組みのこと

エ データを複数のサーバに複製し，性能と可用性を向上させること

（令和4年春 高度共通問題 午前Ⅰ 問9）

解説

データマイニングとは，蓄積されたデータを分析して，隠れた規則や相関関係を見つけ出すことです。したがって，アが正解です。

イはデータの抽出，ウはデータスキーマ，エはデータの分散化に関する説明です。

≪解答≫ア

▶▶▶ 覚えよう！

- □ ビッグデータは，データ量だけでなく，種類や発生頻度などの特徴もある（3V）
- □ AIでは，学習させるデータの品質を高めることが大切

1-4 問題演習

1-4-1 午前問題

問1 概念データモデル CHECK ▶ □□□

概念データモデルの説明として，最も適切なものはどれか。

ア 階層モデル，ネットワークモデル，関係モデルがある。
イ 業務プロセスを抽象化して表現したものである。
ウ 集中型DBMSを導入するか，分散型DBMSを導入するかによって内容が変わる。
エ 対象世界の情報構造を抽象化して表現したものである。

問2 3値論理の評価結果 CHECK ▶ □□□

SQLが提供する3値論理において，Aに5，Bに4，CにNULLを代入したとき，次の論理式の評価結果はどれか。

(A > C) or (B > A) or (C = A)

ア φ（空）　イ false（偽）　ウ true（真）　エ unknown（不定）

問3 データレイクの特徴 CHECK ▶ □□□

データレイクの特徴はどれか。

ア 大量のデータを分析し，単なる検索だけでは分からない隠れた規則や相関関係を見つけ出す。
イ データウェアハウスに格納されたデータから特定の用途に必要なデータだけを取り出し，構築する。
ウ データウェアハウスやデータマートからデータを取り出し，多次元分析を行う。
エ 必要に応じて加工するために，データを発生したままの形で格納して蓄積する。

午前問題の解説

問1 (令和5年秋 データベーススペシャリスト試験 午前Ⅱ 問3)

《解答》エ

概念データモデルでは，対象世界の情報（データ）構造を抽象化して，E-R図などで表現します。したがって，**エ**が正解です。

アは論理データモデル，イは業務プロセスのモデル，ウは物理データモデルの説明です。

問2 (平成29年春 データベーススペシャリスト試験 午前Ⅱ 問9)

《解答》エ

3値論理において，NULLは値ではありません。そのため，CにNULLを代入すると，その演算結果である（A＞C）や（C＝A）はすべてunknown（不定）となり，それらを組み合わせた論理式もすべてunknown（不定）となります。したがって，**エ**が正解です。

問3 (令和4年秋 データベーススペシャリスト試験 午前Ⅱ 問18)

《解答》エ

データレイクとは，データを分析するときに必要なデータを，加工せずに発生したままの形で格納しておく場所です。必要に応じて加工するために，元のデータを保存しておき，様々な用途に活用します。したがって，**エ**が正解です。

ア　データマイニングの特徴です。

イ　データマートの特徴です。

ウ　OLAPによる多次元分析の特徴です。

第2章

データベース基礎理論

この章では，関係データベースの理論的な基本となるデータベース基礎理論について学びます。
関係データベースにおける最も重要な理論に，正規化理論があります。更新に強いデータベースにするために，第1正規形，第2正規形，第3正規形，及び高次の正規形へと正規化を行う手法について，順番に学んでいきます。
また，関係データベースでの演算である関数演算についても学びます。データベース設計やSQLの基礎となる内容で，午前問題でも出題されますので，まずしっかり理解することが大切です。

2-1 正規化理論

正規化理論とは，関係データベースでデータを適切な関係（リレーション）に分解するための理論です。第1，第2，第3，ボイス・コッド，第4，第5正規形の六つの正規形があり，順に正規化を行っていきます。

2-1-1 正規化とは

正規化（Normalization）は一般的に，一定のルールに従って変形を行うことです。関係データベースの正規化では，正規化理論というルールに従って，関係を分解するという変形を行っていきます。

正規化の目的

関係データベースでの正規化の目的は，タプルの更新時に起こる異常である**更新時異状**を排除することです（詳細は後述します）。関係データベースでは，正規化を行わないと，更新時に様々な異状が発生します。このときの更新とは，単にデータを修正することだけではなく，タプルの**挿入**，タプルの**更新**（**修正**），タプルの**削除**の三つを指します。

また，正規化を行うことによって，一つのデータは1か所のみに存在する「**1か所1事実**（**1 fact in 1 place**）」が実現できます。データの重複をなくすことによって，データの更新時に複数か所を更新する必要がなくなり，整合性のあるデータベースが作成できます。

正規化を行わない場合

正規化を行うことで，更新時異状は排除できます。しかし，逆に，**更新しない場合には正規化は行う必要がない**ともいえます。

正規化を行うことは，実際の作業としてはテーブルを分解することです。そうすると，データを扱うときには表の結合操作が必要になるので，処理が遅くなることが多いのです。正規化によって性能が下がることが多いため，あえて正規化を行わないこともよくあります。

勉強のコツ

データベーススペシャリスト試験では，正規化はデータベース設計の基本となります。午後のデータベース設計では，第3正規形までの正規化は素早く正確に行う必要があります。
単に知識を押さえるだけでなく，確実に理解し，問題演習を通じてやり方を身に付けていきましょう。

用語

更新時異状（update anomaly）の異状（anomaly）とは，「通常とは違った状態」のことです。
データベースのデータが，更新によって本来の姿とは違った状態になることが更新時異状です。
異常（abnormal）とは違うので，漢字を間違えないように押さえておきましょう。

動画

正規化の目的について解説した動画を公開しています。
http://www.wakuwakuacademy.net/itcommon/3/
リストから「正規化の目的」を選択してください。

一般に，正規化を行わないデータベースには，次の3種類があります。

①データの更新を行わないもの

データウェアハウスやアクセスログなど，データを追記するだけで更新を行わないものは，正規化の必要がありません。

関連

データウェアハウスは，分析のためのデータを他のデータベースから取得します。このとき，データの更新は基本的に行わず，新しいデータを追加するのみです。そのため，正規化は行わず，分析するデータはファクトテーブルと呼ばれる一つのテーブルにまとめられます。データウェアハウスについての詳細は，「9-1-2 データウェアハウス」で取り上げます。

②データの履歴を残すもの

社員異動履歴や単価改変履歴など，古いデータの履歴を残すものは更新されては困るため，正規化は行いません。

③高速化が特別に必要なもの

データの更新時異状よりも高速化が優先される場合，あえて正規化を行わないことがあります。この場合には，更新時異状への対策を別途考える必要があります。

これら以外の場合には，データベースに格納されるデータを不具合なく整合性のとれたものにするために，正規化を行うことが必要になります。

■正規形の種類

正規化を行うことでできる関係（リレーション）を**正規形**といいます。正規形には，第1正規形，第2正規形，第3正規形，ボイス・コッド正規形，第4正規形，第5正規形の6種類があります。基本的には，次のように順番に正規化を行っていきます。

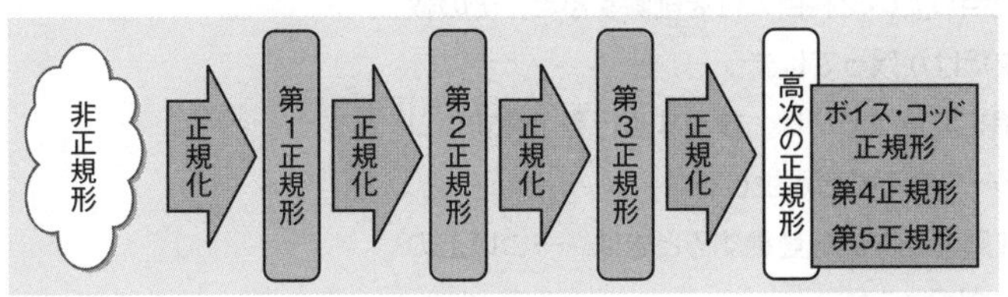

正規化の順序

ほとんどの場合は**第3正規形までの正規化**を行います。ボイス・コッド正規形，第4正規形，第5正規形については，必要となる場面が少ないので，場合に応じて考慮します。

更新時異状

更新時異状は，正規化を行っていないときに起こるタプルの更新時の異状です。それぞれの正規形で，正規化が行われていない場合に，次の3種類の更新時異状が起こることが考えられます。

①タプル挿入時異状
②タプル更新（修正）時異状
③タプル削除時異状

それでは，次の問題を例に上記の更新時異状を考えてみましょう。

問題

教員の担当科目と給与を管理する“科目－教員”表を更新するときに発生する問題はどれか。ここで，科目番号を主キーとし，基本給は科目によらず教員ごとに決まっているものとする。

科目－教員

科目番号	科目名	教員番号	担当教員	単位	基本給
2761	一般システム理論	8823	田中亮	2	180
2762	問題形成と問題解決	6673	佐藤永吉	2	250
2763	情報システム開発の経済性	6654	小林正路	2	400
2864	一般システム理論	7890	大野俊郎	2	230
2865	情報システムの都市計画法	4664	斉藤秀夫	4	320
3966	UMLモデリング	8823	田中亮	4	180

ア　ある教員が唯一担当していた科目の行を削除すると，その教員の基本給データだけが残ってしまう。

イ　ある教員の基本給を変更するには，該当する行を1件ずつコミットしないとデータの不整合が生じる。

ウ　担当科目のない教員の基本給を登録するときは，一つ以上の科目を削除しなければならない。

エ　複数の科目を担当する教員の基本給を変更するときは，担当するすべての科目について変更しないとデータの不整合が生じる。

（平成22年春 データベーススペシャリスト試験 午前Ⅱ 問7）

解説

“科目－教員”表の場合，次の3種類の更新時異状があります。

発展

更新時異状については，どの正規形でも，正規化を行わないと，「タプル挿入」「タプル更新」「タプル削除」時の異状が起こります。
この問の“科目－教員”表は第2正規形であり，第3正規形ではありません。そのため，第3正規形になっていないことによる更新時異状が発生します。
更新時異状の内容は，データの内容によらず正規形によって機械的に決まってきます。そこで，各正規形でどのような更新時異状が起こるのかあらかじめ理解しておくと，問題を解くときの助けになります。

①タプル挿入時異状

新しい教員を登録するときに，担当科目が決まっていない場合には登録できません。“科目－教員”表では主キーが科目番号で，主キーはデータが必須となるので，科目番号のないタプルは挿入できないからです。

②タプル更新（修正）時異状

複数の科目を担当する教員の情報を更新するときに，該当する複数の箇所をすべて一度に更新しないと，データの不整合が生じます。具体的には，科目番号2761のタプルで教員番号8823の田中亮の基本給180を200に更新し，同じ田中亮が担当する科目番号3966のタプルの基本給を更新しなかった場合には，データが矛盾してしまいます。

③タプル削除時異状

一つの科目だけを担当する教員の情報は，その科目の情報が削除されるとなくなります。具体的には，科目番号2762のタプルを削除すると，教員番号6673の佐藤永吉の情報もすべて消えてしまいます。

以上から，タプル更新時異状の説明であるエが正解です。

ア 行（タプル）を削除すると起こるのは，その教員のデータがすべて削除されてしまうことです。

イ 1行ずつコミットを行うとデータの不整合が発生するので，すべての該当する行を更新したあとにまとめてコミットする必要があります。

ウ 担当科目のない教員を登録する場合には，一つ以上の科目について登録を行う必要があります。

用語

コミット（COMMIT）とは，トランザクションで変更を確定させることです。
トランザクションについての詳細は，「5-2-1 トランザクションとは」で詳しく取り扱います。

≪解答≫エ

関数従属性

関数従属性の「関数」とは，数学で学ぶ関数Y=f(X)のように，ある値Xが決まると，その値に対応してYが一意に決まるという関係です。関数従属性をより正確に言うと，「関係（リレーション）の属性集合間で，一方の属性集合の値の集合が，他方の属性の値の集合を関数的に決定すること」です。
このとき，すべての属性の値で，この関係が成り立っている必要があります。
右の例では，すべての科目名に，対応する科目番号があることが必要です。

正規化を理解するための大切な考え方の一つに，関数従属性があります。関数従属性とは，ある属性Xの値が決まれば，別の属性Yの値が一意（一つ）に決まる，といった性質です。これを，X→Yと表します。このとき，Xを決定項，Yを**従属項**といいます。

例えば，先ほどの問題にある“科目－教員”表では，科目番号の値が“2761”に決まれば科目名は“一般システム理論”に，科目番号が“2762”なら科目名は“問題形成と問題解決”に一意に決まります。これが関数従属性であり，「科目番号→科目名」と表すことができます。

データベーススペシャリストの午後試験では，次のように関数従属性を図に表すことがあります。

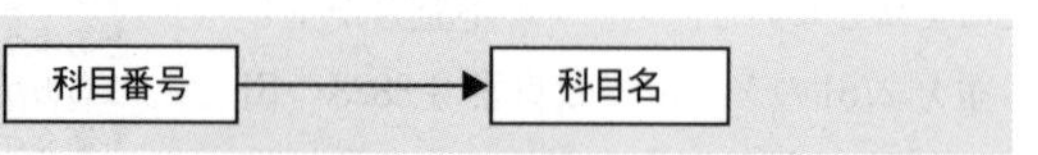

関数従属性の表記法の例

それでは，次の問題を考えてみましょう。

問題

関数従属性の種類には，部分関数従属性，推移的関数従属性などがあります。これらを排除することは，第2，第3正規形の条件となります。

関数従属に関する記述のうち，適切なものはどれか。ここで，A，B，Cはある関係の属性の集合とする。

ア　BがAに関数従属し，CがAに関数従属すれば，CはBに関数従属する。
イ　BがAの部分集合であり，CがAに関数従属すれば，CはBに関数従属する。
ウ　BがAの部分集合であれば，AはBに関数従属する。
エ　BとCの和集合がAに関数従属すれば，BとCはそれぞれがAに関数従属する。

（平成25年春 データベーススペシャリスト試験 午前Ⅱ 問2）

解説

BとCの和集合{B, C}がAに関数従属するA→{B, C}が成り立つときには，A→B，A→Cが成り立ちます。具体例としては，A{科目番号}，B{科目名}，C{単位}という属性集合を考え，{B, C}（科目名，単位）の属性の集合がA（科目番号）に関数従属するなら，A→B，A→Cは単独でも成り立ちます。したがって，エが正解になります。

アでは，A→B，A→CのときにB→Cが成り立つかどうかが問われています。こちらは，BとCには特に関係はないので成立しません。

イでは，BがAの部分集合で，A→Cの場合にB→Cが成り立つかを問われています。具体例として，前掲の問題を例に，A{科目番号，教員番号}，B{教員番号}，C{科目名}を考えてみます。BはAの部分集合ですが，Bの教員番号が決まっても，Cの科目名は一意には決まりません。

ウも，イと同様の具体例で考えてみます。BはAの部分集合ですが，B→Aは成り立ちません。教員番号が決まっても，科目番号は一意に決まらないからです。

≪解答≫エ

勉強のコツ

この問では，前掲の問題のテーブル"科目ー教員"表を具体例として，属性集合を表してみました。
抽象的なA→Bといった話だと分かりにくいので，このような具体例を考えてみると，理解しやすくなります。

導出属性の排除

データベースの属性の中には，他の属性から演算を行うことによって導くことができる**導出属性**があります。例えば，伝票などでよくある，単価×数量＝金額という計算で求められる金額は，導出属性です。

導出属性は正規化の過程で取り除かれることが多いのですが，これは，導出属性が残っているとデータの変更のたびに導出属性を計算し直さなければならず，更新時異状が起こる可能性があるためです。しかし，前述した正規化を行わない場合と同様に，更新しない場合や履歴を残す場合，性能を上げる必要がある場合には，あえて導出属性を残すこともあります。

導出属性についても，正規化と同様，**臨機応変に考えていく**ことが大切です。

過去問題をチェック

導出属性は削除するのが基本ですが，データベーススペシャリスト試験の問題でもあえて残していることがよくあります。以下の例を見てみましょう。

【導出属性を残す例】

・平成23年特別 午後Ⅱ 問2 表4中の"補正数量"は，棚卸数量と倉庫内在庫数量の差で求められる導出属性です。しかし，設問(4)空欄z の解答例ではこの属性は記載されており，削除されていません。更新しない値なので，毎回検索するよりも残しておいた方が効率がいいからだと考えられます。

情報無損失分解

正規化を行うときに，ただ更新時異状を避けるために適当に分解すると，もともとあった情報が失われることがあります。関係を分解するときには，その関係を結合することで元の関係を復元できる必要があります。

分解した関係を**自然結合**したときに元に戻せる分解の仕方を**情報無損失分解**といいます。情報無損失分解を行うために正規化の規則があり，第1正規形から順に正規化していくことによって，情報を保持することができます。

用語
自然結合については，「2-2-2 結合演算」で詳しく学習します。
ここでは，共通の属性を使って二つの関係を結合できることを理解しておきましょう。

それでは，次の問題を考えてみましょう。

問題

次の表を情報無損失分解したものはどれか。ここで，下線部は主キーを表す。

発注伝票(<u>注文番号</u>，<u>商品番号</u>，商品名，商品単価，注文数量)

ア　発注(<u>注文番号</u>，注文数量)
　　商品(<u>商品番号</u>，商品名，商品単価)

イ　発注(<u>注文番号</u>，注文数量)
　　商品(<u>注文番号</u>，<u>商品番号</u>，商品名，商品単価)

ウ　発注(<u>注文番号</u>，<u>商品番号</u>，注文数量)
　　商品(<u>商品番号</u>，商品名，商品単価)

エ　発注(<u>注文番号</u>，<u>商品番号</u>，注文数量)
　　商品(<u>商品番号</u>，商品名，商品単価，注文数量)

(平成22年春 データベーススペシャリスト試験 午前Ⅱ 問6)

2

解説

情報無損失分解では，自然結合すると元の関係を戻すことができます。そのため，各選択肢で関係“発注伝票”が再現できるかどうかを確認していきます。

ア 関係“発注”と“商品”に共通の属性がなく自然結合できないので，情報が損失しています。

イ 関係“発注”で，注文番号のみから注文数量が特定できる関係になっており，商品ごとに決まる注文数量の情報が保持できないので，情報が損失しています。

ウ 商品番号で結合すると関係“発注伝票”が復元できるので，情報無損失分解です。

エ 注文数量の列が複数あり，特に関係“商品”の注文数量は，注文番号ごとに異なる注文数量の情報を保持できないので，情報が損失しています。

したがって，情報無損失分解はウのみとなり，これが正解です。この分解は，第2正規形への正規化を行うと実現できます。

≪解答≫ウ

メタデータ

データには，データそのもののほかに，データについてのデータである**メタデータ**があります。あるデータが付随してもつ，データ自身に関する抽象度の高いデータです。例えば，関係スキーマ　**商品(商品番号，商品名)**があったときに，商品番号，商品名は属性名で，商品は関係名です。この商品番号，商品名に対する“属性名”，商品に対する“関係名”がメタデータになります。

データモデルの定義では，このメタデータを**メタ属性**として扱い，属性の一つとすることがあります。

過去問題をチェック

メタ属性については，データベーススペシャリスト試験の午後問題の設問の一つでときどき取り扱われます。

【メタ属性について】

・平成22年春 午後Ⅰ 問1 設問3
この設問では，データモデルを拡張し，メタ概念を導入してメタ属性を定義しています。

覚えよう！

- □ 正規化は，更新時異状を排除するために，通常は第3正規形まで行う
- □ 更新時異状には，タプル挿入時異状，タプル更新時異状，タプル削除時異状の三つがある

2-1-2 第１正規形

第1正規形とは，シンプルなドメイン（定義域）上で定義された関係です。第1正規形では，シンプルなドメインにするために，属性を単一値にし，巾集合や直積集合を排除します。また，候補キーや主キーも決定する必要があります。

勉強のコツ

第１正規形の定義は正確に理解しておきましょう。
第１正規形の場合は，属性が単一値になればいいだけなので，表（関係）を分解する必要はありません。
試験問題の演習で迷ったら，定義に立ち返って考えてみましょう。

第１正規形の定義

第1正規形の定義は，次のとおりです。

> 【定義】（1NF）
> **関係（リレーション）スキーマ*R*が第1正規形（the first normal form, 1NF）であるとは*R*を定義するすべてのドメインがシンプルであるときをいう**

第１正規形について解説した動画を公開しています。
http://www.wakuwakuacademy.net/itcommon/3/
リストから「第１正規形」を選択してください。

シンプルなドメインとは，属性がすべて単一値をとることです。具体的には，ドメインに**直積集合**や**巾**（べき）**集合**がある場合には，それを排除していきます。

例えば，次のような関係“伝票”を考えます。

関連

正規化の定義は，リレーショナルデータモデル（「1-1-3」で取り上げた関係モデル）を提唱したコッド博士によって定められています。
数学的な定義なので，直感的に理解しづらい部分も多いです。理論をしっかり学習されたい方は，『データベース入門［第２版］』（増永良文，サイエンス社，2021年）など，大学のコンピュータサイエンスの授業で用いられるような教科書で学習するのがおすすめです。

関係“伝票”

伝票番号	顧客名（顧客番号）	商品番号	商品名	数量
1001	ねこ商事（11）	2001	チョコレート	5
		2002	キャラメル	10
1002	うさぎ開発（13）	2001	チョコレート	5
		2003	ドーナツ	20
		2004	シュークリーム	5
1003	くま工業（29）	2005	プロテイン	30
1004	くま工業（29）	2005	プロテイン	30

この関係は，第1正規形に正規化されていないので**非正規形**です。これを第1正規形にするために，ドメインをシンプルにしていきます。

まず，**直積集合**の排除です。直積集合（direct product）とは，集合の集まりで，各集合を組にしたものです。上の関係では，“顧客名（顧客番号）”に当たります。一つのドメイン（マス目）の中に（ねこ商事，11）のように複数の値が入っており単一値ではないため，これを排除します。具体的には，顧客名と顧客番号を別の属性とし，次のようなかたちにします。

直積集合を排除した関係“伝票”

伝票番号	顧客番号	顧客名	商品番号	商品名	数量
1001	11	ねこ商事	2001	チョコレート	5
			2002	キャラメル	10
1002	13	うさぎ開発	2001	チョコレート	5
			2003	ドーナツ	20
			2004	シュークリーム	5
1003	29	くま工業	2005	プロテイン	30
1004	29	くま工業	2005	プロテイン	30

次に，巾集合を排除します。巾集合（power set）とは，与えられた集合から，その部分集合を元として含む集合のことです。具体的には，伝票番号“1001”に対する商品番号{2001，2002}のように，一つの値に対して複数の値（集合）が対応するような関係です。関係“伝票”の場合には，伝票番号などに対して，商品番号，商品名，数量は巾集合となっています。

用語

巾集合は，正確には冪集合と書きますが，略字で巾と書くのが一般的です。
冪は冪乗または累乗を意味し，ある値同士をかけ合わせることを指します。具体的には，2^5のように上付き数字で書く数が冪乗です。

これを排除するためには，商品番号などの一つの値に対して，それぞれ伝票番号などを対応させます。伝票番号などのデータは重複することになりますが，巾集合は排除できます。具体的には，次のようなかたちにします。

巾集合，直積集合を排除した関係“伝票”

伝票番号	顧客番号	顧客名	商品番号	商品名	数量
1001	11	ねこ商事	2001	チョコレート	5
1001	11	ねこ商事	2002	キャラメル	10
1002	13	うさぎ開発	2001	チョコレート	5
1002	13	うさぎ開発	2003	ドーナツ	20
1002	13	うさぎ開発	2004	シュークリーム	5
1003	29	くま工業	2005	プロテイン	30
1004	29	くま工業	2005	プロテイン	30

このように，第1正規形の関係は，シンプルな碁盤の目のような表の形式となり，それぞれのドメインは単一値となります。

候補キー

候補キー（candidate key）の定義は，次のとおりです。

関係（リレーション）のタプルを一意に識別できる属性または属性の組のうち極小のもの

この条件に当てはまる属性または属性の組を，候補キーといいます。

例えば，先ほどの関係“伝票”を基に候補キーを考えます。

勉強のコツ
候補キーの定義はこれだけで，単純なものですが，感覚的には理解しづらいと思います。
問題演習の際に分からなくなったら，しっかり頭に入るまで，このページに戻ってきて改めて確認しましょう。このページに付箋を貼っておいてもいいくらいです。

第1正規形にした関係“伝票”

伝票番号	顧客番号	顧客名	商品番号	商品名	数量
1001	11	ねこ商事	2001	チョコレート	5
1001	11	ねこ商事	2002	キャラメル	10
1002	13	うさぎ開発	2001	チョコレート	5
1002	13	うさぎ開発	2003	ドーナツ	20
1002	13	うさぎ開発	2004	シュークリーム	5
1003	29	くま工業	2005	プロテイン	30
1004	29	くま工業	2005	プロテイン	30

さらに，次のような条件を加えます。

- 顧客は複数回注文するので，伝票は複数ある
- 顧客番号に対応する顧客名の重複はない
- 商品番号に対応する商品名の重複はない

ここでまず，候補キーの条件のうち，「**関係のタプルを一意に識別**」を考えてみます。

上の関係では，{伝票番号，顧客番号，顧客名，商品番号，商品名，数量} のすべての属性で全部値が同じタプル（行）はないので，すべての属性があれば，関係のタプルを一意に識別することは可能です。ちなみに，このように「関係のタプルを一意に識別」できるという条件のみを満たす属性または属性の組のことを**スーパキー**（super key）といいます。

しかし，すべての属性がなくても，タプルを一意に特定することはできそうです。ここで，候補キーのもう一つの条件，「**極小**」について考えていきます。極小とは，「もう一つ属性が欠落すると，条件を満たさなくなる」ぎりぎりの属性または属性の組です。

関係“伝票”では，{伝票番号，商品番号} の両方が同じ属性の組であるタプルはありません。さらにここから，伝票番号だけ，商品番号だけを取り出すと，両方に同じ値の属性が存在するので，これ以上削ることができません。したがって，{伝票番号，商品番号} は候補キーの一つになります。

さらに，**候補キーは一つとは限りません**。この関係の場合，「商品番号に対する商品名の重複はない」という条件があるので，商品名でも，商品番号の代わりに商品を一意に識別することが可能です。つまり，{伝票番号，商品名} でもタプルが一意に識別できるので，これも候補キーの一つになります。

したがって，関係“伝票”の候補キーは，{伝票番号，商品番号} および {伝票番号，商品名} の二つになります。

それでは，次の問題を解いてみましょう。

発展

候補キーを識別するときの条件は，あくまで「タプル（行）が一意（1行）に決まる」かどうかです。「一番重要な属性」でもありませんし，「キーになりそうな～番号を全部挙げる」わけでもありません。
候補キーはあくまで数学の理論から導き出されるので，重要なものに目が行きがちな人間の感覚とは違っています。
なんとなく解くのではなく，一つ一つ理由を考えて候補キーを決定していきましょう。

過去問題をチェック

候補キーについて，以前は午後問題の定番でしたが，近年は出題されないことが多くなっています。現在は午前問題が出題の中心です。

【候補キーについて】
- 平成29年春 午前Ⅱ 問4
- 平成30年春 午前Ⅱ 問3
- 令和2年10月 午前Ⅱ 問3
- 令和3年秋 午後Ⅰ 問1 設問2（1）
- 令和5年秋 午後Ⅰ 問1 設問1（1）

問題

関係モデルの候補キーの説明のうち，適切なものはどれか。

ア　関係Rの候補キーは関係Rの属性の中から選ばない。
イ　候補キーの値はタプルごとに異なる。
ウ　候補キーは主キーの中から選ぶ。
エ　一つの関係に候補キーが複数あってはならない。

（平成28年春 データベーススペシャリスト試験 午前Ⅱ 問7）

解説

候補キーとはタプルを一意に識別するキーなので，タプルごとに候補キーの値は異なります。したがって，イが正解です。

ア　候補キーは，関係Rの属性の中から選びます。
ウ　主キーは，候補キーの中から一つ選ぶものです。
エ　候補キーは，一つの関係に複数存在することもよくあります。

≪解答≫イ

主キー

主キー（primary key）は，**候補キーの中から一つを選んだもの**です。主キーをどれにするかは，データベースの目的によって，データベースを設計する人が決めることができます。

ただし，主キーには次のような主キー制約があります。

【定義】（主キー制約）
主キーは次の条件を満たさなければならない
(1) 主キーはタプルの一意識別能力を備えていること
(2) 主キーを構成する属性は空値（NULL）をとらないこと

発展
候補キーの中から主キーを選ぶ方法は，NULLが含まれる候補キー以外では任意です。
ただ，通常は番号やコードなどが選ばれます。これは，データのサイズが小さく固定長であり，DBMSで扱いやすいからです。

例えば，次のような関係を考えてみます。

関係"顧客"

顧客番号	顧客名	メールアドレス
11	ねこ商事	nyan@nekoneko.utau
13	うさぎ開発	pyon@usagi.drops
29	くま工業	−

動画
主キーについて解説した動画を公開しています。
http://www.wakuwaku academy.net/itcommon/3/
リストから「主キー」を選択してください。

ここで，顧客名が同じ顧客はおらず，メールアドレスの重複もない場合には，候補キーは次の三つになります。

{顧客番号}
{顧客名}
{メールアドレス}

顧客番号29のくま工業はメールアドレスをもっていないので，空値（−，NULLの意味）となっています。このような，空値をとる可能性がある候補キー｛メールアドレス｝は，主キーとして選ぶことができません。残った｛顧客番号｝と｛顧客名｝は，空値をとらないのであれば，どちらを選んでも理論的には問題ありません。通常は，番号の方がデータサイズが小さいので，｛顧客番号｝が選ばれます。

候補キーは，空値があってもかまいません。空値ではない値がタプルごとに一意であることが確認できれば，NULLが入っているタプルがあっても候補キーになります。また，主キーに選ばれなかった候補キーは代理キー（alternate key）となります。

この後，第2正規形，第3正規形への正規化は，**主キーではなく候補キーを正規化の定義で用い**ます。このとき，すべての候補キーが対象となるので，候補キーは一つだけでなくすべて挙げておくことが大切です。

関係スキーマの表記ルール

データベーススペシャリスト試験で用いられるデータベースの表記法として，関係スキーマがあります。関係スキーマの表記ルールでは，関係を，関係名とその右側のカッコでくくった属性名の並びで表します。具体的には，次のようなかたちです。

関係名（属性名1，属性名2，属性名3，…，属性名n）

主キーを表す場合は，属性名1，属性名2のように，主キーを構成する属性または属性の組に**実線の下線**を付けます。

外部キーを表す場合は，属性名3のように，外部キーを構成する属性または属性の組に**破線の下線**を付けます。ただし，主キーを構成する属性の組の一部が外部キーを構成する場合は，破線の下線を付けません。

関係スキーマのこの表記ルールは，「問題文中で共通に使用される表記ルール」として，午後Ⅰ，午後Ⅱの問題の冒頭に毎回書かれています。例として，前ページの関係“顧客”を，関係スキーマの表記ルールで表記してみます。

顧客（顧客番号，顧客名，メールアドレス）

候補キーの中から選んだ主キー“顧客番号”に対して，実線の下線を付けます。

関係スキーマを表記するときには，主キーや外部キーを記述する必要があることが多いので，主キーや外部キーを正確に選べるようにしておくことが重要です。

関連

外部キーについては，正規化後に出てくるキーなので「2-1-4　第3正規形」で詳しく取り扱います。

発展

主キー，外部キーが二つ以上の属性の集合で成り立っている場合を**複合キー**といいます。
複合キーは属性の数が多くなると扱いにくいので，連番など一つの属性で一意となるキーで代替することもあります。
このようなキーを**代替キー**といいます。

覚えよう！

- ☐ 第1正規形では，属性がすべて単一値をとる
- ☐ 候補キーは，関係のタプルを一意に特定できる属性または属性の組のうち極小のもの
- ☐ 主キーは，候補キーのうちの一つで，NULLを許さない

2-1-3 第2正規形

第2正規形は，すべての非キー属性が各候補キーに完全関数従属している関係です。第2正規形にするには，各候補キーの一部に従属する部分関数従属性を排除していきます。

第1正規形の問題点

第1正規形のままの関係で第2正規形になっていない場合には，それが原因で**更新時異状**が起こります。

例として，前項で挙げた関係“伝票”の第1正規形を見てみます。ここで，主キーは{伝票番号，商品番号}とします。

第1正規形にした関係“伝票”

<u>伝票番号</u>	顧客番号	顧客名	<u>商品番号</u>	商品名	数量
1001	11	ねこ商事	2001	チョコレート	5
1001	11	ねこ商事	2002	キャラメル	10
1002	13	うさぎ開発	2001	チョコレート	5
1002	13	うさぎ開発	2003	ドーナツ	20
1002	13	うさぎ開発	2004	シュークリーム	5
1003	29	くま工業	2005	プロテイン	30
1004	29	くま工業	2005	プロテイン	30

この表では，次の3種類の更新時異状が起こります。

①タプル挿入時異状

伝票番号1005の伝票を，購入する商品（商品番号）が決まる前に，（1005，15，かめ道場，－，－，－）（－はNULL）と登録しようとすると，主キーの商品番号がNULL不可のため，登録できません。

②タプル更新（修正）時異状

伝票番号1001の顧客番号を15に，顧客名をかめ道場に変更しようとする場合，伝票番号1001の列は2行あるため，両方一度に修正する必要があります。1行だけ更新すると，データに矛盾が生じてしまいます。

勉強のコツ

正規化するときには第3正規形まで行うことが多いので，第2正規形は中途半端に感じると思います。
しかし，途中段階の第2正規形を理解しておくことで確実に正規化を行うことができ，また，非正規化にも役立ちます。
午後Ⅰでは「第2正規形になっていない」ことを答えさせる問題は定番なので，確実にできるようにしておきましょう。

発展

ここで挙げたような関係“伝票”の場合は，実際には，伝票番号だけ登録して商品番号を登録しないということはないかもしれません。ただ，第2正規形でないために第1正規形で起こる更新時異状は普遍的なものなので，「こういったところで矛盾が出る」ということを理解しておいてください。

第2正規形について解説した動画を公開しています。
http://www.wakuwakuacademy.net/itcommon/3/
リストから「第2正規形」を選択してください。

③タプル削除時異状

伝票番号1003の商品番号2005のタプルを削除すると，伝票番号1003のその他の情報も消えてしまいます。伝票内容に関する情報が保持できなくなります。

このような更新時異状は，第2正規形に正規化することで解消できます。

関連

更新時異状は，それぞれの正規形で，正規化されていないことで起こります。
ここで取り上げたのは，部分関数従属性があることによる更新時異状で，これを排除したものが第2正規形です。
なお，第3正規形になっていない場合は，推移的関数従属性があることで更新時異状が起こります。この更新時異状については，「2-1-4 第3正規形」で改めて取り上げます。

第2正規形の定義

第2正規形の定義は，次のとおりです。

【定義】(2NF)
関係Rが第2正規形(the second normal form, 2NF)であるとは，次の二つの条件を満たすときをいう：
(1) Rは第1正規形である
(2) Rのすべての非キー属性はRの各候補キーに完全関数従属している

つまり，第1正規形であるという要件を満たし，候補キーをすべて洗い出しておくのが前提です。

その上で，**どの候補キーにも当てはまらない属性**である非キー属性について，各候補キーに完全関数従属しているかどうかを確認します。

完全関数従属と部分関数従属

完全関数従属とは，関数従属性X→Yにおいて，Xのすべての真部分集合X'について，X'→Yが成立しないことを指します。

例えば，先ほどの関係“伝票”の第1正規形を考えてみます。関係スキーマで表記すると，関係“伝票”は次のようになります。主キーには，{伝票番号，商品番号}を選びます。

用語

真部分集合とは，部分集合のうちの**全体集合を除いた集合**です。
例えば，集合{A, B, C}があった場合，部分集合としては，{A}，{B}，{C}，{A, B}，{A, C}，{B, C}，{A, B, C}とφ(ファイ)(空集合)の8種類が考えられます。
ここから，全体集合である{A, B, C}を除いたものが，真部分集合です。

伝票(<u>伝票番号</u>，顧客番号，顧客名，<u>商品番号</u>，商品名，数量)

商品番号に対応する商品名の重複はないとすると，この関係の**候補キー**は，{伝票番号，商品番号}と{伝票番号，商品名}の二つとなります。

そうすると非キー属性は，“顧客番号”，“顧客名”，“数量”の三つになります。これらの非キー属性について，それぞれが完全関数従属しているかどうかを考えていきます。

関数従属性X→Yにおいて，候補キーの一つである{伝票番号，商品番号}をXとします。ここで，Yに{数量}を選んで，

{伝票番号，商品番号}→{数量}

という関数従属性を考えます。この関数従属性は，候補キーはすべての属性を一意に特定するので，問題なく成り立ちます。

ここで，{伝票番号，商品番号}の真部分集合X'は，{伝票番号}のみ，{商品番号}のみの二つです。この真部分集合X'のそれぞれについて，

{伝票番号}→{数量}

{商品番号}→{数量}

が成り立つかどうかを，第1正規形にした関係“伝票”のデータを基に考えていきます。

伝票番号1001に対応する数量は5，10の2種類，伝票番号1002に対応する数量は7, 20, 8の3種類なので，伝票番号が決まっても数量は一意に決まりません。

また，商品番号2001に対応する数量は5，7の2種類なので，商品番号が決まっても数量は一意に決まりません。

つまり，すべての真部分集合で関数従属性が成り立たないので，非キー属性“数量”は，候補キー{伝票番号，商品番号}に完全関数従属しているといえます。

> **勉強のコツ**
> 関数従属性を考えるときには，単純に，**一意に決まるかどうか**だけに着目しましょう。
> データとして関係があるかどうか，意味があるかどうかは，正規化を行うときには関係ありません。
> 大事なのは数学的に一意に特定できるかどうかです。その属性または属性の組が決まったときに，他の属性または属性の組が一意に特定できれば，関数従属があるということになります。

同様に，非キー属性“顧客番号”，“顧客名”についても考えていきます。{伝票番号，商品番号}をX，{顧客番号，顧客名}をYとすると，

{伝票番号，商品番号}→{顧客番号，顧客名}

となり，これは問題なく成り立ちます。ここで，真部分集合である{伝票番号}{商品番号}について，それぞれ，

{伝票番号}→{顧客番号，顧客名}

{商品番号}→{顧客番号，顧客名}

が成立するかどうかを考えます。

伝票番号1001に対して顧客番号は11，顧客名はねこ商事と，一意に対応します。また，伝票番号1002に対しても，顧客番号は13，顧客名はうさぎ開発と，一意に対応します。伝票番号1003，1004も含め，すべての伝票番号について，伝票番号が決まると顧客番号と顧客名が一意に決まります。

ということは，候補キー｛伝票番号，商品番号｝の一部である｛伝票番号｝に対して，

｛伝票番号｝→｛顧客番号，顧客名｝

という関数従属性が成り立ちます。この関数従属性のことを**部分関数従属性**といいます。

つまり，部分関数従属性があると完全関数従属ではなく，第2正規形の条件が成り立たないことになります。そのため，第2正規形にするときには，この部分関数従属性を排除していきます。

参考

商品番号と顧客番号，顧客名はまったく関係ないので，一意には特定できません。実際，商品番号2001に対し，顧客番号，顧客名は，11のねこ商事，13のうさぎ開発の二つのデータが存在します。そのため，{商品番号}→{顧客番号，顧客名}の関数従属性はありません。

部分関数従属性の排除

第1正規形を第2正規形にするためには，部分関数従属性を排除します。

それには，候補キーに対して部分関数従属となっている関数従属性を別の関係として分けていきます。

先ほどの例では，｛伝票番号｝→｛顧客番号，顧客名｝という部分関数従属性があるので，これを取り出して別の関係とします。具体的には，部分関数従属する候補キーの一部を**新たな関係の候補キー**（主キー）とし，**非キー属性をその関係に移動**させます。

第1正規形の関係“伝票”の関係スキーマは，次のようになっています。

伝票（<u>伝票番号</u>，顧客番号，顧客名，<u>商品番号</u>，商品名，数量）

ここから，部分関数従属性を排除して新しい関係を作ると，次の二つになります。

伝票明細（<u>伝票番号</u>，<u>商品番号</u>，商品名，数量）
伝票（<u>伝票番号</u>，顧客番号，顧客名）

参考

ここで，「商品名」は一見，部分関数従属性があるように見えますが，この属性は前の節で述べたとおり，**候補キーの一部**となります。そのため，第2正規形では分解する必要はありません。**分解しても問題はありませんし，通常は一度に分解します**。ここでは正規化を順に厳密に行うために，あえて残しています。また，「顧客番号→顧客名」の関係は，顧客番号が候補キーではないため，候補キーの一部に従属する部分関数従属性には該当しません。この後の正規化（第3正規形，ボイス・コッド正規形）でまた取り上げますので，ここではとりあえず，第2正規形の概念をつかんでください。

関係には適宜，名前を付ける必要があります。ここは，新しく作った関係の方が“伝票”という名前にふさわしいため“伝票”に，元の関係は明細なので“伝票明細”として名前の変更を行いました。

データを含めて表形式で書くと，次のようになります。

第2正規形にした関係“伝票明細”

伝票番号	商品番号	商品名	数量
1001	2001	チョコレート	5
1001	2002	キャラメル	10
1002	2001	チョコレート	5
1002	2003	ドーナツ	20
1002	2004	シュークリーム	5
1003	2005	プロテイン	30
1004	2005	プロテイン	30

第2正規形にした関係“伝票”

伝票番号	顧客番号	顧客名
1001	11	ねこ商事
1002	13	うさぎ開発
1003	29	くま工業
1004	29	くま工業

それでは，次の問題を考えてみましょう。

問題

受注入力システムによって作成される次の表に関する説明のうち，適切なものはどれか。受注番号は受注ごとに新たに発行される番号であり，項番は1回の受注で商品コード別に連番で発行される番号である。

なお，単価は商品コードによって一意に定まる。

受注日	受注番号	得意先コード	項番	商品コード	数量	単価
2015-03-05	995867	0256	1	20121	20	20,000
2015-03-05	995867	0256	2	24005	10	15,000
2015-03-05	995867	0256	3	28007	5	5,000

発展

この問は，解答を考えるだけならすぐに「第1正規形である」ことと「第2正規形ではない」ことが見抜けるので，簡単だと思います。しかし，候補キーの選び方など，正確に正規化を行うのは意外と難しいので，一度しっかり正規化しながら考えることをおすすめします。

ア　正規化は行われていない。

イ　第１正規形まで正規化されている。

ウ　第２正規形まで正規化されている。

エ　第３正規形まで正規化されている。

（平成27年春 データベーススペシャリスト試験 午前Ⅱ 問6）

解説

問題文の表は，巾集合も直積集合もなく，属性は単一値をとっているので，第1正規形ではあります。この表が第2正規形の条件に当てはまるかどうかを考えていきます。

受注番号に対して項番が付けられており，受注番号に加えて項番があれば，その他の属性は一意に特定できるので，{受注番号，項番} は候補キーの一つになります。

また，項番は「1回の受注で複数の商品の注文があった場合に，商品別に連番で発行される番号」とあります。つまり，同じ受注の中で商品コードごとに連番が対応するので，受注番号に加えて商品コードがあれば，連番も含めて他の属性を一意に特定できます。したがって，{受注番号, 商品コード} も候補キーの一つになります。

候補キー {受注番号，項番}，{受注番号，商品コード} とすると，非キー属性は，“受注日”，“得意先コード”，“数量”，“単価”の四つです。これらの属性について，候補キーの真部分集合に関数従属している関係がないかを考えると，次の二つが出てきます。

{受注番号} → {受注日，得意先コード}

{商品コード} → {単価}

この二つの部分関数従属性が存在するため，問題文の表は第2正規形ではありません。したがって第1正規形となるので，イが正解です。

≪解答≫イ

▶▶▶覚えよう！

- □　第2正規形では，すべての非キー属性が各候補キーに完全関数従属している
- □　第2正規形にするために，部分関数従属性を排除する

2-1-4 第3正規形

第3正規形は，すべての非キー属性が候補キーに推移的に関数従属しない関係です。第3正規形にするには，候補キー以外の属性または属性の組に従属する推移的関数従属性を排除していきます。

勉強のコツ

第3正規形は，なんとなくテーブルを分けた場合でもだいたいできていることが多い正規形です。ただし，自己流でやっていると，微妙に間違えてしまうことも多々あります。正確に正規化できないと更新時異状の問題が起きますし，また，誤ったデータベース設計は不具合の影響が大きいです。
定義をしっかり理解して，第3正規形への分解を正確にできるようにしましょう。

第2正規形の問題点

第1正規形だけでなく，第2正規形の関係でも**更新時異状**が起こります。

例えば，前項で取り上げた関係“伝票”の第2正規形は次のとおりです。

第2正規形にした関係“伝票”

伝票番号	顧客番号	顧客名
1001	11	ねこ商事
1002	13	うさぎ開発
1003	29	くま工業
1004	29	くま工業

この表では，次の3種類の更新時異状が起こります。

①タプル挿入時異状

顧客番号が15，顧客名がかめ道場のデータを，伝票が発生する前に，(−，15，かめ道場)(−はNULL)と登録しようとすると，主キーの伝票番号がNULL不可のため，登録できません。

第3正規形について解説した動画を公開しています。
http://www.wakuwakuacademy.net/itcommon/3/
リストから「第3正規形」を選択してください。

②タプル更新(修正)時異状

顧客番号29のくま工業が社名変更したので顧客名をくまAKに修正しようとした場合，顧客番号29の列は2行あるため，両方を一度に修正する必要があります。1行だけ更新すると，データに矛盾が生じてしまいます。

③タプル削除時異状

伝票番号1001のタプルを削除すると，顧客番号11のねこ商事の情報が消えてしまいます。そのため，顧客に関する情報が保持できなくなります。

このような更新時異状は，第3正規形に正規化することで解消できます。

第3正規形の定義

第3正規形の定義は，次のとおりです。

【定義】(3NF)
関係Rが第3正規形 (the third normal form, 3NF) であるとは，次の二つの条件を満たすときをいう：
(1) Rは第2正規形である
(2) Rのすべての非キー属性はRのいかなる候補キーにも推移的に関数従属しない

つまり，第2正規形であるという要件を満たすことは前提であり，そこから推移的関数従属性を排除していきます。

推移的関数従属性

推移的関数従属性とは，関係Rの異なる属性または属性の集合であるX，Y，Zについて，X→Y，Y↛X，Y→Zの三つの制約が成立している関数従属性です。図にすると次のようなかたちになります。

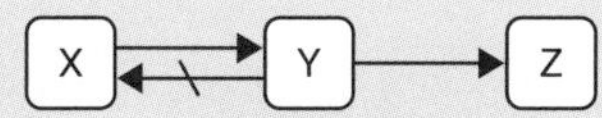

推移的関数従属性

この関係は，「Xが決まるとYが決まる」「Yが決まると，Xに関係なくZが決まる」「Yが決まってもXは決まらない」という関係です。

例えば，先ほどの第2正規形にした関係“伝票”の場合，Xを伝票番号，Yを顧客番号，Zを顧客名として考えると，

{伝票番号} → {顧客番号}

{顧客番号} → {顧客名}

の関数従属性は成立します。

発展

推移的関数従属性は，Y→Xが成立しないことがポイントです。X→Y，Y→Xと戻れてしまうときには，二つが等価というだけなので，分けても意味がないからです。
例えば候補キーが二つあった場合には，互いの候補キーは，互いに対して一意に決定することができます。このような関係は推移的関数従属性ではないので，排除する必要はありません。

過去問題をチェック

推移的関数従属性について，データベーススペシャリスト試験では次のような出題があります。

【推移的関数従属性の有無について】

・平成25年春 午後Ⅰ 問1
URI→リソースIDと，リソースID→URIの両方が成り立つ関数従属性の問題が出題されています。この場合には，これらの属性間には推移的関数従属性は成立しません。

また，Y→Xである

{顧客番号} → {伝票番号}

は，顧客番号が29に決まっても，伝票番号が1003と1004の二つあるので一意にはなりません。したがって，関数従属性が成立せず，推移的関数従属性の条件を満たしていることになります。

推移的関数従属性の排除

第２正規形を第３正規形にするためには，推移的関数従属性を排除します。

具体的には，X→Y→Zの関係において，Y→Zを別の関係とします。また，Yは元の関係にも**外部キー**として残しておきます。

先ほどの関係“伝票”の例では，

{伝票番号} → {顧客番号} → {顧客名}

という推移的関数従属性があるので，このうちの

{顧客番号} → {顧客名}

の部分を別の関係とします。

第２正規形の関係“伝票”の関係スキーマは，次のようになっています。

伝票（伝票番号，顧客番号，顧客名）

ここから推移的関数従属性を排除して新しい関係を作ると，次の二つになります。

伝票（伝票番号，顧客番号）

顧客（顧客番号，顧客名）

データを含めて表形式で書くと，次のようになります。

第３正規形にした関係“伝票”

伝票番号	顧客番号
1001	11
1002	13
1003	29
1004	29

第３正規形にした関係“顧客”

顧客番号	顧客名
11	ねこ商事
13	うさぎ開発
29	くま工業

それでは，次の問題を考えてみましょう。

問題

第2正規形であるが第3正規形でない表はどれか。ここで，講義名に対して担当教員は一意に決まり，所属コードに対して勤務地は一意に決まるものとする。また，{ }は繰返し項目を表し，実線の下線は主キーを表す。

ア

<u>学生番号</u>	<u>講義名</u>	担当教員	成績
2122	経済学	山田教授	優

イ

<u>社員番号</u>	氏名	入社年月日	電話番号
71235	山田 太郎	2001-04-01	03-1234-5678

ウ

<u>社員番号</u>	氏名	所属コード	勤務地
15547	小林 明	75T	東京

エ

<u>社員番号</u>	身長	体重	趣味
71234	170	62	{テニス, ゴルフ}

(令和2年10月 データベーススペシャリスト試験 午前Ⅱ 問5)

解説

問題文より，講義名に対して担当教員は一意に決まり，所属コードに対して勤務地は一意に決まるため，次の二つの関数従属性が成り立ちます。

{講義名} → {担当教員}

{所属コード} → {勤務地}

これを基に，選択肢それぞれの正規形を確認していきます。

ア　候補キー(主キー)が {学生番号, 講義名} です。ここで，{講義名} → {担当教員} の関数従属性があり，講義名は候補キーの一部であるため，部分関数従属性が存在することになります。したがって，アは第1正規形であり，第2正規形ではありません。

イ　候補キー (主キー) が社員番号のみで，候補キーの真部分集合はないので，少なくとも第2正規形です。また，推移的関数

過去問題をチェック

第3正規形については，以前は午後問題で出題されていましたが，近年は午前問題が出題の中心です。ただし，午後問題では第3正規形でテーブルを作成することが基本となります。

【第3正規形について】

・平成29年春 午前Ⅱ 問7
・平成30年春 午前Ⅱ 問4
・平成31年春 午前Ⅱ 問8
・令和2年10月 午前Ⅱ 問5
・令和3年秋 午前Ⅱ 問5
・令和4年秋 午前Ⅱ 問5
・令和5年秋 午前Ⅱ 問8

2

従属性も存在しないので，第3正規形になります。

ウ 候補キー（主キー）が社員番号のみで，候補キーの真部分集合はないので，少なくとも第2正規形です。ここで，{所属コード} → {勤務地} という関数従属性があるので，候補キー {社員番号} に対して，
{社員番号} → {所属コード} → {勤務地}
という推移的関数従属性が存在します。したがって，第3正規形ではなく第2正規形となります。

エ 趣味に {テニス，ゴルフ} とあり，単一値ではありません。したがって，ドメインがシンプルではなく第1正規形の要件を満たしていないので，非正規形です。

以上から，第2正規形であるが第3正規形でない表は，ウです。

≪解答≫ウ

外部キー

外部キーは，複数の関係を結び付けるためのキーです。先ほど第3正規形にした次の二つの関係では，関係“伝票”の顧客番号が，関係“顧客”の候補キー（主キー）である顧客番号に対する外部キーになります。

第3正規形にした関係“伝票”

伝票番号	顧客番号
1001	11
1002	13
1003	29
1004	29

第3正規形にした関係“顧客”

顧客番号	顧客名
11	ねこ商事
13	うさぎ開発
29	くま工業

このとき，二つの表は正規化により分けられただけで，元は同じ表です。そのため，二つの表の間となる顧客番号は，両方に共通の値であることが求められます。

具体的には，関係“伝票”の顧客番号には，関係“顧客”にある顧客番号を必ず入れなければなりません。勝手に，顧客番号“77”を作って登録することは許されません。ただし，顧客番号が決まっていない場合などにNULLを入れるのは許可されます。

また，関係“顧客”のタプル（行）は，関係“伝票”にあるものを基

参考

・推移的関数従属性
X→Y→Zの場合には，Yが二つの関係で候補キーと外部キーになります。

・部分関数従属性
{A，B}が候補キーでB→Cが成立するという関係の場合，Bが候補キーと外部キーになります。
正規化してできる外部キーの場合には，関数従属性によって何が外部キーになるのかは一意に決まってきます。

本的に削除できません。顧客番号11のねこ商事の情報を削除すると，関係“伝票”の伝票番号1001のタプルから参照できなくなるからです。ただし，基本的に削除できませんが，候補キー側の情報を削除したときに，対応する外部キーのタプルを一緒に削除する**カスケード**（CASCADE）という方法があり，これを使用することもできます。いずれにしても，二つの関係で値が対応している必要があります。

これらの，互いの関係の間にある外部キーによる制約のことを**参照制約**（または**外部キー制約**）といいます。

図にまとめると，次のようになります。

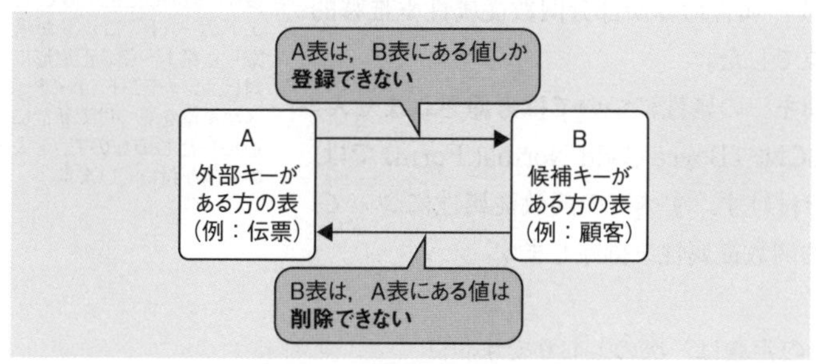

外部キーのある表の間の関係

関連

外部キーによる制約は，E-R図のリレーションでも表現されます。また，SQLの外部キー（FOREIGN KEY）で記述します。そのため，外部キーは「3-2-1 E-R図」や「4-1-2 SQL-DDL」などで何度も登場します。
定義が分からなくなったらこのページに戻り，再度確認してみてください。そのうち，感覚的に理解できるようになります。

また，外部キーは主キーと重なることもあります。

改めて，第1正規形から第2正規形にしたときの以下の関係“伝票明細”，“伝票”について考えてみます。

伝票明細（<u>伝票番号</u>，<u>商品番号</u>，商品名，数量）
伝票（<u>伝票番号</u>，顧客番号，顧客名）

発展

第2正規形への正規化で行われる部分関数従属性の排除は，候補キーの一部に関数従属するものを取り出すため，取り出すキーはほとんどの場合，主キーとなります。そのため，主キーと外部キーが重なり，外部キーとしては記述されないことが多いのです。

ここでは，関係“伝票明細”の主キーの一部である｛伝票番号｝は，関係“伝票”の外部キーになります。これは，関係スキーマの表記法で，主キーと外部キーが重なった場合には主キーのみを記述することになっているので表記されないだけで，外部キーであることに変わりはありません。

▶▶▶ 覚えよう！

- □ **第3正規形では，すべての非キー属性に推移的関数従属性が存在しない**
- □ **第3正規形にするために，○→△→□といったかたちの推移的関数従属性を排除する**

2-1-5 高次の正規形

第3正規形より高次の正規形として，ボイス・コッド正規形，第4正規形，第5正規形の三つがあります。必要な機会はそれほど多くはなく，また，正規化することで情報が失われることがあるので，注意が必要です。

ボイス・コッド正規形

第2正規形，第3正規形の定義では，「(2) Rのすべての**非キー属性**は……」とあり，非キー属性のみが部分関数従属性や推移的関数従属性の排除の対象でした。

しかし，それでは候補キーの属性については考慮されません。ボイス・コッド正規形（BCNF：Boyce-Codd Normal Form）では，非キー属性という条件を付けず，すべての関数従属性について，部分関数従属性や推移的関数従属性を排除します。

用語
ボイス・コッド正規形は，後から追加した正規形です。エドガー・F・コッドが考案した第1～第3正規形に対し，レイモンド・F・ボイスが不備を見つけて新たに追加したものなので，2人の名前が付いています。

ボイス・コッド正規形の定義は，次のとおりです。

> 【定義】(BCNF)
> **関係Rがボイス・コッド正規形（Boyce-Codd normal form, BCNF）であるとは，次の条件が成立するときをいう：**
> **X→YをRの関数従属性とするとき**
> **(1) X→Yは自明な関数従属性であるか，または**
> **(2) XはRのスーパキーである**

自明な関数従属性とは，例えば{商品番号，商品名}→{商品番号}などのように，X→YでYがXの部分集合である場合を指します。

この条件でボイス・コッド正規形に分解してみます。

先ほど，第2正規形で分解した関係“伝票明細”について考えます。関係スキーマは，次のようになっています。

用語
スーパキーは，「関係のタプルを一意に識別」できるという条件だけを満たす属性または属性の組です。「2-1-2 第1正規形」の候補キーの説明の中に出てくるので，確認してみてください。

伝票明細（<u>伝票番号</u>，<u>商品番号</u>，商品名，数量）

商品番号に対応する商品名の重複はないとすると，この関係の**候補キー**は，{伝票番号，商品番号}と{伝票番号，商品名}の

二つとなります。そのため，商品名は候補キーの属性となっているので，非キー属性ではありません。ですから，

{商品番号} → {商品名}

という関数従属性はありますが，これは**第2正規形でも第3正規形でも分解する必要がありません。**

しかし，ボイス・コッド正規形の定義に当てはめると，{商品番号} → {商品名} という関数従属性は，自明な関数従属性ではありませんし，{商品番号} はスーパキーではありません。そこで，これを排除し，別の関係とします。

分解した関係スキーマは，次のようになります。

伝票明細（<u>伝票番号</u>，<u>商品番号</u>，数量）
商品（<u>商品番号</u>，商品名）

これがボイス・コッド正規形です。

過去問題をチェック

ボイス・コッド正規形については，データベーススペシャリスト試験での出題頻度は高くありませんが，たまに出題されます。また，ボイス・コッド正規形と第3正規形の違いを問われる問題も出てきます。近年では，以下の出題がありました。

【第3正規形とボイス・コッド正規形の関数従属性について】

・平成26年春 午前Ⅱ 問4，問6
・令和3年秋 午前Ⅱ 問3

2

ボイス・コッド正規形の問題点

ボイス・コッド正規形は，前述のような単純なものばかりではなく，複雑で取り扱いづらい関係になることも多い正規形です。

例えば，次のような関係“学生科目教員”を考えます。

関係“学生科目教員”

<u>学生名</u>	<u>科目名</u>	教員名
アライグマ	データベース	カバさん
アライグマ	ネットワーク	フェネックさん
ヘラジカ	データベース	アルパカさん
ライオン	セキュリティ	トキさん

この関係では，次のような関数従属性があります。

{学生名，科目名} → {教員名}

{教員名} → {科目名}

つまり，学生名と科目名で教員名は特定できますが，教員は一つの科目しか担当しないので，教員名が決まると科目名は一意に特定できます。

少しややこしいので属性と関数従属性を図にすると，次のようなかたちになります

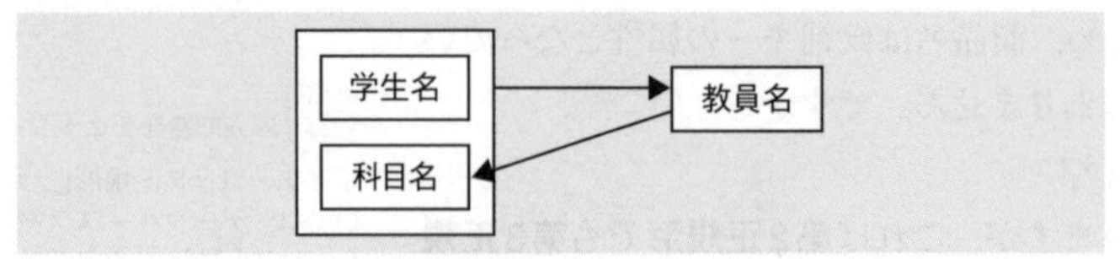

関係“学生科目教員”の関数従属性

この関係の場合, 候補キーとして, {学生名, 科目名} だけでなく, {学生名, 教員名} も考えられます。教員名が決まると, 科目名が一意に決まるからです。したがって, {学生名, 科目名, 教員名} のすべてが候補キーとなります。

違和感がある方も多いと思われますが, 理論的にはすべてが候補キーなので, 非キー属性について関係を分解する第2正規形, 第3正規形では分解されず, このままで第3正規形です。

しかし, 候補キーということを抜きにすると, 関数従属性 {教員名} → {科目名} は, 候補キー {学生名, 教員名} に対する部分関数従属性です。そのため, ボイス・コッド正規形の定義に当てはめると, {教員名} → {科目名} は自明な関数従属性ではなく, {教員名} は関係“学生科目教員”のスーパキーではないので, 分解する必要があります。

そこで, 二つの関係“学生教員”, “教員科目”に分解すると, 次のようになります。

関係“学生教員”

<u>学生名</u>	<u>教員名</u>
アライグマ	カバさん
アライグマ	フェネックさん
ヘラジカ	アルパカさん
ライオン	トキさん

関係“教員科目”

<u>教員名</u>	科目名
カバさん	データベース
フェネックさん	ネットワーク
アルパカさん	データベース
トキさん	セキュリティ

これがボイス・コッド正規形となります。

しかし, この関係だと問題があるのです。二つの関係に分解すると, もともとの関係“学生科目教員”にあった {学生名, 科目名} → {教員名} という関数従属性が失われてしまうのです。

具体的には, 関係“学生科目教員”では, 学生名“アライグマ”の科目名“データベース”の担当教員は“カバさん”であるという情報が特定できました。主キーとして {学生名, 科目名} を設定

発展

ボイス・コッド正規形への正規化では, 分解することによってこのような問題が発生することが多いため, あえて正規化を行わないこともよくあります。
ただ, 正規化を行わないと更新時異状は発生するので, 不具合が起こらないように臨機応変に対応する必要が出てきます。
例えば, この関係“学生科目教員”では, 関数従属性を失わないように関係“学生科目教員”はそのままにしつつ, 新たに関係“教員科目”を作成するという方法があります。学生の募集前に教員と科目を登録できるようにして, タプル挿入時／削除時異状を回避するためです。

することで，主キー制約により“アライグマ”は新たな“データベース”の担当教員を設定できなくなります。しかし，分解後の関係“学生教員”では，主キー制約を設定できないため，関係“学生教員”に（“アライグマ”，“アルパカさん”）など，別のデータベース担当教員の行を挿入できてしまいます。そのため，教員名で二つの関係を結合しても，学生名“アライグマ”の科目名“データベース”の教員が“カバさん”か“アルパカさん”か特定できなくなってしまうのです。

このような現象を，**関数従属性損失**といいます。関数従属性を保持することを関数従属性保存といいますが，それが失われるのです。

正規化の過程で，そのルールに従って正規化を行っても**情報無損失分解かつ関数従属性保存で問題なく分解できるのは第3正規形まで**です。ボイス・コッド正規形以上の正規化は，正規化することによって失われる情報や関数従属性について意識しながら行う必要があります。この項の最初に例示した{商品番号}→{商品名}は，情報無損失分解かつ関数従属性保存で分解できるので，分解した方がいい関係となります。

それでは，次の問題を考えてみましょう。

過去問題をチェック

情報無損失分解や関数従属性保存については，次の出題があります。

【情報無損失と関数従属性】

- 平成26年春 午前Ⅱ 問4
- 平成31年春 午前Ⅱ 問7
- 令和3年秋 午前Ⅱ 問5
- 令和5年秋 午前Ⅱ 問6

問題

関係モデルにおいて，情報無損失分解ができ，かつ，関数従属性保存が成り立つ変換が必ず存在するものはどれか。ここで，情報無損失分解とは自然結合によって元の関係が復元できる分解をいう。

ア　第２正規形から第３正規形への変換
イ　第３正規形からボイス・コッド正規形への変換
ウ　非正規形から第１正規形への変換
エ　ボイス・コッド正規形から第４正規形への変換

（令和５年秋 データベーススペシャリスト試験 午前Ⅱ 問6）

解説

関係モデルにおいて，情報無損失分解と関数従属性保存の両方が保証される正規形は，第3正規形までです。ボイス・コッド正規形への変換では，分解することによって関数従属性が損失されることがあります。また，非正規形から第1正規形への変換は，関係モデルに当てはまらない関係を関係モデルにする変換です。そのため，関係モデルにおいて必ず正解があるとは限りません。

したがって，アの第2正規形から第3正規形への変換が正解となります。

≪解答≫ア

第４正規形

第4正規形では，これまでの関数従属性ではなく，**多値従属性**に着目します。多値従属性とは，ある属性Xが決まったら，別の属性YとZ（**複数でもよい**）が独立して決まるという性質です。これを，X→→Y｜Zと表します。

例えば,次のような関係“利用便”を考えます。一つの旅程（パッケージツアーの実施単位）で，複数の飛行機の便を使って，複数の顧客を案内します。

関数従属性は，多値従属性の特別な場合です。多値従属性では，YやZが複数の値をもってもいいのに対し，関数従属性では，その値が一意である必要があります。

関係“利用便”

旅程番号	顧客番号	便名
P1	A01	JJ100
P1	A01	CC400
P1	A01	JJ600
P1	B02	JJ100
P1	B02	CC400
P1	B02	JJ600
P2	C03	JJ200
P2	C03	JJ700

この関係では,旅程番号が"P1"なら顧客番号は"A01"と"B02",旅程番号が"P2"なら顧客番号は"C03"に決まります。また,便名に関しては,旅程番号が"P1"なら便名が"JJ100","CC400","JJ600"の三つ,旅程番号が"P2"なら便名が"JJ200"と"JJ700"の二つに決まります。

ここで,同じ旅程番号でも,顧客番号と便名には互いに関係がないので,以下の多値従属性が存在します。

旅程番号→→顧客番号|便名

第4正規形の定義は,次のとおりです。

【定義】(4NF)
関係Rが第4正規形(the forth normal form, 4NF)であるとは,次の条件を満たすときをいう:
X→→YをRの多値従属性とするとき
(1) X→→Yは自明な多値従属性であるか,または
(2) XはRのスーパキーである

つまり,第4正規形では,多値従属性を排除する必要があります。

具体的には,X→→Y|Zのときに,X→→YとX→→Zを別の関係とします。先ほどの関係"利用便"を第4正規形にすると,次のようになります。

関係"参加者"

旅程番号	顧客番号
P1	A01
P1	B02
P2	C03

関係"利用便"

旅程番号	便名
P1	JJ100
P1	CC400
P1	JJ600
P2	JJ200
P2	JJ700

それでは,次の問題を考えてみましょう。

問題

便名に対して，客室乗務員名の集合及び搭乗者名の集合が決まる関係“フライト”がある。関係“フライト”に関する説明のうち，適切なものはどれか。ここで，便名，客室乗務員名，搭乗者名の組が主キーになっているものとする。

フライト

便名	客室乗務員名	搭乗者名
BD501	東京建一	大阪一郎
BD501	東京建一	京都花子
BD501	横浜涼子	大阪一郎
BD501	横浜涼子	京都花子
BD702	東京建一	大阪一郎
BD702	東京建一	神戸順子
BD702	千葉建二	大阪一郎
BD702	千葉建二	神戸順子

ア　関係“フライト”は，更新時異状が発生することはない。

イ　関係“フライト”は，自明でない関数従属が存在する。

ウ　関係“フライト”は，情報無損失分解が可能である。

エ　関係“フライト”は，ボイス・コッド正規形の条件は満たしていない。

（令和５年秋 データベーススペシャリスト試験 午前Ⅱ 問７）

解説

関係“フライト”は，便名，客室乗務員名，搭乗者名の三つの属性しかなく，すべての属性の組が主キーです。ある属性から別の属性が一意に決まる，自明でない関数従属は存在しないので，ボイス・コッド正規形までの条件は満たしています。

しかし，関係“フライト”では，便名“BD501”の客室乗務員名は{東京建一，横浜京子}の2人で，搭乗者名は{大阪一郎，京都花子}の2人となっており，客室乗務員名と搭乗者名の間に関係はありません。つまり，属性“便名”に対して，便名→→客室乗務員名，便名→→搭乗者名の多値従属性が存在します。これは，第4正規形への正規化を行うことで，次のような情報無損失分解が可能です。

便名	客室乗務員名
BD501	東京建一
BD501	横浜涼子
BD702	東京建一
BD702	千葉建二

便名	搭乗者名
BD501	大阪一郎
BD501	京都花子
BD702	大阪一郎
BD702	神戸順子

したがって，ウが正解です。

ア 多値従属性があり，情報の重複が発生しているので，更新時異状が発生することはあります。

イ 自明でない関数従属性は存在しません。

エ 自明でない関数従属性は存在しないので，ボイス・コッド正規形の条件は満たしています。

≪解答≫ウ

第5正規形

第5正規形では，**結合従属性**に着目します。結合従属性とは多値従属性の発展形で，関係が三つ以上に分解可能な従属性です。関係がn個に分解可能なことを，**n-分解可能**といいます。

例として，次のような関係“仕入供給”を考えます。

関係“仕入供給”

<u>仕入元</u>	<u>加工品</u>	<u>供給先</u>
うさぎ食品	ソーセージ	ねこ料理店
うさぎ食品	ソーセージ	いぬ居酒屋
うさぎ食品	ハム	いぬ居酒屋
かめ材料	ソーセージ	いぬ居酒屋

ここで，仕入元“うさぎ食品”に対する加工品は“ソーセージ”か“ハム”，仕入元“かめ材料”に対する加工品は“ソーセージ”という従属性があります。

また，仕入元“うさぎ食品”に対する供給先は“ねこ料理店”か“いぬ居酒屋”，仕入元“かめ材料”に対する供給先は“いぬ居酒屋”という従属性があります。

過去問題をチェック

第4，第5正規形については，その定義を問われる程度で，それほど出題されません。そのため，「こういう正規形もあるんだ」という認識で十分です。

【第1正規形から第5正規形までの正規化】
・平成31年春 午前Ⅱ 問7
・令和3年秋 午前Ⅱ 問5

【多値従属性】
・令和5年秋 午前Ⅱ 問7

ここで，仕入元→→加工品｜供給先なら多値従属性ですが，この関係では，加工品と供給先が独立していません。加工品“ソーセージ”に対する供給先は“ねこ料理店”と“いぬ居酒屋”，加工品“ハム”に対する供給先は“いぬ居酒屋”という従属性もあるのです。

このように3-分解可能な関係を，結合従属性といいます。

第5正規形の定義は，次のとおりです。

【定義】（5NF）
関係Rが第5正規形（the fifth normal form, 5NF）であるとは，次の条件を満たすときをいう：
$*(X_1, X_2, \cdots, X_n)$ をRの結合従属性とするとき
(1) $*(X_1, X_2, \cdots, X_n)$ は自明な結合従属性であるか，
または
(2) 各 X_i はRのスーパキーである

つまり，第5正規形では結合従属性を排除する必要があります。

先ほどの例では，次のように関係を三つに分解すると，第5正規形になります。

関係“仕入元加工品”

仕入元	加工品
うさぎ食品	ソーセージ
うさぎ食品	ハム
かめ材料	ソーセージ

関係“仕入元供給先”

仕入元	供給先
うさぎ食品	ねこ料理店
うさぎ食品	いぬ居酒屋
かめ材料	いぬ居酒屋

関係“加工品供給先”

加工品	供給先
ソーセージ	ねこ料理店
ソーセージ	いぬ居酒屋
ハム	いぬ居酒屋

▶▶▶ 覚えよう！

- □ ボイス・コッド正規形では，候補キーに関する関数従属性も分解する
- □ ボイス・コッド正規形以上では，関数従属性保存の分解ができないこともある
- □ 第4正規形では多値従属性，第5正規形では結合従属性を排除する

近年の試験で求められる正規化理論の理解

平成29年以前のデータベーススペシャリスト試験の午後Ⅰでは，正規化についての出題が定番でした。具体的には，候補キーや第何正規形であるかという問題や，関数従属性について答えさせる問題が必ず出題されており，正規化を正確に行えることは必須の技能でした。

現在の午後試験では，正規化そのものについては問われないこともあります。ただ，関係スキーマやテーブル設計の問題では，「主キーの下線」や「外部キーの破線の下線」はほぼ必須で書くことになりますし，正確に主キーと外部キーを把握するには正規化理論の理解は不可欠です。

また，午後Ⅱの関係スキーマでは，第3正規形に分解することが基本になります。例えば，令和3年秋 午後Ⅱ 問2の〔概念データモデル及び関係スキーマの設計〕1. 概念データモデル及び関係スキーマの設計方針(1)には，「関係スキーマは，第3正規形にし」と明記されており，第3正規形までの正規化は“当たり前のこと”と認識されています。

現在の試験では，正規化などの基礎理論以外にもSQLやDBMS，分析系のデータベース設計やセキュリティなど，データベースに関する様々な内容が出題され，幅広い知識が問われるようになりました。そのため，正規化そのものを明示的に問う余裕がなくなったのではないかと考えられます。

しかし，午後問題の設計を行う上で正規化は不可欠です。細かい正規形の用語を暗記する必要はありませんが，その考え方や更新時異状が起こる状況，候補キーや主キー，外部キーの選び方など，データベース設計で用いる考え方については，確実に理解するまで学習しておきましょう。

2-2 関係演算

関係演算とは，関係モデルにおいて関係（リレーション）に対して行う演算です。関係演算によって，二つの関係から新たな関係を導くことができます。

2-2-1 関係演算の種類

勉強のコツ

関係演算は午後Ⅰ 問1の基礎理論でも出てきますが，SQLの基となる理論でもあります。
SQLの文法と合わせて押さえておくと，より理解しやすくなります。

関係演算は，一般的な集合演算で行われる和，差，共通，直積の4種類に，関係代数に特有の射影，選択，結合，商の4種類を加えた8種類から成ります。関係代数とは，関係モデルでのデータ操作に特化した演算体系です。

和両立

関係演算を行うときに前提となる条件に，和両立があります。和両立の条件は，次のようになります。

【定義】（和両立）
関係R（A_1, A_2, …, A_n）とS（B_1, B_2, …, B_m）が和両立（union compatible）とは，次の二つの条件を満たしているときをいう：
(1) RとSの次数が等しい（すなわち n＝m）
(2) 各 i（1≦ i ≦ n）について，A_i と B_i のドメインが等しい

関係演算のうち，和，差，共通演算を行うためには，和両立の条件を満たしている必要があります。

和

発展

和演算は，SQLではUNION句を用いて表します。
右の例では，

```
SELECT * FROM DB研究会
UNION
SELECT * FROM NW研究会
```

とすることで，二つの関係の和を求めることができます。

和（union）とは，二つの関係に和演算を行った結果です。和演算とは，OR演算ともいい，二つの関係のいずれかに含まれるものをすべて挙げる演算で，一般に“∪”や“＋”の記号で表されます。例えば，次のような二つの関係“DB研究会”と“NW研究会”を考えます。

関係“DB研究会”

<u>氏名</u>	所属	連絡先
うさぎ	陸上部	1234-5678
いぬ	野球部	0000-1111
あひる	水泳部	9876-5432

関係“NW研究会”

<u>氏名</u>	所属	連絡先
かめ	囲碁部	3333-2222
うさぎ	陸上部	1234-5678

和演算“DB研究会”∪“NW研究会”では，どちらかの関係にあるタプルをすべて列挙するので，次のようになります。

和　“DB研究会”∪“NW研究会”

<u>氏名</u>	所属	連絡先
うさぎ	陸上部	1234-5678
いぬ	野球部	0000-1111
あひる	水泳部	9876-5432
かめ	囲碁部	3333-2222

差

差（difference）とは，二つの関係に差演算を行った結果です。差演算とは，一方の関係から，もう一方の関係に含まれるものを除く演算で，一般に“−”の記号で表されます。

先ほどの二つの関係“DB研究会”と“NW研究会”で差演算“DB研究会”−“NW研究会”を行うと，次のようになります。

差演算は，SQLではEXCEPT句を用いて表します。
左の例では，

```
SELECT * FROM DB研究会
EXCEPT
SELECT * FROM NW研究会
```

とすることで，二つの関係の差を求めることができます。

差　“DB研究会”−“NW研究会”

<u>氏名</u>	所属	連絡先
いぬ	野球部	0000-1111
あひる	水泳部	9876-5432

二つの関係に共通してある“うさぎ”さんの行を，関係“DB研究会”から除きます。このとき，関係“NW研究会”にある“かめ”さんの行は無視されます。

共通(積)

共通(intersection)または**積**とは，二つの関係に共通演算を行った結果です。共通演算とは，AND演算ともいい，二つの関係の両方に含むものを挙げる演算で，一般に“∩”の記号で表されます。

先ほどの二つの関係“DB研究会”と“NW研究会”で共通演算“DB研究会”∩“NW研究会”を行うと，次のようになります。

共通　“DB研究会”∩“NW研究会”

氏名	所属	連絡先
うさぎ	陸上部	1234-5678

二つの関係に共通してある“うさぎ”さんの行のみが取り出されます。

発展

共通(積)演算は，SQLではINTERSECT句を用いて表します。
左の例では，

```
SELECT * FROM DB研究会
INTERSECT
SELECT * FROM NW研究会
```

とすることで，二つの関係の積を求めることができます。

直積

直積(direct product)とは，二つの関係のそれぞれのタプルをすべてかけ合わせたものです。一般に“×”の記号で表されます。

次のような二つの関係RとSを例に考えます。

関係R

A	B
1	あ
2	い
3	う

関係S

A	C
1	か
2	き
3	く

直積R×Sは，RのタプルとSのタプルをすべて単純に組み合わせます。

関係R

A	B
1	あ
2	い
3	う

関係S

A	C
1	か
2	き
3	く

したがって，直積R×Sは，次のようになります。

発展

直積，射影，選択の三つの演算は，SQLでは最も基本的なSELECT文の構文で使われています。
例えば，

```
SELECT R.A, R.B, S.C
FROM R, S
WHERE R.A=S.A
```

とするときに，FROM句で直積，SELECT句の列の羅列で射影，WHERE句で選択を行います。
これらを組み合わせて，自然結合などの結合演算は行われます。

発展

直積は，結合の一種として，クロス結合と呼ばれることもあります。
SQLでは，CROSS JOIN句などを用いて，直積を明示的に表現することもあります。

直積R×S

R.A	R.B	S.A	S.C
1	あ	1	か
1	あ	2	き
1	あ	3	く
2	い	1	か
2	い	2	き
2	い	3	く
3	う	1	か
3	う	2	き
3	う	3	く

射影

射影(projection)とは，関係を縦方向に切り出した関係です。カラム(列)を取り出すともいえます。

例えば，次のような関係R (A，B)からAのカラムを取り出して，関係R' (A)とすることが射影です。

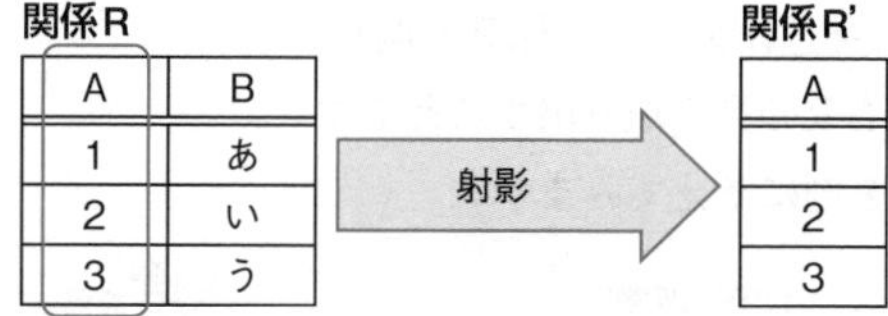

選択

選択(selection)とは，関係を横方向に切り出した関係です。タプル(行)を取り出すともいえます。

例えば，次のような関係R (A，B)からA<3のタプルを取り出して，関係R' (A，B)とすることが選択です。

関係R

A	B
1	あ
2	い
3	う

選択

関係R'

A	B
1	あ
2	い

結合

結合(join)とは，二つの関係を共通の属性で結び付けた関係です。結合演算には様々な種類があるので，次項「2-2-2 結合演算」で詳しく取り上げます。結合のうち最も代表的な自然結合の場合は，二つの関係の**直積**から，共通の属性の値が等しいも

発展

結合演算は，直積，射影，選択の三つを組み合わせてWHERE句などを指定して行うこともできますが，結合であることを明示するため，JOIN句を用いる場合も多くあります。

例えば，

```
SELECT R.A, R.B, S.C
FROM R INNER JOIN S
    ON R.A=S.A
```

といったかたちで自然結合を表すことが可能です。

のを**選択**し，さらに，共通の属性の一つを除いたものの**射影**をとります。

例えば，先ほど直積で例に使用した二つの関係RとSは，直積R×Sから,関係RのA列と,関係SのA列の値が等しい行を選択し,さらに関係SのA列を除いた三つの列の射影を取ることで，次のような関係となります。

関係Rと関係Sの自然結合

A	B	C
1	あ	か
2	い	き
3	う	く

商

商(division)とは，ある関係をある関係で割ったときの商を表す関係です。一般に"÷"の記号で表されます。関係Rと関係Sの商R÷Sとは,Sの関係をすべて含むRの列を取り出すことです。

次のような関係"履修"と"授業"を例に考えてみます。

関係"履修"

氏名	授業
うさぎ	データベース
うさぎ	ネットワーク
いぬ	データベース
いぬ	ネットワーク
あひる	ネットワーク

関係"授業"

授業
データベース
ネットワーク

発展

SQLには，直接，商演算を行う機能は備わっていません。そのため，商演算を行うには，問合せを複雑に組み合わせる必要があります。右の商演算は，次のような文で表すことが可能です。

```
SELECT DISTINCT A.氏名
FROM 履修 A WHERE
NOT EXISTS (SELECT *
FROM 授業 B WHERE
NOT EXISTS (SELECT *
FROM 履修 C WHERE
A.氏名=C.氏名 AND B.授業
=C.授業))
```

ここで，関係"履修"÷"授業"では，関係"授業"に含まれる値をすべて含む氏名の行を取り出します。具体的には次のように，"データベース"と"ネットワーク"の両方の行をもつ氏名を取り出します。商演算の結果は，次のようになります。

関係"履修"

氏名	授業
うさぎ	データベース
うさぎ	ネットワーク
いぬ	データベース
いぬ	ネットワーク
あひる	ネットワーク

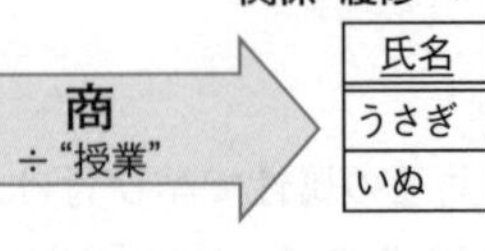

関係"履修"÷"授業"

氏名
うさぎ
いぬ

それでは，次の問題を考えてみましょう。

問題

次の関係R，S，T，Uにおいて，関係代数表現R×S÷T−Uの演算結果はどれか。ここで，×は直積，÷は商，−は差の演算を表す。

関係R	A	B
	1	a
	2	b
	3	a
	3	b
	4	a

関係S	C
	x
	y

関係T	A
	1
	3

関係U	B	C
	a	x
	c	z

ア

B	C
a	y

イ

B	C
b	x

ウ

B	C
a	y−x
b	x
b	y

エ

B	C
a	y−x
−c	−z

（平成24年春 データベーススペシャリスト試験 午前Ⅱ 問10）

過去問題をチェック

関係演算はSQLの基ともなる考え方で，午前Ⅱ試験では定番で出題されます。

【関係代数演算を行う問題】

- ・平成21年春 午前Ⅱ 問8
- ・平成22年春 午前Ⅱ 問12
- ・平成23年特別 午前Ⅱ 問7
- ・平成24年春 午前Ⅱ 問10
- ・平成29年春 午前Ⅱ 問12
- ・平成31年春 午前Ⅱ 問12
- ・令和2年10月 午前Ⅱ 問9
- ・令和3年秋 午前Ⅱ 問9
- ・令和4年秋 午前Ⅱ 問10

【商演算】

- ・平成23年特別 午前Ⅱ 問9
- ・平成25年春 午前Ⅱ 問12
- ・平成27年春 午前Ⅱ 問9
- ・令和5年秋 午前Ⅱ 問11

解説

関係代数表現R×S÷T−Uの演算を順に行っていきます。まず，R×Sは，関係Rと関係Sの直積なので，次のようになります。

関係R×S

A	B	C
1	a	x
1	a	y
2	b	x
2	b	y
3	a	x
3	a	y
3	b	x
3	b	y
4	a	x
4	a	y

ここから商演算÷Tを行うと，R×Sでは，A列が1と3の値の両方をもっているB，Cの組合せは(a，x)，(a，y)の二つなので，次のようになります。

関係R×S÷T

B	C
a	x
a	y

最後に，関係Uの差演算－Uを行うと，共通の組合せは(a，x)のみなので，これを取り除き，次のようになります。

関係R×S÷T－U

B	C
a	y

したがって，アが正解です。

≪解答≫ア

▶▶ 覚えよう！

- □ **和はOR，差はマイナス，共通（積）はAND，直積は二つの関係を単純にかけ合わせる**
- □ **射影は列，選択は行を取り出し，結合は二つの関係を共通の属性で結び付ける**
- □ **商R÷Sは，Sをすべて含むRの列の値を取り出す**

2-2-2 結合演算

結合演算は，二つの関係を一つの関係に結び付ける演算です。結合の種類には，θ結合，等結合，自然結合，外部結合などがあります。

θ結合

二つの関係を結び付ける結合演算では，まず直積を求め，そこから選択，射影演算を行います。

結合演算の最も一般的なかたちは，直積から二つの属性X，Yを選択し，その二つの属性に選択条件［X θ Y］が成り立つタプルを取り出すもので，これをθ(シータ)結合といいます。θは，実行する結合演算に使う**比較演算子**を示し，<（小なり），>（大なり），<=（以下），>=（以上），=（等しい），<>（等しくない）などがあります。

例として，次のような二つの関係RとSの場合を考えます。

関係R

A	B
1	あ
2	い
3	う

関係S

A	C
1	か
2	き
3	く

二つの属性にR.AとS.Aを選び，比較演算子θを“>”（大なり）として，選択条件を［R.A > S.A］とします。

関係RとSの直積R×Sより，R.A > S.Aの条件を抽出すると，次のようになります。

発展

θ結合では，直積と選択の二つを組み合わせます。JOIN句を用いてSQL文で表すと，左の例のθ結合は，次のようになります。

```
SELECT * FROM R
INNER JOIN S
    ON R.A>S.A
```

直積R×S

R.A	R.B	S.A	S.C
1	あ	1	か
1	あ	2	き
1	あ	3	く
2	い	1	か
2	い	2	き
2	い	3	く
3	う	1	か
3	う	2	き
3	う	3	く

R.A＞S.Aの条件を満たしている

R.A＞S.Aの条件を満たしている

R.A＞S.Aの条件を満たしている

θ結合[R.A＞S.A]

R.A	R.B	S.A	S.C
2	い	1	か
3	う	1	か
3	う	2	き

等結合

等結合とは，θ結合の比較演算子に"＝"(等しい)を選んだ結合です。

先ほどの関係RとSで，二つの属性にR.AとS.Aを選び，比較演算子を"＝"とすると，選択条件は[R.A＝S.A]となります。

この条件で直積からタプルを抽出すると，次のようになります。

等結合も，直積と選択の二つを組み合わせます。SQL文で表すと，右の例の等結合は，次のようになります。

```
SELECT * FROM R,
S WHERE R.A=S.A
```

等結合[R.A＝S.A]

R.A	R.B	S.A	S.C
1	あ	1	か
2	い	2	き
3	う	3	く

自然結合

自然結合は，**等結合**から，二つの関係の共通属性を一つ除いて**射影演算**を行ったものです。先ほどの等結合[R.A＝S.A]の関係では，R.AとS.Aはまったく同じ値なので，一方のカラム(列)を削除します。すると，次のようになります。

自然結合

A	B	C
1	あ	か
2	い	き
3	う	く

それでは，次の問題を考えてみましょう。

問題

“商品” 表と “納品” 表を商品番号で等結合した結果表はどれか。

商品

商品番号	商品名	価格
S01	ボールペン	150
S02	消しゴム	80
S03	クリップ	200

納品

商品番号	顧客番号	納品数
S01	C01	10
S01	C02	30
S02	C02	20
S02	C03	40
S03	C03	60

ア

商品番号	商品名	価格	顧客番号	納品数
S01	ボールペン	150	C01	10
S02	消しゴム	80	C02	20
S03	クリップ	200	C03	60

イ

商品番号	商品名	価格	商品番号	顧客番号	納品数
S01	ボールペン	150	S01	C01	10
S02	消しゴム	80	S02	C02	20
S03	クリップ	200	S03	C03	60

ウ

商品番号	商品名	価格	顧客番号	納品数
S01	ボールペン	150	C01	10
S01	ボールペン	150	C02	30
S02	消しゴム	80	C02	20
S02	消しゴム	80	C03	40
S03	クリップ	200	C03	60

過去問題をチェック

結合演算については，午前Ⅱの定番です。左で取り上げている問題のほかに以下の出題があります。

【等結合】

・平成26年春 午前Ⅱ 問9
・平成28年春 午前Ⅱ 問11
・平成30年春 午前Ⅱ 問9
・令和4年秋 午前 Ⅱ 問11

【自然結合】

・平成22年春 午前Ⅱ 問13

エ

商品番号	商品名	価格	商品番号	顧客番号	納品数
S01	ボールペン	150	S01	C01	10
S01	ボールペン	150	S01	C02	30
S02	消しゴム	80	S02	C02	20
S02	消しゴム	80	S02	C03	40
S03	クリップ	200	S03	C03	60

（平成27年春 データベーススペシャリスト試験 午前Ⅱ 問10）

解説

“商品”表と“納品”表に対して，直積“商品”×“納品”を求め，そこから商品番号で［商品.商品番号＝納品.商品番号］の選択条件で選択演算を行うと，次のようになります。

等結合 ［商品.商品番号＝納品.商品番号］

商品番号	商品名	価格	商品番号	顧客番号	納品数
S01	ボールペン	150	S01	C01	10
S01	ボールペン	150	S01	C02	30
S02	消しゴム	80	S02	C02	20
S02	消しゴム	80	S02	C03	40
S03	クリップ	200	S03	C03	60

したがって，エが正解です。

等結合から一方の商品番号列を除くと自然結合になるので，ウは自然結合です。

アとイは，複数行ある“納品”表のS01とS02の行が失われてしまっているため，結合演算ではありません。

《解答》エ

外部結合（外結合）

等結合や自然結合のような，結合する属性の値が二つの関係で一致するもののみを取り出す結合を**内部結合**（inner join）といいます。

外部結合（outer join）または**外結合**は，二つの関係のうち片方の関係に**一致するものがない場合にも**取り出す結合です。**左外部結合**，右外部結合，完全外部結合の3種類があります。次の

実際のSQLでは，左外部結合を用いることが圧倒的に多くなります。
二つのテーブルを結合する際に，片方にNULLを含む場合があるときなどによく利用されます。

ような二つの関係RとSを例に考えていきます。

関係R

A	B
1	あ
2	い
3	う

関係S

A	C
1	か
2	き
4	け

①左外部結合

関係RとSの共通属性Aを用いた左外部結合は，**左側の関係Rの行はすべて取り出し**，右側の関係Sの行は関係RとA列が一致するもののみ取り出すので，次のようになります。存在しない列には，NULLが挿入されます。

RとSの左外部結合

A	B	C
1	あ	か
2	い	き
3	う	NULL

発展

外部結合は，SQLではJOIN句を使わないと表現できません。左外部結合はLEFT OUTER JOIN，右外部結合はRIGHT OUTER JOIN，完全外部結合はFULL OUTER JOINです。
SQL文で表すと，左の例の左外部結合は，次のようになります。

```
SELECT R.A, R.B, S.C
    FROM R
LEFT OUTER JOIN S
    ON R.A=S.A
```

②右外部結合

同様に，関係RとSの共通属性Aを用いた**右外部結合**は，**右側の関係Sの行はすべて取り出し**，左側の関係Rの行は関係SとA列が一致するもののみ取り出すので，次のようになります。

RとSの右外部結合

A	B	C
1	あ	か
2	い	き
4	NULL	け

③完全外部結合

完全外部結合は，共通属性に関し，どちらかの列に存在する行をすべて取り出す結合です。

覚えよう！

- □ **θ結合は様々な演算，等結合は=，自然結合は共通属性を一つ減らす**
- □ **外部結合には，左外部結合，右外部結合，完全外部結合がある**

2-3 問題演習

2-3-1 午前問題

問1 候補キー CHECK ▶ □□□

関係Rは属性 A, B, C, D, E から成り，関数従属 A→{B, C}，{C, D}→E が成立するとき，Rの候補キーはどれか。

ア {A, C}　　イ {A, C, D}　　ウ {A, D}　　エ {C, D}

問2 正規化 CHECK ▶ □□□

第1正規形から第5正規形までの正規化に関する記述のうち，適切なものはどれか。

ア 正規形にする分解は全て関数従属性が保存される。
イ 正規形にする分解は全て情報無損失の分解である。
ウ 第3正規形への分解では，情報無損失かつ関数従属性が保存される。
エ 第4正規形から第5正規形への分解は自明な多値従属性が保存される分解である。

問3 第3正規形の条件 CHECK ▶ □□□

第2正規形である関係Rが，第3正規形でもあるための条件として，適切なものはどれか。

ア いかなる部分従属性も成立しない。
イ 推移的関数従属性が存在しない。
ウ 属性の定義域が原子定義域である。
エ 任意の関数従属A→Bに関して，Bは非キー属性である。

問4 R∩Sと等しいもの CHECK ▶ □□□

和両立である関係RとSがある。R∩Sと等しいものはどれか。ここで，−は差演算，∩は共通集合演算を表す。

ア (R−S)−(S−R)　　イ R−(R−S)
ウ R−(S−R)　　エ S−(R−S)

問5 異なる射影の数 CHECK ▶ □□□

属性がn個ある関係の異なる射影は幾つあるか。ここで，射影の個数には，元の関係と同じ結果となる射影，及び属性を全く含まない射影を含めるものとする。

ア $\log_2 n$　　イ n　　ウ $2n$　　エ 2^n

問6 和両立である必要のないもの CHECK ▶ □□□

関係R，Sに次の演算を行うとき，RとSが和両立である必要のないものはどれか。

ア 共通集合　　イ 差集合　　ウ 直積　　エ 和集合

問7 関係代数における直積 CHECK ▶ □□□

関係代数における直積に関する記述として，適切なものはどれか。

ア ある属性の値に付加した条件を満たす全てのタプルの集合である。
イ ある一つの関係の指定された属性だけを残して，他の属性を取り去って得られる属性の集合である。
ウ 二つの関係における，あらかじめ指定されている二つの属性の2項関係を満たす全てのタプルの組合せの集合である。
エ 二つの関係における，それぞれのタプルの全ての組合せの集合である。

午前問題の解説

問1 (令和2年10月 データベーススペシャリスト試験 午前Ⅱ 問3)

《解答》ウ

関数従属 A→{B, C} があるので，A→Cが成り立ちます。そのため，属性Aに加えて属性Dを使用すると，{A, D}→{C, D}→E となり，{A, D} が決まれば属性Eは一意に決まります。つまり，関係Rの {A, D} が一意に決まると，A→{B, C}，{A, D}→Eで，すべての属性への関数従属性が成立するため，{A, D} はRの候補キーです。したがって，**ウ**が正解となります。

ア 属性Eが一意に決まりません。

イ すべての属性が一意に決まりますが，Cはなくても成り立ちます。したがって，スーパキーであり，必要最小限の属性である候補キーではありません。

エ 属性A，Bが一意に決まりません。

問2 (令和3年秋 データベーススペシャリスト試験 午前Ⅱ 問5)

《解答》ウ

正規化では，第3正規形までは，情報無損失かつ関数従属性が保存される分解が保証されます。したがって，**ウ**が正解です。

ア，イ ボイス・コッド正規形以降では，情報無損失または関数従属性保存は保証されないこともあります。

エ 多値従属性については，第4正規形へ分解するときに意識します。

問3 (令和4年秋 データベーススペシャリスト試験 午前Ⅱ 問5)

《解答》イ

第2正規形である関係Rが第3正規形である条件は，非キー属性に対して推移的関数従属性が存在しないことです。したがって，**イ**が正解です。

ア 第2正規形の条件です。

ウ 第1正規形の条件です。原子定義域とは，シンプルなドメイン上で定義された関係のことです。

エ 特定の正規形の条件には当てはまりません。

問4 （令和４年秋 データベーススペシャリスト試験 午前Ⅱ 問10）

《解答》イ

和両立である関係RとSについて，ア～エの演算を行うと，次の結果となります。

ア　(R－S)－(S－R)＝(R－S)

(R－S)と(S－R)には重なる部分がないので，差演算では(R－S)のままとなります。

イ　R－(R－S)＝R∩S

Rから(R－S)でRとSが重ならない部分を引くと,RとSの重なる部分(R∩S)となります。

ウ　R－(S－R)＝R

Rと(S－R)には重なる部分がないので，差演算ではRのままとなります。

エ　S－(R－S)＝S

Sと(R－S)には重なる部分がないので，差演算ではSのままとなります。

R∩Sと等しいものはイだけなので，**イ**が正解です。

問5 （令和３年秋 データベーススペシャリスト試験 午前Ⅱ 問9）

《解答》エ

属性がn個ある関係の異なる射影を考えます。属性が1個の場合，全く含まない(0個)と元の関係(1個)の二つの異なる射影があります。2個になると，1個の場合に加えて，新しく加わった属性を含む関係が二つ考えられ,2＋2で4個の異なる射影があることになります。同様に考えていくと，属性の数が1増えると，増えた属性に対しての属性の組ができるため,組合せの数は倍になります。これを数式で，n個ある関係の異なる射影として表すと，2^nとなるので，**エ**が正解です。

問6 （令和3年秋 データベーススペシャリスト試験 午前Ⅱ 問11）

《解答》ウ

RとSが和両立とは，RとSの次数が等しく，対応するドメインが等しいという条件を満たすことです。

エの和集合（UNION），イの差集合（EXCEPT），及びアの共通（積）集合（INTERSECT）の演算を行う場合には，対応する次数やドメインが同じでないと演算できません。そのため，和両立である必要があります。

ウの直積は，二つの関係のそれぞれのタプルをすべてかけ合わせたものなので，次数やドメインが同じである必要はありません。したがって，**ウ**が正解です。

問7 （令和2年10月 データベーススペシャリスト試験 午前Ⅱ 問9）

《解答》エ

関係代数における直積とは，二つの関係で，それぞれのタプルをすべて掛け合わせたものです。二つの関係で，それぞれのタプルのすべての組合せの集合となります。したがって，**エ**が正解です。

ア 選択に関する記述です。

イ 射影に関する記述です。

ウ 結合に関する記述です。

2-3-2 午後問題

問題 データベース設計 CHECK ▶ □□□

データベース設計に関する次の記述を読んで，設問に答えよ。

B社は，複数の加盟企業向けに共通ポイントサービスを運営している。今回，その基盤のシステム（以下，ポイントシステムという）を再構築することになり，データベース設計を開始した。

〔ポイントシステムの概要〕

1. 会員

　会員は，B社が発行したポイントカードの利用者であり，会員コードで識別する。

2. 加盟企業

(1)　加盟企業は，B社と共通ポイントサービス加盟の契約をした企業であり，加盟企業コードで識別する。コンビニエンスストア，レストランチェーンなど様々な業種の企業がある。同じ加盟企業と複数回の契約をすることはない。

(2)　加盟企業は複数の店舗をもつ。店舗は，加盟企業コードと店舗コードで識別する。

3. 加盟企業商品と横断分析用商品情報

(1)　加盟企業商品

①　加盟企業が販売する商品を，B社から見て加盟企業商品と呼ぶ。

②　加盟企業は，商品をポイントシステムに登録するときに，当該加盟企業の商品コード（以下，加盟企業商品コードという），商品名（以下，加盟企業商品名という），JANコードを登録する。加盟企業商品は，加盟企業コードと加盟企業商品コードで識別する。

③　加盟企業商品コードは再利用されないが，加盟企業商品名とJANコードは再利用されることがある。また，JANコードが設定されない商品もある。

(2)　横断分析用商品情報

①　横断分析用商品情報は，複数の加盟企業が同じ商品を扱っている場合に同一商品であると認識できるようにするものである。横断分析用商品情報には，横断分析用商品コードと横断分析用商品名を設定し，横断分析用商品コードで識別する。横断分析用商品名は一意になるとは限らない。

②　B社は，加盟企業商品が追加される都度，既に同じ商品の横断分析用商品が登録済みかどうかを確認し，登録済みと判断すればその横断分析用商品コード

を，登録済みでないと判断すれば新たな横断分析用商品コードを加盟企業商品に設定する。

③ 横断分析用商品コードの設定には，加盟企業商品の登録から数日を要する場合がある。

〔ポイントの概要〕

1. ポイント

ポイントは，加盟企業の販促のために会員に与える点数である。

2. ポイントの利用

(1) 会員は，自分のポイント残高を上限として，購入金額の一部又は全てをポイントで支払うことができる。利用したポイント(以下，利用ポイントという)は，支払時にポイント残高から減算する。

(2) ポイントは，全ての加盟企業の店舗で利用できる。

(3) 利用ポイントを支払ごとに記録する。1回の支払はレシート番号で識別する。

3. ポイントの付与

(1) 会員がポイントカードを提示して支払をすると，その支払で付与するポイントを記録する。ポイントカードの提示がなければこの記録を作成しない。

(2) 付与ポイントを記録した時点では，付与ポイントの記録は会員のポイント残高に加算しない。ポイント残高への加算は後述の日次バッチで行う。

(3) ポイントには，商品ごとの購入金額に対して付与するものと，支払方法ごとの支払金額に対して付与するものがある。

① 購入商品ごとの付与ポイント

・商品の購入金額(購入数×商品単価)にポイント付与率を乗じて計算する。

・ポイント付与率は，通常は全加盟企業共通で決められている基準ポイント付与率を適用するが，後述のクーポンの利用によって変わることがある。

② 支払方法ごとの付与ポイント

・支払においては，現金，ポイント利用，電子マネー利用など，1回の支払で複数の支払方法を併用できる。

・支払方法ごとの付与ポイントは，各支払方法での支払金額に，ポイント付与率を乗じて計算する。

・各支払方法に対するポイント付与率は，ポイント設定で決めている。ポイント設定はポイント設定コードで識別し，ポイント付与率，適用期間をもつ。ポイントを付与する支払方法にポイント設定を対応付ける。同じポイント設定を，複数の支払方法に対応付けることがある。

(4) 付与ポイントは，小数第3位まで記録する。

(5) 会員がポイントで支払った分にもポイントを付与する。

4. 付与ポイントのポイント残高への加算

(1) 毎日午前0時を過ぎると，支払ごとの付与ポイントの記録から，支払日時が前日の分を日次バッチで抽出し，集計して会員のポイント残高に加算する。

(2) 購入商品ごとの付与ポイントと支払方法ごとの付与ポイントを加算し，小数点以下を切り捨てたものが支払全体の付与ポイントとなる。

5. ポイントの後付け

(1) 会員がポイントカードを忘れた場合，会員が申告すると店員は支払時のレシートに押印する。会員がこのレシートを1か月以内にこの店舗に持って行き，ポイントカードを提示すると，その支払で付与するポイントを記録する。

(2) 付与ポイントの記録は，レシートが発行された日時の記録となる。

〔クーポンの概要〕

1. クーポン

(1) B社は，クーポンという販促手段を用意している。加盟企業は，自社の店舗に会員を呼び込むために，クーポンを企画する。

(2) クーポンは，会員に配布する紙片である。会員が支払時にクーポンを提示すると，クーポンに設定されたポイント付与率を適用する。店舗は，提示されたクーポンを回収する。

(3) クーポンの企画単位にクーポンコードを付与する。

(4) クーポンは，企画した加盟企業の店舗だけで利用できる。

(5) クーポンには，利用期間を設定している。

(6) 設定できるクーポンには，適用対象となる店舗を限定したクーポン，適用対象となる商品を限定したクーポン，及び，店舗も商品も限定しないクーポンがある。ただし，商品の購入数を限定したクーポンは設定できない。

(7) 会員は，クーポンコードが異なる複数のクーポンを1回の支払で利用できる。

(8) クーポンの効果を測るために，クーポンがどの支払で利用されたか分かるように記録する。

2. クーポンの配布方法

(1) クーポンを企画した加盟企業は，B社に料金を支払い，クーポンの配布対象にしたい会員の抽出条件をB社に伝える。

(2) 会員の抽出は，支払時のポイント付与の記録を用いて行う。抽出条件には，ある期間に特定の店舗を利用した，特定の商品を一定以上の金額分購入した，特定の支払方法で一定以上の金額を支払った，などがある。

(3) B社は，条件に合う会員を抽出し，クーポン配布リストとして登録する。会員の抽出は，日次バッチで行う。

(4) クーポン配布リストに登録されている会員が，全加盟企業のいずれかの店舗を利用した場合に，クーポンを発行する。同じ会員に同じクーポンを2回発行することはない。

(5) クーポンには，配布上限数と配布期間を設定している。

〔概念データモデルと関係スキーマの設計〕

概念データモデルを図1に，関係スキーマを図2に示す。

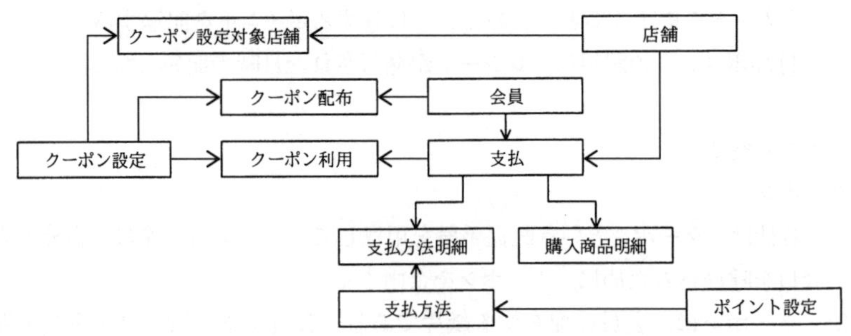

図1 概念データモデル

店舗（加盟企業コード，店舗コード，店舗名，所在地）
会員（会員コード，会員名，入会日，住所，性別，生年月日，ポイント残高）
加盟企業商品（加盟企業コード，加盟企業商品コード，JANコード，加盟企業名，契約開始日，契約終了日，加盟企業商品名，横断分析用商品コード，横断分析用商品名）
支払（レシート番号，会員コード，加盟企業コード，店舗コード，支払日時，利用ポイント）
支払方法明細（レシート番号，支払方法コード，支払金額，付与ポイント）
購入商品明細（レシート番号，加盟企業コード，加盟企業商品コード，購入数，商品単価，付与ポイント）
支払方法（支払方法コード，支払方法名，ポイント設定コード）
ポイント設定（ポイント設定コード，適用開始日，適用終了日，ポイント付与率）
クーポン設定（クーポンコード，クーポン名，企画加盟企業コード，配布開始日，配布終了日，利用開始日，利用終了日，ポイント付与率，配布上限数）
クーポン設定対象店舗（クーポンコード，加盟企業コード，店舗コード）
クーポン設定対象商品（クーポンコード，加盟企業コード，加盟企業商品コード）
クーポン配布（クーポンコード，会員コード，配布済フラグ，配布日時）
クーポン利用（クーポンコード，レシート番号）

図2 関係スキーマ（未完成）

解答に当たっては，巻頭（本書ではP.650 ～ 652）の表記ルールに従うこと。なお，属性名は，それぞれ意味を識別できる適切な名称とすること。

設問 図2中の関係“加盟企業商品”について，(1) ～ (3)に答えよ。

(1) 関係“加盟企業商品”の候補キーを全て答えよ。また，部分関数従属性，推移的関数従属性の有無を，答案用紙のあり・なしのいずれかを○で囲んで示せ。“あり”の場合は，次の表記法に従って，その関数従属性の具体例を一つ示せ。

関数従属性	表記法
部分関数従属性	属性1→属性2
推移的関数従属性	属性3→属性4→属性5

なお，候補キー及び表記法に示されている属性1，属性3，属性4が複数の属性から構成される場合は，｛ ｝でくくること。

(2) 関係“加盟企業商品”の候補キーのうち，主キーとして採用できないものはどれか答えよ。また，その理由を45字以内で具体的に述べよ。

(3) 関係“加盟企業商品”は第1正規形，第2正規形，第3正規形のうち，どこまで正規化されているか答えよ。第3正規形でない場合は，第3正規形に分解し，関係スキーマを示せ。ここで，分解後の関係の関係名には，本文中の用語を用いること。

なお，主キーを構成する属性の場合は実線の下線を，外部キーを構成する属性の場合は破線の下線を付けること。

（令和3年秋 データベーススペシャリスト試験 午後Ⅰ 問1 設問2抜粋）

午後問題の解説

データベース設計に関する問題です。この問では，共通ポイントサービスのデータベース設計を題材として，関数従属性，正規化理論などの基礎知識を用いてデータモデルを分析する能力が問われています。久しぶりの正規化を直接問う問題ですが，難易度はそれほど高くありません。

設問

図2中の関係"加盟企業商品"についての問題です。候補キーや関数従属性を探し，どこまで正規化されているかを考えます。さらに，第3正規形への正規化を行います。

(1)

関係"加盟企業商品"の候補キーと，部分関数従属性，推移的関数従属性の有無や具体例を答えます。

候補キー

〔ポイントシステムの概要〕3. 加盟企業商品と横断分析用商品情報(1)加盟企業商品②に,「加盟企業商品は, 加盟企業コードと加盟企業商品コードで識別する」とあります。そのため, 関係"加盟企業商品"は, {加盟企業コード, 加盟企業商品コード} で識別でき, 候補キーとなります。

また，(2) 横断分析用商品情報①に，「横断分析用商品情報は，複数の加盟企業が同じ商品を扱っている場合に同一商品であると認識できるようにするものである」とあり，横断分析用商品の情報でも商品を識別できることが分かります。①の続きに，「横断分析用商品情報には，横断分析用商品コードと横断分析用商品名を設定し，横断分析用商品コードで識別する」とあり，横断分析用商品コードを加盟企業商品コードの代わりに商品の識別に利用することが可能です。そのため，関係"加盟企業商品"は，{加盟企業コード，横断分析用商品コード} でも識別でき，候補キーとなります。

したがって，解答は，**{加盟企業コード，加盟企業商品コード}**，**{加盟企業コード，横断分析用商品コード}** です。

部分関数従属性

関係"加盟企業商品"の部分関数従属性について答えます。

候補キー {加盟企業コード，加盟企業商品コード}，{加盟企業コード，横断分析用商品コード} の一部の属性としては，加盟企業コード，加盟企業商品コード，横断分析用商品コードの三つがあり，これらの属性のみに従属する非キー属性を考えていきます。

関係"加盟企業商品"の属性のうち，加盟企業名，契約開始日，契約終了日の三つの属性は，加盟企業コードが決まれば一意に決まります。そのため，加盟企業コード→ {加盟企業名，契約開始日，契約終了日｝の部分関数従属性が存在します。さらに，横断分析用商品名は，横断分析用商品コードが決まれば一意に決まります。そのため，横断分析用商品コード→横断分析用商品名の部分関数従属性が存在します。

したがって，部分関数従属性は**あり**です。具体例は，**加盟企業コード→加盟企業名**，**加盟企業コード→契約開始日**，**加盟企業コード→契約終了日**，**横断分析用商品コード→横断分析用商品名**です。どれか一つを示せば正解となります。

推移的関数従属性

関係“加盟企業商品”の推移的関数従属性について答えます。

横断分析用商品コードは，加盟企業商品に対して割り当てられるので，｛加盟企業コード，加盟企業商品コード｝→横断分析用商品コードの関数従属性があります。さらに，横断分析用商品名は，横断分析用商品コードから一意に求められます。そのため，｛加盟企業コード，加盟企業商品コード｝→横断分析用商品コード→横断分析用商品名という推移的関数従属性が存在します。横断分析用商品コード→横断分析用商品名の関係は部分関数従属性でもありますが，候補キーとの関係から，推移的関数従属性と考えることもできます。

したがって，推移的関数従属性は**あり**です。具体例は，**｛加盟企業コード，加盟企業商品コード｝→横断分析用商品コード→横断分析用商品名**です。

(2)

関係“加盟企業商品”の候補キーのうち，主キーとして採用できないものと，その理由を答えます。

関係“加盟企業商品”の候補キー ｛加盟企業コード，加盟企業商品コード｝，｛加盟企業コード，横断分析用商品コード｝のうち，｛加盟企業コード，横断分析用商品コード｝では，候補キーの属性として横断分析用商品コードが含まれます。〔ポイントシステムの概要〕3. 加盟企業商品と横断分析用商品情報(2)横断分析用商品情報③に，「横断分析用商品コードの設定には，加盟企業商品の登録から数日を要する場合がある」とあります。そのため，加盟企業商品を登録するときに，まだ横断分析用商品コードが決まっていない場合があります。主キーにはNULL値は設定できないので，横断分析用商品コードを含む候補キーは採用できません。

したがって，採用できない候補キーは**｛加盟企業コード，横断分析用商品コード｝**で，その理由は，**横断分析用商品コードは加盟企業商品が登録された後に設定される場合があるから**，です。

(3)

関係“加盟企業商品”の正規形と，第3正規形に分解した場合の関係スキーマを答えます。

正規形

(1)で考えたとおり，関係“加盟企業商品”には部分関数従属性が存在します。そのため第2正規形ではありません。繰り返し属性などは存在しないため，第1正規形となります。したがって，解答は**第1正規形**です。

関係スキーマ

(1)の部分関数従属性で示された加盟企業コード→{加盟企業名，契約開始日，契約終了日}を分解した関係スキーマは，次のようになります。

加盟企業（加盟企業コード，加盟企業名，契約開始日，契約終了日）

加盟企業商品（加盟企業コード，加盟企業商品コード，横断分析用商品コード，加盟企業商品名，JANコード）

さらに，推移的関数従属性（または部分関数従属性）として，{加盟企業コード，加盟企業商品コード}→横断分析用商品コード→横断分析用商品名を分解した関係スキーマは，次のとおりとなります。

加盟企業（加盟企業コード，加盟企業名，契約開始日，契約終了日）

加盟企業商品（加盟企業コード，加盟企業商品コード，横断分析用商品コード，JANコード）

横断分析用商品情報（横断分析用商品コード，加盟企業商品名）

したがって，解答は以下のとおりです。

加盟企業（加盟企業コード，加盟企業名，契約開始日，契約終了日）

加盟企業商品（加盟企業コード，加盟企業商品コード，横断分析用商品コード，加盟企業商品名，JANコード）

横断分析用商品情報（横断分析用商品コード，横断分析用商品名）

分解後の関係名は，本文中の字句を用いていれば，まったく同じでなくてもかまいません。

解答例

出題趣旨（抜粋）

データベースの設計では，業務内容や業務で取り扱うデータなどの実世界の情報を統合的に理解し，データモデルに反映することが求められる。
本問では，共通ポイントサービスのデータベース設計を題材として，関数従属性，正規化理論などの基礎知識を用いてデータモデルを分析する能力を問う。

解答例（抜粋）

設問

(1) **候補キー**

{加盟企業コード，加盟企業商品コード}，
{加盟企業コード，横断分析用商品コード}

部分関数従属性　有無　あり

具体例　※以下の中から一つを解答

・加盟企業コード→加盟企業名
・加盟企業コード→契約開始日
・加盟企業コード→契約終了日
・横断分析用商品コード→横断分析用商品名

推移的関数従属性　有無　あり

具体例　{加盟企業コード，加盟企業商品コード}→横断分析用商品コード→横断分析用商品名

(2) **採用できない候補キー**　{加盟企業コード，横断分析用商品コード}

理由　横断分析用商品コードは加盟企業商品が登録された後に設定される場合があるから　(37字)

(3) **正規形**　第1正規形

関係スキーマ　加盟企業（<u>加盟企業コード</u>，加盟企業名，契約開始日，契約終了日）
加盟企業商品（<u>加盟企業コード</u>，<u>加盟企業商品コード</u>，横断分析用商品コード（破線下線），加盟企業商品名，JANコード）
横断分析用商品情報（<u>横断分析用商品コード</u>，横断分析用商品名）

採点講評（抜粋）

共通ポイントサービスを題材に，業務要件に基づくデータベース設計，正規化理論に基づくデータモデル分析について出題した。全体として正答率は平均的であった。

設問(1)は，全体的に正答率は平均的であったが，候補キーの"{加盟企業コード，横断分析用商品コード}"を"横断分析用商品コード"と答えてしまうなど，候補キーとは何かを正しく理解できていない解答が多く見られた。推移的関数従属性の具体例については"横断分析用商品コード→横断分析用商品名"の部分しか書けていない解答が多く見られた。正規化理論の基礎を十分理解するようにしてほしい。

第3章

データベース設計

この章では，データベースを実際に構築するためのデータベース設計について学びます。データベース設計は，システム開発の手法の一つであるデータ中心アプローチを基に行われます。その手法にはトップダウンアプローチとボトムアップアプローチの2種類があり，両方を取り入れながらデータベース設計を行っていきます。また，E-R図についての基本もこの章で学びます。
第2章の正規化理論は大切ですが，実務では非正規化も行います。整合性をとるために，データベースに制約をかけたり，システムとデータベースの連携を行ったりします。この章では，そういった実際の手法について主に学びます。
さらに，データベーススペシャリスト試験の午後Iでは，データベース設計に関する問題が毎回出題されるので，その問題の解き方について，実際の問題を例に学んでいきます。

3-1 データベース設計

前章で述べたように，データベース設計は，概念設計，論理設計，物理設計の３段階で行います。概念設計ではデータベースの全体像を，論理設計ではシステムとの整合を，物理設計ではDBMSとの整合を考えていきます。

3-1-1 データベース設計の二つのアプローチ

第１章で説明しましたが，データベーススペシャリスト試験では，データベース設計の手法として主にデータ中心アプローチを取り扱います。データ中心アプローチでのデータベース設計（概念設計）の方法には，トップダウンアプローチとボトムアップアプローチの２種類があります。どちらのアプローチでも最終的な成果物（概念データモデル）は同じであり，実務では両方を組み合わせながら設計を行っていきます。

勉強のコツ
応用情報技術者試験などの難易度の低い試験では，ボトムアップアプローチが出題の中心です。
データベーススペシャリスト試験では両方とも出題されますが，難易度がより高く，合否を分けるのはトップダウンアプローチの方です。
ボトムアップアプローチを確実に行えるようにしつつ，トップダウンアプローチについても意識してできるようにしていきましょう。

トップダウンアプローチ

データベースの全体像を一からイメージして作成していく方法が**トップダウンアプローチ**です。まず，全体的に必要な**エンティティ**（データのまとまり）を洗い出し，それを徐々に詳細化していきます。主な手順は，次の三つです。

①E-R図の作成

今回作成するシステムで必要なデータの**エンティティ**を洗い出し，その関連や**カーディナリティ**（数の関係）などを考えることで，大まかなE-R図を作成します。

②属性の洗い出し

それぞれのエンティティに対して，必要な属性（データ項目）を洗い出します。

③正規化

洗い出した属性を正規化します。さらに，E-R図に多対多の関連がある場合には，それを排除します。

ボトムアップアプローチ

帳票など，データベースの基となる資料がある場合に行う方法がボトムアップアプローチです。実際のデータを細かく洗い出したものをまとめていき，それを徐々に統合していきます。主な手順は，次の三つです。

ボトムアップアプローチでは，正規化がきちんとできていると，E-R図はほぼ機械的に作成できます。
E-R図を作成する前に，まずは第3正規形までの正規化を確実にできるようにすることが大切です。

①属性の洗い出し

帳票などから，データベースに入れる必要のある属性を洗い出します。

②正規化

洗い出した属性を正規化します。第1，第2，第3正規形に順にテーブルを分解していきます。

③E-R図の作成

正規化されたテーブルをエンティティとして，E-R図を作成します。

このように，トップダウンアプローチ，ボトムアップアプローチでは，方法は異なりますがいずれも同じことを行っていきます。

例として，次のようなシステムの仕様を基に，両方のアプローチで設計を行ってみましょう。

例題：履修管理システムの仕様

ある大学では現在，学生の科目の履修状況を管理するシステム（旧システム）を作成し，運用しています。このシステムを見直し，科目だけでなく強化ゼミに関する情報も管理できるようにする新システムを構築することになりました。

新システムを設計するにあたり，旧システムの調査を実施しました。学生は，必ず一つの学部学科に所属し，複数の科目を受講します。また，一つの科目は1人の教職員が担当しますが，1人の教職員が複数の科目を担当することもあります。旧システムで出力する“科目別受講状況表”のレイアウトは，次のようになります。

科目別受講状況表

科目コード：C0101　　　　　　　　　　出力日付：2017.07.01
科目名：体育実技
指導教職員：先生英一郎

学籍番号	学生名	学部学科名	点数	出席日数
E11－1543	骨川　常夫	経済学部経済学科	90	12
S12－0227	源本　静香	社会学部福祉学科	75	14
T13－1025	剛田　剛史	工学部電子工学科	60	10
U13－7941	野比　伸太	総合情報学部AI学科	55	15
…	…	…	…	…

“科目別受講状況表”のレイアウト

また，新システムで作成する強化ゼミの“強化ゼミ参加者名簿”の要件は，次のようになります。なお，強化ゼミは，複数開講されています。

〔強化ゼミ参加者名簿の要件〕
1. 強化ゼミ参加者名簿に掲載する項目
(a) 強化ゼミ参加者名簿の見出し部に印刷する項目
　　強化ゼミコード，強化ゼミ名称，顧問の教職員名，
　　活動場所，出力年月日，ページ番号
(b) 強化ゼミ参加者名簿の明細部に，次の項目を横1行に印刷
　　学生名，学籍番号，連絡先電話番号，入会年月日
2. 強化ゼミ参加者名簿の出力単位
強化ゼミ参加者名簿は，強化ゼミごとに改ページして出力します。また，明細部は40行印刷するごとに改ページします。
3. 顧問
強化ゼミの顧問は，1人の教職員が担当します。また，1人の教職員は，複数の強化ゼミの顧問を担当することができます。
4. 学生
学生は，複数の強化ゼミに参加することができます。

要件は以上です。

それでは，次節からこの仕様を例に，トップダウンアプローチとボトムアップアプローチでの設計を実際に行っていきます。

覚えよう！

- □ **トップダウンアプローチでは，E-R図を作成してから，属性を洗い出し，正規化する**
- □ **ボトムアップアプローチでは，属性を洗い出し正規化してから，E-R図を作成する**

3-1-2 トップダウンアプローチ

トップダウンアプローチでは，まず全体像を把握するためにE-R図を作ります。そこから属性を洗い出し，正規化を行っていきます。

E-R図の作成

トップダウンアプローチでは，まずは全体的なE-R図を書いていきます。**エンティティ**を洗い出し，そこから**リレーションシップ（関連）**や**カーディナリティ**を求めていきます。

「3-1-1」で示した例題「履修管理システムの仕様」を基に，E-R図を作成していきましょう。仕様の説明から，データのまとまりとしてのエンティティは，“学生”，“教職員”，“科目”，“強化ゼミ”などが考えられます。

学生	教職員	科目	強化ゼミ

洗い出した履修管理システムのエンティティ

ここから，リレーションシップがあるエンティティと，カーディナリティについて考えていきます。

仕様の説明から「学生は複数の科目を受講する」こと，“科目別受講状況表”から「一つの科目には複数の学生が登録している」ことが分かるので，学生と科目は多対多のリレーションシップです。

教職員と科目については，仕様に「一つの科目は1人の教職員が担当」「1人の教職員が複数の科目を担当する」とあるので，教職員と科目は，1対多のリレーションシップです。

同様に，学生と強化ゼミについては，〔強化ゼミ参加者名簿の要件〕に，「学生は，複数の強化ゼミに参加する」とあります。また，参加者名簿は40行以上印刷すると読み取れるので，強化ゼミには40名以上参加，つまり複数の学生が参加することが分かります。したがって，学生と強化ゼミは多対多のリレーションシップです。

関連

カーディナリティは，エンティティ同士の数の関係です。1対1，1対多，多対多などのリレーションシップで表されます。
E-R図でのリレーションシップは，カーディナリティが多の場合は矢印(→)，1の場合は線(―)で示されます。
カーディナリティを含めたE-R図の詳しい書き方は，「3-2-1　E-R図」で改めて学習します。

発展

トップダウンアプローチは，「これが絶対に正解」というかたちで一つに決まるわけではありません。だいたい決まりますが，番号を付けたり，洗い出す属性が変わったりして，変化することが通常です。
試験問題では，なるべく答えが一意になるようにいろいろな条件が加わっていますが，別解がある場合も多いです。
ここでも，これが絶対的な正解というわけではありませんので，まずはおおよその流れを理解してみてください。

教職員と強化ゼミは,「強化ゼミの顧問は,1人の教職員が担当」と,「1人の教職員は,複数の強化ゼミの顧問を担当する」とあるので,教職員と強化ゼミは1対多のリレーションシップです。

これらをまとめると,次のようなE-R図になります。

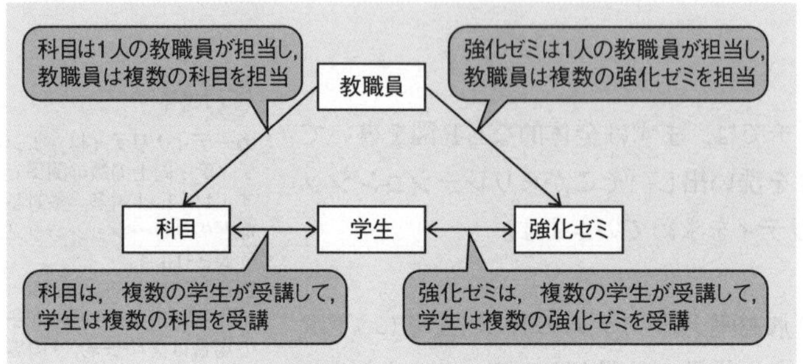

履修管理システムのE-R図

これでとりあえず,大まかなE-R図は完成です。

属性の洗い出し

E-R図の作成で求めたエンティティそれぞれについて,仕様や図から属性を洗い出していきます。洗い出しが終わったら,主キーを決定します。

エンティティ“学生”,“教職員”,“科目”,“強化ゼミ”について,仕様や図から属性を洗い出してまとめると,次のようになります。

学生(学籍番号,学生名,学部学科名,連絡先電話番号)
教職員(教職員番号,教職員名)
科目(科目コード,科目名)
強化ゼミ(強化ゼミコード,強化ゼミ名称,活動場所)

色文字で示した教職員番号は仕様にはありませんが,あった方が都合がよさそうなので加えています。このようにコードや番号を追加することは,実際によく行われています。

どのエンティティにも当てはまらない属性として,ほかに“点数”,“出席日数”,“入会年月日”などがありますが,これらについてはチェックだけはしておき,次の正規化に移ります。

正規化

洗い出した属性を正規化します。先ほどの関係スキーマの中で第3正規形になっていないものがあれば，それを第3正規形まで正規化します。

それ以外に，E-R図のカーディナリティを基に，属性やエンティティを追加していきます。具体的には，1対1や1対多のリレーションシップがある場合には，そのリレーションシップを示すために，一方のエンティティの主キーをもう一方に外部キーとして入れます。

1対多のリレーションシップの場合には，**1の方の主キーを多の方の外部キー**として挿入します。

多対多のリレーションシップがある場合には，連関エンティティと呼ばれる，二つのエンティティの関連を表すためのエンティティを新たに作成し，1対多の二つのリレーションシップとします。連関エンティティは，リレーションシップを表すためのエンティティで，二つのリレーションシップの主キーを両方，属性としてもちます。

最初のE-R図に正規化を行うと，次のようになります。

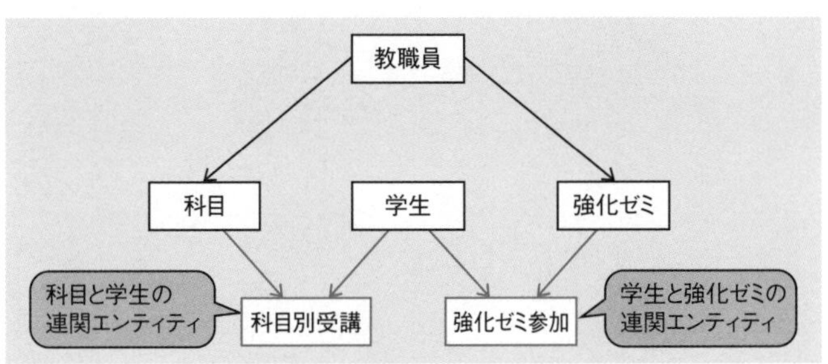

履修管理システムのE-R図（正規化後）

新たに作成した連関エンティティに入れる属性を洗い出し，リレーションシップを表す外部キーを追加すると，関係スキーマは次のようになります。

関連

正規化で実際に行う，関連の表し方や連関エンティティについては，「3-2-1 E-R図」で改めて詳しく学習します。
ここでは，おおよその流れが理解できれば十分です。

発展

多対多のリレーションシップのままでも，E-R図としては間違いではありません。しかし，そのままでは関係スキーマ（テーブル構造）が記述できないので，通常は1対多のリレーションシップに分解する必要があります。
試験問題では，「多対多のリレーションシップは用いないこと」と指定してあることが多いです。

学生（学籍番号，学生名，学部学科名，連絡先電話番号）
教職員（教職員番号，教職員名）
科目（科目コード，科目名，教職員番号）
強化ゼミ（強化ゼミコード，強化ゼミ名称，活動場所，
教職員番号）
科目別受講（科目コード，学籍番号，点数，出席日数）
強化ゼミ参加（強化ゼミコード，学籍番号，入会年月日）

これで，概念データモデル（E-R図）と関係スキーマが完成しました。

覚えよう！

- □ カーディナリティ（数の関係）に着目して，E-R図を作成する
- □ 多対多のリレーションシップの場合には，連関エンティティを作成する

3-1-3 ボトムアップアプローチ

ボトムアップアプローチでは，帳票などから属性を洗い出し，それを正規化します。その後，正規化した関係を基にE-R図を作成します。

属性の洗い出し

ボトムアップアプローチでは，帳票など一つのまとまったデータから一つずつ属性を洗い出していきます。

「3-1-1」で示した例題「履修管理システムの仕様」の“科目別受講状況表”を基に属性を洗い出すと，次図のようになります。洗い出した属性は色の枠で示しています。

科目別受講状況表

科目コード：C0101　　出力日付：2017.07.01
科目名：体育実技
指導教職員：先生英一郎

学籍番号	学生名	学部学科名	点数	出席日数
E11－1543	骨川　常夫	経済学部経済学科	90	12
S12－0227	源本　静香	社会学部福祉学科	75	14
T13－1025	剛田　剛史	工学部電子工学科	60	10
U13－7941	野比　伸太	総合情報学部AI学科	55	15
…	…	…	…	…

科目別受講状況表（属性の洗い出し）

ここで洗い出したのは，**データベースに入れて保存しておく必要のある属性**です。そのため，印刷したときに付ける「出力日付」などの情報は必要ないので，ここでは洗い出しません。

洗い出した属性を少し修正して関係スキーマで表すと，次のようになります。教職員については，番号を追加して名前を変更した方が扱いやすいので，色文字のように修正しています。

科目別受講（科目コード，科目名，教職員番号，教職員名，
学籍番号，学生名，学部学科名，点数，出席日数）

正規化

洗い出した属性を基に，第3正規形まで（場合によってはそれ以上）の正規化を行います。正規化の方法は，第2章のデータベース基礎理論で学んだとおりです。

洗い出した属性で，“科目別受講状況表”を第1正規形の関係にすると，次のようになります。

第1正規形にした科目別受講状況表

科目コード	科目名	指導教職員	学籍番号	学生名	学部学科名	点数	出席日数
C0101	体育実技	先生英一郎	E11-1543	骨川　常夫	経済学部 経済学科	90	12
C0101	体育実技	先生英一郎	S12-0227	源本　静香	社会学部 福祉学科	75	14
C0101	体育実技	先生英一郎	T13-1025	剛田　剛史	工学部 電子工学科	60	10
C0101	体育実技	先生英一郎	U13-7941	野比　伸太	総合情報学部 AI学科	55	15

ここから候補キーを決定し，第3正規形まで正規化を行います。

仕様より，学生は複数の科目を受講し，一つの科目は複数の学生が受講するので，科目コードだけ，学籍番号だけでは，タプル（行）は一意に決まりません。したがって，候補キーは｛科目コード，学籍番号｝であり，これが主キーとなります。

第1正規形の関係は，次のようになります。

> **関連**
> このあたりの正規化については，「2-1　正規化理論」で詳しく学習しました。正規化は基礎理論だけでなくデータベース設計の問題でも頻繁に出題されるので，確実に理解しておきましょう。

科目別受講（<u>科目コード</u>，科目名，教職員番号，教職員名，<u>学籍番号</u>，学生名，学部学科名，点数，出席日数）

候補キーの属性が二つあるので，部分関数従属性を考え，第2正規形にしていきます。候補キーの一部｛科目コード｝に対する関数従属性｛科目コード｝→｛科目名，教職員番号，教職員名｝と，｛学籍番号｝に対する関数従属性｛学籍番号｝→｛学生名，学部学科名｝があるので，これらを分解して次のような関係とします。

科目別受講（科目コード，学籍番号，点数，出席日数）
科目（科目コード，科目名，教職員番号，教職員名）
学生（学籍番号，学生名，学部学科名）

これが第2正規形の関係です。ここからさらに，推移的関数従属性｛科目コード｝→｛教職員番号｝→｛教職員名｝を取り出して第3正規形とすると，次のような関係になります。

科目別受講（科目コード，学籍番号，点数，出席日数）
科目（科目コード，科目名，教職員番号）
学生（学籍番号，学生名，学部学科名）
教職員（教職員番号，教職員名）

これで，"科目別受講状況表"に関する正規化は完成です。

E-R図の作成

正規化してでき上がった関係から，E-R図を作成していきます。ボトムアップアプローチの場合は，正規化してできた関係がエンティティに対応します。リレーションシップは，正規化した関係では**共通の属性**として表されています。そして，カーディナリティは，その共通属性に対して，主キーの側が1，外部キーの側が多になります。

上の四つの関係では，"科目別受講"と"科目"の間には共通属性"科目コード"があります。これがリレーションシップです。カーディナリティは，"科目別受講"の科目コードは"科目"に対する外部キーでもあるので，こちらが多になります。

同様に，"科目別受講"と"学生"では，共通属性"学籍番号"があります。カーディナリティは，"科目別受講"の方が多です。"科目"と"教職員"では，共通属性"教職員番号"があり，外部キーである"科目"の方が多になります。

まとめると，次のようなE-R図になります。

正規化を行うときには関数従属性を基準にするので，分解した関係は必然的に1対多のリレーションシップになります。
主キー，外部キーの関係と合わせて，E-R図と正規化の内容はつながっているので，両方を関連付けて理解しておくと分かりやすいでしょう。

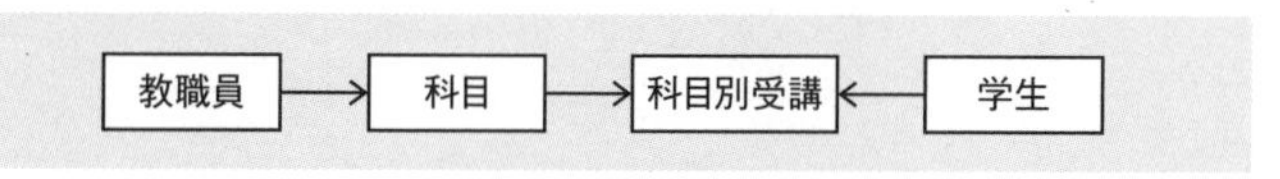

"科目別受講"に関するE-R図

これで，“科目別受講”に関するE-R図は完成です。

ボトムアップアプローチでは，帳票一つ一つに関して属性の洗い出し，正規化，E-R図の作成を行っていきます。そのため，今回の例では，改めて“強化ゼミ参加者名簿”に関する作業を行っていく必要があります。二つの帳票に関する関係をまとめてE-R図にすると，トップダウンアプローチで得られたE-R図と同じ結果を得ることができます。

覚えよう！

- □ ボトムアップアプローチは，帳票一つ一つに対して行う
- □ E-R図は，正規化した関係から作成すると，1対多のリレーションシップのみになる

3-1-4 正規化による不都合と非正規化

データベース設計において，正規化を行うことは基本です。しかし，正規化すると遅くなる，または正規化すると不都合が生じるなどの理由で行わないこともよくあります。

関連

「2-1-1　正規化とは」でも，正規化を行わない理由を解説しています。ここではもう少し掘り下げて，正規化を行うことによる問題と，その解決策についてまとめています。

正規化による不都合

正規化を行う理由は，**更新時異状を排除するため**です。つまり，データが常に更新され，最新の状態になるように正規化を行います。

しかし，最新の状態になると不都合が生じる場合もあります。典型的なものは，**履歴を残す必要がある**場合です。例えば，顧客情報を管理するデータベースでは，情報を最新の状態にすることは重要です。しかし，最新の情報だけ残していると，引越前の住所や旧姓など，以前の情報が必要になるときに困ります。いつからどのように変更されたかという履歴を保管しておく必要がある場合も多いのです。

また，売上明細など，売上が**発生した時点の情報**を保持しておく必要がある場合もあります。商品の単価などが変更される場合には，売上が発生した時点と現在とで単価が異なることがあります。こういった場合には再計算すると金額が変わってしまうので，売上発生時点の単価や金額の情報が必要なのです。

そのため，正規化を行うと不都合が起こる場合には，工夫して履歴や古い情報を保持するテーブルを用意します。

過去問題をチェック

データベーススペシャリスト試験では，履歴保持に関する次のような問題が出題されています。

【履歴を管理する問題】

- 平成21年春 午後Ⅰ 問3 設問1，2
  履歴を管理する顧客テーブルを題材とした問題です。
- 平成25年春 午後Ⅱ 問2
  商品履歴を管理するテーブルについて，穴埋めでテーブル設計を行う問題です。
- 令和4年秋 午後Ⅰ 問2 設問1
  商品テーブルの履歴管理で，商品履歴テーブルを作成してデータを移行する，テーブル設計を題材とした問題です。

履歴を保持する方法

データの履歴を保持するためには，履歴が管理できるようにテーブル構造を変更します。典型的なのは，更新連番や適用開始日，適用終了日などの項目を新たに設け，更新されるたびに行を追加する方法です。例えば，顧客情報を履歴と共に管理する“顧客”テーブルは，次のようになります。

変更履歴をもつ"顧客"テーブル

顧客コード	変更連番	氏名	…	電話番号	優遇レベル	適用開始日	適用終了日
A111111	1	骨川　常夫	…	111-1111	1	2017-06-16	NULL
B222222	1	源本　静香	…	222-1111	1	2016-02-16	2016-02-29
B222222	2	源本　静香	…	222-2222	1	2016-03-01	2016-11-15
C333333	1	剛田　剛史	…	333-1111	1	2017-01-07	2017-01-14
C333333	2	剛田　剛史	…	333-2222	1	2017-01-15	2017-01-31
C333333	3	剛田　剛史	…	333-2222	2	2017-02-01	NULL

主キーとして，顧客コードに加えて変更連番などの連番や，適用開始日などの日時を使用します。適用終了日をNULLにしておくことで，最新情報だけを取り出すことも可能です。

もう一つの方法としては，伝票などが発生した時点の履歴を残すために属性を追加する手法があります。例えば，商品テーブルに単価があっても，伝票明細テーブルに単価を追加しておくことによって履歴を保持できます。関係スキーマで示すと，次のようになります。

伝票明細（伝票番号，商品コード，数量，単価）
商品（商品コード，商品名，単価）

伝票が作成された時点の単価情報を保持します

高速化の手法

処理速度の低下を防ぐために正規化を行わないこともあります。正規化によってテーブルを分解すると，データ取得のたびにテーブルの結合が発生し，処理速度が遅くなるからです。そこで，高速化を図るために，非正規化などテーブル構造の変更が行われることがあります。

テーブル構造を変更する方法には，次のようなものがあります。

①導出属性をもたせる

合計金額や平均値など，SQLの演算で求められる属性である導出属性は，参照するために計算を行うと処理に時間がかかります。そのため，**導出属性をあらかじめ計算しておき，属性としてもたせる方法**があります。例えば，顧客テーブルに次のように購入累計額を追加しておき，顧客の優遇レベルを確認しやすいようにしておく場合などに使用されます。

顧客（顧客コード，顧客名，購入累計額）

この場合は，データが変更されると，その都度，計算し直す必要があるので，整合性を保つための仕組みを用意することが大切です。

②属性を重複してもたせる

よく参照されるテーブルに列を追加して重複したデータをもたせる方法です。例えば，購入累計額でマイレージサービスを行うスーパーで，次のようなテーブルがあるとします。

マイレージサービス（購入累計額の下限，マイレージ倍率）
顧客（顧客コード，顧客名，購入累計額）

ここで，毎回"マイレージサービス"テーブルを参照してマイレージ倍率を求めると複雑な処理が発生するので，マイレージ倍率を顧客テーブルに重複してもたせ，次のようにします。

顧客（顧客コード，顧客名，購入累計額，マイレージ倍率）

こちらも，データが変更されるたびに計算し直す必要があるので，計算の仕組みを用意しておくことが大切です。

③テーブルを一つにまとめる（非正規化）

複数のテーブルを一つにまとめておき，1テーブルの検索で処理を終了させられるようにします。このとき，第3正規形まで正規化せず，あえて第2正規形や第1正規形にとどめておく手法を使います。第1正規形にするよりは第2正規形の方が更新時異状は少ないので，必要最小限の非正規化を行うことが大切です。

▸▸▸ 覚えよう！

- □ **履歴を残す必要があるとき，発生時点のデータを残す場合には，非正規化が必要**
- □ **高速化のため，あえて非正規化などテーブル構造の変更を行う場合もある**

3-1-5 データベースの制約

データベースでは，制約を設定することによって，格納するデータに制限をかけることができます。制約があることで，データベースの整合性が保たれます。

制約の種類

データベースの制約には，主に次のものがあります。

①検査制約（CHECK制約）

列のデータ値が特定の条件を満たすかどうかを検査する制約です。例えば，価格の値が100円以上でなければならない場合に，"価格≧100"という条件を設定し，それを満たさないとデータを登録できないようにします。

②非ナル制約（NOT NULL制約）

列のデータがNULLでないことを保証する制約です。データがないと問題が生じる場合に設定します。

③一意性制約（UNIQUE制約）

列（または列の組）のデータが他の行と重複しないことを保証する制約です。その列，または列の組が決まれば行を一意に特定できる場合に，それを確実にするために使用します。主キーではない候補キーでの使用が一般的です。

④主キー制約（PRIMARY KEY制約）

主キーの列（または列の組）に設定する制約です。制約の内容は**一意性制約**と**非ナル制約**を組み合わせたものになります。主キー制約を設定することにより，主キーの定義に違反したデータの挿入を防ぐことができます。

⑤参照制約（外部キー制約，FOREIGN KEY制約）

列（または列の組）のデータが，他のテーブルのデータを参照して一致していることを保証する制約です。参照制約では，参照される表と列（または列の組）を設定し，その列（または列の組）

> **関連**
> データベースの制約は，SQL文で，主にCREATE TABLE句で記述されます。
> 具体的な書き方は，「4-1-2 SQL-DDL」で改めて取り扱います。
> データベース設計とSQLはこのように密接に結び付いているので，両方合わせて押さえておくと効果的に学習できます。

> **関連**
> 候補キー，主キーについては「2-1-2 第1正規形」で，外部キーについては「2-1-4 第3正規形」で詳しく説明しています。
> データベース設計でも大事なところなので，分からない場合にはふり返って確実に理解しておきましょう。

に同じ値があるかどうかを確認し，なければ登録できません。

また，参照制約の条件を満たしていることを常に保証するため，参照される表の列（または列の組）の行は，参照する表と列（または列の組）にデータがある間は削除できません。

それでは，次の問題を考えてみましょう。

問題

SQLにおいて，A表の主キーがB表の外部キーによって参照されている場合，行を追加・削除する操作の制限について，正しく整理した図はどれか。ここで，△印は操作が拒否される場合があることを表し，○印は制限なしに操作できることを表す。

ア

	追加	削除
A表	○	△
B表	△	○

イ

	追加	削除
A表	○	△
B表	○	△

ウ

	追加	削除
A表	△	○
B表	○	△

エ

	追加	削除
A表	△	○
B表	△	○

（平成23年特別 データベーススペシャリスト試験 午前Ⅱ 問17）

解説

A表の主キーがB表の外部キーによって参照されているということは，B表が参照する表，A表が参照される表の参照制約があることになります。B表は，A表の列にないデータは追加できないので，B表の追加は△になります。A表は，B表にあるデータは削除できないので，A表の削除は△になります。それ以外の場合は，制約とは関係がないので○です。したがって，B表の追加とA表の削除が△となっているアが正解です。

≪解答≫ア

過去問題をチェック

外部キーでの制約について，データベーススペシャリスト試験では次の出題があります。

【表間の外部キーでの制約について】

- 平成24年春 午前Ⅱ 問2
- 平成26年春 午前Ⅱ 問3
- 平成28年春 午前Ⅱ 問5
- 平成30年春 午前Ⅱ 問2
- 令和2年10月 午前Ⅱ 問6

▶▶▶ 覚えよう！

- □ **主キー制約は，一意性制約＋非ナル制約**
- □ **参照制約は，参照する表の追加と，参照される表の削除で制限がかかる**

3-1-6 データベースシステム設計

データベースを用いるシステムの開発過程では，データベースシステム設計を行います。システムがどの段階でどのテーブルを利用するかを分析するCRUD分析や，システムの条件と実行結果を対応付ける決定表などを作成し，システムとデータベースの関係を整理します。

CRUD分析

CRUD（クラッド）分析は，システムの機能とテーブルの操作を対応付け，データのライフサイクルに矛盾がないことを確認するための手法です。CRUDとは，データに対する四つの操作――Create（**追加**），Read（**参照**），Update（**更新**），Delete（**削除**）の頭文字をとったものです。表にして整理することで，データが作成されていないのに参照されるなどといった，データのライフサイクルの矛盾を発見することができます。

CRUD分析の例として，次の表を示します。

表　テーブルと処理の関係

（平成22年春 データベーススペシャリスト試験 午後Ⅱ 問1 表3より）

テーブル＼処理	受注	出荷指示	受注取消	出荷	納品	返品	月締め	請求	入金確認	未収金集計表作成	商品別返品件数表作成	受注金額推移表作成
顧客	RU	R	R	R	R	R	R	R	R	R		R
商品	R	R	R	R	R	R					R	R
SKU	R	R	R	R	R	R					R	R
在庫	RU	R	RU	R		RU						
受注	C	RU	CRU			CRU	R				R	R
受注明細	C	R	CR			CR						R
出荷		C	CRU	RU	RU	CRU	RU	R			R	
出荷明細		C	CR	R	R	CRU	R	R			R	
請求							CRD	RU	RU	R		
入金									CR			
請求入金									C			

注　C：追加，R：参照，U：更新，D：削除

過去問題をチェック

データベーススペシャリスト試験では，CRUD分析の表はこのほかに次の問で取り上げられています。

【CRUD分析の使用】

- 平成22年春 午後Ⅰ 問3
- 平成26年春 午後Ⅱ 問1
- 平成27年春 午後Ⅱ 問1
- 平成28年春 午後Ⅰ 問2
- 平成29年春 午後Ⅱ 問1

この表からは，どの処理でテーブルの行が追加(C)されているかが分かります。表には，顧客，商品，SKU，在庫の4テーブルの追加(C)がないので，ほかに顧客や商品の追加処理が必要なことが読み取れます。

また，この表は，テーブルのアクセス数を推定することにも使用でき，ディスクの処理分散を考慮する際にも参考になります。

3

決定表

決定表(decision table：**デシジョンテーブル**ともいう)とは，条件と処理を対比させた表です。複数の条件が組み合わさった複雑な条件判定を記述する際に役立ちます。

決定表の例として，次の表を示します。

決定表の例(平成23年特別 データベーススペシャリスト試験 午後Ⅰ 問2 表3 (1／2)決定表を改定)

単価区分	1	1	1	1	1	1	2	2	2
複合区分	1	1	2	2	NULL	NULL	1	1	2
単複区分	1	2	1	2	1	2	1	2	1
商品提供時間	－	－	－	X	－	－	－	－	－
単品商品変動単価	－	－	－	－	－	－	－	－	－
一括商品変動単価	－	－	－	－	－	－	－	－	－

上の3行が，条件を示す行です。単価区分，複合区分，単複区分の三つの条件の各値を組み合わせたときの結果を下の3行で示します。すべての組合せを漏れなく記述することが大切です。条件には条件式を示して，その条件が**真の場合は“Y”，偽の場合は“N”**で示すこともあります。

下の3行が，処理を表す行です。**値がある部分は“X”，ない部分は“－”**で示します。

決定表を作成することは，プログラムの条件漏れなどのチェックにも効果があります。

過去問題をチェック
決定表は，データベーススペシャリスト試験でのデータベース設計問題では午後で登場します。
【決定表の使用】
・平成21年 午後Ⅰ 問2
・平成22年 午後Ⅰ 問2
・平成23年特別 午後Ⅰ 問2
・平成28年春 午後Ⅱ 問2
・平成31年春 午後Ⅰ 問1

コード設計

データを扱う上で，適当なコード体系を設計し，長期にわたり利用できるようにすることは重要です。コードの種類には，以下のものがあります。

①順番コード（シーケンスコード）

連続した番号を順番に付与します。

②けた別コード

けた別に意味をもたせるコードです。先頭から，大分類，中分類，小分類などの順番をもたせます。

③区分コード

グループごとにコードの範囲を決め，値を割り当てます。

発展

けた別コードの代表例は，図書館の分類コードや，学年＋組＋出席番号での学籍番号などです。
区分コードの例としては，ゼッケン番号を付けるときに，男性は1000番から，女性は6000番から順番に振るといったことがあります。けた別コードと比べてけた数を短くできます。

コード設計を行うにあたっては，**コードの重複がない**ように配慮することが重要です。データを統合する場合などは特に，互いのデータが重ならないようにコード設計を行う必要があります。また，将来コードが不足しないように**十分なけた数**を用意することも大事なポイントとなります。

データ移行

データベースの統合や更新，新設などで，新しいデータベースへデータを移行しなければならないことはよくあります。データ移行を行うときには，次のようなことをあらかじめ調査しておく必要があります。

- データの保存方法（データベース，ファイルなど）
- 更新の有無とタイミング
- データ量
- データ形式
- 文字コード体系　　　など

これらを調査した上で，移行スケジュールを立て，データ移行を行います。データを統合するためには，ある程度**データ加工**を行ってデータ形式を合わせる必要があります。移行時には，想定していないトラブルが起こることがあるので，仕様書を過信せず，実際のデータを調査して確認することが重要です。

過去問題をチェック

データ移行については，データベーススペシャリスト試験では次の出題があります。

【データ移行について】

- 平成24年春 午後Ⅰ 問2 設問3
  実際のデータを見て，具体的に確認することが求められています。
- 平成28年春 午後Ⅱ 問1 設問2，3
  データ移行処理方式を決定し，移行後の検証を行うことが求められています。
- 令和3年秋 午後Ⅰ 問3 設問2
  追加・移行するテーブルについて，既存のテーブルからのデータ移行を検証します。
- 令和4年秋 午後Ⅰ 問2 設問1
  テーブル設計変更に伴い必要となったデータ移行を行う問題です。

セキュリティ設計

データベースを利用する情報システムでは，DBMSの特性を理解し，情報セキュリティも考慮して，高品質なデータベースの企画・要件定義・開発・運用・保守を行う必要があります。

情報セキュリティを確保したシステムを構築することは，DBMS

のセキュリティ機能を利用するだけでは実現できません。システムの要件定義，設計の段階から情報セキュリティを考慮したセキュリティ設計を行う必要があります。セキュリティ設計では，次のようなことを考慮していきます。

● 利用者のセキュリティ要件

データベース設計時には，利用者のセキュリティ要求をデータベースのセキュリティ要件として反映する必要があります。要件定義では，機能面以外を定義する**非機能要件**としてセキュリティ要件が定義されるので，その内容を反映させます。また，考慮する内容としては，**組織の情報セキュリティポリシ**や，災害や障害発生時の**事業継続計画**などがあります。

● 物理データベースの設計

物理環境に合わせたデータベース設計を行います。具体的には，データベースシステムへの**アクセス制限**や，**物理的なデータ配置**について設計します。このとき，DBMSでデータを管理することで実現する**データベースセキュリティ**だけでなく，ストレージ中のデータ自体を保護するデータセキュリティを考慮することも大切です。

● テスト時のセキュリティ

システムのテストを実行するときに使用するデータに関してもセキュリティを考慮して設計する必要があります。具体的には，データのマスキングなど，データを読めなくするための方法を設計しておきます。

● セキュリティ管理

データベースセキュリティ対策が適切に行われているかどうかを監視する仕組みを設計する必要があります。具体的には，バックアップデータの保管方法や，災害や障害発生時の対応手順の設計などがあります。

関連

セキュリティ技術やデータベースセキュリティの具体的な方法については，「第8章 セキュリティ」で詳しく取り扱います。

▶▶▶ 覚えよう！

- □ CRUD分析では，Create，Read，Update，Deleteで，機能とテーブルの関連を確認
- □ 決定表では，条件の組合せすべてと結果を対応させる

3-2 E-R図

これまで，システム開発やデータベース設計におけるE-R図の役割を取り上げてきましたが，ここで改めて，E-R図について詳しく学びます。

3-2-1 E-R図

E-R図（Entity-Relationship Diagram，実体関連図）は，データ中心アプローチにおいてデータモデルを記述するための図法です。概念データモデルでは，データの全体像を明らかにし，それぞれのデータの関係を示します。論理データモデル，物理データモデルを記述するために使用される場合もあります。

関連

データ中心アプローチについては「1-2 システム開発とデータベース」，データモデルについては「1-1 データベースの基本」で説明しています。

エンティティタイプとリレーションシップ

E-R図の基本的な構成要素は，エンティティタイプ（実体）とリレーションシップ（関連）の二つです。

エンティティタイプは**長方形**で表し，長方形の中にエンティティタイプ名を記入します。リレーションシップは，二つのエンティティタイプ間に引かれた**線**で表します。

リレーションシップでは，互いのリレーションシップに対する数の関係（**カーディナリティ**）を記述します。カーディナリティには次の3種類があります。

用語

カーディナリティという用語は，データベース関連ではいろいろな場所で用いられます。もともとの意味は，リレーションの中のタプルの数のことです。E-R図では，リレーションがエンティティとなり，エンティティ間の関連において対応するタプルの数のことをカーディナリティと呼びます。

①“1対1”のリレーションシップ

一つのタプル（行）に一つのタプルが対応します。先生と生徒なら，家庭教師のようなマンツーマンの関係です。1対1のリレーションシップは，E-R図では次のように表されます。各エンティティタイプでは，このリレーションシップを表現するため，**どちらかの主キーをどちらかの外部キー**として設定します。基本的にはどちらでもいいのですが，通常は，タプルが発生するのが**時間的に後になる方に外部キーを設定**します。

1対1のリレーションシップ

②“1対多”のリレーションシップ

一つのタプルに複数のタプルが対応します。先生と生徒なら，学校の担任のように先生一人で複数の生徒を教える関係です。1対多のリレーションシップは，E-R図では次のように表されます。各エンティティタイプでは，このリレーションシップを表現するため，**1の方の主キーを多の方の外部キー**として設定します。また，カーディナリティの関係が逆である“多対1”のリレーションシップもあります。

発展

E-R図のカーディナリティは，最初のうちは感覚的に分かりにくいと思います。イメージしづらいときには，具体的なデータを考えてみるのが有効です。リレーションシップの矢印には，二つのエンティティ間で共通する属性が対応します。例えば，右の例の1対多のリレーションシップの先生と生徒の矢印には，共通の属性として，エンティティ“先生”の主キー（教職員番号など）が対応します。この番号が一意に決まると，各エンティティでタプル（行）が何行になるかを考えて，カーディナリティを正確に導くことが可能です。

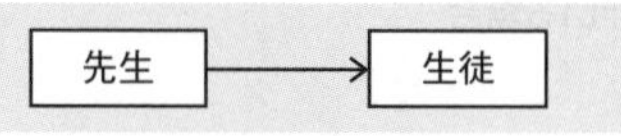

1対多のリレーションシップ

③“多対多”のリレーションシップ

複数のタプルに複数のタプルが対応します。先生と生徒なら，学校のように複数の先生が複数の生徒を教える関係になります。多対多のリレーションシップは，E-R図では次のように表されます。

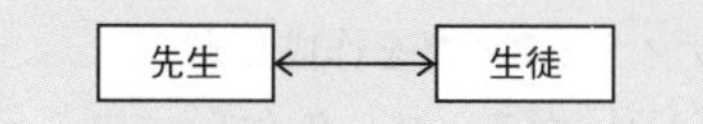

多対多のリレーションシップ

ゼロを含むか否かの表記法

リレーションシップを表す線で結ばれたエンティティタイプ間において，対応関係に**ゼロを含むか否かを区別して表現**する場合があります。

一方のエンティティタイプのインスタンス（タプル，行）から見て，他方のエンティティタイプに対応するインスタンスが存在しないことがある場合は，リレーションシップを表す側の対応先側に“○”を付けます。

一方のエンティティタイプのインスタンスから見て，他方のエンティティタイプに対応するインスタンスが必ず存在する場合は，リレーションシップを表す側の対応先側に“●”を付けます。

例えば，先生と生徒の“1対多”のリレーションシップで，先生には必ず1人以上の担当する生徒がいて，生徒は必ず1人の担任の先生がいる場合のE-R図は，次のようになります。

過去問題をチェック

データベーススペシャリスト試験では，ゼロを含むか否かに注目する問題がたまに出題されます。

【ゼロを含むか否かに注目する問題】

- 平成25年春 午後Ⅰ 問2 午後Ⅱ 問2
- 令和4年秋 午後Ⅱ 問1
- 平成18年春 午後Ⅰ 問1
- 平成19年春 午後Ⅱ 問2

（平成18年，19年は，テクニカルエンジニア（データベース）試験）

問題冊子の巻頭の表記ルールには毎回示されているので，UML表記と合わせて書き方を押さえておきましょう。

先生と生徒が必ず対応する場合

ここで，担当する生徒がいない先生がいて，生徒には必ず担任の先生がいる場合のE-R図は，次のようになります。

担当する生徒がいない先生がいる場合

スーパータイプとサブタイプ

E-R図は，スーパータイプとサブタイプのリレーションシップでも表されます。スーパータイプとサブタイプは，エンティティタイプ間で汎化／特化の関連が成り立つリレーションシップです。

例えば，“通常商品”と“バーゲン商品”という二つのエンティティタイプがあり，これらに共通の属性が多い場合には，その共通部分をまとめた“商品”というエンティティタイプを作成します。この作業を汎化といい，まとめた“商品”がスーパータイプ，元の“通常商品”と“バーゲン商品”がサブタイプになります。特化はこの逆で，スーパータイプからサブタイプを作成することです。これらのスーパータイプ，サブタイプ間のリレーションシップを表すE-R図は，次のようになります。

関連

スーパータイプ／サブタイプについては，「3-2-2 スーパータイプ／サブタイプ」で詳しく取り上げます。

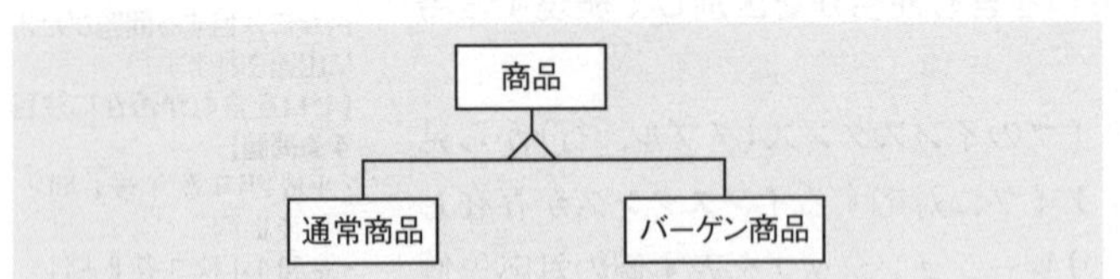

スーパータイプとサブタイプのリレーションシップ

連関エンティティ

“多対多”のリレーションシップは，概念データモデルとしては表現できますが，それを実装することはできません。

そのため，多対多のリレーションシップが存在する場合には，それを分解して新たに連関エンティティを作成します。

連関エンティティは，多対多のリレーションシップにおいて，どのタプルがどのタプルと対応するかを示すエンティティタイプです。連関エンティティと元のエンティティタイプとのリレーションシップは，1対多のリレーションシップとなります。

発展
多対多のリレーションシップがある場合には，連関エンティティを作成して分解するのが基本です。午後Ⅱ問題などでは，多対多のリレーションシップを分解するように明確に求められる場合もあります。

多対多のリレーションシップを，連関エンティティを用いて分解すると，次のように表されます。

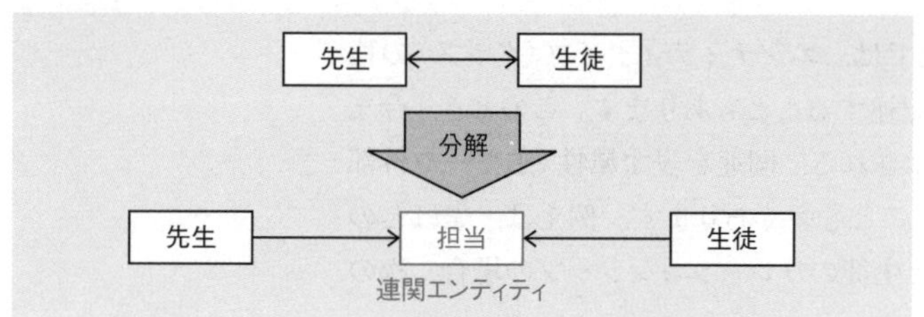

連関エンティティを用いたリレーションシップの分解

連関エンティティの属性には，“先生”，“生徒”の各エンティティの主キーと，両方の属性が特定されたときに設定できる属性が含まれます。

UML表記

発展
オブジェクト指向でクラス図を使用する場合に，E-R図の考え方を利用することもよくあります。
オブジェクト指向での分析手法の一つにBCEモデル(Boundary, Control, Entity Model)があり，クラスをバウンダリクラス，コントロールクラス，エンティティクラスの3種類で考えます。このうちのエンティティクラスは，E-R図でのエンティティタイプと同様の考え方で抽出されます。

E-R図の表記には，これまで紹介した長方形と矢印を使う方法のほかに，オブジェクト指向での開発に用いる**UML**（Unified Modeling Language）を使う方法もあります。

UMLでE-R図を表す場合には，通常は**クラス図**を利用します。エンティティタイプをクラスと考え，リレーションシップをクラス間の関連として表します。カーディナリティは**多重度**として示され，“下限…上限”のように表現されます。下限でゼロを含むか否かを表現でき，また上限を設定することが可能なので，これまで紹介したE-R図表記よりも情報量が多くなります。

例えば，先ほどの先生と生徒の1対多の関係で，先生が担当する生徒は0～40人であり，生徒は必ず1人の担任の先生がいる場合のクラス図表記は，次のようになります。

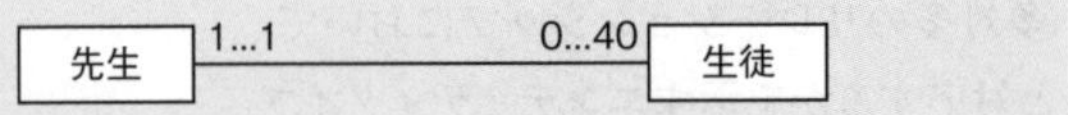

クラス図表記での先生と生徒のリレーションシップ

1...1のように上限と下限が同じ場合は，単純に1と表記される場合もあります。上限に制限がない場合には“*”(アスタリスク)で表されます。

UMLのクラス図表記では，エンティティタイプ(クラス)の他に属性(プロパティ)を記述することもあります。このとき，今までのE-R図では必ず表示される，関連を表す属性(主キーや外部キーなど)が省略されることも多くあります。例えば，先ほどのクラス図表記での先生と生徒のリレーションシップの場合，次のように表されます。

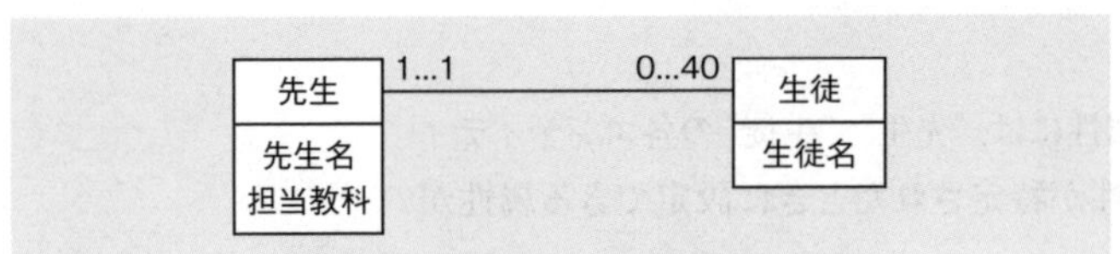

クラス図に属性を追加した場合の表記法

また，通常のE-R図と同様，多対多のリレーションシップの場合には，連関エンティティを作成することもよくあります。実装用のデータモデルでは一つのエンティティタイプとして連関エンティティを記述しますが，概念データモデルでは多くの場合，連関エンティティをリレーションシップ上に書きます。制約条件などをクラス図上に記述することもあります。

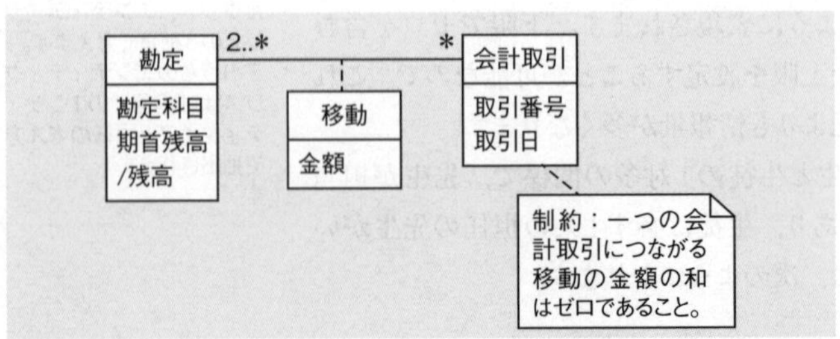

連関エンティティや制約を追加した場合の例(平成29年春 午前Ⅱ 問2より)

関連を菱形(◇)で表すこともできます。◇を使用すると，三つ以上のエンティティタイプの関係など，N項関連を表すことができます。次の図は，3項関連の例です。

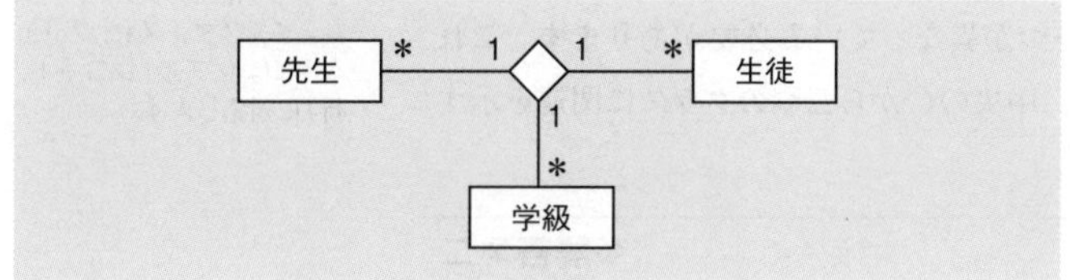

3項関連の例

それでは，次の問題を考えてみましょう。

問題

"学生は，学期が異なれば同じ授業科目を何度でも履修できる"を適切に表現しているデータモデルはどれか。ここで，モデルの表記法にはUMLを用いる。

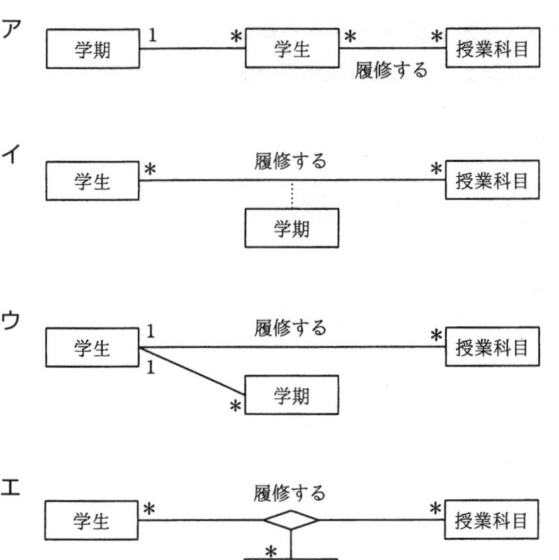

(平成31年春 データベーススペシャリスト試験 午前Ⅱ 問6)

過去問題をチェック

E-R図に関する問題は，データベーススペシャリスト試験の午前Ⅱでは多くの場合，UMLのクラス図を用いて表記されます。この問のほかに以下の出題があります。

【UMLを用いてE-R図を表記した問題】

- 平成22年春 午前Ⅱ 問5
- 平成23年特別 午前Ⅱ 問1，問3
- 平成25年春 午前Ⅱ 問1，問4
- 平成26年春 午前Ⅱ 問2
- 平成27年春 午前Ⅱ 問4
- 平成28年春 午前Ⅱ 問4
- 平成29年春 午前Ⅱ 問2，問3
- 平成31年春 午前Ⅱ 問3，問4，問5，問6
- 令和3年秋 午前Ⅱ 問2，問4
- 令和4年秋 午前Ⅱ 問2

解説

“学生は，学期が異なれば同じ授業科目を何度でも履修できる”ということは，履修するためには，学生，授業科目，学期の三つの項目のうち，どれか一つが異なっている必要があります。これは，3項関連となるので，中央の◇から三つのクラスに関連を示すエが正解となります。

≪解答≫エ

オブジェクト指向での用語とデータモデルの用語を対応させると，エンティティがクラスに対応します。また，インスタンス（オブジェクト）はタプル（レコード，行）に対応します。

また，UML表記では，クラス図だけでなくオブジェクト図などを用いることがあります。オブジェクト図は，実際のインスタンス（実データ）を示すので，データベースに例えると1行1行のレコードに対応します。オブジェクト図で実際のデータを表記することで，カーディナリティを明確に確認することが可能です。

それでは，次の問題を考えてみましょう。

問題

次のオブジェクト図（インスタンスを表す図）に対応する概念データモデルはどれか。ここで，オブジェクト図及び概念データモデルの表記にはUMLを用いる。

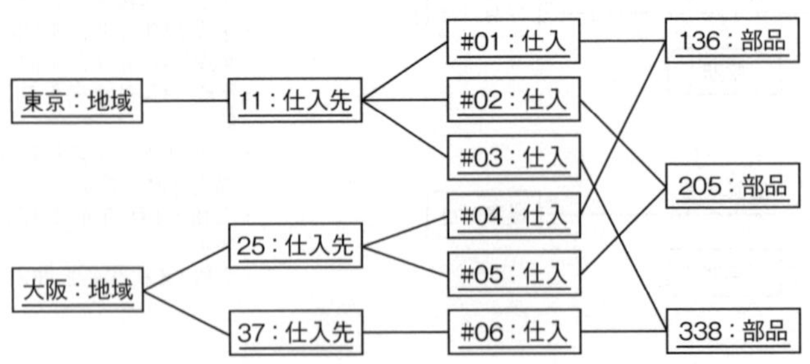

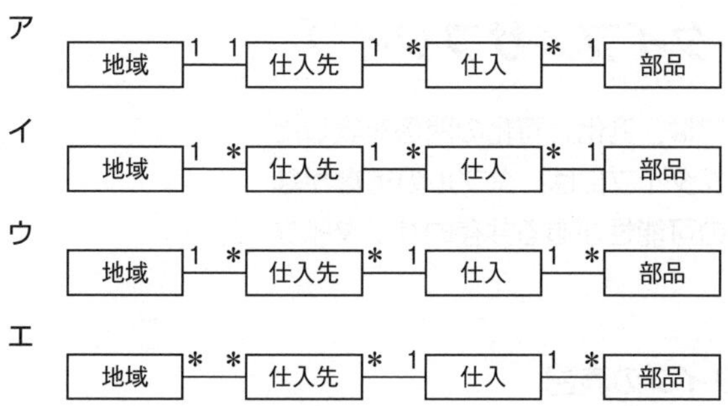

（平成23年特別 データベーススペシャリスト試験 午前Ⅱ 問4）

解説

オブジェクト図を確認すると，一つの地域“大阪”に対して複数の仕入先“25”と“37”が対応するので，地域と仕入先は1対多のリレーションシップになります。

また，一つの仕入先“11”に対して複数の仕入“#01”，“#02”，“#03”が対応するので，仕入先と仕入は1対多のリレーションシップです。

また，一つの部品“136”に対して複数の仕入“#01”，“#04”が対応するので，仕入と部品は多対1のリレーションシップとなります。クラス図表記では“多”は“*”で表現するので，まとめると，次のクラス図となります。

クラス図表記でのE-R図

したがって，イが正解です。

≪解答≫イ

▶▶▶覚えよう！

- ☐ E-R図のカーディナリティは，多の方に→（矢印）の先がつく
- ☐ 多対多のリレーションシップは，連関エンティティを用いて分解する

3-2-2 スーパータイプ／サブタイプ

スーパータイプとサブタイプは，汎化／特化の関係を表したリレーションシップです。サブタイプには，タプルの重複がない排他的サブタイプと，重複の可能性がある共存的サブタイプがあります。

スーパータイプ／サブタイプの表記

スーパータイプとサブタイプは，すべてのサブタイプに共通の属性をスーパータイプ側に，個々のサブタイプに特有の属性をサブタイプ側にもたせる関係です。表記法としては，リレーションシップに△を利用して，次のように記述します。

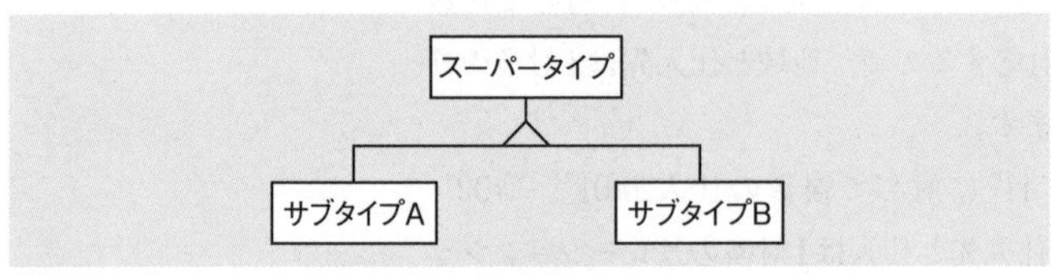

スーパータイプとサブタイプ

発展
スーパータイプ側にサブタイプを示す区分（例えば商品区分，発送区分など）を属性としてもたせることはよくあります。
しかし実際には，特定の主キーでどのサブタイプに属するかを決定できるので，区分はあってもなくても問題はありません。
ただ試験では，問題文に「区分を設定する」ことを指定している場合も多いので，指定しておいた方が無難です。

スーパータイプとサブタイプは，基本的に主キーは同じで，1対1のリレーションシップになります。スーパータイプ側に属性として，どのサブタイプに属するかを決定するための**区分**を設定することも多いです。

排他的／共存的サブタイプ

サブタイプには，共通のタプルをもつことがなく互いに独立している**排他的サブタイプ**と，タプルが重複することがある**共存的サブタイプ**があります。図で示すと，次のような関係です。

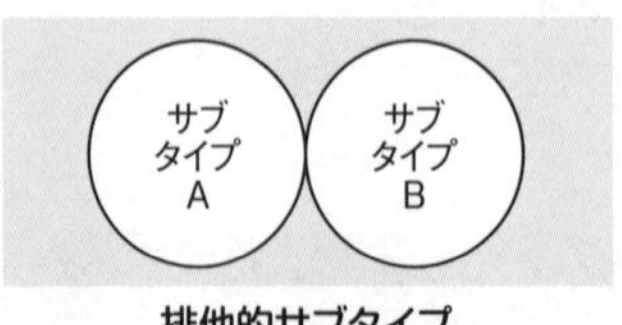

排他的サブタイプ

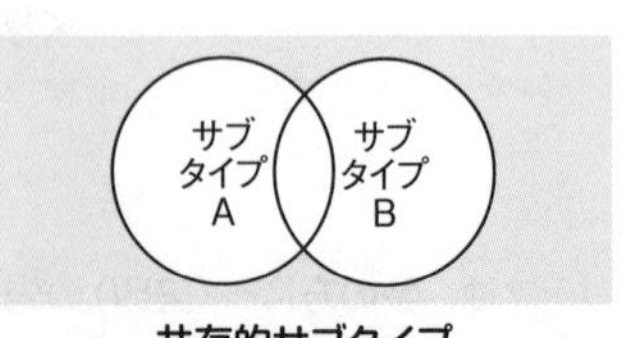

共存的サブタイプ

排他的サブタイプの場合は，前ページの図のようにサブタイプAとサブタイプBを並行して書きます。しかし，共存的サブタイプの場合には，切り口を変えて重複しないようにする必要があります。具体的には，複数の排他的サブタイプに分解して，次のように記述します。

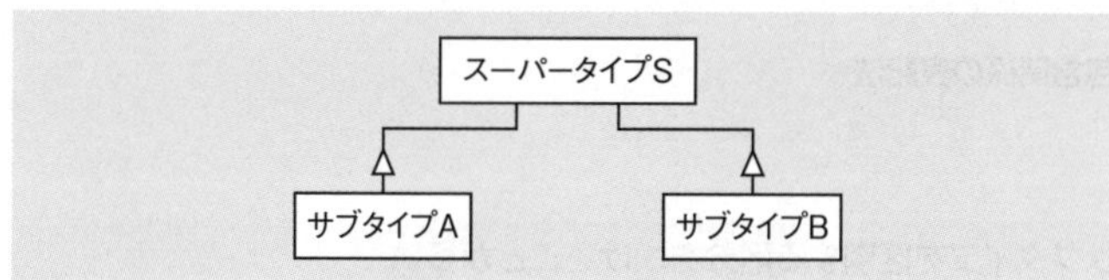

共存的サブタイプの表記法

不完全なサブタイプと包含関係

スーパータイプには，そのエンティティタイプに関するすべてのタプルが格納されます。しかし，サブタイプにそれらのタプルがすべて格納されるとは限りません。例えば，スーパータイプSにあるタプルが，サブタイプAとサブタイプBのどちらかに必ず存在する場合には，それは完全なサブタイプとなります。しかし，サブタイプAにもサブタイプBにも存在しないタプルがある場合には，それは不完全なサブタイプです。図にすると，次のようになります。

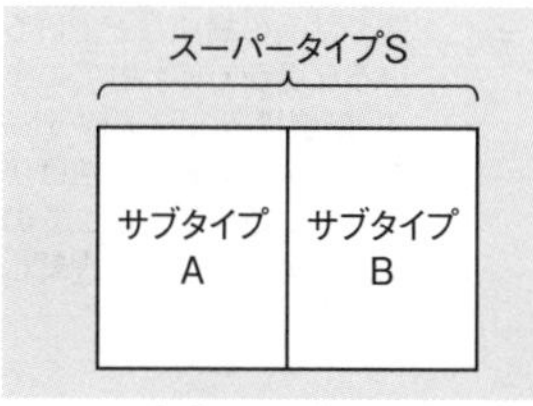

完全なサブタイプ

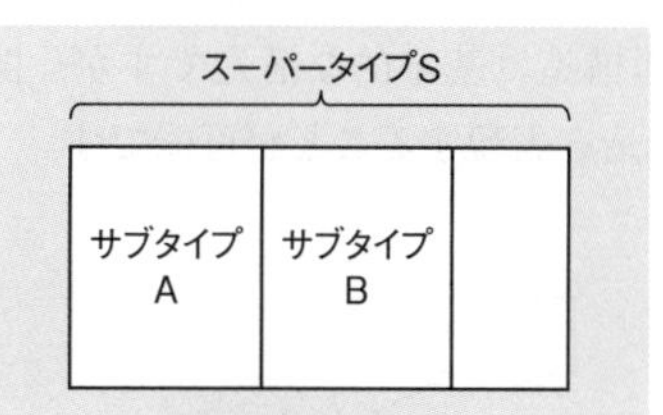

不完全なサブタイプ

スーパータイプ，サブタイプのリレーションシップでは，必ず完全なサブタイプにしなくてもよく，スーパータイプにしか存在しないタプルがあっても問題はありません。

そのため，サブタイプが一つしかないスーパータイプも存在します。このようなスーパータイプ／サブタイプの関係のことを包含関係といいます。包含関係の場合，スーパータイプ／サブタ

過去問題をチェック

共存的サブタイプについては，データベーススペシャリスト試験の午後Ⅱでよく出題されます。

【共存的サブタイプについて】

・平成23年特別 午後Ⅱ 問2（部品と部品生産用部材の関係）
・平成24年春 午後Ⅱ 問1 設問3（ハイブリッド区分として）
・平成25年春 午後Ⅱ 問1（支払先と仕入先の関係）
・平成30年春 午後Ⅱ 問2（得意先と契約先，出荷先や品目と製造品目，発注品目などの関係）
・令和3年秋 午後Ⅱ 問2 設問2（チェーン組織と受注先，納入先の関係）
・令和4年秋 午後Ⅱ 問2 設問1（予約の有無と，顧客登録の有無で，乗船客に2種類のサブタイプ）
・令和5年秋 午後Ⅱ 問2 設問(2)（物流拠点とDC，TCの関係）

発展

スーパータイプ／サブタイプは，実装するときにはスーパータイプのテーブルにすべてまとめることも多いです。あくまで概念的なものなので，完全／不完全のサブタイプにはあまりこだわりません。

イプは次のように記述します。

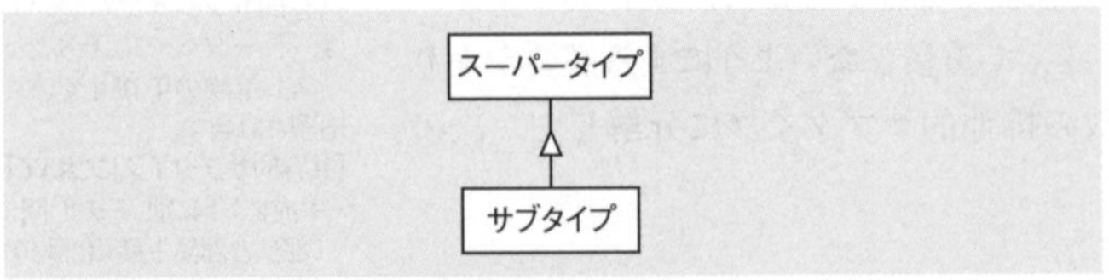

包含関係の表記法

▶▶▶ 覚えよう！

- □ スーパータイプに，サブタイプを区別する区分をつけることが多い
- □ 共存的サブタイプの場合には，サブタイプの切り口を分けて区別する

3-2-3 E-R図での表現

E-R図では，通常のリレーションシップのほかに，親子関係などの階層構造を表現することが可能です。リレーションシップは，二つのエンティティタイプ間だけでなく，同じエンティティタイプ間でも設定が可能です。

階層構造

データには，親子関係のような階層構造をもつものもあります。階層型モデルでは，階層構造は基本的な構造ですが，関係モデルでも次のような階層構造を表現することが可能です。

 発展

階層構造は，事業所の構造や部品の構成など，いろいろな場面で使われています。階層構造のE-R図やデータベースでの表現方法は決まっているので，ここでの例を参考にやり方を理解しておきましょう。

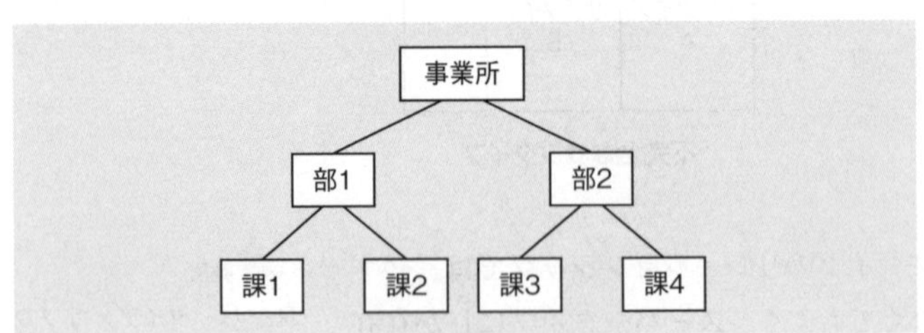

階層構造の例

親子関係をE-R図で模式的に表すと，子に対して親は一つ，親に対して子は複数なので，次のような1対多のリレーションシップとなります。

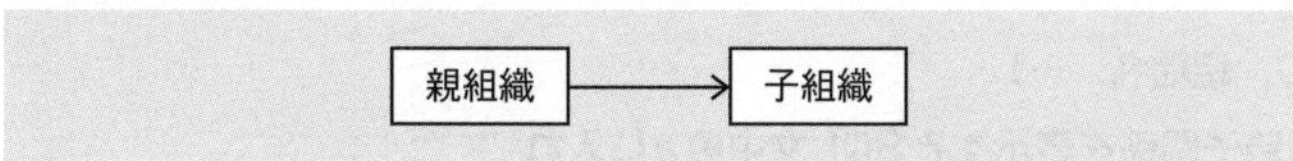

親子関係のリレーションシップのイメージ

E-R図で階層構造を示すときには，これらの組織をすべて同じエンティティタイプとし，親子関係を示すリレーションを設定します。具体的には，子組織のタプルに外部キーとして親組織のタプルの主キーを設定することで，親子関係を示すことが可能です。

一つのエンティティタイプ“組織”にまとめて，E-R図で表現すると，次のようになります。

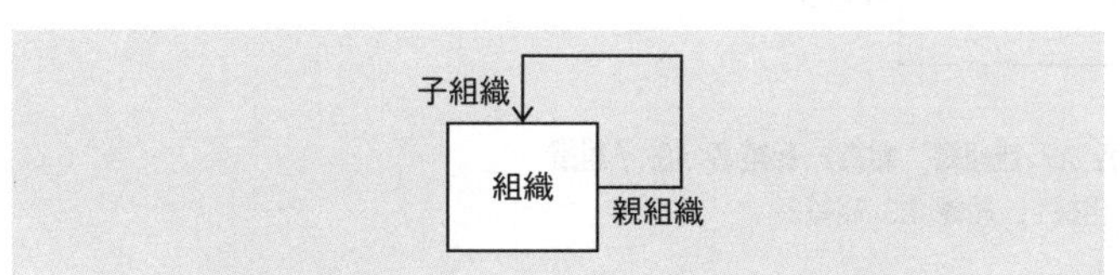

親子関係のリレーションシップのE-R図での表現

それでは，次の問題を考えてみましょう。

過去問題をチェック

階層構造は，データベーススペシャリスト試験の午前Ⅱの定番で，午後Ⅰでもよく登場します。

【階層構造に関する問題】

- 平成21年春 午後Ⅰ 問2（部品管理に階層構造を使用）
- 平成24年春 午前Ⅱ 問3（スーパタイプ，サブタイプも含めた階層構造が出題）
- 平成25年春 午後Ⅰ 問3（カテゴリテーブルで階層構造を表す）
- 平成28年春 午前Ⅱ 問4
- 平成31年春 午前Ⅱ 問3
- 令和3年秋 午前Ⅱ 問2（組織の階層構造について出題）
- 令和5年秋 午後Ⅰ 問1 設問3（品目分類の階層化について）

問題

複数の事業部，部，課及び係のような組織階層の概念データモデルを，第３正規形の表，

組織（組織ID，組織名，…）

として実装した。組織の親子関係を表示するSQL文中のaに入れるべき適切な字句はどれか。ここで，“組織”表記述中の下線部は，主キーを表し，追加の属性を想定する必要がある。また，モデルの記法としてUMLを用いる。{階層}は組織の親子関係が循環しないことを指示する制約記述である。

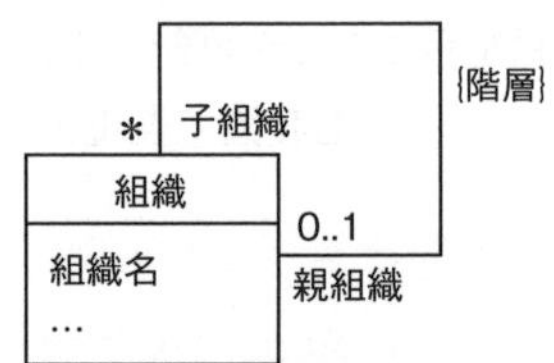


```
SELECT 組織1.組織名 AS 親組織, 組織2.組織名 AS 子組織
    FROM 組織 AS 組織1, 組織 AS 組織2
    WHERE [  a  ]
```

ア　組織1.親組織ID = 組織2.子組織ID

イ　組織1.親組織ID = 組織2.組織ID

ウ　組織1.組織ID = 組織2.親組織ID

エ　組織1.組織ID = 組織2.子組織ID

（平成21年春 データベーススペシャリスト試験 午前Ⅱ 問6）

解説

SQL文の結合については，「4-2-2　結合」で改めて取り上げます。

親子関係のリレーションシップでは，1対多のリレーションシップになります。この図ではUML表記なので，ゼロを含むか否かも表現され，親が0..1，子が多（＊）です。そのため，1の方のタプルの主キーを多の方のタプルの外部キーとします。つまり，子組織側に外部キーとして親組織IDをもつことで，リレーションシップを設定するのです。

ここでのSQLでは，同じ表である組織をAS（別名）を用いて表現します。組織1が親組織，組織2が子組織という別名となっています。そのため，親組織の組織IDと子組織の親組織IDを用いることで，二つの表を結合できます。

具体的には，

```
組織1.組織ID = 組織2.親組織ID
```

とすることで，親組織（組織1）と子組織（組織2）の結合となります。したがって，ウが正解です。

≪解答≫ウ

同じエンティティ間の複数の関連

同じエンティティ間に，複数のリレーションシップがあることがあります。複数のリレーションシップ（関連）がある場合には，次のように，関連の数だけ，複数の線を記述します。

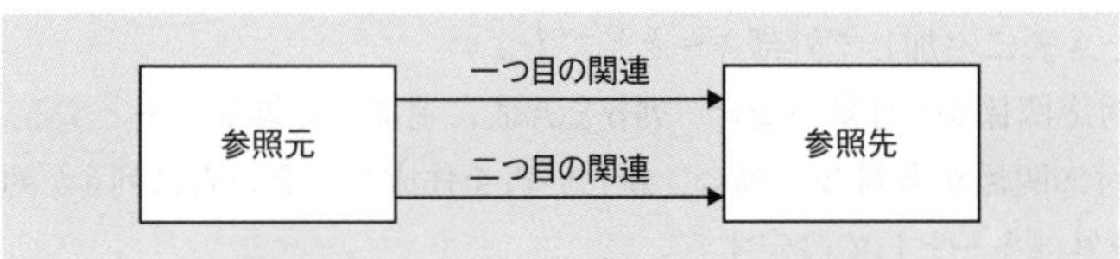

複数のリレーションシップのE-R図での表現

例えば，会員制のオークションサイトで，出品者と購入者が出品物に関連付けられる場合には，出品者，購入者それぞれのリレーションシップを二つのエンティティタイプの間に記述します。

▶▶▶覚えよう！

- □ 階層構造は，同じエンティティタイプ内でリレーションシップを設定することで表現可能
- □ 親のタプルの主キーを，子のタプルに外部キーとして設定する

3-3 問題演習

3-3-1 午前問題

問1 リレーションシップと外部キー CHECK ▶ □□□

関係データベースの表を設計する過程で，A表とB表が抽出された。主キーはそれぞれ列aと列bである。この二つの表の対応関係を実装する表の設計に関する記述のうち，適切なものはどれか。

A

<u>a</u>	

B

<u>b</u>	

ア　A表とB表の対応関係が1対1の場合，列aをB表に追加して外部キーとしてもよいし，列bをA表に追加して外部キーとしてもよい。

イ　A表とB表の対応関係が1対多の場合，列bをA表に追加して外部キーとする。

ウ　A表とB表の対応関係が多対多の場合，新しい表を作成し，その表に列aか列bのどちらかを外部キーとして設定する。

エ　A表とB表の対応関係が多対多の場合，列aをB表に，列bをA表にそれぞれ追加して外部キーとする。

問2 表の関係を表すE-R図 CHECK ▶ □□□

四つの表の関係を表すE-R図として，適切なものはどれか。ここで，実線の下線は主キーを，破線の下線は外部キーを表す。

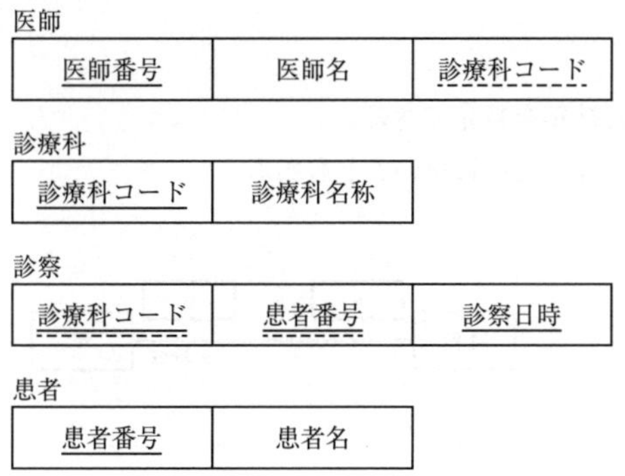

医師

医師番号	医師名	診療科コード

診療科

診療科コード	診療科名称

診察

診療科コード	患者番号	診察日時

患者

患者番号	患者名

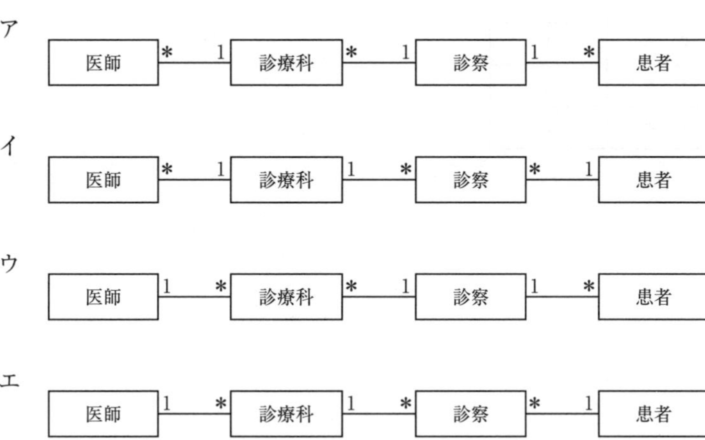

問3 多重度の適切な組合せ CHECK ▶ □□□

社員と年の対応関係をUMLのクラス図で記述する。二つのクラス間の関連が次の条件を満たす場合，a，bに入れる多重度の適切な組合せはどれか。ここで，“年”クラスのインスタンスは毎年存在する。

〔条件〕
(1) 全ての社員は入社年を特定できる。
(2) 年によっては社員が入社しないこともある。

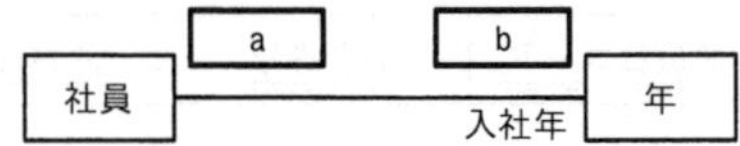

	a	b
ア	0..＊	0..1
イ	0..＊	1
ウ	1..＊	0..1
エ	1..＊	1

問4 階層構造のデータモデル　CHECK ▶ □□□

部，課，係の階層関係から成る組織のデータモデルとして，モデルA～Cの三つの案が提出された。これらに対する解釈として，適切なものはどれか。組織階層における組織の位置を組織レベルと呼ぶ。組織間の階層関係は，親子として記述している。親と子は循環しないものとする。ここで，モデルの表記にはUMLを用い，{階層}は組織の親と子の関連が循環しないことを指定する制約記述である。

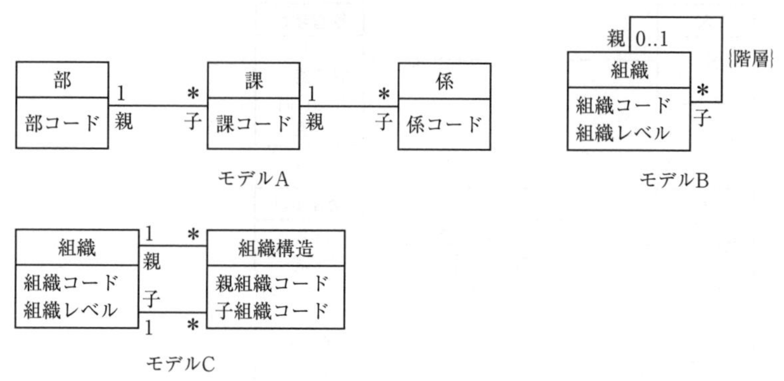

ア　新しい組織レベルを設ける場合，どのモデルも変更する必要はない。

イ　どのモデルも，一つの子組織が複数の親組織から管轄される状況を記述できない。

ウ　モデルBを関係データベース上に実装する場合，親は子の組織コードを外部キーとする。

エ　モデルCでは，組織の親子関係が循環しないように制約を課す必要がある。

問5 項目が決まっていない場合のデータモデル CHECK ▶ □□□

人の健康状態の検査では，検査項目が人によって異なるだけでなく，あらかじめ決まっていないことも多い。このような場合のデータモデルとして，最も適切なものはどれか。ここで，検査項目の標準値は，検査項目ごとに最新の値だけを保持し，計測値は計測日時とともに保持する。また，モデルの表記にはUMLを用いる。

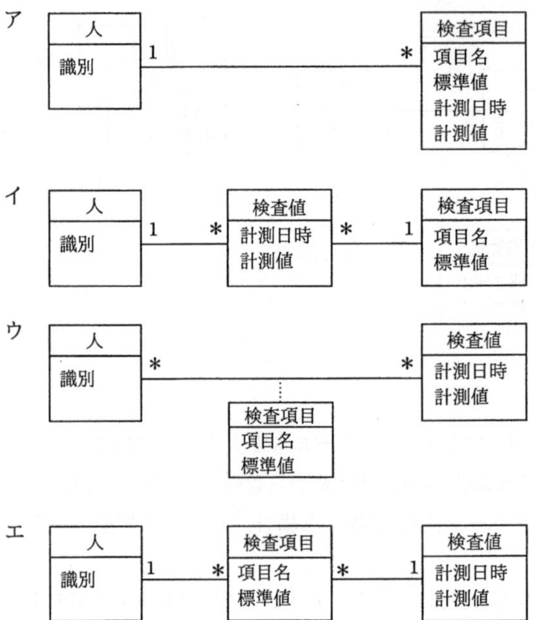

3

午前問題の解説

問1 (令和2年10月 データベーススペシャリスト試験 午前Ⅱ 問6)

《解答》ア

関係データベースの二つの表の対応関係の実装について答える問題です。A表とB表の対応関係が1対1のときには，どちらの表からのリレーションシップでも相手のレコードを一意に特定できます。そのため，A表の主キー列aをB表に追加して外部キーとしても，B表の主キー列bをA表に追加して外部キーとしてもよいことになります。したがって，**ア**が正解です。

なお，原理的にはどちらでもいいのですが，午後Ⅱの概念データモデル設計などでは，「レコードを後から追加する方に外部キーを設定する」などの条件が書いてあることが多いので，それに従う必要があります。

イのA表とB表の対応関係が1対多の場合は，列aをB表に外部キーとして追加します。ウ，エのA表とB表の対応関係が多対多の場合は，新しい表（連関エンティティ）を作成し，その表に列aと列bの両方を外部キーとして設定します。

問2 (令和3年秋 データベーススペシャリスト試験 午前Ⅱ 問4)

《解答》イ

四つの表の関係のうち，“医師”表の外部キーが診療科コード（“診療科”表の主キー）なので，医師と診療科の関連は多対1となります。“診察”表の外部キーが診療科コード（“診療科”表の主キー）と患者番号（“患者”表の主キー）なので，診療科と診察の関連は1対多，診察と患者の関連は多対1となります。合わせると，**イ**のE-R図と同等となります。

問3 （令和4年秋 データベーススペシャリスト試験試験 午前Ⅱ 問2）

《解答》イ

社員と年の対応関係をUMLのクラス図で記述したときの，多重度の組合せを考えます。

空欄aについて，年（入社年）に対しての社員の多重度を考えると，〔条件〕(2)に，「年によっては社員が入社しないこともある」とあり，年に対して社員が0である可能性もあることが示されています。また，上限には触れられておらず，複数の社員が入社することも考えられるので，上限は無限大である「*」が適切です。そのため，空欄aの多重度は，0..*です。

空欄bについて，社員に対しての年の多重度を考えると，〔条件〕(1)に，「全ての社員は入社年を特定できる」とあり，社員は必ず一つだけの年（入社年）をもつことが分かります。そのため，空欄bの多重度は，1です。

組み合わせると，正解は**イ**となります。

問4 （令和3年秋 データベーススペシャリスト試験 午前Ⅱ 問2）

《解答》エ

モデルA，モデルB，モデルCのうち，モデルCでは親からの組織構造が1対多，子からの組織構造も1対多となっているので，親子の組織が多対多です。この場合には，組織の親子関係が循環するおそれがあるので，制約を課す必要があります。したがって，**エ**が正解です。

ア　モデルAでは，組織レベルごとにエンティティを作成する必要があります。

イ　モデルCでは，複数の親組織から管轄される子組織を表現可能です。

ウ　モデルBでは，親子関係が1対多のリレーションシップなので，親の組織コードが外部キーとなります。

問5 （平成29年春 データベーススペシャリスト試験 午前Ⅱ 問3）

《解答》イ

人の健康状態の検査で，検査項目が人によって異なり，あらかじめ決まっていない場合には，人と検査項目を連関させる連関エンティティ（検査値）を作成し，対応がある場合にのみレコードを作成する方法が有効です。連関エンティティの場合には，人→検査値，検査項目→検査値の関連は，どちらも1対多（1と*）になります。また，検査値には，人ごと検査項目ごとの計測値と計測日時を保存する必要があります。したがって，**イ**が正解です。

3-3-2 午後問題

問題 データベース設計 CHECK ▶ □□□

データベース設計に関する次の記述を読んで，設問1，2に答えよ。

A社は，関東圏に展開している食料品スーパマーケットチェーンである。A社が取り扱う商品には，青果，鮮魚，精肉などがあるが，その中の自社商品の弁当・総菜類について，商品配送管理システムを用いて配送業務を実施してきた。A社は，デザート・ケーキ類の追加を計画しており，データベース設計を見直すことにした。

〔現状業務の概要〕

1. 拠点
   (1) 拠点は，拠点コードで識別し，拠点名，所在地，代表電話番号をもつ。
   (2) 拠点には生産工場と店舗があり，拠点区分で分類する。
   (3) 生産工場は，A社の自社商品だけを生産する。A社には3か所の生産工場がある。生産工場には，自社商品を生産する役割と，自社商品を仕分けして各店舗へ配送する役割がある。生産工場は，生産能力と操業開始年月日をもつ。
   (4) 店舗は，約70あり，店舗基本情報をもつ。
      ① 生産工場から店舗への配送では，配送ルートを設定している。一つの配送ルートは，1台のトラックで2～3時間で配送できる3～8の店舗を配送先としている。店舗への配送順序をあらかじめ決めている。
      ② 配送ルートは，ルート番号で識別し，ルート名称と一つの配送元の拠点コードをもつ。
      ③ 店舗は，一つの配送ルートに属し，そのルート番号をもつ。また，配送ルート上何番目に配送されるかを表す配送順序をもつ。
2. 自社商品
   (1) 自社商品は，A社の商品仕様に基づく弁当，総菜，おにぎりなどである。
   (2) 自社商品は，商品コードで識別し，商品名，商品価格，商品仕様をもつ。
   (3) 各生産工場は，全ての自社商品を生産する。
   (4) 自社商品ごとに生産ロットサイズを決めている。
3. 発注から配送まで
   (1) A社本部は，店舗からの発注を，昼食前と夕食前の時間帯に合わせて受け付ける。
      ① 店舗は，必要な自社商品とその発注数量を設定して発注する。

② 発注は，配送を受ける時間帯に対する締め時刻（以下，締め時刻という）まで，複数回に分けて行うこともある。一つの発注の中で同一の自社商品を複数回登録することができる。店舗が発注数量を減らす又は取り消す場合，当該自社商品の発注数量をマイナスの値で設定して発注する。

③ 発注は発注番号で識別し，発注明細は発注番号と発注明細番号で識別する。

④ A社本部は，店舗からの発注について，店舗の拠点コード，発注登録日時を確認し，配送予定日時を記録する。

(2) A社本部は，店舗からの発注に基づき生産の指示を行う。生産工場は，生産の指示に基づき生産する。

① A社本部は，締め時刻の対象となる発注について，生産工場ごとに配送先の店舗の自社商品ごとの発注数量を集計し，生産の指示とする。

② 生産は，生産番号で識別し，生産工場の拠点コード，生産完了予定日時を記録する。

③ 生産明細は，生産番号と商品コードで識別し，生産数量を記録する。生産数量は，集計した発注数量を満たすように，自社商品の生産ロットサイズの倍数で設定する。

④ 生産の対象とした発注明細に対して，生産番号を記録する。

⑤ 生産工場は，生産完了後に生産完了日時を記録する。

(3) 生産工場は，自社商品を店舗ごとに仕分けて配送する。

① A社本部は，締め時刻の対象となる発注に対して店舗ごとに自社商品別に発注を集計し，配送の指示を行う。

② 配送は，配送番号で識別し，配送完了予定日時と配送先の拠点コードを記録する。

③ 配送明細は，配送番号と商品コードで識別し，配送数量を記録する。配送数量は，実際の配送数量である。

④ 配送の対象とした発注明細に対して，配送番号を記録する。

⑤ 店舗は，配送された自社商品を受領し，配送に対して，店舗受領日時，店舗受領担当者を記録する。

〔概念データモデルと関係スキーマの設計〕

〔現状業務の概要〕についての概念データモデルを図1に，関係スキーマを図2に示す。

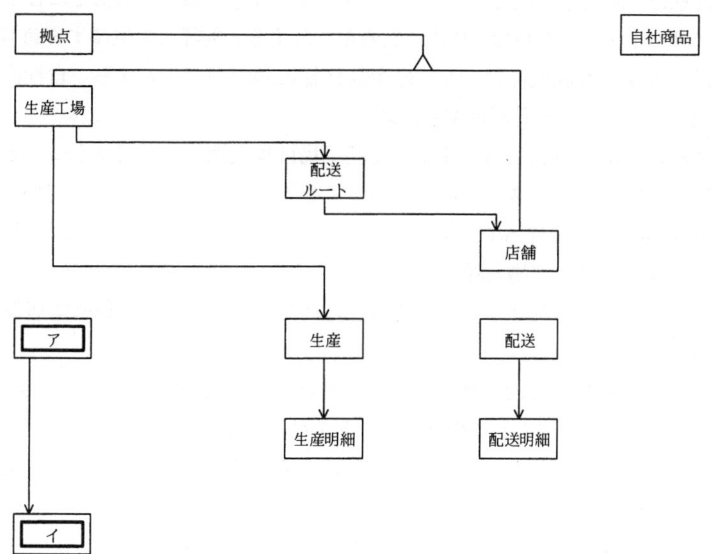

図1 概念データモデル（未完成）

拠点（拠点コード，拠点区分，拠点名，所在地，代表電話番号）
生産工場（拠点コード，生産能力，操業開始年月日）
店舗（拠点コード，店舗基本情報，[a]）
自社商品（商品コード，商品名，商品価格，商品仕様，[b]）
配送ルート（ルート番号，ルート名称，[c]）
[ア]（[d]）
[イ]（[e]）
生産（生産番号，[f]，生産完了予定日時，生産完了日時）
生産明細（生産番号，[g]，生産数量）
配送（配送番号，配送完了予定日時，[h]，店舗受領日時，店舗受領担当者）
配送明細（配送番号，[g]，配送数量）

図2 関係スキーマ（未完成）

〔新たな商品の追加〕

1. 新たな商品及び受託先

(1) A社は，新たな商品として，デザート・ケーキ類を追加することにした。

(2) デザート・ケーキ類は，B社に生産を委託する。委託して生産する商品を委託商品と呼ぶ。委託商品は，A社の商品仕様に基づいて生産する。自社商品と委託商品を併せて自社仕様商品と呼ぶ。

(3) B社の工場を委託工場と呼び，委託工場は委託開始年月日をもつ。委託工場は5か所ある。個々の委託商品を生産する委託工場は，一つに決まっている。また，委託工場の追加に伴って，生産工場を自社工場と呼ぶことにする。自社工場と委託工場を併せて工場と呼ぶ。

(4) A社は，既存の配送ルートを使って自社商品と委託商品を併せて店舗へ配送する。

(5) これまで自社工場内で仕分けと配送を行っていた役割に，工場の拠点コードとは別に物流センタとしての拠点コードを付与する。

(6) 自社工場から物流センタへ，委託工場から物流センタへ，自社仕様商品を運ぶことを納入と呼ぶ。

2. 物流センタ追加に伴う納入ルートの追加と配送ルートの変更

(1) 納入の指示及び納入は，次のように行う。

① 各自社工場と自社工場内の物流センタ，各委託工場と各物流センタの組を納入ルートと呼ぶ。納入ルートは，ルート番号で識別する。

② A社本部は，締め時刻の対象となる発注について，次のように納入の指示を行う。

・自社商品については，物流センタごとに配送先の店舗の発注数量を自社商品別に集計して，納入の指示とする。

・委託商品については，物流センタごとに配送先の店舗の発注数量を委託商品別に集計し，委託商品を生産する委託工場ごとに分けて，納入の指示とする。

③ 納入は，納入番号で識別し，納入するルート番号と納入予定日時を記録する。納入が完了後，納入完了日時を記録する。

④ 納入明細は，納入番号と商品コードで識別し，納入数量を記録する。

⑤ 納入の対象となる発注明細に対して，納入番号を記録する。

(2) 配送ルートの配送元を自社工場から物流センタに変更し，物流センタに対する配送の指示及び店舗への配送は，現状業務と同様に行う。

(3) 配送ルートと納入ルートを併せてルートと呼ぶ。

(4) 生産の指示及び生産は，次のように行う。

① 自社工場に対する生産の指示及び生産は，現状業務と同様に行う。

② 委託工場に対する生産の指示は，全店舗の委託商品ごとの発注数量を集計して行う。

③ 委託工場は，生産の指示に基づいて，生産を行い，自社工場と同様の記録を行う。

新たな商品の追加に対応するために，工場，ルート及び自社仕様商品をサブタイプに分割した。新たな商品を追加した概念データモデルを図3に，工場，物流センタ，ルート及び納入の関係スキーマを図4に示す。

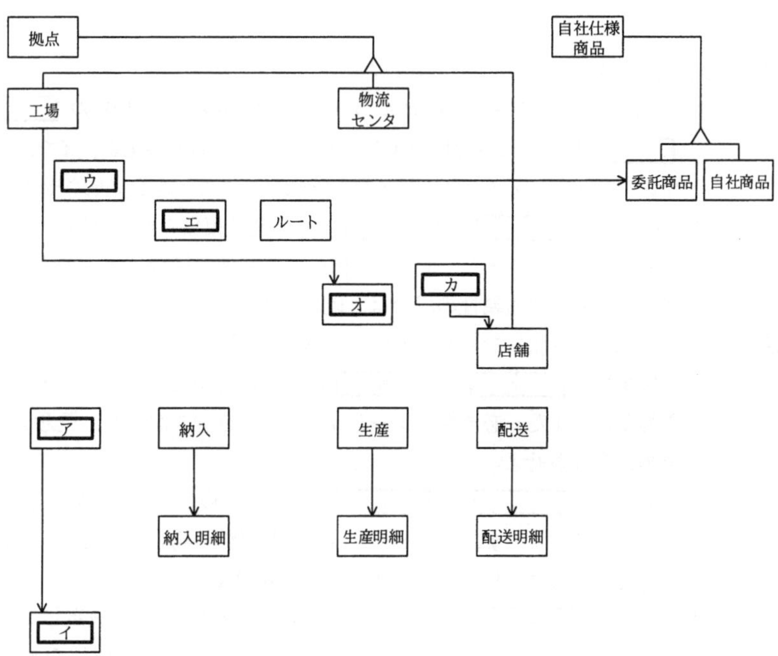

図3 新たな商品を追加した概念データモデル（未完成）

工場（拠点コード，生産能力）
［ ウ ］（［ i ］）
［ エ ］（拠点コード，操業開始年月日）
物流センタ（拠点コード，区画面積）
ルート（ルート番号，ルート名称）
［ オ ］（ルート番号，［ j ］）
［ カ ］（ルート番号，［ k ］）
納入（納入番号，納入ルート番号，納入予定日時，納入完了日時）
納入明細（納入番号，商品コード，納入数量）

図4 工場，物流センタ，ルート及び納入の関係スキーマ（未完成）

解答に当たっては，巻頭（本書ではP.666～668）の表記ルールに従うこと。ただし，エンティティタイプ間の対応関係にゼロを含むか否かの表記は必要ない。

なお，エンティティタイプ間のリレーションシップとして“多対多”のリレーションシップを用いないこと。エンティティタイプ名及び属性名は，それぞれ意味を識別できる適切な名称とすること。また，識別可能なサブタイプが存在する場合，他のエンティティタイプとのリレーションシップは，スーパタイプ又はサブタイプのいずれか適切な方との間に記述せよ。また，関係スキーマは第3正規形の条件を満たしていること。

設問1 図1，2について，(1)，(2)に答えよ。

(1) 図1の概念データモデルは未完成である。図1中の［ア］，［イ］に入れる適切なエンティティタイプ名を答えよ。また，必要なリレーションシップを全て記入し，概念データモデルを完成させよ。

(2) 図2中の［a］～［h］に一つ又は複数の適切な属性名を入れ，図を完成させよ。また，主キーを構成する属性の場合は実線の下線を，外部キーを構成する属性の場合は，破線の下線を付けること。

設問2 〔新たな商品の追加〕について，(1)～(3)に答えよ。

(1) 図3中の［ウ］～［カ］に入れる適切なエンティティタイプ名を答えよ。また，必要なリレーションシップを全て記入し，概念データモデルを完成させよ。

(2) 図4中の［i］～［k］に一つ又は複数の適切な属性名を入れ，図を完成させよ。また，主キーを構成する属性の場合は下線を，外部キーを構成する属性の場合は，破線の下線を付けること。

(3) 工場と［オ］の間のリレーションシップは1対多に設定しているが，このリレーションシップの外側のカーディナリティは2種類の値をとる。それぞれについて，カーディナリティの値（数値）と，どのような場合に発生するかを25字以内で具体的に答えよ。

（令和2年10月 データベーススペシャリスト試験 午後Ⅰ 問1）

午後問題の解説

データベース設計に関する問題です。食料品スーパマーケットチェーンにおける商品配送業務を題材に，業務要件に基づくデータモデルの把握力，データベース設計能力，リレーションシップと外部キーの適切な設計能力，及び，業務要件の変化に伴うデータモデルの拡張やデータベース設計の変更能力が問われています。難易度は普通ですが分量が多く，制限時間内に解くのが難しい問題です。

設問1

図1，2についての問題です。未完成な概念データモデルと関係スキーマを，完成させていきます。

(1)

図1の概念データモデルを完成させるため，空欄穴埋めを行い，リレーションシップを追加します。

空欄ア

図1の概念データモデルに足りないエンティティタイプを考えます。

〔現状業務の概要〕より，1. 拠点と2. 自社商品に関するエンティティタイプは，図1にすでに存在します。3. 発注から配送までについて，(1)に「A社本部は，店舗からの発注を，昼食前と夕食前の時間帯に合わせて受け付ける」とありますが，発注に関するエンティティタイプは，図1に存在しません。そのため，エンティティタイプ名“発注”を追加する必要があります。したがって，解答は**発注**となります。

空欄イ

空欄アで答えたエンティティタイプ“発注”に関連するエンティティタイプを考えます。

〔現状業務の概要〕3. 発注から配送まで(1)③に，「発注は発注番号で識別し，発注明細は発注番号と発注明細番号で識別する」とあります。つまり，発注は“発注”と“発注明細”という二つのエンティティタイプが必要で，発注ごとの明細が発注明細となり，それらは1対多の関係です。したがって，解答は**発注明細**となります。

リレーションシップ

図1に追加するリレーションを考えます。

“店舗”と“発注”(空欄ア)のリレーションシップ

〔現状業務の概要〕3. 発注から配送まで(1)に,「店舗からの発注」とあり,店舗と発注に関連があることが分かります。続く④に,「店舗からの発注について,店舗の拠点コード,発注登録日時を確認し,配送予定日時を記録」とあり,店舗の拠点コードを発注に加えることで,“店舗”と“発注”間の1対多のリレーションシップが表されます。したがって,**“店舗”→“発注”**を記入します。

“店舗”と“配送”のリレーションシップ

〔現状業務の概要〕3. 発注から配送まで(3)に,「自社商品を店舗ごとに仕分けて配送」とあり,店舗と配送に関連があることが分かります。続く②に,「配送は,配送番号で識別し,配送完了予定日時と配送先の拠点コードを記録」とあり,配送先の店舗の拠点コードを配送に加えることで,“店舗”と“配送”間の1対多のリレーションシップが表されます。したがって,**“店舗”→“配送”**を記入します。

“自社商品”と“発注明細”(空欄イ)のリレーションシップ

〔現状業務の概要〕3. 発注から配送まで(1)②に,「一つの発注の中で同一の自社商品を複数回登録することができる」とあり,発注の中で複数の自社商品を登録でき,それを発注明細とすることが分かります。つまり,発注明細に対して一つの商品コードが決まるので,“自社商品”と“発注明細”間に1対多のリレーションシップが存在します。したがって,**“自社商品”→“発注明細”**を記入します。

“自社商品”と“生産明細”のリレーションシップ

〔現状業務の概要〕3. 発注から配送まで(2)③に,「生産明細は,生産番号と商品コードで識別」とあり,生産の中で複数の自社商品を登録でき,それを生産明細とすることが分かります。つまり,生産明細に対して一つの商品コードが決まるので,“自社商品”と“生産明細”間に1対多のリレーションシップが存在します。したがって,**“自社商品”→“生産明細”**を記入します。

“自社商品”と“配送明細”のリレーションシップ

〔現状業務の概要〕3. 発注から配送まで(3)③に,「配送明細は,配送番号と商品コードで識別」とあり,配送の中で複数の自社商品を登録でき,それを配送明細とすることが分かります。つまり,配送明細に対して一つの商品コードが決まるので,“自社商品”と“配送明細”間に1対多のリレーションシップが存在します。したがって,**“自社商品”→“配送明細”**を記入します。

“生産明細”と“発注明細”（空欄イ）のリレーションシップ

〔現状業務の概要〕3. 発注から配送まで(2)④に，「生産の対象とした発注明細に対して，生産番号を記録」とあり，発注明細と生産明細の間にリレーションシップがあることが分かります。このとき，(1)②に，「一つの発注の中で同一の自社商品を複数回登録することができる」とあり，同じ商品コードの発注が複数の発注明細に分かれる可能性があるので，“生産明細”と“発注明細”の間は1対多のリレーションシップとなります。したがって，**“生産明細”→“発注明細”**を記入します。

“配送明細”と”発注明細”（空欄イ）のリレーションシップ

〔現状業務の概要〕3. 発注から配送まで(3)④に，「配送の対象とした発注明細に対して，配送番号を記録」とあり，発注明細と配送明細の間にリレーションシップがあることが分かります。このとき，(1)②に，「一つの発注の中で同一の自社商品を複数回登録することができる」とあり，同じ商品コードの発注が複数の発注明細に分かれる可能性があるので，“配送明細”と“発注明細”の間は1対多のリレーションシップとなります。したがって，**“配送明細”→“発注明細”**を記入します。

以上のリレーションシップを図示すると，解答例のようになります。

(2)

図2の関係スキーマを完成させる空欄穴埋め問題です。図1の概念データモデルと関連して，属性を考えていきます。

空欄a

関係“店舗”に必要な属性を答えます。

図1の概念データモデルより，エンティティタイプ“配送ルート”と“店舗”には1対多のリレーションシップがあります。そのため，関係“店舗”には関係“配送ルート”の主キーであるルート番号を外部キーとして入れる必要がありますが，図2の記述にないので追加します。したがって，解答は**ルート番号，配送順序**となります。

空欄b

関係“自社商品”に必要な属性を答えます。

〔現状業務の概要〕2. 自社商品の記述より，不足している属性を確認すると，(4)に，「自社商品ごとに生産ロットサイズを決めている」とあります。生産ロットサイズについては自社商品の属性として必要ですが，図2には含まれていないため追加します。したがって，解答は**生産ロットサイズ**となります。

空欄c

関係“配送ルート”に必要な属性を答えます。

図1の概念データモデルより，エンティティタイプ“生産工場”と“配送ルート”には1対多のリレーションシップがあります。そのため，関係“配送ルート”には関係“生産工場”の主キーである拠点コードを外部キーとして入れる必要がありますが，図2の記述にないので追加します。このとき，拠点コードは生産工場の拠点コードに限られるので，生産工場拠点コードと限定するとより適切です。したがって，解答は，**生産工場拠点コード**となります。

空欄d

関係“発注”（空欄ア）に必要な属性をすべて答えます。

〔現状業務の概要〕3. 発注から配送まで(1)③に「発注は発注番号で識別」，④に「店舗からの発注について，店舗の拠点コード，発注登録日時を確認し，配送予定日時を記録」とあります。そのため，発注番号が主キーで，店舗の拠点を示す店舗拠点コード，発注登録日時の属性をもちます。また，設問1 (1)で図1の概念データモデルに追加したとおり，エンティティタイプ“店舗”と“発注”（空欄ア）には1対多のリレーションシップがあります。そのため，店舗拠点コードは関係“店舗”に対しての外部キーです。したがって，解答は**発注番号**，**店舗拠点コード**，**発注登録日時**，**配送予定日時**となります。

空欄e

関係“発注明細”（空欄イ）に必要な属性をすべて答えます。

〔現状業務の概要〕3. 発注から配送まで(1)①に「必要な自社商品とその発注数量を設定して発注」，②に「一つの発注の中で同一の自社商品を複数回登録することができる」，③に「発注明細は発注番号と発注明細番号で識別」とあります。そのため，発注番号と発注明細番号が主キーで，自社商品を識別するための商品コードと発注数量が属性として必要です。また，設問1 (1)で図1の概念データモデルに追加したとおり，エンティティタイプ“発注明細”（空欄イ）に対しては，“自社商品”，“生産明細”，“配送明細”からの1対多のリレーションシップがあるので，外部キーとして商品コード，生産番号，配送番号が必要となります。したがって，解答は，**発注番号**，**発注明細番号**，**商品コード**，**発注数量**，**生産番号**，**配送番号**となります。

空欄f

関係“生産”に必要な属性を答えます。

図1の概念データモデルより，エンティティタイプ“生産工場”と“生産”には1対多のリレーションシップがあります。そのため，関係“生産”には関係“生産工場”の主キーであ

る拠点コードを外部キーとして入れる必要がありますが，図2の記述にないので追加します。このとき，拠点コードは生産工場の拠点コードに限られるので，生産工場拠点コードと限定するとより適切です。したがって，解答は**生産工場拠点コード**となります。

空欄g

関係“生産明細”及び“配送明細”に必要な属性を答えます。

〔現状業務の概要〕3. 発注から配送まで(2)③に，「生産明細は，生産番号と商品コードで識別」，また(3)③に，「配送明細は，配送番号と商品コードで識別」とあり，どちらも主キーとして商品コードが必要です。しかし，図2には含まれていないので，追加の主キーとして商品コードを追加します。したがって，解答は**商品コード**となります。

空欄h

関係”配送”に必要な属性を答えます。

設問1 (1)で図1の概念データモデルに追加したとおり，エンティティタイプ“配送”に対しては，“店舗”からの1対多のリレーションシップがあります。そのため，関係“配送”には関係“店舗”の主キーである拠点コードを外部キーとして入れる必要がありますが，図2の記述にないので追加します。このとき，拠点コードは店舗の拠点コードに限られるので，店舗拠点コードと限定するとより適切です。したがって，解答は**店舗拠点コード**となります。

設問2

〔新たな商品の追加〕についての問題です。図3の新たな商品を追加した概念データモデルと，図4の工場，物流センタ，ルート及び納入の関係スキーマを完成させていきます。

(1)

図3の概念データモデルを完成させるため，空欄穴埋めを行い，リレーションシップを追加します。

空欄ウ

エンティティタイプ“委託商品”と関連するエンティティタイプ名を考えます。

〔新たな商品の追加〕1. 新たな商品及び委託先(2)に「B社に生産を委託する。委託して生産する商品を委託商品と呼ぶ」とあり，(3)に，「B社の工場を委託工場と呼び」「委託工場は5か所」「個々の委託商品を生産する委託工場は，一つに決まっている」とあります。つまり，委託商品は委託工場で生産され，一つの委託商品を生産する委託工場は一意に決まります。そのため，エンティティタイプ“委託工場”と“委託商品”のリレーションシップは1対多となるので，空欄ウは委託工場とするのが適切です。したがって，解答は**委託工場**となります。

空欄エ

新しく追加するエンティティタイプ名を，図3の空欄エの近くにあるエンティティタイプ“工場”，“委託工場”(空欄ウ)などをもとに考えます。

図4の関係スキーマより，空欄エの関係の主キーは拠点コードなので，同じ主キーをもつ関係“工場”のサブタイプであると考えられます。空欄ウのエンティティタイプは“委託工場”なので，これと対になるエンティティタイプとして“自社工場”が考えられます。したがって，解答は**自社工場**となります。

空欄オ

エンティティタイプ“工場”と関連するエンティティタイプ名を，図3の空欄オの近くにあるエンティティタイプ“ルート”，空欄カなどをもとに考えます。

図4の関係スキーマより，空欄オの関係の主キーはルート番号なので，同じ主キーをもつ関係“ルート”のサブタイプであると考えられます。また，〔新たな商品の追加〕2. 物流センタ追加に伴う納入ルートの追加と配送ルートの変更(1)①に，「各自社工場と自社工場内の物流センタ，各委託工場と各物流センタの組を納入ルート」とあり，納入ルートは自社工場，委託工場の両方と関連するため，スーパタイプ“工場”とのリレーションシップが必要であることが分かります。したがって，解答は**納入ルート**となります。

空欄カ

エンティティタイプ“店舗”と関連するエンティティタイプ名を，図3の空欄カの近くにあるエンティティタイプ“ルート”，“納入ルート”(空欄オ)などをもとに考えます。

図4の関係スキーマより，空欄カの関係の主キーはルート番号なので，同じ主キーをもつ関係“ルート”のサブタイプであると考えられます。また，〔新たな商品の追加〕1. 新たな商品及び委託先(4)に，「既存の配送ルートを使って自社商品と委託商品を併せて店舗へ配送」とあり，配送ルートは配送する店舗と関連があることが分かります。したがって，解答は**配送ルート**となります。

リレーションシップ

図3に追加するリレーションシップを考えます。

“工場”と“委託工場”(空欄ウ),“自社工場”(空欄エ)のリレーションシップ

〔新たな商品の追加〕1. 新たな商品及び委託先(3)に,「自社工場と委託工場を併せて工場と呼ぶ」とあります。そのため,スーパタイプ“工場”に対して,サブタイプ“委託工場”,“自社工場”のリレーションシップが成り立ちます。したがって,**スーパタイプ“工場” —◁— サブタイプ“委託工場”(空欄ウ),“自社工場”(空欄エ)**のリレーションシップを記入します。

“ルート”と“納入ルート”(空欄オ),“配送ルート”(空欄カ)のリレーションシップ

〔新たな商品の追加〕2. 物流センタ追加に伴う納入ルートの追加と配送ルートの変更(3)に,「配送ルートと納入ルートを併せてルートと呼ぶ」とあります。そのため,スーパタイプ“ルート”に対して,サブタイプ“納入ルート”,“配送ルート”のリレーションシップが成り立ちます。したがって,**スーパタイプ“ルート” —◁— サブタイプ“納入ルート”(空欄オ),“配送ルート”(空欄カ)**のリレーションシップを記入します。

“物流センタ”と“納入ルート”(空欄オ)のリレーションシップ

〔新たな商品の追加〕2. 物流センタ追加に伴う納入ルートの追加と配送ルートの変更(1)①に,「各自社工場と自社工場内の物流センタ,各委託工場と各物流センタの組を納入ルート」という記述があります。保持する情報は工場(自社工場または委託工場)と物流センタ(自社工場内または各物流センタ)の組合せなので,エンティティタイプ“工場”からだけでなく“物流センタ”からも1対多のリレーションシップが必要です。したがって,**“物流センタ”→“納入ルート”(空欄オ)**のリレーションシップを記入します。

“物流センタ”と“配送ルート”(空欄カ)のリレーションシップ

〔新たな商品の追加〕2. 物流センタ追加に伴う納入ルートの追加と配送ルートの変更(2)に,「配送ルートの配送元を自社工場から物流センタに変更し,物流センタに対する配送の指示及び店舗への配送は,現状業務と同様に行う」という記述があります。もともと図1では,エンティティタイプ“生産工場”と“配送ルート”に1対多のリレーションシップがありましたが,配送元は自社工場(生産工場)から物流センタに変わるため,図3では自社工場からのリレーションシップを物流センタに変更することになります。したがって,**“物流センタ”→“配送ルート”(空欄カ)**のリレーションシップを記入します。

“工場”と“生産”のリレーションシップ

〔新たな商品の追加〕2. 物流センタ追加に伴う納入ルートの追加と配送ルートの変更(4)①に「自社工場に対する生産の指示及び生産は,現状業務と同様に行う」,③に「委託工場は,生産の指示に基づいて,生産を行い,自社工場と同様の記録を行う」という記述があります。つまり，エンティティタイプ“工場”（自社工場と委託工場の両方）から“生産”に対してのリレーションシップが必要です。もともと図1では，エンティティタイプ“生産工場”と“生産”に1対多のリレーションシップがありましたが，現状業務と同等に両方の工場で記録を行うため，工場から生産へのリレーションを追加することになります。したがって，**“工場”→“生産”**のリレーションシップを記入します。

“納入ルート”（空欄オ）と“納入”のリレーションシップ

〔新たな商品の追加〕2. 物流センタ追加に伴う納入ルートの追加と配送ルートの変更(1)③に，「納入は，納入番号で識別し，納入するルート番号と納入予定日時を記録」という記述があります。エンティティタイプ“納入”には”納入ルート”を示すルート番号を記録するので，“納入ルート”と”納入”の間に1対多のリレーションシップが必要です。したがって，**“納入ルート”（空欄オ）→“納入”**のリレーションシップを記入します。

“店舗”と“発注”（空欄ア），“配送”のリレーションシップ

〔新たな商品の追加〕には，発注についての記述は特にありません。また，配送については，2. 物流センタ追加に伴う納入ルートの追加と配送ルートの変更(2)に，「物流センタに対する配送の指示及び店舗への配送は，現状業務と同様に行う」とあります。そのため，設問1 (2)で図1に二つのリレーションシップ“店舗”→“発注”，“店舗”→“配送”を記入しましたが，こちらは図3でも成り立つと考えられます。したがって，**“店舗”→“発注”（空欄ア）**，**“店舗”→“配送”**のリレーションシップを図3にも記入します。

“自社仕様商品”と“発注明細”（空欄イ），“生産明細”，“配送明細”のリレーションシップ

〔新たな商品の追加〕1. 新たな商品及び委託先(2)に，「自社商品と委託商品を併せて自社仕様商品と呼ぶ」とあり，図3ではエンティティタイプ“委託商品”，“自社商品”のスーパタイプとして“自社仕様商品”があります。また，(4)に「既存の配送ルートを使って自社商品と委託商品を併せて店舗へ配送」とあり，配送時には自社商品と委託商品を合わせるので，“自社仕様商品”としてまとめることができます。発注や生産についても，どちらの商品も取り扱うので，“自社仕様商品”としてまとめることができます。つまり，図1で“自社商品”からの1対多のリレーションシップを記入した“発注明細”，“生産明細”，“配送明細”との関係は，すべて“自社仕様商品”からの1対多のリレーションシップとなります。したがって，**“自社仕様商品”→“発注明細”（空欄イ）**，**“自社仕様商品”→“生産明細”**，**“自社仕様商品”→“配送明細”**のリレーションシップを図3にも記入します。

“自社仕様商品”と“納入明細”のリレーションシップ

〔新たな商品の追加〕2. 物流センタ追加に伴う納入ルートの追加と配送ルートの変更(1)②に,「自社商品については,物流センタごとに配送先の店舗の発注数量を自社商品別に集計して,納入の指示」「委託商品については,物流センタごとに配送先の店舗の発注数量を委託商品別に集計し,委託商品を生産する委託工場ごとに分けて,納入の指示」とあります。どちらも,物流センタごと商品(自社商品または委託商品)ごとに集計されており,④に「納入明細は,納入番号と商品コードで識別」とあるので,この商品ごとの集計が納入明細になることが分かります。そのため,“自社仕様商品”から“納入明細”に1対多のリレーションシップが必要となります。したがって,**“自社仕様商品”→“納入明細”**のリレーションシップを図3に記入します。

“生産明細”,“配送明細”と“発注明細”(空欄イ)のリレーションシップ

図1において,設問1 (1)のリレーションシップで,エンティティタイプ“生産明細”,“配送明細”から“発注明細”(空欄イ)への1対多のリレーションシップを記入しました。これらのリレーションシップについては,〔新たな商品の追加〕においては要件に変更がありません。したがって,図1にあった**“生産明細”→“発注明細”(空欄イ)**,**“配送明細”→“発注明細”(空欄イ)**のリレーションシップを図3にも記入します。

“納入明細”と“発注明細”(空欄イ)のリレーションシップ

〔新たな商品の追加〕2. 物流センタ追加に伴う納入ルートの追加と配送ルートの変更(1)⑤に,「納入の対象となる発注明細に対して,納入番号を記録」とあり,発注明細と納入明細の間にリレーションシップがあることが分かります。このとき,〔現状業務の概要〕3. 発注から配送まで(1)②に,「一つの発注の中で同一の自社商品を複数回登録することができる」とあり,同じ商品コードの発注が複数の発注明細に分かれる可能性があるので,“納入明細”と“発注明細”の間は1対多のリレーションシップとなります。したがって,**“納入明細”→“発注明細”(空欄イ)**のリレーションシップを記入します。

以上のリレーションシップを図示してまとめると,解答例のようになります。

(2)

図4中の空欄穴埋め問題です。工場,物流センタ,ルート及び納入の関係スキーマを完成させていきます。

空欄i

関係“委託工場”(空欄ウ)に必要な属性をすべて考えます。

設問2 (1)で図3に追加したとおり，エンティティタイプ“委託工場”はスーパタイプ“工場”のサブタイプなので，主キーは同じ拠点コードとなります。また，〔新たな商品の追加〕1. 新たな商品及び委託先(3)に，「委託工場は委託開始年月日をもつ」とあるので，属性として委託開始年月日が必要です。したがって，解答は**拠点コード，委託開始年月日**となります。

空欄j

関係“納入ルート”(空欄オ)に必要な属性を考えます。

〔新たな商品の追加〕2. 物流センタ追加に伴う納入ルートの追加と配送ルートの変更(1)①に，「各自社工場と自社工場内の物流センタ，各委託工場と各物流センタの組を納入ルート」とあります。そのため，工場(自社工場または委託工場)と物流センタ(自社工場内または他の物流センタ)の組を保持する必要があります。設問2(1)の図3のリレーションシップより，“工場”，“物流センタ”からの1対多のリレーションがあるので，これらを示す外部キーが必要です。具体的には，関係“工場”の主キーである拠点コード，関係“物流センタ”の主キーである拠点コードを追加します。このとき，どちらも同じ名前で区別がつかないため，“工場拠点コード”，“物流センタ拠点コード”とし，それぞれ関係“工場”，“物流センタ”への外部キーとするのが適切です。したがって，解答は**工場拠点コード**，**物流センタ拠点コード**となります。

空欄k

関係“配送ルート”(空欄カ)に必要な属性を考えます。

設問2 (1)の図3のリレーションシップで“物流センタ”からの1対多のリレーションを記入したので，これを示す外部キーが必要です。具体的には，関係“物流センタ”の主キーである拠点コードを追加します。このとき，物流センタに限定するため，“物流センタ拠点コード”とし，関係“物流センタ”への外部キーとするのが適切です。したがって，解答は**物流センタ拠点コード**となります。

(3)

エンティティタイプ“工場”と“納入ルート”(空欄オ)の間の図3に記入されている1対多のリレーションシップについて，具体的に2種類の値が発生する場合を答えます。

納入ルートについては，〔新たな商品の追加〕2. 物流センタ追加に伴う納入ルートの追加と配送ルートの変更(1)①に，「各自社工場と自社工場内の物流センタ，各委託工場と各物流センタの組を納入ルートと呼ぶ」とあります。工場に関しては，自社工場と委託工場の2種類があるので，それぞれについて考えていきます。

①

自社工場について考えます。自社工場は，もともと図1で生産工場と呼ばれていたものです。〔現状業務の概要〕1. 拠点(3)に「生産工場には，自社商品を生産する役割と，自社商品を仕分けして各店舗へ配送する役割がある」とあり，生産工場には配送する役割もあります。さらに，2. 自社商品(3)に，「各生産工場は，全ての自社商品を生産する」とあるので，他の生産工場から生産していない商品を配送するということは考慮する必要がありません。また，〔新たな商品の追加〕1. 新たな商品及び委託先(5)に，「これまで自社工場内で仕分けと配送を行っていた役割に，工場の拠点コードとは別に物流センタとしての拠点コードを付与」とあります。つまり，自社工場内での物流センタとは，同じ自社工場内で仕分けと配送を行っていた役割のことで，他の自社工場に送るわけでないため，自社工場と物流センタは1対1に対応することになります。したがって，カーディナリティの値は**1**，発生する場合は，**自社工場から物流センタに納入する場合**，となります。

②

委託工場について考えます。〔現状業務の概要〕1. 拠点(3)に「A社には3か所の生産工場がある」とあり，生産工場ごとに物流センタがあるので，物流センタは3か所です。また，〔新たな商品の追加〕1. 新たな商品及び委託先(3)に，「委託工場は5か所ある。個々の委託商品を生産する委託工場は，一つに決まっている」とあり，それぞれの物流センタで委託商品が必要になった場合，必要な委託工場に納入を依頼することになります。つまり，委託工場は3か所の物流センタすべてに納入することとなります。したがって，カーディナリティの値は**3**，発生する場合は，**委託工場から物流センタに納入する場合**，となります。

解答例

出題趣旨

データベース設計では，業務要件を的確に把握し，モデル化する能力が求められる。

本問では，食料品スーパマーケットチェーンにおける商品配送業務を題材に，業務要件に基づくデータモデルの把握力，データベース設計能力，リレーションシップと外部キーの適切な設計能力，及び，業務要件の変化に伴うデータモデルの拡張やデータベース設計の変更能力を問う。

解答例

設問1

(1) ア 発注 イ 発注明細

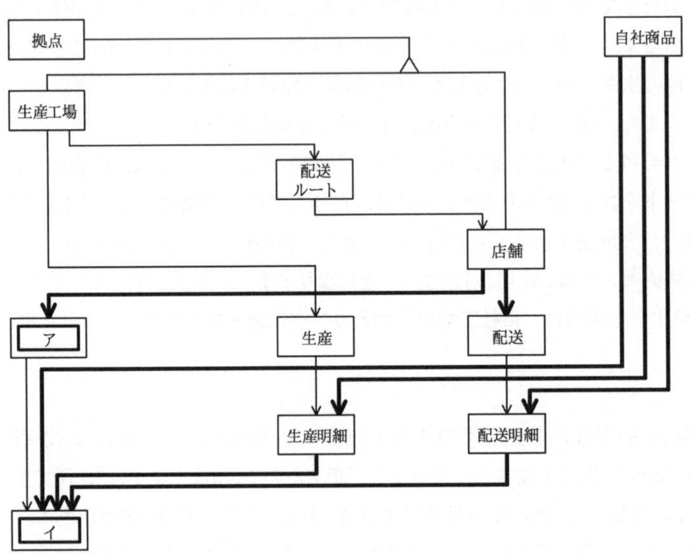

(2) a ルート番号，配送順序

b 生産ロットサイズ

c 生産工場拠点コード

d 発注番号，店舗拠点コード，発注登録日時，配送予定日時

e 発注番号，発注明細番号，商品コード，発注数量，生産番号，配送番号

f 生産工場拠点コード

g 商品コード

h 店舗拠点コード

設問2

(1) **ウ** 委託工場　**エ** 自社工場

オ 納入ルート　**カ** 配送ルート

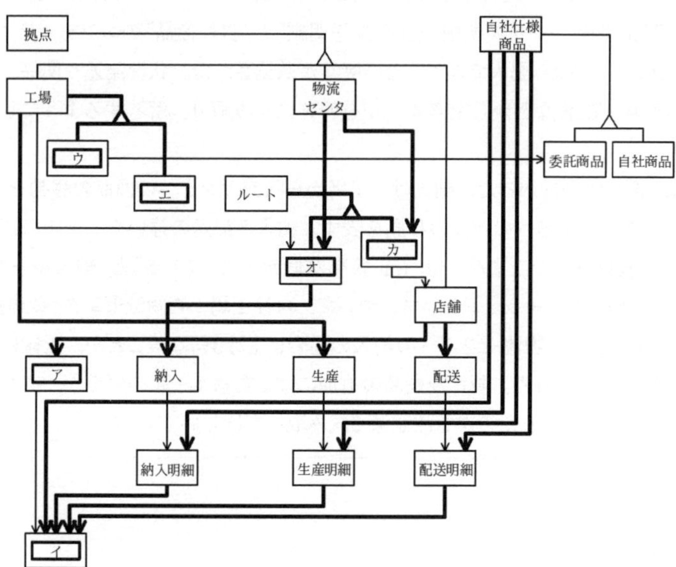

(2) i 拠点コード，委託開始年月日

j 工場拠点コード，物流センタ拠点コード

k 物流センタ拠点コード

(3) ① **カーディナリティの値** 1

発生する場合

自	社	工	場	か	ら	物	流	セ	ン	タ	に	納	入	す	る	場	合

(18字)

② **カーディナリティの値** 3

発生する場合

委	託	工	場	か	ら	物	流	セ	ン	タ	に	納	入	す	る	場	合

(18字)

採点講評

問1では，食料品スーパマーケットチェーンにおける商品配送業務を題材に，業務要件に基づくデータベース設計について出題した。全体として正答率は平均的であった。

設問1 (1) は，ア，イともに正答率が高かったが，概念データモデルの作成は正答率がやや低かった。“発注明細”，“生産明細”及び“配送明細”と“自社商品”のエンティティタイプ間のリレーションシップが，記入できていない解答が散見された。状況記述や関係スキーマ，属性とその意味・制約などから業務ルールを的確に読み取り，解答するようにしてほしい。

設問2 (2) は，正答率が低かった。納入は，工場から物流センタへの商品の移動を表し，配送は，物流センタから店舗への商品の移動を表す。納入と配送の違いを，正確に読み取れていない解答が散見された。また，(3) も正答率が低かった。“工場”と“納入ルート”のエンティティタイプ間のリレーションシップについて，自社工場から物流センタへの納入の場合に1対1，委託工場から物流センタへの納入の場合に1対3になることが，正確に読み取れていない解答が散見された。新たな商品の追加による業務ルールの変更が，概念データモデルにどのように反映されたのかを注意深く読み取ってほしい。

第4章

SQL

この章では，データベース構築に不可欠なSQLについて学びます。SQLは，関係データベースを操作，定義するための言語で，様々なDBMSで使用されています。
第2章などで学んだ関係データベースの考え方を基に，それを実際にプログラムとして実装し，データベースに問い合わせる方法を学びます。
SQLは従来，データベーススペシャリスト試験では午前Ⅱでの出題が中心で，午後ではあまり重視されていなかったのですが，近年出題が増加している傾向があります。特に，データ分析系のSQLの出題が，午前・午後を通して増加しています。
知識の要素が大きいので，ひととおり目を通して，用語やその意味を理解することが大切です。

4-1 SQL

SQLは，関係データモデルでのデータベースを定義，操作するためのデータベース言語です。SQLには，SQL-DDL，SQL-DCL，そしてSQL-DMLの3種類があります。

4-1-1 SQLとは

SQLは，最も広く使われている，データベース操作のための言語です。SQLを用いることで，関係データベースの様々な演算を実現できます。

> 勉強のコツ
> SQLを習得するには，それなりに時間がかかります。しっかりと習得したい場合は，時間をかけて学習することをおすすめします。
> SQLは関係データベースの理論に基づいて作られているため，第2章の基礎理論と合わせて学習するのがコツです。

SQLの由来

1970年代にIBMが開発したSEQUEL（シーケル）（Structured English Query Language）と呼ばれるデータベース言語が，SQLの起源です。これが後の**SQL**（エスキューエル）（Structured Query Language：構造化問合せ言語）となります。SQLは，関係データベースの定義および操作に特化した言語です。

IBMは，他のデータベースを作成するベンダ（企業）とともに，SQLを通じたデータベースへのアクセスを標準化させました。また，SQLは文法が少なく学習が容易なこともあって，プログラマに広く受け入れられました。そのため，現在ほとんどのデータベースでは，データベース操作言語としてSQLが使われています。

標準SQL

SQLは様々なベンダが協力して発展させていった言語です。しかし，Oracleなど一部のベンダでは独自の文法を用意したり機能を拡張したりしています。そのようなベンダ独自の仕様で混乱が起きないよう，標準規格として**標準SQL**が定められています。

最初の標準SQLの規格は，1986年に制定されたSQL86です。これはISO規格として標準化されました。次にメジャーバージョンアップとして広く知られたのがSQL92で，こちらは標準SQL2と呼ばれます。現在主流の標準SQL規格は1999年に制定された**SQL99**で，こちらは**標準SQL3**と呼ばれています。また，その

> 勉強のコツ
> 試験で基準とするSQLは，あくまでも標準SQLです。DBMSによっては標準SQL以外のものを使う場合も多く，これらはSQLの方言と呼ばれます。
> 試験では，特定のDBMSで使用されるようなSQLの方言は使わないので，「Oracleではできるから…」といった独自の解釈は危険です。特にDBMSに精通している人ほど，標準SQLをしっかりチェックしておきましょう。

後2008年に制定されたSQL：2008があり，こちらは標準SQL3に，マルチメディアやトリガーなど，いくつかの仕様を加えたものです。

現在，情報処理技術者試験で使用するSQLに関する規格は，**SQL：JIS X 3005規格群**と定められています。こちらはISO/IEC 9075を基にしており，**SQL：2008**に対応します。なお，現在の最新バージョン（英語）は，2016年に制定されたSQL：2016となっています。

発展
標準SQLは時代とともに少しずつ進化しているので，昔と今とでは仕様が違うことがよくあります。
例えば，更新可能なビューの定義については，標準SQL2では複数の表を結合した場合には更新不可でしたが，標準SQL3では可能となっています。
SQL文の定義には標準があること，標準自体が変わり続けていることを理解しておきましょう。

SQLの種類

SQLには，大きく次の3種類があります。

①データ定義言語
（SQL-DDL：SQL Data Definition Language）

データベースを定義するための言語です。テーブルやビュー，インデックスなどを定義するのに使います。

②データ制御言語
（SQL-DCL：SQL Data Control Language）

データベースを制御するための言語です。トランザクションの開始や終了，アクセス権限の制御などに用います。

③データ操作言語
（SQL-DML：SQL Data Manipulation Language）

データベースのデータを操作するための言語です。データの参照，追加，更新，削除を行います。

また，SQLの使い方としては，単独での使用のほかに，プログラム言語から呼び出したり，あらかじめ登録しておいた**カーソル**や**ストアドプロシージャ**などで一連の処理を呼び出すといった方法もあります。

▶▶▶ 覚えよう！

- □ **試験で出てくるSQLは標準SQLで，バージョンはSQL：2008**
- □ **SQLには，SQL-DDL，SQL-DCL，SQL-DMLの3種類がある**

4-1-2 SQL-DDL

SQL-DDLは，データを定義するための言語です。テーブル(表)やインデックス(索引)，ビューなど，データベースで使用する仕組みを定義します。

SQL-DDL

SQL-DDLは，データベースのデータをどのように扱うかを定義するための言語です。SQL-DDLでは，基本的にCREATEで新しくデータベースやテーブル，ビュー，インデックス，ストアドプロシージャなど様々なものを作成します。作成したものを削除する際にDROP，変更する際にはALTERを使用します。

データベース定義

DBMSでデータを定義，格納するためには，最初に一つのデータベースを定義し，作成する必要があります。このときのデータベースとはテーブルやデータなどの集合全体であり，DBMSでは独立したデータベースを複数作成することができます。

データベースを作成するにはCREATE DATABASE文を使用します。多くのDBMSでは，データベースを使用するときに，最初にこのCREATE DATABASE文を実行する必要があります。

テーブル(表)作成

テーブルを作成するためには，CREATE TABLE文を使用します。基本的な構文は，次のとおりです。

【構文】CREATE TABLE文

```
CREATE TABLE テーブル名 (
    列名 データ型 [列の制約]
    [, …n]
    [テーブル全体の制約])
```

[ ]で示した内容はオプションです。列名とデータ型の組は繰り返し，列の数nだけ記述します。なお，上の[, …n]では，「列名 データ型 [列の制約]」の組を列の数だけ繰り返します。

CREATE TABLEの後にテーブルの名前を記述します。その後の列名とそのデータ型の記述は必須です。制約の記述は任意で，列の制約は列の直後，テーブル全体の制約は最後に記述します。

①データ型

テーブルの列名には，それぞれの列に対してデータ型を指定します。主なデータ型は，次のとおりです。

主なデータ型

データ型	内容
CHAR(n)	n文字の半角固定長文字列
NCHAR(n)	n文字の全角固定長文字列
VARCHAR(n)	最大n文字の半角可変長文字列
NCHAR VARYING(n)	最大n文字の全角可変長文字列
SMALLINT	2バイトの整数。-32,768 ～ 32,767の範囲内
INTEGER	4バイトの整数。-2,147,483,648 ～ 2,147,483,647の範囲内
DECIMAL(m,n)	精度m，位取りnの10進数
DATE	日付
BLOB	バイナリデータを扱うデータ型

BLOB（Binary Large OBject）型は，画像や音声，動画などの様々な種類のバイナリデータをデータベース中に直接格納することができるデータ型です。

②テーブルの制約

テーブルの制約は，次の構文で表現します。

テーブルの制約

制約	構文
主キー制約	PRIMARY KEY 複数列にまたがる場合は，表の最後に以下のように記述 PRIMARY KEY（列名リスト）
参照制約 （外部キー制約）	REFERENCES テーブル名（列名）[オプション] 複数列にまたがる場合は，表の最後に以下のように記述 FOREIGN KEY REFERENCES テーブル名（列名リスト）
非ナル制約	NOT NULL
一意性制約	UNIQUE
範囲制約	CHECK（範囲の条件）

過去問題をチェック

テーブル作成・変更（CREATE TABLE文，ALTER TABLE文）については，次の出題があります。

【主キー制約(PRIMARY KEY)】

・平成29年春 午前Ⅱ 問11
・令和4年秋 午後Ⅰ 問2 設問1

【一意性制約(UNIQUE)】

・平成29年春 午前Ⅱ 問11
・平成30年春 午前Ⅱ 問7

関連

CREATE TABLE文の制約の内容は，「3-1-5　データベースの制約」で学んだものと同じです。データベースの制約を具体的にSQLで記述するのが，CREATE TABLE文です。

また参照制約では,ON DELETE（削除時）,ON UPDATE（更新時）といった指定で，次のようなオプションが設定されることがあります。

●参照制約時のオプション

・**NO ACTION**（デフォルト）

外部キーが参照制約に違反した場合には，エラーを生成して何もしません。

・**CASCADE**

参照する列と参照される列の値を**連動**させます。参照される列の値が更新，削除されると，参照している列の値も連動して更新，削除されます。

例えば，“伝票”テーブルと“伝票明細”テーブルがあり，伝票番号を外部キーに関連付けられている場合，“伝票”テーブルのある伝票番号の行を削除すると，“伝票明細”テーブルの同じ伝票番号の行も連動して削除されます。

・**SET NULL**

対応行がなくなった参照列の値にNULLを設定します。

・**SET DEFAULT**

対応行がなくなった参照列の値にあらかじめ設定されていたデフォルト値を設定します。

③CREATE TABLE文の具体例

CREATE TABLE文では，概念データモデルと関係スキーマから導き出されたテーブル構造を具体的にデータベースに表現します。例として，次のような概念データモデルと関係スキーマ（テーブル構造）の場合を考えます。

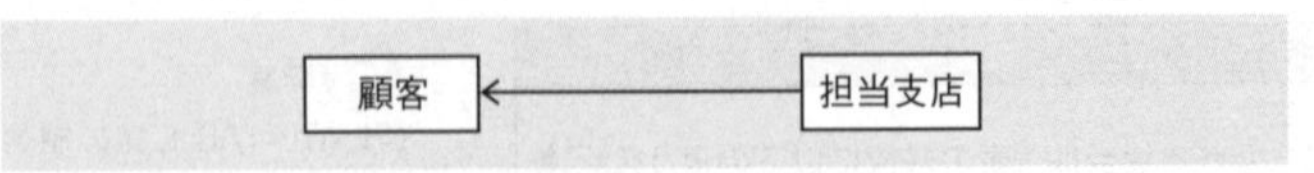

概念データモデルの例

顧客（顧客番号，氏名，住所，郵便番号，電話番号，
　　電子メールアドレス）
担当支店（郵便番号，担当支店コード）

関係スキーマ（テーブル構造）の例

ここで，「氏名は必須入力項目，電子メールアドレスは任意入力項目だが顧客により必ず異なる」という制約があるとします。“顧客”テーブルを実装するためのCREATE TABLE文を記述すると，次のようになります。

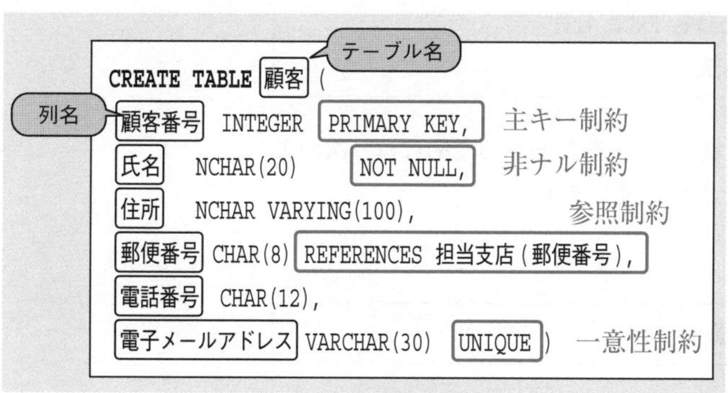

テーブルの作成

ビュー

ビューは，仮想的なテーブルです。基本的にデータをもたず，参照されるたびに，CREATE VIEW文で定義されたSELECT文の問合せを実行し，実テーブルからデータを取得します。

> 関連
> 更新できるビューの定義など，ビューに関する詳細は，「4-3-1　ビュー」で解説します。

ビュー定義の基本的な構文は，次のとおりです。

【構文】CREATE VIEW文

```
CREATE VIEW ビュー名 [(列のリスト)] AS
  (SELECT文
   [WITH [CASCADED | LOCAL] CHECK OPTION])
```

[ ]で示した内容はオプションです。「|」はORを示し，CASCADEDかLOCALのどちらかを記述します。

WITH CHECK OPTIONは，ビューの基底表（元になる表）を

更新することができる更新オプションです。CASCADEDが設定されている場合は，関連するすべてのビューの制約条件を満たすときのみ更新できます。LOCALが設定されてる場合は，現在のビューのみの制約を満たすときに更新できます。

例えば，“社員”テーブルから営業部に所属する社員の社員番号と氏名のみを表示する“営業部社員”ビューを作成する場合のSQL文は，次のようになります。

【例】ビューの作成

```
CREATE VIEW 営業部社員(社員番号, 社員名) AS
  (SELECT 社員番号, 社員名 FROM 社員
   WHERE 所属 = '営業部')
```

また，この“営業部社員”ビューを参照するためには，次のように通常のSELECT文として記述します。

【例】ビューの参照

```
SELECT * FROM 営業部社員
```

インデックス(索引)

インデックスは，テーブルに対して作成する，データを効率的に検索するための索引です。インデックスを作成すると，SELECT文，UPDATE文，DELETE文などのSQL-DMLのデータ操作の演算を高速化できます。

インデックスを作成するSQL文は，CREATE INDEX文です。基本的な構文は，次のとおりです。

関連
インデックスの仕組みや設計方法など，インデックスに関する詳細は，「5-1-2 インデックス」や「5-1-3 性能設計」で学びます。
ここでは，SQLで記述するための文法を学習しておきましょう。

【構文】CREATE INDEX文

```
CREATE INDEX インデックス名 ON テーブル名(
    列名 [, …n] )
```

[ ]で示した内容はオプションです。列名は繰り返して複数記述することができ，列の数nだけ記述します。複数の列を指定するインデックスは，連結インデックス，または複合インデックスと呼ばれます。

カーソル

カーソルは，テーブルから一度に1行ずつレコードの検索と操作を行えるようにする仕組みです。SQL文の結果は集合処理で一度に複数行のレコードが返ってきますが，これを1行ごとに行えるようにすることによって，プログラムからの処理を容易にします。

カーソルを使用するためには，次の四つの操作を実行します。

関連
カーソルの使用方法など，カーソルに関する詳細は，「4-3-2　カーソル」で学びます。
ここでは，SQLの文法を学習しておきましょう。

1. カーソルの宣言 (DECLARE)
2. カーソルを開く (OPEN)
3. カーソルからの行の取り出し (FETCH)
4. 終了した後，カーソルを閉じる (CLOSE)

カーソルの宣言に関するSQL文は，これまでのCREATEで始まる他のSQL-DDLとは違い，DECLARE CURSOR文です。CREATEは永続的でずっと残るものを作成するSQL文ですが，カーソル文は一時的なものなのでDECLAREを用います。

カーソル宣言の基本的な構文は，次のとおりです。

【構文】DECLARE CURSOR文（カーソルの宣言）

```
DECLARE カーソル名 CURSOR FOR SELECT文
    [FOR {READ ONLY | UPDATE [OF 列名[, …n]]}]
```

[ ]で示した内容はオプションです。オプションを指定する場合には，READ ONLY（参照のみ）か，UPDATE（更新を行う）かを指定します。

カーソルを開く場合にはOPEN文を使用し，カーソルからの行の取り出しにはFETCH文を，終了した後のカーソルを閉じる場合にはCLOSE文を使用します。

それぞれの文法は，次のとおりです。

【構文】カーソルの処理

```
OPEN カーソル名
FETCH カーソル名 INTO ：ホスト変数
CLOSE カーソル名
```

FETCH文では，検索条件に合致した行をすべて取り出すために，“データなし”の状態が来るまでFETCHを繰り返します。FETCHで取り出した行の内容は「：ホスト変数」に格納し，確認していきます。

FETCHで取り出した行を更新する場合には，次のようにUPDATE文を実行します。

【構文】FETCHで取り出した行を更新

```
UPDATE 表名 SET 列名 = 値[, …n]
  WHERE CURRENT OF カーソル名
```

[ ]で示した内容はオプションです。変更する列の値は繰り返しで複数記述することができ，列の数nだけ記述します。

それでは，次の問題を考えてみましょう。

問題

次のSQL文は，A表に対するカーソルBのデータ操作である。aに入れる字句はどれか。

```
UPDATE A
    SET A2 = 1, A3 = 2
    WHERE [    a    ]
```

ここで，A表の構造は次のとおりであり，実線の下線は主キーを表す。

A (<u>A1</u>，A2，A3)

ア CURRENT OF A1　　イ CURRENT OF B

ウ CURSOR B OF A　　エ CURSOR B OF A1

（平成30年春 データベーススペシャリスト試験 午前Ⅱ 問6）

解説

カーソルを使用中にデータを変更する場合には，UPDATE文を用います。このとき，FETCHで位置付けた行を更新するには，**WHERE CURRENT OF カーソル名**を指定します。CURRENT OFの後に続くのはカーソル名なので，カーソルBのデータ操作の場合には「CURRENT OF B」となります。したがって，イが正解です。

≪解答≫イ

4

ロール

ロール（役割）は，役割が同じユーザをひとまとめにした集合です。アクセス権限などをユーザごとに個別に割り当てるのは面倒なので，ロールを用いてまとめて権限を割り当てます。

例えば，“営業部”，“課長”などとの集合的なロールを作成することによって，アクセス権を一度に複数のユーザに割り当てることが可能になります。また，“営業1課課長”などのロールを作成することで，異動などで課長が代わった場合にも，ロールに対応するユーザを換えるだけで，その他の変更が不要になります。

ロールの基本的な構文は，次のとおりです。

過去問題をチェック

ロールと，ロールを作成するSQLについて，データベーススペシャリスト試験では以下の出題があります。

【ロールと，ロールを作成するSQLについて】

・平成28年春 午後Ⅰ 問3 設問2

・平成19年春 午後Ⅰ 問3 設問2（テクニカルエンジニア（データベース）試験）

【構文】CREATE ROLE

```
CREATE ROLE ロール名 [ WITH オプション ]
```

［ ］で示した内容はオプションです。指定する場合には，WITH ADMINで管理者権限を設定するユーザまたはロールを記述します。

ドメイン定義

SQLにおけるドメインとは，制約をもったデータ型です。例えば，電子メールアドレスを定義するデータ型を，文字列型をもとに定義し，CHECK制約を合わせて定義することで，電子メールに許される形式のみを許可したドメインを作成することができます。

複数のテーブルに同じ制約のあるデータ型がある場合には，各テーブルに制約を書くよりもドメインを定義することで，必要な制約を1か所にまとめることができます。

ドメインは，CREATE DOMAIN文を使用して定義することができます。

トリガー

トリガーは，テーブルのあるデータを更新（追加，変更，削除）したときに使用する，別のデータを連動して変更するように設定する処理です。トリガーを作成する場合には，CREATE TRIGGER文を使用します。

トリガーの構文は，次のとおりです。

【構文】CREATE TRIGGER文

```
CREATE TRIGGER <トリガー名> <トリガー動作時期> <トリガー事象>
  ON <表名> [ REFERENCING <遷移表または遷移変数リスト> ]
     <被トリガー動作>
```

トリガーの動作については，次の内容を設定します。

トリガー動作時期

＜トリガー動作時期＞は，トリガーが実行される時期と，テーブルにあるデータの更新時期の関係を設定します。データの更新前にトリガーを実施する場合には**BEFORE**，データの更新後にトリガーを実施する場合には**AFTER**（変更後）を使用します。

また，ビューを使用する場合は，INSTEAD OFを指定できます。INSTEAD OFを使用すると，テーブルの代わりにビューを更新します。

トリガー事象

＜トリガー事象＞は，トリガーの対象となる更新動作を設定します。INSERT（追加），DELETE（削除），UPDATE（変更）が指定できます。

REFERENCINGと遷移表

REFERENCINGでは，＜遷移表または遷移変数リスト＞を指定し，値を遷移させる表や変数を指定します。具体的には，**OLD**（旧），**NEW**（新）で新旧を指定し，**ROW**（行:デフォルト），**TABLE**（表）で遷移させる対象を指定します。

例えば，OLD［ROW］［AS］＜遷移旧変数名＞ といったかたちで，古い行を指定し，変数名を設定します。

また，**FOR EACH ROW**を指定することで，一度だけでなく，すべての行に対して複数回処理を実行させることができます。

被トリガー動作

＜被トリガー動作＞では，トリガーで実行されるプロシージャなどを指定します。

具体例

具体例として，過去に出題されたSQL文を示します。

【例】平成31年春 午後Ⅰ 問2 図3（トリガーを定義するSQL）より

```
CREATE TRIGGER TR1 AFTER UPDATE OF 引当済数量 ON 在庫
  REFERENCING NEW ROW AS CHKROW FOR EACH ROW
  WHEN (CHKROW.実在庫数量 - CHKROW.引当済数量 <= CHKROW.基
        準在庫数量)
  BEGIN ATOMIC
    CALL PARTSORDER(CHKROW.部品番号);
  END
```

※ CALL PARTSORDERは，発注を行うストアドプロシージャの呼出しです。
※ 実際の出題での空欄部分は補足しています。

過去問題をチェック

トリガーについては，近年の午後問題で，次の出題があります。
- 平成31年春 午後Ⅰ 問2 設問2
- 令和4年秋 午後Ⅰ 問2 設問1

▶▶▶ 覚えよう！

- ☐ CREATE TABLE文の主キー制約はPRIMARY KEY，参照制約はREFERENCESを使う
- ☐ ビューは，CREATE VIEW ビュー名 AS SELECT文
- ☐ カーソルは，DECLARE カーソル名 CURSOR FOR SELECT文

4-1-3 SQL-DCL

SQL-DCLは，データベースのデータに対してアクセス制御を行うための言語です。特定のテーブルやビューに対して，特定のユーザやロールの様々なアクセス権限を設定，変更，剥奪します。

アクセス権限

データベースに作成されるテーブルやビューなどは，すべての人に公開する場合もありますが，アクセスを制限して特定のユーザのみに公開される場合もあります。公開を限定するためにアクセス権限を設定するSQLが，**GRANT**文です。

GRANT文では，特定のテーブル（表）やビュー，ドメイン（定義域），ロールなどのデータベースオブジェクトに対して，特定の動作権限を許可するユーザを設定します。

設定する権限には，SELECT（表示），INSERT（挿入），UPDATE（更新），DELETE（削除），REFERENCES（参照），USAGE（利用）があります。

アクセスを許可するユーザとしては，ユーザ名だけでなくロール（役割）も設定できます。また，ロールをユーザに割り当てる場合にも，GRANT文でデータベースオブジェクトとしてロールを指定して設定します。

GRANT文の基本的な構文は，次のとおりです。

【構文】GRANT文

```
GRANT { ALL [PRIVILEGES] } | SELECT
  | INSERT [(列のリスト)] | DELETE
  | UPDATE [(列のリスト)]
  | REFERENCES [(列のリスト)] | USAGE
ON {[TABLE] 表(またはビュー)名 | DOMAIN ドメイン名
  | COLLATION 照合順序名
  | CHARACTER SET 文字コード設定名
  | TRANSLATION 置換名 }
TO {ユーザ名 | PUBLIC }
  [WITH GRANT OPTION]
```

［ ］で示した内容はオプションです。「|」はORを示し，いずれかを選択します。ALL [PRIVILEGES] は，すべての権限を付与することを指します。WITH GRANT OPTIONを指定することで，他のユーザに対してGRANT文でアクセス権限を付与する権利も付与することができます。

例えば，商品表に対して，うさぎさんにすべての権限を付与する場合には，次のように記述します。

【例】表に対してすべての権限を付与

```
GRANT ALL PRIVILEGES ON 商品 TO うさぎ
```

それでは，次の問題を考えてみましょう。

問題

表の所有者が，SQL文のGRANTを用いて設定するアクセス権限の説明として，適切なものはどれか。

ア　パスワードを設定してデータベースの接続を制限する。
イ　ビューによって，データベースへのアクセス処理を隠ぺいし，表を直接アクセスできないようにする。
ウ　表のデータを暗号化して，第三者がアクセスしてもデータの内容が分からないようにする。
エ　表の利用者に対し，表への問合せ，更新，追加，削除などの操作を許可する。

（平成22年春 データベーススペシャリスト試験 午前Ⅱ 問2）

過去問題をチェック
GRANT文は，午前問題だけでなく午後問題でも出題されることがあります。
【GRANT文の記述】
・平成28年春 午後Ⅰ 問3 設問1

解説

GRANT文では，GRANTの後に問合せ(SELECT)，更新(UPDATE)，追加(INSERT)，削除(DELETE)などの操作を設定することによって，表の利用者に対してアクセス権限を付与することができます。したがって，エが正解です。

ア　パスワードの設定は，DBMSごとに独自の仕様があります。
　例えば，MySQLではSET PASSWORD文などを用いたり，ユーザ設定画面で設定したりします。

イ CREATE VIEW文を使用して表から直接アクセス可能な内容のみ取り出すように設定します。

ウ 暗号化は，DBMSごとに独自の仕様があります。通常は，関数など，通常のSQL文以外を用いて暗号化を行います。

《解答》エ

トランザクション管理

トランザクションを開始，実行し，コミットやロールバックなどを行うためのSQLには様々なものがあります。

トランザクションを開始するときに使用する標準SQLは，START TRANSACTION文です。次のような構文でトランザクションを開始します。

発展
START TRANSACTION命令は，SQL ServerやOracleなどのDBMSでは，BEGIN TRANSACTION命令として定義されています。

【構文】START TRANSACTION文

```
START TRANSACTION {{READ ONLY | READ WRITE} [,...]
  | ISOLATION LEVEL
    { READ UNCOMMITTED | READ COMMITTED
     | REPEATABLE READ | SERIALIZABLE[,...]}
  | DIAGNOSTIC SIZE int(整数)};
```

[ ]で示した内容はオプションです。「|」はORを示し，いずれかを選択します。

トランザクションの開始時に，ISOLATION LEVELでトランザクションの分離レベルを設定します。これは，複数のトランザクションがどのように実行されるかを示すための指標で，次の4種類があります。

関連
トランザクションの分離レベルに関する詳細は，「5-2-3 トランザクション分離レベル」で学びます。
ここでは，SQLの文法でどのように表現するかを押さえておきましょう。

①READ UNCOMMITTED

コミットしていないデータまで読み取ります。

②READ COMMITTED

コミットした最新データを読み取ります。

③REPEATABLE READ

読み取り対象のデータが他のトランザクションで更新されないことを保証します。

④SERIALIZABLE

トランザクションを独立して順番に実行した場合と同じ結果になります。

また，トランザクションを確定させて終了する場合には，COMMIT文を使用します。トランザクションの実行を取り消して終了する場合には，ROLLBACK文を使用します。

▶▶▶ 覚えよう！

- □ 典型的なGRANT文は，GRANT 権限 ON 表名 TO 利用者
- □ トランザクションはSTARTで開始，終了はCOMMIT（確定）またはROLLBACK（取り消し）

4-1-4 SQL-DML

SQL-DMLは，データを操作するための言語です。SELECT文（表示），INSERT文（挿入），UPDATE文（更新），DELETE文（削除）の4種類があります。SELECT文は複雑で，様々な問合せを行うことができます。

SELECT

一つまたは複数の表から，行，列や導出した値を取り出すために使用するのが，SELECT文です。様々な条件を指定できますが，基本的な構文は次のとおりです。

発展

SELECT文には列以外にも，リテラル式（定数や文字，式など）を指定することが可能です。例えば，「SELECT 1」とすることで「1」が表示されます。また，算術演算も可能で，「SELECT 2+3」とすることで「5」が表示されます

【構文】SELECT文

```
SELECT [ALL | DISTINCT] 表示する列リスト
  FROM 表名1 [, …表名n]
  [JOIN 結合条件]
  [WHERE 選択条件]
  [GROUP BY 集計のキーとなる列リスト]
  [HAVING グループ化後の選択条件]
  [ORDER BY 整列のキーとなる列リスト [ASC | DESC]]
```

SELECT句，FROM句以外の[ ]で示した内容はオプションです。表名は繰り返し，表の数nだけ記述し，列リストでは一つ以上の列を記述します。SELECT句，FROM句，JOIN句，WHERE句，GROUP BY句，HAVING句，ORDER BY句のそれぞれの句には特定の用途があり，個別に演算を行います。

それぞれの句の詳細は，次のとおりです。

①SELECT句

SELECT句では，データベースから取り出したい情報の項目を指定します。通常は，表の列を一つ以上指定し，“，”（カンマ）で区切った列リストで列挙します。また，表のすべての列を指定する場合には，“*”（アスタリスク）を指定できます。*を指定すると，CREATE TABLE文で定義した列名をすべて，指定した順に表示します。

また，**ALL**または**DISTINCT**を設定し，同じ内容の列が重複した場合に，それをまとめるかどうかを決定します。DISTINCTを指定すると，複数の行でまったく同じ内容となった場合に，その行を一つにまとめます。デフォルトはALLです。

複数の表を使用する問合せでは，基本的に**表名．列名**というように列を記述する必要があります。ただし，複数の表に同じ列名が存在しない場合には，省略することも可能です。

SELECT文では，通常の列名のほかに，**集約関数（集計関数）**などの**関数**を使用することができます。また，列名や関数には**別名**を付けることができます。列名に別名を指定する場合には，

列名 AS 別名　　または，　**列名 別名**

というように，ASまたはスペースを用いて指定します。

関連
集約関数の種類についてはGROUP BY句で，集計関数の使用方法などの具体例については「4-2-1　グループ化」で詳しく学びます。
また，SQLで使用する関数には，集計関数以外にも様々なものがあります。ただし，その他の関数についてはDBMSごとに定められており，文法が異なります。独自の関数が試験で出題される場合には，関数の定義が問題文に記述されているので，それを参考にSQL文に組み込んでいきましょう。

②FROM句

FROM句では，データベースでの検索対象となる表やビューを列挙します。表名には**別名**を付けることができ，表名に別名を指定する場合には，

表名 AS 別名　　または，　**表名 別名**

というように，ASまたはスペースを用いて指定します。いったん別名を指定したら，問合せの中でその表を参照するときには常に別名を使用するようにします。

③JOIN句

JOIN句では，結合の条件を指定します。結合は，FROM句とWHERE句で表現することも可能ですが，標準SQL2以降では，**結合はJOIN句の問合せで行う**ことが基本です。

FROM句と合わせて，JOIN句の基本的な書き方は次のとおりです。

【構文】JOIN句

```
FROM 元の表名 [結合条件] JOIN 結合する表名
  ON 元の表名.列名 θ 結合する表名.列名
```

［*結合条件*］は結合するときの条件で，θは比較演算子（=，<，>，<=，>=，<>）になります。例えば，A表とB表を共通

の列名Xで結合する場合には，次のようになります。

【例】A表とB表を列名Xで結合

```
FROM  A JOIN  B  ON  A.X=B.X
```

結合条件は，ANDやORなどの論理演算子で接続することで複数設定できます。

また，結合条件には次のものがあります。

・内部結合　**[INNER] JOIN**，自然結合 **NATURAL JOIN**

内部結合，自然結合の場合に指定します。内部結合のINNERは省略可能で，デフォルトのJOINになります。

・左外部結合　**[LEFT] [OUTER] JOIN**

左外部結合の場合に指定します。外部結合のデフォルトは左であり，左とつくのは外部結合なので，LEFTまたはOUTERのどちらかは省略可能です。

・右外部結合　**RIGHT [OUTER] JOIN**

右外部結合の場合に指定します。

・完全外部結合　**FULL [OUTER] JOIN**

完全外部結合の場合に指定します。

・直積　**CROSS JOIN**

直積演算を行う場合に指定します。

またJOIN句では，ONで結合条件を演算子で指定する方法以外に，USINGを使用する方法があります。USINGは，両方の表に同じ名前の列が存在しており，その列を使って等結合を行う場合にのみ使用できます。

USINGを使用したJOIN句の書き方は，次のとおりです。

【構文】USINGを使用したJOIN句

FROM *元の表名* [*結合条件*] JOIN *結合する表名*
　USING (*列名1*, …*列名n*)

関連

結合についての定義や具体的な内容については，「2-2-2 結合演算」で詳しく取り上げています。用語の定義はそちらで確認し，ここでは具体的にSQLでどのように記述するかを学習していきましょう。

過去問題をチェック

JOIN句を使用するSQLについての問題は，データベーススペシャリスト試験では頻出です。

【LEFT (OUTER) JOINを使用するSQL】

- 平成24年春 午後Ⅰ 問3 設問1
- 平成26年春 午後Ⅰ 問3 設問2
- 平成28年春 午後Ⅰ 問3 設問2
- 平成30年春 午前Ⅱ 問8
- 平成31年春 午前Ⅱ 問11
- 平成31年春 午後Ⅱ 問1 設問1
- 令和3年秋 午前Ⅱ 問8
- 令和3年秋 午後Ⅰ 問3 設問2
- 令和4年秋 午前Ⅱ 問6
- 令和4年秋 午前Ⅱ 問7
- 令和4年秋 午後Ⅱ 問1 設問2
- 令和5年秋 午後Ⅱ 問1 設問2

【FULL (OUTER) JOIN句を使用するSQL文】

- 令和2年10月 午前Ⅱ 問7
- 令和5年秋 午前Ⅱ 問10

【CROSS JOIN句を使用するSQL文】

- 令和3年秋 午後Ⅰ 問3 設問1

USINGを使用するSQLについての出題もあります。

【USINGを使用するSQL】

- 平成20年春 午後Ⅰ 問3 設問1 (テクニカルエンジニア(データベース)試験)
- 令和2年10月 午後Ⅰ 問2 設問1

列名は，一つ以上の複数の列を指定可能です。なお，元の表名は指定しません。例えば，先ほどのA表とB表を共通の列名Xで結合する場合には，次のようになります。

【例】USINGを使用してA表とB表を列名Xで結合

```
FROM A JOIN B USING (X)
```

④WHERE句

WHERE句では，データベースから取り出したい情報の検索条件を指定します。複数の検索条件を設定する場合には，**ANDやORなどの論理演算子**で接続します。このとき，**ORの優先順位はANDより低く**なるので，ORを優先させる場合には括弧()で囲みます。WHERE句で指定できる検索条件には，次のように様々なものがあります。

WHERE句で使われる検索条件

検索条件	構文の例	用法と機能
単純な条件判定	顧客名 = 'くま工業', 価格>1000	式を比較するときに，比較演算子(=, <, >, <=, >=, <>)を使用する
NULL値の検査	価格 IS NULL, 価格 IS NOT NULL	NULL値あるいはNULL値以外のすべての値を取り出す
結合(JOIN)検査	A.顧客番号=B.顧客番号	JOIN句を用いずに，結合の条件をWHERE句で記述するときに使用する
LIKE検査	顧客名 LIKE 'ねこ%' 顧客番号 LIKE '1_1'	パターン一致で比較を行う。%は0文字以上の任意の文字列，_は任意の1文字を指す
BETWEEN範囲検査	価格 BETWEEN 100 AND 1000	列名BETWEEN A AND Bで，特定の列に対してA～Bまでの範囲検索を行う
EXISTS検査	EXISTS (SELECT * FROM A) NOT EXISTS (SELECT * FROM A)	副問合せ(入れ子のSQL文)と組み合わせて使用する。副問合せで，データが1行でも存在するか(EXISTS)，存在しないか(NOT EXISTS)を判定する
IN範囲検査	住所 IN ('東京', '千葉')	値リストのいずれかの値に一致するかどうかを判定する
SOME | ALL検査	氏名=SOME (SELECT 氏名 FROM A), 氏名<>ALL (SELECT 氏名 FROM A)	副問合せと比較演算子を組み合わせて使用する。SOMEはどれか一つ，ALLはすべてに当てはまるかどうかをチェックする

⑤GROUP BY句

GROUP BY句は，**集約関数（集計関数）**を使って問合せを行うときに指定します。GROUP BY句では，**集約（集計）を行うときにキーとなる列または列の組**を指定し，キーの値ごとにグループ化し，集計します。

関連
集約関数については，この節の最後に関数としてまとめて記述します。また，グループ化についての具体的な方法や注意点については，「4-2-1 グループ化」で詳しく取り上げます。

⑥HAVING句

HAVING句は，**GROUP BY句の結果に検索条件を追加**します。WHERE句と検索条件は同じですが，グループ化した後の条件について判定します。そのため，HAVING句で使用できる列は，グループ化に使用した列と集計関数のみです。

⑦ORDER BY句

ORDER BY句は，取り出した結果を整列するときに指定します。ORDER BY句では，整列を行うときにキーとなる**列または列番号**（SELECT句で指定される列の左からの順番）を，**優先度の高い順に**，列リストとして指定します。

整列を昇順に行う場合には**ASC**（デフォルト値なので，なくても可），降順に行う場合には**DESC**を指定します。

INSERT

表またはビューに行を追加するために使用するのが，INSERT文です。基本的な構文は，次のとおりです。

【構文】INSERT文

```
INSERT [INTO] 表名またはビュー名 [(列のリスト)]
  VALUES (値1 [, …値n]) | SELECT文
```

[ ]で示した内容はオプションです。値はCREATE TABLE文で設定された列の数だけ記述します。

表に値を指定して1行ずつデータを追加する場合には，VALUES句を使用します。別の表から**SELECT文**を実行して取り出した結果を直接挿入することも可能です。

UPDATE

表またはビューのデータを変更するために使用するのが，UPDATE文です。基本的な構文は，次のとおりです。

【構文】UPDATE文

```
UPDATE 表名またはビュー名
  SET 列名1 = 値1 [, …列名n=値n]
  [WHERE 選択条件]
```

[ ]で示した内容はオプションです。ただ，WHERE句を指定しないと表のすべての列を更新するので，ほとんどの場合は必要です。

値を変更する列を**SET句**で指定して更新します。複数の列を変更する場合には，“,”(カンマ)で区切って連続して記述します。

DELETE

表またはビューのデータを削除するために使用するのが，DELETE文です。基本的な構文は，次のとおりです。

【構文】DELETE文

```
DELETE [FROM] 表名またはビュー名
  [WHERE 選択条件]
```

[ ]で示した内容はオプションです。ただ，WHERE句を指定しないと表のすべての列を削除するので，ほとんどの場合は必要です。

それでは，次の問題を考えてみましょう。

問題

表Rに，(A，B)の2列でユニークにする制約(UNIQUE制約)が定義されているとき，表Rに対するSQL文でこの制約の違反となるものはどれか。ここで，表Rには主キーの定義がなく，また，すべての列は値が決まっていない場合(NULL)もあるものとする。

R

A	B	C	D
AA01	BB01	CC01	DD01
AA01	BB02	CC02	NULL
AA02	BB01	NULL	DD03
AA02	BB03	NULL	NULL

ア　DELETE FROM R WHERE A = 'AA01' AND B = 'BB02'

イ　INSERT INTO R VALUES ('AA01' , NULL , 'DD01' , 'EE01')

ウ　INSERT INTO R VALUES (NULL , NULL , 'AA01' , 'BB02')

エ　UPDATE R SET A = 'AA02' WHERE A = 'AA01'

(平成22年春 データベーススペシャリスト試験 午前Ⅱ 問3)

解説

(A, B)の2列でUNIQUE制約が定義されている場合，AとBの両方の値が一致している列が存在することはできません。UPDATE文で，A='AA01'の行のAの値を'AA02'に変更すると，1行目と2行目のA列の'AA01'が更新され，'AA02'となります。すると，1行目の(A, B)の値が(AA02, BB01)となり，これは3行目の値と同じです。したがってUNIQUE制約の違反となるので，エが正解です。

ア　DELETE文で行を消去するときには，UNIQUE制約は関係ありません。

イ，ウ　UNIQUE制約ではNULLは許可されます。また，NULLも含めて(A, B)の値が両方一致する行はないので，制約違反とはなりません。なお，UNIQUE制約ではなく主キー(PRIMARY KEY)制約の場合には，イとウは両方とも制約違反となります。

≪解答≫エ

SQL-DMLで使用される関数や演算

SQL-DMLで使用される代表的な関数や演算には，次のものがあります。

①集約関数(集計関数)

SQL文で集約(集計)を行うための関数です。集約関数(集計関数)には，次のものがあります。

集約関数

集約関数	意味
AVG（列名）	指定した列のNULL以外の値の平均値
COUNT（列名）	指定した列のNULL以外の値の数
COUNT（*）	表に含まれるレコードの数
MAX（列名）	指定した列のNULL以外の最大値
MIN（列名）	指定した列のNULL以外の最小値
SUM（列名）	指定した列のNULL以外の合計

関連
集約関数は，データ分析を行うときに使用するウィンドウ関数でも使用されます。詳しくは，「4-1-5 データ分析のためのSQL」で取り上げます。

4

②集合演算

関係演算で行う和，差などの集合演算は，SQLで表現することができます。代表的な集合演算には，次のものがあります。

関連
集合演算については，「2-2 関係演算」で詳しく解説しています。ここでは，関係演算を行うための具体的なSQL文について学習しましょう。

・UNION（和演算）

UNIONは，和演算を行うためのSQLです。問合せの結果出力された二つの表を一つに合わせて表示します。

基本的な構文は，次のとおりです。

【構文】UNIONによる和演算

```
SQL文1 UNION [ALL] SQL文2
```

例えば，二つの表A，Bを合わせて和演算を行う場合には，次のように記述します。

【例】表A，Bを合わせた和演算

```
SELECT a1, a2 FROM A UNION SELECT b1, b2 FROM B
```

二つの表では，**列の数を揃える**必要があります。

UNIONは普通の和演算ですが，UNION ALLでは，二つの表で共通の行があった場合，それを一つにまとめず，別々に表示させます。

・INTERSECT（共通演算）

INTERSECTは，共通（積）演算を行うためのSQLです。問合せの結果出力された二つの表から共通の行を表示します。構文は次のとおりです。

参考
INTERSECTやEXCEPTも，UNION句と同様に，ALLをつけない場合は同じ内容の行を一つにまとめます。

【構文】INTERSECTによる共通演算

SQL文1 INTERSECT [ALL] *SQL文2*

・EXCEPT（差演算）

EXCEPTは，差演算を行うためのSQLです。問合せの結果出力された最初の表から，2番目の表と共通の行を削除します。構文は，次のとおりです。

【構文】EXCEPTによる差演算

SQL文1 EXCEPT [ALL] *SQL文2*

過去問題をチェック
集合演算のSQL文には，次のような出題があります
【UNION句】
・平成31年春 午後Ⅰ 問3 設問2
・令和3年秋 午後Ⅰ 問3 設問1
・令和4年秋 午前Ⅱ 問9
【EXCEPT句】
・令和3年秋 午前Ⅱ 問6

直積など，結合に関する集合演算は，JOIN句を用いて行います。射影，選択，結合などの演算は，SELECT文内で行います。商演算は，単純なSQL文では表現できないので，NOT EXISTS句などを用いて，副問合せを使用して記述する必要があります。

それでは，次の問題を考えてみましょう。

問題

“商品”表と“当月商品仕入合計”表に対して，SQL文を実行した結果はどれか。

商品

商品コード	仕入先コード
S001	K01
S002	K01
S003	K02
S004	K02
S005	K03
S006	K04

当月商品仕入合計

仕入先コード	仕入合計金額
K01	150,000
K03	100,000
K05	250,000

〔SQL文〕

```
(SELECT 仕入先コード FROM 商品)
    EXCEPT
(SELECT 仕入先コード FROM 当月商品仕入合計)
```

ア

仕入先コード
K01
K01
K03

イ

仕入先コード
K01
K03

ウ

仕入先コード
K02
K02
K04

エ

仕入先コード
K02
K04

（令和３年秋 データベーススペシャリスト試験 午前Ⅱ 問6）

解説

〔SQL文〕で出てくるEXCEPT句は，二つのSELECT文の実行結果について差演算を行います。一つ目のSQL文，(SELECT 仕入先コード FROM 商品) は，“商品”表から仕入先コード列を取り出すので，実行結果は次のようになります。

仕入先コード
K01
K01
K02
K02
K03
K04

続いて，二つ目のSQL文，(SELECT 仕入先コード FROM 当月商品仕入合計）は，“当月商品仕入合計”表から仕入先コード列を取り出すので，実行結果は次のようになります。

仕入先コード
K01
K03
K05

一つ目の表と二つ目の表を比較すると，仕入先コードのK01とK03が両方に存在するので，これを一つ目の表から取り除き，K02とK04を残します。このとき，2行が重複しているK02については，EXCEPT句に ALL が記載されていて，EXCEPT ALL となっている場合はそのまま出力しますが，今回はないので重複は排除されます。したがって，実行結果は次のようになります。

仕入先コード
K02
K04

したがって，エが正解です。

≪解答≫エ

▶▶▶ 覚えよう！

- □ SELECT文はFROM，WHERE，GROUP BY，HAVING，ORDER BYの順
- □ INSERTはINTO，UPDATEはなし，DELETEはFROM

4-1-5 データ分析のためのSQL

データ分析を行う場合は，複雑で順序が定められているデータに対応する必要があります。SQLには，ウィンドウ関数をはじめとした，データ分析のための関数が取り入れられています。

データ処理，加工のためのSQL

データ分析では，データベースのデータを分析に適したかたちで前処理する必要があります。具体的には，欠損値や誤りのあるデータを削除したり，NULL値を0に変換したり，複数のテーブルをまとめて統合したりします。

データ処理や加工でよく用いられるSQL文には，次のようなものがあります。

①CASE関数

CASE関数は，条件分岐処理を行う場合に使用するものです。SELECT文やUPDATE文で特定の条件のリストを評価して，いくつかの取り得る値のうちから一つを選択します。

単純なCASE文では，次のようなかたちで，列の値による条件分岐を行います。

【構文】単純なCASE文

```
CASE <列名> WHEN <値> THEN <列名>と<値>が一致するの時の結果
  [ELSE <列名>が<値>と異なる時の結果] END
```

CASE関数は，複数の列名や複雑な条件にも対応できます。一般的な構文は次のとおりです。

【構文】CASE関数による条件分岐処理

```
CASE WHEN <条件式>
  THEN <条件式>に当てはまったときの結果
  [ELSE <条件式>に当てはまらなかったときの結果]
END
```

過去問題をチェック

CASE関数については，分析系のSQL文の出題が増えていることから，近年，出題が増加しています。

【CASE関数を使用するSQL】

- 平成20年春 午後Ⅰ 問3 設問1（テクニカルエンジニア（データベース）試験）
- 平成29年春 午前Ⅱ 問8
- 平成31年春 午後Ⅱ 問1 設問1
- 令和3年秋 午後Ⅰ 問3 設問2
- 令和5年秋 午後Ⅱ 問1 設問2

②日付／時刻関数

日付や時刻を表す関数です。

現在日付を表すCURRENT_DATEや現在時刻を表すCURRENT_TIMESTAMPなどを用いて，DATE型で現在の時刻を使用することができます。

また，ユーザ定義関数を用いて，指定されたDATE型から年，月，日をそれぞれ取り出したり，経過日数などを算出したりすることができます。

過去問題をチェック

日付／時刻関数については，試験ではユーザ定義関数を定義して用いることが一般的です。しかし，特に記述もなく，CURRENT_DATEを解答させる問題も出題されています。

【日付関数を使用する問題】

- 平成30年春 午後Ⅰ 問2 設問1（CURRENT_DATEが正解）
- 平成31年春 午後Ⅱ 問1

③COALESCE関数

データの**欠損値をデフォルト値に置き換える**関数です。

以下に，A列の値がNULLでない場合はその値を，NULLの場合はデフォルト値（ここでは0）を設定する例を示します。

過去問題をチェック

COALESCE関数については，次のような出題があります。

【COALESCE関数】

- 令和2年10月 午後Ⅰ 問3 設問2，3
- 令和3年秋 午後Ⅱ 問1 設問2
- 令和4年秋 午後Ⅰ 問2 設問1
- 令和4年秋 午後Ⅰ 問3 設問3
- 令和5年秋 午前Ⅱ 問10

【例】COALESCE関数により欠損値をデフォルト値に変換

```
COALESCE(A, 0)  # Aは列名，0はデフォルト値
```

④CONCAT関数

文字列を連結する関数です。例えば次のように，A列とB列の値を連結します。

【例】CONCAT関数によりA列とB列の値を連結

```
CONCAT(A, B)   # A, Bは列名
```

それでは，次の問題を解いてみましょう。

問題

ある電子商取引サイトでは，会員の属性を柔軟に変更できるように，“会員項目”表で管理することにした。“会員項目”表に対し，次の条件でSQL文を実行して結果を得る場合，SQL文の a に入れる字句はどれか。ここで，実線の下線は主キーを，NULLは値がないことを表す。

〔条件〕

(1) 同一"会員番号"をもつ複数の行によって，１人の会員の属性を表す。

(2) 新規に追加する行の行番号は，最後に追加された行の行番号に１を加えた値とする。

(3) 同一"会員番号"で同一"項目名"の行が複数ある場合，より大きい行番号の項目値を採用する。

会員項目

行番号	会員番号	項目名	項目値
1	0111	会員名	情報太郎
2	0111	最終購入年月日	2021-02-05
3	0112	会員名	情報花子
4	0112	最終購入年月日	2021-01-30
5	0112	最終購入年月日	2021-02-01
6	0113	会員名	情報次郎

〔結果〕

会員番号	会員名	最終購入年月日
0111	情報太郎	2021-02-05
0112	情報花子	2021-02-01
0113	情報次郎	NULL

〔SQL文〕

```
SELECT 会員番号,
    [ a ] (CASE WHEN 項目名='会員名' THEN 項目値 END) AS 会員名,
    [ a ] (CASE WHEN 項目名='最終購入年月日' THEN 項目値 END)
      AS 最終購入年月日
    FROM ( SELECT 会員番号, 項目名, 項目値 FROM 会員項目
            WHERE 行番号 IN ( SELECT [ a ] (行番号) FROM 会員項目
                            GROUP BY 会員番号, 項目名 )
    ) T
    GROUP BY 会員番号
    ORDER BY 会員番号
```

ア COUNT　イ DISTINCT　ウ MAX　エ MIN

（令和３年秋 データベーススペシャリスト試験 午前Ⅱ 問10）

解説

〔SQL文〕に3か所ある空欄aに入れるSQL文の字句を考えます。

3番目の空欄aは，IN句の中の副問合せで，(SELECT [a] (行番号) FROM 会員項目 GROUP BY 会員番号，項目名)となっています。この副問合せは〔条件〕(3)の「同一“会員番号”で同一“項目名”の行が複数ある場合，より大きい行番号の項目値を採用する」に該当し，「GROUP BY 会員番号，項目名」で同一“会員番号”で同一“項目名”の行をまとめ，その中から一番大きい行番号を選択します。そのために使用できる集合関数には，最大値を求めるMAXがあり，MAX(行番号) とすることで，一番大きい行番号を特定することができます。

さらに,1番目と2番目の空欄はCASE文の結果に使用しています。1番目のCASE文は (CASE WHEN 項目名='会員名' THEN 項目値 END) で，このCASE文を実行すると，項目名が会員名の場合は対応する項目値の内容(情報太郎，情報花子，情報次郎など)を返します。会員名でない場合に実行するELSEは省略されており，NULLが返されます。そのため,項目名が最終購入年月日の行ではNULLが返され，CASE文での返却値は複数行になってしまいます。ここで，空欄aに集計関数MAXを使用し，MAX(CASE WHEN 項目名='会員名' THEN 項目値 END) とすることで，NULLでない値を最大値として取得可能となり適切です。2番目の空欄も同様に，MAXを設定することで1行を抽出可能です。

したがって，ウのMAXが正解となります。

ア COUNTは行数をカウントする句で,今回は適切ではありません。
イ DISTINCTは重複を排除する句で，複数行異なる値がある場合にはそのまま出力されるため，適切ではありません。
エ MINを使用すると,より小さい行番号の項目値が採用されます。

≪解答≫ウ

ウィンドウ関数

ウィンドウ関数(Window Function)は，標準SQL（SQL：2003以降）で本格導入された関数です。

関係データベースでは，行に順序はなく，集合として演算を行います。しかし，データ分析を行うときは，データの順序を取り扱ったり，集計する範囲を指定したりする必要があります。こうした操作を従来のSQLで行う場合には，相関副問合せなど，問合せを複数組み合わせる複雑な処理が必要となります。

そこで導入されたのが，ウィンドウ関数です。ウィンドウ関数は，**OVER**句を用いて表される，順序や範囲に応じた集計を簡単に行うための関数群です。

ウィンドウ関数の構文を以下に示します。ここでは，ウィンドウ関数の一つである平均を求めるAVG関数を例として挙げます。

【構文】ウィンドウ関数（AVG）

```
AVG( <列名> ) OVER (
      [ PARTITION BY ウィンドウを分割する列名リスト]
      [ ORDER BY 整列列名リスト]
      [ フレーム句 ]
)
```

OVER句以下がウィンドウを指定する部分です。

PARTITION BY句で，ウィンドウの範囲を指定します。GROUP BY句の列名と同様，列名の値が同じ行をウィンドウとしてまとめます。

ORDER BY句で，順序を指定します。通常のSQL文のORDER BY句とほぼ同様ですが，整列される範囲はウィンドウの範囲内に限られます。

フレーム句では，フレームの範囲を指定します。フレームとは，ウィンドウ内で作成する枠です。例えば，「7行前から現在の行まで」というように指定し，フレームごとの集計結果を得ることなどができます。フレーム句には様々な指定方法があるので，後でまとめて説明します。

発展

標準SQLでは，ウィンドウ関数は，SQL：1999でオプションとして入り，SQL：2003で本格導入されました。そのため，比較的新しいSQLの記述方法です。OLAP関数とも呼ばれ，データ分析に用いられる代表的なSQL文となります。PostgreSQLやOracleなど，多くのDBMSが2003年頃からウィンドウ関数に対応していました。MySQLでは，2017年のバージョン8.0から対応しています。

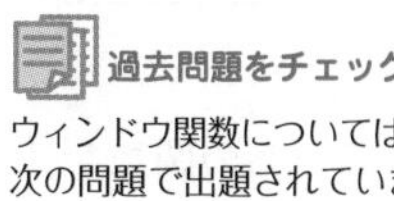

過去問題をチェック

ウィンドウ関数については，次の問題で出題されています。

【ウィンドウ関数】

- 平成31年春 午後Ⅱ 問1
- 令和2年10月 午後Ⅱ 問1 設問2
- 令和4年秋 午後Ⅰ 問2 設問1
- 令和4年秋 午後Ⅰ 問3 設問3
- 令和5年秋 午後Ⅰ 問3 設問1
- 令和5年秋 午後Ⅱ 問1 設問2

● ウィンドウ関数の種類

ウィンドウ関数には，順序を取り扱うためのウィンドウ関数専用の関数と，従来の集約関数（集計関数）を発展させたものの2種類があります。

まず，ウィンドウ関数専用の関数を以下に示します。

順序を扱うウィンドウ関数専用の関数

関数	説明
ROW_NUMBER()	各行に順に一意となる行番号を付与
RANK()	ランキング（同率で番号を飛ばした値）を付与
DENSE_RANK()	ランキング（同率で番号を飛ばさない値）を付与
LAG(列名[,n])	n行前の行の値を取得（n省略時は1）
LEAD(列名[,n])	n行後の行の値を取得（n省略時は1）

これらの関数を使えば，例えば次のように，行番号やランキングを得ることができます。

【例】ウィンドウ関数を用いて行番号やランキングを求める

```
SELECT 商品名, 価格,
        ROW_NUMBER() OVER(ORDER BY 価格) AS 行番号,
        RANK() OVER(ORDER BY 価格) AS ランク,
        DENSE_RANK() OVER(ORDER BY 価格) AS DENSEランク,
        LAG(価格) OVER(ORDER BY 価格) AS 前の行の価格,
        LEAD(価格) OVER(ORDER BY 価格) AS 次の行の価格
FROM 商品
ORDER BY 行番号
```

【実行結果】

商品名	価格	行番号	ランク	DENSEランク	前の行の価格	次の行の価格
バナナ	100	1	1	1	NULL	100
チョコレート	100	2	1	1	100	150
りんご	150	3	3	2	100	200
アイスクリーム	200	4	4	3	150	300
ブルーベリー	300	5	5	4	200	NULL

RANK関数，DENSE_RANK関数ともに，同じ値であれば同じランクとなります。RANK関数では，同じランクとなるデータ

の数をカウントして，次のランクではその数分を飛ばした番号を付与します。DENSE_RANK関数では，同じランクとなるデータの数が二つ以上でもカウントせず次の番号を付与します。

LAG関数，LEAD関数は，テーブル内の順序を扱うときに使用する関数です。直前の行の値を取得して差分を求めることなどができます。

次に，従来の集約関数(集計関数)がウィンドウ関数として発展した関数を以下に示します。

従来の集約関数がウィンドウ関数となる関数

関数	説明
SUM(列名)	ウィンドウ内の該当する列の合計
MAX(列名)	ウィンドウ内の該当する列の最大値
MIN(列名)	ウィンドウ内の該当する列の最小値
COUNT(列名)	ウィンドウ内の該当する列のレコード数

通常のSQL文で使用される集約関数にも，ウィンドウ関数として使われるものがあります。ウィンドウ関数の場合には，先ほどのウィンドウ関数の構文の例のとおり，OVER以降の部分が追加されます。

例えば，商品区分ごとの商品の平均単価を求める通常のSQL文でのAVG関数は，GROUP BY句を用いると次のように表されます。

【例】GROUP BY句を用いて平均単価を求める

```
SELECT 商品区分, AVG(単価) AS 平均単価
FROM 商品
GROUP BY 商品区分
```

この記述では，商品区分ごとに集約され，元の商品の行は表示させることができません。

元の商品の行を表示させつつ，部署ごとの平均単価を求める場合には，ウィンドウ関数を用いて次のように表します。

【例】ウィンドウ関数を用いて平均単価を求める

```
SELECT 商品名, 商品区分, AVG(単価) OVER (PARTITION BY
                                        商品区分)
FROM 商品
```

● フレーム句

フレーム句はウィンドウ関数の中でのみ使用できる範囲指定です。フレーム句の構文を以下に示します。

【構文】フレーム句

[ROWS|RANGE] BETWEEN *開始点* AND *終了点*

開始点と終了点でフレームの範囲を指定します。

ROWS句で始まる場合は，行単位で指定を行います。RANGE句で始まる場合には，列の値単位での指定が可能となります。

開始点，終了点での指定には，次のような句が使用できます。

開始点，終了点の指定に使える句

指定方法	説明
CURRENT ROW	現在の行
n PRECEDING	ROWSでは現在行よりn行前，RANGEではn値前
n FOLLOWING	ROWSでは現在行よりn行後，RANGEではn値後
UNBOUNDED PRECEDING	ウィンドウの先頭の行
UNBOUNDED FOLLOWING	ウィンドウの末尾の行

例えば，「7行前から現在の行まで」という指定は，次のように行います。

【例】開始点（7行前）と終了点（現在の行）を指定

```
ROWS BETWEEN 7 PRECEDING AND CURRENT ROW
```

WITH句

副問合せとは，SQL文の問合せ中に入れ子型で使用する問合せです。副問合せ内で仮想テーブルを作成し，そのテーブルをもとに問合せを実行します。

副問合せを読みやすくするための方法として，あらかじめ問合せに使用する仮想テーブルを作成する**WITH句**があります。WITH句は，共通テーブル式，またはCTE（Common Table Expressions）とも呼ばれます。

WITH句の基本的な構文は，次のとおりです。

【構文】WITH句

```
WITH [RECURSIVE] <問合せ名>(<列名リスト>) AS (<問合せ内容>)
```

<問合せ名>が，仮想テーブルにつける名前となります。<問合せ内容>はSELECT文で，副問合せの内容を記述します。

単純なWITH句の例では，次のようなかたちで，集計した結果（TOTAL）をもとに，次のSELECT文を実行します。

【例】WITH句を使用した仮想テーブル（令和3年秋 午後Ⅰ 問3 表3より抜粋）

①WITH句で仮想テーブルTEMPを作成し，TOTALに物件の件数を算出

```
WITH TEMP ( TOTAL ) AS ( SELECT COUNT(*) FROM 物件 )
```

②作成したTEMPを利用して，全物件数に占める割合を百分率で算出

```
SELECT 沿線, FLOOR( COUNT(*) * 100 / TOTAL )
  FROM 物件 CROSS JOIN TEMP
  WHERE エアコン='Y' AND オートロック='Y'
  ORDER BY 沿線
```

※ 実際の出題での空欄部分は補足しています。

再帰的な問合せの場合には，**RECURSIVE**を指定することで，SQL文で再帰的な処理を行うことができます。

例えば，階層構造の組織について，ある組織を起点として上位または下位の組織を，下位層に沿って連続的に検索することができます。以下は，実際に出題された，再帰的な問合せの例です。

関連

副問合せの具体的な内容については，「4-2-3 副問合せ」で詳しく取り扱います。
また，WITH句はSQL99で策定され，現在ではほとんどのDBMSがサポートしています。

過去問題をチェック

WITH句については，次のような出題があります。

【WITH句】

- 平成31年春 午後Ⅱ 問1 設問1，2
- 令和2年10月 午後Ⅱ 問1 設問2
- 令和3年秋 午後Ⅰ 問3 設問1
- 令和4年秋 午後Ⅰ 問2 設問1
- 令和4年秋 午後Ⅰ 問3 設問3
- 令和5年秋 午後Ⅰ 問3 設問1
- 令和5年秋 午後Ⅱ 問1 設問2

4

【例】再帰的な問合せ（平成31年春 午後Ⅱ 問1 表10より抜粋）

```
WITH RECURSIVE TEMP(ログID) AS
  (SELECT ログID
   FROM ログ関連
   WHERE ログID = '101'
   UNION ALL
   SELECT A.ログID
   FROM ログ関連 A, TEMP B
   WHERE A.親ログID = B.ログID)
SELECT ログID FROM TEMP
```

カッコで囲まれた最初のSELECT文で，ログIDが '101' の行を抽出し，2番目のSELECT文で抽出したログIDを親ログIDとする行を抽出します。これを再帰的に繰り返すことで，親から順にログを表示させることができます。

ウィンドウ関数の使用例

それでは，実際の午後問題を抜粋した問題をもとに，ウィンドウ関数の使用例について学んでいきましょう。

問題

ハウス栽培農家向けの農業用機器を製造・販売するB社は，農家のDXを支援する目的で，RDBMSを用いたハウス栽培のための観測データ分析システム（以下，分析システムという）を構築することになり，運用部門のCさんが実装を担当した。

Cさんが設計したテーブル構造（抜粋）を図1に示す。

観測（観測日付，観測時分，圃場ID，農事日付，分平均温度，
分日照時間，機器設定情報，…）

図1 テーブル構造（抜粋）

〔観測データの分析〕

1．観測データの分析

分析システムは，農家の要望に応じて様々な観点から観測データを分析し，その結果を農家のスマートフォンに表示する予定である。Cさんが設計した観測データを分析するSQL文の例を図2の仮想テーブルRと図3のSQL1に，結果行の一部を後述する図5に示す。

```
WITH R ( 圃場ID, 農事日付, 日平均温度, 行数 ) AS (
          SELECT 圃場ID, 農事日付, AVG(分平均温度),
          COUNT(*) FROM 観測 GROUP BY 圃場ID, 農事日付)
```

図2　観測データを分析するSQL文（仮想テーブルR）

```
SELECT * FROM R
```

図3　観測データを分析するSQL文（SQL1）

2．SQL文の改良

顧客に図3のSQL1の日平均温度を折れ線グラフにして見せたところ，知りたいのは日々の温度の細かい変動ではなく，変動の傾向であると言われた。そこでCさんは，折れ線グラフを滑らかにするため，図4のSQL2のように改良した。SQL2が利用した図3のSQL1の結果行の一部を図5に，SQL2の結果行を図6に示す。

```
SELECT 農事日付, AVG(日平均温度) OVER (ORDER BY 農事日付
 ROWS BETWEEN 2 PRECEDING AND CURRENT ROW ) AS X
FROM R WHERE 圃場ID = :h1 AND 農事日付 BETWEEN :h2 AND :h3
```

注記　ホスト変数のh1には圃場IDを，h2には期間の開始日（2023-02-01）を，h3には終了日（2023-02-10）を設定する。

図4　改良したSQL文（SQL2）

圃場 ID	農事日付	日平均温度	…
○○	2023-02-01	9.0	…
○○	2023-02-02	14.0	…
○○	2023-02-03	10.0	…
○○	2023-02-04	12.0	…
○○	2023-02-05	20.0	…
○○	2023-02-06	10.0	…
○○	2023-02-07	15.0	…
○○	2023-02-08	14.0	…
○○	2023-02-09	19.0	…
○○	2023-02-10	18.0	…

注記　日平均温度は，小数第1位まで表示した。

図5　SQL1の結果行の一部

農事日付	X
2023-02-01	
2023-02-02	
2023-02-03	11.0
2023-02-04	12.0
2023-02-05	a
2023-02-06	14.0
2023-02-07	b
2023-02-08	13.0
2023-02-09	c
2023-02-10	17.0

注記1　Xは，小数第1位まで表示した。
注記2　網掛け部分は表示していない。

図6　SQL2の結果行（未完成）

設問　図6中の［ a ］～［ c ］に入れる適切な数値を答えよ。

（令和5年秋 データベーススペシャリスト試験 午後Ⅰ 問3 設問1(2) 抜粋（改））

解説

図6中の空欄穴埋め問題です。図4のSQL2の結果行について，適切な数値を答えていきます。

SQL2に，「AVG(日平均温度) OVER (ORDER BY 農事日付 ROWS BETWEEN 2 PRECEDING AND CURRENT ROW) AS X」とあり，Xの値はこの式で求まります。OVER句は，集計単位の範囲指定を行います。ORDER BY句で農業日付で整列し，「ROWS BETWEEN 2 PRECEDING AND CURRENT ROW」で，二つ前の行(2 PRECEDING)から，現在の行(CURRENT ROW)までの3行分の値を取得します。最後にAVG(日平均温度)で，値を平均すると，Xが求まります。

この内容をもとに，空欄部分を計算していきます。

空欄a

農事日付“2023-02-05”の，Xの値を求めます。

図5のSQL1の結果行の一部では，農事日付の昇順に並んでいるので，“2023-02-05”の二つ前となる“2023-02-03”から，“2023-02-04”，“2023-02-05”の3日分の日平均温度を取得します。平均値は，

次の式で求まります。

$$\frac{10.0+12.0+20.0}{3}=\frac{42.0}{3}=14.0$$

したがって，解答は14.0です。

空欄b

農事日付“2023-02-07”の，Xの値を求めます。二つ前となる“2023-02-05”から，“2023-02-06”，“2023-02-07”の3日分の日平均温度を取得し，平均すると次のようになります。

$$\frac{20.0+10.0+15.0}{3}=\frac{45.0}{3}=15.0$$

したがって，解答は15.0です。

空欄c

農事日付“2023-02-09”の，Xの値を求めます。

二つ前となる“2023-02-07”から，“2023-02-08”，“2023-02-09”の3日分の日平均温度を取得し，平均すると次のようになります。

$$\frac{15.0+14.0+19.0}{3}=\frac{48.0}{3}=16.0$$

したがって，解答は16.0です。

≪解答≫a：14.0，b：15.0，c：16.0

▶▶▶ 覚えよう！

- □ CASE文の基本は，WHEN 条件式 THEN 条件式に当てはまったときの値 END
- □ ウィンドウ関数を用いると，グループ化せずに様々な集計が可能となる

4-2 SQLのポイント

SQLは，文法を覚えるだけでは使用できません。関係データベースの考え方を理解し，SQL問合せ特有の手法を学ぶ必要があります。SQLをうまく使いこなせると，様々な検索結果がSQLのみで得られるようになります。

4-2-1 グループ化

グループ化を行うには，GROUP BY句を使用します。集計を行うときにキーとなる列または列の組を指定し，キーの値が同じ行をまとめて集計します。

勉強のコツ

SQLに関する出題では，細かい文法の理解よりも，実際に必要なデータを取り出すためにSQLを記述することが求められます。そのため，グループ化，結合，副問合せの概念をよく理解し，使いこなせるようにしておく必要があります。
実際の試験問題などの例を基に，どのような場面でどう使われているのか，その方法も学習していきましょう。

グループ化の例

グループ化では，GROUP BY句で指定した列をキーとして，キーの値が同じ行を一つの行にまとめます。

例として，次のような“伝票明細”表の場合を考えます。

“伝票明細”表

伝票番号	商品番号	数量
1001	2001	5
1001	2002	10
1002	2001	7
1002	2003	20
1002	2004	8
1003	2005	30
1004	2005	50

この表に対して，商品ごとの売上数量を知りたいので商品番号ごとに数量を合計するという場合は，次のようなSQL文を記述します。

【例】商品番号ごとに数量を合計

```
SELECT 商品番号, SUM (数量) FROM 伝票明細
  GROUP BY 商品番号
```

すると，GROUP BY句で指定した商品番号列をキーとして，同じ商品番号をもつ行の数量を集計します。図にすると，次のようなイメージです。

伝票番号	商品番号	数量
1001	2001	5
1001	2002	10
1002	2001	7
1002	2003	20
1002	2004	8
1003	2005	30
1004	2005	50

商品番号	SUM（数量）
2001	12
2002	10
2003	20
2004	8
2005	80

グループ化後に使用できる属性

GROUP BY句でグループ化を行うと，キーとなる列を基に複数の行が一つにまとまります。そのため，グループ化前の列にはアクセスできなくなります。

SELECT文では，GROUP BY句のあとに**HAVING句，ORDER BY句**を続けることができますが，これらの句では，グループ化後の表に存在する内容しか指定できません。したがって，GROUP BY句を使った場合，HAVING句，ORDER BY句で指定でき，SELECT句の列リストで表示できるのは，**グループ化を行った列と，集約関数のみ**になります。

例えば，次のような表で，商品番号だけでなく商品名も表示させたいという場合を考えます。

商品名のある"伝票明細"表

伝票番号	商品番号	商品名	数量
1001	2001	チョコレート	5
1001	2002	キャラメル	10
1002	2001	チョコレート	7
1002	2003	ドーナツ	20
1002	2004	シュークリーム	8
1003	2005	プロテイン	30
1004	2005	プロテイン	50

ここで単純にSELECT句を次のようにすると，構文エラーが起こってしまいます。

【例】構文エラーの例（GROUP BY句で指定していない例“商品名”を指定）

```
SELECT 商品番号，商品名，SUM（数量）FROM 伝票明細
  GROUP BY 商品番号
```

商品名は，グループ化する列でも集計関数でもないので，グループ化後に値を特定できないからです。そのため，商品名を表示させたい場合には，GROUP BY句に商品名を含め，次のように記述します。

【例】表示させたい列“商品名”をGROUP BY句で指定

```
SELECT 商品番号，商品名，SUM（数量）FROM 伝票明細
  GROUP BY 商品番号，商品名
```

発展
SQLはコンピュータ上で実行するプログラムなので，融通が利かず，単純に1行に特定できないものはエラーとなります。
この伝票明細の場合，商品番号→商品名の関数従属性があり，商品名を商品番号ごとに一意に特定することは可能です。しかしSQLではそのような事情は考慮されないので，きちんと1列ずつ指定する必要があるのです。

それでは，次の問題を考えてみましょう。

問題

次のSQL文によって“会員”表から新たに得られる表はどれか。

〔SQL文〕

```
SELECT AVG(年齢)
  FROM 会員
  GROUP BY グループ
  HAVING COUNT(*) > 1
```

会員

会員番号	年齢	グループ
001	20	B
002	30	C
003	60	A
004	40	C
005	40	B
006	50	C

ア

AVG（年齢）
36

イ

AVG（年齢）
40

ウ

AVG（年齢）
30
40

エ

AVG（年齢）
60
30
40

（平成23年特別 データベーススペシャリスト試験 午前Ⅱ 問6）

解説

〔SQL文〕は，グループごとにグループ化し，それぞれのグループの行数が1行を超える（2行以上）ものを取り出すSQL文です。そのため，次のようになります。

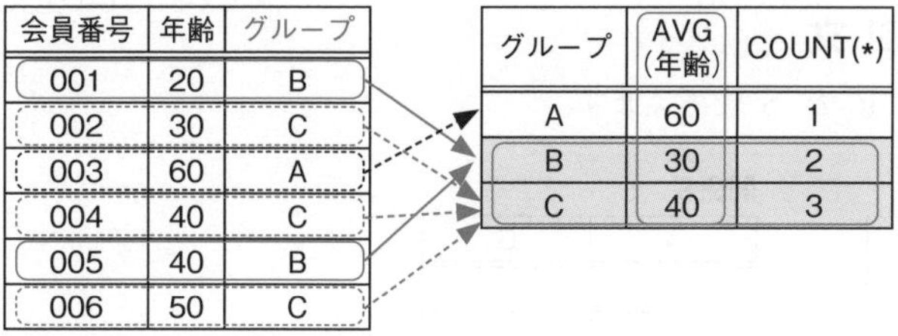

会員番号	年齢	グループ
001	20	B
002	30	C
003	60	A
004	40	C
005	40	B
006	50	C

グループ	AVG（年齢）	COUNT(*)
A	60	1
B	30	2
C	40	3

グループA，B，Cの平均年齢「AVG（年齢）」を求めると，それぞれ60，30，40となります。このうち，行数COUNT（*）が1行を超える行はグループBとCだけです。したがって，行は30と40の2行となり，ウが正解です。

≪解答≫ウ

発展

「4-1-5 データ分析のためのSQL」で紹介したウィンドウ関数を用いると，集約関数以外の列も表示させることができるようになります。
分析系のSQLは，これから利用が増えると予想されますので，合わせて学習しておきましょう。

覚えよう！

- □ グループ化後は，GROUP BY句で指定した列と集約関数しか使用できない
- □ SELECT文で表示させる集約関数以外の列は，GROUP BY句で必ず指定する

4

4-2-2 結合

結合には，θ結合，等結合，自然結合，外部結合など様々な種類があります。これらの結合をSQL文で実現するには，主にJOIN句を用いてSQL文を組み立てていきます。

発展
結合の理論的な解説は，「2-2-2 結合演算」で詳しく述べています。ここでは具体的な実装方法を示しますので，理論を理解していない場合は，振り返って確認しておきましょう。

様々な結合演算のSQL文

例として，次のような表“R”と“S”を考えます。

関係R

A	B
1	あ
2	い
3	う

関係S

A	C
1	か
2	き
4	け

①θ結合

θ結合は，任意の演算子で結合する手法です。θとして，R.AがS.Aより大きい（>）ことを示す演算子を用いる場合のSQL文は次のようになります。

発展
θ結合や等結合は，結合条件としては内部結合です。そのため，JOIN句にはINNER JOINを使用します。なお，内部結合が結合のデフォルトなので，INNERは省略可能です。

【例】θ結合

```
SELECT * FROM R INNER JOIN S ON R.A > S.A
または,
SELECT * FROM R, S WHERE R.A > S.A
```

演算結果は，次のようになります。

θ結合［R.A＞S.A］の演算結果

R.A	R.B	S.A	S.C
2	い	1	か
3	う	1	か
3	う	2	き

②等結合

等結合は，演算子θが＝になったものです。R.AとS.Aが結合に用いる列の場合，SQL文は次のようになります。

【例】等結合

```
SELECT * FROM R INNER JOIN S ON R.A = S.A
または,
SELECT * FROM R, S WHERE R.A = S.A
```

演算結果は，次のようになります。

等結合［R.A＝S.A］の演算結果

R.A	R.B	S.A	S.C
1	あ	1	か
2	い	2	き

③自然結合

自然結合では,等結合から重複する列の一方を省略します。R.AとS.Aは同じ内容なので，一つを減らしてAにします。SQL文では自然結合はよく使うので,次のようにいろいろな形式があります。

発展
自然結合は，USINGやNATURAL JOINなどの文法を用いて，列の指定を省略することが可能です。USINGでは，二つの表間で共通する属性を指定することで結合を行います。NATURAL JOINは，二つの表間で共通する属性を見つけ，その列を使って自然結合を行います。

【例】自然結合

```
SELECT R.A,B,C FROM R INNER JOIN S ON R.A = S.A
または,
SELECT * FROM R INNER JOIN S USING A
または,
SELECT * FROM R NATURAL INNER JOIN S
または,
SELECT R.A,B,C FROM R, S WHERE R.A = S.A
```

演算結果はいずれも次のようになります。

自然結合の演算結果

A	B	C
1	あ	か
2	い	き

④外部結合

外部結合では，一方の表に存在しない行も表示します。左外部結合(LEFT OUTER JOIN)，右外部結合(RIGHT OUTER

JOIN），完全外部結合（FULL OUTER JOIN）の3種類があります。一般的には，左外部結合が用いられます。左外部結合のSQL文は次のとおり，いろいろな形式があります。

発展
USING や NATURAL JOIN は，外部結合の場合も使用可能です。
また，外部結合では，JOIN句を用いずWHERE句で表現することはできません。

【例】左外部結合

```
SELECT R.A,B,C FROM R LEFT OUTER JOIN S ON R.A = S.A
または,
SELECT * FROM R LEFT OUTER JOIN S USING A
または,
SELECT * FROM R NATURAL LEFT OUTER JOIN S
```

演算結果はいずれも次のようになります。

左外部結合の演算結果

A	B	C
1	あ	か
2	い	き
3	う	NULL

それでは，次の問題を考えてみましょう。

問題

"文書"表，"社員"表から結果を得るSQL文はどれか。

文書

文書 ID	作成者 ID	承認者 ID
1	100	200
2	100	300
3	200	400
4	500	400

社員

社員 ID	氏名
100	山田太郎
200	山本花子
300	川上一郎
400	渡辺良子

〔結果〕

文書 ID	作成者 ID	作成者氏名	承認者 ID	承認者氏名
1	100	山田太郎	200	山本花子
2	100	山田太郎	300	川上一郎
3	200	山本花子	400	渡辺良子
4	500	NULL	400	渡辺良子

〔SQL文〕

```
SELECT 文書ID, 作成者ID, A.氏名 AS 作成者氏名,
       承認者ID, B.氏名 AS 承認者氏名 FROM [    a    ]
```

ア 文書 LEFT OUTER JOIN 社員 A ON 文書.作成者ID = A.社員ID
　　　LEFT OUTER JOIN 社員 B ON 文書.承認者ID = B.社員ID

イ 文書 RIGHT OUTER JOIN 社員 A ON 文書.作成者ID = A.社員ID
　　　RIGHT OUTER JOIN 社員 B ON 文書.承認者ID = B.社員ID

ウ 文書, 社員 A, 社員 B
　　　LEFT OUTER JOIN 社員 A ON 文書.作成者ID = A.社員ID
　　　LEFT OUTER JOIN 社員 B ON 文書.承認者ID = B.社員ID

エ 文書, 社員 A, 社員 B
　　　WHERE 文書.作成者ID = A.社員ID AND 文書.承認者ID = B.社員ID

（令和４年秋 データベーススペシャリスト試験 午前Ⅱ 問6）

解説

“文書”表，“社員”表から，〔結果〕の表示を得るSQL文を考え，穴埋めを行います。〔SQL文〕にはSELECT句の列名は記されており，表の別名A，Bを使用して，A.氏名(AS 作成者氏名)，B.氏名(AS 承認者氏名)があるので，A，Bに該当する“社員”表についてFROM句以下の空欄aで設定することになります。

問題文の“文書”表の列は文書ID，作成者ID，承認者IDとなっており，作成者IDが作成者の社員ID，承認者IDが承認者の社員IDを示していることが分かります。そのため，“社員”表を別名A，Bを用いて二つ結合させることになります。〔SQL文〕のSELECT句から，社員 Aが作成者，社員 Bが承認者を示すと読み取れます。

まず，“文書”表の作成者IDを用いて，作成者の社員IDと“社員”表(社員 A)を結合させることを考えます。単純に「文書 JOIN 社員 A ON 文書.作成者ID=A.社員ID」とすると自然結合となり，両方の表に存在しない行が表示されません。“文書”表の4行目(文書IDが「4」の行)は作成者IDが「500」となっており，社員IDが「500」の行は“社員”表に存在しないので，自然結合だと結合結果が3行になります。〔結果〕を見ると，4行目が表示されており，作成者氏名がNULLとなっているので，“社員”表に存在しない場合も表示す

る必要があることが分かります。

“文書”表と“社員”表（社員 A）の結合で，“文書”表の行をすべて表示させる場合には，“文書”表が先に書かれており左側にあるので，左外部結合（LEFT OUTER JOIN）を使用します。そのため，「文書 LEFT OUTER JOIN 社員 A ON 文書.作成者ID=A.社員ID」となります。

同様に，“文書”表の承認者IDを用いて，承認者の社員IDと“社員”表（社員 B）を結合させるときにも，左外部結合で「LEFT OUTER JOIN 社員 B ON 文書.承認者ID=B.社員ID」とします。先に二つの表を左外部結合した表の後に，さらに左外部結合を行うことになるので，「文書 LEFT OUTER JOIN 社員 A ON 文書.作成者ID=A.社員ID LEFT OUTER JOIN 社員 B ON 文書.承認者ID=B.社員ID」とつなぎます。

したがって，アが正解です。

イ RIGHT OUTER JOINを使用すると，社員表に存在しない作成者IDのある4行目が表示されなくなります。

ウ JOIN句での結合では，<結合される表> JOIN <結合する表> のかたちで記述します。最初に表を列挙することはありません。

エ WHERE句を使用すると自然結合（INNER JOIN）となり，“社員”表に存在しない作成者IDのある4行目が表示されません。

≪解答≫ア

覚えよう！

- □ **内部結合はINNER JOIN，左外部結合はLEFT OUTER JOIN**
- □ **自然結合は，NATURAL JOINやUSINGを用いて簡単に表すこともできる**

4-2-3 副問合せ

勉強のコツ
副問合せの中でも相関副問合せは特に難しいですが，SQLの重要なポイントです。1行1行ていねいに追いかけながら，その動きをしっかり理解しておきましょう。

SQL文には入れ子型にSELECT文を入れることができます。そのSELECT文のことを副問合せと呼びます。

副問合せ

SQLでは，SQL文の中，例えばWHERE句の探索条件の中などに，入れ子型でSELECT文を入れることができます。このSELECT文のことを**副問合せ**と呼び，次のように記述されます。

【例】副問合せ

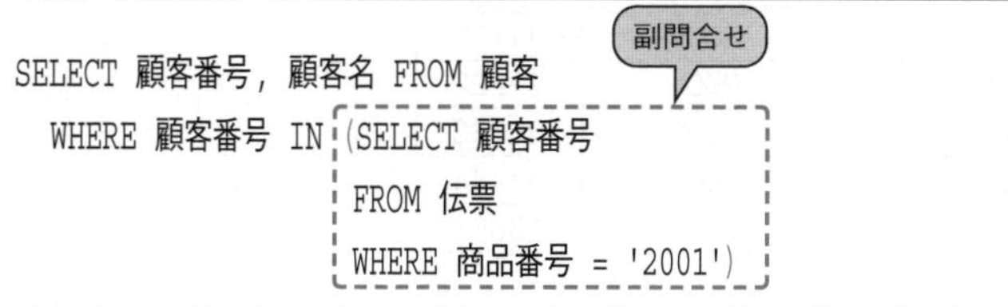


```
SELECT 顧客番号, 顧客名 FROM 顧客
  WHERE 顧客番号 IN (SELECT 顧客番号
                    FROM 伝票
                    WHERE 商品番号 = '2001')
```

副問合せの外側のSQL文は主問合せといいますが，実際に最終結果として得られるのは主問合せの内容です。副問合せは，条件式の中などに記述し，選択条件などを決めるときの参考にします。

副問合せには，次の二つの種類があります。

①主問合せと副問合せが相関しない質問
②主問合せと副問合せが相関する質問（相関副問合せ）

①の場合，演算は単純です。**副問合せを先に実行し，その結果を基に主問合せを実行**すればいいからです。

②の相関副問合せは，主問合せと副問合せで関連する行や列を扱う場合に行うもので，その処理は少し複雑になります。

それでは，まずは①の例として次の問題を考えてみましょう。

4

問題

“社員”表と“プロジェクト”表に対して，次のSQL文を実行した結果はどれか。

```
SELECT プロジェクト番号，社員番号 FROM プロジェクト
         WHERE 社員番号 IN
         (SELECT 社員番号 FROM 社員 WHERE 部門 <= '2000')
```

社員

社員番号	部門	社員名
11111	1000	佐藤一郎
22222	2000	田中太郎
33333	3000	鈴木次郎
44444	3000	高橋美子
55555	4000	渡辺三郎

プロジェクト

プロジェクト番号	社員番号
P001	11111
P001	22222
P002	33333
P002	44444
P003	55555

ア

プロジェクト番号	社員番号
P001	11111
P001	22222

イ

プロジェクト番号	社員番号
P001	22222
P002	33333

ウ

プロジェクト番号	社員番号
P001	33333
P002	44444

エ

プロジェクト番号	社員番号
P002	44444
P003	55555

（平成24年春 データベーススペシャリスト試験 午前Ⅱ 問11）

解説

このSQL文は，主問合せと副問合せで使用する表や列がまったく異なり相関がないので，主問合せと副問合せが相関しない質問となります。この場合には，副問合せを実行したあと，その結果を基に主問合せを実行します。

まず，副問合せの

```
SELECT 社員番号 FROM 社員 WHERE 部門 <= '2000'
```

を“社員”表に対して実行すると，次のようになります。

社員番号
11111
22222

この結果を基にすると，主問合せは次のようになります。

```
SELECT プロジェクト番号，社員番号 FROM プロジェクト
    WHERE 社員番号 IN ( '11111' , '22222' )
```

このSQL文を実行すると，結果は次のようになります。

プロジェクト番号	社員番号
P001	11111
P001	22222

したがって，アが正解です。

≪解答≫ア

相関副問合せ

相関副問合せは，主問合せと副問合せの間の入れ子に関連がある場合の問合せです。このとき，入れ子になったSQL文では，**主問合せから1行ずつ値をもらいながら副問合せを実行**していきます。

例えば，先ほどの“プロジェクト”表と“社員”表を例に，次のようなSQL文を考えてみます。

【例】相関副問合せ

外の表が中の条件に関連している
＝相関副問合せ

```
SELECT プロジェクト番号，社員番号 FROM プロジェクト
  WHERE EXISTS (SELECT * FROM 社員
               WHERE 部門 <= '2000'
               AND 社員番号 = プロジェクト. 社員番号)
```

これを実行するためには，主問合せで使用する“プロジェクト”表を1行ずつ読み込んで，副問合せに渡す必要があります。

“プロジェクト”表の内容は，次のとおりです。

"プロジェクト"表

プロジェクト番号	社員番号
P001	11111
P001	22222
P002	33333
P002	44444
P003	55555

1行ずつ順に，副問合せを実行していく

まずは,最初の行（'P001'，'11111'）の値を副問合せに渡します。すると，副問合せの内容は次のようになります。

```
SELECT * FROM 社員
        WHERE 部門 <= '2000'
        AND 社員番号 = '11111'
```

これを実行すると，"社員"表からは次の結果が返されます。

社員番号	部門	社員名
11111	1000	佐藤一郎

EXISTS句は，結果が1行以上あるかどうかを確認する句なので，1行返ってきたので結果はTRUEです。したがって，最初の1行目を表示します。

相関副問合せでは，EXISTS句のほかにも，SOMEやALLなどを使用することができます。

プロジェクト番号	社員番号
P001	11111

EXISTS句の結果が1行返ってきたので表示

同様に，2行目の（'P001'，'22222'）の行を実行します。すると，1行目と同様，社員番号 '22222' の行が返されるので，2行目も同様に表示します。

次に，3行目の（'P002'，'33333'）の行を実行します。副問合せのSQL文は次のようになります。

```
SELECT * FROM 社員
        WHERE 部門 <= '2000'
        AND 社員番号 = '33333'
```

“社員”表の社員番号'33333'の行は，部門が'3000'です。そのため，WHERE句の部門 <= '2000'の条件に当てはまらず，行が取り出されません。1行も返ってこないので，EXISTSの問合せ結果はFALSEになります。したがって，3行目は表示しません。

4行目，5行目も同様に，部門の条件に当てはまらずに表示されないので，結果は次のように，最初の2行のみの表示になります。

プロジェクト番号	社員番号
P001	11111
P001	22222

EXISTSとINの違い

基本的に，EXISTS（存在するかどうかチェック）でも，IN（含まれているかどうかチェック）でも，同じことができます。また，単純に結合演算で表現することも可能な場合があります。

例えば，次の三つのSQL文は，同じ結果を返します。

【例①】IN句による副問合せ

```
SELECT プロジェクト番号, 社員番号 FROM プロジェクト
  WHERE 社員番号 IN (SELECT 社員番号 FROM 社員
                     WHERE 部門 <= '2000')
```

【例②】EXISTS句による相関副問合せ

```
SELECT プロジェクト番号, 社員番号 FROM プロジェクト
  WHERE EXISTS (SELECT * FROM 社員
                 WHERE 部門 <= '2000'
                 AND 社員番号 = プロジェクト.社員番号)
```

【例③】結合を使って表現（USING以外での記述も可）

```
SELECT プロジェクト番号, 社員.社員番号
  FROM プロジェクト INNER JOIN 社員 USING 社員番号
  WHERE 部門 <= '2000'
```

これらのうちどれを使ってもかまいませんが，DBMSでのテーブルの状況によって，どのSQL文が**より高速に処理**できるかが変わってきます。一般的に，**EXISTSはテーブルの内容を取り出さず，インデックスで存在のみをチェックするだけなので高速な**ことが多いです。

また，NOT EXISTS句など，NOTを入れた否定演算を行う場合には，結合では表現できません。

発展

どのSQL文が最も高速なのかは，テーブルやDBMSの状況によって異なります。Oracleなどでは，SQLパフォーマンスチューニングについて工夫するテクニックがあります。

それでは，次の問題を考えてみましょう。

問題

次のSQL文と同じ検索結果が得られるSQL文はどれか。

```
SELECT DISTINCT TBL1.COL1 FROM TBL1
       WHERE COL1 IN (SELECT COL1 FROM TBL2)
```

ア
```
SELECT DISTINCT TBL1.COL1 FROM TBL1
       UNION SELECT TBL2.COL1 FROM TBL2
```

イ
```
SELECT DISTINCT TBL1.COL1 FROM TBL1
       WHERE EXISTS
       (SELECT * FROM TBL2 WHERE TBL1.COL1 = TBL2.COL1)
```

ウ
```
SELECT DISTINCT TBL1.COL1 FROM TBL1,TBL2
       WHERE TBL1.COL1 = TBL2.COL1
       AND TBL1.COL2 = TBL2.COL2
```

エ
```
SELECT DISTINCT TBL1.COL1 FROM TBL1 LEFT OUTER JOIN TBL2
       ON TBL1.COL1 = TBL2.COL1
```

（平成28年春 データベーススペシャリスト試験 午前Ⅱ 問9）

解説

問題文のINを使ったSQL文では，表TBL2の列COL1に含まれる表TBL1の列COL1を，DISTINCTで重複を許さず表示します。これと同じことをEXISTSを用いて表現すると，相関副問合せを使って，TBL1.COL1 = TBL2.COL1の条件で当てはまったTBL1の列COL1を表示させます。SQL文としてはイのかたちになります。

アのUNIONは，SELECT文を二つ接続して表示する場合に使用します。ウは，TBL1.COL2 = TBL2.COL2の条件があるため，問題文のSQL文とは結果が異なります。また，エのようにLEFT OUTER JOINを使う必要はなく，結合で表現するならINNER JOINになります。

≪解答≫イ

▶▶▶覚えよう！

- □ 副問合せでは，SQLを入れ子にして複数のSQL文を記述する
- □ 相関副問合せでは，主問合せの表の行を1行ずつ，副問合せで問い合わせる

4

4-3 SQLでできること

SQLでは，問合せへの応答のほかにもいろいろなことが行えます。ここでは，ビュー，カーソル，ストアドプロシージャについて，その機能と使い方を学びます。

4-3-1 ビュー

ビュー（導出表）とは，仮想的な表です。SQL文で参照されるたびに問合せを行い，見せるためのビューを作ります。そのため問合せに時間がかかりますが，その時間を短縮するための体現ビューを利用する方法もあります。

ビューの目的

ビューは仮想的な表で，データベースに作成された実際の表（実表）とは異なり，SQL文からの問合せがあるたびに，実表または別のビューに問合せを行い，その返答結果を基にビューを作成します。

ビューを作成する目的は次の二つです。

関連
ビューのSQL文の記述方法や利用方法は，「4-1-2 SQL-DDL」で取り上げています。

①複雑なSQL文を何度も書く必要がない

複数の表を結合する処理や集約関数などで複雑なSQL文を書く必要がある場合には，ビューを作成しておくと便利です。何度も同じ処理を繰り返すときには，一度ビューを登録しておけば，簡単なSELECT文で呼び出せるからです。

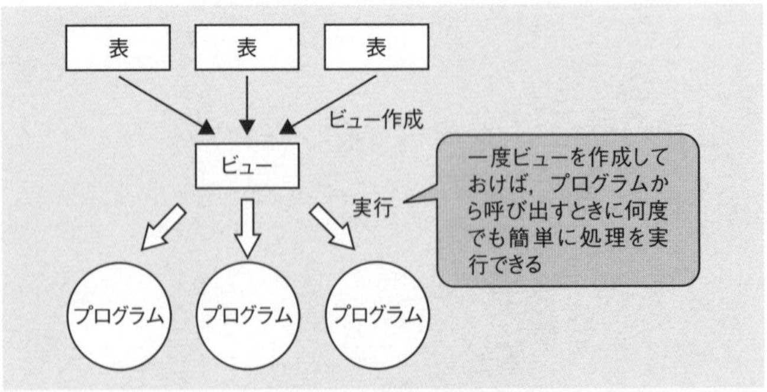

プログラムでビューを何度も実行

ビューは毎回演算を行うので，最新の情報を反映させることができ，データの整合性もとりやすくなります。正規化を行い，導出属性は毎回演算するようにしておけば，データの更新時異状を減らすことが可能です。

②セキュリティを確保する

表の内容には顧客の個人情報など，公開を限定したい部分がある場合があります。こういった場合に，公開しても差し支えのない，必要な情報だけを取り出し，それ以外は隠しておくという目的でビューを使用することができます。

表とビューにアクセス制御をかけることによって，参照できるユーザを特定し，情報の漏えいを防ぎます。

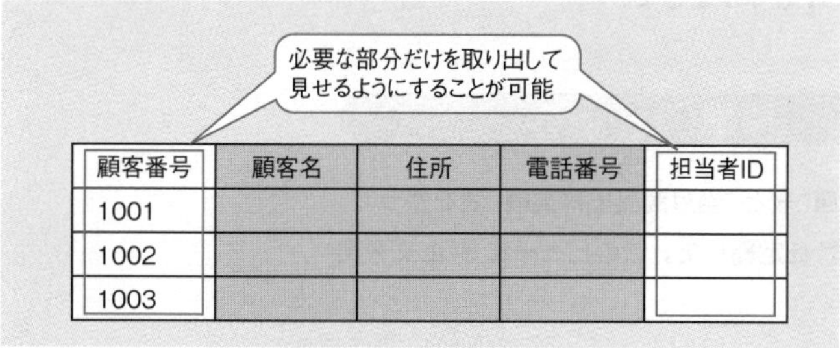
必要な部分だけを取り出して
見せるようにすることが可能
顧客番号
顧客名
住所
電話番号
担当者ID
1001
1002
1003

"顧客" 表の一部をビューに

更新可能なビュー

ビューは，実際の表と同じように表示させることが可能です。しかし，ビューを更新しようとすると，時と場合によっては不具合が生じることがあります。特に，元の表で行が特定できない場合には更新時異状が起こってしまいます。それを避けるために，ビューの更新には制限があり，**更新可能なビューは限られています。**

更新可能なビューでは，次の機能は使ってはいけません。

1. GROUP BY句
2. HAVING句
3. 計算列（演算で求められる結果）
4. 集約関数（集計関数）
5. DISTINCT句

これらを使って演算を行うと複数の行が1行にまとめられてしまい，元の行を特定できないため，更新が不可能になります。

また，ビューに行を挿入するときには，ビューに含まれていない列はすべてNULLを許可しているか，または，デフォルト値の設定が可能である必要があります。

これは，ビューからの挿入の場合は，ビューに含まれない列の値を設定することができないからです。

なお，結合演算（JOIN句）や和演算（UNION句）では，更新可能なビューを作成することは可能ですが，元の行が特定できない結合や演算を行うと作成できない場合もあるので注意が必要です。

それでは，次の問題を考えてみましょう。

問題

ある月の“月末商品在庫”表と“当月商品出荷実績”表を使って，ビュー“商品別出荷実績”を定義した。このビューにSQL文を実行した結果の値はどれか。

月末商品在庫

商品コード	商品名	在庫数
S001	A	100
S002	B	250
S003	C	300
S004	D	450
S005	E	200

当月商品出荷実績

商品コード	商品出荷日	出荷数
S001	2017-03-01	50
S003	2017-03-05	150
S001	2017-03-10	100
S005	2017-03-15	100
S005	2017-03-20	250
S003	2017-03-25	150

〔ビュー“商品別出荷実績”の定義〕

```
CREATE VIEW 商品別出荷実績 (商品コード, 出荷実績数, 月末在庫数)
    AS SELECT 月末商品在庫.商品コード, SUM (出荷数), 在庫数
        FROM 月末商品在庫 LEFT OUTER JOIN 当月商品出荷実績
        ON 月末商品在庫.商品コード = 当月商品出荷実績.商品コード
            GROUP BY 月末商品在庫.商品コード, 在庫数
```

〔SQL文〕

```
SELECT SUM（月末在庫数）AS 出荷商品在庫合計
    FROM 商品別出荷実績 WHERE 出荷実績数 <= 300
```

ア 400　　イ 500　　ウ 600　　エ 700

（平成29年春 データベーススペシャリスト試験 午前Ⅱ 問10）

解説

まず，〔ビュー"商品別出荷実績"の定義〕を基に，商品別出荷実績を，"月末商品在庫"表と"当月商品出荷実績"表から作成します。LEFT OUTER JOINは左外部結合で，"月末商品在庫"表の行はすべて残るので，次のようになります。

ビュー"商品別出荷実績"

商品コード	出荷実績数	月末在庫数
S001	150	100
S002	NULL	250
S003	300	300
S004	NULL	450
S005	350	200

ここから〔SQL文〕で，ビュー"商品別出荷実績"から行を取り出し，集計します。すると，次のようになります。

ビュー"商品別出荷実績"

商品コード	出荷実績数	月末在庫数
S001	150	100
S002	NULL	250
S003	300	300
S004	NULL	450
S005	~~350~~	200

出荷実績数≦300　　合計

NULLの場合の比較演算の結果は，必ずFALSE

SUM（月末在庫数）
400

したがって，アの400が正解です。

≪解答≫ア

過去問題をチェック

ビューに関する問題は，データベーススペシャリスト試験の午前Ⅱの定番です。

【体現ビューについて】

・平成24年春 午前Ⅱ 問7

【ビューの実行結果について】

・平成21年春 午前Ⅱ 問7
・平成23年特別 午前Ⅱ 問8
・平成24年春 午前Ⅱ 問9

【更新可能なビューについて】

・平成28年春 午前Ⅱ 問10
・平成20年春 午前 問37（テクニカルエンジニア（データベース）試験）

体現ビュー

ビューは基本的に毎回，実表に問合せを行います。そのため，実際のデータベースには格納されません。しかし，頻繁にビューが参照される場合は，その都度問合せを行っていると処理速度が遅くなってしまいます。

そうした問題を回避するため，実表のようにデータベースにデータを格納したビューを作成することができます。このビューを体現ビューといいます。

体現ビューでは，ビューの問合せの前に，あらかじめSELECT文を実行してデータを格納しておきます。そのためビューへのアクセスは速くなりますが，データが更新される場合などにデータの**不整合が起こる可能性**があります。また，データベースにデータを格納するため，実表とは別に新たな格納領域が必要になるので，**必要な記憶領域が増加**します。

そのため，体現ビューを作成する場合には，どのビューを体現化し，どのビューを体現化せずにおくかをしっかり考えて決める必要があります。

▶▶▶ 覚えよう！

- □ **更新可能なビューは，元の列が特定可能なものに限る**
- □ **体現ビューは，データベースにビューのデータを格納する**

4-3-2 カーソル

カーソルは，プログラム言語からSQL文を呼び出すときに使用します。実行結果を1行ずつ返すことによって，プログラムでの一つずつの処理に対応できます。

過去問題をチェック
カーソルに関しては，データベーススペシャリスト試験での出題頻度はそれほど高くありませんが，忘れた頃にときどき出題されますので，押さえておきましょう。
【カーソルについて】
・平成27年春 午後Ⅰ 問3
・平成17年春 午後Ⅰ 問4
・平成18年春 午後Ⅰ 問4
（平成17年，18年は，テクニカルエンジニア（データベース）試験）

カーソルの目的

カーソルの目的は，**プログラムとデータベースを結び付けること**です。SELECT文での問合せを実行すると，通常は複数行の結果が返ってきます。昔のプログラム言語では複数行を一度に処理することができなかったので，1行ずつ順に渡す方法としてカーソルが考え出されました。

カーソルの使用例

カーソルは，プログラム言語で書かれたプログラムや**ストアドプロシージャ**など，データベースとは別の，順次実行するプログラムから実行されます。例えば，ストアドプロシージャでは次のように書かれます。

関連
ストアドプロシージャについては，「4-3-3 ストアドプロシージャ」で詳しく説明します。

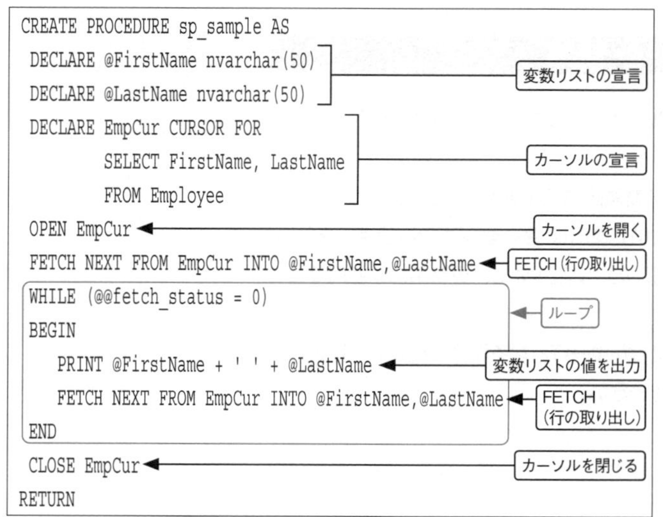
```
CREATE PROCEDURE sp_sample AS
 DECLARE @FirstName nvarchar(50)
 DECLARE @LastName nvarchar(50)
 DECLARE EmpCur CURSOR FOR
         SELECT FirstName, LastName
         FROM Employee
 OPEN EmpCur
 FETCH NEXT FROM EmpCur INTO @FirstName,@LastName
 WHILE (@@fetch_status = 0)
 BEGIN
    PRINT @FirstName + ' ' + @LastName
    FETCH NEXT FROM EmpCur INTO @FirstName,@LastName
 END
 CLOSE EmpCur
RETURN
```

カーソルを使用したストアドプロシージャの例（SQL Server）

発展
カーソルやストアドプロシージャなどは，標準のSQL以外を使用することが多く，データベースの種類によって文法が異なります。

プログラム内で変数を用意し，FETCH文で行を1行ずつ取得して，変数に値を格納します。その変数に対する処理を，すべての行に関してループさせて行います。

カーソルの問題点

カーソルはプログラムからSQLを呼び出すものです。そのため，カーソルの実装方法は，プログラム言語やストアドプロシージャの種類などによってかなり異なります。特に，カーソルから1行ずつ取り出す際の処理の順番などは，使用するDBMSによって異なります。そのため，実装により記述の仕方が変わることになり，移植やバージョンアップで不具合が起こりやすくなります。

また，カーソルはもともと，昔ながらの手続き型言語（PL/IやCOBOLなど）でDBMSのデータを扱うために作られたものです。そのため，現在のプログラム言語では使う必要がなくなってきています。カーソルを極力使わずにプログラムを作成することも重要です。

それでは，次の問題を考えてみましょう。

問題

SQLで用いるカーソルの説明のうち，適切なものはどれか。

ア COBOL，Cなどの親言語内では使用できない。
イ 埋込み型SQLにおいて使用し，会話型SQLでは使用できない。
ウ カーソルは検索用にだけ使用可能で，更新用には使用できない。
エ 検索処理の結果集合が単一行となる場合の機能で，複数行の結果集合は処理できない。

（平成25年春 データベーススペシャリスト試験 午前Ⅱ 問8）

解説

カーソルは，プログラム言語から呼び出し，SQLの返答を1行ずつ返してもらうものです。そのため，埋込み型SQLにおいてのみ使用でき，会話型SQLでは使用できません。したがって，イが正解です。

カーソルは基本的に親言語内で使用するので，アは適切ではありません。カーソルでは通常のSQL文が使用できるので，ウの更新用SQLやエの複数行の結果集合にも使えます。

≪解答≫イ

▶▶▶覚えよう！

☐ **カーソルの目的は，プログラムとSQLを結び付けること**

4-3-3 ストアドプロシージャ

ストアドプロシージャは，SQLを用いた一連の処理をデータベースで行うプログラムです。ストアドプロシージャを用いることによって，ひとまとめの処理を実行できます。

ストアドプロシージャは，DBMSによって文法や言語が異なります。Oracleの場合は，PL/SQLがストアドプロシージャに該当します。

ストアドプロシージャの利用目的

ストアドプロシージャは，条件分岐や順次処理など，SQLでの処理を実行するプログラム機能をもちます。CREATE PROCEDURE文でストアドプロシージャを定義してそれを呼び出すことで，一連の処理を実行できます。

ストアドプロシージャを利用する目的の一つに，**処理の高速化**があります。ストアドプロシージャは，作成されたときにプリコンパイル（より機械語に近いかたちに変換）されるので，SQL文を一つずつ呼び出す場合に比べて処理が高速になります。

また，一連の処理があらかじめデータベースサーバに登録されており，クライアントはそれを呼び出すだけでいいので，**通信量の削減**が実現できます。

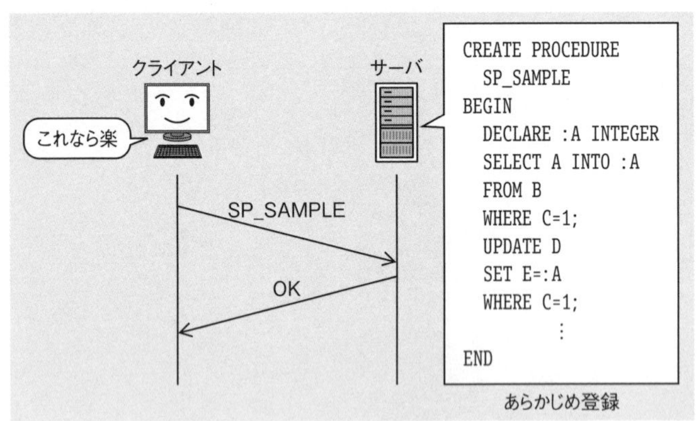

ストアドプロシージャによる通信量の削減効果

トリガー

トリガーは，あるイベントがデータベースで起きたときに実行されるストアドプロシージャです。トリガーとなるイベントは，テーブルの行に対する**追加**，**削除**，**更新**などです。

あるテーブルに変更があったときに別のテーブルに連動して変更を行いたい場合などに設定します。

トリガーは，一つずつ順番にしか処理できないので，トリガーの実行数が増えると**処理が遅くなる**という欠点があります。そのため，トリガーを利用する場合は注意深く設計を行う必要があります。

関連

トリガーのSQLでの具体的な作成方法については，「4-1-2 SQL-DDL」で解説しています。

4

▶▶▶ 覚えよう！

- □ ストアドプロシージャでは，処理の高速化と通信量の削減が実現できる
- □ トリガーは，データベースのイベントに連動して実行される

コラム

SQLの重要性

データベースを利用するにあたって，SQLの知識は不可欠です。最近では，システムの開発者以外の方もデータ解析などでSQLを使用することが増え，SQLの重要性は高くなっています。SQLを自由自在に扱えると，データベース利活用でとても大きなアドバンテージとなります。特に，データベースの専門家を名乗るなら，必ず身につけるべきスキルであるといえます。

データベーススペシャリスト試験の合格者の中には，「SQLは全然できないから避けた」という人がたまにいます。これは，以前（2013年（平成25年）以前ぐらい）のデータベーススペシャリスト試験が設計重視であり，午後試験でSQL問題の出題頻度が少なく，SQLを避けても合格する可能性があったからです。現在のデータベーススペシャリスト試験では，午後ⅠでSQLが必要な問題が3問中2問で出題されることが多く，SQLの重要性が増していることから，避けると合格できなくなっています。そのため，これからデータベーススペシャリスト試験に合格したいなら，SQLは必須といえます。

SQL自体はとても奥深く，面白いものです。また，ビッグデータ解析などでもSQLを利用することが増えてきており，これからより大切になってくるスキルです。できれば，出題されるからというだけでなく，仕事に役立てる意味でも，一度しっかり学習しておくことをおすすめします。

4-4 問題演習

4-4-1 午前問題

問1 BLOBデータ型 CHECK ▶ □□□

SQLにおけるBLOBデータ型の説明として，適切なものはどれか。

ア　全ての比較演算子を使用できる。
イ　大量のバイナリデータを格納できる。
ウ　列値でソートできる。
エ　列値内を文字列検索できる。

問2 CREATE TABLE文の制約 CHECK ▶ □□□

PCへのメモリカードの取付け状態を管理するデータモデルを作成した。1台のPCは，スロット番号によって識別されるメモリカードスロットを二つ備える。“取付け”表を定義するSQL文のaに入る適切な制約はどれか。ここで，モデルの表記にはUMLを用いる。

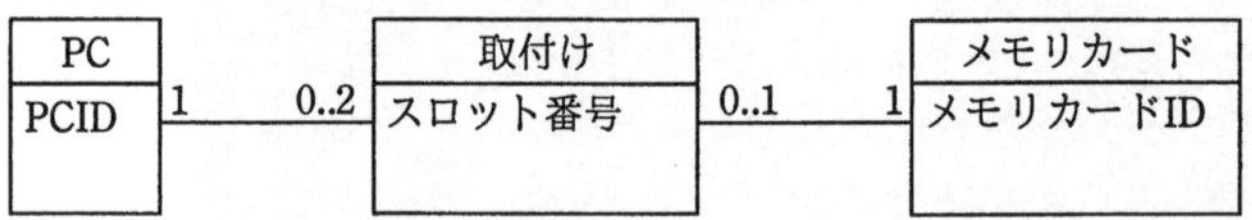

〔SQL文〕

```
CREATE TABLE 取付け (
  PCID INTEGER NOT NULL FOREIGN KEY REFERENCES PC(PCID),
  スロット番号 INTEGER NOT NULL,
  メモリカードID INTEGER NOT NULL
    FOREIGN KEY REFERENCES メモリカード(メモリカードID),
  [        a        ]
  CHECK(スロット番号 IN (1,2))
)
```

ア　PRIMARY KEY(PCID, スロット番号),

イ　PRIMARY KEY(PCID, スロット番号, メモリカードID),

ウ　PRIMARY KEY(PCID, スロット番号),
　　UNIQUE(メモリカードID),

エ　PRIMARY KEY(スロット番号, メモリカードID),
　　UNIQUE(PCID),

問3 一方にだけ含まれるIDを得るSQL文 CHECK ▶ □□□

表Aと表Bから，どちらか一方にだけ含まれるIDを得るSQL文のaに入れる字句はどれか。

A

ID
100
200
300
400

B

ID
200
400
600
800

〔SQL文〕

```
SELECT COALESCE(A.ID, B.ID)
    FROM A [   a   ] B ON A.ID = B.ID
    WHERE A.ID IS NULL OR B.ID IS NULL
```

ア　FULL OUTER JOIN　　イ　INNER JOIN

ウ　LEFT OUTER JOIN　　エ　RIGHT OUTER JOIN

問4 残高を導出するためのSQL文 CHECK ▶ □□□

図のデータモデルは会計取引の仕訳を表現している。“移動”がリンクする“勘定”の残高を増やす場合は金額の符号を正に，減らす場合は負にすることで，貸借平均の原理を表現する。このモデルに基づき，“勘定”表，“会計取引”表，“移動”表を定義した。勘定科目“現金”の2017年4月30日における残高を導出するためのSQL文はどれか。ここで，モデルの表記にはUMLを用い，表中の実線の下線は主キーを表す。また，“会計取引”表には今期分のデータだけが保持される。

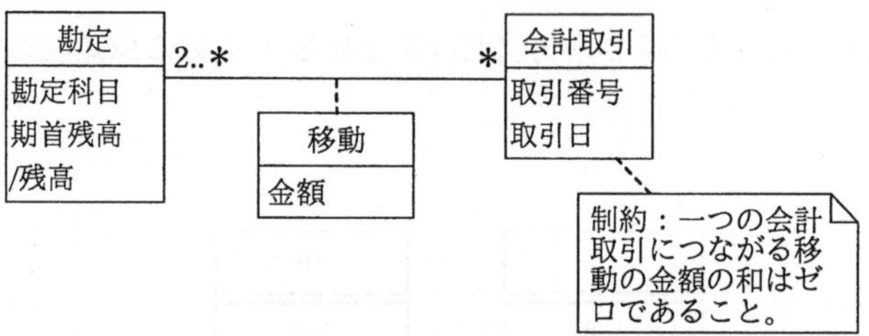

勘定（<u>勘定科目</u>，期首残高）
会計取引（<u>取引番号</u>，取引日）
移動（<u>勘定科目</u>，<u>取引番号</u>，金額）

ア
```
SELECT SUM(金額) AS 残高 FROM 勘定, 移動, 会計取引
    WHERE 勘定.勘定科目 = 移動.勘定科目 AND
           会計取引.取引番号 = 移動.取引番号 AND
           勘定.勘定科目 = '現金' AND
           取引日 <= '2017-04-30'
```

イ
```
SELECT 期首残高 + SUM(金額) AS 残高 FROM 勘定, 移動, 会計取引
    WHERE 勘定.勘定科目 = 移動.勘定科目 AND
           会計取引.取引番号 = 移動.取引番号 AND
           勘定.勘定科目 = '現金' AND
           取引日 <= '2017-04-30'
    GROUP BY 勘定.勘定科目, 期首残高
```

ウ
```
SELECT 残高 FROM 勘定, 移動, 会計取引
    WHERE 勘定.勘定科目 = '現金' AND
           取引日 <= '2017-04-30'
```

エ
```
SELECT 残高 FROM 勘定, 移動, 会計取引
    WHERE 勘定.勘定科目 = 移動.勘定科目 AND
           勘定.勘定科目 = '現金' AND
           取引日 <= '2017-04-30'
```

問5 副問合せのSQL文 CHECK ▶ □□□

“社員”表から，男女それぞれの最年長社員を除く全ての社員を取り出すSQL文とするために，aに入る字句はどれか。ここで，“社員”表の構造は次のとおりであり，実線の下線は主キーを表す。

社員（社員番号，社員名，性別，生年月日）

〔SQL文〕
```
SELECT 社員番号, 社員名 FROM 社員 AS S1
        WHERE 生年月日 > (   a   )
```

ア
```
SELECT MIN(生年月日) FROM 社員 AS S2
                    GROUP BY S2.性別
```
イ
```
SELECT MIN(生年月日) FROM 社員 AS S2
                    WHERE S1.生年月日 > S2.生年月日
                    OR S1.性別 = S2.性別
```
ウ
```
SELECT MIN(生年月日) FROM 社員 AS S2
                    WHERE S1.性別 = S2.性別
```
エ
```
SELECT MIN(生年月日) FROM 社員
                    GROUP BY S2.性別
```

4

問6 CASE関数を利用したSQL文 CHECK ▶ □□□

"社員" 表から，部署コードごとの主任の人数と一般社員の人数を求めるSQL文とするために，aに入る字句はどれか。ここで，実線の下線は主キーを表す。

社員（<u>社員コード</u>，部署コード，社員名，役職）

〔SQL文〕
```
SELECT 部署コード,
    COUNT(CASE WHEN 役職 = '主任' [ a ] END) AS 主任の人数,
    COUNT(CASE WHEN 役職 = '一般社員' [ a ] END) AS 一般社員の人数
FROM 社員 GROUP BY 部署コード
```

〔結果の例〕

部署コード	主任の人数	一般社員の人数
AA01	2	5
AA02	1	3
BB01	0	1

ア THEN 1 ELSE -1　　イ THEN 1 ELSE 0
ウ THEN 1 ELSE NULL　　エ THEN NULL ELSE 1

問7 左外部結合のSQL文 CHECK ▶ □□□

“社員取得資格”表に対し，SQL文を実行して結果を得た。SQL文の a に入れる字句はどれか。

社員取得資格

社員コード	資格
S001	FE
S001	AP
S001	DB
S002	FE
S002	SM
S003	FE
S004	AP
S005	NULL

〔結果〕

社員コード	資格1	資格2
S001	FE	AP
S002	FE	NULL
S003	FE	NULL

〔SQL文〕

```
SELECT C1.社員コード, C1.資格 AS 資格1, C2.資格 AS 資格2
    FROM 社員取得資格 C1 LEFT OUTER JOIN 社員取得資格 C2
         [ a ]
```

ア
```
ON C1.社員コード = C2.社員コード
      AND C1.資格 = 'FE' AND C2.資格 = 'AP'
WHERE C1.資格 = 'FE'
```

イ
```
ON C1.社員コード = C2.社員コード
      AND C1.資格 = 'FE' AND C2.資格 = 'AP'
WHERE C1.資格 IS NOT NULL
```

ウ
```
ON C1.社員コード = C2.社員コード
      AND C1.資格 = 'FE' AND C2.資格 = 'AP'
WHERE C2.資格 = 'AP'
```

エ
```
ON C1.社員コード = C2.社員コード
WHERE C1.資格 = 'FE' AND C2.資格 = 'AP'
```

問8 相関副問合せのSQL文 CHECK ▶ □□□

"社員"表に対して，SQL文を実行して得られる結果はどれか。ここで，実線の下線は主キーを表し，表中のNULLは値が存在しないことを表す。

社員

社員コード	上司	社員名
S001	NULL	A
S002	S001	B
S003	S001	C
S004	S003	D
S005	NULL	E
S006	S005	F
S007	S006	G

〔SQL文〕

```
SELECT 社員コード FROM 社員 X
   WHERE NOT EXISTS
      (SELECT * FROM 社員 Y WHERE X.社員コード = Y.上司)
```

ア

社員コード
S001
S003
S005
S006

イ

社員コード
S001
S005

ウ

社員コード
S002
S004
S007

エ

社員コード
S003
S006

問9 導出表 CHECK ▶ □□□

導出表に関する記述として，適切なものはどれか。

ア　算術演算によって得られた属性の組である。
イ　実表を冗長にして利用しやすくする。
ウ　導出表は名前をもつことができない。
エ　ビューは導出表の一つの形態である。

問10 更新可能なビュー CHECK ▶ □□□

更新可能なビューの定義はどれか。ここで，ビュー定義の中で参照する基底表は全て更新可能とする。

ア
```
CREATE VIEW ビュー1(取引先番号, 製品番号)
      AS SELECT DISTINCT 納入.取引先番号, 納入.製品番号
         FROM 納入
```

イ
```
CREATE VIEW ビュー2(取引先番号, 製品番号)
      AS SELECT 納入.取引先番号, 納入.製品番号
         FROM 納入
         GROUP BY 納入.取引先番号, 納入.製品番号
```

ウ
```
CREATE VIEW ビュー3(取引先番号, ランク, 住所)
      AS SELECT 取引先.取引先番号, 取引先.ランク, 取引先.住所
         FROM 取引先
         WHERE 取引先.ランク > 15
```

エ
```
CREATE VIEW ビュー4(取引先住所, ランク, 製品倉庫)
      AS SELECT 取引先.住所, 取引先.ランク, 製品.倉庫
         FROM 取引先, 製品
         HAVING 取引先.ランク > 15
```

午前問題の解説

問1 (平成30年春 データベーススペシャリスト試験 午前Ⅱ 問1)

《解答》イ

SQLにおけるBLOB (Binary Large Object)とは，バイナリデータを格納するデータ型です。画像など，大量のバイナリデータを格納できます。したがって，**イ**が正解です。

アは数値型，ウは数値型や文字列型などのテキストデータを格納した型，エは文字列型の説明です。

問2 (平成29年春 データベーススペシャリスト試験 午前Ⅱ 問11)

《解答》ウ

“取付け”表では，PCに取り付けるメモリカードを管理します。このとき，PCIDごとにスロット番号は二つあるため，どちらも主キーとして用いて一意に識別する必要があります。そのため，主キー制約は「PRIMARY KEY (PCID, スロット番号)」です。

さらに，メモリカードと取付けのカーディナリティは0..1対1であり，メモリカードはどこか一つのPCスロットにしか取り付けられません。メモリカードIDの重複は許されないため，一意性制約として「UNIQUE (メモリカードID)」も必要となります。

したがって，両方の記述のある**ウ**が正解です。

問3 (令和5年秋 データベーススペシャリスト試験試験 午前Ⅱ 問10)

《解答》ア

表Aと表BをID列を使用して結合するとき，どちらか一方にだけ含まれるIDも含めてすべて表示するときの結合は，FULL OUTER JOIN (完全外部結合)です。FULL OUTER JOINで結合した後，WHERE句でどちらかの列がNULLのものを取り出し，COALESCE句でNULLでない方の列を表示すれば，どちらか一方にだけ含まれるIDを得ることができます。したがって，**ア**が正解です。

イ　INNER JOINでは，両方の表に含まれるIDのみ結合されるので，1行も表示されなくなります。

ウ　LEFT OUTER JOINでは，表Aに含まれないIDが表示されないので，表Bにのみ存在するIDが表示されません。

エ　RIGHT OUTER JOINでは，表Bに含まれないIDが表示されないので，表Aにのみ存在するIDが表示されません。

問4 (平成29年春 データベーススペシャリスト試験 午前Ⅱ 問2)

《解答》イ

問題文より，ある時点の残高は，“勘定”表の{期首残高}に“移動”表の{金額}の合計を加算すれば求めることができます。よって，SELECT文の書き出しは，

```
SELECT 期首残高 + SUM(金額) AS 残高
```

となり，イが正解だと考えられます。

続けてFROM句について確認していくと，記述する表は，{期首残高}が必要なことから“勘定”表，{金額}が必要なことから“移動”表となります。さらに，2017年4月30日における残高を算出する({取引日}で比較する)ので“会計取引”が必要になり，FROM句は次のようになります。

```
FROM 勘定, 移動, 会計取引
```

次に，WHERE句で結合条件と選択条件を確認します。結合条件としては三つの表を結合するので，以下のようになります。

```
勘定.勘定科目 = 移動.勘定科目
会計取引.取引番号 = 移動.取引番号
```

選択条件は，勘定科目が“現金”であること，2017年4月30日における残高，の二つなので，次のようになります。

```
勘定.勘定科目 = '現金'
取引日 <= '2017-04-30'
```

以上の4行をANDで結合します。

また，集合関数を使用しているため，GROUP BY句でまとめる必要があります。今回は{勘定科目}ごとに集計させるためにこれが必要ですが，さらに残高の計算で{期首残高}を使用しているので，GROUP BY句に含める必要があります。よって，次のようになります。

```
GROUP BY 勘定.勘定科目, 期首残高
```

これらを合わせると，選択肢**イ**のSQL文となります。

問5 (令和4年秋 データベーススペシャリスト試験 午前Ⅱ 問12)

《解答》ウ

男女それぞれの最年長社員を除く全ての社員を取り出す場合には，副問合せの部分で男女それぞれの最年長社員の生年月日を求める必要があります。このとき，「男女それぞれ」ということで，親問合せの社員(S1)テーブルと比較する副問合せの社員(S2)テーブルのレコードは，同じ性別である必要があります。そのため，WHERE句の条件に「S1.性別 = S2.性別」の条件が必要となります。それ以外の条件は必要ないため，**ウ**が正解です。

問6 （平成29年春 データベーススペシャリスト試験 午前Ⅱ 問8）

《解答》ウ

SQLで用いるCASE文は，

```
CASE WHEN 条件
  THEN 条件式に当てはまったときの値 ELSE 条件式に当てはまらなかったときの値
END
```

というかたちで，条件に対応した値を返します。

SQL文で求める'主任の人数'は，役職＝'主任'の場合にのみカウントする必要がありますが，COUNT文は単純に，"値のある行の行数"を数えるので，値として0を返しても，それは1行にカウントされてしまいます。

行数としてカウントされないためには，NULLを返してその行が存在しないようにする必要があります。'一般社員の人数'も同様です。したがって，空欄aは，「THEN 1 ELSE NULL」となり，**ウ**が正解です。

問7 （令和3年秋 データベーススペシャリスト試験 午前Ⅱ 問8）

《解答》ア

"社員取得資格"表の列は"社員コード"列と"資格"列の二つですが，SQL文を実行した〔結果〕では，資格が"資格1"と"資格2"の二つに分かれ，列が三つとなっています。つまり，社員1人に対して資格を二つ併記したものが〔結果〕であり，同じ表を二つ自己結合させる必要があります。具体的には，〔SQL文〕のように，同じ"社員取得資格"表にC1とC2という二つの別名をつけて結合を行います。

社員ごとの取得資格なので，C1とC2は，社員コードを用いて結合します。さらに〔結果〕を見ると，"資格1"は列値が"FE"のみで，"資格2"は"AP"かNULLとなっているので，C1は資格='FE'，C2は資格='AP'の条件で表示されると考えられます。合わせると，FROM句の結合条件ONは，次のようになります。

```
ON C1.社員コード=C2.社員コード
    AND C1.資格='FE' AND C2.資格='AP'
```

また〔SQL文〕では，LEFT OUTER JOIN句を用いており，左外部結合となるため，C1は対応するC2がなくても表示されます。このとき，"資格1"にはFE以外の列値がありませんが，"社員取得資格"表にはAPやDB，SMなどのFE以外の資格もあります。これらを排除してFEのみ表示するためには，WHERE句に次の行が必要となります。

```
WHERE C1.資格='FE'
```

これらを合わせると，空欄aに入るものは，**ア**のSQL文となります。

問8 (令和4年秋 データベーススペシャリスト試験 午前Ⅱ 問8)

《解答》ウ

最初（カッコの外側）のSQL文「SELECT 社員コード FROM 社員 X」では，“社員”表の7行がすべて抽出されます。それらの行について，WHERE句の条件式として副問合せがあり，カッコ中の「SELECT * FROM 社員 Y WHERE X.社員コード=Y.上司」の条件で，外側の社員 X テーブルの社員コードの値が，内側の社員 Y テーブルの社員コードの値に該当しないかを確認し，該当する列がない場合にNOT EXISTS句の条件にあてはまり，表示されます。

“社員”表を1行目から順に見ていくと，社員コード“S001”は，上司の列値として，社員コード“S002”や“S003”の行に設定されているので，NOT EXISTSの条件を満たさず，表示されないことになります。社員コード“S002”は，上司の列値としてはどの行にも設定されておらず，NOT EXISTSの条件を満たし，表示されます。同様に続けていくと，社員コード“S003”と“S005”，“S006”は，上司の列値として存在するため表示されず，社員コード“S004”と“S007”は，NOT EXISTSの条件を満たし，表示されます。

したがって，社員コードとして“S002”，“S004”，“S007”が表示されている**ウ**が正解です。

問9 (平成30年春 データベーススペシャリスト試験 午前Ⅱ 問12)

《解答》エ

導出表とは，問合せによって一つ以上の表から導出される表です。ビューは導出表の一つの形態であり，ビューが呼び出されたときに他の表への問合せを行い，結果を返します。したがって，**エ**が正解です。

ア　算術演算などによって得られる属性は，導出属性です。

イ　結合演算などで複数の表を結合すると，冗長になります。

ウ　導出表にも名前を付けることは可能です。

問10 (平成28年春 データベーススペシャリスト試験 午前Ⅱ 問10)

《解答》ウ

選択肢のSELECT文のうち最も単純で明らかに更新可能なのは，ウです。単純な一つのテーブル“取引先”にWHERE句の条件を付加しただけのビューなので，元の表も特定でき，更新で問題は起こりません。したがって，**ウ**が正解です。

ア DISTINCTを使用して複数の行をまとめるので，更新できません。

イ GROUP BY句を使用して複数の行をまとめるので，更新できません。

エ HAVING句を使用しています。GROUP BY句を使わずにHAVING句を使うと，すべての行が1行に集約されるので，元の行が参照できなくなります。

4-4-2 午後問題

問題 テーブルの移行及びSQLの設計 CHECK ▶ □□□

テーブルの移行及びSQLの設計に関する次の記述を読んで，設問1，2に答えよ。

A社は，不動産賃貸仲介業を全国規模で行っている。RDBMSを用いて物件情報検索システム（以下，検索システムという）を運用している運用部門のKさんは，物件情報を検索するSQL文を設計している。

〔検索システムの概要〕

検索システムは，物件を管理するシステムを補完するシステムであり，社内利用者が接客するとき，当該システムの“物件”テーブルを利用している。

1. 社内利用者の接客業務の概要
 (1) 物件を探している借主に対して，当該借主の希望に近い物件を探す支援を行い，借主と貸主との間の交渉・賃貸契約の仲介を行う。
 (2) 物件の貸主に対して，物件の審査を行う。当該貸主に長期の空き物件がある場合，周辺の競合物件の付帯設備（以下，設備という）の設置状況を調査し，当該空き物件に人気の設備を増強することなど，物件の付加価値を高める対策の助言を行うこともある。
2. “物件”テーブル
 (1) A社が仲介する全ての物件を，物件コードで一意に識別する。
 (2) 物件の沿線，最寄駅，賃料，間取りなどの基本属性を記録する列がある。
 (3) エアコン，オートロックなどの設備が設置されているかどうかの有無を記録する列があり，一つの物件に最大20個の設備の有無を記録できる。
 (4) 記録されている20個の設備について，どの設備もいずれかの物件に設置されているが，20個全ての設備が設置されている物件は限られている。
 (5) 設備に流行があるので，テーブルの定義を変更し，記録する人気の設備を毎年入れ替える処理を行っている。この処理を物件設備の入替処理と呼んでいる。
 (6) “物件”テーブルの全ての列にNOT NULL制約を指定している。
3. “物件”テーブルのテーブル構造，主な列の意味と制約及び主な統計情報

 “物件”テーブルのテーブル構造を図1に，主な列の意味・制約を表1に，RDBMSの機能を用いて取得した主な統計情報を表2に示す。

物件（物件コード，物件名，沿線，最寄駅，賃料，間取り，向き，専有面積，築年数，都道府県，市区町村，エアコン，オートロック，…，物件登録日）

図1 “物件”テーブルのテーブル構造（一部省略）

表1 “物件”テーブルの主な列の意味・制約（一部省略）

列名	意味・制約
物件コード	物件を一意に識別するコード
沿線	物件から利用可能な沿線のうち代表的な沿線の名前
最寄駅	物件から利用可能な駅のうち代表的な駅の名前
エアコン，オートロック，…	当該設備が設置されているかどうかの有無を示す値 Y：設置あり，N：設置なし

表2 “物件”テーブルの主な統計情報

テーブル名	行数	列名	列値個数
物件	1,600,000	物件コード	1,600,000
		沿線	400
		エアコン	2
		オートロック	2

4. 検索システムの課題

Kさんは，社内利用者に聞取り調査を行い，その結果を二つの課題にまとめた。

(1) “物件”テーブルの各設備の有無を示す列（以下，総称して設備列という）の数は不十分で，借主からの問合せに十分に対応できていない。追加したい設備は，テレワーク対応，宅配ボックス，追い焚（だ）き風呂などがあり，現在の20個を含め，全部で100個ある。将来，増える可能性がある。

(2) 設備の設置済個数が分からない。例えば，借主から物件に設置されているエアコンについて問合せがあったとき，設置されている正確な個数が分からず，別の詳細な物件設備台帳を調べなければならない。

〔物件の設備に関する調査及び課題への対応〕

1. 物件の設備に関する調査

Kさんは，現在検索できる設備の組合せを述語に指定したSQL文を調査した。そのSQL文の例を，表3に示す。そしてKさんは，SQL文の結果行を保存するファイルの所要量を見積もる目的で，表3の各SQL文の結果行数を見積もった。

表3 設備の組合せを述語に指定したSQL文の例（未完成）

<table>
<tr><th>SQL</th><th>SQL文の構文（上段：目的，下段：構文）</th><th>見積もった結果行数</th></tr>
<tr><td rowspan="2">SQL1</td><td>沿線が○△線であり，かつ，設備にエアコンとオートロックの両方がある物件を調べる。</td><td rowspan="2">［ イ ］</td></tr>
<tr><td>SELECT 物件コード，物件名 FROM 物件 WHERE 沿線 = '○△線'
 AND (エアコン = 'Y' AND オートロック = 'Y')</td></tr>
<tr><td rowspan="2">SQL2</td><td>沿線が○△線であり，かつ，設備にエアコン又はオートロックのいずれかがある物件を調べる。</td><td rowspan="2">［ ロ ］</td></tr>
<tr><td>SELECT 物件コード，物件名 FROM 物件 WHERE 沿線 = '○△線'
 AND (エアコン = 'Y' OR オートロック = 'Y')</td></tr>
<tr><td rowspan="2">SQL3</td><td>設備にエアコンとオートロックの両方がある物件を沿線ごとに集計した物件数が，全物件数に占める割合を百分率（小数点以下切捨て）で求める。</td><td rowspan="2">400</td></tr>
<tr><td>WITH TEMP (TOTAL) AS (SELECT COUNT(*) FROM 物件)
SELECT 沿線，FLOOR(［ ハ ］ * 100 / ［ ニ ］)
 FROM 物件 CROSS JOIN TEMP
 WHERE エアコン = 'Y' AND オートロック = 'Y'
 GROUP BY ［ ホ ］</td></tr>
</table>

注記 FLOOR関数は，引数以下の最大の整数を計算する。

2. 物件の設備に関する課題への対応

Kさんは，物件の設備に関する課題に対応するため，次の2案について長所及び短所を比較した結果，案Bを採用することにした。

案A “物件”テーブルにエアコン台数列を追加する。

案B 追加・変更するテーブルのテーブル構造を，図2に示すとおりにする。

- “設備”テーブルを追加する。
- 図1に示した“物件”テーブルを“新物件”テーブルに置き換える。
- “物件設備”テーブルを追加する。

設備（<u>設備コード</u>，設備名 ）
新物件（<u>物件コード</u>，物件名，沿線，最寄駅，賃料，間取り，向き，専有面積，築年数，都道府県，市区町村，物件登録日）
物件設備（<u>物件コード</u>，<u>設備コード</u>，設置済個数 ）

図2 追加・変更するテーブルのテーブル構造

設備コードは，全設備を一意に識別するコードで，そのうち20個は，“物件”テーブルの各設備列に対応させた。また，“設備”テーブルの設備名の列値に“物件”テーブルの設備列名をそのまま設定し，今後追加される設備名を含めて重複させないことに決めた。

3. テーブルの移行

Kさんは，追加・変更するテーブルへの移行を，次のような手順で行った。

(1) “設備”，“新物件”及び“物件設備”テーブルを定義した。

(2) “物件”テーブルから設備列20個を除いた全行を，“新物件”テーブルに複写した。

(3) “設備”テーブルに100個の設備を登録した。エアコン又はオートロックを登録するSQL文の例を，表4のSQL4に示す。

(4) “物件設備”テーブルには，“物件”テーブルにある設備に限って行を登録した。エアコン又はオートロックがある行を登録するSQL文の例を，表4のSQL5に示す。ここで，設置済個数列に1を設定し，正確な個数を移行後に設定することにした。

(5) テーブルの統計情報を取得した。主な統計情報を表5に示す。

表4 “設備”テーブル又は“物件設備”テーブルに登録するSQL文の例（未完成）

SQL	SQL文の構文
SQL4	INSERT INTO 設備 VALUES ('A1', 'エアコン') INSERT INTO 設備 VALUES ('A2', 'オートロック')
SQL5	INSERT INTO 物件設備 (物件コード, 設備コード, 設置済個数) SELECT [a] FROM 物件 WHERE [b] [c] SELECT [d] FROM 物件 WHERE [e]

表5 追加・変更したテーブルの主な統計情報（未完成）

テーブル名	行数	列名	列値個数
設備	100	設備コード	100
新物件	1,600,000	物件コード	1,600,000
物件設備	■	物件コード	[あ]
		設備コード	[い]

注記 網掛け部分は表示していない。

〔テーブルの移行の検証〕

Kさんは，テーブルの移行を次のように検証し，新たなビューを定義した。

1. SQL文の検証

テーブルの移行の前後でSQL文が同じ結果行を得るか検証するため，移行前のSQL文（表3のSQL1，SQL2）に対応する移行後のSQL文を，それぞれ表6のSQL6，SQL7のとおりに設計した。そして，“1. 物件の設備に関する調査”で保存したファイルを用いて，SQL1とSQL6の結果行，SQL2とSQL7の結果行がそれぞれ一致することを確認した。

表6 移行後のSQL文の例(未完成)

SQL	SQL文の構文
SQL6	SELECT B.物件コード, B.物件名 FROM 新物件 B [f] 物件設備 BS1 ON B.物件コード = BS1.物件コード AND B.沿線 = '○△線' [g] 設備 S1 ON BS1.設備コード = S1.設備コード AND [h] [f] 物件設備 BS2 ON B.物件コード = BS2.物件コード [g] 設備 S2 ON BS2.設備コード = S2.設備コード AND [i]
SQL7	SELECT DISTINCT B.物件コード, B.物件名 FROM 新物件 B [f] 物件設備 BS ON B.物件コード = BS.物件コード AND B.沿線 = '○△線' [g] 設備 S ON BS.設備コード = S.設備コード AND [j]

2. ビューの定義

Kさんは,"物件"テーブルの定義を削除した後でも実績のあるSQL文を変更することなく使いたいと考えている。そのために"物件"テーブルにあった沿線列,かつ,エアコン列とオートロック列の両方を表示するビュー"物件"を,図3のとおりに定義した。

```
CREATE VIEW 物件 (物件コード, 沿線, エアコン, オートロック ) AS
 SELECT B.物件コード, B.沿線,
  CASE WHEN [ k ] THEN [ l ] ELSE [ m ] END AS エアコン,
  CASE WHEN [     ] THEN [ l ] ELSE [ m ] END AS オートロック
 FROM 新物件 B
 [ n ] 物件設備 BS1 ON B.物件コード = BS1.物件コード AND [ o ]
 [ n ] 物件設備 BS2 ON B.物件コード = BS2.物件コード AND [     ]
```

注記 網掛け部分は表示していない。

図3 ビュー"物件"の定義(未完成)

設問1 〔物件の設備に関する調査及び課題への対応〕について，(1) ～ (4)に答えよ。

(1) 表3中の［ イ ］，［ ロ ］に入れる適切な数値を，［ ハ ］～［ ホ ］に入れる適切な字句を答えよ。ここで，沿線，エアコン，オートロックの列値の分布は互いに独立し，各列の列値は一様分布に従うと仮定すること。

(2) “2. 物件の設備に関する課題への対応”について，Kさんが採用した案Bの長所を一つ，本文中の用語を用いて，25字以内で具体的に述べよ。

(3) 表4中の［ a ］，［ c ］及び［ d ］に入れる適切な字句を，［ b ］，［ e ］に入れる一つの適切な述語を答えよ。

(4) 表5中の［ あ ］，［ い ］に入れる適切な数値を答えよ。

設問2 〔テーブルの移行の検証〕について，(1) ～ (3)に答えよ。

(1) 表6中の［ f ］～［ j ］に入れる適切な字句を答えよ。

(2) 表6中のSQL7の選択リストにあるDISTINCTの目的は，結果行の重複を排除するためである。このSQL7で行が重複するのはどのような場合か。本文中の用語を用いて，30字以内で具体的に述べよ。

(3) 図3中の［ k ］～［ o ］入れる適切な字句を答えよ。

（令和3年秋 データベーススペシャリスト試験 午後Ⅰ 問3）

午後問題の解説

テーブルの移行及びSQLの設計に関する問題です。この問では，RDBMSを用いた不動産賃貸仲介業の検索システムを題材として，テーブル構造の変更の妥当性を適切に評価した上で，検索に利用するSQL文の変更方法，テーブルの移行手順，移行に利用する基本的なSQL構文，及び移行のときに考慮すべきテーブルの統計情報を理解しているかを問われています。SQL文ではWITH句やCASE句など，比較的新しい文法が多く出題されており，少し応用的な問題です。

設問1

〔物件の設備に関する調査及び課題への対応〕に関する問題です。物件の設備に関する調査や，課題への対応について，表3～表5の穴埋めを中心に，順に考えていきます。

(1)

表3中の空欄穴埋め問題です。空欄イ，ロには数値を，空欄ハ～ホにはSQL文に含まれる字句を答えていきます。

空欄イ

表3のSQL1について，見積もった結果行数を考えます。

SQL1のSQL文では，“物件”テーブルを利用し，WHERE句で沿線，エアコン，オートロックの列値をすべてAND条件で検索しています。表2の“物件”テーブルの主な統計情報によると，“物件”テーブルの行数は1,600,000行で，沿線，エアコン，オートロックの列値個数はそれぞれ，400，2，2です。設問文中に，「ここで，沿線，エアコン，オートロックの列値の分布は互いに独立し，各列の列値は一様分布に従うと仮定すること」とあるので，結果行数は次の式で計算できます。

1,600,000［行］／400／2／2＝1,000［行］

したがって，解答は**1,000**です。

空欄ロ

表3のSQL2について，見積もった結果行数を考えます。

SQL2のSQL文では，SQL1と使用するテーブルや列は同じです。違いは，エアコンとオートロックの検索条件がORとなっており，どちらかの条件に当てはまればいいことになります。エアコンとオートロックは両方とも列値は2で，一様分布に従うので，それぞれの条件に当てはまる行は全体の1／2です。どちらの条件にも当てはまらない確率は(1／2)×(1／2)＝(1／4)で，それ以外の場合には全体的には条件を満たすので，二つの条件のOR演算で当てはまる行は，1－(1／4)＝(3／4)となり，全体の3／4が当てはまります。まとめると，結果行数は次の式で計算できます。

1,600,000［行］／400×(3／4)＝3,000［行］

したがって，解答は**3,000**です。

空欄ハ，ニ

表3のSQL3について，FLOOR関数で演算する式を考えます。

表3のSQL3の目的として，「沿線ごとに集計した物件数が，全物件数に占める割合を百分率(小数点以下切捨て)で求める」とあり，注記に，「FLOOR関数は，引数以下の最大の整数を計算する」とあります。また，SQL3の構文では，SELECT文の上にWITH句があります。WITH句は，副問合せに名前を付ける句で，`TEMP (TOTAL)` というかたちで，TEMP表の列TOTALの値を計算しています。TOTALは，`( SELECT COUNT(*) FROM 物件 )` の結果なので，全物件数(1,600,000)が代入されています。

求めるのは沿線ごとに集計した物件数が，全物件数に占める割合の百分率です。SELECT文の最後にはGROUP BY句があり，沿線ごとに集計されると考えられるので，COUNT(*)で沿線ごとに集計した物件数が求められます。全物件数にはWITH句で算出した列TOTALが使用でき，求めるのは百分率(小数点以下切捨て)なので，次のような列を指定します。

```
FLOOR( COUNT(*) * 100 / TOTAL)
```

したがって，空欄ハは**COUNT(*)**，空欄ニは**TOTAL**です。

空欄ホ

表3のSQL3について，GROUP BY句で指定するグループ化列を考えます。

表3のSQL3の目的に，「沿線ごとに集計した物件数」とあるので，沿線は指定する必要があります。さらに，FLOOR関数の指定にWITH句で求めたTOTALを使用しています。GROUP BY句でグループ化した後には，集計関数とグループ化に使用した列名しか使用できないので，TOTALをSELECT句で使用するためには，グループ化の対象列に加える必要があります。したがって，解答は**沿線，TOTAL**です。

(2)

“2. 物件の設備に関する課題への対応”について，Kさんが採用した案Bの長所を考えます。

〔物件の設備に関する調査及び課題への対応〕2. 物件の設備に関する課題への対応の案Bでは，“設備”テーブルを追加しており，設備コードを追加することで，様々な設備を管理することができます。“物件設備”テーブルで，物件ごと設備ごとの設置済み個数を管理できるので，将来，管理する設備が増えたとしても，テーブル構造を変更せずに行の追加だけで対応できます。したがって，解答は，**将来，増える設備に対して行追加で対応できる**，です。

また，〔検索システムの概要〕2. “物件”テーブル(5)に，「設備に流行があるので，テーブルの定義を変更し，記録する人気の設備を毎年入れ替える処理を行っている」「この処理を物件設備の入替処理と呼んでいる」とあり，現行の“物件”テーブルでは入替処理が発生しています。“設備”テーブルを使用することで，必要な設備はすべて登録できるので，物件設備の入替処理は不要となります。したがって，**物件設備の入替処理が不要である**，も正解となります。

さらに，“物件”テーブルに全設備を登録することで，“物件設備”テーブルに物件ごとに全設備の個数が登録可能です。そのため，全設備の有無と個数の問合せに対応できるようになります。したがって，**全設備の有無と個数の問合せに答えられる**，も正解となります。

これらのいずれかの視点で解答できれば正解です。

(3)

表4中の空欄穴埋め問題です。空欄a，c，dはSQL文に含まれる字句を，空欄b，eには述語を答えていきます。

空欄a，b

表4のSQL5のINSERT文で，“物件設備”テーブルに値を挿入するためのSELECT文について考えます。

〔物件の設備に関する調査及び課題への対応〕3. テーブルの移行(4)に，「エアコン又はオートロックがある行を登録するSQL文の例を，表4のSQL5に示す」とあり，エアコン又はオートロックがある行を抽出して登録します。

表4のSQL4で，“設備”テーブルに値を登録しており，図2よりテーブル構造は「設備(設備コード，設備名)」となっているので，設備コード'A1'がエアコン，'A2'がオートロックに対応します。

SQL5にはSELECT文が二つあるので，まずはエアコンについて登録することを考えていきます。図1の“物件”テーブルには“エアコン”列があり，表1より，「Y:設置あり，N:設置なし」の値が設定されています。エアコンがある行を抽出するには，「エアコン='Y'」をWHERE句の条件に指定します。また，エアコンの設備コードが'A1'で，設置済個数については本文中の(4)の続きに，「設置済個数列に1を設定し，正確な個数を移行後に設定することにした」とあるので，最初は1を設定します。まとめると，エアコンがある行を抽出して登録するためのSELECT文は，次のようになります。

```
SELECT 物件コード, 'A1', 1 FROM 物件 WHERE エアコン='Y'
```

したがって，空欄aは**物件コード，'A1',1**，空欄bは**エアコン='Y'**です。SELECT文は空欄d，eにもあるので，空欄a→空欄d，空欄b→空欄eとしても正解です。

空欄c

表4のSQL5で，二つのSELECT文を接続するための字句を考えます。

SQL5はエアコン又はオートロックがある行を登録するINSERT文で，エアコンがある行とオートロックがある行を抽出して，それぞれを登録します。和演算を行う UNION で両方の行を合わせるのが適切ですが，このとき，エアコンとオーとロックの両方がある場合には，それぞれの設備を登録する必要があるため，重複をそのまま登録するUNION ALLが適切です。したがって，解答は**UNION ALL**です。

空欄d，e

表4のSQL5で，“物件設備”テーブルに値を挿入するための二つ目のSELECT文について考えます。空欄a，bでエアコンについて考えたので，こちらではオートロックについて考えます。

図1の“物件”テーブルには“オートロック”列があり，エアコンと同様にYとNで設置の有無についての値を設定します。そのため，オートロックのある行を抽出するには，「オートロック='Y'」をWHERE句の条件に指定します。また，オートロックの設備コードが'A2'で，設置済個数については1を設定します。まとめると，オートロックがある行を抽出して登録するためのSELECT文は，次のようになります。

```
SELECT 物件コード, 'A2', 1 FROM 物件 WHERE オートロック='Y'
```

したがって，空欄dは**物件コード, 'A2',1**，空欄eは**オートロック='Y'** です。空欄a，bと同様の形式なので入れ替えて，空欄d→空欄a，空欄e→空欄bとしても正解です。

(4)

表5中の空欄穴埋め問題です。列ごとの列値個数を求め，数値で答えていきます。

空欄あ

“物件設備”テーブルの“物件コード”列について，列値個数を考えます。

〔物件の設備に関する調査及び課題への対応〕3. テーブルの移行(4)に，「“物件設備”テーブルには，“物件”テーブルにある設備に限って行を登録した」とあり，テーブルの移行では，もともと“物件”テーブルあった行を登録します。表2より，“物件”テーブルの“物件コード”列の列値個数は1,600,000です。一つ一つの物件に対して，“設備コード”と合わせて主キーとし，設備の数だけ行を登録します。そのため，“物件コード”列単独での列値個数は，“物件”テーブルと同様の1,600,000であると考えられます。したがって，解答は**1,600,000**です。

空欄い

“物件設備”テーブルの“設備コード”列について，列値個数を考えます。

〔物件の設備に関する調査及び課題への対応〕3. テーブルの移行(4)に，「“物件設備”テーブルには，“物件”テーブルにある設備に限って行を登録した」とあり，もともと“物件”テーブルあった列についてのみ登録します。〔検索システムの概要〕2. “物件”テーブル(4)に，「記録されている20個の設備について，どの設備もいずれかの物件に設置されているが，20個全ての設備が設置されている物件は限られている」とあるので，もともと登録されている設備の種類は20で，いずれかの行に登録されていると考えられます。したがって，解答は**20**です。

設問2

〔テーブルの移行の検証〕に関する問題です。表6や図3のSQL文を完成させることを中心にして，テーブルの移行について考えていきます。

(1)

表6中の空欄穴埋め問題です。SQL文に含まれる適切な字句を答えていきます。〔テーブルの移行の検証〕1. SQL文の検証に，「移行前のSQL文(表3のSQL1，SQL2)に対応する移行後のSQL文を，それぞれ表6のSQL6，SQL7のとおりに設計した」とあるので，SQL6は移行前のSQL1，SQL7は移行前のSQL2に対応します。

空欄f

表6中のSQL6とSQL7で，FROM句の中での結合を行うための字句を考えます。表3のSQL1では“物件”テーブルのみから行を抽出しています。テーブルの移行により，もともとの“物件”テーブルの設備以外の内容を移行した“新物件”テーブルと，設備の内容を移行した“物件設備”テーブルの両方から行を抽出する必要があります。

空欄fは3か所あり，いずれも右側にテーブル名と別名(物件設備 BS1，物件設備 BS2，物件設備 BS)があり，“新物件”テーブルと“物件設備”テーブルとの結合が行われています。二つのテーブルの結合の場合，両方のテーブルで条件に合った行のみ抽出する内部結合では INNER JOIN を使用します。SQL6でも，SQL1と同様に，エアコンとオートロックがある行のみ抽出すればいいので，内部結合で問題ありません。したがって，解答は**INNER JOIN**です。

空欄g

表6中のSQL6とSQL7で，FROM句の中での結合を行うための字句をさらに考えます。

空欄gは2か所あり，いずれも右側にテーブル名と別名(設備 S1，設備 S2)があり，“新物件”テーブルと“設備”テーブルとの結合が行われています。SQL6でも，SQL1と同様に，エアコンとオートロックがある行のみ抽出するので，内部結合で問題ありません。したがって，解答は**INNER JOIN**です。

空欄h

表6中のSQL6において，“設備”テーブルの別名S1での結合条件ON句の中で，AND条件で追加する字句を答えます。SQL6はSQL1と同様に，エアコンとオートロックがある行を抽出します。

まずはエアコンについて考えていきます。図2の“設備”テーブルの構造と表4のSQL4より，エアコンの設備コードは'A1'で，設置名は'エアコン'です。そのため，「S1.設備コード='A1'」又は「S1.設備名='エアコン'」という条件を追加すれば，エアコンがある物件の行を抽出できます。したがって，解答は**S1.設備コード='A1'**，又は，**S1.設備名='エアコン'**です。

オートロックが先でもいいので，空欄h，iは順不問です。

空欄i

表6中のSQL6において，“設備”テーブルの別名S2での結合条件ON句の中で，AND条件で追加する字句を答えます。空欄hでエアコンについて考えたので，今度はオートロックについて考えます。

図2の“設備”テーブルの構造と表4のSQL4より，オートロックの設備コードは'A2'で，設置名は'オートロック'です。そのため，「S1.設備コード='A2'」又は「S1.設備名='オートロック'」という条件を追加すれば，エアコンがある物件の行を抽出できます。したがって，解答は**S2.設備コード='A2'**，又は，**S2.設備名='オートロック'**です。空欄h，iは順不問です。

空欄j

表6中のSQL7において，“設備”テーブルの別名Sでの結合条件ON句の中で，AND条件で追加する字句を答えます。

SQL7はSQL2と同じ抽出を行うSQL文なので，設備にエアコン又はオートロックのいずれかがある物件を調べます。SQL6と異なり，エアコン('A1')又はオートロック('A2')のどちらかに一致すればいいので，(S.設備コード='A1' OR S.設備コード='A2')といった条件で，どちらかに一致する場合を抽出できます。設備コードの代わりに設備名を用いて，(S.設備名='エアコン' OR S.設備名='オートロック')としても同様の結果を得られます。したがって，解答は，**(S.設備コード='A1' OR S.設備コード='A2')**，又は，**(S.設備名='エアコン' OR S.設備名='オートロック')**です。

(2)

表6中のSQL7で，結果行が重複するのはどのような場合かを答えます。

“物件設備”テーブルは，物件ごと設備ごとに行を登録するので，エアコンとオートロックの両方がある物件では，同じ物件で2行が登録されます。SQL7では，検索条件はORで，(S.設備コード='A1' OR S.設備コード='A2') といった形式です。この条件だと，エアコンとオートロックの両方が設置されている場合には2行が抽出され，同じ物件コード，物件名の行が表示されます。そのため，DISTINCT句をつけて，重複を排除する必要があるのです。したがって，解答は，**エアコンとオートロックの両方が設置されている場合**，です。

(3)

図3中の空欄穴埋め問題です。ビュー“物件”の定義について，SQL文に含まれる適切な字句を答えていきます。

空欄k

SELECT句で表示するCASE文の条件について考えます。

最初のCASE文の列名は，別名(AS)でエアコンとあるので，元の“物件”テーブルの“エアコン”列の内容だと考えられます。FROM句の空欄n（2か所）の後にそれぞれテーブル名と別名が書かれており，どちらも“物件設備”テーブルと結合しており，別名にBS1，BS2を使用しています。BS1を使用するとした場合，物件にエアコンがあれば，“物件設備”テーブルにエアコンを示す設備コードとなる'A1'が格納されるので，CASE文の条件をBS1.設備コード='A1'とすることで，物件のエアコンの有無を判定できます。したがって，解答は，**BS1.設備コード='A1'**です。

また，“新物件”テーブルと“物件設備”テーブルとの結合で左外部結合を使用していると，特定の設備がない場合にはその設備コードの値がNULLになります。そのため，IS NOT NULLで値を判定することで，装置の有無を判断できます。したがって，**BS1.設備コード IS NOT NULL**も正解です。

テーブルの別名BS1については，BS2を使用しても，空欄oとの整合性がとれていれば正解です。

空欄l

空欄lは2か所あり，CASE文で空欄kか網掛け部分の条件を満たした場合の値が設定されます。表1の“物件”テーブルの列名“エアコン，オートロック，…”に，「当該設備が設置されているかどうかの有無を示す値」とあり，「Y：設置あり，N：設置なし」です。条件を満たした場合には設置ありということなので，'Y'を返します。したがって，解答は**'Y'**です。

空欄m

空欄mは2か所あり，CASE文で空欄kか網掛け部分の条件を満たさなかった場合の値が設定されます。ELSE句の後なので，条件を満たさず，設置なしの場合に返す値なので，空欄lと対になり，'N'を返すこととなります。したがって，解答は**'N'**です。

空欄n

空欄nは2か所あり，“新物件”テーブル（別名B）と“物件設備”テーブル（別名BS1，BS2）との結合条件を考えます。

内部結合では，両方のテーブルに行がない場合には表示されません。エアコンとオートロックのない物件の場合にも表示する必要があるため，Bテーブルの方は全行表示させる必要があります。そのため，左外部結合を使用し，BS1またはBS2テーブルに設備がなくても，Bテーブルの行をすべて表示する必要があります。左外部結合は，LEFT OUTER JOIN で設定できます。したがって，解答は**LEFT OUTER JOIN**です。

空欄o

BS1テーブルでの結合条件ONに追加する条件を考えます。空欄kでBS1を選択した場合，エアコンの有無を判定する条件が必要となります。エアコンを示す設備コードは'A1'なので，BS1.設備コード='A1'とすることで，エアコンがある物件の行を抽出できます。したがって，解答は**BS1.設備コード='A1'**です。

なお，空欄kとの組合せでは，BS2.設備コード='A1'，又は，BS2.設備コード IS NOT NULLとした場合に，空欄oをBS1.設備コード='A2'とすれば，BS2でエアコンの有無を確認することになるので，こちらでも正解であると考えられます。

解答例

出題趣旨

業務を改善するために，データベースのテーブル構造を変更することがある。その場合，現行のテーブル構造から新しいテーブル構造に適切な手順で効率よく移行することが求められる。

本問では，RDBMSを用いた不動産賃貸仲介業の検索システムを題材として，テーブル構造の変更の妥当性を適切に評価した上で，検索に利用するSQL文の変更方法，テーブルの移行手順，移行に利用する基本的なSQL構文，及び移行のときに考慮すべきテーブルの統計情報を理解しているかを問う。

解答例

設問1

(1) イ 1,000　ロ 3,000
ハ COUNT(*)　ニ TOTAL　ホ 沿線，TOTAL

(2) ※以下の中から一つを解答
- 物件設備の入替処理が不要である。（16字）
- 全設備の有無と個数の問合せに答えられる。（20字）
- 将来，増える設備に対して行追加で対応できる。（22字）

(3) a 物件コード，'A1'，1　b エアコン='Y'　※a，bは順不同
c UNION ALL
d 物件コード，'A2'，1　e オートロック='Y'　※d，eは順不同
※{a,b}と{d,e}の組合せで入れ替えても正解

(4) あ 1,600,000　い 20

設問2

(1) f INNER JOIN　g INNER JOIN

h S1.設備名='エアコン' **又は**
S1.設備コード='A1'

i S2.設備名='オートロック' **又は**
S2.設備コード='A2'

※h，iは順不同

j (S.設備名='エアコン' OR S.設備名='オートロック') **又は**
(S.設備コード='A1' OR S.設備コード='A2')

(2)

エ	ア	コ	ン	と	オ	ー	ト	ロ	ッ	ク	の	両	方	が	設	置	さ	れ	て	い	る	場	合

(24字)

(3) k ※以下の中から一つを解答
・BS1.設備コード='A1'
・BS1.設備コード IS NOT NULL

l 'Y'

m 'N'

n LEFT OUTER JOIN

o BS1.設備コード='A1'

採点講評

問3では，物件情報検索システムを題材に，テーブルの移行及びSQLの設計について出題した。全体として正答率は平均的であった。

設問1 (3) は，正答率は平均的であったが，cにUNION ALLと解答すべきところを，AND 又は OR とする誤答が散見された。二つのSELECT文の結果行の和集合を求めていることに留意し，正答を導き出してほしい。

設問1(4) では，追加した“物件設備”テーブルの物件コード及び設備コードの列値個数を，状況記述から読み取ることを求めたが，前者に比べて後者の正答率が低かった。テーブルの行数だけでなく列値個数も，テーブルの物理設計及び性能見積り，及び性能改善に欠かせない基本的な統計情報の一つなので，よく理解してほしい。

設問2 (1) は，正答率が平均的であった。表3のSQL1及びSQL2のWHERE句中の述語を手掛かりに，h～jに入れる適切な述語を導くことができる。ただし，表6のSQL文の構文中に設備コードを参照する場合，どのテーブルの設備コードを参照するかのあいまいさを排除するため，相関名で列名を修飾しなければならないことに注意してほしい。

設問2 (3) では，左外結合を選択できるかを問うたが，正答率が低かった。“3. テーブルの移行”において，エアコン又はオートロックがある物件を“物件設備”テーブルに登録していること，及びビュー“物件”のエアコン列又はオートロック列の列値が‘N’の行を求めていることに留意し，正答を導き出してほしい。

第5章

DBMS

この章では，実際にデータベースを作成するときに使用するDBMSについて学びます。各DBMSはそれぞれ多様な機能を備えていますが，よく使用される代表的な機能について学習します。
インデックスの設定やトランザクション管理，障害回復処理，ログの管理など，データベースを実際に使用していく上で必要な仕組みについて学びます。
DBMSは従来，データベーススペシャリスト試験の午後ではあまり重視されていませんでしたが，近年は出題が増加している傾向があります。知らなければ解けない問題が多いので，ひととおり目を通して押さえておくことが大切です。

5-1 DBMSとは

DBMSは，メタデータ管理，質問処理，トランザクション管理という三大機能を実現するためのシステムです。DBMSでは，インデックスを適切に設計することで高速化を実現します。

5-1-1 DBMSの三大機能

DBMSが実現すべき機能には，メタデータ管理，質問処理，トランザクション管理の三つがあり，これをDBMSの三大機能といいます。

DBMSの三大機能

DBMS（Data Base Management System：データベース管理システム）の三大機能は次のとおりです。

①メタデータ管理

メタデータ管理とは，データベースに関するデータを管理することです。メタデータとは，データベースにどのようなテーブル（関係）が存在するか，そのテーブルにはどのような列（属性）があるか，インデックスはどの列に設定されているかなどの情報です。これらは，三層スキーマでの外部スキーマ，概念スキーマ，内部スキーマに関する定義情報となります。

メタデータは，DBMSの中にあるデータディクショナリに格納されます。データディクショナリには，スキーマの定義情報のほかに，ユーザやアクセス権限，障害回復やシステム監査に関する情報なども格納されます。

②質問処理

質問処理とは，ユーザやプログラムがデータベースに行う質問（問合せ）に対応する処理です。質問の内容を構文的，意味的に解釈してそのデータにアクセスし，求められたデータを返します。

質問を解釈する速度は処理方法によって大きく変わってくる

勉強のコツ

DBMSに関する問題は，午前Ⅱで多く出題される傾向があります。
午後では選択問題によっては避けて通ることも可能ですが，最低限，午前Ⅱレベルの知識は身に付けておく必要があります。
確実に理解するためには，試験対策だけでなく，Oracleなどの特定のDBMSを基に仕組みを深く学習しておくことをおすすめします。

関連

インデックスについては，次項「5-1-2」で詳しく説明します。

発展

データディクショナリは，データベース中に特別な領域として格納されます。例えばOracleでは，SYSTEM表領域に，Oracleの動作に必要な管理情報として格納されます。

ので，データの処理コストを考え，質問処理（クエリ）の最適化を行う必要があります。この最適化を行う機能のことをクエリオプティマイザとも呼びます。

③トランザクション管理

トランザクションとは，データベースがデータを読み書きする一連の処理の単位です。トランザクションを管理することで，複数のトランザクションの**同時実行を制御**することができます。また，トランザクション単位で**障害時の回復処理**を行うことも可能です。

それでは，次の問題を考えてみましょう。

問題

関係データベース管理システム（RDBMS）のデータディクショナリに格納されるものはどれか。

ア　OSが管理するファイルの定義情報
イ　スキーマの定義情報
ウ　表の列データの組
エ　表の列に付けられたインデックスの内容

（平成22年春 データベーススペシャリスト試験 午前Ⅱ 問20）

解説

RDBMSのデータディクショナリには，メタデータが格納されます。メタデータは，外部スキーマ，概念スキーマ，内部スキーマに該当する定義情報なので，イが正解となります。

アはOSの管理領域に格納されます。ウはテーブルに，エはインデックスに格納されます。ウ，エはメタデータではなくデータなので，データディクショナリには格納されません。

≪解答≫イ

DBMSの必要性

データベースはデータをプログラムから切り離し，DBMSによって統合し，管理・運用を行います。そのため，大勢のユーザから共通してアクセスされる唯一の共有データとなります。

データを1か所に集めることによって，データの一貫性が保たれます。また，ユーザを設定し，ユーザごとにアクセス権限を与えることでセキュリティも確保できます。さらに，複数のトランザクションを同時に実行させることにより，高速化も実現できます。

DBMSには様々な種類があり，それぞれ機能や性能は異なります。DBMSの三大機能は，基本的にすべてのDBMSがもっていますが，その実現方法や最適化の手法は，DBMSによって異なります。開発するシステムに最適なDBMSを選択することが重要です。

発展

DBMSの価格は製品によって大きく異なります。高価なものとしては，大規模なシステムでよく使われるOracleやSQL Serverなどがあります。逆に，オープンソースで手軽に利用できるものに，MySQLやPostgreSQLなどがあります。
システムの規模や用途に応じて適切なDBMSを選択する必要があります。

▶▶▶ 覚えよう！

- □ DBMSの三大機能は，メタデータ管理，質問処理，トランザクション管理
- □ メタデータとは，データに関するデータで，スキーマの定義情報

5-1-2 インデックス

インデックスとは，データベースに高速にアクセスするために，データとは別の領域に用意された索引です。インデックスの種類には，B木やビットマップなどがあります。

インデックスの仕組み

インデックス（**索引**）とは，データベースのレコードを取得するときに利用するものです。インデックスは基本的に，検索に使用する**列の値**と，その値に対応するレコードにアクセスするための**ポインタ**の二つの組で構成されています。

次の図のように，ハードディスクなどのメディアに，テーブルとは別にインデックスのための記憶領域を用意しておきます。検索時には，最初にインデックスを検索してから，対応するポインタを用いてテーブルにアクセスします。

用語
ポインタは，データなどにアクセスするときに，参照するテーブルの位置を示すための情報です。
C/C++言語のポインタは基本的にメモリアドレスですが，DBMSのインデックスでのポインタには，データが格納される記憶装置（ハードディスクなど）のアドレスを使用します。

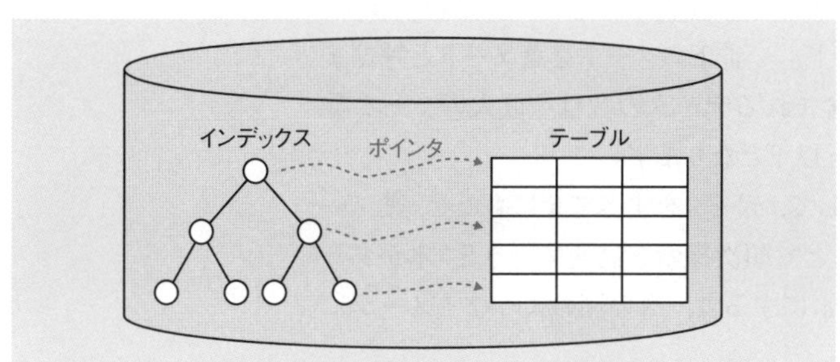

インデックスからのテーブル検索

インデックスを使用することで，データの検索時には**高速にテーブルにアクセス**することが可能になります。しかし，データの**更新時にはインデックスの再構築が必要**になるので，かえって時間がかかることが多くなってしまいます。更新頻度や使用状況に合わせて，適切にインデックスを設計することが大切です。

インデックスのデータ構造

インデックスのデータ構造には，大きく分けて，B木，ビットマップ及びハッシュの3種類があります。

①B木(B tree)

B木インデックスは，最も一般的なインデックスです。木構造の一つで，データをツリー状に管理します。一つの根から二つ以上の分岐を行う**多分木**で，根から葉までの高さがすべてのデータで同じ**バランス木**です。2分探索木と同じように，データの大きさを比較することで，該当するデータを探索していきます。例えば，次のようにデータをつなげることで探索を高速化します。

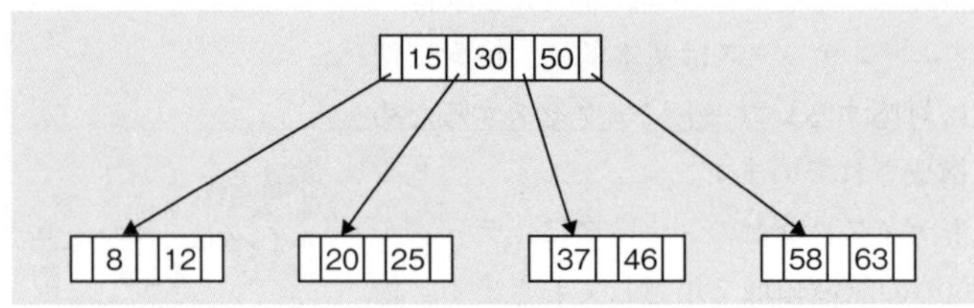

B木の例

B木では，一つ一つのデータのかたまりを**ノード**といいます。一番上のノードを根ノード，一番下のノードを葉ノードと呼びます。根以外のノードに含まれるデータの数は，最大のデータ数をnとすると，n/2以上n以下となります。

また，B木の応用例として，データをすべて葉にもたせ，葉ノードを順に探索していくことで順次探索を高速に行う**B⁺木**があります。前掲のB木をB⁺木にすると，次の図のようなイメージになります。

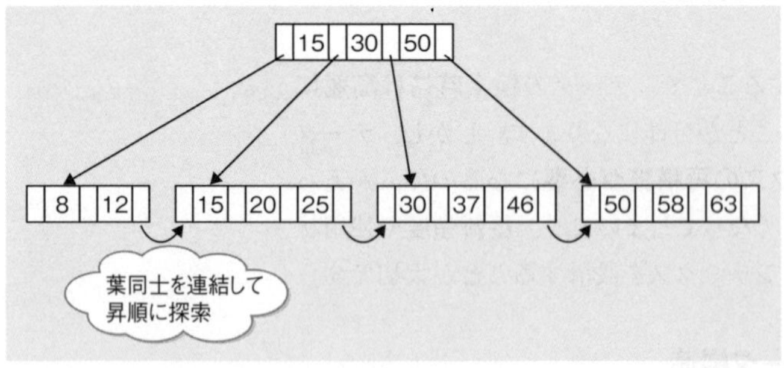

B⁺木の例

発展

B木はデータ構造として複雑なので，アルゴリズムの試験問題として出題されることもあります。
B木の仕組みについて例題で確認したいという場合は，平成19年秋 ソフトウェア開発技術者試験 午後Ⅱ 問1で出題されているので，この問題を解いてみることをおすすめします。
データベーススペシャリスト試験では，B木の詳しい仕組みについてはあまり出題されず，容量設計が中心なので，基本的な構造を理解していれば大丈夫です。

さらに，ノードに含まれるデータの最低数を最大値の2/3以上にして効率化を図った**B*木**もあります。

B木やB木を応用した木は，特定の一つのデータを探すのに向いているので，**主キー**などによく設定されます。また，値の大小が比較しやすいので**範囲検索**も可能です。ただし，木を探索してデータにアクセスするため，検索条件は一つしか指定できず，ANDやORの条件指定などで**複数のインデックスを同時に使うことはできません**。

②ビットマップ

ビットマップインデックスは，取り得る値の数が少なく，複雑な検索が行われる場合に利用されるインデックスです。データウェアハウスなどでよく利用されます。

例えば，ユーザを管理するデータベースがあり，その中の項目の"性別"は，「男性」「女性」「それ以外」の3種類のいずれかの値のみとることとします。このとき，「男性」「女性」「それ以外」のそれぞれについて次のようなビットマップを用意します。

男性	1	0	1	0	0	0	1	1	0
女性	0	1	0	1	0	1	0	0	1
それ以外	0	0	0	0	1	0	0	0	0

ビットマップの例

データの検索時には，これらのビットマップを検索し，1に当てはまるデータをポインタでたどります。このインデックスによって，種類の少ない数多くのデータにアクセスすることが容易になります。

また，ビットマップは，ANDやORの条件指定など，複雑に処理を組み合わせることが可能です。例えば，上記のビットマップでは，次のような複数の条件を組み合わせた場合でも高速にインデックスを使用できます。

```
SELECT * FROM ユーザ
WHERE 性別 = '女性' OR 性別 = 'それ以外'
```

5

③ハッシュ

ハッシュインデックスは，ハッシュ関数と呼ばれる関数を使って，検索に使用するキーからハッシュ値を計算し，その値からデータの格納位置を求めます。

例えば，ハッシュ関数として，"キー値％5"（5で割った余り）を用意し，その結果で求められた値の番地にデータを格納します。図にすると，次のようになります。

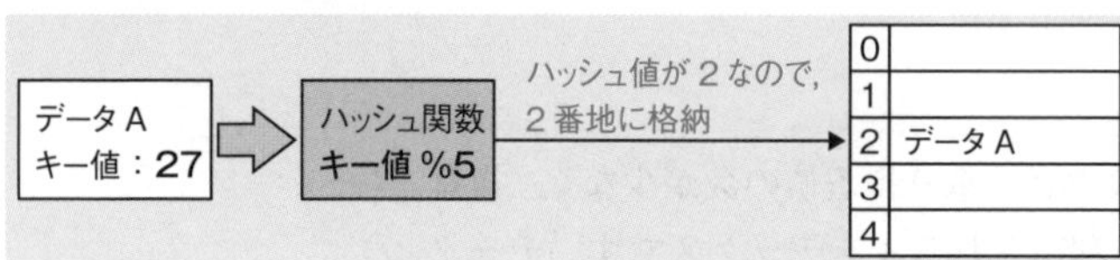

ハッシュの例

ハッシュ関数を利用するため，データが増えても検索を高速に行うことができます。しかし，ハッシュの格納場所のサイズはあらかじめ決まっており，ハッシュ値の衝突が発生するような大量のデータなどでの利用には向いていません。

それでは，次の問題を考えてみましょう。

過去問題をチェック

インデックスのデータ構造については，次のような出題があります。

【B木構造】
・平成28年春 午前Ⅱ 問2

【B⁺木とビットマップ】
・平成23年特別 午前Ⅱ 問16
・平成25年春 午前Ⅱ 問15
・平成27年春 午前Ⅱ 問15
・平成30年春 午前Ⅱ 問15

【B⁺木インデックスのオーダー】
・令和5年秋 午前Ⅱ 問4

【B⁺木インデックスでの性能改善】
・令和5年秋 午前Ⅱ 問13

【ハッシュ】
・令和2年10月 午前Ⅱ 問13

問題

"部品"表のメーカーコード列に対し，B$^+$木インデックスを作成した。これによって，"部品"表の検索の性能改善が最も期待できる操作はどれか。ここで，部品及びメーカーのデータ件数は十分に多く，"部品"表に存在するメーカーコード列の値の種類は十分な数があり，かつ，均一に分散しているものとする。また，"部品"表のごく少数の行には，メーカーコード列にNULLが設定されている。実線の下線は主キーを，破線の下線は外部キーを表す。

部品（部品コード，部品名，メーカーコード）
メーカー（メーカーコード，メーカー名，住所）

ア　メーカーコードの値が1001以外の部品を検索する。

イ　メーカーコードの値が1001でも4001でもない部品を検索する。

ウ　メーカーコードの値が4001以上，4003以下の部品を検索する。

エ　メーカーコードの値がNULL以外の部品を検索する。

（令和5年秋 データベーススペシャリスト試験 午前Ⅱ問13）

解説

B+木インデックスでは，キーの値ごとに，木構造でデータの位置を格納します。大小関係でどの木にあるのかを判定するので，4001以上，4003以下など，範囲を検索するのに向いています。したがって，ウが正解です。

ア，イ，エの，「以外」「でもない」という条件での検索では，B+木は効率的に検索することができません。

≪解答≫ウ

発展

B木やB+木では，範囲検索は利用できますが，複数条件は利用できません。ですから，例えば，B+木インデックスで範囲検索を行い，「A列の値が1から100までの間」というときには，A BETWEEN 1 AND 100というように，一つの述語（式）にする必要があります。
A >= 1 AND A<=100でも条件としては同じですが，これは複数条件となるので使用できません。

ユニーク／非ユニークインデックス

インデックスには，インデックス値に対応するレコードが一つしかない**ユニークインデックス**と，複数のレコードが一つのインデックス値に対応する**非ユニークインデックス**があります。主キーや値が重複しない列のインデックスはユニークインデックスですが，それ以外の外部キーなどに設定するインデックスは非ユニークインデックスです。

非ユニークインデックスの場合は，あるキー値に対応するデータが複数あるため，そのデータの格納位置情報（ポインタ）を複数もちます。

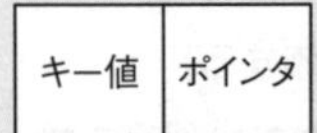

ユニークインデックス

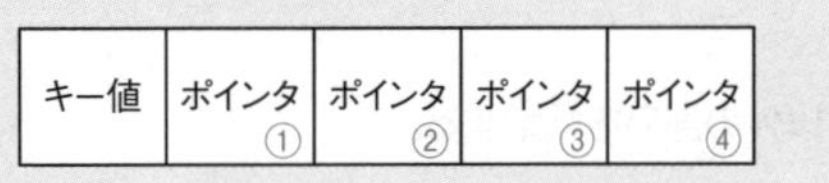

非ユニークインデックス

クラスタ化／非クラスタ化インデックス

インデックスは，基本的にデータの格納位置情報（ポインタ）を管理するだけです。そのため，データは記憶装置にバラバラに格納されることが多くなります。しかし，実際にデータを読み込むときにはバラバラに格納されていると非効率なため，キー値ごとにデータの格納位置を定め，同じ場所に格納することがあります。この作業を**クラスタ化**といい，クラスタ化したデータのインデックスのことを**クラスタ化インデックス**といいます。

データの実際の格納位置を操作するため，クラスタ化できるインデックスは1テーブルにつき1種類に限られます。クラスタ化インデックス以外は，**非クラスタ化インデックス**となります。

覚えよう！

- □ インデックスの種類には，B木（B⁺木，B*木），ビットマップ，ハッシュがある
- □ キー値に対するポインタが複数ある非ユニークインデックスがある

5-1-3 性能設計

インデックスは，設定することで高速化を実現できることがありますが，かえって処理が遅くなるといった問題を招くものでもあります。そのため，データの性質をしっかり考えて性能設計を行うことが大切です。

インデックス設計

インデックスを設定すると，SELECT文でデータを検索するときのアクセスは速くなりますが，INSERT，UPDATE，DELETE文では，**使用するたびにインデックスの再構成の必要**があり，処理が遅くなります。

そのため，インデックスは状況に応じて適切に設定しなければなりません。インデックス設計では，データ構造だけでなくデータ量や更新頻度など，様々な要素を考慮して，どの列にインデックスを設定するかを考えていきます。

インデックス設計のポイント

インデックスを設計するときに考慮すべきポイントには，次のようなものがあります。

- **一つのテーブルにインデックスを設定しすぎない**

一つのテーブルに多数のインデックスがあると，テーブルのデータが変更された場合にすべてのインデックスの再構成が行われるため，更新時の影響が大きくなります。そのため，よく使われる列を最小限使ってインデックスを設定することが大切です。

- **データ量が少ないときには設定しない方がいい場合もある**

データ量が少ないときには，インデックスからアクセスするよりも直接テーブルにアクセスして順番に検索した方が早い場合も多々あります。予想されるデータ量と速度を比較し，小さなテーブルの場合にはインデックスの設定を行わないという選択肢もあります。

過去問題をチェック

インデックス（索引）設計や具体的な定義・設定については，午後問題の定番です。近年では，次のような出題があります。

【ユニーク/非ユニーク索引】
- 平成27年春 午後Ⅱ 問1 設問1
- 平成28年春 午後Ⅱ 問1 設問1
- 平成30年春 午後Ⅱ 問1 設問1

【索引定義】
- 平成31年春 午後Ⅱ 問1 設問1
- 令和2年10月 午後Ⅱ 問1 設問1

【索引設計】
- 平成30年春 午後Ⅰ 問3 設問1
- 令和3年秋 午後Ⅰ 問2 設問2

- **クラスタ化インデックスは，頻繁に利用される一意性が高い列に設定する**

クラスタ化インデックスは，一つのテーブルに一つしか設定できません。順に並べる場合には，主キーなどの一意性が高いキーが適しているので，一般的には主キーに設定するのが最も効果的です。

速度や処理時間の測定・演算

SQLの処理時間は，インデックスが使われるかどうか，データがクラスタ化されているかどうかで大きく変わります。

細かい仕様はDBMSにより異なりますが，一般的なRDBMSの仕様では，速度に影響する処理時間は次のような要件を考慮して求めます。

過去問題をチェック
データベーススペシャリスト試験の問題で処理速度の測定などを行う場合は，問題文に使用するRDBMSの仕様が記載されているので，それに従って解答します。
【RDBMSの仕様を基に関係データベースの性能を計算する問題】
・平成23年特別 午後Ⅰ 問3
・平成27年春 午後Ⅰ 問3
・平成29年春 午後Ⅰ 問3
・平成30年春 午後Ⅱ 問1
・平成31年春 午後Ⅱ 問1
・令和3年秋 午後Ⅱ 問1

- **索引検索は，索引を読み込んでからデータを読み込む**

データベースの検索には，インデックスを使わない表検索と，インデックスを使用する索引検索があります。索引検索では，一度索引のデータページを読み込み，そこのデータを基に，データが格納されているデータページを読み込みます。そのため，非効率なインデックスであれば，表検索でデータを一つずつ順番に確認していった方が高速な場合もあります。

- **クラスタ化インデックスは，範囲内の複数のデータにアクセス可能**

クラスタ化インデックスでは，キー値の順にデータがまとまって格納されています。そのため，範囲検索（BETWEENや比較演算子など）などで複数のデータを取得する場合には，同じデータページに目的のデータが複数格納されていることがあり，この場合には効率的にデータを取得できます。

- **データだけでなくログの出力時間も考慮する**

データを更新する場合には，更新前ログや更新後ログなどのログを取得することが一般的です。そのため，処理時間には，データの更新時間に加えて，ログを更新する時間も考慮に入れる必要があります。また，更新時にはインデックスの再構成が起こることがあるので，この時間も考慮します。

ディスク容量の計算

インデックスは，データを格納するディスク領域のほかに，インデックスのためのディスク領域を必要とします。B木などでは，木構造に合わせて複数のデータページが必要となります。インデックスを作成するたびにインデックス用の領域が必要になるので，ディスク容量の計算にはインデックスを考慮に入れなければなりません。

テーブルの表領域の容量は，一般的に**1行当たりの平均行長（バイト）×見積行数**で求められます。データページの1ブロックは通常，1,024バイト，8,192バイトなどのような，1,024の整数倍の値を指定します。テーブルの1行を複数のブロックに分けて格納することはないので，ブロックごとに格納できる行数は，**ブロックサイズ÷平均行長**（小数点以下切り捨て）で求められます。

過去問題をチェック

所要量見積りとパーティション化について，データベーススペシャリスト試験では次の問で出題されています。

【テーブル用のユーザ表領域の所要量見積りについて】

- 平成22年春 午後Ⅱ 問1 設問1
- 平成26年春 午後Ⅱ 問1 設問2
- 平成28年春 午後Ⅱ 問1 設問1

【パーティション化について】

- 平成22年春 午後Ⅱ 問1 設問3

パーティション化

パーティション化（パーティショニング）は，一つのテーブルのデータを分割して管理する方法です。論理的に区分けしたものを**パーティション**といい，パーティションキーを設定し，パーティションキーごとにデータを分割していきます。

パーティション化を行うことによって，一部のデータにだけアクセスするためにテーブル全体を読み込む必要がなくなり，性能が向上します。

▶▶▶ 覚えよう！

- □ インデックスは，更新頻度やデータ量を考慮し，必要十分に設定する
- □ テーブルの1行は複数のブロックに分けて格納されない

5-1-4 テーブルの結合

テーブル(表)を結合させるには，複数の表の間で対応する行を見つける必要があります。テーブルの結合アルゴリズムには，入れ子ループ法，セミジョイン法など様々なものがあります。

テーブルの結合アルゴリズム

二つのテーブルを結合する場合には，結合対象となる列を比較し，条件に当てはまる行を連結させる必要があります。

例えば，

```
SELECT * FROM A INNER JOIN B ON A.X=B.X
```

のようなSQL文では，A表のX列とB表のX列を比較し，値が一致する行を連結させます。このとき，A表とB表を結合させるときに使用する方式が，結合アルゴリズムです。代表的な結合アルゴリズムには，次のものがあります。

過去問題をチェック
テーブルの結合アルゴリズムは，データベーススペシャリスト試験午前Ⅱ問題の定番で，入れ子ループ法が頻出します。
【入れ子ループ法について】
・平成24年春 午前Ⅱ 問18
・平成27年春 午前Ⅱ 問17
・平成29年春 午前Ⅱ 問19
・平成31年春 午前Ⅱ 問16
・令和3年秋 午前Ⅱ 問15
【セミジョイン法について】
・平成25年春 午前Ⅱ 問20
・平成31年春 午前Ⅱ 問17
・令和2年10月 午前Ⅱ 問18
【ハッシュ法について】
・平成28年春 午前Ⅱ 問11

①入れ子ループ法(ネストループ法)

単純に二重ループ(入れ子ループ)を使用してテーブルを結合する方法です。直積を作成するときのように，すべての行に対して互いの行を比較し，条件に当てはまる行を選択します。A表の行数がM行，B表の行数がN行の場合，A表とB表を結合するとM×N回の比較が行われます。単純ですが，行数が多くなると効率が落ちる方法です。

②マージジョイン法

二つのテーブルの結合列をあらかじめ整列(ソート)しておいてから結合する方法です。整列した二つのレコードを上から順に比較し，一致するものを取り出していくため，比較処理を高速化できます。

③セミジョイン法

別々の場所にあるデータベース間でテーブルの結合を行う場合には，一方のデータベースのテーブルをもう一方のデータベースに転送する必要があります。このとき，まずはテーブルの全部ではなく，結合に必要な属性だけをもう一方のデータベースに送ります。その後，結合に成功したものだけを元のデータベースに転送して最終的な結合を行う方式です。**分散データベース**などで通信量を減らすことで高速化が可能になる方法です。

発展
一般的に結合操作は，入れ子ループ法＜マージジョイン法＜ハッシュジョイン法の順で高速になりますが，テーブルの内容や処理の目的で処理時間は大きく変わります。
セミジョイン法は，分散データベースを使用するときのアルゴリズムなので，通常の結合では使われません。

④ハッシュジョイン法（ハッシュ法）

あらかじめ結合列の値に対してハッシュ関数を用い，ハッシュ表を生成しておきます。二つのテーブルそのものを比較するのではなく，ハッシュ値を比較することで高速化します。セミジョイン法と組み合わせたハッシュセミジョイン法もあります。

それでは，次の問題を考えてみましょう。

5

問題

関係データベースにおいて，タプル数nの表二つに対する結合操作を，入れ子ループ法によって実行する場合の計算量はどれか。

ア $O(\log n)$　イ $O(n)$　ウ $O(n \log n)$　エ $O(n^2)$

（令和3年秋 データベーススペシャリスト試験 午前Ⅱ 問15）

解説

タプル数nの表二つを入れ子ループ法によって実行する場合には，実行回数は$n \times n = n^2$に比例するので，計算量は$O(n^2)$になります。したがって，エが正解です。

≪解答≫エ

▶▶▶ 覚えよう！

- □　入れ子ループ法では単純に行を掛け合わせるので，計算量は$O(n^2)$
- □　セミジョイン法は，分散データベースで使われる，結合列だけ先に転送する方法

5-1-5 データベースシステムのハードウェア

データベースシステムの構築においてはハードウェアが必要となります。データベースの物理設計を行う上で，ハードウェアの理解は不可欠です。プロセッサ，メモリ，ストレージなど，様々なハードウェアがデータベースシステムに関わっています。

コンピュータの構成要素

コンピュータは，多様な目的で使用できるようにするために，記憶装置にプログラムを格納し，それをプロセッサ（制御装置と演算装置）が解釈して実行する**プログラム内蔵方式**で動作しています。

プログラム内蔵方式では，演算を行う演算装置のほかに，プログラムを制御する制御装置，プログラムやデータを記憶しておく記憶装置が必要となります。演算装置と制御装置は，プロセッサまたはCPU（Central Processing Unit）と呼ばれる，コンピュータの心臓部に当たるハードウェアです。記憶装置（主記憶装置）はメモリと呼ばれ，入力したデータ，出力するデータ，CPUで演算するデータがすべて格納されています。

また，プログラムやデータを毎回入力装置から入力するのは大変なので，補助記憶装置（ストレージ）を用意し，記憶装置の内容を保存しておきます。これにより，コンピュータの電源を落としてもデータを保全できるようになります。補助記憶装置には，ハードディスクやSSD（Solid State Disk）などが用いられます。

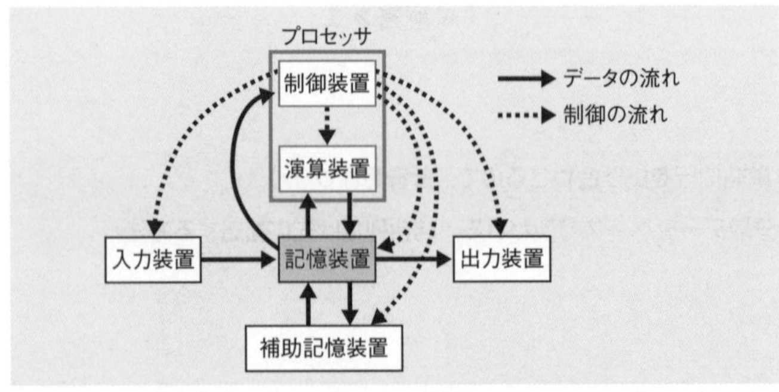

プログラム内蔵方式

プロセッサ

プロセッサは，コンピュータの内部でコンピュータを動作させるためのハードウェアです。プロセッサが使われる装置の代表的なものに，コンピュータの中心であるCPUがあります。

プロセッサの高速化技法としては，処理速度（クロック周波数）を上げるのが基本ですが，命令を少しずつずらして並列処理するパイプラインなどの技法があります。近年は，複数のプロセッサに処理を割り振るマルチプロセッサ技術が発展しています。

メモリ

メモリ（記憶装置）とは，コンピュータにおいて情報の記憶を行う装置です。メモリには，大きく分けて，読み書きが自由なRAM（Random Access Memory）と，読出し専用のROM（Read Only Memory）の2種類があります。RAMは一般的に，**電源の供給がなくなると内容が消えてしまう**という特徴があります。そのため，電源を切った後も保存しておきたい情報は補助記憶装置に退避させておき，必要に応じてメモリに呼び出します。

RAMには，一定時間経過するとデータが消失してしまうDRAM（Dynamic RAM）と，電源を切らない限り内容を保持するSRAM（Static RAM）の2種類があります。

主記憶装置に使うメモリには，コストと容量の関係でDRAMが用いられます。しかし，プロセッサがメモリに直接アクセスすることが多くなると処理速度の低下が起こるので，高速な**キャッシュメモリ**を間に置いて両者のギャップを埋めます。

また，2ビットの誤りを検出し，1ビットの誤りを訂正できる**ECCメモリ**を使用することで，信頼性を上げることができます。

キャッシュメモリ

キャッシュメモリは，プロセッサとメモリの性能差を埋めるために両者の間で用いるメモリです。高速である必要があるため，SRAMが用いられます。近年では，CPUのチップ内に取り込まれ，内蔵されることが一般的です。

キャッシュメモリを用いてCPUとメモリ（主記憶装置）がやり取りするとき，データがキャッシュメモリ上にある確率のことを，キャッシュメモリのヒット率といいます。また，そのヒット率が分かることで，キャッシュメモリに存在する場合もしない場合も含めた，平均的なアクセス時間である実効アクセス時間を計算することができます。実効アクセス時間を求める式は，次のとおりです。

実効アクセス時間＝
キャッシュメモリへのアクセス時間×ヒット率
＋メモリへのアクセス時間×（1－ヒット率）

それでは，次の問題を考えてみましょう。

問題

キャッシュメモリのアクセス時間及びヒット率と，主記憶のアクセス時間の組合せのうち，実効アクセス時間が最も短くなるものはどれか。

	キャッシュメモリ		主記憶
	アクセス時間（ナノ秒）	ヒット率（%）	アクセス時間（ナノ秒）
ア	10	60	70
イ	10	70	70
ウ	20	70	50
エ	20	80	50

（平成30年春 データベーススペシャリスト試験 午前Ⅱ 問22）

解説

表にあるキャッシュメモリのアクセス時間及びヒット率と，主記憶のアクセス時間の組合せから，ア～エそれぞれの実効アクセス時間を求めると，次のようになります。

ア　$10 \times 0.6 + 70 \times (1 - 0.6) = 34$ ［ナノ秒］
イ　$10 \times 0.7 + 70 \times (1 - 0.7) = 28$ ［ナノ秒］
ウ　$20 \times 0.7 + 50 \times (1 - 0.7) = 29$ ［ナノ秒］
エ　$20 \times 0.8 + 50 \times (1 - 0.8) = 26$ ［ナノ秒］

最も短いのは，エの26ナノ秒となります。したがって，エが正解です。

≪解答≫エ

ストレージ

ストレージ（補助記憶装置）とは，主記憶装置を補助し，電源を切った後もデータを保持するための機器です。よく使われているものに，ハードディスクや，フラッシュメモリを用いたSSDやUSBメモリなどがあります。

● ハードディスク

磁性体を塗布した円盤を重ねた記憶媒体です。数Tバイト程度の大容量のデータを格納することができます。

● フラッシュメモリ

フラッシュメモリは，書換え可能で，電源を切ってもデータが消えない半導体メモリです。ROMですが，書換えが可能なPROM（Programmable ROM）の一種です。記憶媒体として，**USBメモリ**や**SSD**（Solid State Drive），SDメモリカードなど様々な形態で用いられています。

▸▸▸ 覚えよう！

- □ **すべてのプログラムやデータは，メモリにいったん格納されてから実行される**
- □ **データの保存には，ストレージ（補助記憶装置）が不可欠**

5-2 トランザクション管理

DBMSの三大機能の一つにトランザクション管理があります。データベースでは複数のトランザクションを同時に実行するため，不具合を起こさないように制御する必要があります。

5-2-1 トランザクションとは

トランザクションとは，複数の処理をまとめたもので，一連の情報を処理する単位です。トランザクションが満たすべき性質に，ACID特性があります。

勉強のコツ

DBMSの処理はトランザクション単位で行われます。トランザクションは言葉だけではイメージしづらいので，実際のデータの動きをトレースし，どのように利用されるのか感覚でつかんでおくことをおすすめします。

トランザクション

トランザクションとは，一般的に，分けることのできない情報処理の単位のことです。データベースでは，複数のデータの読み書きなどの命令を一つにまとめたものをトランザクションと呼びます。SQL文のSELECT文やINSERT文の一つ一つではなく，意味のある一連の操作にまとめたものがトランザクションです。

用語

トランザクションを完了させることを**コミット(COMMIT)**といいます。コミットさせることで，データの変更を確定できます。また，トランザクションを完全に元に戻すことを**ロールバック(ROLLBACK)**といいます。トランザクションの途中で**セーブポイント**を設定し，途中まで元に戻すことも可能です。

例えば，ある銀行でAさんの口座からBさんの口座に3,000円を振り込む場合には，次の一連の作業が必要です。

```
① :A = SELECT 残高 FROM 口座 WHERE 口座番号 = 'A'
   #Aさんの口座残高を取得し，変数：Aに入れる
```

```
② :A = :A-3000
   #Aさんの口座残高を3,000円減らす
```

```
③ UPDATE 口座 SET 残高 =:A WHERE 口座番号 = 'A'
   #Aさんの口座残高の値を変数：Aの内容に更新する
```

```
④ :B = SELECT 残高 FROM 口座 WHERE 口座番号 = 'B'
   #Bさんの口座残高を取得し，変数：Bに入れる
```

```
⑤ :B = :B+3000
   #Bさんの口座残高を3,000円増やす
```

```
⑥ UPDATE 口座 SET 残高=:B WHERE 口座番号 = 'B'
   #Bさんの口座残高の値を変数：Bの内容に更新する
```

この①〜⑥の一連の作業が，トランザクションです。トランザクションは途中で分割すると不具合が起こります。

例えば，③で終わらせると，Aさんの口座残高が減って終了するので，振り込むはずだった3,000円が行方不明になります。そのため，トランザクションは途中で終わらせず，完了させるか，または完全に元に戻すかのどちらかである必要があります。

ACID特性

トランザクションが満たすべき四つの特性を**ACID特性**といいます。ACIDは，次の四つの性質の頭文字をとったものです。

過去問題をチェック
ACIDの四つの特性を問う問題が，データベーススペシャリスト試験の午前Ⅱでときどき出題されます。
【原子性について】
・平成28年春 午前Ⅱ 問17
・平成30年春 午前Ⅱ 問18
・令和4年秋 午前Ⅱ 問15
【一貫性について】
・平成23年特別 午前Ⅱ 問14
【耐久性について】
・平成26年春 午前Ⅱ 問11
【ACID特性について】
・平成29年春 午前Ⅱ 問16

①原子性（Atomicity）

トランザクションは完全に終わる（**COMMIT**），もしくは元に戻す（**ROLLBACK**）のいずれかである必要があり，途中で終わってはなりません。

②一貫性（Consistency）

トランザクション処理では，実行前と後でデータの整合性をもち，一貫したデータを確保しなければなりません。トランザクションを完全に独立して順番に実行した結果と同じになることを**直列化可能性**（Serializability）または**直列可能性**といいますが，これを満たす必要があります。つまり，AとBのトランザクションがあったとき，Aの次にB，もしくはBの次にAを実行した結果と最終結果が同じになる必要があり，それ以外の，AとBの処理が混在した結果は許されません。

関連
直列化可能性については，次項「5-2-2　ロック」で解説しています。

③独立性（Isolation），または隔離性

複数のトランザクションは，それぞれ独立して実行できなければなりません。トランザクションAで変更中のデータをトランザクションBで処理できないようにする必要があります。独立性のレベルには数段階あり，他のトランザクションに影響を与える度合いのことを**分離レベル**（または隔離性水準）といいます。

関連
分離レベルについては，「5-2-3　トランザクション分離レベル」で解説しています。

④耐久性(Durability), または**障害耐久性**, 持続性

いったんコミットしたデータは, その後障害が起こっても回復できるようにする必要があります。

それでは, 次の問題でACID特性を確認していきましょう。

関連
RDBMSで要求されるACID特性は, NoSQLなどでは保証されないことがよくあります。NoSQLでのデータベースの特性にBASE特性があります。
BASE特性については, 「9-1-1 NoSQL」で取り上げています。

問題

トランザクションのACID特性のうち, 原子性(atomicity)の記述として, 適切なものはどれか。

ア データベースの内容が矛盾しない状態であること
イ トランザクションが正常終了すると, 障害が発生しても更新結果はデータベースから消失しないこと
ウ トランザクションの処理が全て実行されるか, 全く実行されないかのいずれかで終了すること
エ 複数のトランザクションを同時に実行した場合と, 順番に実行した場合の処理結果が一致すること

(令和4年秋 データベーススペシャリスト試験 午前II 問15)

解説

トランザクションのACID特性のうち, 原子性(atomicity)とは, トランザクションの処理が全て実行される(COMMIT), もしくは全く実行されない(ROLLBACK)のいずれかで終了するという性質です。したがって, ウが正解です。

ア 一貫性(consistency)に関する記述です。
イ 耐久性(durability)に関する記述です。
エ 独立性(isolation)に関する記述です。

≪解答≫ウ

排他制御／同時実行制御

ACID特性を満たすために，DBMSでは様々な機能が提供されます。ACID特性のうちの一貫性と独立性を満たすために，複数のトランザクションが同時に実行されることを制御する必要があります。

このときに行われるのが**排他制御**，または**同時実行制御**です。複数のトランザクションが同時に実行されているときに，同じデータを更新するなどの不具合が起こらないように処理を排他的，つまり一つずつ処理するように制御するのが排他制御です。

排他制御の方法としては，次の節で挙げる**ロック**が一般的です。その他にも，とりあえずデータを更新して，完了時に他のトランザクションに上書きされていなければ問題ないとする**楽観的(オプティミスティック)制御法**があります。楽観的制御法では，上書きされていないことを更新時刻で確認する**時刻印アルゴリズム**がよく用いられます。

発展

時刻印アルゴリズムなどの楽観的制御法に対して，ロックなどデータの書き込みを禁止するような手法を悲観的(ペシミスティック)制御法といいます。

多版同時実行制御(MVCC)

多版同時実行制御(**MVCC**：MultiVersion Concurrency Control)は，データ書込み時に新しい版を生成する手法です。トランザクションがデータを更新するとき，データをコピーして更新し，新しい版(スナップショット)として保存しておきます。排他制御が行われないため，同時にデータ読取りが実行されるときの待ちを回避します。更新した版は，トランザクションIDなどを用いて，どの順番で更新されたのかを管理します。

過去問題をチェック

排他制御／同時実行制御／MVCCについては，次のような出題があります。
午前問題だけでなく，午後問題でも出題されます。

【排他制御機能】
・平成21年春 午前Ⅱ 問13

【楽観的制御法】
・令和2年10月 午前Ⅱ 問14

【MVCC】
・平成31年春 午前Ⅱ 問18
・令和3年秋 午前Ⅱ 問16

【トランザクションの排他制御】
・平成26年春 午後Ⅰ 問2
・平成29年春 午後Ⅰ 問2

それでは，次の問題について考えてみましょう。

問題

DBMSの多版同時実行制御(MVCC)に関する記述として，適切なものはどれか。

ア　同時実行される二つのトランザクションのうち，先発のトランザクションがデータを更新し，コミットする前に，後発のトランザクションが同じデータを参照すると，更新前の値を返す。

イ　トランザクションがデータを更新する前に専有ロックを，参照する前に共有ロックを掛け，コミットかロールバック後に全てアンロックする。

ウ　トランザクションがデータを更新する前に専有ロックを，参照する前に共有ロックを掛け，専有ロックはコミットかロールバック後までアンロックしないが，共有ロックは不必要になったらアンロックする。

エ　トランザクションがデータを更新する前にロックを掛けず，コミット直前に他のトランザクションがそのデータを更新したかどうか確認し，更新していないときだけコミットする。

（平成31年春 データベーススペシャリスト試験 午前Ⅱ 問18）

解説

DBMSの多版同時実行制御（MVCC）とは，複数のユーザの処理要求を同時並行性を失わずに処理し，可用性を向上させる制御技術です。具体的には，同時実行される二つのトランザクションがあった場合に，先発のトランザクションがデータを更新し，コミットする前に，後発のトランザクションが同じデータを参照した場合には，更新前の値（書込み直前のスナップショット）を返します。したがって，アが正解です。

イ　2相ロックに関する記述です。

ウ　トランザクションのロックによる排他制御に関する記述です。

エ　時刻印アルゴリズムなど，ロックを用いない同時実行制御（楽観的制御）の仕組みに関する記述です。

≪解答≫ア

▸▸▸覚えよう！

- □　ACID特性は，原子性，一貫性，独立性，耐久性の四つ
- □　一貫性，独立性を確保するために排他制御を行う

5-2-2 ロック

ロックとは，データの整合性を保つために，データの読み書きを制限することです。ロックにはいろいろな種類があり，場合によってはデッドロックが発生することがあります。

ロック

ロック（lock，施錠）は，あるトランザクションがアクセスするデータに対して，他のトランザクションが同じデータの読み書きができないようにアクセスを制限することです。ロックを外すことをアンロックといいます。

ロックには，そのかけ方やかける範囲によっていろいろな種類があります。

共有ロック／専有ロック

ロックのかけ方には，共有ロックと専有ロックの2種類があります。

共有ロックは，データを参照するときだけにかけるロックで，他のトランザクションからもデータを参照することができます（更新はできません）。

専有ロックは，データを更新するときにかけるロックで，他のトランザクションでデータを参照することもできなくなります。

複数のトランザクションで共有ロックと専有ロックをかけようとしたときの処理は，次のようになります。

共有ロックと専有ロックの関係

	共有ロック	専有ロック
共有ロック	○	×
専有ロック	×	×

○：共存可　　×：共存不可

発展

RDBMSはほとんどの場合，ロック機能をサポートしています。しかし，ロックのかけ方や範囲（行ロックかテーブルロックかなど）はDBMSによって異なり，それにより性能や一貫性の保持に差が出てきます。
例えばOracleでは，更新対象（INSERT，UPDATE，DELETE）に対して，排他ロックでの行ロックと，共有ロックでのテーブルロックを自動で設定します。SELECT文では基本的にロックは設定しませんが，あとで更新する予定のデータを取得するときには，FOR UPDATE句を追加することでロックをかけることが可能です。

過去問題をチェック

共有ロック／専有ロックについて，データベーススペシャリスト試験では次の出題があります。

【専有ロックのトランザクション解放待ちについて】
・平成26年春 午後Ⅰ 問2 設問2

【共有／専有ロックについて】
・平成29年春 午前Ⅱ 問18
・令和3年秋 午前Ⅱ 問14

5

ロックの粒度

ロックをかける範囲には，主として**行ロック**と**テーブルロック**があります。行ロックでは，対象となるデータがある行だけロックするのに対し，テーブルロックでは，対象のテーブル全体にロックを設定します。

ロックをかける範囲の広さのことを**ロックの粒度**と呼びます。

直列化可能性

直列化可能性（または，直列可能性：Serializability）とは，複数のトランザクションを実行した結果と，トランザクションを完全に独立して順番に実行した結果が同じになることです。

二つのトランザクションA，Bがある場合，AとBを同時に実行した結果が，A→BもしくはB→Aの順番で一つずつ実行したときの結果と同じになることで，直列化可能性が保証されたといえます。

また，トランザクションA，Bでデータを読み込む順序が同じ場合，このA，Bの関係を**競合等価**といいます。競合等価の場合の直列化可能性のことを**競合直列可能性**といい，区別することもあります。

過去問題をチェック

トランザクションの直列化可能性について，データベーススペシャリスト試験では次の出題があります。

【直列（化）可能性について】
- ・平成24年春 午前Ⅱ 問19
- ・平成25年春 午前Ⅱ 問19
- ・平成26年春 午前Ⅱ 問11
- ・平成30年春 午前Ⅱ 問11
- ・令和2年10月 午前Ⅱ 問11
- ・令和5年秋 午前Ⅱ 問17

【競合直列可能性について】
- ・平成29年春 午前Ⅱ 問15

ロックと直列化可能性

ロックをかけることで，一貫性と独立性を保てるようにすることが可能です。しかし，ロックはかけさえすればいいというものではなく，そのかけ方やタイミングによってはうまくいかないこともあります。特に，ロックをかけるタイミングによっては，データベースの**直列化可能性**を保証できないことがあります。

データベースのロックによる直列化可能性について，次の問題を例に考えてみましょう。

問題

二つのトランザクションT1，T2が，データa，bに並行してアクセスする。T1，T2の組合せのうち，直列可能性を保証できるものはどれか。ここで，トランザクションの各操作の意味は次のとおりとする。

LOCK x　：データxをロックする
READ x　：データxを読み込む
WRITE x　：データxを書き出す
UNLOCK x ：データxをアンロックする

ア

T1	T2
READ a	READ a
LOCK a	LOCK a
LOCK b	LOCK b
$a=a+3$	$a=a+3$
WRITE a	WRITE a
READ b	READ b
$b=b+5$	$b=b+5$
WRITE b	WRITE b
UNLOCK a	UNLOCK a
UNLOCK b	UNLOCK b

イ

T1	T2
LOCK a	LOCK a
READ a	READ a
$a=a+3$	$a=a+3$
WRITE a	WRITE a
UNLOCK a	UNLOCK a
LOCK b	LOCK b
READ b	READ b
$b=b+5$	$b=b+5$
WRITE b	WRITE b
UNLOCK b	UNLOCK b

ウ

T1	T2
LOCK a	LOCK a
READ a	READ a
$a=a+3$	LOCK b
WRITE a	READ b
UNLOCK a	UNLOCK a
LOCK b	UNLOCK b
READ b	
$b=b+5$	
WRITE b	
UNLOCK b	

エ

T1	T2
LOCK a	LOCK a
READ a	READ a
$a=a+3$	LOCK b
WRITE a	READ b
LOCK b	UNLOCK b
READ b	UNLOCK a
$b=b+5$	
WRITE b	
UNLOCK b	
UNLOCK a	

（平成24年春 データベーススペシャリスト試験 午前Ⅱ 問19）

解説

トランザクションの直列可能性が保証されるとは，T1とT2が並行して実行されても，T1の後にT2，またはT2の後にT1が順番に実行されたときと同じ実行結果になることです。

例えば，アでは，T1とT2の両方で，LOCK aの前にREAD aが行われています。T1とT2が同時に実行された場合には，最初にT1とT2の両方がaの値を読み込んでからT1がLOCK aを実行する場合を考えると，T1でWRITE aで書き込まれた値は，T2の実行には反映されません。本来，T1とT2を順番に実行すると，$a = a + 3$が2回実行されて，aの値は$a + 6$になるはずなのですが，タイミングによっては片方の計算結果が反映されず，最終結果が$a + 3$になることもあります。これは，直列可能性が保証されていないことになるので誤りです。

同様にイでは，T1，T2の途中でUNLOCK aが実行されています。T1を先に実行していた場合，T1でUNLOCK aが実行された後，T2のLOCK aが実行可能になります。この後，タイミングによっては，T2のLOCK bがT1のLOCK bより先に実行される場合があります。つまり，T1のaを更新→T2のaを更新→T2のbを更新→T1のbを更新という順序になる場合があり，直列でT1，T2を実行した場合とは実行結果が異なる可能性があります。トランザクション途中での他のトランザクションで扱っている変数の読み取り結果は独立性(隔離性)のレベルによって異なり，データ変更前のデータを読み取る可能性があるため，一方の計算結果が反映されないおそれがあるのです。したがって，直列可能性は保証されません。

ウでは，イと同様に，T1のUNLOCK aを実行した直後に，T2の一連の処理が実行され，その後でT1の続きが実行される可能性があります。したがって，直列可能性は保証されません。

エは，T1，T2ともLOCK aが最初の行，UNLOCK aが最後の行にあるため，トランザクションの途中でもう一方のトランザクションが処理を始めることはできません。したがって，直列可能性は保証されるので正解です。

≪解答≫エ

2相ロック方式

前記の直列化可能性の例から分かるとおり，ロックのかけ方によっては，トランザクションの一貫性や独立性が保証されないことがあります。そのため，ロックのかけ方を考慮して，直列可能性が保証されるようにする必要があります。

確実に直列化可能性を保証するロック方式に，**2相ロック方式**(2相ロックプロトコル)があります。2相ロック方式とは，すべてのトランザクションにおいて，**読み書きに必要なすべてのロックが完了するまでアンロックを行わない**という方式です。

前掲の問題の正解であるエが，2相ロック方式によるロックです。LOCK *a*，LOCK *b*を行って必要なすべてのデータにロックをかけた後，最後のUNLOCK *b*，UNLOCK *a*でアンロックします。

2相ロックの2相とは，最初のロックをかけ続ける**単調増加**の相と，最後にロックを外す**単調減少**の相の二つにトランザクションが分かれるという意味です。

それでは，次の問題を考えてみましょう。

5

過去問題をチェック

2相ロックについては，次のような出題があります。

【2相ロック】

・平成22年春 午前Ⅱ 問15
・平成27年春 午前Ⅱ 問13
・平成29年春 午前Ⅱ 問15
・令和3年秋 午前Ⅱ 問13
・令和5年秋 午前Ⅱ 問12

問題

2相ロック方式に従うトランザクションに関する記述のうち，適切なものはどれか。

ア　デッドロックが発生することはない。
イ　同一トランザクション内であれば，アンロック後にロックを行うことができる。
ウ　トランザクションが利用するロックは，専有ロックに限られる。
エ　トランザクションの競合直列可能性が保証される。

(平成29年春 データベーススペシャリスト試験 午前Ⅱ 問15)

解説

2相ロックでは，ロックをかけるときにはかけ続け，途中でアンロックすることはないため，トランザクションでの資源の使用順序がロックによって決まります。そのため，競合しないトランザクション同士での競合直列可能性が保証されます。したがって，エが正解です。

ア　デッドロックは，ロックの順序によっては発生します。

イ　トランザクション内では，アンロックを続ける必要があります。

ウ　共有ロックも可能です。

≪解答≫エ

デッドロック

一つのトランザクションで複数のデータにロックをかける場合に，そのロックを取得する順番によっては，二つのトランザクションで互いのロックの解放を待つ状態になることがあります。この状態がデッドロックです。例えば，次のようなトランザクションX，Yがあるときに，ロックによって互いが解放待ちになり，身動きがとれなくなります。

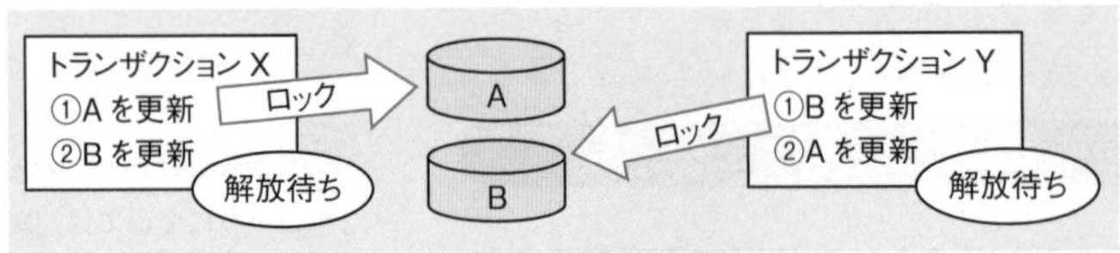

デッドロックの例

デッドロックが発生するとトランザクションが止まってしまうので，DBMSでは**デッドロックを検出**し，一方のトランザクションをロールバックすることで解決します。

このとき，デッドロックを検出するのに使われるのが待ちグラフです。トランザクションの様子を次のような待ちグラフを作って観察し，閉路（ループ）が発生したらデッドロックと判断します。上図のデッドロックの例を待ちグラフにすると，次のようになります。

過去問題をチェック

デッドロックについては，午前問題だけでなく，午後問題でも出題されます。次のような出題があります。

【デッドロックのケース】
- 平成29年春 午後Ⅰ 問2 設問2
- 平成31年春 午後Ⅰ 問3 設問4

【デッドロック回避】
- 平成25年春 午前Ⅱ 問17
- 平成31年春 午後Ⅰ 問2 設問3
- 令和4年秋 午前Ⅱ 問13
- 令和4年秋 午後Ⅰ 問3 設問2

【デッドロック検出】
- 平成22年春 午前Ⅱ 問17
- 平成26年春 午前Ⅱ 問15
- 平成28年春 午前Ⅱ 問13
- 平成30年春 午前Ⅱ 問16

【待ちグラフ】
- 平成25年春 午前Ⅱ 問10
- 平成31年春 午前Ⅱ 問10

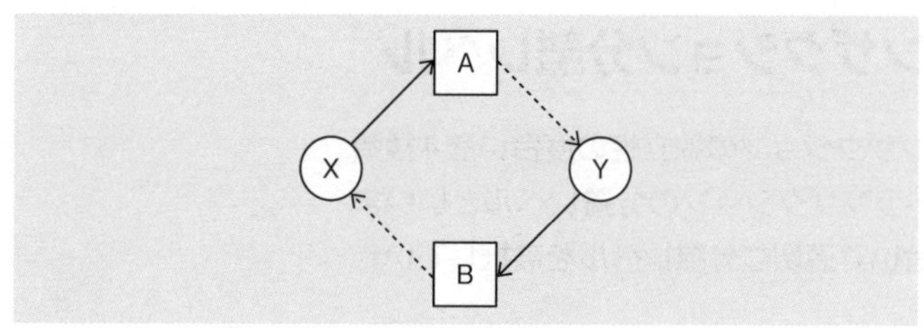

待ちグラフの例

この待ちグラフでは矢印がループしているので，デッドロックが発生したと判断することができます。

それでは，次の問題を考えてみましょう。

問題

DBMSにおいて，トランザクション間でデッドロックが発生していることを検出するために使用するものはどれか。

ア 2相ロック　　イ 時刻印アルゴリズム
ウ チェックポイント　　エ 待ちグラフ

(平成28年春 データベーススペシャリスト試験 午前Ⅱ 問13)

解説

トランザクション間でデッドロックが発生していることを検出するためのグラフに，待ちグラフがあります(エ)。待ちグラフで待ち状態がループ状になったら，デッドロックとして検出します。

ア ロックの単調増加，単調減少のアルゴリズムです。
イ 時刻で同時実行を行うアルゴリズムです。
ウ DBMSにおいてデータを書き込むタイミングです。

≪解答≫エ

▸▸▸覚えよう！

- □ 2相ロックでは，必要なロックをすべてかけた後に，ロックを解放する
- □ デッドロックを検出するために，待ちグラフを用いる

5-2-3 トランザクション分離レベル

標準SQLでは，トランザクションの独立性の度合いを4種類に定めており，これをトランザクションの分離レベルといいます。実行速度との兼ね合いで適切な分離レベルを選択していきます。

トランザクションの分離レベル

トランザクションの独立性を完全に満たそうとすると一度に一つのトランザクションしか実行できなくなることもあり，処理速度が大きく低下します。そのため，トランザクションの同時実行制御では，独立性のレベルである分離レベルをいくつか設定し，速度とデータの信頼性を天秤にかけ，業務に最適な**分離レベル**（ISOLATION LEVEL。隔離性レベル，**隔離性水準**とも訳す）を設定します。

標準SQLでは，トランザクションの分離レベルを低い順に次の四つに定めています。

①READ UNCOMMITTED（未コミット読み取り）

他のトランザクションで処理されている，コミットされていないデータを読み取ります。変更途中のデータを読み取ること（ダーティリード）ができるので，データの整合性が損なわれる可能性があります。その分，データベースの性能は四つの分離レベルのうち最も高くなります。

②READ COMMITTED（コミット読み取り）

他のトランザクションによりコミットされたデータのみを読み取ります。コミット前には古いデータ，コミット後には新しいデータを読み取るため，他のトランザクションのコミット前とコミット後の両方でデータの読み取りを行うと値が変わってしまうこと（アンリピータブルリードまたは**ノンリピータブルリード**）があります。

発展

標準SQLに定義されている分離レベルは4種類ですが，どれを使用できるかはDBMSによって異なります。例えば，Oracleの場合には，READ COMMITTEDとSERIALIZABLEの二つを定義し，第3の分離レベルとして「読み取り専用トランザクション」を用意しています（MySQLでは，四つすべてが提供されています）。大規模なデータベースではOracleが使用されることが多いせいか，データベーススペシャリスト試験の午後問題ではREAD COMMITTEDがよく使用されます。

例えば，平成22年春 データベーススペシャリスト試験 午後II 問1 設問2 (4) では，ISOLATIONレベルをREAD COMMITTEDにした場合のデッドロックが起こる可能性について出題されています。

③REPEATABLE READ（反復読み出し可能）

一つのトランザクションの実行中には，読み取り対象のデータは何度呼び出しても変更されることがないことを保証します。しかし，呼び出したデータ以外はコミット後に新しくなるため，他のトランザクションが新たに追加したデータが途中で見えるようになる（ファントムリード）可能性があります。

④SERIALIZABLE（直列化可能）

必ず直列化可能性が満たされるよう，トランザクションを同時実行制御します。トランザクションを複数並列で実行しても，順番に一つずつ実行したのと同じ結果になります。データの整合性は最も高いですが，その分並行処理ができず，性能は低くなります。

それでは，次の問題を考えてみましょう。

発展

排他制御をまったく行わない状態でのデータ更新では，**ロストアップデート**と呼ばれる，更新データの喪失が起こることがあります。あるトランザクションAで更新する前のデータを別のトランザクションBが読み込み，Aで更新したデータをBが上書きすることによって，Aの更新が失われる現象です。

分離レベルが最低のREAD UNCOMMITTEDでも，排他制御を行っている限りはこのロストアップデートは発生しません。

問題

次の（1），（2）に該当するトランザクションの隔離性水準はどれか。

（1） 対象の表のダーティリードは回避できる。

（2） 一つのトランザクション中で，対象の表のある行を２回以上参照する場合，１回目の読込みの列値と２回目以降の読込みの列値が同じであることが保証されない。

ア READ COMMITTED

イ READ UNCOMMITTED

ウ REPEATABLE READ

エ SERIALIZABLE

（令和３年秋 データベーススペシャリスト試験 午前Ⅱ 問7）

過去問題をチェック

トランザクションの分離レベルについては，次のような出題があります。

午前問題だけでなく，午後問題でも出題されます。

【トランザクションの隔離性水準】

・平成25年春 午前Ⅱ 問9

・平成30年春 午前Ⅱ 問14，問17

・平成31年春 午前Ⅱ 問9

・令和3年秋 午前Ⅱ 問7

・令和4年秋 午前Ⅱ 問14

・令和5年秋 午前Ⅱ 問16

【ISOLATIONレベルの設定】

・令和2年10月 午後Ⅰ 問2 設問2

5

解説

(1) のダーティリードについて考えます。選択肢のうちダーティリードが起こり得る分離レベルは，イのREAD UNCOMMITTEDだけです。

(2) はアンリピータブルリードのことで，これが保証されない隔離性水準はREAD COMMITTEDです。

したがって，アが正解です。

≪解答≫ア

分離レベルによって起こる現象

前述したように，トランザクションの分離レベルによって，ダーティリード，アンリピータブルリード，ファントムリードといった現象が起こることがあります。

分離レベルとこれらの現象が起こり得るかどうかの可能性の対応は次のとおりです。

分離レベルと起こる現象の関係

分離レベル	ダーティリード	アンリピータブルリード	ファントムリード
READ UNCOMMITTED	○	○	○
READ COMMITTED	×	○	○
REPEATABLE READ	×	×	○
SERIALIZABLE	×	×	×

○：可能性あり　×：可能性なし

それでは，次の問題を考えてみましょう。

問題

図は，ある探索条件を使って数学模試の平均点を算出している間，当該探索条件に合致するA君の結果を“数学模試成績”表に登録したときの様子を示している。平均点を求めるトランザクションT_1と，登録作業のトランザクションT_2が①～⑥の順序で処理された結果，合計点算出時の受験者数と平均点算出時の受験者数が異なり，正しい平均点を得ることができなかった。このとき発生した事象はどれか。ここで，トランザクションの隔離性水準はREAD UNCOMMITTEDであったとする。

過去問題をチェック

分離レベルによって起こる現象については，次のような出題があります。

【ダーティリード】
- 平成23年特別 午前Ⅱ 問15
- 平成26年春 午前Ⅱ 問14
- 平成27年春 午前Ⅱ 問16

【READ COMMITTEDで起こる現象】
- 平成24年春 午前Ⅱ 問15

【READ UNCOMMITTEDで起こる現象】
- 平成29年春 午前Ⅱ 問17

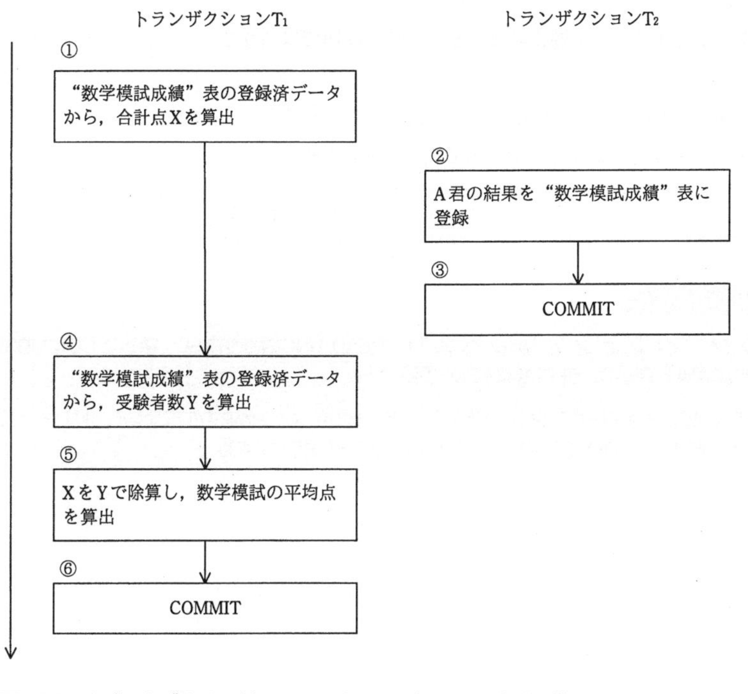

ア　アンリピータブルリード　　　イ　シーケンシャルリード

ウ　ダーティリード　　　エ　ファントムリード

（平成29年春 データベーススペシャリスト試験 午前Ⅱ 問17）

解説

トランザクションT_1を基準に考えると，①で合計点Xを算出したときに見えるレコードと，トランザクションT_2の実行後の④で受験者数Yを算出したときに見えるレコードでは，A君の1レコード分異なります。最初に見えなかったレコードが途中で見えるようになることをファントムリードといい，このトランザクションではファントムリードが起こっていることになります。したがって，エが正解です。

ア アンリピータブルリードは，コミット前後で値が変わってしまうことです。今回はデータ（レコード）の値自体は変わっていません。

イ シーケンシャルリードは順に読むことで，特に問題ではありません。

ウ ダーティリードは，変更途中のデータを読みとることです。今回はデータの変更ではなく追加なので当てはまりません。

≪解答≫エ

覚えよう！

- □ トランザクション分離レベルは，READ UNCOMMITTED，READ COMMITTED，REPEATABLE READ，SERIALIZABLEの四つ
- □ READ UNCOMMITTEDではダーティリード，READ COMMITTEDではアンリピータブルリード，REPEATABLE READではファントムリードが発生する

5-3 障害回復処理

障害回復処理では，DBMSで障害が起こったときのために，あらかじめバックアップやログを用意しておき，できる限り最新の地点までデータを復旧できるようにします。

5-3-1 ログ

DBMSでは，障害時に備えて，データの変更内容を記録したログを用意しておき，障害回復処理に役立てます。ログには，更新前ログと更新後ログの2種類があります。

ログの種類

データベースのログ(トランザクションログ)には，トランザクションのACID特性を満たすためにDBMSの操作履歴を残します。

ハードディスクなどのデータ記憶装置の故障などにも対応できるようにするため，通常のデータとは別の記憶装置に出力されることが一般的です。

ログには**更新前ログ**と**更新後ログ**の2種類があり，1回のデータ更新ごとに両方が出力されます。データベースを更新するたびに，更新する前のデータを更新前ログに，更新した後のデータを更新後ログに記述します。トランザクションがコミットすると，その情報もログに書き込みます。

発展

更新前ログ，更新後ログなどのログファイルやデータベースのデータは，従来はハードディスクなどの補助記憶装置に格納されることが一般的でした。
現在は，Flash SSD（Flash Solid State Drive）が普及し，高速化のために利用されることが多くなっています。

ログの利用方法

DBMSでは，データベースを利用するときには，利用するデータをハードディスクなどのデータが格納されている場所からメモリ上に読み込みます。CPUはメモリ上のデータしか操作できないからです。その後，データが書き換えられると，データはメモリ上でのみ更新されます。

ハードディスク上のデータ更新は，データの書換え直後に行われるわけではありません。ハードディスクへの書込みを行うポイントを**チェックポイント**といい，チェックポイントが来ると実際のハードディスクのデータが更新されます。そのため，チェックポイントで書き込まれるまでのデータは，不測の事態でメモリに障害が発生すると失われてしまいます。そのためにログを管理し，失われたデータを補完します。

ログもいったん**ログバッファ**としてメモリ上に保存し，適当なタイミングで更新前ログ，更新後ログの**ログファイル**を記憶装置(ハードディスクなど)に書き出します。ログファイルは，コミットした瞬間に記憶装置に出力されます。

メモリ，ハードディスクと，更新前ログ，更新後ログの関係は，次のとおりです。

発展
チェックポイントを利用してトランザクションの途中から処理を再開するチェックポイントリスタートという機能があります。
データベーススペシャリスト試験
平成27年春 午後Ⅰ 問3 設問2では，このチェックポイントリスタート機能についての問題が出されています。

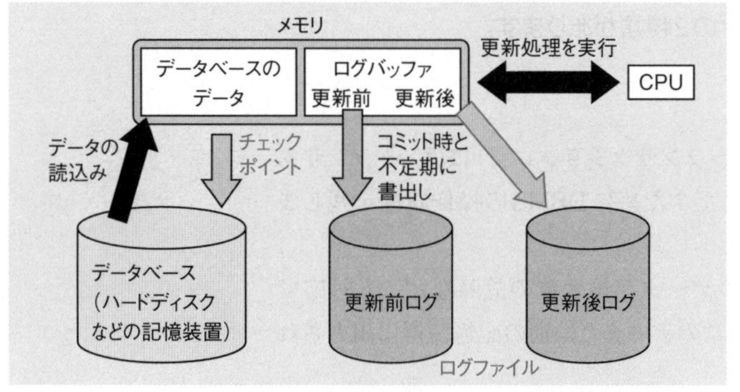

メモリ，ハードディスクと更新前ログ，更新後ログの関係

具体例で考えてみましょう。AさんとBさんがそれぞれ口座をもっており，Aさんの口座には5,000円，Bさんの口座には3,000円があるというデータが格納されたデータベースがあります。ここで，AさんからBさんに3,000円を振り込む場合を考えてみましょう。トランザクションでの更新としては，次の二つの操作を行います。

① Aさんの口座残高を3,000円減らして2,000円にする
② Bさんの口座残高を3,000円増やして6,000円にする

まず，ハードディスク(データベース)のデータを読み込み，メモリ上に読み込んだデータを配置します。

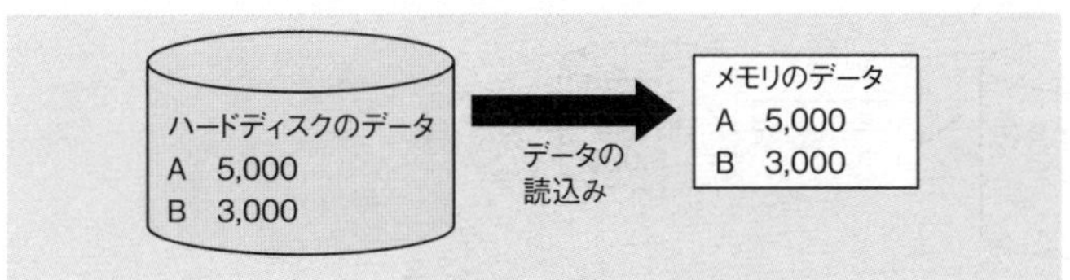

データベースからのデータの読込み

その後，①を実行すると，更新前，更新後のログが取得され，メモリ上のログバッファに書き出されます。またそれがログファイルとしてハードディスクに書き出されます。

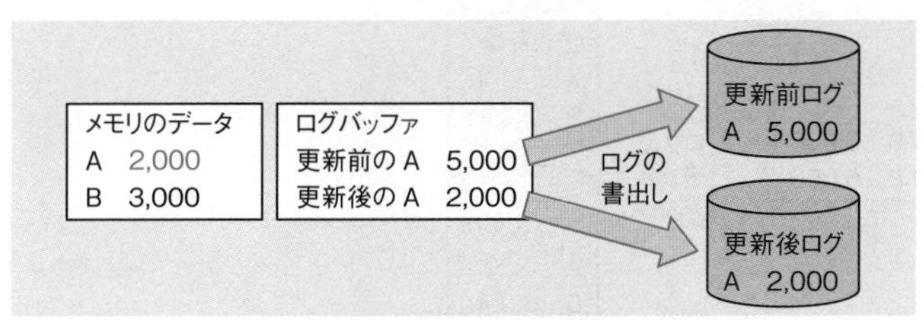

①についての更新前ログ，更新後ログの書出し

この後，トランザクションの途中でチェックポイントになると，メモリのデータがハードディスクに書き込まれます。

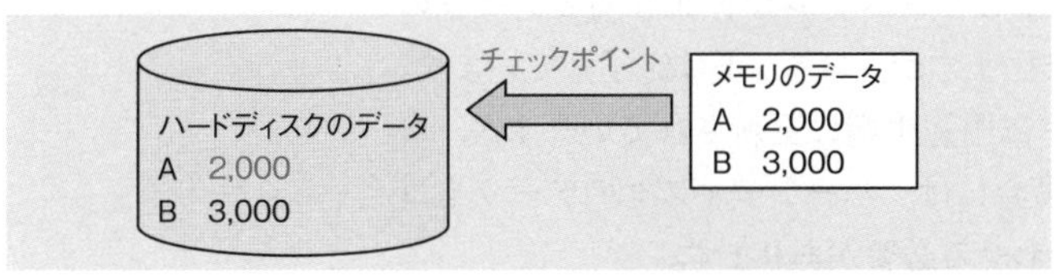

メモリからハードディスクへの書込み

この状態で障害が発生してシステムが停止すると，メモリのデータはなくなってしまいます。この時点でのハードディスクの状態は，トランザクションが途中までしか終わっていないので，3,000円が行方不明になっており，原子性が満たされていません。

ここで**更新前ログ**を利用することによって，ハードディスクのデータをトランザクションの実行前に戻すことができます。この操作を**ロールバック**（**後退復帰**）といいます。

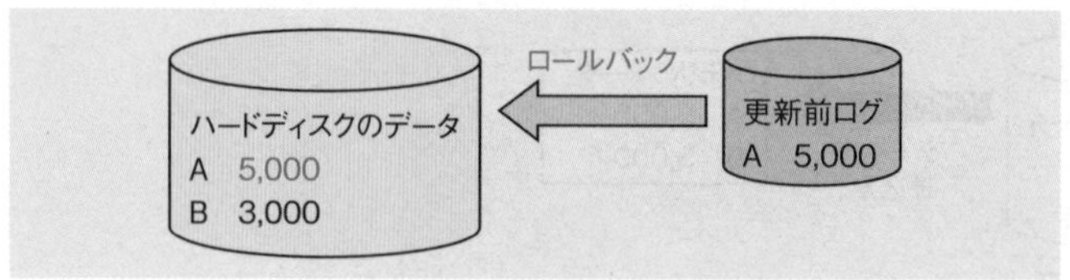

更新前ログによるロールバック

次に，途中でデータベースの障害が発生せず，②の操作も実行し，トランザクションがコミットできた場合を考えます。すると，ログのデータと更新前ログ，更新後ログは次のようになります。

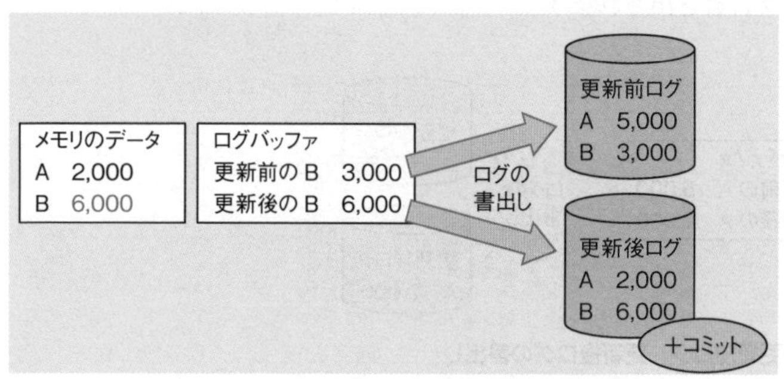

②についての更新前ログ，更新後ログの書出し

トランザクションがコミットした場合には，コミットしたという情報もログに書き込まれます。

この状態で障害が発生してシステムが停止するとメモリのデータはなくなってしまいますが，コミットは完了しています。ハードディスクのデータは中途半端に更新されていますが，コミットが完了している場合には，ハードディスクのデータもコミット完了後の状態に合わせる必要があります。

ここで更新後ログを利用することによって，ハードディスクのデータをコミット完了後の状態に進めることができます。この操作をロールフォワード(**前進復帰**)といいます。

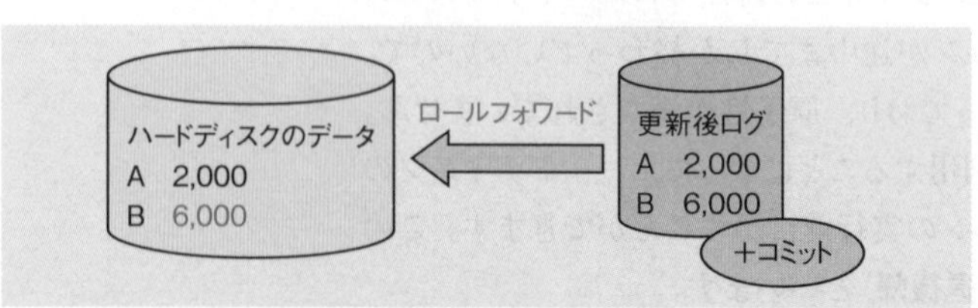

更新後ログによるロールフォワード

このように，システム障害が発生した場合でも，ロールバックやロールフォワードを行うことによって，トランザクションの耐久性を満たすことが可能になります。

それでは，次の問題を考えてみましょう。

問題

システム障害発生時には，データベースの整合性を保ち，かつ，最新のデータベース状態に復旧する必要がある。このために，DBMSがトランザクションのコミット処理完了とみなすタイミングとして，適切なものはどれか。

ア　アプリケーションの更新命令完了時点
イ　チェックポイント処理完了時点
ウ　ログバッファへのコミット情報書込み完了時点
エ　ログファイルへのコミット情報書込み完了時点

（平成26年春 データベーススペシャリスト試験 午前Ⅱ 問13）

解説

システム障害発生時でも，コミットしたログの情報が更新後ログとして保管されていれば，ロールフォワードを行うことでコミット後の状態に復旧できます。そのため，イのように完全にハードディスクのデータを更新したチェックポイント処理完了時点まで待つ必要はなく，更新後ログがログファイルに書き込まれており，その書込みが完了した時点で，トランザクションのコミット処理完了とみなすことができます。したがって，エが正解です。

アのアプリケーションの変更命令完了時点では，データベースの更新が行われていない場合があるので，コミット処理完了とはみなせません。ウは，ログバッファはメモリ上にあり，障害時にはデータと一緒に失われてしまうので，ログファイルに書き込まれるまではロールフォワードを行うことができず，コミット処理完了とはみなせません。

≪解答≫エ

過去問題をチェック

ログについての問題は，データベーススペシャリスト試験の午前Ⅱの定番です。

【ログの更新前，更新後情報について】
・平成21年春 午前Ⅱ 問3
・平成27年春 午前Ⅱ 問5
・平成29年春 午前Ⅱ 問6
・令和2年10月 午前Ⅱ 問4

【ロールバック，ロールフォワードについて】
・平成23年特別 午前Ⅱ 問13
・平成27年春 午前Ⅱ 問14
・令和5年秋 午前Ⅱ 問15

UNDOとREDO

UNDOとは，元に戻すことです。ロールバックはUNDOの操作で，元に戻すためのレコードも含めてUNDOとなります。

REDOとは，以前の更新をもう一度行うことです。ロールフォワードはREDOの操作です。

べき等（idempotent）とは，ある操作を1回行っても複数回行っても結果が同じである性質です。UNDOとREDOはべき等な操作で，繰返し実行しても，1回実行したときと同じデータの状態になります。

WALプロトコル

更新前ログと更新後ログへの書込みは，データの更新とともに行われます。このとき，

①更新前レコードの書出し
②実データの更新
③更新後レコードの書出し

の三つの作業をどのような順番で行うかは決まっていません。更新の流れを考えると，①②③の順で実行するのが自然です。しかし，例えば②と③の間で障害が発生したとすると，更新後レコードがないため，②の実データが更新されたかどうかを障害復旧時に判断することができなくなります。

そこで，②の実データを更新する前に，①と③のレコードの書出しを行っておくと，障害発生時に②のデータを確認することで，実際に更新が行われたかどうかが分かります。このような，データの変更に先立つログの書出しを行う手法を**WAL**（Write Ahead Log：ログ先行書出し）といい，WALプロトコルに基づき行われます。障害回復の点から，WALプロトコルの使用は推奨されています。

それでは，次の問題を考えてみましょう。

用語
レコードとは，第3章でも説明したとおり，テーブルの1行のことです。なお，データという用語はデータベースの行や列に特に関係するものではなく，一般にコンピュータに入っているデータのことを指します。

問題

更新前レコードと更新後レコードをログとして利用するDBMSにおいて，ログを先に書き出すWAL（Write Ahead Log）プロトコルに従うとして，処理①～⑥を正しい順番に並べたものはどれか。

① begin transactionレコードを書き出す。
② データベースを更新する。
③ ログに更新前レコードを書き出す。
④ ログに更新後レコードを書き出す。
⑤ commitレコードを書き出す。
⑥ end transactionレコードを書き出す。

ア ①→②→③→④→⑤→⑥
イ ①→③→②→④→⑥→⑤
ウ ①→③→②→⑤→④→⑥
エ ①→③→④→②→⑤→⑥

（平成24年春 データベーススペシャリスト試験 午前Ⅱ 問17）

解説

WALは，データベースを更新する前に，更新前と更新後の両方のログを書き出す方法です。つまり，②の前に③と④を行います。また，トランザクションの開始は①のbegin transaction，終了は⑥のend transactionなので，これらが最初と最後になります。コミットはすべての処理が終わってから行うので，⑤のcommitは最後の⑥の直前となります。したがって，処理の順番は，①→③→④→②→⑤→⑥となり，エが正解です。

≪解答≫エ

▶▶▶ 覚えよう！

- □ コミット前は更新前ログを使ってロールバック，コミット後は更新後ログを使ってロールフォワード
- □ WALでは，データベースを更新する前に更新前ログ，更新後ログを書き出す

5-3-2 障害回復処理

データベースの障害には，トランザクション障害，ソフトウェア障害，ハードウェア障害の三つがあります。ログは主に，ソフトウェア障害の回復処理に利用されます。

障害の種類

データベースの障害は，大きく次の三つに分けられます。

①トランザクション障害

トランザクションの途中で不具合が起こるなど，DBMS内での障害です。DBMSは正常に動いているので，DBMSの機能を用いて障害を復旧させます。例えば，トランザクションの更新に失敗した場合，トランザクションのSQLで**ROLLBACK命令**を実行し，再実行することで対処できます。

②ソフトウェア（システム）障害

DBMSやアプリケーションに障害が発生し，処理が停止したり，電源が落ちたりする障害です。メモリ上の情報が失われることが多く，障害回復処理を行う必要があります。具体的には，更新前ログや更新後ログを使用し，コミットの状態に応じてロールバックまたはロールフォワードを実行して処理途中のデータを回復します。

③ハードウェア（メディア）障害

ハードディスクなどのハードウェア自体に故障が発生する障害です。データが損傷してしまうので，バックアップを用いて復元します。ただし，バックアップデータ以降のデータの復元を行うため，バックアップのリストア（復旧）に合わせてロールフォワードを実行します。そのため，コミット完了した最新のトランザクションデータが復旧されます。

過去問題をチェック
データベーススペシャリスト試験では，障害回復処理について次の出題があります。
【バックアップを使用した障害回復処理について】
・平成22年春 午後Ⅰ 問3 設問2，3
・平成28年春 午後Ⅰ 問2 設問2，3
・令和3年秋 午後Ⅱ 問1 設問3

バックアップ

バックアップを取得するとき，バックアップ対象を**すべて**バックアップすることを**フルバックアップ**といいます。これに対し，前回のフルバックアップとの増分や差分のみをバックアップすることを増分バックアップ，差分バックアップといいます。**増分バックアップ**では，前回のフルバックアップまたは**増分バックアップ以後**に変更されたファイルだけをバックアップします。**差分バックアップ**では，前回の**フルバックアップ以後**に変更されたファイルだけをバックアップします。

図で比較すると，次のようになります。

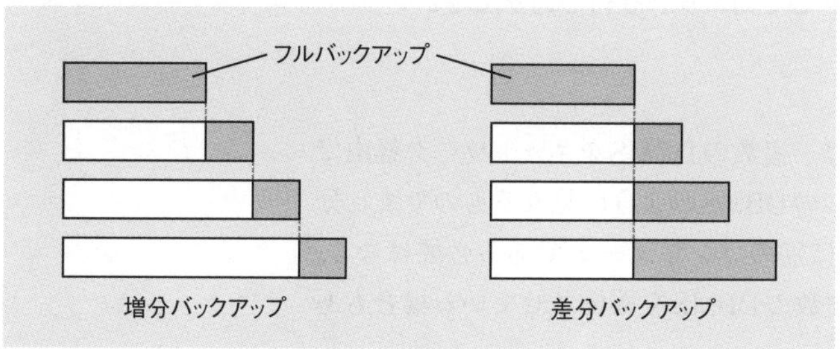

バックアップの種類

フルバックアップを取得する周期が短い方が，復旧にかかる時間は短くなります。また，増分バックアップでは，1回のバックアップにかかる時間は短くて済みますが，復旧時にはすべての増分ファイルを順番に使用する必要があるため，復旧に時間がかかります。

▶▶▶ 覚えよう！

- □ **障害の種類は，トランザクション障害，ソフトウェア障害，ハードウェア障害の三つ**
- □ **増分バックアップはその日の分だけ，差分バックアップはフルバックアップとの差をすべて取る**

5-4 分散データベース

分散データベースは，複数のDBMSが連携して一つのDBMSとして動作するデータベースです。2相コミットなどで同期をとる必要があります。

5-4-1 分散データベース

分散データベースでは，分散していることをユーザに意識させないように透過性を考える必要があります。2相コミットは，複数のDBMS全体を統一してコミットを行う方法です。

分散データベース

分散データベースとは，複数のDBMSをネットワーク経由で結合し，ユーザには一つのDBMSのように見せるものです。分散するDBMSは物理的に別のコンピュータである必要はなく，一つのコンピュータに複数のDBMSを稼働させている場合もあります。

分散データベースは，次図のようにサイト（システムの管理単位）をネットワークでつないで互いのDBMSのデータをやり取りします。

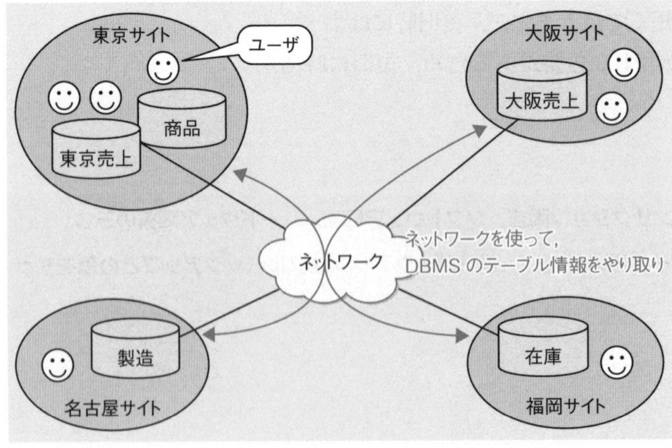

分散データベースのイメージ

データの分散の度合いは分散データベースによって異なります。完全に異なるテーブルを扱う場合や，すべてのDBMSに同じテーブルをもつ場合など様々です。

CAP定理

通常のデータベースと同様に，分散データベースのトランザクションでもACID特性である**一貫性**(Consistency)を考え，複数のサイトで一貫してデータを更新する必要があります。

また，特定のサイトで障害が発生しても全体としてデータベースの機能を維持するように，**可用性**(Availability)も考える必要があります。

さらに，分散データベースにおいて，システムの通信障害が起こって分断されても処理を継続できるようにする性質のことを**分断耐性**(Partition-tolerance)といいます。

しかし，一貫性，可用性，分断耐性は互いにトレードオフの関係にあり，同時に満たすことが難しい性質です。例えば，データの一貫性を重視すると，障害発生時に複数のサイトが連動できないときにはデータの更新を防ぐ必要があり，可用性や分断耐性を維持するのが難しくなります。

分散型データベースシステムでは，一貫性(C)・可用性(A)・分断耐性(P)の三つの特性のうち，同時には最大二つまでしか満たすことができないとする理論があり，**CAP定理**と呼ばれます。

それでは，次の問題を考えてみましょう。

問題

図のデータベース1，2は互いのデータの複製をもつ冗長構成である。クライアントからの更新・参照要求を受けたデータベースサーバ(以下，サーバという)は直下のデータベースを更新・参照し，他方のサーバにデータ更新を通知する。通知を受けたサーバは直下のデータベースに更新を反映する。

サーバ1，2間のネットワークが分断し，データ更新を通知できなくなったとき，CAP定理で重視する特性(C，A，P)に対するサーバの挙動のうち，適切な組合せはどれか。

過去問題をチェック

CAP定理については，次のような出題があります。

【CAP定理】

- 平成31年春 午前Ⅱ 問1
- 令和2年10月 午前Ⅱ 問1
- 令和3年秋 午前Ⅱ 問1
- 令和5年秋 午前Ⅱ 問1

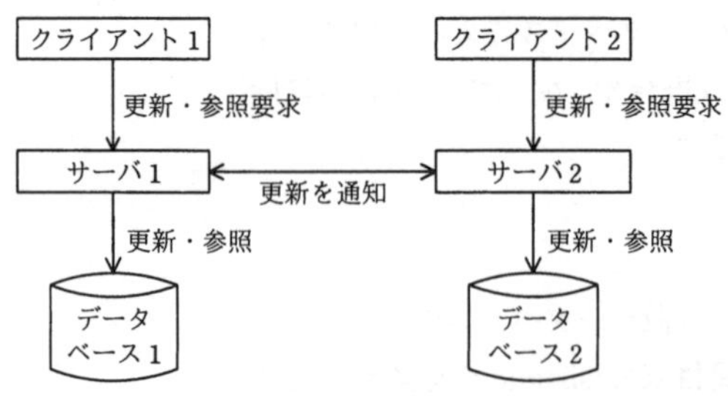

	CAP定理の特性C及びPを重視する場合	CAP定理の特性A及びPを重視する場合
ア	一方のサーバは停止し，もう一方のサーバは動作し続ける。	両方のサーバが停止する。
イ	一方のサーバは停止し，もう一方のサーバは動作し続ける。	両方のサーバが動作し続ける。
ウ	両方のサーバが動作し続ける。	一方のサーバは停止し，もう一方のサーバは動作し続ける。
エ	両方のサーバが動作し続ける。	両方のサーバが停止する。

（令和2年10月 データベーススペシャリスト試験 午前Ⅱ 問1）

解説

CAP定理とは，分散型データベースシステムにおいては，Consistency（一貫性）・Availability（可用性）・Partition-tolerance（分断耐性）の三つの特性のうち，同時には最大二つまでしか満たすことができないとする理論です。

CAP定理でCの一貫性を，Aの可用性より重視する場合には，データの不整合を起こさないためにサーバを一つにすることを優先します。サーバ1，2間のネットワークが分断し，データ更新を通知できなくなったとき，一方のサーバは停止し，もう一方のサーバは動作し続けることで，アクセスするデータを1か所に集中させて不整合を防ぎます。

逆に，Aの可用性をCの一貫性より重視する場合には，サーバを稼働し続けるために二重化し，サーバが停止する可能性を減らすことを優先します。ネットワークが分断しても両方のサーバを動かし続けることで，サーバの停止の可能性を低くします。

したがって，組み合わせの正しいイが正解です。

≪解答≫イ

現実的な話では，ネットワークが正常に動作しなくなると分断耐性を満たせなくなるので，ネットワーク分断が起きたときに，一貫性と可用性のどちらを優先するのかを考える必要があります。

分散データベースの透過性

ユーザの立場で考えると，データベースのデータ（テーブル）が複数のサイトに分散されていると非常に使いづらいことになります。そのため，分散データベースでは，データが分散していることをユーザに意識させないように，次のような透過性を実現する必要があります。

分散データベースの透過性は，主に①～③の三つですが，ほかにもいろいろ挙げられます。
例えば，DBMS間でデータが移動してもユーザに気づかれないようにする，移動に関する透過性や，異なるDBMSを使用していることをユーザに意識させない，DBMSに関する透過性などがあります。

5

①位置に対する透過性

データが物理的にどこのサイトに格納されていても，ユーザはそのことを意識せず，必要なデータにアクセスできることです。例えば，東京サイトのユーザが福岡にある在庫データを見たいときには，東京サイトのDBMSにアクセスすれば，その情報を見られるようにします。

②分割に対する透過性

データを物理的に分割し，断片化して格納していても，ユーザはそれを意識しなくてすむことです。例えば，売上データについて，東京のデータは東京サイトに，大阪のデータは大阪サイトに格納されていても，ユーザが売上を検索すると両方のサイトのデータにアクセスできるようにします。

③複製に対する透過性

データを複製して複数のサイトに格納していても，ユーザからは一つのデータにアクセスしているように見えることです。複数サイトのデータの更新を伝搬させることによって，すべての複製データを最新の状態に保つ必要があります。

2相コミット

分散データベースでは，物理的に複数のサイトにシステムがあっても，全体で一つのシステムとして動く必要があります。全体で一つということは，複数のDBMSにまたがるトランザクションのコミットも，DBMSごとではなく全体でまとめて行う必要があります。そのために必要な仕組みが**2相コミット**です。

2相コミットでは，トランザクションは複数のサブトランザクションに分割され，サイトごとにサブトランザクションを実行します。サブトランザクションのうちの一つを調停者（主サイト）とし，調停者がすべてのトランザクションへの指示を行います。

2相コミットでは，コミットを次の2相（2段階）に分けて考えます。

①第1相

ユーザからの要求は調停者が受け，調停者が他のすべてのDBMSに「コミットしていい？」と問い合わせる**コミット要求**を行います。この段階で一つでもNGが返ってきたりして正常に終了することができない場合は，すべてのDBMSに**ロールバック指示**を行います。

②第2相

全員からOKが返ってきたら，コミットさせることを決定し，第2相に移ります。調停者はすべてのDBMSに,「コミットしてね」というコミット指示を行います。

すべてのDBMSにコミットを強制するので，この段階で障害が発生した場合には，ログファイルなどを使って**ロールフォワード**させるなどして，すべてのDBMSをコミット後の状態に揃えます。

調停者以外のDBMSでは，第1相のコミット要求に返答してから第2相のコミット指示が来るまでの間は，**コミットもロールバックもできない状態（セキュア状態）**になります。

2相コミットの流れを図にすると，次のようになります。

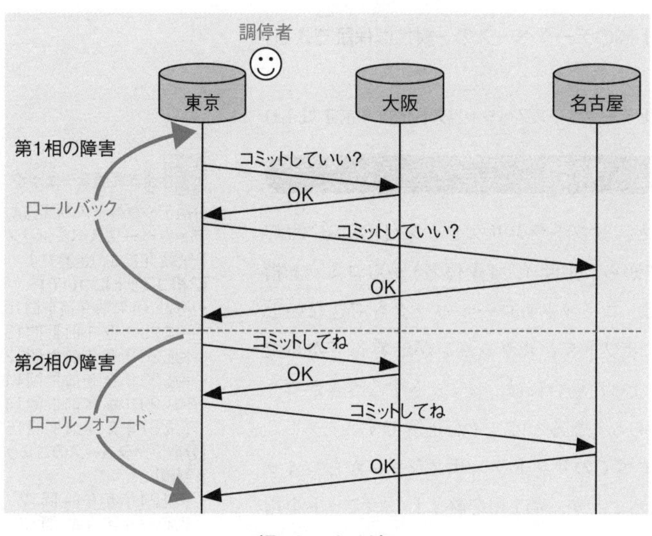

2相コミットの流れ

それでは，次の問題を考えてみましょう。

問題

分散データベースのトランザクションが複数のサブトランザクションに分割され，複数のサイトで実行されるとき，トランザクションのコミット制御に関する記述のうち，適切なものはどれか。

ア　2相コミットでは，サブトランザクションが実行される全てのサイトからコミット了承応答が主サイトに届いても，主サイトはサブトランザクションごとにコミット又はロールバックの異なる指示を出す場合がある。

イ　2相コミットを用いても，サブトランザクションが実行されるサイトに主サイトの指示が届かず，サブトランザクションをコミットすべきかロールバックすべきか分からない場合がある。

ウ　2相コミットを用いると，サブトランザクションがロールバックされてもトランザクションがコミットされる場合がある。

エ　集中型データベースのコミット制御である1相コミットで，分散データベースを構成する個々のサイトが独自にコミットを行っても，サイト間のデータベースの一貫性は保証できる。

（令和3年秋 データベーススペシャリスト試験 午前Ⅱ 問12）

解説

2相コミットを用いると，サブトランザクション（DBMS）では，コミット要求に応答してから，主サイト（調停者）からコミット指示が送られてくるまでは，コミットもロールバックもできないセキュア状態となります。サブトランザクションが応答してから主サイトの指示が届かなくなった場合には，コミットするべきかロールバックするべきか分からなくなるので，イが正解です。

ア 2相コミットでは，すべてのサブトランザクションからコミット了承応答が得られることが，第1相を終了し，コミットを指示する条件です。そのため，コミット了承応答が得られた場合には，必ずコミットさせます。

ウ 2相コミットでは，ロールバックを行う場合にはすべてのサブトランザクションで行います。

エ 1相コミットで個々のサイトが独自にコミットを行うと，コミットが統一されないので，一貫性が保たれない場合があります。

≪解答≫イ

過去問題をチェック

分散データベースの問題は，データベーススペシャリスト試験 午前Ⅱの定番です。

【2相コミットについて】
- 平成23年特別 午前Ⅱ 問13
- 平成25年春 午前Ⅱ 問13
- 平成26年春 午前Ⅱ 問12
- 平成28年春 午前Ⅱ 問14
- 平成29年春 午前Ⅱ 問14
- 平成31年春 午前Ⅱ 問15

【分散データベースのコミット制御】
- 平成24年春 午前 問12
- 平成27年春 午前 問12
- 平成30年春 午前 問13
- 令和3年秋 午前Ⅱ 問12

【透過性について】
- 平成23年特別 午前Ⅱ 問20
- 平成24年春 午前Ⅱ 問23
- 平成26年春 午前Ⅱ 問19
- 平成28年春 午前Ⅱ 問18
- 平成30年春 午前Ⅱ 問23
- 令和4年秋 午前Ⅱ 問23

【シャーディング】
- 令和5年秋 午前Ⅱ 問2

シャーディング

シャーディングとは，シャードと呼ばれる小さなチャンクにデータを分割し，複数のデータベースサーバに保存することです。分散データベースで使用される方法で，連携して大量のデータを格納し，処理できます。

シャーディングでは，あらかじめ定められた規則に従って，複数のノードにチャンクを割り当てます。割当は水平方向と垂直方向の二つの方法で実装することができます。水平方向のシャーディングでは行を基準に分割します。垂直方向のシャーディングでは列を基準に分割します。

用語

チャンクとは，分散するデータの単位です。チャンクの最大サイズに達すると分割されます。

覚えよう！

- □ 位置に対する透過性，分割に対する透過性，複製に対する透過性を満たす必要がある
- □ 2相コミットでは，すべてのDBMSからのコミット要求がOKなら，全体をコミットさせる

5-5 問題演習

5-5-1 午前問題

問1 B^+木インデックスのオーダー CHECK ▶ □□□

B^+木インデックスが定義されている候補キーを利用して，1件のデータを検索するとき，データ総件数Xに対するB^+木インデックスを格納するノードへのアクセス回数のオーダーはどれか。

ア $\sqrt{X}$　　イ $\log X$　　ウ X　　エ X!

問2 分散DBMSで結合を行う方式 CHECK ▶ □□□

分散型DBMSにおいて，二つのデータベースサイトの表で結合を行う場合，どちらか一方の表をもう一方のデータベースサイトに送る必要がある。その際，表の結合に必要な列値だけを送り，結合に成功した結果を元のデータベースサイトに転送して，最終的な結合を行う方式はどれか。

ア 入れ子ループ法　　イ セミジョイン法
ウ ハッシュセミジョイン法　　エ マージジョイン法

問3 直列化可能性 CHECK ▶ □□□

トランザクションの直列化可能性（serializability）の説明はどれか。

ア 2相コミットが可能であり，複数のトランザクションを同時実行できる。
イ 隔離性水準が低い状態であり，トランザクション間の干渉が起こり得る。
ウ 複数のトランザクションが，一つずつ順にスケジュールされて実行される。
エ 複数のトランザクションが同時実行された結果と，逐次実行された結果とが同じになる。

問4 デッドロック回避の設計 CHECK ▶ □□□

複数のバッチ処理を並行して動かすとき，デッドロックの発生をできるだけ回避したい。バッチ処理の設計ガイドラインのうち，適切なものはどれか。

ア 参照するレコードにも，専有ロックを掛けるように設計する。
イ 大量データに同じ処理を行うバッチ処理は，まとめて一つのトランザクションとして処理するように設計する。
ウ トランザクション開始直後に，必要なレコード全てに専有ロックを掛ける。ロックに失敗したレコードには，しばらく待って再度ロックを掛けるように設計する。
エ 複数レコードを更新するときにロックを掛ける順番を決めておき，全てのバッチ処理がこれに従って処理するように設計する。

問5 RDBMSのロック CHECK ▶ □□□

RDBMSのロックに関する記述のうち，適切なものはどれか。ここで，X，Yはトランザクションとする。

ア XがA表内の特定行aに対して共有ロックを獲得しているときは，YはA表内の別の特定行bに対して専有ロックを獲得することができない。
イ XがA表内の特定行aに対して共有ロックを獲得しているときは，YはA表に対して専有ロックを獲得することができない。
ウ XがA表に対して共有ロックを獲得しているときでも，YはA表に対して専有ロックを獲得することができる。
エ XがA表に対して専有ロックを獲得しているときでも，YはA表内の特定行aに対して専有ロックを獲得することができる。

問6 待ちグラフ CHECK ▶ □□□

t_1 ～ t_{10}の時刻でスケジュールされたトランザクションT_1 ～ T_4がある。時刻t_{10}でT_1がcommitを発行する直前の，トランザクションの待ちグラフを作成した。aに当てはまるトランザクションはどれか。ここで，select (*X*) は共有ロックを掛けて資源*X*を参照することを表し，update (*X*) は専有ロックを掛けて資源*X*を更新することを表す。これらのロックは，commitされるまでアンロックされないものとする。また，トランザクションの待ちグラフの矢印は，$T_i \rightarrow T_j$としたとき，T_jがロックしている資源のアンロックを，T_iが待つことを表す。

〔トランザクションのスケジュール〕

時刻	トランザクション			
	T_1	T_2	T_3	T_4
t_1	select (A)	–	–	–
t_2	–	select (B)	–	–
t_3	–	–	select (A)	–
t_4	–	–	–	select (B)
t_5	–	–	–	update (B)
t_6	select (C)	–	–	–
t_7	–	select (C)	–	–
t_8	–	update (C)	–	–
t_9	–	–	update (A)	–
t_{10}	commit	–	–	–

〔トランザクションの待ちグラフ〕

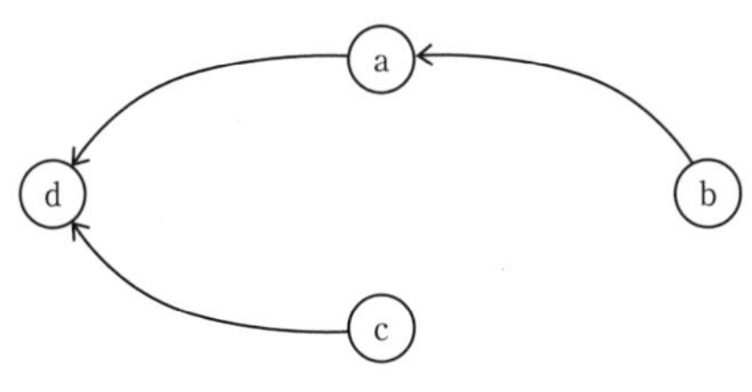

ア T_1　　イ T_2　　ウ T_3　　エ T_4

問7 トランザクションの隔離性水準 CHECK ▶ □□□

トランザクションT_1がある行Xを読んだ後，別のトランザクションT_2が行Xの値を更新してコミットし，再びT_1が行Xを読むと，以前読んだ値と異なる値が得られた。この現象を回避するSQLの隔離性水準のうち，最も水準の低いものはどれか。

ア READ COMMITTED
イ READ UNCOMMITTED
ウ REPEATABLE READ
エ SERIALIZABLE

問8 WAL CHECK ▶ □□□

WAL（Write Ahead Log）プロトコルの目的に関する説明のうち，適切なものはどれか。

ア 実行中のトランザクションを一時停止させることなく，チェックポイント処理を可能にする。
イ デッドロック状態になっているトランザクションの検出を可能にする。
ウ 何らかの理由でDBMSが停止しても，コミット済みであるがデータベースに書き込まれていない更新データの回復を可能にする。
エ ログを格納する記録媒体に障害が発生しても，データベースのデータ更新を可能にする。

問9 ロールバックとロールフォワード CHECK ▶ □□□

DBMSをシステム障害発生後に再立上げするとき，ロールフォワードすべきトランザクションとロールバックすべきトランザクションの組合せとして，適切なものはどれか。ここで，トランザクションの中で実行される処理内容は次のとおりとする。

トランザクション	データベースに対するRead回数とWrite回数
T1，T2	Read 10，Write 20
T3，T4	Read 100
T5，T6	Read 20，Write 10

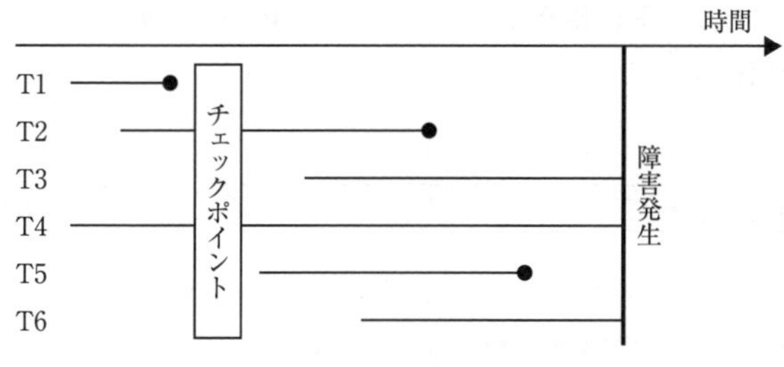

―― はコミットされていないトランザクションを示す。
――● はコミットされたトランザクションを示す。

	ロールフォワード	ロールバック
ア	T2，T5	T6
イ	T2，T5	T3，T6
ウ	T1，T2，T5	T6
エ	T1，T2，T5	T3，T6

問10 DBMSのログ CHECK ▶ □□□

DBMSが取得するログに関する記述として，適切なものはどれか。

ア　トランザクションの取消しに備えて，データベースの更新されたページに対する更新後情報を取得する。

イ　媒体障害からの復旧に備えて，データベースの更新されたページに対する更新前情報を取得する。

ウ　ロールバック後のトランザクション再実行に備えて，データベースの更新されたページに対する更新後情報を取得する。

エ　ロールフォワードに備えて，データベースの更新されたページに対する更新後情報を取得する。

問11 2相コミット CHECK ▶ □□□

分散データベースシステムにおいて，複数のデータベースサイトを更新する場合に用いられる2相コミットの処理手順のうち，適切なものはどれか。

ア　主サイトが各データベースサイトにコミット準備要求を発行した場合，各データベースサイトは，準備ができていない場合だけ応答を返す。

イ　主サイトは，各データベースサイトにコミットを発行し，コミットが失敗した場合には，再度コミットを発行する。

ウ　主サイトは，各データベースサイトのロックに成功した後，コミットを発行し，各データベースサイトをアンロックする。

エ　主サイトは，コミットが可能であることを各データベースサイトに確認した後，コミットを発行する。

問12 分散データベースの透過性 CHECK ▶ □□□

分散データベースシステムの目標の一つである“移動に対する透過性”の説明として，適切なものはどれか。

ア 運用の都合や性能向上の目的で表の格納サイトが変更されても，利用者にこの変更を意識させないで利用可能にする機能のことである。

イ データベースが通信網を介して物理的に分散配置されていても，利用者にこの分散状況を意識させないで利用可能にする機能のことである。

ウ 一つの表が複数のサイトに重複して格納されていても，利用者にこれを意識させないで利用可能にする機能のことである。

エ 一つの表が複数のサイトに分割して格納されていても，利用者にこれを意識させないで利用可能にする機能のことである。

問13 CAP定理 CHECK ▶ □□□

CAP定理に関する記述として，適切なものはどれか。

ア システムの可用性は基本的に高く，サービスは利用可能であるが，整合性については厳密ではない。しかし，最終的には整合性が取れた状態となる。

イ トランザクション処理は，データの整合性を保証するので，実行結果が矛盾した状態になることはない。

ウ 複数のトランザクションを並列に処理したときの実行結果と，直列で逐次処理したときの実行結果は一致する。

エ 分散システムにおいて，整合性，可用性，分断耐性の三つを同時に満たすことはできない。

午前問題の解説

問1 (令和5年秋 データベーススペシャリスト試験試験 午前Ⅱ 問4)

《解答》イ

B^+木は，木構造の一種で，各ノードにデータを最大n件格納できます。

木の根から，各段のノード数を考えると，1，n，n^2，n^3…と指数関数的に増えていきます。d段のB^+木に格納できるデータ数はおよそn^dとなり，段数が1段増えると格納できるデータ数はn倍となります。そのため，データ総件数Xの場合のアクセス回数(段数)は，$X = n^d$のときd段となるので，$d = \log_n X$で求めることができます。オーダーを表すときには，底(n)は気にしないので，log Xとなります。したがって，**イ**が正解です。

問2 (令和2年10月 データベーススペシャリスト試験 午前Ⅱ 問18)

《解答》イ

分散型DBMSにおいて，通信量を減らすために，表の結合に必要な属性のデータだけを送って一部を結合(セミジョイン)し，結合に成功したものだけを返す手法を，セミジョイン法といいます。したがって，**イ**が正解です。

ア　通常の結合で使われる，二重ループで結合する方法です。

ウ　セミジョインを行うときに，ハッシュ関数を用いる方法です。

エ　あらかじめ整列して並べたデータ同士を結合する方法です。

問3 (令和2年10月 データベーススペシャリスト試験 午前Ⅱ 問11)

《解答》エ

トランザクションの直列化可能性(直列可能性)とは，複数のトランザクションを同時に実行しても，完全に独立して逐次(順番に)実行された結果と同じになる状態のことです。したがって，**エ**が正解です。

ア　2相コミットでは，一つのトランザクションで複数の分散データベースを更新します。

イ　隔離性水準が低い状態では，直列化可能性は保証されなくなります。

ウ　トランザクションが一つずつ順に実行される場合には直列化可能性は保証されますが，複数同時実行でもロックなどの機構を用いることで，保証されるように制御することは可能です。

問4　（令和4年秋 データベーススペシャリスト試験 午前Ⅱ 問13）

《解答》エ

デッドロックは互いに処理を待ち合う状態なので，レコードにロックを掛ける順番が異なるトランザクションの間で発生します。複数レコードを更新するときに，ロックを掛ける順番を決めておくとロックの順番を同じにできるので，デッドロックは発生しません。したがって，**エ**が正解です。

ア　専有ロックでもデッドロックは発生します。

イ　トランザクションを大きくすると，デッドロックの可能性は上がります。

ウ　必要なレコードすべてに最初に一気にロックを掛ける方法は有効ですが，失敗したレコードに再度ロックを掛けることでデッドロックが発生する可能性があります。

問5　（令和3年秋 データベーススペシャリスト試験 午前Ⅱ 問14）

《解答》イ

RDBMSでは，A表内の特定行aに共有ロックがかかっていると，その行が含まれるA表全体に専有ロックをかけることはできなくなります。したがって，**イ**が正解です。

ア　特定行aと特定行bのロックは共存可能です。

ウ　A表に共有ロックがかかっている場合，同じ表に専有ロックをかけることはできません。

エ　A表全体に専有ロックがかかっている場合には，特定行に対してのロックはできなくなります。

問6 （平成31年春 データベーススペシャリスト試験 午前Ⅱ 問10）

《解答》イ

selectでかける共有ロックは複数のトランザクションで共有できますが，updateを使用して専有ロックをかけるときには共有できないので，待ちが発生します。

〔トランザクションのスケジュール〕を基にt_1～t_9までの待ちグラフを作成すると，t_9の終了時点で，待ちグラフは次のようになります。

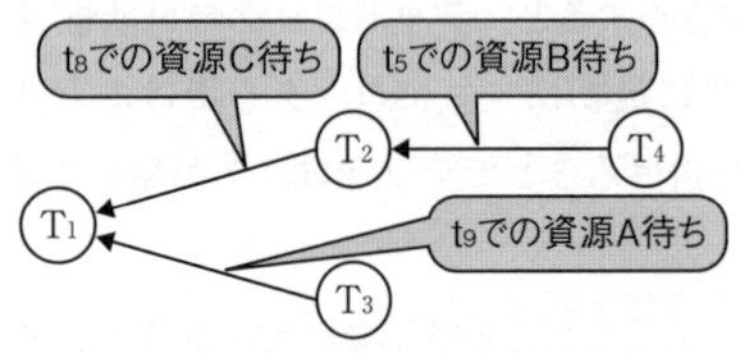

したがって，〔トランザクションの待ちグラフ〕のaに当てはまるものはT_2となるので，イが正解です。

問7 （令和4年秋 データベーススペシャリスト試験 午前Ⅱ 問14）

《解答》ウ

選択肢にあるトランザクションの隔離性水準を，低い順に並べると次のようになります。

・READ UNCOMMITTED（未コミット読み取り）

・READ COMMITTED（コミット読み取り）

・REPEATABLE READ（反復呼出し可能）

・SERIALIZABLE（直列化可能）

トランザクションT_1がある行Xを読んだ後，別のトランザクションT_2が行Xの値を更新してコミットし，再びT_1が行Xを読むと，以前読んだ値と異なる値が得られる現象を，アンリピータブルリードといいます。アンリピータブルリードは，READ COMMITTEDまでの隔離性水準では発生する可能性があります。発生しない隔離性水準のうち，最も水準の低いものは，REPEATABLE READになります。したがって，ウが正解です。

ア，イ　アンリピータブルリードを回避できません。

エ　アンリピータブルリードを回避できますが，REPEATABLE READより隔離性水準が高くなります。

問8 (平成28年春 データベーススペシャリスト試験 午前Ⅱ 問16)

《解答》ウ

WALプロトコルは，データを更新する前にログ(更新前ログ，更新後ログの両方)を記録するプロトコルです。データが更新されるときには先に必ずログが記録されるので，何らかの理由でDBMSが停止しても，ログデータからの回復が可能になります。したがって，**ウ**が正解です。

問9 (平成27年春 データベーススペシャリスト試験 午前Ⅱ 問14)

《解答》ア

トランザクションのロールフォワードやロールバックとは，更新後や更新前のログを用いて，データを変更後，または変更前の状態にすることです。そのため，データをReadしているだけならロールフォワードやロールバックは意味がないので，トランザクションT3，T4は何もする必要はありません。

また，チェックポイントによって変更はすべてディスクに反映されるので，コミット後にチェックポイントが来たT1は，復帰させる必要はありません。

ロールフォワードさせる必要があるのは，コミット後に障害が発生したためコミットした状態に進める必要があるT2とT5です。ロールバックさせる必要があるのは，コミット前に障害が発生したT6です。したがって，**ア**が正解です。

問10 (令和2年10月 データベーススペシャリスト試験 午前Ⅱ 問4)

《解答》エ

ロールフォワードではデータベースの更新後情報(更新後ログ)を使うので，更新後情報を取得しておく必要があります。したがって，**エ**が正解です。

ア　トランザクションの取消しは，更新前情報でロールバックします。

イ　媒体障害の場合は，バックアップと更新後情報によるロールフォワードによって直前のコミットまでデータを復旧します。

ウ　ロールバック後のトランザクション再実行では，ログは使用しません。

5

問11 （平成31年春 データベーススペシャリスト試験 午前Ⅱ 問15）

《解答》エ

2相コミットでは，主サイトが最初に各データベースサイトにコミットが可能であることを確認し，すべてのデータベースサイトから肯定応答が返ってきたら，コミット指示を各データベースサイトに出します。したがって，**エ**が正解です。

ア　すべての場合に応答する必要があります。

イ　コミットを発行する前に，コミット可能かどうかを確認します。

ウ　ロックとは関係ありません。

問12 （平成28年春 データベーススペシャリスト試験 午前Ⅱ 問18）

《解答》ア

分散データベースシステムの移動に関する透過性とは，データベースが移動しても利用者にそれを意識させないことです。運用の都合や性能向上の目的で表の格納サイトが変更されることは移動に該当するので，**ア**が正解です。

イ　位置に対する透過性の説明です。

ウ　複製に対する透過性の説明です。

エ　分割に対する透過性の説明です。

問13 （令和５年秋 データベーススペシャリスト試験 午前Ⅱ 問1）

《解答》エ

CAP定理とは，データベースで満たすべき，一貫性（Consistency：整合性ともいう）・可用性（Availability）・分断耐性（Partition-tolerance）の三つの特性のうち，分散データベースシステムでは同時には最大二つまでしか満たすことができないという理論です。したがって，**エ**が正解です。

ア　結果整合性に関する記述です。

イ　ACID特性の一貫性に関する記述です。

ウ　ACID特性の独立性に関する記述です。

5-5-2 午後問題

問題 データベースの実装と性能 CHECK ▶ □□□

データベースの実装と性能に関する次の記述を読んで，設問に答えよ。

事務用品を関東地方で販売するC社は，販売管理システム（以下，システムという）にRDBMSを用いている。

〔RDBMSの仕様〕

1. 表領域
 (1) テーブル及び索引のストレージ上の物理的な格納場所を，表領域という。
 (2) RDBMSとストレージとの間の入出力単位を，ページという。同じページに，異なるテーブルの行が格納されることはない。
2. 再編成，行の挿入
 (1) テーブルを再編成することで，行を主キー順に物理的に並び替えることができる。また，再編成するとき，テーブルに空き領域の割合（既定値は30%）を指定した場合，各ページ中に空き領域を予約することができる。
 (2) INSERT文で行を挿入するとき，RDBMSは，主キー値の並びの中で，挿入行のキー値に近い行が格納されているページを探し，空き領域があればそのページに，なければ表領域の最後のページに格納する。最後のページに空き領域がなければ，新しいページを表領域の最後に追加し，格納する。

〔業務の概要〕

1. 顧客，商品，倉庫
 (1) 顧客は，C社の代理店，量販店などで，顧客コードで識別する。顧客にはC社から商品を届ける複数の発送先があり，顧客コードと発送先番号で識別する。
 (2) 商品は，商品コードで識別する。
 (3) 倉庫は，1か所である。倉庫には複数の棚があり，一連の棚番号で識別する。商品の容積及び売行きによって，一つの棚に複数種類の商品を保管することも，同じ商品を複数の棚に保管することもある。
2. 注文の入力，注文登録，在庫引当，出庫指示，出庫の業務の流れ
 (1) 顧客は，C社が用意した画面から注文を希望納品日，発送先ごとに入力し，C社のEDIシステムに蓄える。注文は，単調に増加する注文番号で識別する。注文する商品の入力順は自由で，入力後に商品の削除も同じ商品の追加もできる。

(2) C社は，毎日定刻（9時と14時）に注文を締める。EDIシステムに蓄えた注文をバッチ処理でシステムに登録後，在庫を引き当てる。

(3) 出庫指示書は，当日が希望納品日である注文ごとに作成し，倉庫の出庫担当者（以下，ピッカーという）を決めて，作業開始の予定時刻までにピッカーの携帯端末に送信する。携帯端末は，棚及び商品のバーコードをスキャンする都度，システム中のオンラインプログラムに電文を送信する。

(4) 出庫は，ピッカーが出庫指示書の指示に基づいて1件の注文ごとに行う。

① 棚の通路の入口で，携帯端末から出庫開始時刻を伝える電文を送信する。

② 棚番号の順に進みながら，指示された棚から指示された商品を出庫する。

③ 商品を出庫する都度，携帯端末で棚及び商品のバーコードをスキャンし，商品を台車に積む。ただし，一つの棚から商品を同時に出庫できるのは1人だけである。また，順路は1方向であるが，通路は追い越しができる。

④ 台車に積んだ全ての商品を指定された段ボール箱に入れて梱包する。

⑤ 別の携帯端末で印刷したラベルを箱に貼り，ラベルのバーコードをスキャンした後，梱包した箱を出荷担当者に渡すことで1件の注文の出庫が完了する。

〔システムの主なテーブル〕

システムの主なテーブルのテーブル構造を図1に，主な列の意味・制約を表1に示す。主キーにはテーブル構造に記載した列の並び順で主索引が定義されている。

顧客（顧客コード，顧客名，…）
顧客発送先（顧客コード，発送先番号，発送先名，発送先住所，…）
商品（商品コード，商品名，販売単価，注文単位，商品容積，…）
在庫（商品コード，実在庫数，引当済数，引当可能数，基準在庫数，…）
棚（棚番号，倉庫内位置，棚容積，…）
棚別在庫（棚番号，商品コード，棚別実在庫数，出庫指示済数，出庫指示可能数，…）
ピッカー（ピッカーID，ピッカー氏名，…）
注文（注文番号，顧客コード，注文日，締め時刻，希望納品日，発送先番号，…）
注文明細（注文番号，注文明細番号，商品コード，注文数，注文額，注文状態，…）
出庫（出庫番号，注文番号，ピッカーID，出庫日，出庫開始時刻，…）
出庫指示（出庫番号，棚番号，商品コード，注文番号，注文明細番号，出庫数，出庫時刻，…）

図1 テーブル構造（一部省略）

表1 主な列の意味・制約（一部省略）

列名	意味・制約
棚番号	1以上の整数：棚の並び順を表す一連の番号
注文状態	0：未引当，1：引当済，2：出庫指示済，3：出庫済，4：梱包済，5：出荷済，…
出庫時刻	棚から商品を取り出し，商品のバーコードをスキャンしたときの時刻

〔システムの注文に関する主な処理〕

注文登録，在庫引当，出庫指示の各処理をバッチジョブで順に実行する。出庫実績処理は，携帯端末から電文を受信するオンラインプログラムで実行する。バッチ及びオンラインの処理のプログラムの主な内容を，表2に示す。

表2　処理のプログラムの主な内容

処理		プログラムの内容
バッチ	注文登録	・顧客が入力したとおりに注文及び商品を，それぞれ“注文”及び“注文明細”に登録し，注文ごとにコミットする。
	在庫引当	・注文状態が未引当の“注文明細”を主キー順に読み込み，その順で“在庫”を更新し，“注文明細”の注文状態を引当済に更新して注文ごとにコミットする。
	出庫指示	・当日が希望納品日である注文の出庫に，当日に出勤したピッカーを割り当てる。 ・注文状態が引当済の“注文明細”を主キー順に読み込む。 ・ピッカーの順路が1方向となる出庫指示を“出庫指示”に登録する。 ・“出庫指示”を主キー順に読み込み，その順で“棚別在庫”を更新し，“注文明細”の注文状態を出庫指示済に更新する。 ・注文ごとにコミットし，出庫指示書をピッカーの携帯端末に送信する。
オンライン	出庫実績	・出庫開始を伝える電文を携帯端末から受信すると，当該注文について，“出庫”の出庫開始時刻を出庫を開始した時刻に更新する。 ・棚及び商品のバーコードの電文を携帯端末から受信すると，当該商品について，“棚別在庫”，“在庫”を更新し，また“出庫指示”の出庫時刻を棚から出庫した時刻に，“注文明細”の注文状態を出庫済に更新してコミットする。 ・商品を梱包した箱のラベルのバーコードの電文を携帯端末から受信すると，“注文明細”の注文状態を梱包済に更新し，コミットする。

注記1　二重引用符で囲んだ名前は，テーブル名を表す。
注記2　いずれの処理も，ISOLATION レベルは READ COMMITTED で実行する。

〔ピーク日の状況と対策会議〕

注文量が特に増えたピーク日に，朝のバッチ処理が遅延し，出庫作業も遅延する事態が発生した。そこで，関係者が緊急に招集されて会議を開き，次のように情報を収集し，対策を検討した。

1. システム資源の性能に関する基本情報

次の情報から特定のシステム資源に致命的なボトルネックはないと判断した。

(1)　ページングは起きておらず，CPU使用率は25%程度であった。

(2)　バッファヒット率は95%以上で高く，ストレージの入出力処理能力(IOPS，帯域幅)には十分に余裕があった。

(3)　ロック待ちによる大きな遅延は起きていなかった。

2. 再編成の要否

アクセスが多かったのは“注文明細”テーブルであった。この1年ほど行の削除は行われず，再編成も行っていないことから，時間が掛かる行の削除を行わず，直ちに再編成だけを行うことが提案されたが，この提案を採用しなかった。なぜならば，当該テーブルへの行の挿入では予約された空き領域が使われないこと，かつ空き領域の割合が既定値だったことで，割り当てたストレージが満杯になるリスクがあると考えられたからである。

3. バッチ処理のジョブの多重化

バッチ処理のスループット向上のために，ジョブを注文番号の範囲で分割し，多重で実行することが提案されたが，デッドロックが起きるリスクがあると考えられた。そこで，どの処理とどの処理との間で，どのテーブルでデッドロックが起きるリスクがあるか，表3のように整理し，対策を検討した。

表3 デッドロックが起きるリスク（未完成）

ケース	処理名	処理名	テーブル名	リスクの有無	リスクの有無の判断理由
1	在庫引当	在庫引当	在庫	ある	a
2	出庫指示	出庫指示	棚別在庫	ない	b
3	在庫引当	出庫指示	注文明細	ない	c

注記 ケース 3 は，ジョブの進み具合によって異なる処理のジョブが同時に実行される場合を表す。

4. 出庫作業の遅延原因の分析

出庫作業の現場の声を聞いたところ，特定の棚にピッカーが集中し，棚の前で待ちが発生したらしいことが分かった。そこで，棚の前での待ち時間と棚から商品を取り出す時間の和である出庫間隔時間を分析した。出庫間隔時間は，ピッカーが出庫指示書の1番目の商品を出庫する場合では当該注文の出庫開始時刻からの時間，2番目以降の商品の出庫の場合では一つ前の商品の出庫時刻からの時間である。出庫間隔時間が長かった棚と商品が何かを調べたSQL文の例を表4に，このときの棚と商品の配置，及びピッカーの順路を図2に示す。

表4 SQL文の例（未完成）

SQL 文（上段：目的，下段：構文）
ホスト変数 h に指定した出庫日について，出庫間隔時間の合計が長かった棚番号と商品コードの組合せを，出庫間隔時間の合計が長い順に調べる。
WITH TEMP(出庫番号, ピッカーID, 棚番号, 商品コード, 出庫時刻, 出庫間隔時間) AS (SELECT A.出庫番号, A.ピッカーID, B.棚番号, B.商品コード, B.出庫時刻, B.出庫時刻 - COALESCE(LAG(B.出庫時刻) OVER (PARTITION BY x ORDER BY B.出庫時刻), A.出庫開始時刻) AS 出庫間隔時間 FROM 出庫 A JOIN 出庫指示 B ON A.出庫番号 = B.出庫番号 AND 出庫日 = CAST(:h AS DATE)) SELECT 棚番号, 商品コード, SUM(出庫間隔時間) AS 出庫間隔時間合計 FROM TEMP GROUP BY 棚番号, 商品コード ORDER BY 出庫間隔時間合計 DESC

注記 ここでの LAG 関数は，ウィンドウ区画内で出庫時刻順に順序付けられた各行に対して，現在行の 1 行前の出庫時刻を返し，1 行前の行がないならば，NULL を返す。

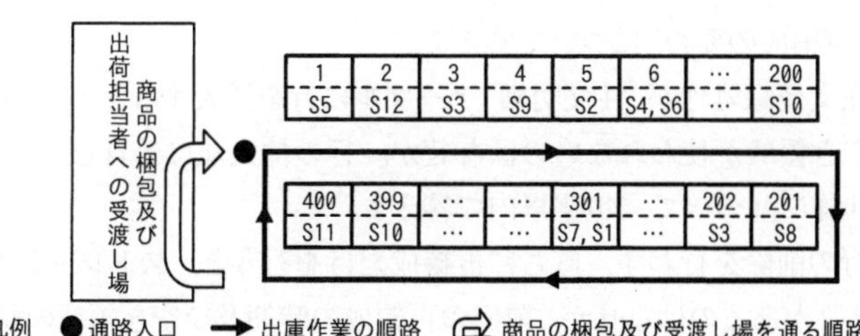

注記 太枠は一つの棚を表し，枠内の上段は棚番号，下段はその棚に保管した商品の商品コードを表す。

図2 棚と商品の配置，及びピッカーの順路（一部省略）

表4中の［ x ］に，B.出庫番号，A.ピッカーID，B.棚番号のいずれか一つを指定することが考えられた。分析の目的が，特定の棚の前で長い待ちが発生していたことを実証することだった場合，［ x ］に［ あ ］を指定すると，棚の前での待ち時間を含むが，商品の梱包及び出荷担当者への受渡しに掛かった時間が含まれてしまう。［ い ］を指定すると，棚の前での待ち時間が含まれないので，分析の目的を達成できない。

分析の結果，棚3番の売行きの良い商品S3（商品コード）の出庫で長い待ちが発生したことが分かった。そこで，<u>出庫作業の順路の方向を変えない条件で，多くのピッカーが同じ棚（ここでは，棚3番）に集中しないように出庫指示を作成する対策</u>が提案された。しかし，この対策を適用すると，表3中のケース2でデッドロックが起きるリスクがあると予想した。

例えば，あるピッカーに，1番目に棚3番の商品S3を出庫し，2番目に棚6番の商品S6を出庫する指示を作成するとき，別のピッカーには，1番目に棚［ う ］の商品［ え ］を出庫し，2番目に棚［ お ］の商品［ か ］を出庫する指示を同時に作成する場合である。

設問1 “2. 再編成の要否”について答えよ。

(1) 注文登録処理が“注文明細”テーブルに行を挿入するとき，再編成で予約した空き領域が使われないのはなぜか。行の挿入順に着目し，理由をRDBMSの仕様に基づいて，40字以内で答えよ。

(2) 行の削除を行わず，直ちに再編成だけを行うと，ストレージが満杯になるリスクがあるのはなぜか。前回の再編成の時期及び空き領域の割合に着目し，理由をRDBMSの仕様に基づいて，40字以内で答えよ。

設問2 “3. バッチ処理のジョブの多重化”について答えよ。

(1) 表3中の [a] ～ [c] に入れる適切な理由を，それぞれ30字以内で答えよ。ここで，在庫は適正に管理され，欠品はないものとする。

(2) 表3中のケース1のリスクを回避するために，注文登録処理又は在庫引当処理のいずれかのプログラムを変更したい。どちらかの処理を選び，選んだ処理の処理名を答え，プログラムの変更内容を具体的に30字以内で答えよ。ただし，コミット単位とISOLATIONレベルを変更しないこと。

設問3 “4. 出庫作業の遅延原因の分析”について答えよ。

(1) 本文中の [あ] ～ [か] に入れる適切な字句を答えよ。

(2) 下線の対策を適用した場合，表3中のケース2で起きると予想したデッドロックを回避するために，出庫指示処理のプログラムをどのように変更すべきか。具体的に40字以内で答えよ。ただし，コミット単位とISOLATIONレベルを変更しないこと。

(令和4年秋 データベーススペシャリスト試験 午後I 問3)

午後問題の解説

データベースの実装と性能に関する問題です。この問では，販売管理システムの倉庫管理業務を題材として，RDBMSでの性能低下の問題について，初期対応の考え方，原因究明のためのデータ分析に有用なウィンドウ関数を用いたSQL設計能力，起こり得るリスクを予測して提案された対策の採否を決定する能力が問われています。RDBMSの容量や性能に関する知識に加え，ウィンドウ関数を用いたSQL文やデッドロックの回避方法についても知っておく必要があり，幅広い知識が要求される問題です。

設問1

〔ピーク日の状況と対策会議〕“2. 再編成の要否”についての問題です。“注文明細”テーブルの再編成だけを行うことの問題点について，RDBMSの仕様をもとに考えていきます。

(1)

注文登録処理が“注文明細”テーブルに行を挿入するとき，再編成で予約した空き領域が使われない理由を考えます。このとき，行の挿入順に着目し，RDBMSの仕様に基づいて，40字以内で答えていきます。

注文登録処理では，〔業務の概要〕2. 注文の入力，注文登録，在庫引当，出庫指示，出庫の業務の流れ(1)に，「注文は，単調に増加する注文番号で識別する」とあります。また，表2のバッチ処理“注文登録”のプログラムの内容に，「顧客が入力したとおりに注文及び商品を，それぞれ“注文”及び“注文明細”に登録し，注文ごとにコミットする」とあるので，単調に増加する注文番号，注文明細番号順で登録されることが分かります。図1より“注文明細”テーブルの主キーは{注文番号，注文明細番号}なので，主キーの昇順に行を挿入することになります。

また，〔RDBMSの仕様〕2. 再編成，行の挿入(1)に，「テーブルを再編成することで，行を主キー順に物理的に並び替えることができる」とあり，再編成では行を主キー順に並び替えます。続く(2)に，「主キー値の並びの中で，挿入行のキー値に近い行が格納されているページを探し，空き領域があればそのページに」とあるので，再編成で予約した空き領域は，過去の注文番号の途中に行を挿入する場合に使用されます。

注文登録処理では，INSERT文で行を挿入するときに，主キーの並びの順に実施することになるので，過去の注文番号の近くに行を挿入することはありません。主キーの昇順に行を挿入することになるので，表領域の最後のページに格納を続けることになり，再編成で並びが変更されることはありません。

したがって，解答は，**主キーが単調に増加する番号なので過去の注文番号の近くに行を挿入しないから**，または，**主キーの昇順に行を挿入するとき，表領域の最後のページに格納を続けるから**，です。

(2)

行の削除を行わず，直ちに再編成だけを行うと，ストレージが満杯になるリスクがある理由を考えます。前回の再編成の時期及び空き領域の割合に着目し，RDBMSの仕様に基づいて，40字以内で答えていきます。

〔RDBMSの仕様〕2. 再編成，行の挿入(2)に，「主キー値の並びの中で，挿入行のキー値に近い行が格納されているページを探し，空き領域があればそのページに，なければ表領域の最後のページに格納する」とあるので，主キー値の並び順に行を追加する場合には，空き領域を最後まで使用して格納することになります。そのため，再編成前の“注文明細”テーブルでは，空き領域はほぼなくなっていると考えられます。

〔ピーク日の状況と対策会議〕2. 再編成の要否に,「空き領域の割合が既定値だった」とあり，〔RDBMSの仕様〕2. 再編成，行の挿入(1)に「再編成するとき，テーブルに空き領域の割合(既定値は30%)を指定した場合，各ページ中に空き領域を予約することができる」とあるので，30%の空き領域が再編成で作成されます。再編成後には，追加した各ページで規定の空き領域分ができるので，その分のページ数が増えてしまうことになります。

したがって，解答は，**再編成後に追加した各ページで既定の空き領域分のページが増えるから**，です。

設問2

〔ピーク日の状況と対策会議〕“3. バッチ処理のジョブの多重化”についての問題です。バッチ処理でデッドロックが起こる可能性について考え，その解決策をプログラムの変更として考えていきます。

(1)

表3中のデッドロックが起きるリスクについて，空欄a～cに入れる適切な理由を，それぞれ30字以内で答えます。設問文に「ここで，在庫は適正に管理され，欠品はないものとする」とあるので，欠品については考えません。

空欄a

表3のケース1“在庫引当”処理中に“在庫”テーブルのデッドロックが起きるリスクが「ある」ことについて考えます。

表2の“在庫引当”処理のプログラムの内容には，「注文状態が未引当の“注文明細”を主キー順に読み込み，その順で“在庫”を更新し」とあるので，“在庫”テーブルの更新は，“注文明細”を主キー順に行うことが分かります。図1より,“在庫”テーブルの主キーは“商品コード”で，注文明細での注文明細番号が商品コードの昇順になっている場合は，更新の順序が逆転しないのでデッドロックは起こりません。しかし，表2の“注文登録”処理に，「顧客

が入力したとおりに注文及び商品を，それぞれ“注文”及び“注文明細”に登録」とあり，商品は顧客が入力したとおりの順で登録されます。〔業務の概要〕2. 注文の入力，注文登録，在庫引当，出庫指示，出庫の業務の流れ(1)に，「注文する商品の入力順は自由で，入力後に商品の削除も同じ商品の追加もできる」とあるので，商品コードの順番は逆順となる可能性があります。そのため，並行して実行される異なる注文番号の“在庫引当”処理で，異なる商品の“在庫”を逆順で更新することがあり得ます。

したがって，解答は，**異なる商品の“在庫”を逆順で更新することがあり得るから**，です。

空欄b

表3のケース2“出庫指示”処理中に“棚別在庫”テーブルのデッドロックが起きるリスクが「ない」ことについて考えます。

表2の“出庫指示”処理のプログラムの内容には，「“出庫指示”を主キー順に読み込み，その順で“棚別在庫”を更新し」とあるので，“棚別在庫”は“出庫指示”の主キー順に更新されます。図1より，“出庫指示”テーブルの主キーは，{出庫番号，棚番号，商品コード}で，“棚別在庫”テーブルの主キーは{棚番号，商品コード}です。“出庫指示”テーブルでは，同じ出庫番号の出庫指示を，{棚番号，商品コード}の順で更新することになるので，“棚別在庫”テーブルの主キーと同じとなり，常に主キーの順で更新します。常に主キーの順で更新するときには更新の順番が二つの処理で前後することはないので，デッドロックは起こりません。

したがって，解答は，**“棚別在庫”を常に主キーの順で更新しているから**，です。

空欄c

表3のケース3“在庫引当”処理と“出庫指示”処理の間での“注文明細”テーブルのデッドロックが起きるリスクがないことについて考えます。

表2の“在庫引当”処理のプログラムの内容に，「注文状態が未引当の“注文明細”を主キー順に読み込み」とあります。また，表2の“出庫指示”処理のプログラムの内容に，「注文状態が引当済の“注文明細”を主キー順に読み込む」とあります。二つを比較すると，“在庫引当”処理では「注文状態が未引当」，“出庫指示”処理では「注文状態が引当済」の“注文明細”テーブルを読み込むので，処理する注文が重なりません。異なるジョブが同じ注文の明細行を更新することはないので，デッドロックは起こりません。

したがって，解答は，**異なるジョブが同じ注文の明細行を更新することはないから**，です。

(2)

表3中のケース1のリスクを回避するために，注文登録処理又は在庫引当処理のいずれかのプログラムについて，変更する内容を具体的に答えます。どちらを選んでも正解ですが，コミット単位とISOLATIONレベルを変更しないという制約があります。

“注文登録”処理を選んだ場合

設問2 (1)空欄aで考えたとおり，表2の“注文登録”処理では，「顧客が入力したとおりに注文及び商品を，それぞれ“注文”及び“注文明細”に登録」とあり，商品は顧客が入力したとおりの順で登録されています。そのため，注文明細番号での順番が商品コードの順番とは逆順となることが想定され，デッドロックが起こる可能性が出てきます。この場合，最初に“注文明細”に行を登録するときに商品コードの順に登録することで，逆順を回避できます。また，商品コードの順に注文明細番号を付与することで，“在庫”の行との更新順番を一致させることができます。

したがって，解答は，**“注文明細”に行を商品コードの順に登録する**，または，**商品コードの順に注文明細番号を付与する**，です。

“在庫引当”処理を選んだ場合

設問2 (1) 空欄aで考えたとおり，表2の“在庫引当”処理のプログラムの内容には，「注文状態が未引当の“注文明細”を主キー順に読み込み，その順で“在庫”を更新し」とあり，注文明細番号の順で“在庫”が更新されます。そのため，注文明細番号での順番が商品コードの順番は逆順となることが想定され，デッドロックが起こる可能性が出てきます。この場合，“在庫”を更新するときに，注文明細を並び替えて商品コードの順に更新することで，更新順番を一致させることが可能です。

したがって，解答は，**“在庫”の行を商品コードの順に更新する**，です。

設問3

〔ピーク日の状況と対策会議〕“4. 出庫作業の遅延原因の分析”についての問題です。ウィンドウ関数を用いたSQL文で，データがどのように出力されるか，また，デッドロックが起こる条件や回避方法について問われています。

(1)

本文中の空欄穴埋め問題です。出庫作業の遅延原因の分析に使用するSQL文や，デッドロックの例について，順を追って考えていきます。

空欄あ

表4のSQL文で，PARTITION BY句の列xに指定する列について考えます。

〔ピーク日の状況と対策会議〕4. 出庫作業の遅延原因の分析には，図2の直後に「B.出庫番号，A.ピッカーID，B.棚番号のいずれか一つを指定する」とあるので，この三つのうち，「棚の前での待ち時間を含むが，商品の梱包及び出荷担当者への受渡しに掛かった時間が含まれてしまう」列を選択します。

順序を扱うウィンドウ関数LAGを用いるSQL文では，

```
LAG(<参照する列名>) OVER (PARTITION BY <ウィンドウを分割する列名リスト> ORDER BY <整列させる列名リスト>)
```

の形式で使用され，PARTITION BY句の列名リストで分割したウィンドウごとに，ORDER BY句の列名リストで整列し，整列したウィンドウでの一つ前の列を参照します。COALESCE文を使用し，一つ前の行が存在しない場合(NULL)には，A.出庫管理時刻を使って，出庫間隔時間を求めます。

PARTITION BY句に，ピッカーを識別する“A.ピッカーID”を使用することで，ピッカーごとの出庫間隔時間を計算することができます。ピッカーごとに計算すると，ピッカーが棚の前で待つ時間だけでなく，商品の梱包及び出荷担当者への受渡しに掛かった時間など，ピッカーが他の作業をしている時間も含まれることになります。

したがって，解答は**A.ピッカーID**です。

空欄い

表4のSQL文で，PARTITION BY句の列xに指定する列について，「棚の前での待ち時間が含まれない」列を考えます。

PARTITION BY句に，棚を識別する“B.棚番号”を使用することで，棚ごとの出庫間隔時間を計算することができます。棚ごとの出庫間隔時間では，棚の前で順番待ちをしているピッカーがいた場合にも，その待ち時間は含まれません。〔ピーク日の状況と対策会議〕4.出庫作業の遅延原因の分析には，「分析の目的が，特定の棚の前で長い待ちが発生していたことを実証することだった場合」とあるので，待ち時間が含まれないと分析の目的は達成できないことになります。

したがって，解答は**B.棚番号**です。

空欄う，え，お，か

表3中のケース2でデッドロックが起きるリスクがある例について考えます。

表3中のケース2は，“出庫指示”処理での“棚別在庫”テーブルでの更新で，設問2 (1)の空欄bで考えたとおり，“棚別在庫”を常に主キー {棚番号，商品コード} の順で更新するので，デッドロックが発生しません。同じ棚に集中しないように，出庫指示の順番を変えると，デッドロックのリスクがでてきます。

例えば，本文中にある「あるピッカーに，1番目に棚3番の商品S3を出庫し，2番目に棚6番の商品S6を出庫する指示」を与えたとき，棚番号は3→6の順で取得されます。別のピッカーで順番を逆転させて，「1番目に棚6番の商品S6を出庫し，2番目に棚3番の商品S3を出庫する指示」を実行した場合には，棚番号が6→3の順で取得されるので，デッドロックが発生する可能性があります。

したがって，空欄うは**6番**，空欄えは**S6**，空欄おは**3番**，空欄かは**S3**となります。

(2)

本文中の下線「出庫作業の順路の方向を変えない条件で，多くのピッカーが同じ棚(ここでは，棚3番)に集中しないように出庫指示を作成する対策」を適用した場合に，表3中のケース2で起きると予想したデッドロックを回避するために変更する，出庫指示処理のプログラムを，具体的に40字以内で答えます。このとき，「コミット単位とISOLATIONレベルを変更しないこと」とあるので，デッドロックが発生しないようにトランザクションの隔離レベルを下げる対策は使用できません。

表2の"出庫指示"処理では，「ピッカーの順路が1方向となる出庫指示を"出庫指示"に登録する」とあり，図2の通路からの順路は棚番号の昇順に並んでいるので，従来は棚番号順に"出庫指示"テーブルに登録されていたと考えられます。しかし，下線部分で，「出庫作業の順路の方向を変えない条件」とあり，図2では棚の最後まで行った後で周回できるので，設問3 (1)のう～かで考えたとおり，棚番号の順番が逆転することが考えられます。

表2の"出庫指示"処理では，「"出庫指示"を主キー順に読み込み，その順で"棚別在庫"を更新し」とあります。図1より，"出庫指示"テーブルの主キーは{出庫番号，棚番号，商品コード}なので，"棚別在庫"テーブルの行も{棚番号，商品コード}の順で更新されます。"棚別在庫"テーブルを更新するとき，棚番号の順番が逆転していると，デッドロックの発生が予想されます。

順番を揃えるための具体的な方法としては，"出庫指示"テーブルを読み込むときに，読込み順を{出庫番号，商品コード，棚番号}の順に変更することで，商品コード順に揃えて一定の書込み順にすることが考えられます。また，"棚別在庫"テーブルの行を書き込むときに，{商品コード，棚番号}の順に更新するよう，順番を変更することでもデッドロックを回避できます。

したがって，解答は，**"出庫指示"の読込み順を出庫番号，商品コード，棚番号の順に変更する**，または，**"棚別在庫"の行を商品コード，棚番号の順に更新する**，です。

解答例

出題趣旨

> システムが安定稼働している本番環境でも，予測し難い性能の低下が見られることがあり，現場の運用部門は，早急に，しかし慎重にリスクを考慮した対策を講じることが求められる。
>
> 本問では，販売管理システムの倉庫管理業務を題材として，RDBMSに時折見受けられる性能低下の問題について，初期対応の考え方，原因究明のためのデータ分析に有用なウィンドウ関数を用いたSQL設計への理解，起こり得るリスクを予測して提案された対策の採否を決定する能力を問う。

解答例

設問1

(1) ※以下の中から一つを解答

- 主キーが単調に増加する番号なので過去の注文番号の近くに行を挿入しないから (36字)
- 主キーの昇順に行を挿入するとき，表領域の最後のページに格納を続けるから (35字)

(2) 再編成後に追加した各ページで既定の空き領域分のページが増えるから (32字)

設問2

(1) a 異なる商品の“在庫”を逆順で更新することがあり得るから (27字)

b “棚別在庫”を常に主キーの順で更新しているから (23字)

c 異なるジョブが同じ注文の明細行を更新することはないから (27字)

(2)

処理名	注文登録	又は	在庫引当
変更内容	※以下の中から一つを解答 ・“注文明細”に行を商品コードの順に登録する。(22字) ・商品コードの順に注文明細番号を付与する。(20字)		“在庫”の行を商品コードの順に更新する。(20字)

設問3

(1) あ A.ピッカーID　い B.棚番号

う 6番　え S6

お 3番　か S3

(2) ※以下の中から一つを解答

- “出庫指示”の読込み順を出庫番号，商品コード，棚番号の順に変更する。 (34字)
- “棚別在庫”の行を商品コード，棚番号の順に更新する。 (26字)

採点講評

問3では，販売管理システムを題材に，データベースの実装と性能について出題した。全体として正答率は平均的であった。

設問1では，(1)に比べて(2)の正答率が低かった。再編成を行う場合，空き領域を予約する必要があるとは限らず，緊急時であればあるほど，起こり得るリスクを慎重に予測することを心掛けてほしい。

設問2では，(1) c の正答率が低かった。バッチジョブの多重化は，スループットを向上させる常とう手段であるが，更新処理を伴う場合，ロック競合のリスクがある。しかし，ジョブを注文番号の範囲で分割し，多重で実行することに着目すれば，注文番号が異なる"注文明細"テーブルの行でジョブ同士がロック競合を起こすことはないと分かるはずである。マスター・在庫領域のテーブルとトランザクション系のテーブルとでは，ロック競合のリスクに違いがあることをよく理解してほしい。

設問3では，(1)あ，いの正答率が低かった。ウィンドウ区画の B.出庫番号，A.ピッカーID，又は B.棚番号 のそれぞれについて，どのような並びの出庫時刻が得られるかを考えることで，正答を得ることができる。ウィンドウ関数は，時系列データを多角的かつ柔軟に分析するのに役立つので，是非，習得してほしい。

第6章

概念設計

第6章と第7章では，午後Ⅱで出題されるデータベース設計について取り上げます。まず本章では，概念設計について学びます。概念設計で作成する概念データモデルはシステムの全体像を示すE-R図で，システム開発を行う際の基本の図となります。
第3章で学んだデータベース設計の手法を基に，ボトムアップアプローチとトップダウンアプローチを使用して概念データモデルを作成する概念設計の方法を学びます。
また，過去の午後Ⅱ問題を事例に，概念設計の方法についても学んでいきます。
概念設計は理論は単純ですが，実際に行えるようにするためには，しっかり理解して練習を繰り返す必要があります。

6-1 概念設計

第1章で説明したように，概念データモデルは，概念設計を行って作成する，データの全体像を示すデータモデルです。E-R図を用いて記述し，全体をまとめることで，システムの全容が見通せるようになります。

6-1-1 概念データモデルの作成

概念データモデルは，データ中心アプローチにおける概念設計で作成するデータモデルです。システム化の対象となった対象世界に対して，トップダウンアプローチとボトムアップアプローチの二つの手法を使用することで，概念データモデルを作成していきます。

概念データモデル（E-R図）を作成するスキルは，データベーススペシャリスト試験の午後Ⅱを突破するための一番のカギです。
手法を理解するだけでは時間内に解くことができないので，演習を繰り返して「身に付ける」ことが大切です。

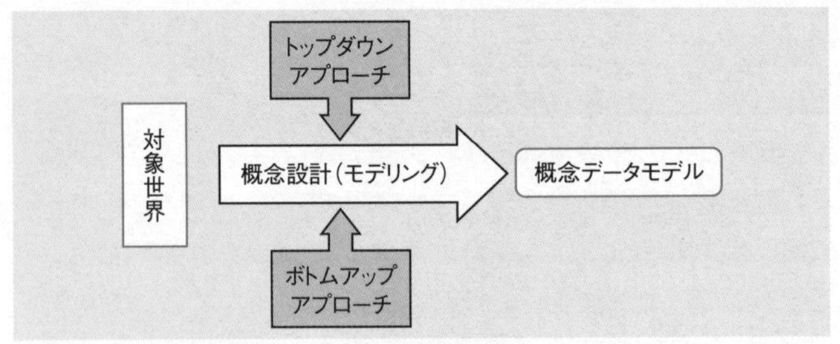

データ中心アプローチでの概念データモデル作成

関連

データ中心アプローチについては，「1-2-2　データ中心アプローチ」を参照してください。

概念データモデルは**E-R図**を用いて表現されます。全体を1枚のE-R図でまとめて表すことが多いですが，トランザクション領域，マスタ領域など，用途ごとに分けて表す場合もあります。

トップダウンアプローチでの作成

データベースの全体像を最初に考え，それを徐々に細かくしていく手法が**トップダウンアプローチ**です。

トップダウンアプローチの主な手順は，次の三つです。

1. E-R図の作成
2. 属性の洗い出し
3. 正規化

関連

トップダウンアプローチについては「3-1-2　トップダウンアプローチ」で，ボトムアップアプローチについては「3-1-3　ボトムアップアプローチ」で詳しく解説しています。
手法についてはそちらを振り返り，確認しながら学んでいきましょう。

トップダウンアプローチが用いられるのは主に，スーパタイプ／サブタイプの切り分けや新しいデータの追加が行われる場合です。データ間の関連を全体的に把握する必要がある場合に用いられます。

ボトムアップアプローチでの作成

帳票など，実際にあるデータを洗い出して，徐々に統合していく手法が**ボトムアップアプローチ**です。

ボトムアップアプローチの主な手順は，次の三つです。

1. **属性の洗い出し**
2. **正規化**
3. **E-R図の作成**

ボトムアップアプローチが用いられるのは主に，帳票やデータ項目があらかじめ定められている場合です。実際に保存すべき属性にはどのようなものがあるかなど，詳細に把握する必要があるときに用いられます。

関係スキーマとテーブル構造

概念データモデルを表現するとき，エンティティタイプの属性を表記する方法はいくつかあります。

概念データモデル（E-R図）で属性まですべて表現するときには，次のように，エンティティタイプを上下に分割します。

エンティティタイプ名
属性名1，属性名2，… …，属性名n

エンティティタイプの属性の表記ルール

具体的には次のように，各エンティティタイプ名の下に属性を記述していきます。

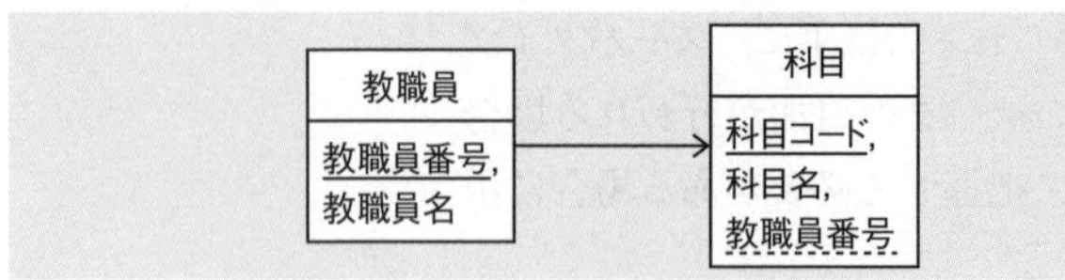

エンティティタイプの属性表記の具体例

また，エンティティタイプと属性を別々に表記することも可能です。この場合には，概念データモデルはエンティティタイプ名のみで表記し，属性は**関係スキーマ**を用いて次のように表記します。

概念データモデルの表記

教職員（<u>教職員番号</u>，教職員名）
科目（<u>科目コード</u>，科目名，教職員番号）

関係スキーマの表記

これらは一対のものなので，概念設計を行う際には両方を並行して作成していきます。

関係スキーマは，概念設計の概念データモデル作成において，エンティティタイプの属性を示したものです。論理設計や物理設計では，関係スキーマを基に**テーブル構造**を設計していきます。テーブル構造の表記ルールは，関係スキーマの場合と同じです。

弱実体

概念データモデルにおいて，ある実体Aのインスタンスaが他の実体Bのインスタンスbと関連しており，aがなくなったらbが単独で存在できない実体Bのことを**弱実体**といいます。

例えば，次のような概念データモデルを考えてみます。

発展

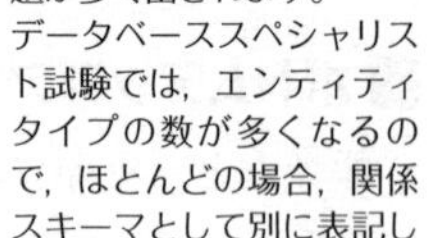

基本情報技術者試験や応用情報技術者試験などでは，エンティティタイプに直接属性を記述するかたちの問題が多く出されます。
データベーススペシャリスト試験では，エンティティタイプの数が多くなるので，ほとんどの場合，関係スキーマとして別に表記します。

過去問題をチェック

概念データモデルについて，データベーススペシャリスト試験の午後Ⅱでは，関係スキーマを記述させることがほとんどですが，テーブル構造を設計する問題もときどき出てきます。

【関係スキーマを基にしたテーブル構造】

・平成24年春 午後Ⅱ 問1
図5で，図4の関係スキーマを基にしたテーブル構造が記述されています。

【関係スキーマの代わりのテーブル構造】

・平成26年春 午後Ⅱ 問2
・令和4年秋 午後Ⅱ 問2
最初から関係スキーマではなく，具体的なテーブル構造が記されています。論理設計が中心の問題です。

弱実体のある概念データモデル

このとき，伝票明細のインスタンスは伝票のインスタンスと関連しており，伝票のインスタンスのない伝票明細は存在できません。このときの「伝票明細」エンティティが弱実体となります。

また，上の概念データモデルに対応する関係スキーマとして，次のものを考えます。

伝票（伝票番号，購入日，顧客名）
伝票明細（伝票番号，明細番号，商品名，数量）

上の概念データモデルの関係スキーマ

関係“伝票明細”には，関係“伝票”の主キーである“伝票番号”が含まれており，これが主キーの一部として必要になります。弱実体にはこのように，**単独で主キーをもてない**という特徴があります。

なお，単独で存在できる，弱実体ではない実体のことを，**通常実体**（正実体），または**強実体**と呼びます。

それでは，次の問題を考えてみましょう。

問題

E-Rモデルにおいて，実体Ａのインスタンスａが他の実体Ｂのインスタンスｂと関連しており，インスタンスａが存在しなくなれば，インスタンスｂも存在しなくなる場合，このような実体Ｂを何と呼ぶか。

ア 仮想実体　　イ 強実体
ウ 弱実体　　エ 正実体

（平成29年春 データベーススペシャリスト試験 午前Ⅱ 問5）

解説

実体Ｂのインスタンスｂは，単独で存在できず，実体Ａのインスタンスａが必要です。このように単独で存在できない実体Ｂのことを弱実体といいます。したがって，ウが正解です。

アの仮想実体は，データベースのレコードの集合（実体）を3D仮想環境で仮想的なものとして扱うことを可能にする技術です。イの強実体やエの正実体は，弱実体ではない通常の実体のことを指します。

≪解答≫ウ

▶▶▶ 覚えよう！

- □ 概念データモデルは，トップダウンアプローチとボトムアップアプローチで作成していく
- □ 弱実体は，単独では存在できない実体で，主キーも複合キーになる

6-1-2 概念データモデル作成上の注意点

概念データモデルの作成においては，分かりにくい手法，間違いやすいポイントなど，いくつか注意すべき点があります。

関連
スーパータイプとサブタイプについては，「3-2-2　スーパータイプ／サブタイプ」で詳しく解説しています。概念データモデル作成時に必要になる定番の内容なので，振り返りながら確実に学習していきましょう。

スーパータイプ／サブタイプ

一つ一つの個別の内容に対応したものがサブタイプ，すべてのサブタイプの共通の属性をまとめたものがスーパータイプです。

特に注意が必要なものは**共存的サブタイプ**です。排他的なサブタイプの場合には，一つの切り口（△）で二つのサブタイプにすればいいのですが，共存的サブタイプの場合には，別々の切り口にする必要があります。

正規化

関係スキーマは**第3正規形**まで正規化することが基本です。エンティティタイプも正規形に合わせて，第3正規形のかたちに分解します。

命名ルール

エンティティタイプ名には，そのエンティティを具体的にイメージできるような適切な名称を付けます。なるべく，実際に使用している名称をそのまま使います。

試験問題の場合は，**問題文の記述に従うことが最優先**になります。特に，注釈で命名ルールについて記述されている場合には，それに従う必要があります。

1対1，多対多のリレーションシップ

ボトムアップアプローチで一つ一つの帳票などを正規化してできる概念データモデルでは，エンティティタイプ間は**基本的に1対多のリレーションシップ**となります。1対多の場合には，**1の方のエンティティタイプの主キーを，多の方に外部キーとして設定**します。

トップダウンアプローチでは，別々の帳票や，異なる時期にできるエンティティなどのリレーションシップについても考えます。そのため，1対1のリレーションシップや，多対多のリレーション

シップができることがあります。これらのリレーションシップができた場合には，次の注意が必要です。

①1対1のリレーションシップの場合

1対1のリレーションシップでは，**どちらかのエンティティタイプの主キーを，もう一方のエンティティタイプの外部キー**とします。このときには，インスタンスが発生する時期に着目して，**後からインスタンスが発生する側に外部キーを設定**するのが基本です。例えば，“発注”と“発送”という二つのエンティティタイプが1対1のリレーションシップである場合を考えます。発注を受けてから発送を行う場合は，発送のインスタンスの方が常に後から発生します。こういった場合には，後からインスタンスが発生する“発送”エンティティに，外部キーとして“発注”エンティティの主キーを設定します。

②多対多のリレーションシップの場合

多対多のリレーションシップの場合は，そのままでは属性をすべて管理できないので，連関エンティティを用いて1対多のリレーションシップに分解します。

関連

連関エンティティについては，「3-2-1 E-R図」で詳しく解説しています。
1対1，多対多のリレーションシップについては，出てくるたびにこれらのことを意識する必要があるので，慣れておきましょう。

▸▸▸ 覚えよう！

- □ 共存的サブタイプは切り口を分ける
- □ 多対多のリレーションシップには連関エンティティを使う

コラム

合否を分ける午後の「お絵かき」

データベーススペシャリスト試験の午後Ⅱでは，概念データモデル（E-R図）を作成する問題が必ず出題されます。午後Ⅰでも出題されることが増えてきています。このE-R図作成のことを「お絵かき」と呼ぶ受験者も多く，データベーススペシャリスト試験の学習内容の象徴となっています。近年の午後Ⅱ試験では，問1で物理設計，問2で論理設計が中心の問題が出題されており，問2はE-R図の「お絵かき」がメインです。どちらを選択してもいいのですが，問2を選ぶ受験者が多く，そこで合格点

勉強のコツ

データベーススペシャリスト試験の午後Ⅱは，時間が足りないことが多く，最初のうちはすべて解き終えるのに4～5時間かかることもめずらしくありません。しかし，繰り返すうちにだんだん速くなっていくので，あきらめずに少しずつ演習に取り組んでいきましょう。

を取るためには，E-R図の「お絵かき演習」が不可欠となります。

E-R図を書くための定義やルールなどの理論的なことは，第3章「3-2 E-R図」で述べたとおりで，理論を理解するのもそれほど難しくはないはずです。それ以外に，本章の「6-1 概念設計」で述べた注意点などを理解できていれば，新たな知識は必要ありません。覚えなければならない内容はほんのわずかです。

しかし実は，E-R図の作成では，“分かる”と“できる”の間に大きな隔たりがあります。理論が分かっただけでは，なかなか正確に書けるようにはならないのです。『絵はすぐに上手くならない』（成冨 ミヲリ・著／彩流社）という，絵を学ぶ方法に関する書籍があるのですが，それによると，絵は描き方を知るだけではうまくならず，練習を繰り返す必要があります。E-R図もそういった意味でまさしく「お絵かき」であり，理論を知っているだけではうまく書けないのです。普段，業務でE-R図などを書かれている方も，業務ではツールがある程度補完してくれることが多いため，手書きではうまく書けないということがよく起こります。

筆者自身も，データベーススペシャリスト試験対策で過去問題を解いていた最初の頃は矢印を逆に書いてしまったり，関係のないところに線を引いたりするなど，いろいろな間違いをしました。試験対策セミナーの受講生の方も，最初のうちはE-R図を書いてもミスだらけということがほとんどです。間違う理由としては，E-R図は理論的なもので，人間の感覚とは異なるからだと感じています。なんとなく書くと失敗しがちなのが，E-R図関連の特徴です。

しかし，この失敗は，E-R図を書く“練習”を繰り返していると，徐々になくなってきます。ミスした理由をきちんと考えながら，一つ一つ丁寧に練習することで，E-R図を書くスキルが身に付いていくのです。ですから，繰り返しE-R図の「お絵かき」を行うことが試験対策の王道であり，確実にできるようになる近道でもあります。

練習の題材として最も手軽で役に立つのは，過去問題です。過去の午後Ⅱ問題はいい事例の演習になるので，いろいろな問題に取り組むことが大切です。その他，過去問題にすでに書いてあるエンティティなどを参考にせず，問題の仕様のみを基に白紙からE-R図を書いてみることなども，実力を身に付けるための良い方法です。

いろいろな方法を使って，しっかり「お絵かき」をマスターしていきましょう。

6

6-2 概念設計 午後Ⅱ問題

午後Ⅱでは通常，概念データモデルの設計を主題とする問題が１問出題されます。概念データモデルを作成するためには，問題文の仕様を整理して，トップダウンアプローチやボトムアップアプローチを地道に繰り返していきます。

6-2-1 概念設計 午後Ⅱ問題の解き方

データベース設計には，概念設計，論理設計，物理設計があります。このうち，午後Ⅱ問題の主題となるのは概念設計であり，問題によっては論理設計，物理設計も行います。ここでは，概念設計で概念データモデルを作成することを主題とした問題を例に，午後Ⅱ問題の解き方を学習していきましょう。

概念データモデルの作成が中心の問題は，ほとんどの場合，問2のみで出題され，「○○の概念データモデルに関する次の記述を読んで，設問1～3に答えよ。」などの文章でスタートします。そして，次のような手順で，問題を分析して解いていきます。

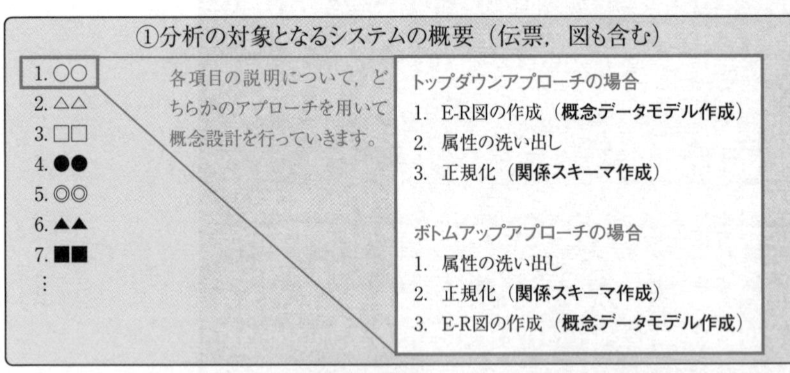

①分析の対象となるシステムの概要（伝票，図も含む）
1. ○○
2. △△
3. □□
4. ●●
5. ◎◎
6. ▲▲
7. ■■
⋮
各項目の説明について，どちらかのアプローチを用いて概念設計を行っていきます。
トップダウンアプローチの場合
1. E-R図の作成（概念データモデル作成）
2. 属性の洗い出し
3. 正規化（関係スキーマ作成）
ボトムアップアプローチの場合
1. 属性の洗い出し
2. 正規化（関係スキーマ作成）
3. E-R図の作成（概念データモデル作成）
②全体像を確認し，項目間にまたがるリレーションシップを考え，
概念データモデルと関係スキーマを完成する

各項目を確実に分析して，トップダウンアプローチとボトムアップアプローチを繰り返して，概念データモデル(E-R図)と関係スキーマ(テーブル)を少しずつ作成していきます。そのあと，あるいは並行して，全体像を見直して項目間のリレーションシップを考えていきます。

それでは，過去問題を例に，午後Ⅱ問題の解き方を学んでいきましょう。

問題 販売物流業務の概念データモデリング CHECK ▶ □□□

販売物流業務の概念データモデリングに関する次の記述を読んで，設問1～3に答えよ。

今回のテーマです。販売物流システムのための業務分析を行い，概念データモデルと関係スキーマを作成していきます。

E社は，自動車用ケミカル製品メーカである。E社では，商品の販売物流システムを再構築することにし，業務分析の結果に基づいて概念データモデル及び関係スキーマを設計した。

〔業務分析の結果〕

この〔業務分析の結果〕の内容が，分析の対象となるところです。トップダウンアプローチのように，ざっくりエンティティや属性を洗い出しながら，問題文を読み進めていきましょう。

1. 自社組織・得意先・商品

(1) 自社組織

E社の販売物流業務に関わる拠点には，工場，物流センタ，営業所の3種類がある。

スーパタイプとサブタイプの関係などは，読みながらチェックし，目印として記しておくと，解答を考える際に役立ちます。

① 拠点の種類は拠点種類区分で分類している。拠点は拠点コードで識別し，拠点名を保持している。

・工場は，3拠点ある。

・物流センタは，18拠点ある。

・営業所は，物流センタの配下に，76拠点ある。

② 工場→物流センタ→営業所の向きに商品が流れるので，個々の拠点から見て上流を上位拠点，下流を下位拠点と呼ぶこともある。

③ 本社には，幾つかの販売部がある。販売部と営業所を合わせて営業部門と呼び，営業部門コードで識別している。営業部門が，販売部と営業所のどちらに該当するかは，営業部門区分で分類している。

エンティティや属性になりそうなところに印をつけながら読むと分かりやすくなります。ここでは，エンティティを□で囲み，属性には実線の下線を引いています。

(2) 得意先

E社の得意先は，全国のカー用品店，自動車販売店，中古車店，自動車整備工場，タイヤ店，石油販売店などである。

① 得意先は，店舗単位に登録し，得意先コードで識別している。

② 得意先の中には，請求書の送付先を集約させるところがあり，その場合の請求書の送付先を請求得意先と呼ぶ。得意先が請求得意先に該当するか否かは，請求得意先フラグで識別する。請求得意先は，請求書を集約する対象の得意先をもつ。

包含関係（不完全なサブタイプ），共存的サブタイプの関係が読み取れます。このような関係を正確に読み解くことが，E-R図作成のカギとなります。

このような記述から，得意先（地域得意先，広域得意先）と営業所や販売部，物流センタなどとの関係を読み解いていきます。

③ 得意先には，地域得意先と広域得意先があり，得意先区分で分類している。地域得意先は，店舗が1～数店の規模のところであり，広域得意先は，店舗を全国又は複数都道府県にわたって多数展開しているところである。

・地域得意先に対する営業は，その地域得意先を受け持つ営業所が担当する。

・地域得意先に対する納入も，同じ営業所が担当する。

・広域得意先に対する営業は，いずれかの販売部が担当する。

・広域得意先に対する納入は，取扱量が大きいので，物流センタから直納する。

④ 広域得意先の中には，全店又は東日本と西日本のようにまとめて発注してくるところがあり，このような得意先を発注得意先と呼ぶ。得意先が発注得意先に該当するか否かは，発注得意先フラグで識別する。まとめて発注される各広域得意先は，どの発注得意先から発注されるか決められている。

(3) 商品

E社の主な商品は，潤滑剤，整備用ケミカル用品，ガラス塗布剤などである。

① 商品は，商品コードで識別する。

② 商品には，販売期間を表す販売開始年月日・販売終了年月日，及び販売価格を設定している。

③ 商品ごとに生産する工場を決めており，生産する工場の拠点コード，生産ロットサイズを設定している。

④ 商品には，計画生産品と補充生産品の2種類がある。

・計画生産品は，需要予測に基づいて計画的な生産を適用する商品である。

・補充生産品は，下位拠点から上位拠点に対する要求に基づいて生産・補充される商品である。

2. 業務の方式

(1) 得意先への納入

「**分納**」など，注文と納入が1対1の関係ではなくなる事象には要注意です。

① 得意先から注文を受けると，在庫を確認し，納入指示を行う。

② 注文に対して在庫が不足すると，得意先と調整して分納す

る。分納は，まず納入可能な一部数量の納入指示を行う。不足分は，在庫が補充され次第，納入指示を行う。ただし，同一の得意先からの別の注文に対してまとめて納入指示を行うことはない。

(2) 在庫保管
① 計画生産品の在庫は，営業所及び物流センタにもたせる。
② 補充生産品の在庫は，営業所及び物流センタの他に工場にももたせる。

関係するリレーションシップを確認します。

(3) 在庫補充
① 在庫には，基準在庫数量と補充ロットサイズを設定している。
② 実在庫数量が基準在庫数量を下回った商品を対象に，1日に1回，下位拠点から上位拠点に対して商品の要求（以下，補充要求という）を行い，上位拠点から下位拠点に商品が補充される。
③ 補充要求に対して，要求を受けた上位拠点で在庫が不足していた場合，不足した商品を当日の補充対象から外す。翌日以降に，在庫が補充要求を満たした時点で補充を行う。ただし，同一下位拠点からの，別の補充要求をまとめて補充することはない。

補充要求の条件を確認します。

(4) 計画生産品の生産・物流
① 四半期ごとに，販売目標と販売実績から向こう12か月分の需要を予測する。
② 予測した需要と工場の生産能力から，商品別物流センタ別に，向こう12か月分の入庫数量を決め，月別商品別物流センタ別入庫計画を立てる。このとき，前の四半期の計画は最新の計画に更新する。
③ 月別商品別物流センタ別入庫計画は，立案時に計画値を設定し，生産入庫時に実績値を累計する。
④ 工場は，月別商品別物流センタ別入庫計画の計画値に対する実績値の割合が低い商品について，入庫先物流センタを決めて生産し，その都度，生産入庫を行う。
⑤ 在庫補充の方式は，営業所だけに適用する。

(5) 補充生産品の生産・物流
① 在庫補充の方式は，在庫をもつ全ての拠点に適用する。
② 物流センタでは，生産工場別に補充要求を行う。

「**別**」「**ごと**」などの区別を示す言葉は，主キーを決める際に重要です。

この問では，「**計画生産品**」と「**補充生産品**」について，区別してモデリングを行っていくことがカギとなります。それぞれ，どちらなのか，それとも両方なのかを区別しながら読み取っていくことが大切です。

③ 工場は，上位拠点がないので，補充要求の代わりに生産要求を行う。

(6) 在庫引当

① 在庫をもつ拠点では，欠品を防止するために，在庫引当を行う。

② 在庫引当ができた要求は，その要求分が出庫されるまで引当済数量に累積する。

> これらの五つの業務と図1は，あくまでも「業務の流れ」であり，データではないところに注意します。エンティティを洗い出すのではなく，すでに洗い出されたエンティティ間の関連を中心にチェックしていきます。

3. 業務の流れ

業務の流れは，計画生産品と補充生産品で異なる。

(1) 計画生産品の業務

計画生産品の業務には，計画立案，生産，営業所補充，地域得意先納入，広域得意先直納の五つがある。各業務の流れを図1に示す。

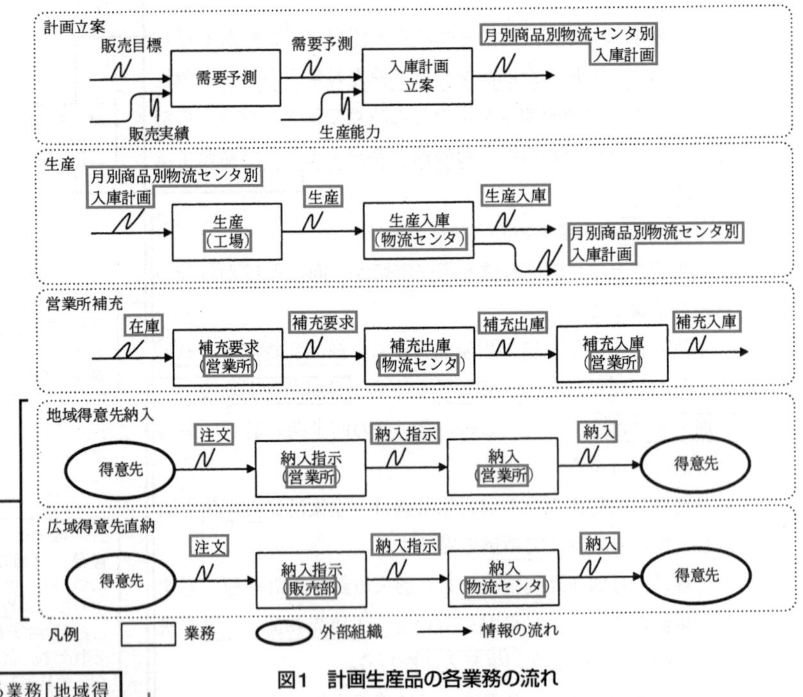

図1 計画生産品の各業務の流れ

> 対比する業務「地域得意先納入」と「広域得意先直納」は，その違い（この場合は納入指示と納入を行う部署）をチェックしておきます。

① 計画立案

・四半期ごと物流センタごとに，向こう12か月分の需要を予測する。

・予測した需要と工場の生産能力から，月別商品別物流センタ別入庫計画を立てる。

② 生産

・工場は，月別商品別物流センタ別入庫計画の計画値に基づいて，入庫先物流センタを決めて，商品ごとに生産し，配送する。

・生産では，生産年月日，生産した商品，生産数量，生産した商品の入庫先物流センタを記録する。

・物流センタは，商品を入庫すると，月別商品別物流センタ別入庫計画の実績値を更新し，入庫の実績を記録する。

③ 営業所補充

・営業所は，補充が必要な場合，物流センタに対して補充要求を行う。

・補充要求では，要求年月日，要求元の拠点，要求した商品・数量を記録する。

・補充出庫では，出庫年月日，実際の出庫数量を記録する。

・商品を入庫した営業所は，入庫年月日，実際の入庫数量を記録する。

④ 地域得意先納入

・営業所は，得意先から注文を受けると，納入指示を行う。

・注文では，注文年月日，納入先の得意先，注文を受けた商品・数量を記録する。

・納入指示では，納入指示年月日，納入指示数量を記録する。

・営業所は，納入指示に基づいて納入を行い，納入の実績を記録する。

⑤ 広域得意先直納

・販売部は，得意先から注文を受けると，納入する物流センタを決めて納入指示を行う。

・注文の記録は，地域得意先納入と同じである。

・納入指示では，地域得意先納入の記録の他に，納入する物流センタを記録する。

6

計画生産品との違いがポイントになってくるので，この二つの業務をチェックします。

(2) 補充生産品の業務

補充生産品の業務には，営業所補充，地域得意先納入，広域得意先直納，物流センタ補充，生産の五つがある。このうち，営業所補充，地域得意先納入，広域得意先直納は，計画生産品と同一業務なので，ここでは物流センタ補充，生産の業務の流れだけを，図2に示す。

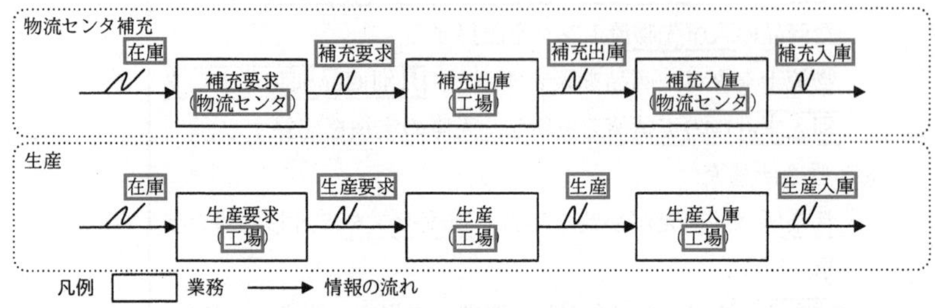

図2 補充生産品の各業務の流れ

① 物流センタ補充

- 物流センタは，補充が必要な場合，工場に対して補充要求を行う。
- 補充要求では，要求年月日，要求元の物流センタ，要求した商品及び要求数量を記録する。
- 工場は，補充要求に対して補充出庫を行う。補充出庫では，出庫年月日，実際の出庫数量を記録する。
- 商品を入庫した物流センタは，入庫の実績を記録する。補充入庫では，入庫年月日，実際の入庫数量を記録する。

② 生産

- 工場は，補充が必要な場合，生産要求を行う。
- 生産要求では，要求年月日，要求時刻などを記録する。
- 生産要求に基づいて生産し，生産入庫を行う。生産では，生産年月日，生産数量，生産完了時刻を記録する。生産入庫では，実際の入庫数量，入庫完了時刻などを記録する。
- 要求時刻，生産完了時刻，入庫完了時刻は，正確なリードタイムを計測するために記録するものである。

ここまでが業務内容で，分析するデータです。ここから，概念データモデルと関係スキーマを記述していきます。設計の「方針」は，問題によって異なることも多いので，〔概念データモデルと関係スキーマの設計〕にきちんと目を通してから設計を開始することが大切です。

〔概念データモデルと関係スキーマの設計〕

概念データモデル及び関係スキーマの設計を，次の手順及び方針で行った。

(1) はじめに，計画生産品を対象として設計する。
  ① 概念データモデルは，マスタ・在庫領域とトランザクション領域を明示して作成する。設計した概念データモデルを図3に，関係スキーマを図4に示す。
  ② 認識する必要がないサブタイプは切り出さない。

(2) 次に，補充生産品を対象に設計した場合のデータ構造を検討する。
  ① マスタ・在庫領域について，認識すべきサブタイプ，属性を洗い出す。
  ② 図2に示した業務の範囲について，分析対象の属性を洗い出し，表1に示すエンティティタイプと属性の対応表を用いて整理する。
  ③ 表1に基づいて，図5に示す補充生産品を対象に設計した場合のトランザクション領域の概念データモデルを作成する。

(3) 最後に，上記(1)と(2)で設計したエンティティタイプの共通性を評価し，概念データモデルを統合する。
  ① 同じ属性で構成される場合，同一のエンティティタイプとする。
  ② 共通でない属性が一方にだけ存在する場合，存在する方のエンティティタイプを他方のサブタイプとする。
  ③ 共通でない属性が双方に存在する場合，共通部分をスーパタイプとし，共通でない部分をサブタイプとする。
  ④ 概念データモデルを統合することで，統合前のエンティティタイプ名が不適切になることがあるので，適切なエンティティタイプ名を付与する。

計画生産品についての概念データモデルと関係スキーマの設計方針です。この内容に従って，設問1で概念設計を行っていきます。

この問では，認識する必要がないサブタイプ(特有の属性や特徴がないもの)については切り出してはいけません。認識すべきサブタイプだけを正確に切り出すことが大切です。

補充生産品についての概念設計を行うときの方針です。この方針に従って，設問2で補充生産品の属性を洗い出し，概念データモデルを作成していきます。

概念データモデルを統合するときの方針です。この方針に従って，設問3で統合した概念データモデルを作成します。

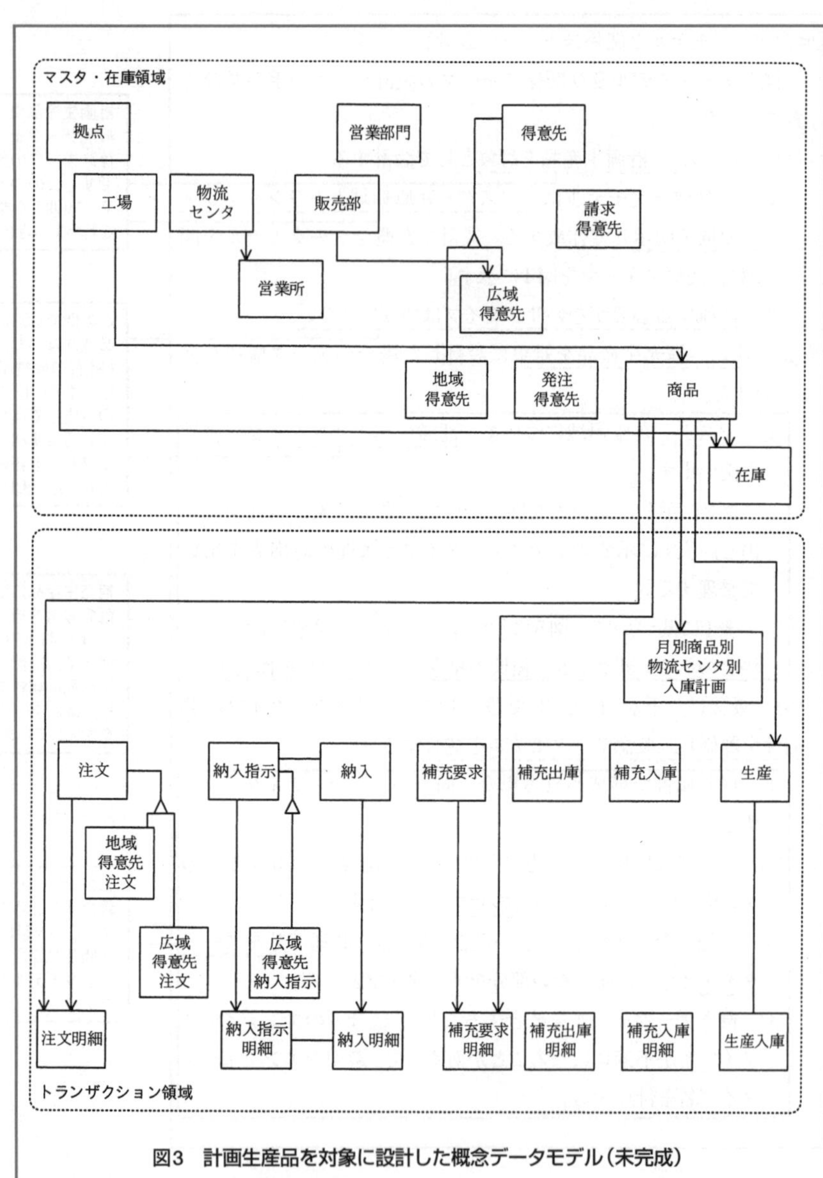

図3 計画生産品を対象に設計した概念データモデル（未完成）

計画生産品を対象に設計した概念データモデルです。〔業務分析の結果〕の内容を基に，設問1（1）で完成させます。

（マスタ・在庫領域）
拠点（拠点コード， a ）
工場（拠点コード，生産ライン数）
物流センタ（拠点コード，配送地区名）
営業所（拠点コード， b ）
営業部門（営業部門コード， c ）
販売部（営業部門コード，販売部門名）
得意先（得意先コード，得意先名， d ）
請求得意先（得意先コード，集約対象得意先数）
地域得意先（得意先コード，担当営業所拠点コード）
広域得意先（得意先コード，発注得意先フラグ， e ）
発注得意先（得意先コード，対象得意先数）
商品（商品コード，商品名， f ，販売開始年月日，販売終了年月日，販売価格，生産ロットサイズ，最終計画年月日）
在庫（拠点コード，商品コード， g ）

（トランザクション領域）
月別商品別物流センタ別入庫計画（年月，商品コード，物流センタ拠点コード，計画値，実績値）
注文（注文番号，注文年月日）
地域得意先注文（注文番号，地域得意先コード）
広域得意先注文（注文番号， h ）
注文明細（注文番号，注文明細番号，商品コード，注文数量）
納入指示（納入番号，注文番号，納入指示年月日）
広域得意先納入指示（納入番号， i ）
納入指示明細（納入番号，納入明細番号，注文番号，注文明細番号，納入指示数量）
納入（納入番号，納入年月日）
納入明細（納入番号，納入明細番号，納入数量）
補充要求（補充要求番号，補充要求年月日， j ）
補充要求明細（補充要求番号，補充要求明細番号，商品コード，補充要求数量）
補充出庫（補充番号，補充要求番号，補充出庫年月日）
補充出庫明細（補充番号，補充明細番号，補充要求番号，補充要求明細番号，補充出庫数量）
補充入庫（補充番号，補充入庫年月日）
補充入庫明細（補充番号，補充明細番号，補充入庫数量）
生産（生産番号，生産年月日，生産数量，商品コード， k ）
生産入庫（生産番号，生産入庫年月日，生産入庫数量）

図4 計画生産品を対象に設計した関係スキーマ（未完成）

計画生産品に関する関係スキーマです。概念データモデルと合わせて，設問1 (2) で穴埋めを行い，完成させていきます。

表1 補充生産品を対象に設計したエンティティタイプと属性の対応表（未完成）

属性＼エンティティタイプ	補充要求	営業所補充要求	物流センタ補充要求	補充要求明細	補充出庫	補充出庫明細	補充入庫	補充入庫明細	生産要求	生産	生産入庫
補充要求番号	K	KF									
補充要求年月日	A										
営業所拠点コード		AF									
物流センタ拠点コード											
補充要求明細番号											
補充要求数量											
補充生産品商品コード									AF		
補充番号											
補充出庫年月日											
補充明細番号											
補充出庫数量											
補充入庫年月日											
補充入庫数量											
生産番号									K	KF	KF
生産要求年月日									A		
生産要求時刻									A		
生産要求数量									A		
生産年月日										A	
生産数量										A	
生産完了時刻										A	
生産入庫年月日											A
生産入庫数量											A
入庫完了時刻											A

注記 K ：主キー属性
KF：主キー属性かつ外部キー属性
A ：従属属性
AF：従属属性かつ外部キー属性

補充生産品に関する概念設計で，エンティティタイプと属性の対応を考えます。設問2（1）で表を完成させていきます。

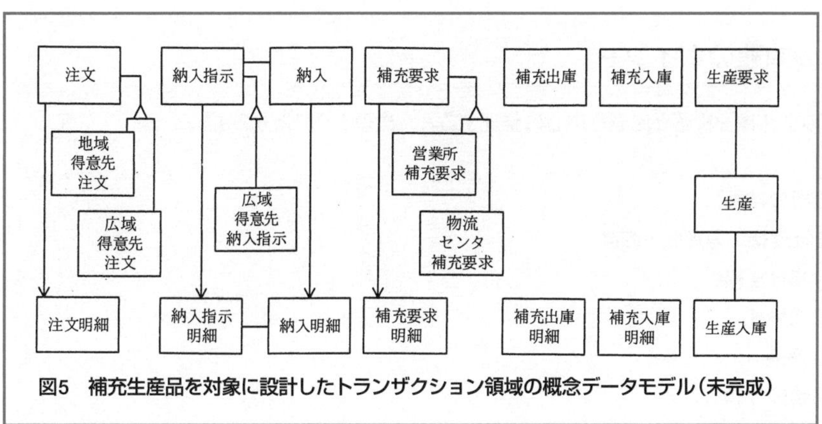

図5 補充生産品を対象に設計したトランザクション領域の概念データモデル（未完成）

補充生産品に関する概念データモデルです。設問2 (2) でリレーションシップを補って，完成させていきます。

6

解答に当たっては，次の７点に従うこと。

① 巻頭の表記ルールに従う。ただし，エンティティタイプ間の対応関係にゼロを含むか否かの表記は必要ない。

② エンティティタイプ間のリレーションシップとして“多対多”のリレーションシップを用いない。

③ エンティティタイプ名及び属性名は，それぞれ意味を識別できる適切な名称とする。

④ 関係スキーマは第３正規形の条件を満たす。

⑤ リレーションシップが１対１の場合，意味的に後からインスタンスが発生する側に外部キー属性を配置する。

⑥ サブタイプ固有の属性が認識可能な場合に，サブタイプを切り出す。

⑦ サブタイプを切り出した場合，外部キーは，スーパタイプ又はサブタイプのいずれか適切なエンティティタイプに配置し，それに基づいて，リレーションシップも適切なエンティティタイプの間に引く。また，外部キー以外の従属属性についても，適切なエンティティタイプに配置する。

解答に当たっての注意点です。第3正規形にすること，1対1のときの外部キー属性は意味的に後からインスタンスが発生する側に配置するなど，注意すべき点がいくつかあります。毎回ほぼ同じですが，たまに変更されるので，しっかり読んでから設問を解き始めることをおすすめします。
なお，表記ルールはP.666に記載しています。

（平成29年春 データベーススペシャリスト試験 午後Ⅱ 問2）

この問題のポイント

問題の全体像を段落と図表を中心に整理すると，次のようになります。

〔業務分析の結果〕

1. 自社組織・得意先・商品
   (1) 自社組織
   (2) 得意先
   (3) 商品
2. 業務の方式
   (1) 得意先への納入
   (2) 在庫保管
   (3) 在庫補充
   (4) 計画生産品の生産・物流
   (5) 補充生産品の生産・物流
   (6) 在庫引当
3. 業務の流れ
   (1) 計画生産品の業務　図1
   (2) 補充生産品の業務　図2

〔概念データモデルと関係スキーマの設計〕

図3　計画生産品を対象に設計した概念データモデル（未完成）
図4　計画生産品を対象に設計した関係スキーマ（未完成）
表1　補充生産品を対象に設計したエンティティタイプと属性の対応表（未完成）
図5　補充生産品を対象に設計したトランザクション領域の概念データモデル（未完成）

本問は概念設計のみを扱う問題であり，〔業務分析の結果〕1～3の内容を基に，〔概念データモデルと関係スキーマの設計〕の未完成の図表（表1，図3～5）を完成させます。さらに，設問3で，すべてを統合した概念データモデルと関係スキーマを作成していきます。

行うことは単純ですが量が多く難易度も高いので，一つ一つ整理して確実に進めていく必要があります。特に，計画生産品と補充生産品の違いについては問題文の内容を整理し，しっかり理解してから概念データモデルを作成することが大切です。

それでは，問題を解いていきましょう。設問は三つです。

設問1 計画生産品を対象に設計した概念データモデル及び関係スキーマについて

計画生産品を対象に設計した概念データモデル及び関係スキーマについて，(1)，(2) に答えよ。

(1) 図3には欠落しているリレーションシップがある。マスタ・在庫領域のエンティティタイプについて，マスタ・在庫領域内及びマスタ・在庫領域とトランザクション領域間のリレーションシップを補って，図を完成させよ。

(2) 図4中の [a] ～ [k] に入れる一つ又は複数の属性名を答えよ。
なお，[a] ～ [k] に入れる属性が外部キーを構成する場合，外部キーを表す破線の下線を付けること。

解説

計画生産品を対象に設計した概念データモデル及び関係スキーマについての問題です。図3のリレーションシップと図4の関係スキーマを完成させていきます。解説は別々に行っていますが，(1) の概念データモデルを作りながら，リレーションシップに合わせて (2) の空欄に外部キーを設定するなど，一緒に解いていくと効率的です。

(1)

図3の欠落するリレーションシップを，マスタ・在庫領域内及びマスタ・在庫領域とトランザクション領域間について補っていきます。

拠点に関するスーパタイプ・サブタイプ

〔業務分析の結果〕1. 自社組織･得意先･商品 (1) 自社組織に,「拠点には,工場,物流センタ,営業所の3種類がある」とあり，それぞれの拠点の違いが記述されています。そのため，スーパタイプ拠点に対して，工場，物流センタ，営業所をサブタイプとして，それぞれに独自の属性を管理する必要があります。したがって，次のように，スーパタイプ“**拠点**”に対して，サブタイプ“**工場**”，“**物流センタ**”，“**営業所**”が追加されます。

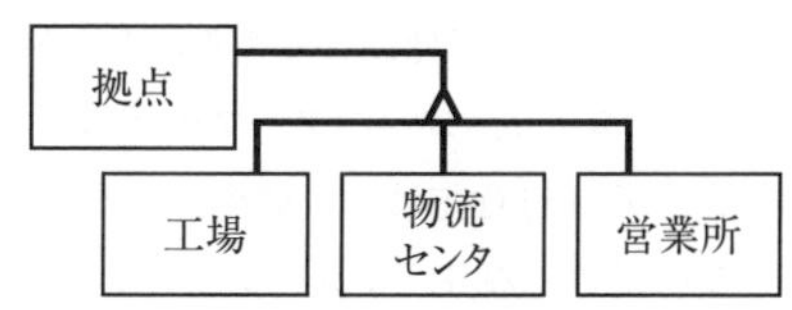

拠点に関するスーパタイプ・サブタイプ

6

営業部門に関するスーパタイプ・サブタイプ

〔業務分析の結果〕1. 自社組織・得意先・商品(1)自社組織③に,「販売部と営業所を合わせて営業部門と呼び,営業部門コードで識別している」とあります。そのため,スーパタイプ"営業部門"に対して,販売部と営業所がサブタイプとなります。したがって,次のように,スーパタイプ"**営業部門**"に対して,サブタイプ"**販売部**","**営業所**"が追加されます。

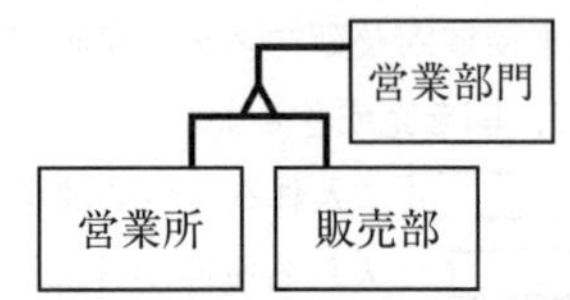

営業部門に関するスーパタイプ・サブタイプ

得意先に関するスーパタイプ・サブタイプとリレーションシップ

〔業務分析の結果〕1. 自社組織・得意先・商品(2)得意先②に,「得意先の中には,請求書の送付先を集約させるところがあり,その場合の請求書の送付先を請求得意先と呼ぶ」とあります。つまり,スーパタイプ得意先に対して,サブタイプ請求得意先が存在します。また,請求得意先は,得意先を集約して一つにまとめるものなので,請求得意先と得意先は1対多の関係となり,リレーションシップが必要です。したがって,次のように,スーパタイプ**得意先**に対して,サブタイプ**請求得意先**が追加され,**請求得意先→得意先**の1対多のリレーションシップも必要となります。

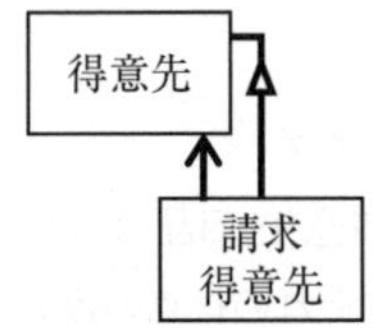

得意先に関するスーパタイプ・サブタイプとリレーションシップ

広域得意先に関するスーパタイプ・サブタイプとリレーションシップ

〔業務分析の結果〕1. 自社組織・得意先・商品(2)得意先④に,「広域得意先の中には,全店又は東日本と西日本のようにまとめて発注してくるところがあり,このような得意先を発注得意先と呼ぶ」とあります。つまり,スーパタイプ広域得意先に対して,サブタイプ発注得意先が存在します。また,発注得意先は,広域得意先をまとめて発注するので,発注得意先と広域得意先は1対多の関連となり,リレーションシップが必要です。したがって,次のように,スーパタイプ**広域得意先**に対して,サブタイプ**発注得意先**が追加され,**発注請求先→広域得意先**の1対多のリレーションシップも必要となります。

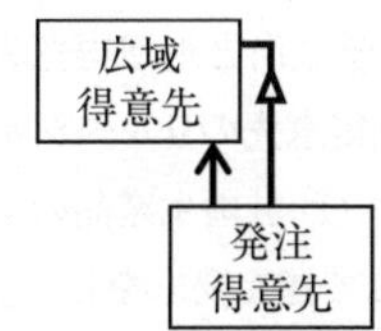

広域得意先に関するスーパタイプ・サブタイプとリレーションシップ

物流センタからのリレーションシップ

〔業務分析の結果〕2. 業務の方式 (4) 計画生産品の生産・物流②で,「商品別物流センタ別に,向こう12か月分の入庫数量を決め, 月別商品別物流センタ別入庫計画を立てる」とあります。つまり, 物流センタを決めて月別商品別物流センタ別入庫計画を立てるので, 物流センタと月別商品別物流センタ別入庫計画には1対多のリレーションシップが必要です。したがって,**物流センタ→月別商品別物流センタ別入庫計画**のリレーションシップを追加します。

〔業務分析の結果〕2. 業務の方式 (4) 計画生産品の生産・物流④で,「工場は, 月別商品別物流センタ別入庫計画の計画値に対する実績値の割合が低い商品について, 入庫先物流センタを決めて生産し, その都度, 生産入庫を行う」とあります。つまり, 物流センタを決めて生産を行うため, 物流センタと生産には1対多のリレーションシップが必要となります。したがって, **物流センタ→生産**のリレーションシップを追加します。

〔業務分析の結果〕3. 業務の流れ (1) 計画生産品の業務⑤に,「販売部は, 得意先から注文を受けると, 納入する物流センタを決めて納入指示を行う」とあります。広域得意先納入指示ごとに物流センタが一つ決まるので, 物流センタと広域得意先納入指示には1対多のリレーションシップが必要です。したがって, **物流センタ→広域得意先納入指示**のリレーションシップを追加します。

物流センタからのリレーションシップを記述すると, 次のようになります。

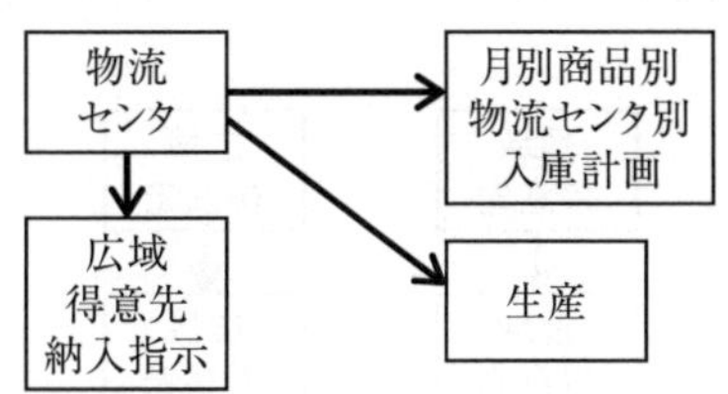

物流センタからのリレーションシップ

営業所からのリレーションシップ

〔業務分析の結果〕1. 自社組織・得意先・商品 (2) 得意先③に,「地域得意先に対する営業は,その地域得意先を受け持つ営業所が担当する」とあり, 地域得意先に対して営業所が一つ決まることが分かります。そのため，営業所と地域得意先に1対多のリレーションシップが必要です。したがって，**営業所→地域得意先**のリレーションシップを追加します。

〔業務分析の結果〕3. 業務の流れ (1) 計画生産品の業務③営業所補充に，「営業所は，補充が必要な場合，物流センタに対して補充要求を行う」とあります。つまり，補充要求を行う営業所が一つ特定できるので，営業所と補充要求の間に1対多のリレーションシップが必要です。したがって，**営業所→補充要求**のリレーションシップを追加します。

営業所からのリレーションシップを記述すると，次のようになります。

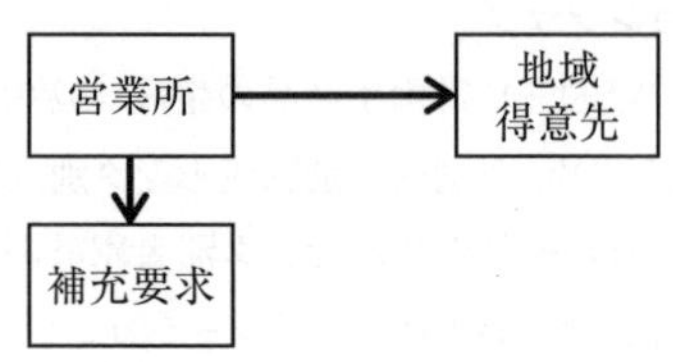

営業所からのリレーションシップ

地域得意先，広域得意先からのリレーションシップ

図4（トランザクション領域）より，関係“注文”は，“地域得意先注文”，“広域得意先注文”に分けて管理されます。このとき，関係“地域得意先注文”に外部キー“地域得意先コード”があり，これは地域得意先との関連を示すものと考えられます。地域得意先と地域得意先注文のリレーションシップは，注文は何度も繰り返すと考えられるので，1対多となります。したがって，**地域得意先→地域得意先注文**のリレーションシップを追加します。

関係“地域得意先注文”と同様，関係“広域得意先注文”も，広域得意先とのリレーションシップがあると考えられます。地域得意先と同様，注文は繰り返されると考えられるので，広域得意先と広域得意先注文のリレーションシップは1対多となります。したがって，**広域得意先→広域得意先注文**のリレーションシップを追加します。

地域得意先，広域得意先からのリレーションシップを記述すると，次のようになります。

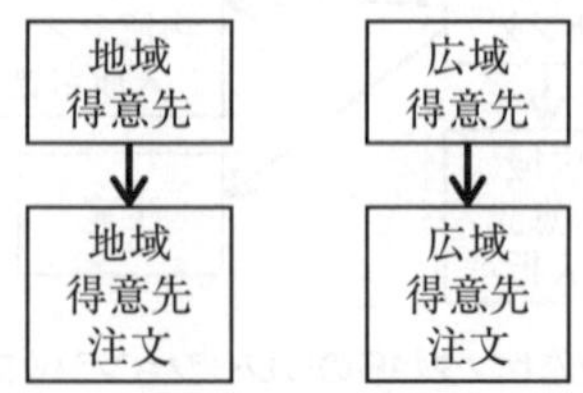

地域得意先，広域得意先からのリレーションシップ

(2)

図4の関係スキーマの穴埋め問題です。(1)で完成させた図3を基に，関係スキーマを完成させていきます。

空欄a

関係“拠点”に必要な属性を考えます。〔業務分析の結果〕1. 自社組織・得意先・商品(1)自社組織①に，「拠点の種類は拠点種類区分で分類している。拠点は拠点コードで識別し，拠点名を保持している」とあります。図4には主キー“拠点コード”はすでにあるので，残りの拠点名と拠点種類区分を属性として追加します。したがって，空欄aは**拠点名，拠点種類区分**となります。

空欄b

関係“営業所”に必要な属性を考えます。(1)より，エンティティタイプ“営業所”は，スーパタイプ“営業部門”のサブタイプです。そのため，営業部門を識別する営業部門コードが必要となります。これを，関係“営業部門”に対する外部キーとしての属性“営業所営業部門コード”として追加します。さらに，関係“拠点”に必要な属性を考えます。〔業務分析の結果〕1. 自社組織・得意先・商品(1)自社組織①に，「営業所は，物流センタの配下」という記述があり，図3でも，エンティティタイプ“物流センタ”と“営業所”に1対多のリレーションシップが存在します。そのため，物流センタとのリレーションシップを表す外部キー“物流センタ拠点コード”を追加します。したがって，空欄bは，**営業所営業部門コード**，**物流センタ拠点コード**となります。

空欄c

関係“営業部門”に必要な属性を考えます。〔業務分析の結果〕1. 自社組織・得意先・商品(1)自社組織③に，「営業部門が，販売部と営業所のどちらに該当するかは，営業部門区分で分類している」とあるので，“営業部門区分”が属性として必要です。したがって，空欄cは**営業部門区分**となります。

空欄d

関係“得意先”に必要な属性を考えます。〔業務分析の結果〕1. 自社組織・得意先・商品(2)得意先②に，「得意先が請求得意先に該当するか否かは，請求得意先フラグで識別する」とあるので，属性“請求得意先フラグ”が必要です。さらに，「請求得意先は，請求書を集約する対象の得意先をもつ」と続き，(1)で示した請求得意先と得意先の間の1対多のリレーションシップを示す“請求得意先コード”も外部キーとして必要です。

また③に，「得意先には，地域得意先と広域得意先があり，得意先区分で分類している」

とあるので，属性“得意先区分”が必要です。

したがって，空欄dは，**得意先区分**，**請求得意先フラグ**，**請求得意先コード**となります。

空欄e

関係“広域得意先”に必要な属性を考えます。〔業務分析の結果〕1. 自社組織・得意先・商品 (2) 得意先④に，「まとめて発注される各広域得意先は，どの発注得意先から発注されるか決められている」とあり，発注得意先を示す外部キー“発注得意先コード”が必要となります。

さらに③に，「広域得意先に対する営業は，いずれかの販売部が担当する」とあり，図3の“販売部”と“広域得意先”に1対多のリレーションシップがあるので，この関係を示すために，外部キー“担当販売部営業部門コード”が必要です。

したがって，空欄eは，**発注得意先コード**，**担当販売部営業部門コード**となります。

空欄f

関係“商品”に必要な属性を考えます。〔業務分析の結果〕1. 自社組織・得意先・商品 (3) 商品③に，「商品ごとに生産する工場を決めており」とあり，工場を示す属性が必要です。図3にも，エンティティタイプ“工場”からの1対多のリレーションシップがあり，この関係を示すための“生産工場拠点コード”が外部キーとして必要です。

したがって，空欄fは**生産工場拠点コード**となります。

空欄g

関係“在庫”に必要な属性を考えます。〔業務分析の結果〕2. 業務の方式 (3) 在庫補充①に，「在庫には，基準在庫数量と補充ロットサイズを設定している」とあるので，属性“基準在庫数量”と“補充ロットサイズ”を追加します。また，②に「実在庫数量が基準在庫数量を下回った商品を対象に」とあるので，属性“実在庫数量”も必要です。さらに，(6) 在庫引当②に，「在庫引当ができた要求は，その要求分が出庫されるまで引当済数量に累積する」とあるので，属性“引当済数量”も必要となります。

したがって，空欄gは，**基準在庫数量**，**補充ロットサイズ**，**実在庫数量**，**引当済数量**となります。

空欄h

関係“広域得意先注文”に必要な属性を考えます。(1) では，エンティティタイプ“広域得意先”と“広域得意先注文”に1対多のリレーションシップを記述しましたが，それに対応する外部キーがないので，“広域得意先コード”として追加します。したがって，空欄hは，**広域得意先コード**となります。

空欄 i

関係"広域得意先納入指示"に必要な属性を考えます。(1)では，エンティティタイプ"物流センタ"と"広域得意先納入指示"に1対多のリレーションシップを記述しましたが，対応する属性がないため，外部キー"納入元物流センタ拠点コード"として追加します。したがって，空欄 i は，**納入元物流センタ拠点コード**となります。

空欄 j

関係"補充要求"に必要な属性を考えます。(1)では，エンティティタイプ"営業所"と"補充要求"に1対多のリレーションシップを記述しましたが，対応する属性がないため，外部キー"要求元営業所拠点コード"として追加します。したがって，空欄 j は，**要求元営業所拠点コード**となります。

空欄 k

関係"生産"に必要な属性を考えます。(1)では，エンティティタイプ"物流センタ"と"生産"に1対多のリレーションシップを記述しましたが，対応する属性がないため，外部キー"入庫先物流センタ拠点コード"として追加します。したがって，空欄 k は，**入庫先物流センタ拠点コード**となります。

設問2 補充生産品を対象に設計したデータ構造について

補充生産品を対象に設計したデータ構造について，(1)，(2)に答えよ。

(1) 表1は，太枠で示した部分が未完成である。太枠外の例に倣って表を完成させよ。
(2) 図5中の欠落しているリレーションシップを補って，図を完成させよ。

解説

補充生産品を対象に設計したデータ構造についての問題です。表1と図5を完成させていきます。

(1)

表1の未完成な部分を順に完成させていきます。

エンティティタイプ"物流センタ補充要求"

〔業務分析の結果〕2. 業務の方式(5)補充生産品の生産・物流②に，「物流センタでは，生産工場別に補充要求を行う」とあります。スーパタイプ"補充要求"に対し，"物流センタ補充要求”はサブタイプに当たるので，主キー（K）は補充要求と同じ“補充要求番号”で，スーパタイプ“補充要求”に対する外部キー（F）ともなります。さらに，物流センタごとの補充要求を管理するので，“物流センタ拠点コード”も必要となり，こちらは従属属性（A）で，“物流センタ”の外部キー（F）となります。

したがって，表1のエンティティタイプ“物流センタ補充要求”では，属性“補充要求番号”にKF，“物流センタ拠点コード”にAFを記入します。

エンティティタイプ“補充要求明細”

エンティティタイプ“補充要求明細”では補充要求ごとの明細を管理するので，{補充要求番号，補充要求明細番号}が主キー（K）となります。このうち，補充要求番号は，対応する補充要求に対する外部キー（F）です。さらに，〔業務分析の結果〕3. 業務の流れ（2）補充生産品の業務①物流センタ補充に，「補充要求では，要求年月日，要求元の物流センタ，要求した商品及び要求数量を記録する」とあるので，補充生産品商品コードと補充要求数量を従属属性（A）としてもちます。このうち，補充生産品商品コードは“商品”に対する外部キー（F）となります。

したがって，表1のエンティティタイプ“補充要求明細”では，属性“補充要求番号”にKF，“補充要求明細番号”にK，“補充要求数量”にA，“補充生産品商品コード”にAFを記入します。

エンティティタイプ“補充出庫”

補充出庫では，実際の補充を識別する補充番号が主キー（K）です。また，〔業務分析の結果〕3. 業務の流れ（2）補充生産品の業務①物流センタ補充に，「工場は，補充要求に対して補充出庫を行う。補充出庫では，出庫年月日，実際の出庫数量を記録する」とあるので，対応する補充要求を示す“補充要求番号”が従属属性の外部キー（AF）として必要で，さらに従属属性（A）として補充出庫年月日を追加します。

したがって，表1のエンティティタイプ“補充出庫”では，属性“補充要求番号”にAF，“補充番号”にK，“補充出庫年月日”にAを記入します。

エンティティタイプ“補充出庫明細”

補充出庫明細では，補充出庫ごとの明細を示すために，{補充番号，補充明細番号}が主キー（K）となります。このうち補充番号は，対応する補充出庫を示すための外部キー（F）ともなります。補充出庫と同様，補充出庫明細も，対応する補充要求明細を管理する必要があるため，従属属性の外部キー（AF）として，{補充要求番号，補充要求明細番号}を追加します。さらに，明細ごとに実際の出庫数量を記録する必要があるので，従属属性（A）としての補充出庫数量も必要です。

したがって，表1のエンティティタイプ“補充出庫明細”では，属性“補充要求番号”にAF，

“補充要求明細番号”に**AF**, “補充番号”に**KF**, “補充明細番号”に**K**, “補充出庫数量”に**A**を記入します。

エンティティタイプ“補充入庫”

補充入庫は，補充出庫に対応して記録します。主キー（K）は補充出庫と同じ補充番号で，補充出庫に対する外部キー（F）ともなります。また，〔業務分析の結果〕3. 業務の流れ(2)補充生産品の業務①物流センタ補充に，「補充入庫では，入庫年月日，実際の入庫数量を記録する」とあるので，従属属性(A)として補充入庫年月日を追加します。

したがって，表1のエンティティタイプ“補充入庫”では，属性“補充番号”に**KF**, “補充入庫年月日”に**A**を記入します。

エンティティタイプ“補充入庫”に対する“補充入庫明細”

補充入庫明細は，補充出庫明細と同じ単位で，主キー（K）は{補充番号，補充明細番号}で，補充出庫明細への外部キー（F）ともなります。また，明細ごとに実際の入庫数量を記録する必要があるので，従属属性(A)として，補充入庫数量を記録します。

したがって，表1のエンティティタイプ“補充入庫明細”では，属性“補充番号”に**KF**, “補充明細番号”に**KF**, “補充入庫数量”に**A**を記入します。

6

(2)

図5の欠落しているリレーションシップを補っていきます。

注文と納入指示，及びその明細に関するリレーションシップ

〔業務分析の結果〕2. 業務の方式(1)得意先への納入②に，「注文に対して在庫が不足すると，得意先と調整して分納する。分納は，まず納入可能な一部数量の納入指示を行う」，「ただし，同一の得意先からの別の注文に対してまとめて納入指示を行うことはない」とあります。そのため，エンティティタイプ“注文”と“納入指示”には1対多のリレーションシップがあり，商品ごとの明細である“注文明細”と“納入指示明細”も同様です。したがって，次のように，**注文→納入指示**，及び**注文明細→納入指示明細**に1対多のリレーションシップを追加します。

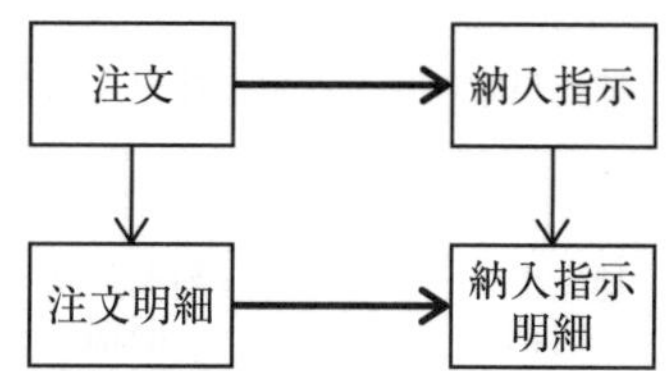

注文と納入指示，及びその明細に関するリレーションシップ

補充要求と補充出庫，及びその明細に関するリレーションシップ

(1)で属性を設定したとおり，補充出庫には対応する補充要求があります。〔業務分析の結果〕2. 業務の方式(3)在庫補充③に，「補充要求に対して，要求を受けた上位拠点で在庫が不足していた場合，不足した商品を当日の補充対象から外す。翌日以降に，在庫が補充要求を満たした時点で補充を行う」とあり，補充要求に対して補充出庫が複数に分かれる可能性があることが分かります。さらに，「ただし，同一下位拠点からの，別の補充要求をまとめて補充することはない」とあるので，エンティティタイプ"補充要求"と"補充出庫"は1対多のリレーションシップとなります。

補充要求明細と補充出庫明細は商品ごとの明細であり，在庫が不足していたら商品ごとに補充対象から外すという業務なので,明細は分割されることはなく1対1の対応となります。したがって，次のように，**補充要求→補充出庫**には1対多，**補充要求明細－補充出庫明細**には1対1のリレーションシップを追加します。

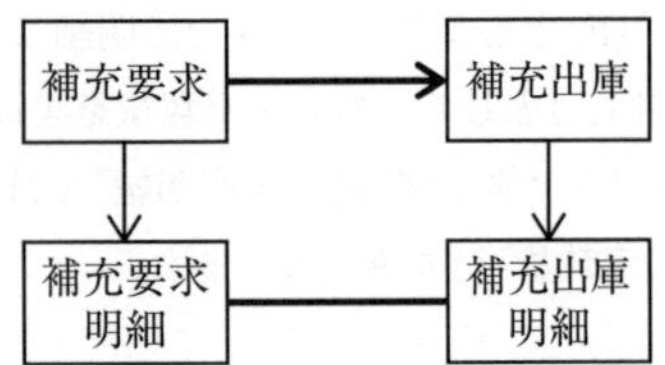

補充要求と補充出庫，及びその明細に関するリレーションシップ

補充出庫と補充入庫，及びその明細に関するリレーションシップ

補充出庫明細は補充出庫の商品ごとの明細で，"補充出庫"と"補充出庫明細"，及び"補充入庫"と"補充入庫明細"は，それぞれ1対多のリレーションシップとなります。また，(1)で主キーを設定したとおり，"補充出庫"と"補充入庫"，及び"補充出庫明細"と"補充入庫明細"は主キーが同じなので，1対1のリレーションシップとなります。

したがって，次のように，**補充出庫→補充出庫明細**，及び**補充入庫→補充入庫明細**には1対多，**補充出庫－補充入庫**，**補充出庫明細－補充入庫明細**には1対1のリレーションシップを追加します。

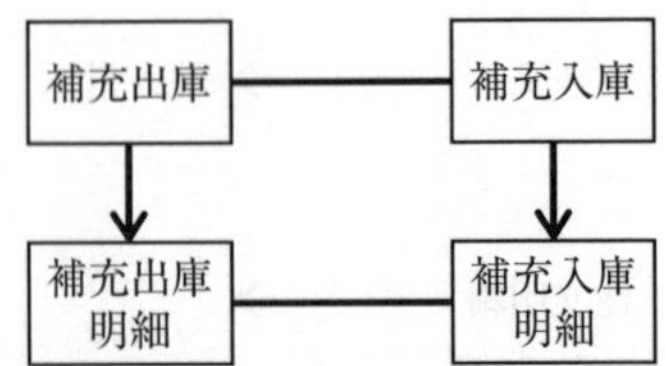

補充出庫と補充入庫，及びその明細に関するリレーションシップ

設問3 計画生産品と補充生産品を統合した概念データモデル及び関係スキーマについて

計画生産品と補充生産品を統合した概念データモデル及び関係スキーマについて，(1)，(2)に答えよ。

(1) “補充要求”，“補充要求明細”の統合後の概念データモデルを，図6に示す。また，図6に示した範囲の，統合前・統合後のエンティティタイプの対応を表2にまとめた。統合前のエンティティタイプの属性が，統合後のどのエンティティタイプの属性に対応するか，対応する全ての欄に“○”印を入れ，表を完成させよ。

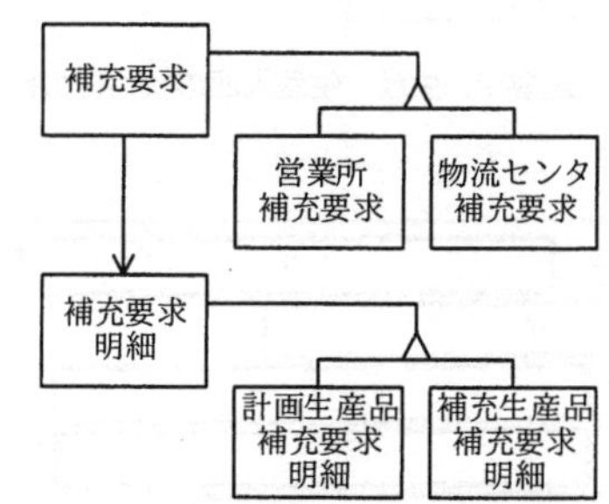

図6 補充要求，補充要求明細の統合後の概念データモデル

表2 補充要求，補充要求明細の統合前・統合後のエンティティタイプの対応

統合前のエンティティタイプ ＼ 統合後のエンティティタイプ	設計対象：計画生産品		設計対象：補充生産品			
	補充要求	補充要求明細	補充要求	営業所補充要求	物流センタ補充要求	補充要求明細
補充要求						
営業所補充要求						
物流センタ補充要求						
補充要求明細						
計画生産品補充要求明細						
補充生産品補充要求明細						

(2) “補充生産品生産要求”，“生産”，“生産入庫”の概念データモデルを図7に，関係スキーマを図8に示す。図8中の［ア］～［カ］に入れる一つ又は複数の属性名を答えよ。

なお，［ア］～［カ］に入れる属性が外部キーを構成する場合，外部キーを表す破線の下線を付けること。

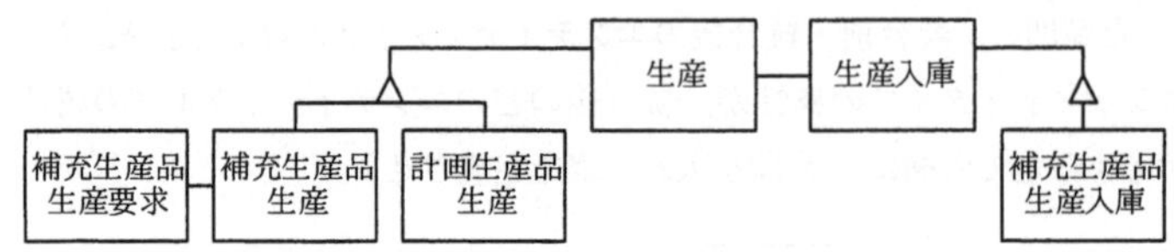

図7 補充生産品生産要求，生産，生産入庫の統合後の概念データモデル

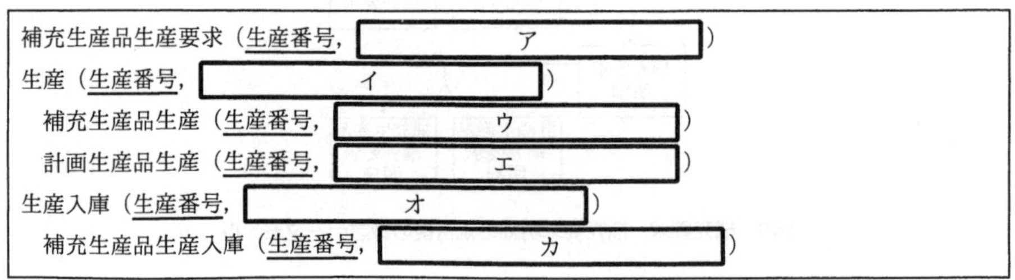

補充生産品生産要求（生産番号，［ア］）
生産（生産番号，［イ］）
　補充生産品生産（生産番号，［ウ］）
　計画生産品生産（生産番号，［エ］）
生産入庫（生産番号，［オ］）
　補充生産品生産入庫（生産番号，［カ］）

図8 補充生産品生産要求，生産，生産入庫の統合後の関係スキーマ

解説

計画生産品と補充生産品を統合した概念データモデル及び関係スキーマに関する問題です。設問1と設問2の内容を統合していきます。

(1)

表2に対して“○”印を埋めて完成させていきます。

設計対象：計画生産品について

統合前のエンティティタイプ“補充要求”には，属性として補充要求年月日と要求元営業所拠点コードがあります。このうち補充要求年月日は，補充生産品の属性を示す表1のエンティティタイプ“補充要求”にもあるので，共通の属性としてスーパタイプ“補充要求”に保存されます。計画生産品の補充要求は，〔業務分析の結果〕2. 業務の方式(4)計画生産品の生産・物流⑤に「在庫補充の方式は，営業所だけに適用する」とあるので，営業所補充要求のみに該当します。そこで，サブタイプ“営業所補充要求”に要求元営業所拠点コードを設定します。

そのため，統合前のエンティティタイプ“補充要求”では，統合後のエンティティタイプ“**補充要求**”と“**営業所補充要求**”の両方を参照する必要があり，二つに○印を入れます。

また，統合前のエンティティタイプ“補充要求明細”では，商品コードと補充要求数量の属性があり，商品コードは計画生産品商品コードとなります。このうち補充要求数量は表1にもあり，共通のスーパタイプ“補充要求明細”に格納可能です。しかし，商品コードは，計画生産品と補充生産品で重複しないので，サブタイプに分けられることとなります。そのため，統合前のエンティティタイプ“補充要求明細”では，統合後のエンティティタイプ“**補充要求明細**”と“**計画生産品補充要求明細**”を参照することになり，二つに○印を入れます。

設計対象：補充生産品について

補充生産品では，エンティティタイプ“補充要求”は，統合前からスーパタイプ“補充要求”とサブタイプ“営業所補充要求”，“物流センタ補充要求”に分けられています。そのため，統合後のスーパタイプ“補充要求”とサブタイプ“営業所補充要求”，“物流センタ補充要求”にそのまま対応させることができます。したがって，統合前のエンティティタイプ“補充要求”では，統合後のエンティティタイプ“**補充要求**”に○印を付けます。また，統合前のエンティティタイプ“営業所補充要求”では，統合後のエンティティタイプ“**営業所補充要求**”に○印を入れます。さらに，統合前のエンティティタイプ“物流センタ補充要求”では，統合後のエンティティタイプ“**物流センタ補充要求**”に○印を入れます。

補充要求明細では，計画生産品の補充要求明細と同様，商品コードが補充生産品特有の補充生産品商品コードとなります。そのため，統合後は，“補充要求明細”に加えて，“補充生産品補充要求明細”を参照する必要があります。したがって，統合前のエンティティタイプ“補充要求明細”では，統合後のエンティティタイプ“**補充要求明細**”と“**補充生産品補充要求明細**”に○印を入れます。

(2)

図8中の空欄穴埋め問題です。図7の概念データモデルと対応させて，図8の属性を考えていきます。

空欄ア

関係“補充生産品生産要求”に必要な属性を考えます。表1より，補充生産品の生産要求には，(<u>生産番号</u>，<u>補充生産品商品コード</u>，生産要求年月日，生産要求時刻，生産要求数量)があります。このうち，主キーの生産番号以外は図8にないので，追加します。したがって，空欄アは，**生産要求年月日，生産要求時刻，<u>補充生産品商品コード</u>，生産要求数量**となります。

空欄イ

スーパタイプの関係“生産”に必要な属性を考えます。図4の関係“生産”と，表1の関係“生産”で共通の属性は，主キーの生産番号以外では，生産年月日と生産数量の二つとなります。したがって，空欄イは，**生産年月日，生産数量**となります。

空欄ウ

サブタイプの関係“補充生産品生産”に必要な属性を考えます。表1の関係“生産”のみにある属性としては，生産完了時刻があります。したがって，空欄ウは**生産完了時刻**となります。

空欄エ

サブタイプの関係“計画生産品生産”に必要な属性を考えます。図4の関係“生産”のみにある属性としては，外部キーである“商品コード”と，空欄kで答えた外部キー“入庫先物流センタ拠点コード”があり，これを追加する必要があります。したがって，空欄エは，**商品コード，入庫先物流センタ拠点コード**となります。

空欄オ

スーパタイプ“生産入庫”に必要な属性を考えます。図4の関係“生産入庫”と表1の関係“生産入庫”に共通の属性は，主キーの生産番号以外では，生産入庫年月日と生産入庫数量です。したがって，空欄オは**生産入庫年月日，生産入庫数量**となります。

空欄カ

サブタイプ“補充生産品生産入庫”に必要な属性を考えます。表1の関係“生産入庫”に独自の属性は，入庫完了時刻です。したがって，空欄カは**入庫完了時刻**となります。

解答例

出題趣旨

概念データモデリングでは，データベースの物理的な設計とは異なり，実装上の制約に左右されずに実務の視点に基づいて，対象領域から管理対象を正しく見極め，モデル化する必要がある。また，業務内容などの実世界の情報を総合的に理解・整理し，その結果を概念データモデルに反映する能力が求められる。

本問では，自動車用ケミカル製品メーカの販売物流業務を題材に，与えられた状況から概念データモデリングを行う能力を問うものである。具体的には，①トップダウンにエンティティタイプ及びリレーションシップを見抜く能力，②ボトムアップにエンティティタイプ及び関係スキーマを分析する能力，③類似しているが異なる業務のモデルを統合する能力を評価する。

解答例

設問

(1)

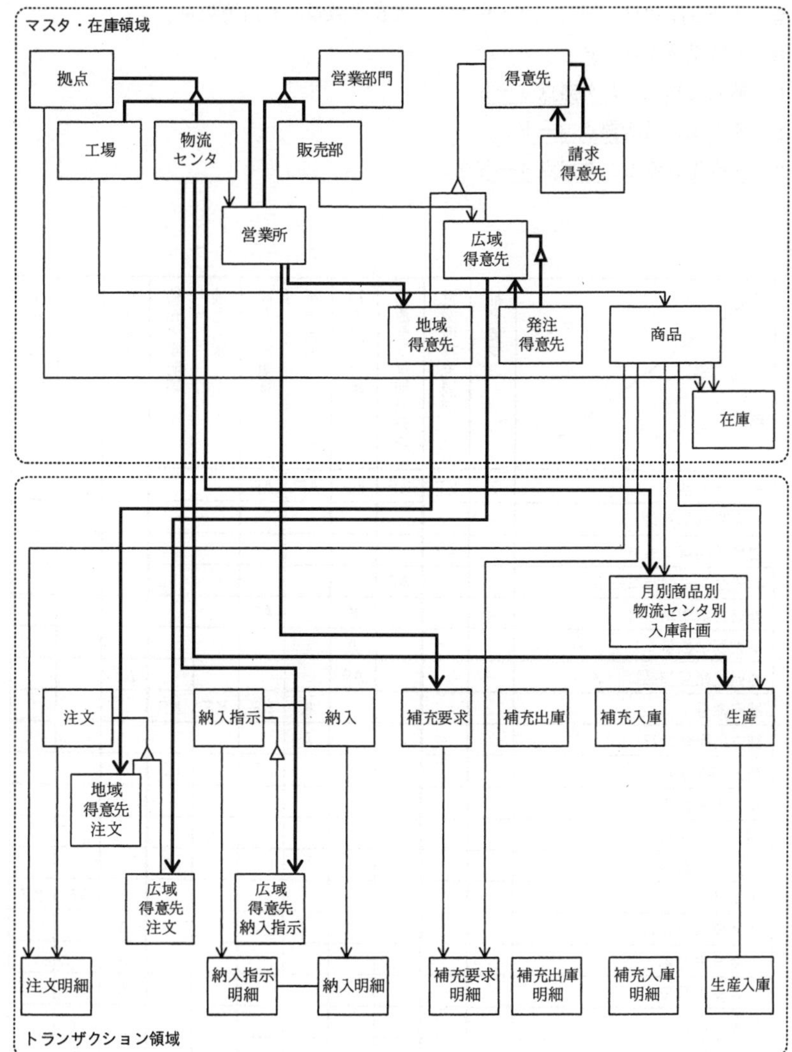

(2) a 拠点名，拠点種類区分

b 営業所営業部門コード，物流センタ拠点コード

c 営業部門区分

d 得意先区分，請求得意先フラグ，請求得意先コード

e　発注得意先コード，担当販売部営業部門コード

f　生産工場拠点コード

g　基準在庫数量，補充ロットサイズ，実在庫数量，引当済数量

h　広域得意先コード

i　納入元物流センタ拠点コード

j　要求元営業所拠点コード

k　入庫先物流センタ拠点コード

設問2

(1)

属性＼エンティティタイプ	補充要求	営業所補充要求	物流センタ補充要求	補充要求明細	補充出庫	補充出庫明細	補充入庫	補充入庫明細	生産要求	生産	生産入庫
補充要求番号	K	KF	KF	KF	AF	AF					
補充要求年月日	A										
営業所拠点コード		AF									
物流センタ拠点コード			AF								
補充要求明細番号				K		AF					
補充要求数量				A							
補充生産品商品コード				AF					AF		
補充番号					K	KF	KF	KF			
補充出庫年月日					A						
補充明細番号						K		KF			
補充出庫数量						A					
補充入庫年月日							A				
補充入庫数量								A			
生産番号									K	KF	KF
生産要求年月日									A		
生産要求時刻									A		
生産要求数量									A		
生産年月日										A	
生産数量										A	
生産完了時刻										A	
生産入庫年月日											A
生産入庫数量											A
入庫完了時刻											A

注記　K　：主キー属性
　　　KF：主キー属性かつ外部キー属性
　　　A　：従属属性
　　　AF：従属属性かつ外部キー属性

(2)

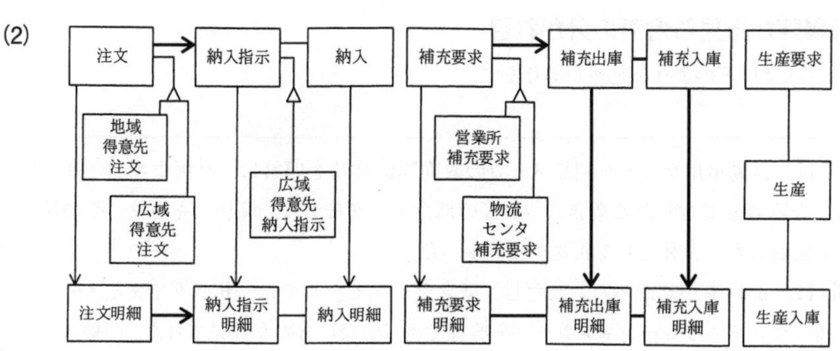

設問3

(1)

統合前のエンティティタイプ ＼ 統合後のエンティティタイプ	設計対象：計画生産品		設計対象：補充生産品			
	補充要求	補充要求明細	補充要求	営業所補充要求	物流センタ補充要求	補充要求明細
補充要求	○		○			
営業所補充要求	○			○		
物流センタ補充要求					○	
補充要求明細		○				○
計画生産品補充要求明細		○				
補充生産品補充要求明細						○

(2)　ア　生産要求年月日，生産要求時刻，補充生産品商品コード，生産要求数量

イ　生産年月日，生産数量

ウ　生産完了時刻

エ　商品コード，入庫先物流センタ拠点コード

オ　生産入庫年月日，生産入庫数量

カ　入庫完了時刻

採点講評から見る合否の分かれ目

採点講評には以下のような記述があります。

> 問2では，自動車用ケミカル製品メーカの販売物流業務を題材に，計画生産品と補充生産品の異なる方法で行われる業務についての概念データモデル，関係スキーマ，その統合について出題した。全体として正答率は高かった。
>
> 設問1は，正答率が高かった。ただし，概念データモデルでは，サブタイプとスーパタイプの間に存在するリレーションシップを解答できていないものが散見された。関係スキーマでは，外部キー属性について参照先のエンティティタイプを特定できていない解答が散見された。具体的なインスタンスをイメージした対応関係の理解が不足しているものと思われるので，注意深く読み取るようにしてほしい。
>
> 設問2も正答率は高かった。ただし，概念データモデルにおいて，トランザクション間のリレーションシップを解答できていないものが散見された。連鎖する業務イベントにおいて，先行後続の関係を注意深く読み取るようにしてほしい。
>
> 設問3の概念データモデルの統合では，統合後の関係スキーマの属性名を解答できていないものが散見されたが，注意深く状況を読めば，関係スキーマに備えるべき属性が何かは分かるはずである。
>
> 状況記述を丁寧に読み，インスタンスのレベルまで十分に考慮し，エンティティタイプ間のリレーションシップや求められる属性を検討する習慣を付けてほしい。また，対象領域全体を把握するために，全体のデータモデルを記述することは重要である。日常業務での実践の積み重ねを期待したい。

「全体として正答率が高かった」とあるので，全体的には易しめの問題だったと考えられます。こういった問題では，いかにミスをせず，正確に概念データモデルが書けるかが合否のカギとなります。

具体的には，次のようなところがポイントだったと考えられます。

設問1

「サブタイプとスーパタイプの間に存在するリレーションシップ」を間違えないことが求められます。具体的には，得意先と請求得意先，広域得意先と発注得意先の各スーパタイプ，サブタイプ間に，さらにサブタイプからスーパタイプへのリレーションシップが存在するところが最も難しいと考えられます。こういった複雑な関係性を整理して書けるように，一つ一つ丁寧に読み込んでいきましょう。

設問2

「トランザクション間のリレーションシップ」の解答を正確に行うことが重要です。具体的には，注文と納入指示，補充要求と補充出庫が1対1ではなく，1対多の関係であることを読み解くことが難しくなります。業務の流れの例外（在庫が足りなかった場合など）をきちんと整理し，インスタンスレベルで考えて，数の関係を確認していきましょう。

設問3

「統合後の関係スキーマの属性名」を的確に命名するところが重要です。具体的には，外部キーの「補充生産品商品コード」や「入庫先物流センタ拠点コード」などが，正確に書けるところがカギになります。そのためには，(1)のエンティティタイプの対応関係を正確に理解し，図を完成させることが大切です。

ひととおり解いてみたあと，間違えたところはしっかり納得するまで理解して，他の問題でも演習を繰り返していきましょう。

6-3 問題演習

6-3-1 午後問題

問題 調達業務及び調達物流業務 CHECK ▶ □□□

調達業務及び調達物流業務に関する次の記述を読んで，設問1～3に答えよ。

機械メーカのA社は，調達業務及び調達物流業務のシステム再構築に向けて，業務分析を行い，概念データモデル及び関係スキーマを設計している。

〔現状の業務分析の結果〕

1. 品目の特性

(1) 品目

① 品目には，製品，部品，素材がある。品目は品目コードで識別し，品目名，評価額を設定する。部品と素材を併せて部材と呼ぶ。

・製品は，産業用機械が主で，大型なものから小型なものまである。

・部品には，切削部や搬送部などと呼ぶ，製品の主要な部位となる大型なものから，組立てに用いる金具やパイプなど小型なものまである。

・素材には，ロール状の鉄板やアルミ板，金属棒や塗料などがある。

② 品目には，A社が設計する専用品と，それ以外の汎用品がある。専用品には設計番号を設定し，汎用品には汎用品仕様として，メーカ名，カタログ名，カタログ発行年月，カタログ品番を連結した文字列を設定する。

③ 製品，部品，素材が，それぞれ専用品と汎用品のいずれに該当するかは次のとおりである。

・製品の全ては専用品に該当する。

・部品は，専用品に該当するものと汎用品に該当するものがある。専用品に該当する部品を専用部品，汎用品に該当する部品を汎用部品と呼ぶ。

・素材の全ては汎用品に該当する。

④ 専用部品には，その専用部品を輸送するときの個体重量を設定している。

⑤ 部材には，その部材の在庫をもつときのために，次を設定している。

・基準在庫数

・調達する一定の数である調達ロットサイズ（以下，調達LSという）

・調達に要する日数である調達リードタイム（以下，調達LTという）

(2) 構成

① 品目のうち，製品と専用部品には，それを生産する上で必要となる下位の品目があり，どの品目を幾つ用いるかの情報を，構成と呼ぶ。

② 下位の品目の多くは，複数の品目の構成に共通して用いられる。

③ 製品の構成には，幾つかの専用部品，汎用部品，素材があり得る。

④ 専用部品の構成にも，幾つかの専用部品，汎用部品，素材があり得る。

⑤ 専用部品が，その構成に別の専用部品をもつ場合，構成から見て上位を親部品，下位を子部品と呼ぶ。

⑥ 子部品が，その構成に，更に専用部品をもつことはない。

2. 組織の特性

(1) 社内の組織

① A社の調達業務及び調達物流業務に関する部門は次のとおりである。

・一つの物流部

・製品の種類ごとに3部門ある製品生産部

・部品の種類ごとに5部門ある部品生産部

② 物流部は，調達手配，輸送手配及び在庫管理を行う。

③ 物流部は，倉庫を管轄する。倉庫はA社に一つだけある。

④ 製品生産部は，受注に基づいて，製品の生産に必要な部材の出庫指示を行い，製品を生産する。また，生産ライン数を設定している。

⑤ 部品生産部は，専用部品の生産指示に基づいて，A社が内製する専用部品を生産する。また，専用部品の生産用に，部材の出庫指示を行う。

(2) 社外の組織

① 部品及び素材を調達する先を調達先と呼び，調達先コードで識別する。

② 調達先のうち，専用部品を発注する先を協力会社（以下，BPという）と呼び，BPフラグを設定している。

③ BPが，専用部品の生産に子部品を要する場合，その子部品はA社から支給する。BPへの支給対象の子部品を支給部品とも呼ぶ。

④ 調達先のうち，汎用品を購入する先を仕入先と呼び，仕入先フラグを設定している。

⑤ BPでかつ仕入先という調達先を禁じていない。

(3) 社内と社外の組織を共通に見る見方

① 部品生産部とBPを総称して生産先と呼び，生産先コードを付与している。

② 倉庫とBPを総称して地点と呼び，地点コードを付与している。

(4) 組織と品目の関係

① 汎用品は，その汎用品を調達する仕入先を一つに決めている。

② 専用部品は，その専用部品を生産する生産先を一つに決めている。

3. 物流に関する資源の特性

(1) 車両

① 調達物流に用いるトラックを車両と呼ぶ。

② 車両は車両番号で識別し，最大積載重量を設定している。

(2) ルート

① A社では，専用部品の調達を，巡回集荷で行っている。巡回集荷とは，車両が幾つかのBPを順に回って集荷するやり方である。

② 車両が，A社倉庫を出発し，4～8か所のBPを順に回り，再びA社倉庫に戻る単位をルートと呼ぶ。ルートはルート番号で識別し，標準で輸送する車両を設定している。

③ ルートごとに，車両の出発地点の巡回順を1に，以降の到着する地点の巡回順を2から付与し，到着予定時刻を設定している。

④ どのルートも，巡回順の最初と最後にA社倉庫を設定し，2番目以降に幾つかのBPを設定している。ルートのイメージを図1に示す。

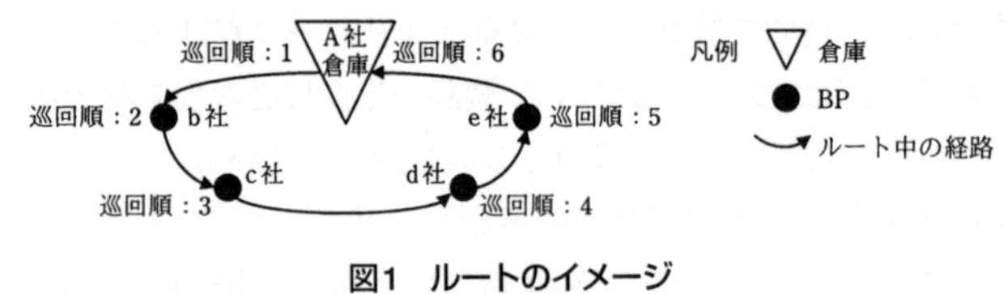

図1 ルートのイメージ

4. 業務のやり方

(1) 在庫のもち方

① 在庫をもつのは，倉庫と支給を行う対象のBPである。

② 在庫は，地点，品目ごとに把握している。

③ 倉庫の在庫を倉庫在庫，BPの在庫をBP在庫と呼ぶ。

④ 倉庫在庫の在庫数は，入出庫の実績から求める。

⑤ BPでは，在庫の入出庫を記録しないので，在庫数は理論値で，次の入出庫の実績から求める。この在庫数を理論在庫数と呼ぶ。

・荷卸実績のうち支給部品のBPへの荷卸実績は，支給部品理論入庫実績でもある。

・親部品の発注に基づいて，BPは構成から求められる子部品を使用数分使うので，その分の支給部品理論出庫実績を記録する。

(2) 調達手配のやり方

① 調達手配は，部材を対象に行い，定量発注で行う。

② 定量発注とは，在庫数又は理論在庫数が基準在庫数を下回った場合，調達LS分の手配を行うやり方である。

③ 在庫数が基準在庫数を下回ったかどうかの確認は，毎営業日の営業時間終了時に行う。

④ 調達手配は物流部が行い，対象には部品生産部が内製する部品も含む。

⑤ 調達手配は，次のように行う。

・汎用品は，仕入先に発注する。

・専用部品でかつ生産先がBPの場合，そのBPに発注する。

・専用部品でかつ生産先が部品生産部の場合，その部品生産部に生産指示を行う。

・BPに支給する支給部品は，支給指示を行う。

(3) 輸送のやり方

① 一つの輸送は，荷物をある地点で荷積みして別の地点で荷卸しするまでの単位である。例えば，BPのc社に発注した専用部品の集荷の輸送は，c社で荷積みしてA社倉庫で荷卸しする。

② 輸送において，荷積みする地点を積地，荷卸しする地点を卸地，それぞれの巡回順を積地巡回順，卸地巡回順と呼ぶ。

③ 輸送の必要な調達では，該当する調達手配に対応させて，輸送指示を行う。

④ 輸送指示は輸送番号で識別する。輸送指示には，調達手配の日に調達LTの日数を足した輸送日，積地巡回順及び卸地巡回順を設定する。

⑤ 輸送指示に基づき，荷積みした時点で荷積時刻の記録を行う。

⑥ 輸送指示に基づき，荷卸しした時点で荷卸時刻の記録を行う。

6

5. 業務の流れと情報

業務の流れを図2に，業務内容及び業務の流れにおける情報を表1に示す。

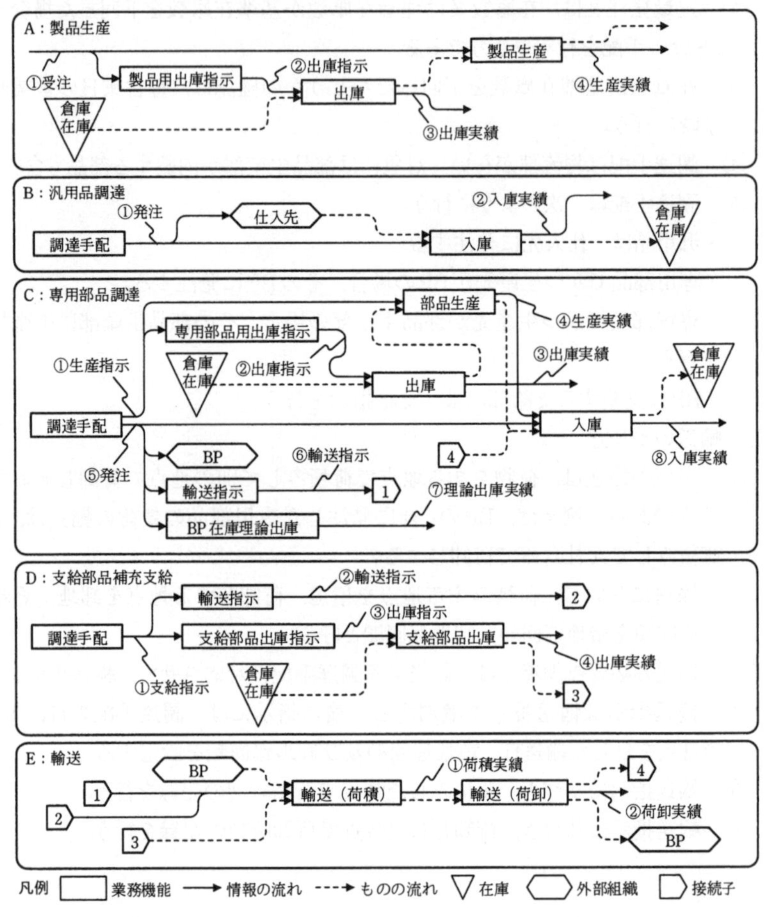

図2 業務の流れ

表1 業務内容及び業務の流れにおける情報

業務	業務内容	情報名		情報内容
A：製品生産	受注に基づいて，製品の生産に必要な部材の出庫を行い，製品を生産する。	①	受注	製品の受注
		②	出庫指示	製品を生産するための部材の出庫指示
		③	出庫実績	倉庫からの出庫実績
		④	生産実績	製品の生産実績
B：汎用品調達	在庫数が基準在庫数を下回った汎用品を発注し，調達する。	①	発注	汎用品の仕入先への発注
		②	入庫実績	汎用品の倉庫への入庫実績
C：専用部品調達	在庫数が基準在庫数を下回った専用部品について，次の手配によって調達を行う。 ・生産先が部品生産部であれば生産指示をかける。 ・生産先が BP であれば発注をかける。	①	生産指示	専用部品の部品生産部への生産指示
		②	出庫指示	専用部品を生産するための部材の出庫指示
		③	出庫実績	倉庫からの出庫実績
		④	生産実績	専用部品の生産実績
		⑤	発注	専用部品の BP への発注
		⑥	輸送指示	発注した専用部品を集荷する輸送指示
		⑦	理論出庫実績	親部品の発注に伴って使用される子部品の理論在庫数を減少させる数
		⑧	入庫実績	専用部品の倉庫への入庫実績
D:支給部品補充支給	BP の理論在庫数が基準在庫数を下回った子部品について支給を行う。	①	支給指示	子部品の BP への支給指示
		②	輸送指示	支給部品を支給する輸送指示
		③	出庫指示	支給する子部品の出庫指示
		④	出庫実績	倉庫からの出庫実績
E：輸送	輸送指示に基づいて輸送を行う。	①	荷積実績	荷積みの実績
		②	荷卸実績	荷卸しの実績

〔設計した現状の概念データモデル及び関係スキーマ〕

概念データモデル及び関係スキーマは，マスタ及び在庫の領域と，トランザクションの領域を分けて作成し，マスタとトランザクションの間のリレーションシップは記述しない。マスタ及び在庫領域の概念データモデルを図3に，トランザクション領域の概念データモデルを図4に，マスタ及び在庫領域の関係スキーマを図5に，トランザクション領域の関係スキーマを図6に示す。

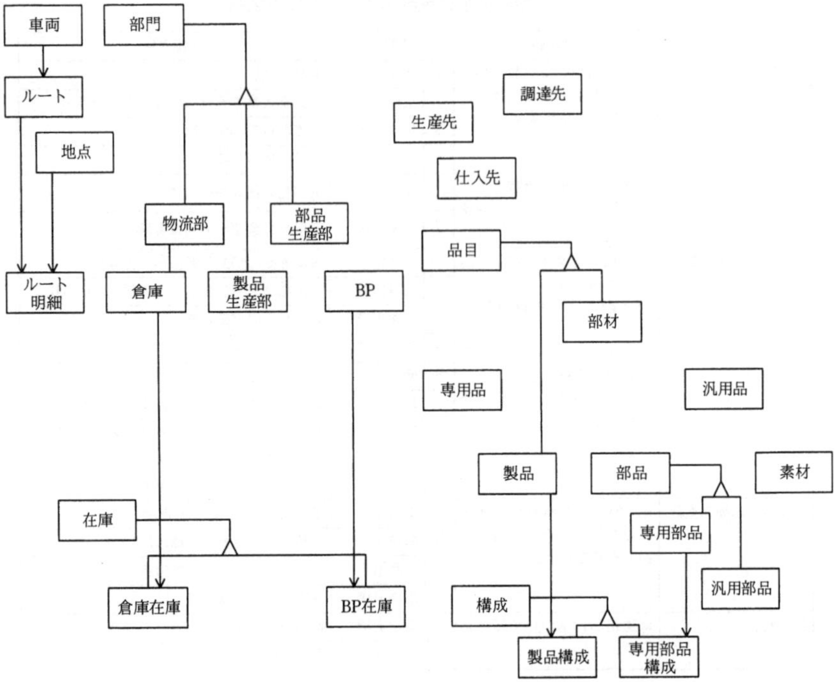

車両
部門
ルート
地点
物流部
部品
生産部
ルート
明細
倉庫
製品
生産部
BP
調達先
生産先
仕入先
品目
部材
専用品
汎用品
製品
部品
素材
専用部品
汎用部品
在庫
倉庫在庫
BP在庫
構成
製品構成
専用部品
構成

図3　マスタ及び在庫領域の概念データモデル（未完成）

受注
調達手配
製品
生産実績
支給指示
輸送指示
荷積実績
荷卸実績
専用部品
発注
入庫実績
専用部品
生産指示
専用部品
生産実績
倉庫
入庫実績
支給部品理
論入庫実績
汎用品
発注
出庫実績
出庫指示
倉庫
出庫実績
支給部品理
論出庫実績
製品用
出庫指示
専用部品用
出庫指示
支給部品
出庫指示

図4　トランザクション領域の概念データモデル（未完成）

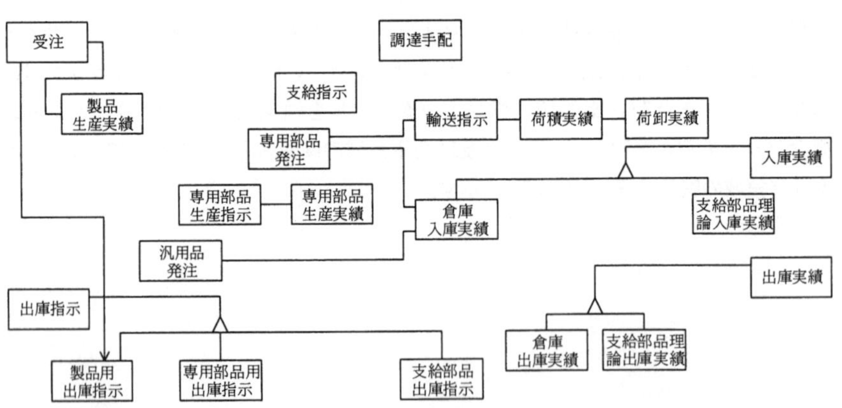

車両（車両番号，最大積載重量）
ルート（ルート番号，車両番号）
ルート明細（ルート番号，巡回順，地点コード，到着予定時刻）
部門（部門コード，部門名，部門区分）
　物流部（部門コード，部員数）
　製品生産部（部門コード，［ ア ］）
　部品生産部（部門コード，［ イ ］）
地点（地点コード，所在地，地点区分）
　倉庫（地点コード，部門コード）
調達先（調達先コード，調達先名，BP フラグ，仕入先フラグ）
　BP（調達先コード，［ ウ ］）
　仕入先（調達先コード，信用ランク）
生産先（生産先コード，生産先区分）
品目（品目コード，品目名，評価額，品目区分，専汎区分）
　製品（品目コード，製品種類）
　部品（品目コード，部品種類）
　素材（品目コード，規格内容）
　専用品（品目コード，［ エ ］）
　汎用品（品目コード，［ オ ］）
　部材（品目コード，基準在庫数，調達 LS，調達 LT，部材区分）
　　専用部品（品目コード，［ カ ］）
　　汎用部品（品目コード，メーカ部品名）
構成（上位品目コード，下位品目コード，下位品目使用数，構成区分）
　製品構成（製品品目コード，［ キ ］）
　専用部品構成（専用部品品目コード，［ ク ］）
在庫（地点コード，品目コード，在庫区分）
　倉庫在庫（倉庫地点コード，［ ケ ］，在庫数）
　BP 在庫（BP 地点コード，［ コ ］，理論在庫数）

図5　マスタ及び在庫領域の関係スキーマ（未完成）

受注（受注番号，製品品目コード，受注日，受注数）
製品生産実績（受注番号，生産完了日）
調達手配（調達番号，手配日，調達予定日，手配数，手配区分）
　汎用品発注（調達番号，汎用品品目コード）
　専用部品生産指示（調達番号，専用部品品目コード）
　専用部品発注（調達番号，専用部品品目コード）
　支給指示（調達番号，支給部品品目コード，支給先 BP 地点コード）
専用部品生産実績（調達番号，生産完了日）
輸送指示（輸送番号，［ サ ］，輸送日，輸送重量，ルート番号，積地巡回順，卸地巡回順）
荷積実績（輸送番号，荷積時刻）
荷卸実績（輸送番号，荷卸時刻）
入庫実績（入庫番号，入庫実績区分）
　倉庫入庫実績（入庫番号，調達番号，入庫地点コード，入庫日，入庫実績数）
　支給部品理論入庫実績（入庫番号，［ シ ］）
出庫指示（出庫番号，出庫地点コード，出庫指示区分）
　製品用出庫指示（出庫番号，［ ス ］，出庫指示数，出庫指示日）
　専用部品用出庫指示（出庫番号，［ セ ］，出庫指示数）
　支給部品出庫指示（出庫番号，［ ソ ］）
出庫実績（出庫番号，出庫実績区分）
　倉庫出庫実績（出庫番号，出庫実績数，出庫実績日）
　支給部品理論出庫実績（出庫番号，［ タ ］）

図6　トランザクション領域の関係スキーマ（未完成）

〔現状業務の問題と解決策〕

① 輸送時に荷物が車両の最大積載重量を超えないように，ルートの車両の大きさと巡回する先を設定しているが，まれに最大積載重量を超え，問題となっている。

② そこで，荷量計算という業務を，次のように追加して問題を解決する。

・営業時間終了時に，翌営業日分の輸送指示について，ルート別巡回順別に輸送重量の和を求める。

・求めた輸送重量の和が，車両の最大積載重量を超えていた場合，巡回順と輸送番号の順で，累計輸送重量が最大積載重量を超過した以降の輸送指示に対して，別の車両を割り当て，車両を確定させる。荷量計算のイメージを図7に示す。

③ 現状の関係スキーマが，②に示した荷量計算が可能なデータ構造であることを検証するために，関係スキーマ処理フローを作成した。関係スキーマ処理フローの表記法を表2に，検証のために作成した関係スキーマ処理フローを図8に示す。

関係“輸送指示”に関係“ルート”を結合したビュー

輸送番号	輸送日	輸送重量(kg)	ルート番号	積地巡回順	卸地巡回順	車両番号
3001	2019-04-22	2,000	3	1	3	6354
3002	2019-04-22	2,000	3	1	5	6354
3008	2019-04-22	1,000	3	1	4	6354
3004	2019-04-22	2,000	3	2	6	6354
3011	2019-04-22	4,000	3	3	6	6354
3012	2019-04-22	3,000	3	4	6	6354
3030	2019-04-22	2,000	3	5	6	6354

車両を確定させた情報

別に割り当てる車両番号	確定した車両番号
-	6354
-	6354
-	6354
-	6354
-	6354
8832	8832
8832	8832

輸送指示を基にルート別巡回順別に輸送重量の和を求める。
前提として，標準の車両の最大積載重量は10,000kgである。

ルート番号	巡回順	荷積重量(kg)	荷卸重量(kg)	差引重量(kg)	累計輸送重量(kg)
3	1	5,000	0	5,000	5,000
3	2	2,000	0	2,000	7,000
3	3	4,000	2,000	2,000	9,000
3	4	3,000	1,000	2,000	11,000
3	5	2,000	2,000	0	11,000
3	6	0	11,000	-11,000	0

累計輸送重量が車両の最大積載重量を超過した以降の輸送指示に対して，別の車両を割り当て，車両を確定させる。

図7 荷量計算のイメージ

表2 関係スキーマ処理フローの表記法

処理記号	意味	形式
EXT:	抽出	条件に合う組を選び出す処理 [抽出対象の関係スキーマ] ↓ EXT: 抽出対象属性名，抽出条件 [抽出後の関係スキーマ]
FJOIN:	結合	関係スキーマの，参照元の属性と参照先の属性の値が等しいという条件で，参照元の組と参照先の組を完全外結合する処理 [参照元の関係スキーマ] [参照先の関係スキーマ] ↓ FJOIN: 参照元関係スキーマ名.参照元属性名 1 ＝ 参照先関係スキーマ名.参照先属性名 1 AND 参照元関係スキーマ名.参照元属性名 2 ＝ 参照先関係スキーマ名.参照先属性名 2 … [完全外結合後の関係スキーマ]
SUM:	集計	集計キーに指定した属性の値が同じ組について，集計対象の属性の合計値を求める処理 [集計対象の関係スキーマ] ↓ SUM: 集計対象属性名 AS 集計によって導出する属性名 GROUP BY 集計キー属性名 1，集計キー属性名 2，… [集計後の関係スキーマ]
GEN:	演算	同一の組にある属性に演算を行い，結果を導出する処理 [演算対象の関係スキーマ] ↓ GEN: 演算式 AS 演算によって導出する属性名 [演算後の関係スキーマ]
TOT:	累計	組を，区分キーごとに，ソートキーの昇順に並べ，累計対象属性の累計値を求める処理 [累計対象の関係スキーマ] ↓ TOT: 累計対象属性名 AS 累計によって導出する属性名 PARTITION BY 区分キー属性名 1，区分キー属性名 2，… ORDER BY ソートキー属性名 1，ソートキー属性名 2，… [累計後の関係スキーマ]
UNION:	和	属性数が同じ二つの関係スキーマについて，全ての組の和集合を求める処理 [関係スキーマ 1] [関係スキーマ 2] ↓ UNION: [関係スキーマ 3]

注記1 集計又は演算によって導出した属性は“<属性名>”と表記する。
注記2 関係スキーマ処理フローの関係スキーマには，主キーを表す下線及び外部キーを表す破線の下線は記述しない。
注記3 各処理記号の処理は，射影操作を含むものとする。
注記4 GEN:では，演算式中の NULL は 0 に置き換えて演算する。

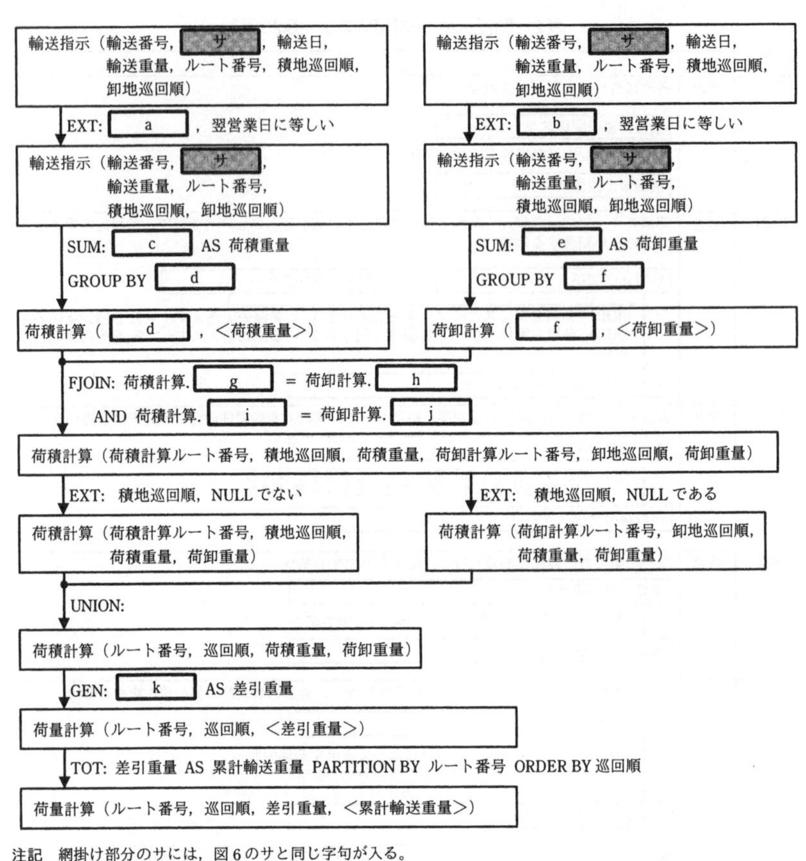

注記　網掛け部分のサには，図6のサと同じ字句が入る。

図8　検証のために作成した関係スキーマ処理フロー（未完成）

解答に当たっては，巻頭（本書ではP.650～652）の表記ルールに従うこと。ただし，エンティティタイプ間の対応関係にゼロを含むか否かの表記は必要ない。

なお，次の①～④についても従うこと。

① リレーションシップの対応関係は1対1又は1対多とし，多対多としないこと。

② 属性名は意味を識別できる適切な名称とし，他の属性と区別できること。

③ 識別可能なサブタイプにおいて，他のエンティティタイプとのリレーションシップは，スーパタイプ又はサブタイプのいずれか適切な方との間に記述すること。また，サブタイプ固有の属性がある場合，必ずそのサブタイプの属性とすること。

④ 関係スキーマ中の属性名を答える場合，対象の関係スキーマは第3正規形を満たし，主キーを表す実線の下線，外部キーを表す破線の下線についても答えること。

設問1 マスタ及び在庫領域の概念データモデル及び関係スキーマについて，(1)，(2)に答えよ。

(1) 図3は未完成である。欠落しているリレーションシップを補って，図を完成させよ。

(2) 図5中の［ア］～［コ］に，適切な一つ又は複数の属性名を補って，関係スキーマを完成させよ。

設問2 トランザクション領域の概念データモデル及び関係スキーマについて，(1)，(2)に答えよ。

(1) 図4は未完成である。欠落しているリレーションシップを補って，図を完成させよ。

(2) 図6中の［サ］～［タ］に，適切な一つ又は複数の属性名を補って，関係スキーマを完成させよ。

設問3 〔現状業務の問題と解決策〕について，(1)～(3)に答えよ。

(1) 図8中の［a］～［k］に適切な字句を入れて，関係スキーマ処理フローを完成させよ。

(2) (1)の検証ができたので，エンティティタイプ“確定輸送指示”を追加した概念データモデルを設計した。追加したエンティティタイプが関連する範囲の概念データモデルを図9に示す。欠落しているリレーションシップを補って図を完成させよ。

輸送指示	確定輸送指示	荷積実績

図9 追加したエンティティタイプが関連する範囲の概念データモデル

(3) (2)で追加したエンティティタイプ“確定輸送指示”について，関係スキーマを答えよ。

（令和2年10月 データベーススペシャリスト試験 午後II 問2）

午後問題の解説

調達業務及び調達物流業務に関する問題です。機械メーカの調達業務及び調達物流業務を例として，与えられた状況から概念データモデリングを行う能力が問われています。具体的には，次の四つの能力が評価されます。

① トップダウンにエンティティタイプ及びリレーションシップを見抜く能力
② ボトムアップにエンティティタイプ及び関係スキーマを分析する能力
③ 概念データモデル及び関係スキーマを問題解決のために適切に変更する能力
④ 変更した概念データモデル及び関係スキーマを検証する能力

トップダウンでスーパタイプとサブタイプを含めたリレーションシップを適切に見分ける必要があり，比較的難易度の高い問題です。

この問題は，次の段落で構成されています。

本文の段落構成

〔現状の業務分析の結果〕
　1. 品目の特性
　2. 組織の特性
　3. 物流に関する資源の特性　図1
　4. 業務のやり方
　5. 業務の流れと情報　図2，表1
〔設計した現状の概念データモデル及び関係スキーマ〕
　図3，図5（マスタ及び在庫領域の概念データモデル及び関係スキーマ）　設問1
　図4，図6（トランザクション領域の概念データモデル及び関係スキーマ）　設問2
〔現状業務の問題と解決策〕
　図7，表2，図8　設問3

〔現状の業務分析の結果〕をもとに，概念データモデルと関係スキーマを完成させるのがメインです。設問1でマスタ及び在庫領域，設問2でトランザクション領域について整理していきます。設問3では，現状業務の問題点を分析するため，関係スキーマ処理フローを作成し，概念データモデルと関係スキーマを変更していきます。

設問1

マスタ及び在庫領域の概念データモデル及び関係スキーマについての問題です。図3「マスタ及び在庫領域の概念データモデル（未完成）」と，図5「マスタ及び在庫領域の関係スキーマ（未完成）」を完成させていきます。

(1)

図3の概念データモデルにリレーションシップを補う問題です。〔現状の業務分析の結果〕1. 品目の特性，2. 組織の特性，4. 業務のやり方の内容を中心に読み解きながら，リレーションシップを書き加えていきます。

“品目”，“製品”，“部品”，“素材”，“部材”，“専用品”，“汎用品”，“専用部品”，“汎用部品”の間のリレーションシップ

〔現状の業務分析の結果〕1. 品目の特性（1）品目①に，「品目には，製品，部品，素材がある」とあるので，エンティティタイプ“製品”，“部品”，“素材”は，スーパタイプ“品目”のサブタイプです。しかし，続く文章に「部品と素材を併せて部材と呼ぶ」とあるので，部品と素材はまとめられ，スーパタイプ“部材”のサブタイプとしてエンティティタイプ“部品”，“素材”が存在することになります。これらのリレーションシップのうち，スーパタイプ“品目”とサブタイプ“製品”，“部材”の間のリレーションシップについてはすでに図3にあるので，書き加えるのは**スーパタイプ“部材”とサブタイプ“部品”，“素材”の間のリレーションシップ**です。

続いて，②に，「品目には，A社が設計する専用品と，それ以外の汎用品がある」とあるので，エンティティタイプ“専用品”，“汎用品”は，スーパタイプ“品目”のサブタイプです。そのため，**スーパタイプ“品目”とサブタイプ“専用品”，“汎用品”の間のリレーションシップ**を書き加えます。

さらに，③に，「製品の全ては専用品に該当する」「部品は，専用品に該当するものと汎用品に該当するものがある」「素材の全ては汎用品に該当する」とあり，エンティティタイプ“専用品”，“汎用品”と，“製品”，“部品”，“素材”にも関連があることが分かります。このとき，「専用品に該当する部品を専用部品，汎用品に該当する部品を汎用部品と呼ぶ」とあり，スーパタイプ“部品”のサブクラスに“専用部品”，“汎用部品”があることが分かり，これはすでに図3に記入されています。そのため，部品を専用品と汎用品に分けて考えると，専用品に分類されるのが製品と専用部品，汎用品に分類されるのが汎用部品と素材です。そのため，**スーパタイプ“専用品”とサブタイプ“製品”，“専用部品”の間のリレーションシップ**，および**スーパタイプ“汎用品”とサブタイプ“汎用部品”，“素材”の間のリレーションシップ**を書き加えます。

“構成”，“部材”の間のリレーションシップ

〔現状の業務分析の結果〕1. 品目の特性(2)構成①に，「品目のうち，製品と専用部品には，それを生産する上で必要となる下位の品目があり，どの品目を幾つ用いるかの情報を，構成と呼ぶ」とあります。図3にすでに，スーパタイプ“構成”とサブタイプ“製品構成”，“専用部品構成”の間のリレーションシップは記述されています。ここで，③に，「製品の構成には，幾つかの専用部品，汎用部品，素材があり得る」とあり，④に，「専用部品の構成にも，幾つかの専用部品，汎用部品，素材があり得る」とあります。どちらの構成からもエンティティタイプ“専用部品”，“汎用部品”，“素材”へのリレーションシップがあり，エンティティタイプ“専用部品”と“汎用部品”のスーパタイプが“部品”で，エンティティタイプ“部品”と“素材”のスーパタイプが“部材”なので，三つのエンティティタイプはエンティティタイプ“部材”としてまとめることができます。そのため，これらの構成と部材の間にリレーションシップを書き加えます。具体的には，構成に対応する部材は一つなので，**エンティティタイプ“部材”と“構成”の間に1対多のリレーションシップ**を書き加えます。

“調達先”，“BP”，“仕入先”の間のリレーションシップ

〔現状の業務分析の結果〕2. 組織の特性(2)社外の組織②に，「調達先のうち，専用部品を発注する先を協力会社(以下，BPという)と呼び」とあるので，エンティティタイプ“BP”は，スーパタイプ“調達先”のサブタイプです。そのため，**スーパタイプ“調達先”とサブタイプ“BP”の間のリレーションシップ**を書き加えます。

続いて④に，「調達先のうち，汎用品を購入する先を仕入先と呼び」とあるので，エンティティタイプ“仕入先”は，スーパタイプ“調達先”のサブタイプです。そのため，**スーパタイプ“調達先”とサブタイプ“仕入先”の間のリレーションシップ**を書き加えます。

これらの二つのスーパタイプ，サブタイプは，⑤に「BPでかつ仕入先という調達先を禁じていない」とあるので，排他的なものではありません。そのため，スーパタイプとサブタイプを表すリレーションシップ(△)は，別々に記入する必要があります。

“生産先”，“部品生産部”，“BP”，“地点”，“倉庫”の間のリレーションシップ

〔現状の業務分析の結果〕2. 組織の特性(3)社内と社外の組織を共通に見る見方で，社内と社外の組織の結びつきが定義されています。

まず①で，「部品生産部とBPを総称して生産先」とあるので，エンティティタイプ“部品生産部”，“BP”は，スーパタイプ“生産先”のサブタイプです。そのため，**スーパタイプ“生産先”とサブタイプ“部品生産部”，“BP”の間のリレーションシップ**を書き加えます。

続いて②で，「倉庫とBPを総称して地点と呼び」とあるので，エンティティタイプ“倉庫”，“BP”は，スーパタイプ“地点”のサブタイプです。そのため，**スーパタイプ“地点”とサブタイプ“倉庫”，“BP”の間のリレーションシップ**を書き加えます。

なお，最終的に，エンティティタイプ“BP”は，三つのスーパタイプ“調達先”，“生産先”，“地点”に対してのサブタイプとなります。

“汎用品”，“仕入先”，“専用部品”，“生産先”の間のリレーションシップ

〔現状の業務分析の結果〕2. 組織の特性(4)組織と品目の関係①に，「汎用品は，その汎用品を調達する仕入先を一つに決めている」とあるので，エンティティタイプ“汎用品”と“仕入先”の間にリレーションシップがあり，“仕入先”の方のカーディナリティが1となります。そのため，**エンティティタイプ“仕入先”と“汎用品”の間の1対多のリレーションシップ**を書き加えます。

続いて②に，「専用部品は，その専用部品を生産する生産先を一つに決めている」とあるので，エンティティタイプ“専用部品”と“生産先”の間にリレーションシップがあり，“生産先”の方のカーディナリティが1となります。そのため，**エンティティタイプ“生産先”と“専用部品”の間の1対多のリレーションシップ**を書き加えます。

“倉庫在庫”，“BP在庫”，“部材”，“専用部品”の間のリレーションシップ

〔現状の業務分析の結果〕4. 業務のやり方(1)在庫のもち方②に，「在庫は，地点，品目ごとに把握している」とあり，在庫には地点と品目の情報が必要です。また，③で「倉庫の在庫を倉庫在庫，BPの在庫をBP在庫と呼ぶ」とあり，在庫は倉庫在庫とBP在庫に分かれます。ここで，地点の情報は，図3にすでに，エンティティタイプ“倉庫”と“倉庫在庫”，エンティティタイプ“BP”と“BP在庫”の間に1対多のリレーションシップが記述されており，こちらで地点を示すことができます。品目については，適切なサブタイプからのリレーションシップを追加する必要があります。

倉庫在庫については，特定する記述はありませんが，図2「業務の流れ」や表1「業務内容及び業務の流れにおける情報」を確認すると，図2ではA：製品生産，B：汎用品調達，C：専用部品調達，D：支給部品補充支給で倉庫在庫が用いられており，表1のA：製品生産では「製品の生産に必要な部材の出庫」という記述があります。これらから総合して考えると，完成品である製品以外のすべての部材について倉庫で在庫管理していると考えられます。そのため，**エンティティタイプ“部材”と“倉庫在庫”の間の1対多のリレーションシップ**を書き加えます。

BP在庫については，〔現状の業務分析の結果〕2. 組織の特性(2)社外の組織②で，「調達先のうち，専用部品を発注する先を協力会社(以下，BPという)」という定義があるので，BP在庫で管理するのは専用部品のみです。そのため，**エンティティタイプ“専用部品”と“BP在庫”の間の1対多のリレーションシップ**を書き加えます。

上記をまとめると，概念データモデルは，解答例のようになります。

6

(2)

図5「マスタ及び在庫領域の関係スキーマ（未完成）」を完成させる問題です。図3や設問1(1)で考えた内容をもとに，必要な属性を追加していきます。

空欄ア

関係“製品生産部”に必要な属性を答えます。

〔現状の業務分析の結果〕2. 組織の特性(1)社内の組織④の製品生産部の説明に，「生産ライン数を設定している」とあります。製品生産部には属性として生産ライン数が必要ですが，図5にはないため追加します。したがって，解答は**生産ライン数**となります。

空欄イ

関係“部品生産部”に必要な属性を答えます。

設問1 (1)で考えたとおり，エンティティタイプ“部品生産部”は，スーパタイプ“部門”のサブタイプであると同時に，スーパタイプ“生産先”のサブタイプでもあります。スーパタイプとサブタイプは通常，主キーを同じにすることで関係を示しますが，図5の関係“部品生産部”の主キーは部門コードです。そのため，スーパタイプ“部門”とのリレーションシップは表せますが，スーパタイプ“生産先”とのリレーションシップが表せていません。このような場合には，外部キーとして，スーパタイプ“生産先”の主キーである“生産先コード”を追加する必要があります。したがって，解答は**生産先コード**となります。

空欄ウ

関係“BP”に必要な属性を答えます。

設問1 (1)で考えたとおり，エンティティタイプ“BP”は，スーパタイプ“調達先”のサブタイプであると同時に，スーパタイプ“生産先”，“地点”のサブタイプでもあります。スーパタイプとサブタイプは通常，主キーを同じにすることで関係を示しますが，図5の関係“BP”の主キーは調達先コードです。そのため，スーパタイプ“調達先”とのリレーションシップは表せますが，スーパタイプ“生産先”及び“地点”とのリレーションシップが表せていません。このような場合には，外部キーとして，スーパタイプ“生産先”の主キーである“生産先コード”と，スーパタイプ“地点”の主キーである“地点コード”を両方追加する必要があります。したがって，解答は，**生産先コード**，**地点コード**となります。

空欄エ

関係“専用品”に必要な属性を答えます。

〔現状の業務分析の結果〕1. 品目の特性(1)品目②に，「専用品には設計番号を設定」とありますが，図5にはないため，設計番号を属性として書き加えます。したがって，解答は

設計番号となります。

空欄オ

関係“汎用品”に必要な属性を答えます。〔現状の業務分析の結果〕1. 品目の特性(1)品目②に,「汎用品には汎用品仕様として,メーカ名,カタログ名,カタログ発行年月,カタログ品番を連結した文字列を設定」とあるので,汎用品仕様を書き加えます。

さらに,設問1 (1)で,エンティティタイプ“仕入先”と“汎用品”の間に1対多のリレーションシップを書き加えたので,リレーションシップを表すために関係“仕入先”の主キーである調達先コードが外部キーとして必要です。このとき,調達先のうち仕入先であることを明記するため,属性名は仕入先調達コードとするのが最適です。

したがって,解答は**汎用品仕様**,**仕入先調達先コード**となります。

空欄カ

関係“専用部品”に必要な属性を答えます。

設問1 (1)で,エンティティタイプ“生産先”と“専用部品”の間に1対多のリレーションシップを書き加えたので,リレーションシップを表すために関係“生産先”の主キーである生産先コードが外部キーとして必要です。

また,〔現状の業務分析の結果〕1. 品目の特性(1)品目④に,「専用部品には,その専用部品を輸送するときの個体重量を設定」とあるので,個体重量を属性として書き加えます。したがって,解答は**生産先コード**,**個体重量**となります。

空欄キ,ク

関係“製品構成”および“専用部品構成”に必要な属性を答えます。

設問1 (1)で,エンティティタイプ“部材”と“構成”の間に1対多のリレーションシップを書き加えたので,リレーションシップを表すために関係“部材”の主キーである品目コードが外部キーとして必要です。このとき,サブタイプの部材であることを特定するために,部材品目コードとするのが適切です。本来なら,スーパタイプである関係“構成”に外部キーを設定すればいいのですが,図5の関係“構成”には該当する属性が見当たらず,追加もできないので,サブタイプである関係“製品構成”,“専用部品構成”の両方に外部キーを追加していきます。したがって,空欄キは**部材品目コード**,空欄クも**部材品目コード**となります。

空欄ケ

関係“倉庫在庫”に必要な属性を答えます。

設問1 (1)で,エンティティタイプ“部材”と“倉庫在庫”の間に1対多のリレーションシップを書き加えたので,リレーションシップを表すために関係“部材”の主キーである品目コードが外部キーとして必要です。このとき，サブタイプの部材であることを特定するために，部材品目コードとするのが適切です。したがって，解答は**部材品目コード**となります。

空欄コ

関係“BP在庫”に必要な属性を答えます。

設問1(1)で，エンティティタイプ“専用部品”と“BP在庫”の間に1対多のリレーションシップを書き加えたので，リレーションシップを表すために関係“専用部品”の主キーである品目コードが外部キーとして必要です。このとき，サブタイプの専用部品であることを特定するために，専用部品品目コードとするのが適切です。したがって，解答は**専用部品品目コード**となります。

設問2

トランザクション領域の概念データモデル及び関係スキーマについての問題です。図4「トランザクション領域の概念データモデル（未完成）」と，図6「トランザクション領域の関係スキーマ（未完成）」を完成させていきます。

(1)

図4の概念データモデルにリレーションシップを補う問題です。〔現状の業務分析の結果〕4. 業務のやり方，5. 業務の流れと情報の内容を中心に読み解きながら，リレーションシップを書き加えていきます。

エンティティタイプ“荷卸実績”，“支給部品理論入庫実績”の間のリレーションシップ

〔現状の業務分析の結果〕4. 業務のやり方(1)在庫のもち方⑤で，「荷卸実績のうち支給部品のBPへの荷卸実績は，支給部品理論入庫実績でもある」とあります。そのため，エンティティタイプ“支給部品理論入庫実績”は，スーパタイプ“荷卸実績”のサブタイプであると考えられます。したがって，**スーパタイプ“荷卸実績”とサブタイプ“支給部品理論入庫実績”との間のリレーションシップ**を追加します。

エンティティタイプ“調達手配”，“汎用品発注”，“専用部品発注”，“専用部品生産指示”，“支給指示”の間のリレーションシップ

〔現状の業務分析の結果〕4. 業務のやり方(2)調達手配のやり方⑤で，「調達手配は，次のように行う」とあり，その中に四つの箇条書きがあります。図4と図6から，1番目の「汎用品は，仕入先に発注」がエンティティタイプ“汎用品発注”，2番目の「専用部品でかつ生産先がBPの場合，そのBPに発注」がエンティティタイプ“専用部品発注”，3番目の「専用部品でかつ生産先が部品生産部の場合, その部品生産部に生産指示」がエンティティタイプ“専用部品生産指示”, 4番目の「BPに支給する支給部品は, 支給指示」がエンティティタイプ“支給指示”に該当すると考えられます。これら四つのエンティティタイプはすべて, スーパタイプ“調達手配”のサブタイプであると考えられます。そのため, **スーパタイプ“調達手配”とサブタイプ“汎用品発注”,“専用部品生産指示”,“専用部品発注”,“支給指示”の間のリレーションシップ**を追加します。

エンティティタイプ“調達手配”のサブタイプ(“専用部品生産指示”, “専用部品発注”)とエンティティタイプ“出庫指示”のサブタイプ(“専用部品用出庫指示”), およびエンティティタイプ“出庫実績”のサブタイプ(“支給部品理論出庫実績”)の間のリレーションシップ

表1「業務内容及び業務の流れにおける情報」を順に見ていくと, A:製品生産には業務内容に「受注に基づいて, 製品の生産に必要な部材の出庫」とあります。情報名②出庫指示は①受注の後にあるので, “製品用出庫指示”は受注に基づいて部材ごとに行われます(すでに1対多のリレーションシップがあります)。

同様に, C:専用部品調達には業務内容に,「在庫数が基準在庫数を下回った専用部品について, 次の手配によって調達を行う」とあり, 二つの方法が示されています。

一つ目では,「生産先が部品生産部であれば生産指示をかける」とあり, 情報名②出庫指示は, 情報内容が「専用部品を生産するための部材の出庫指示」で, ①生産指示の「専用部品の部品生産部への生産指示」の後に行われます。これらは, エンティティタイプ“専用部品出庫指示”, “専用部品生産指示”で表すと考えられ, 二つのエンティティタイプの間にリレーションシップを設定します。このとき, 調達手配は生産する製品単位, 出庫指示は生産に使用する部材単位で行うので, 一つの調達手配が複数の出庫指示に対応します。そのため, **エンティティタイプ“専用部品生産指示”と“専用部品用出庫指示”との間に1対多のリレーションシップ**を追加します。

二つ目では,「生産先がBPであれば発注をかける」とあり, 情報名⑤発注は「専用部品のBPへの発注」で, エンティティタイプ“専用部品発注”で表すと考えられます。次の⑥輸送指示で輸送指示が出され, ⑦理論出庫実績で,「親部品の発注に伴って使用される子部品の理論在庫数を減少させる数」とあります。〔現状の業務分析の結果〕4. 業務のやり方(1)在庫のもち方⑤に,「BPでは, 在庫の入出庫を記録しないので, 在庫数は理論値」とあり, BPでの出庫は理論値で, エンティティタイプ“支給部品理論出庫実績”で表すと考えられ, “専用部品発注”と対応すると考えられます。このとき, 調達手配は生産する製品単位, 専用部品発注で発注された専用部品は製品を生産するための部材単位で, 支給部品理論出庫実績に対応すると考えられます。そのため, **エンティティタイプ“専用部品発注”と“支給部品理論出庫実績”との間に1対多のリレーションシップ**を追加します。

6

“支給指示”と“輸送指示”，“支給部品出庫指示”の間のリレーションシップ

表1のD:支給部品補充支給では，情報名①支給指示，②輸送指示，③出庫指示と続きます。図2のD：支給部品補充支給でも，調達手配（支給指示）から輸送指示と支給部品出庫指示の流れとなっており，エンティティタイプ“支給指示”と“輸送指示”，“支給部品出庫指示”で表されています。単純に“支給指示”で指定したものが“輸送指示”や“支給部品出庫指示”となると考えられるので，これらは1対1に対応します。そのため，**エンティティタイプ“支給指示”と“輸送指示”，および“支給指示”と“支給部品出庫指示”の間に1対1のリレーションシップ**を追加します。

“出庫指示”と“倉庫出庫実績”の間のリレーションシップ

表1では，A：製品生産，C：専用部品調達，D：支給部品補充支給の三つに出庫指示（情報名の番号は②または③）があり，その次に出庫実績（情報名の番号は③または④）があります。3種類の業務での出庫指示はスーパタイプ“出庫指示”で表すことができます。また，出庫実績はすべて「倉庫からの出庫実績」となっているので，エンティティタイプ“倉庫出庫実績”で表されます。これらの関係は図2の業務の流れでも単純に連続しており，1対1に対応します。そのため，**エンティティタイプ“出庫指示”と“倉庫出庫実績”の間に1対1のリレーションシップ**を追加します。

“専用部品生産実績”と“倉庫入庫実績”の間のリレーションシップ

図2のC：専用部品調達では，部品生産から入庫への流れがあります，このとき，④生産実績の後に入庫し，⑧入庫実績となります。生産実績は専用部品調達時なので，エンティティタイプ“専用部品生産実績”で表されます。また，表1より，⑧入庫実績は「専用部品の倉庫への入庫実績」なので，エンティティタイプ“倉庫入庫実績”で表されます。これらの関係は図2の業務の流れでも単純に連続しており，1対1に対応します。そのため，**エンティティタイプ“専用部品生産実績”と“倉庫入庫実績”の間に1対1のリレーションシップ**を追加します。

上記をまとめると，概念データモデルは解答例のようになります。

(2)

図6「トランザクション領域の関係スキーマ（未完成）」を完成させる問題です。図4や設問2(1)で考えた内容をもとに，必要な属性を追加していきます。

空欄サ

関係“輸送指示”に必要な属性を答えます。

設問2 (1) より，エンティティタイプ“支給指示”と“輸送指示”の間には1対1のリレーションシップがあります。後から追加されるのは“輸送指示”の方なので，関係“支給指示”の主キーである調達番号を，関係“輸送指示”に外部キーとして追加する必要があります。したがって，解答は**調達番号**となります。

空欄シ

関係“支給部品理論入庫実績”に必要な属性を答えます。

設問2 (1) より，エンティティタイプ“支給部品理論入庫実績”は“入庫実績”だけでなく“荷卸実績”のサブタイプでもあります。主キーが異なるため，関係“荷卸実績”の主キーである輸送番号を，関係“支給部品理論入庫実績”に外部キーとして追加する必要があります。したがって，解答は**輸送番号**となります。

空欄ス

関係“製品用出庫指示”に必要な属性を答えます。

図4では，エンティティタイプ“受注”と“製品用出庫指示”との間に1対多のリレーションシップがあります。そのため，関係“製品用出庫指示”には外部キーとして関係“受注”の主キーである受注番号が必要なので追加します。

また，表1のA：製品生産の情報名②出庫指示には，「製品を生産するための部材の出庫指示」とあり，出庫指示は部材単位で管理します。そのため，部材の品目コードを外部キー(図5の関係“部材”を参照)としてもちます。このとき，サブタイプ“部材”と対応することを明らかにするため，属性名は部材品目コードが適切です。

したがって，解答は**受注番号**，**部材品目コード**となります。

空欄セ

関係“専用部品用出庫指示”に必要な属性を答えます。

設問2 (1) より，エンティティタイプ“専用部品生産指示”と“専用部品用出庫指示”との間に1対多のリレーションシップがあります。そのため，関係“専用部品用出庫指示”には外部キーとして関係“専用部品生産指示”の主キーである調達番号が必要です。このとき，サブタイプ“専用部品生産指示”の主キーであることを明らかにするため，属性名は専用部品生産指示調達番号とするのが適切です。

また，表1のC：専用部品調達の情報名②出庫指示には，「専用部品を生産するための部材の出庫指示」とあり，空欄スと同様，専用部品を生産するための部材単位で管理します。そのため，部材品目コードを外部キーとして追加します。

したがって，解答は**専用部品生産指示調達番号**，**部材品目コード**となります。

空欄ソ

関係“支給部品用出庫指示”に必要な属性を答えます。

設問2 (1) より，エンティティタイプ“支給指示”と“支給部品用出庫指示”の間には1対1のリレーションシップがあります。後から追加されるのは“支給部品用出庫指示”の方なので，関係“支給指示”の主キーである調達番号を，関係“支給部品用出庫指示”に外部キーとして追加する必要があります。調達番号は，サブタイプ“支給指示”であることを明確にするため，支給指示調達番号とするのが適切です。

したがって，解答は**支給指示調達番号**となります。

空欄タ

関係“支給部品理論出庫実績”に必要な属性を答えます。

設問2 (1) より，エンティティタイプ“専用部品発注”と“支給部品理論出庫実績”との間に1対多のリレーションシップがあります。そのため，関係“支給部品理論出庫実績”には外部キーとして関係“専用部品発注”の主キーである調達番号が必要です。このとき，サブタイプ“専用部品発注”の主キーであることを明らかにするため，属性名は専用部品発注調達番号とするのが適切です。

また，表1のD：支給部品補充支給の業務内容には，「子部品について支給」という記述があり，必要な子部品単位で支給部品補充支給を行うことが分かります。そのため，対応する子部品を示す子部品品目コードを，外部キー（図5の関係“部品”と対応）として追加します。さらに，表1のC：専用部品調達⑦理論出庫実績では，情報内容として「親部品の発注に伴って使用される子部品の理論在庫数を減少させる数」とあり，子部品は1個とは限らず，その使用数を情報としてもつ必要があります。

したがって，解答は**専用部品発注調達番号**，**子部品品目コード**，**使用数**となります。

設問3

〔現状業務の問題と解決策〕についての問題です。荷量計算という業務を追加するために，処理フローを完成させて，新たに追加する関係スキーマを考えていきます。

(1)

図8中の空欄穴埋め問題です。検証のために作成した関係スキーマ処理フローを完成させていきます。

空欄a

EXT：での抽出条件を完成させます。

表2の処理記号EXT：の形式は「EXT：抽出対象属性名，抽出条件」となっており，抽出対象属性名が必要です。翌営業日に等しいかどうかを確認するための属性は，関係“輸送指示”では輸送日が該当します。したがって，解答は**輸送日**となります。

空欄b

空欄aと同様，EXT：での抽出条件を完成させます。

二つの条件を結合させますが，どちらも最初は翌営業日に等しいかどうかでの抽出です。そのため，空欄aと同様に輸送日を指定します。したがって，解答は**輸送日**となります。

空欄c

SUM：で荷積重量として合計される列を答えます。

表2の処理記号SUM：の形式より，集計対象属性名をSUM：の後に指定します。関係“輸送指示”で，荷積重量を集計するために使用する列は輸送重量です。したがって，解答は**輸送重量**となります。

空欄d

SUMでのGROUP BY句に指定される列を答えます。

表2の処理記号SUM：の形式より，GROUP BY句の後では，集計キー属性名を順に記述します。〔現状業務の問題と解決策〕②に，「ルート別巡回順別に輸送重量の和を求める」とあります。そのため，ルートと巡回順を示す列を順に集計キーとします。関係“輸送指示”では，ルートはルート番号で指定できます。巡回順には，積地巡回順と卸地巡回順の2種類があります。並列に計算している二つのルートで積地巡回順，卸地巡回順のそれぞれで集計して合わせると考えられ，次の結果で関係名“荷積計算”となっているので，積地巡回順で集計する方だと考えられます。したがって，解答は**ルート番号，積地巡回順**となります。

空欄e

SUM：で荷積重量として合計される列を答えます。

空欄cと同様，関係“輸送指示”で荷積重量を集計するために使用する列は輸送重量です。したがって，解答は**輸送重量**となります。

空欄f

SUMでのGROUP BY句に指定される列を答えます。

空欄fは関係“荷卸計算”にも含まれます。空欄dと対比させるため，集計キーの1番目のルート番号は同様ですが，こちらでの2番目の集計キーには積地巡回順ではなく卸地巡回順を使用します。したがって，解答は**ルート番号，卸地巡回順**となります。

空欄g, h, i, j

二つの関係“荷積計算”, “荷卸計算”をFJOIN：で結合させる場合の参照元と参照先の属性名を答えます。

どちらの属性にもルート番号があるので，一つは 荷積計算.ルート番号 = 荷卸計算.ルート番号 で結合します。二つ目は荷積計算の積地巡回順と，荷卸計算の卸地巡回順を対応させるので，荷積計算.積地巡回順 = 荷卸計算.卸地巡回順 で結合します。

したがって，解答は，空欄gが**ルート番号**，空欄hが**ルート番号**，空欄iが**積地巡回順**，空欄jが**卸地巡回順**となります。結合の順番は逆でもいいので，空欄gが**積地巡回順**，空欄hが**卸地巡回順**，空欄iが**ルート番号**，空欄jが**ルート番号**でも正解となります。

空欄k

GEN：で差引重量として計算される式を答えます。

図7「荷量計算のイメージ」より，差引重量は，荷積重量から荷卸重量を引いた値だと考えられます。そのため，GEN:で指定する演算式は，荷積重量 − 荷卸重量として求めます。したがって，解答は**荷積重量 − 荷卸重量**となります。

(2)

エンティティタイプ“確定輸送指示”を追加した概念データモデルを完成させていきます。

図4より，エンティティタイプ“輸送指示”と“荷積実績”のリレーションシップは1対1です。“確定輸送指示”で設定する内容は，〔現状業務の問題と解決策〕②にある「求めた輸送重量の和が，車両の最大積載重量を超えていた場合，巡回順と輸送番号の順で，累計輸送重量が最大積載重量を超過した以降の輸送指示に対して，別の車両を割り当て，車両を確定させる」ことです。“輸送指示”の該当する輸送番号の輸送に対して，ルートとして入れるものとは別の車両を割り当てるだけなので，対応は1対1で変更はありません。そのため，**エンティティタイプ“輸送指示”と“確定輸送指示”，および，“確定輸送指示”と“荷積実績”の間にそれぞれ1対1のリレーションシップ**を追加します（解答例を参照）。

(3)

(2)で追加したエンティティタイプ“確定輸送指示”について，関係スキーマを答えます。

設問3 (1)で考えたとおり，1対1のリレーションシップですべて関連付けられるので，主キーは関係“輸送指示”，“荷積実績”と同じ輸送番号です。必要な追加情報としては，確定された別の車両を示すための確定車両番号で，車両テーブルの主キーである車両番号への外部キーとなります。

したがって，解答は**輸送番号**，**確定車両番号**となります。

解答例

出題趣旨

概念データモデリングでは，データベースの物理的な設計とは異なり，実装上の制約に左右されずに実務の視点に基づいて，対象領域から管理対象を正しく見極め，モデル化する必要がある。そのために，業務内容などの実世界の情報を総合的に理解・整理し，その結果を概念データモデルに反映する能力が求められる。

本問では，機械メーカの調達業務及び調達物流業務を例として，与えられた状況から概念データモデリングを行う能力を問うものである。具体的には，①トップダウンにエンティティタイプ及びリレーションシップを見抜く能力，②ボトムアップにエンティティタイプ及び関係スキーマを分析する能力，③概念データモデル及び関係スキーマを問題解決のために適切に変更する能力，④変更した概念データモデル及び関係スキーマを検証する能力を評価する。

解答例

設問1

(1)

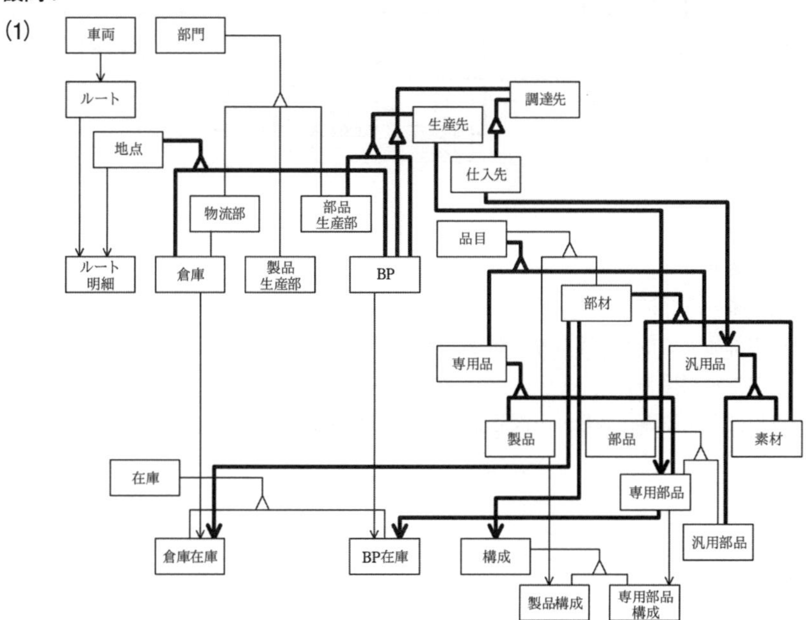

(2) ア 生産ライン数
イ 生産先コード
ウ 生産先コード，地点コード
エ 設計番号
オ 汎用品仕様，仕入先調達先コード
カ 生産先コード，個体重量
キ 部材品目コード
ク 部材品目コード
ケ 部材品目コード
コ 専用部品品目コード

設問2

(1)

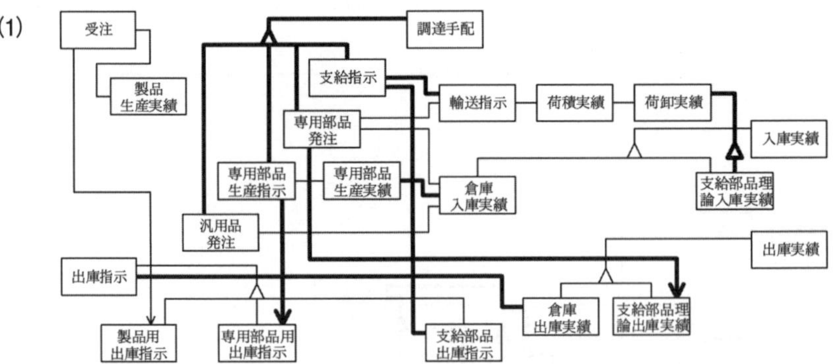

(2) サ 調達番号
シ 輸送番号
ス 受注番号，部材品目コード
セ 専用部品生産指示調達番号，部材品目コード
ソ 支給指示調達番号
タ 専用部品発注調達番号，子部品品目コード，使用数

設問3

(1) a 輸送日
b 輸送日
c 輸送重量
d ルート番号，積地巡回順
e 輸送重量

f　ルート番号，卸地巡回順

※g～jは，二つの組合せのうちどちらか

	組合せ1	組合せ2
g	ルート番号	積地巡回順
h	ルート番号	卸地巡回順
i	積地巡回順	ルート番号
j	卸地巡回順	ルート番号

k　荷積重量 － 荷卸重量

(2)

(3)　輸送番号，確定車両番号

採点講評

問2では，機械メーカの調達業務及び調達物流業務を題材に，現状と問題解決のために変更した概念データモデルと関係スキーマ，変更した概念データモデル及び関係スキーマの検証について出題した。全体として正答率は低かった。

設問1 (1) では，調達先のサブタイプ及び品目のサブタイプについての正答率は高かったものの，品目の構成を表すリレーションシップ及び在庫の対象品目を表すリレーションシップについての正答率が低かった。主キーが外部キーの組合せとなるエンティティタイプについて，参照先はマスタ領域のサブタイプ構造のどのエンティティタイプであるか，注意深く読み取ってほしい。

設問2では，トランザクション間のリレーションシップ及び対応する外部キーの正答率が低かった。中でも在庫更新につながるリレーションシップ及び対応する外部キーに不十分な解答が散見された。業務がどのように連鎖しているか，業務の連鎖を外部キーとしてどのように実現しているかを注意深く読み取ってほしい。

設問3の正答率は高かったが，(3) について不十分な解答が散見された。問題解決のための変更で，属性にどのような役割が必要かを注意深く洞察してほしい。

状況記述を丁寧に読み，エンティティタイプ間のリレーションシップや求められる属性を検討する習慣を身に付けてほしい。また，対象領域全体を把握するために，全体のデータモデルを記述することが重要である。日常業務での実践の積み重ねを期待したい。

第7章

論理設計・物理設計

この章では，午後Ⅱで出題される論理設計と物理設計について学びます。データベースの設計には，大きく分けて概念設計，論理設計，物理設計がありますが，概念設計については第6章で詳しく解説しています。

午後Ⅱでは概念設計だけでなく，論理設計，物理設計についても出題されます。論理設計はシステム開発の，物理設計はDBMSの知識が必要ですが，基本的には問題文に書かれている仕様を基に設計を行っていきます。

概念設計と比べるとデータベース特有の内容ではありませんが，問題文を正確に読みこなし，状況に合わせて解答を記述することが求められます。

7-1 論理設計

論理設計では，システムとデータベースの橋渡しを行います。システムの要件をデータベースで実現するために，アプリケーションとDBMSに必要な役割を定義します。

7-1-1 論理設計とは

論理設計は，データベースとユーザやデータベース以外のシステムとを結び付けるための設計です。論理設計で作られるデータモデルを，論理データモデルといいます。

論理設計の目的

システムとデータベースを対応させ，データベースをシステムから利用できるようにすることが論理設計です。実際のシステムでの実行を想定し，データベースに起因する不具合を起こさないようにするために行います。システム開発の工程では，外部設計（概要設計）で行われることが一般的です。

テーブルに含まれるインスタンスを意識する**CRUD分析**や，**決定表**などの図を使って，システムの状況を整理していきます。

また，主キーや外部キーなどで使用するコードなどの**コード設計**を行い，長期にわたって支障なく利用できるシステムを作成します。さらに，新しいデータベースやシステムを作成した場合には，**データ移行**も考慮する必要があります。

関連

CRUD分析や決定表，コード設計やデータ移行など，論理設計の具体的な方法については，「3-1-6 データベースシステム設計」で詳しく解説しています。
午後Ⅰでも午後Ⅱでも，設計する内容は同じです。

概念データモデルと論理データモデル

論理設計を行う大きな理由に，**システムとデータベースを独立させること**があります。概念データモデルとは別に論理データモデルを作成することによって，互いの独立性が保たれます。この独立性のことを**論理データ独立**といいます。

午後Ⅱの問題では，概念データモデルから作成される**関係スキーマ**と，論理データモデルから作成される**テーブル構造**は，ほぼ同じですが異なる部分もあります。例えば，自動車ディーラの展示車を管理するシステムにおいて，検索システムの都合で後から展示車の検索のためにハイブリッド区分を付け加えるという場合には，テーブル構造にハイブリッド区分を付け加えるだけの変更が可能です。

また，スーパタイプ／サブタイプの関係のテーブルは，関係スキーマでは分けられていますが，テーブル構造ではスーパタイプの扱いは難しいので一つのテーブルにまとめることもあります。

インスタンス（データ）の設定

論理設計では，テーブル構造だけでなく，テーブルに実際に入る値，つまり，**インスタンス**（データ）を設定し，値の動きを意識する必要があります。インスタンスの設定時に考慮しなければならない主なポイントは次の三つです。

1. 値の取得元
2. 値が設定，更新されるタイミング
3. 連動して更新される列や表

問題文にはこれらに関する記述が必ずあるので，それを読み解いて整理していくことが大切です。また，新システムへの変更時にデータを移行する場合も，インスタンスを意識する必要があります。

制約条件

論理設計では，それぞれのシステム特有の**制約条件**を考える必要があります。制約とは，データベースに値を入力するときに必要な，それぞれのシステムに対応した制限です。例えば，「ホテルの部屋が改修中でない場合のみ宿泊予約を受け付ける」などが制約条件です。この制約条件を満たすために，検査制約や参照制約など，データベースの**制約**を用います。

▶▶▶ 覚えよう！

- □ 論理設計では，システムとデータベースを対応させる
- □ 関係スキーマとテーブル構造は異なることがあり，それにより独立性を実現する

7-1-2 システム開発

論理設計では，システム開発の一環としてデータベースを業務に適合させます。ソフトウェアの品質を測定し，適切なテストを行うことなど，システム全体の品質を考慮することが大切です。

システム開発環境

システム開発の環境は，次の3種類に分けられます。

1. 開発環境

開発者が新しい機能やバグ修正を行うための環境です。コードの変更が頻繁に行われます。

2. ステージング環境

本番環境に展開する前に，実際の本番環境と同じ条件下でソフトウェアをテストするための環境です。本番環境とほぼ同じハードウェア，ソフトウェア，データベースを使用します。

3. 本番環境

実際にユーザーが使用する環境です。ソフトウェアの最終形態がここで動作します。

ソフトウェア品質

ソフトウェア製品の品質特性に関する規格にJIS X 25010(ISO/IEC 25010)があります。それによると，要件定義やシステム設計の際には，次のような八つの品質特性と，それに対応する品質副特性を考慮する必要があります。

●システム／ソフトウェア製品品質（JIS X 25010：2013）

・**機能適合性** ……ニーズを満足させる機能を提供する度合い

　品質副特性：機能完全性，機能正確性，機能適切性

・**性能効率性** ……資源の量に関係する性能の度合い

　品質副特性：時間効率性，資源効率性，容量満足性

・**互換性** …………他の製品やシステムなどと情報交換できる度合い

　品質副特性：共存性，相互運用性

・**使用性** …………明示された利用状況で，目標を達成するために利用できる度合い
　品質副特性：適切度認識性，習得性，運用操作性，ユーザエラー防止性，ユーザインタフェース快美性，アクセシビリティ
・**信頼性** …………機能が正常動作し続ける度合い
　品質副特性：成熟性，可用性，障害許容性（耐故障性），回復性
・**セキュリティ** …システムやデータを保護する度合い
　品質副特性：機密性，インテグリティ，否認防止性，責任追跡性，真正性
・**保守性** …………保守作業に必要な努力の度合い
　品質副特性：モジュール性，再利用性，解析性，修正性，試験性
・**移植性** …………別環境へ移してもそのまま動作する度合い
　品質副特性：適応性，設置性，置換性

また，製品を利用するときの品質モデルについても，次のような五つの特性と，それに対応する副特性が定義されています。

● 利用時の品質モデル

・**有効性** ………………目標を達成する上での正確さ及び完全さの度合い
・**効率性** ………………目標を達成するための正確さ及び完全さに関連して，使用した資源の度合い
・**満足性** ………………製品又はシステムが明示された利用状況において使用されるとき，利用者ニーズが満足される度合い
　品質副特性：実用性，信用性，快感性，快適性
・**リスク回避性** ………経済状況，人間の生活又は環境に対する潜在的なリスクを緩和する度合い
　品質副特性：経済リスク緩和性，健康・安全リスク緩和性，環境リスク緩和性

・**利用状況網羅性** ……有効性，効率性，リスク回避性及び満足性を伴って製品又はシステムが使用できる度合い

品質副特性：利用状況完全性，柔軟性

それでは，次の問題を考えてみましょう。

問題

システム及びソフトウェア品質モデルの規格であるJIS X 25010:2013で定義されたシステム及び／又はソフトウェア製品の品質特性に関する説明のうち，適切なものはどれか。

ア　機能適合性とは，明示された状況下で使用するとき，明示的ニーズ及び暗黙のニーズを満足させる機能を，製品又はシステムが提供する度合いのことである。

イ　信頼性とは，明記された状態（条件）で使用する資源の量に関係する性能の度合いのことである。

ウ　性能効率性とは，明示された利用状況において，有効性，効率性及び満足性をもって明示された目標を達成するために，明示された利用者が製品又はシステムを利用することができる度合いのことである。

エ　保守性とは，明示された時間帯で，明示された条件下に，システム，製品又は構成要素が明示された機能を実行する度合いのことである。

（平成29年春 データベーススペシャリスト試験 午前Ⅱ 問24）

解説

ソフトウェア品質特性（JIS X 25010:2013）で定義された品質特性のうち，機能適合性とは，ニーズを満足させる機能を提供する度合いです。したがって，記述が正しいアが正解です。

イは性能効率性，ウは使用性，エは信頼性の説明です。

《解答》ア

XP

迅速に無駄なくソフトウェア開発を行う手法であるアジャイル開発のうち，最も代表的なものが，**XP**（eXtreme Programming）です。事前計画よりも柔軟性を重視する，難易度の高い開発や状況が刻々と変わるような開発に適した手法です。

XPでは，「コミュニケーション」「シンプル」「フィードバック」「勇気」「尊重」の五つに価値が置かれます。その価値の下に，いくつかのプラクティス（習慣，実践）が定められています。アジャイル開発では，短いサイクルで繰り返すイテレーションという単位で，反復しながら開発を行います。

代表的なプラクティスには，次のようなものがあります。

・ペアプログラミング

二人一組で実装を行い，一人がコードを書き，もう一人がそれをチェックしナビゲートするというプログラミング手法です。二人のコミュニケーションを図ることが目的で，教育にも役立ちます。

・テスト駆動開発

実装を行うより先にテストを作成する手法です

・リファクタリング

完成済のコードを，動作を変更させずに改善します。

・継続的インテグレーション

品質改善や納期短縮のための習慣で，継続的に改善させていきます。

・バーンダウンチャート

時間と作業量の関係をグラフ化してプロジェクトの状況を可視化する手法です。

・レトロスペクティブ（ふりかえり）

イテレーションごとにチームの作業方法を見返して作業を改善します。

▶▶▶ 覚えよう！

- □ 製品の品質特性には八つあり，利用時の品質特性も五つある
- □ ペアプログラミングでは，二人一組で一つのプログラムを作成する

7-1-3 移行設計

移行設計では，現行のデータベースから新しいデータベースへデータを移行する際の手順や移行方式を考えます。

過去問題をチェック

データ移行については，データベーススペシャリスト試験の午後Ⅱでの出題が増加しています。

【データ移行について】

- 平成25年春 午後Ⅱ 問1 設問3
- 平成27年春 午後Ⅱ 問2 設問3
- 平成28年春 午後Ⅱ 問1 設問2，3

データベースの移行準備

データベースを移行するためには，新しいシステムの稼働環境を用意し，導入・移行を行っていきます。

新たにシステムを導入するためには，資産の引継ぎ，稼働環境の準備，実施計画の作成などを行います。また，導入時には運用テストを行う必要があります。それにはまず，運用テスト計画を作成し，実際の稼働環境で運用テストを実施します。

システムの移行方式

システムの移行方式には，全システムを一度に移行する単純移行方式や，特定の一部（パイロットシステム）だけを先行して移行する**パイロット移行方式**，新旧環境で並行運用を行う**並行運用移行方式**などがあります。システムの移行では，問題発生時に元に戻せることが大切です。

テストと移行実施

いずれの移行方式でもシステムを移行する場合には，事前に一部のデータを用いてテストを行い，移行作業が支障なく実施できるかどうかを確認する必要があります。また，移行時に予期しない事態が発生した場合に備えて元に戻す方法を考えておき，それも合わせてテストすることが重要です。

バージョンアップによる移行

システムやデータベースのバージョンアップなどに伴い，データを移行することがあります。この場合には，新しいバージョンでシステムが正常稼働するかどうか，テスト環境などであらかじめ確かめておく必要があります。

性能の測定シナリオ

移行したデータベースの負荷などを測定する場合は，事前に負荷テストを行っておく必要があります。このとき，性能の測定シナリオとして，本番の環境を意識したデータを考え，用意しておきます。

マスタデータの統合

複数のデータベースを統合するときには，そのマスタデータの統合を考える必要があります。マスタデータのデータ型やコード設計，例外データの有無などを考慮し，統合したときに不具合が出ないように移行設計することが大切です。

覚えよう！

- □　データベースの負荷テストでは，性能の測定シナリオが必要
- □　マスタデータの統合時には，データ型やコード設計などの統一を図る

7-2 物理設計

物理設計では，DBMSに合わせて，データモデルを物理的に最適化させます。具体的データ型や制約などを設定することで，データベースを実装します。また，性能設計を行うことでパフォーマンスを改善し，運用設計を行うことで安定した運用を可能にします。

7-2-1 データベースの実装

データベースに実装するためには，それぞれのDBMSに合わせて，データ型や制約などを記述していく必要があります。午後Ⅱの物理設計では，データ型や索引などのテーブル定義が出題されます。

DBMSの仕様

DBMSでは，それぞれのデータベースシステムに合わせたかたちで，テーブル構造を実装します。その実装方法はDBMSによって異なりますが，一般的に実装される内容自体は共通です。午後Ⅱ問題で一般的に出題されるRDBMSの仕様は，次のようなものがあります。

1. データページ
   (1) RDBMSがストレージとデータの入出力を行う単位を，データページという。データページには，テーブル，索引のデータが格納される。表領域ごとに，ページサイズ（1データページの長さで，2,000，4,000，8,000バイトのいずれか）と，空き領域率（将来の更新に備えて，データページ内に確保しておく空き領域の割合）を指定する。
   (2) 同じデータページに，異なるテーブルの行が格納されることはない。
2. テーブル
   (1) テーブルの列には，NOT NULL制約を指定することができる。NOT NULL制約を指定しない列には，NULLか否かを表す1バイトのフラグが付加される。
   (2) 主キー制約には，主キーを構成する列名を指定する。
   (3) 参照制約には，列名，参照先テーブル名，参照先列名を指定する。
   (4) 検査制約には，同一行の列に対する制約を指定する。
   (5) 使用可能なデータ型は，表のとおりである。
3. 索引
   索引には，ユニーク索引と非ユニーク索引がある。

表 使用可能なデータ型

データ型	説明
CHAR(n)	n 文字の半角固定長文字列（1≦n≦255）。文字列が n 字未満の場合は，文字列の後方に半角の空白を埋めて n バイトの領域に格納される。
NCHAR(n)	n 文字の全角固定長文字列（1≦n≦127）。文字列が n 字未満の場合は，文字列の後方に全角の空白を埋めて“n×2”バイトの領域に格納される。
VARCHAR(n)	最大 n 文字の半角可変長文字列（1≦n≦8,000）。値の文字数分のバイト数の領域に格納され，4 バイトの制御情報が付加される。
NCHAR VARYING(n)	最大 n 文字の全角可変長文字列（1≦n≦4,000）。“値の文字数×2”バイトの領域に格納され，4 バイトの制御情報が付加される。
SMALLINT	−32,768 ～ 32,767 の範囲内の整数。2 バイトの領域に格納される。
INTEGER	−2,147,483,648 ～ 2,147,483,647 の範囲内の整数。4 バイトの領域に格納される。
DECIMAL(m,n)	精度 m（1≦m≦31），位取り n（0≦n≦m）の 10 進数。“m÷2+1”の小数部を切り捨てたバイト数の領域に格納される。
DATE	0001-01-01 ～ 9999-12-31 の範囲内の日付。4 バイトの領域に格納される。

RDBMSの仕様（平成30年春 データベーススペシャリスト試験 午後Ⅱ 問1より）

物理設計では，データ型を正確に定義する必要があります。

特に，NCHAR VARYINGなどの，全角や可変長文字列が格納されるデータ型は，最大文字列長を意識し，確実にデータが格納できるサイズを設定することが大切です。

また，整数型の場合，その最大値の大きさによって，SMALLINTとINTEGERを使い分ける必要があります。

DBMSに特化した仕様

DBMSの実装では，システムに特化した機能をもつことも多くあります。具体例としては，平成28年春のデータベーススペシャリスト試験 午後Ⅱ 問1ではデータ移行を行うのですが，そのための機能として次のような仕様が定義されています。

4. DBの相互接続機能
　同じネットワーク上にある異なるDBを，相互接続する機能である。相互接続したDB上のテーブルは，あたかも同じDB上にあるかのように，一つのSQL文で操作することができる。SQL文では，テーブル名をDBの識別子とスキーマ名の両方で修飾することができる。
5. エクスポートツール，インポートツール
　テーブルのデータをテキストファイルに出力するエクスポートツールと，テキストファイルのデータをテーブルに入力するインポートツールがある。エクスポートツールでは，SQLのSELECT文を指定することができる。一方，インポートツールでは，SQLのINSERT文と同じ処理が行われる。

RDBMSの仕様[追加]（平成28年春 データベーススペシャリスト試験 午後Ⅱ 問1より）

　また，令和4年秋のデータベーススペシャリスト試験 午後Ⅱ問1ではテーブル構造の変更やトリガーの利用を行うのですが，そのための機能として以下のような仕様が定義されています。

1. テーブル定義
　テーブル定義には，テーブル名を変更する機能がある。
2. トリガー機能
　テーブルに対する変更操作（挿入，更新，削除）を契機に，あらかじめ定義した処理を実行する。
　(1)　実行タイミング（変更操作の前又は後。前者をBEFOREトリガー，後者をAFTERトリガーという），列値による実行条件を定義することができる。
　(2)　トリガー内では，変更操作を行う前の行，変更操作を行った後の行のそれぞれに相関名を指定することで，行の旧値，新値を参照することができる。
　(3)　あるAFTERトリガーの処理実行が，ほかのAFTERトリガーの処理実行の契機となることがある。この場合，後続のAFTERトリガーは連鎖して処理実行する。

RDBMSの主な仕様（令和4年秋 データベーススペシャリスト試験 午後Ⅱ 問1より）

　それぞれのDBMSに特化した機能を有効活用するのも，物理設計を行う上で大切なポイントです。

テーブル定義

物理設計では，テーブルの具体的な定義を行います。午後Ⅱのテーブルの物理設計では，テーブル定義の内容を，テーブル定義表にまとめて記述することが定番です。テーブル定義表を作成するときのテーブル定義の方針については，次の内容を参照する必要があります。

テーブル定義表を作成する問題は，データベーススペシャリスト試験では定番で出題されています。

【テーブル定義表の作成】

- 平成26年春 午後Ⅱ 問1 設問2（1）
- 平成27年春 午後Ⅱ 問1 設問1（1）
- 平成28年春 午後Ⅱ 問1 設問1（1）
- 平成30年春 午後Ⅱ 問1 設問1（2），（3）

(1) データ型欄には，データ型，データ型の適切な長さ，精度，位取りを記入する。データ型の選択は，次の規則に従う。
 ① 文字列型の列が全角文字の場合は，NCHAR又はNCHAR VARYINGを選択し，それ以外の場合はCHAR又はVARCHARを選択する。
 ② 数値の列が整数である場合は，取り得る値の範囲に応じて，SMALLINT又はINTEGERを選択する。それ以外の場合はDECIMALを選択する。
 ③ ①及び②どちらの場合も，列の取り得る値の範囲に従って，格納領域の長さが最小になるようにデータ型を選択する。
 ④ 日付，時刻，時刻印の列は，専用のデータ型を選択する。
(2) NOT NULL欄には，NOT NULL制約がある場合はYを，ない場合はNを記入する。
(3) 格納長欄には，RDBMSの仕様に従って，格納長を記入する。可変長文字列の格納長は，表1から平均文字数が分かる場合はそれを基準に算出し，それ以外の場合は最大文字数の半分を基準に算出する。
(4) 索引の種類と構成列欄には，作成する索引を記入する。
 ① 索引の種類には，P（主キーの索引），U（ユニーク索引），NU（非ユニーク索引）がある。
 ② 主キーの索引は，必ず作成する。
 ③ 主キー以外で値が一意となる列又は列の組合せには，必ずユニーク索引を作成する。それ以外の列又は列の組合せが，外部キーを構成する場合は，必ず非ユニーク索引を作成する。
 ④ 各索引の構成列には，構成列の定義順に1からの連番を記入する。
(5) 制約欄には，参照制約，検査制約をSQLの構文で記入する。

テーブル定義（平成28年春 データベーススペシャリスト試験 午後Ⅱ 問1より）

データ所要量の計算

テーブル定義表で見積もった合計サイズなどの情報を用いてデータ所要量の計算を行うことも，物理設計の大切な作業です。具体的には，見積行数などから必要なページ数を算出し，全体に必要なデータ所要量を計算していきます。データ所要量の計算は次のような順番で行われるのが一般的です。

データ所要量の計算の順序

項番	項目	取得方法，または計算方法
1	見積行数	データ内容から，想定される行数を考える（試験では通常，問題文に明記）
2	ページサイズ	データに最適なページサイズを2,000, 4,000, 8,000バイトなどの決まったサイズのいずれかから選択する（試験では通常，問題文に明記）
3	平均行長	テーブル1行当たりのサイズ（試験では通常，テーブル定義表で計算）
4	1データページ当たりの平均行数	ページサイズ×（1－空き領域率）÷平均行長（小数点以下は切り捨て）
5	必要データページ数	見積行数÷1データページ当たりの平均行数（小数点以下は切り上げ）
6	データ所要量	ページサイズ×必要データページ数

それでは，次の午後Ⅱ問題で実際に物理設計を行ってみましょう。

問題

データベースの物理設計に関する次の記述を読んで，設問に答えよ。

D銀行は，首都圏の100支店に，投資信託などの運用商品を扱う部課があり，専任の営業員が個人顧客（以下，顧客という）への販売活動を行っている。営業員の販売活動には，顧客の個人情報，資産情報，投資経験，取引などを格納した顧客情報管理システムが利用されている。D銀行では，顧客情報管理システムのDBサーバ及びストレージの老朽化に伴うリプレース（以下，DBサーバ更改という）に当たって，RDBMSのバージョンアップ，アプリケーション（以下，APという）の機能追加などを行うことにした。

〔データベースの論理設計〕

顧客情報管理システムのうち，“スケジュール”テーブルに関するテーブル構造を図1に，主な列とその意味・制約を表1に示す。

案件（支店コード，案件番号，行員番号，顧客番号，登録日，状態，最終更新TS，…）
スケジュール（行員番号，予定日，開始時刻，行番号，終了時刻，行動種別，行動内容，支店コード，案件番号）

図1 テーブル構造

表1 主な列とその意味・制約

列名	意味・制約
支店コード	支店を一意に識別するコード（4桁の半角英数字）
行員番号	銀行内で役員・行員を一意に識別する番号（1,000,001～9,999,999）
案件番号	支店ごとに案件を一意に識別する番号（1～99,999,999）。“スケジュール”テーブルの支店コードと案件番号は，案件に関連する顧客との面談予定などを登録する場合にだけ設定する。
予定日	会議，顧客往訪などの行動が予定されている年月日
開始時刻，終了時刻，行番号	開始時刻，終了時刻は，スケジュールの開始時分と終了時分。“スケジュール”テーブルの場合は必須で，終了時刻は開始時刻よりも後でなければならない。行番号は，同じ開始時刻で複数の予定を登録できるように，1～999の連番で区別する。
行動種別	‘1’（会議），‘2’（打合せ），‘3’（顧客往訪），‘4’（顧客来訪），‘5’（作業）のいずれか
行動内容	具体的な行動内容（全角文字1,000字以内。平均文字数は58文字）。“スケジュール”テーブルの場合は任意である。

〔RDBMSの仕様〕

1. 表領域

（1） テーブル，索引などのストレージ上の物理的な格納場所を，表領域という。

（2） RDBMSとストレージ間のデータ入出力単位を，データページという。データページには，テーブル，索引のデータが格納される。表領域ごとに，ページサイズ（1データページの長さ。2,000，4,000，8,000，16,000バイトのいずれかである）と，空き領域率（将来の更新に備えて，データページ内に確保しておく空き領域の割合）を指定する。

（3） 同じデータページに，異なるテーブルの行が格納されることはない。

2. テーブル

(1)　テーブルの列には，NOT NULL制約を指定することができる。NOT NULL制約を指定しない列には，NULLかどうかを表す1バイトのフラグが付加される。

(2)　主キー制約には，主キーを構成する列名を指定する。

(3)　参照制約には，列名，参照先テーブル名，参照先列名を指定する。

(4)　検査制約には，同一行の列に対する制約を指定する。

(5)　使用可能なデータ型は，表2のとおりである。

表2　使用可能なデータ型

データ型	説明
CHAR(n)	n文字の半角固定長文字列（1≦n≦255）。文字列がn字未満の場合は，文字列の後に半角の空白を挿入し，nバイトの領域に格納される。
NCHAR(n)	n文字の全角固定長文字列（1≦n≦127）。文字列がn字未満の場合は，文字列の後に全角の空白を挿入し，“n×2”バイトの領域に格納される。
VARCHAR(n)	最大n文字の半角可変長文字列（1≦n≦8,000）。“文字列の文字数”バイトの領域に格納され，4バイトの制御情報が付加される。
NCHAR VARYING(n)	最大n文字の全角可変長文字列（1≦n≦4,000）。“文字列の文字数×2”バイトの領域に格納され，4バイトの制御情報が付加される。
SMALLINT	－32,768～32,767の範囲内の整数。2バイトの領域に格納される。
INTEGER	－2,147,483,648～2,147,483,647の範囲内の整数。4バイトの領域に格納される。
DECIMAL(m, n)	精度m（1≦m≦31），位取りn（0≦n≦m）の10進数。“m÷2＋1”の小数部を切り捨てたバイト数の領域に格納される。
DATE	0001-01-01～9999-12-31の範囲内の日付。4バイトの領域に格納される。
TIME	00:00:00～23:59:59の範囲内の時刻。3バイトの領域に格納される。
TIMESTAMP	0001-01-01 00:00:00.000000～9999-12-31 23:59:59.999999の範囲内の時刻印。10バイトの領域に格納される。

3. 索引

索引には，ユニーク索引と非ユニーク索引がある。

4. DBの相互接続機能

同じネットワーク上にある異なるDBを，相互接続する機能である。相互接続したDB上のテーブルは，あたかも同じDB上にあるかのように，一つのSQL文で操作することができる。SQL文では，テーブル名をDBの識別子とスキーマ名の両方で修飾することができる。

5. エクスポートツール，インポートツール

テーブルのデータをテキストファイルに出力するエクスポート

ツールと，テキストファイルのデータをテーブルに入力するインポートツールがある。エクスポートツールでは，SQLのSELECT文を指定することができる。一方，インポートツールでは，SQLのINSERT文と同じ処理が行われる。

〔データベースの物理設計〕

1. テーブル定義

次の方針に基づいて，テーブル定義表を作成し，テーブル定義を行う。

(1) データ型欄には，データ型，データ型の適切な長さ，精度，位取りを記入する。データ型の選択は，次の規則に従う。

① 文字列型の列が全角文字の場合は，NCHAR又はNCHAR VARYINGを選択し，それ以外の場合はCHAR又はVARCHARを選択する。

② 数値の列が整数である場合は，取り得る値の範囲に応じて，SMALLINT又はINTEGERを選択する。それ以外の場合はDECIMALを選択する。

③ ①及び②どちらの場合も，列の取り得る値の範囲に従って，格納領域の長さが最小になるようにデータ型を選択する。

④ 日付，時刻，時刻印の列は，専用のデータ型を選択する。

(2) NOT NULL欄には，NOT NULL制約がある場合はYを，ない場合はNを記入する。

(3) 格納長欄には，RDBMSの仕様に従って，格納長を記入する。可変長文字列の格納長は，表1から平均文字数が分かる場合はそれを基準に算出し，それ以外の場合は最大文字数の半分を基準に算出する。

(4) 索引の種類と構成列欄には，作成する索引を記入する。

① 索引の種類には，P（主キーの索引），U（ユニーク索引），NU（非ユニーク索引）がある。

② 主キーの索引は，必ず作成する。

③ 主キー以外で値が一意となる列又は列の組合せには，必ずユニーク索引を作成する。それ以外の列又は列の組合せが，外部キーを構成する場合は，必ず非ユニーク索引を作成する。

④ 各索引の構成列には，構成列の定義順に1からの連番を記入する。

(5) 制約欄には，参照制約，検査制約をSQLの構文で記入する。

"スケジュール" テーブルのテーブル定義表を表3に示す。

表3 "スケジュール" テーブルのテーブル定義表（作成中）

列名＼項目	データ型	NOT NULL	格納長（バイト）	索引の種類と構成列		
行員番号	INTEGER	Y	4			
予定日	DATE	Y	4			
開始時刻						
行番号						
終了時刻						
行動種別						
行動内容						
支店コード						
案件番号						
制約	FOREIGN KEY（行員番号）REFERENCES 営業員（行員番号） FOREIGN KEY [a] CHECK（[b] CHECK（[c]					

"スケジュール" テーブルのデータ所要量を見積もるために，表4を作成した。なお，データ所要量は，項番1～5の値を用いて算出するものとする。

表4 "スケジュール" テーブルのデータ所要量（未完成）

項番	項目	値
1	見積行数	1,200,000 行
2	ページサイズ	4,000 バイト
3	平均行長	[d] バイト
4	1データページ当たりの平均行数	[e] 行
5	必要データページ数	[f] ページ
6	データ所要量	[g] 百万バイト

設問 〔データベースの物理設計〕について，(1)，(2)に答えよ。

(1) 表3の太枠内に適切な字句を記入して太枠内を完成させよ。ただし，索引の種類と構成列の欄は全て埋まるとは限らない。

また，[a] ～ [c] に入れる適切な字句を答えよ。ただし，1～999のような，値の上限・下限に関する制約は，検査制約では規定しないものとする。

(2) 表4中の [d] ～ [g] に入れる適切な数値を答えよ。ここで，空き領域率は10%とする。

(平成28年春 データベーススペシャリスト試験 午後II 問1改)

解説

データベースの物理設計についての問題です。図1のテーブル構造や表1の制約などに基づいたテーブル定義表の検討や，データ所要量の問題などを考えます。

(1)

表3「“スケジュール”テーブルのテーブル定義表(作成中)」の太枠内及び空欄a～cの穴埋め問題です。図1のテーブル構造や表1の列の意味と制約を確認し，表2のデータ型と照らし合わせて，データ型や制約，格納長を決めていきます。

主キー索引

まず，索引の種類と構成列について考えます。

図1の“スケジュール”テーブルの構造より，テーブルの主キーが{行員番号，予定日，開始時刻，行番号}の四つであることが分かります。〔データベースの物理設計〕1. テーブル定義(4)の①に，「索引の種類には，P(主キーの索引)，U(ユニーク索引)，NU(非ユニーク索引)がある」とあり，さらに②に，「主キーの索引は，必ず作成する」とあります。つまり，主キーに関しては，P(主キーの索引)を必ず作成する必要があります。また，構成列については，④に「各索引の構成列には，構成列の定義順に1からの連番を記入する」とあるので，主キーの上から順に1，2，3，4の連番を振ることになります。

したがって，索引の種類としてPを作成し，“行員番号”列に1，“予定日”列に2，“開始時刻”列に3，“行番号”列に4を記入します。

“開始時刻”列，“行番号”列，“終了時刻”列

表1の列名“開始時刻，終了時刻，行番号”の意味・制約に，「開始時刻，終了時刻は，スケジュールの開始時分と終了時分。“スケ

ジュール”テーブルの場合は必須で，終了時刻は開始時刻よりも後でなければならない。行番号は，同じ開始時刻で複数の予定を登録できるように，1～999の連番で区別する」とあります。

開始時刻，終了時刻は時刻なので，表2のデータ型を用いるとTIMEとなります。また，表2のTIMEの説明より，領域は3バイトなので，格納長（バイト）は3です。行番号は1～999の連番なので，表2のデータ型では，大きくない整数型を格納するSMALLINTで十分で，2バイトの領域に格納されます。また，三つの列はすべて必須なので，NOT NULL制約を指定する必要があります。なお，開始時刻と行番号は，先述のとおり，主キー索引が設定されます。

したがって，“開始時刻”列のデータ型はTIME，NOT NULL制約はY，格納長は3バイト，索引の種類はPに3を記入します。“行番号”列のデータ型はSMALLINT，NOT NULL制約はY，格納長は2バイト，索引の種類はPに4を記入します。“終了時刻”列のデータ型はTIME，NOT NULL制約はY，格納長は3バイト，索引の種類はなし，となります。

“行動種別”列

表1の列名“行動種別”の意味・制約に，「‘1’（会議），‘2’（打合せ），‘3’（顧客往訪），‘4’（顧客来訪），‘5’（作業）のいずれか」とあります。文字列1桁での設定となるので，表2のデータ型を用いると，CHAR(1)です。格納長（バイト）は1バイトです。また，「いずれか」とあり必須項目なので，NOT NULL制約を指定する必要があります。特に主キーでも外部キーでもないので，索引は必要ありません。

したがって，“行動種別”列のデータ型はCHAR（1），NOT NULL制約はY，格納長は1バイト，索引の種類はなし，となります。

“行動内容”列

表1の列名“行動内容”の意味・制約に，「具体的な行動内容（全角文字1,000字以内。平均文字数は58文字）。“スケジュール”テーブルの場合は任意である」とあります。全角文字1,000字までの可変長での設定となるので，表2のデータ型を用いると，NCHAR VARYING（1000）となります。また，「任意」とあるので，NOT NULL制約を指定する必要はありません。さらに，〔RDBMSの仕様〕2．テーブル(1)に，「NOT NULL制約を指定しない列には，

NULLかどうかを表す1バイトのフラグが付加される」とあります。そのため，格納長（バイト）は，平均文字数は58文字なので，表2の“文字列の文字数×2”に，4バイトの制御情報と1バイトのフラグを加え，58×2＋4＋1＝121（バイト）となります。

したがって，“行動内容”列のデータ型はNCHAR VARYING(1000)，NOT NULL制約はN，格納長は121バイト，索引の種類はなし，となります。

“支店コード”列，“案件番号”列

“支店コード”列については，表1の列名“支店コード”の意味・制約に，「支店を一意に識別するコード（4桁の半角英数字）」とあります。半角文字4桁の固定長なので，表2のデータ型ではCHAR(4)となります。

“案件番号”列については，表1の列名“案件番号”の意味・制約に，「支店ごとに案件を一意に識別する番号（1～99,999,999）」とあるので，表2のデータ型ではINTEGERの範囲内の整数となります。表1にはさらに，「“スケジュール”テーブルの支店コードと案件番号は，案件に関連する顧客との面談予定などを登録する場合にだけ設定する」とあり，この二つの属性の設定は任意であることが分かるので，NOT NULL制約を指定する必要はありません。

格納長（バイト）は，表2よりCHAR（4）は4バイト，INTEGERも4バイトなので，NULLかどうかを表す1バイトのフラグを付加し，両方とも5バイトとなります。

また，図1の“スケジュール”テーブルの構造より，テーブルの外部キーとして｛支店コード，案件番号｝の二つがあることが分かります。テーブル構造より，支店コードと案件番号はエンティティ“案件”とのリレーションシップを表していると考えられ，この二つが“案件”テーブルへの外部キーとなっています。

〔データベースの物理設計〕1. テーブル定義（4）の①に，「NU（非ユニーク索引）がある」とあり，さらに③に，「外部キーを構成する場合は，必ず非ユニーク索引を作成する」とあります。つまり，外部キーに関しては，NU（非ユニーク索引）を必ず作成する必要があります。また，構成列については④に，「各索引の構成列には，構成列の定義順に1からの連番を記入する」とあるので，外部キーの上から順に1，2の連番を振ることになります。したがって，索引の種類としてNUを作成し，“支店コード”列に1，“案件番号”列に2を記入します。

以上をまとめると，“支店コード”列のデータ型はCHAR（4)，NOT NULL制約はN，格納長は5バイト，索引の種類と構成列はNUに1を記入します。“案件番号”列のデータ型はINTEGER，NOT NULL制約はN，格納長は5バイト，索引の種類と構成列はNUに2を記入します。

空欄a

“スケジュール”テーブルの外部キーを考え，参照制約定義の対象とすべきテーブルを答えます。

表3の“支店コード”列，“案件番号”列で検討しましたが，これらの列は“案件”テーブルの外部キーとなります。このテーブルをREFERENCES　案件（支店コード，案件番号）として設定します。

したがって，空欄aに入る内容は，（支店コード，案件番号）REFERENCES 案件（支店コード，案件番号）となります。

空欄b，c

“スケジュール”テーブルにおいてCHECK制約で設定すべき条件を考えます。

表1の列名“開始時刻，終了時刻，行番号”の意味・制約に，「終了時刻は開始時刻よりも後でなければならない」とあります。したがって，開始時刻＜終了時刻という制約が必要です。また，表1の列名“行動種別”の意味･制約に，「‘1’（会議），‘2’（打合せ），‘3’（顧客往訪），‘4’（顧客来訪），‘5’（作業）のいずれか」とあります。そのため，行動種別は，（‘1’，‘2’，‘3’，‘4’，‘5’）に含まれる（IN）必要があります。

したがって，空欄b，cには，開始時刻＜終了時刻と行動種別IN（‘1’，‘2’，‘3’，‘4’，‘5’）が入ります（順不同）。

(2)

空欄d～gの穴埋めを行ってデータ所要量を求める計算問題です。空き領域率は10%となります。

空欄d

“スケジュール”テーブルの平均行長を求めます。

表4の“スケジュール”テーブルのテーブル定義表より，それぞれの列の格納長を求めます。全列の格納長を合計すると，

4＋4＋3＋2＋3＋1＋121＋5＋5＝148［バイト］

となり，これがテーブルの平均行長です。

したがって，空欄dは148です。

空欄e

“スケジュール”テーブルの1データページ当たりの平均行数を求めます。

設問文に「空き領域率は10％とする」とあり，表4の項番2より，ページサイズは4,000バイトなので，1データページ当たりに格納できるデータ量を求めると，

4,000［バイト］×（1－0.1）＝3,600［バイト］

となります。空欄dより，1行当たりの格納長は148［バイト］なので，格納できる行数は，

3,600［バイト］÷148［バイト／行］＝24. 32…［行］

となります。

したがって，空欄eは24です。

空欄f

“スケジュール”テーブルの必要データページ数を求めます。

空欄eより，1ページの平均行数は24行，表5より，見積行数は1,200,000行なので，必要ページ数は，

1,200,000［行］÷24［行／ページ］＝50,000［ページ］

となります。

したがって，空欄fは50,000です。

空欄g

“スケジュール”テーブルのデータ所要量を求めます。

空欄fより，必要なページ数は50,000ページで，データページのページサイズは4,000バイトです。そのため，データ所要量は，

50,000［ページ］×4,000［バイト／ページ］

＝200,000,000［バイト］＝200［百万バイト］

7

となります。

したがって，空欄ｇは200です。

≪解答≫

(1)

項目 / 列名	データ型	NOT NULL	格納長（バイト）	索引の種類と構成列		
				P	NU	
行員番号	INTEGER	Y	4	1		
予定日	DATE	Y	4	2		
開始時刻	TIME	Y	3	3		
行番号	SMALLINT	Y	2	4		
終了時刻	TIME	Y	3			
行動種別	CHAR（1）	Y	1			
行動内容	NCHAR VARYING（1000）	N	121			
支店コード	CHAR（4）	N	5		1	
案件番号	INTEGER	N	5		2	

a （支店コード，案件番号）REFERENCES 案件（支店コード，案件番号）

b 開始時刻 ＜ 終了時刻

c 行動種別 IN（'1'，'2'，'3'，'4'，'5'）　※bとcは順不同

(2) d 148　e 24

f 50,000　g 200

覚えよう！

- □ NULLを許す場合には，NULLかどうかを格納するため，1バイトの領域が必要
- □ 格納できる行数の計算は切り捨て，必要ページ数の計算は切り上げ

7-2-2 信頼性設計

信頼性とは，与えられた条件で規定の期間中，要求された機能を果たすことができる性質です。システムやデータベースを構築するときには，信頼性を確保するために信頼性設計を行う必要があります。

信頼性設計

システム全体の信頼性を設計するときには，一つ一つのシステムを見る場合とは違った全体の視点というものが必要になってきます。代表的な信頼性設計の手法には，次のものがあります。

①フォールトトレランス

システムの一部で障害が起こっても全体でカバーして機能停止を防ぐという設計手法です。冗長化を行い，一つのシステムが停止しても他のシステムでカバーする方法などがあります。

②フォールトアボイダンス

個々の機器の障害自体が起こる確率を下げて，全体として信頼性を上げるという考え方です。

③フェールセーフ

システムに障害が発生したとき，安全側に制御する方法です。信号が故障したときにはとりあえず赤を点灯させるなど，障害が新たな障害を生まないように制御します。処理を停止させることもあります。

④フェールソフト

システムに障害が発生したとき，障害が起こった部分を切り離すなどして，最低限のシステムの稼働を続ける方法です。このとき，機能を限定的にして稼働を続けることをフォールバック（縮退運転）といいます。

⑤フォールトマスキング

機器などに故障が発生したとき，その影響が外部に出ないようにする方法です。具体的には，装置の冗長化などによって，一つが故障しても全体に影響が出ないようにします。

⑥フールプルーフ

利用者が間違った操作をしても危険な状況にならないようにするか，そもそも間違った操作ができないようにする設計手法です。具体的には，画面上で押してはいけないボタンは押せないようにする，などの方法があります。

システムの冗長化

システムを冗長化する方法には，大きく分けてデュアルシステムとデュプレックスシステムの2種類があります。

①デュアルシステム

二つ以上のシステムを用意し，並列して同じ処理を走らせて結果を比較する方式です。結果を比較することで高い信頼性が得られます。また，一つのシステムに障害が発生しても他のシステムで処理を続行することができます。

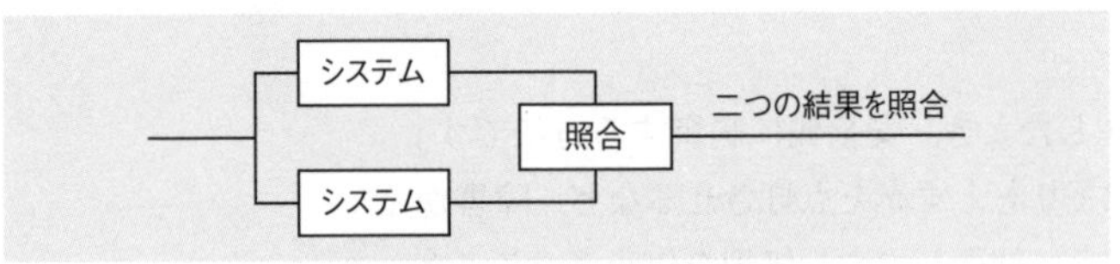

デュアルシステムのイメージ

②デュプレックスシステム

二つ以上のシステムを用意しますが，普段は一つのシステムのみ稼働させて，その他は待機させておきます。このとき，稼働させるシステムを主系（現用系），待機させるシステムを従系（待機系）と呼びます。

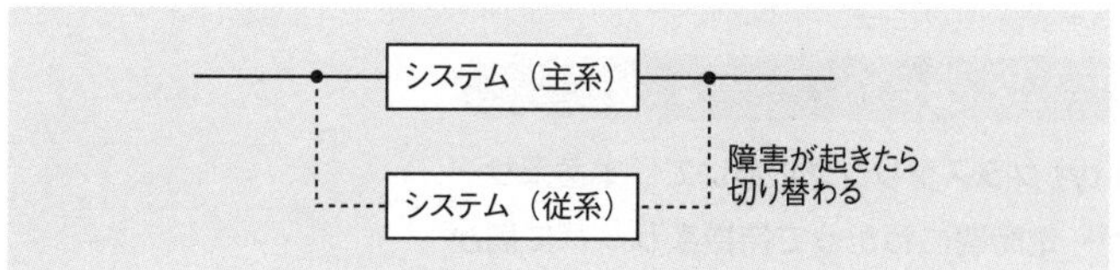

デュプレックスシステムのイメージ

デュプレックスシステムのスタンバイ方法は，従系の待機のさせ方によって次の三つに分かれます。

1. ホットスタンバイ

従系のシステムを常に稼働可能な状態で待機させておきます。具体的には，サーバを立ち上げておき，アプリケーションやOSなどもすべて主系のシステムと同じように稼働させておきます。
そのため，主系に障害が発生した場合にはすぐに従系への切替えが可能です。故障が起こったときに自動的に従系に切り替えて処理を継続することを**フェールオーバ**といいます。

2. ウォームスタンバイ

従系のシステムを本番と同じような状態で用意してあるのですが，すぐに稼働はできない状態で待機させておきます。

具体的には，サーバは起動しているものの，アプリケーションは稼働していないか別の作業を行っているかで，切替えに少し時間がかかります。

3. コールドスタンバイ

従系のシステムを，機器の用意だけして稼働していない状態で待機させておきます。具体的には，電源を入れずに予備機だけを用意しておき，障害が発生したら電源を入れて稼働させ，主系の代替となるように準備します。主系から従系への切替えに最も時間がかかる方法です。

それでは，次の問題を考えてみましょう。

問題

HA（High Availability）クラスタリングにおいて，本番系サーバのハートビート信号が一定時間にわたって待機系サーバに届かなかった場合に行われるフェールオーバ処理の順序として，適切なものはどれか。

〔フェールオーバ処理ステップ〕

(1) 待機系サーバは，本番系サーバのディスクハートビートのログ（書込みログ）をチェックし，ネットワークに負荷が掛かってハートビート信号が届かなかったかを確認する。

(2) 待機系サーバは，本番系サーバの論理ドライブの専有権を奪い，ロックを掛ける。

(3) 本番系サーバと待機系サーバが接続しているスイッチに対して，待機系サーバから，接続しているネットワークが正常かどうかを確認する。

(4) 本番系サーバは，OSに対してシャットダウン要求を発行し，自ら強制シャットダウンを行う。

ア (1)，(2)，(3)，(4)　　イ (2)，(3)，(1)，(4)
ウ (3)，(1)，(2)，(4)　　エ (3)，(2)，(1)，(4)

（令和2年10月 データベーススペシャリスト試験 午前Ⅱ 問23）

解説

HAクラスタリングでは，ハートビート信号が一定期間，待機サーバに届かなかった場合には異常事態と判断し，その状況の確認を行います。まず，ネットワークの問題かどうかを判別するため，(3)のように，接続しているスイッチに対して，ネットワークが正常かどうかを確認します。次に，(1)のログチェックで，ハートビート信号が本番系サーバから送られたかどうかを確認します。この時点で本番系サーバの問題かどうかを判別し，サーバの問題であると判断した場合には，(2)のように本番系サーバの論理ドライブの専有権を奪います。最後に，(4)のように本番系サーバを強制シャットダウンします。

(3), (1), (2), (4) の順序となる，ウが正解です。

≪解答≫ウ

RAID

RAID (Redundant Arrays of Inexpensive Disks) は，複数台のハードディスクを接続して全体で一つの記憶装置として扱う仕組みです。その方法はいくつかありますが，複数台のディスクを組み合わせることによって信頼性や性能が上がります。RAIDの代表的な種類としては，次のものがあります。

過去問題をチェック
RAIDについて，次の出題があります。
【RAID】
・平成21年春 午前Ⅱ 問19
・平成21年春 午前Ⅱ 問22
・平成23年特別 午前Ⅱ 問24
・平成28年春 午前Ⅱ 問22
・平成28年春 午前Ⅱ 問24
・令和5年秋 午前Ⅱ 問22

①RAID0

複数台のハードディスクにデータを分散することで高速化したものです。これをストライピングと呼びます。性能は上がりますが，信頼性は1台のディスクに比べて低下します。

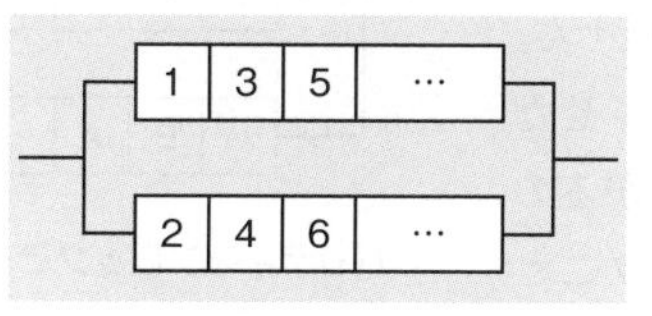

ストライピングのイメージ

②RAID1

複数台のハードディスクに同時に同じデータを書き込みます。これをミラーリングと呼びます。2台のディスクがあっても一方は完全なバックアップです。そのため，信頼性は上がりますが，性能は特に上がりません。

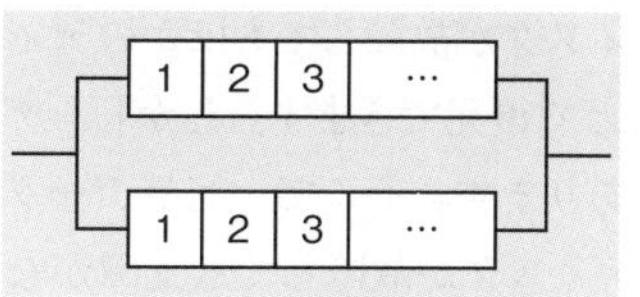

ミラーリングのイメージ

③RAID3，RAID4

複数台のディスクのうち1台を誤り訂正用のパリティディスクにし，誤りが発生した場合に復元します。次の図のように，パリティディスクにほかのディスクの偶数パリティを

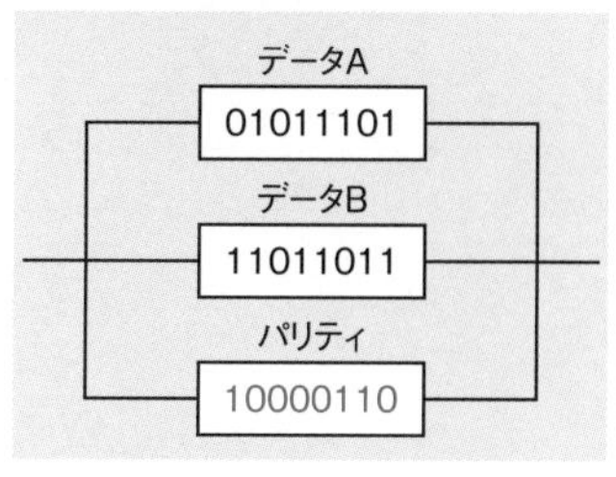

パリティディスクの役割

計算したものを格納しておきます。

この状態でデータＢのディスクが故障した場合，データＡとパリティディスクから偶数パリティを計算することで，データＢが復元できます。データＡのディスクが故障した場合も同様に，データＢとパリティディスクから偶数パリティでデータＡが復元できます。これをビットごとに行う方式がRAID3，ブロックごとにまとめて行う方式がRAID4です。

④RAID5

RAID4のパリティディスクは誤り訂正専用のディスクであり，通常時は用いません。しかし，データを分散させた方がアクセス効率が上がるので，パリティをブロックごとに分散し，通常時にもすべてのディスクを使うようにした方式がRAID5です。

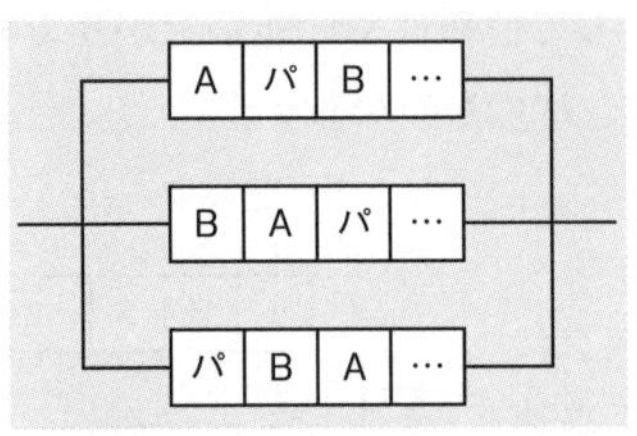

パリティをブロックごとに分散

⑤RAID6

RAID5では，1台のディスクが故障してもほかのディスクの排他的論理和を計算することで復元できます。しかし，ディスクは同時に2台壊れることもあります。そこで，冗長データを2種類作成することで，2台のディスクが故障しても支障がないようにした方式がRAID6です。

覚えよう！

- □ システムの冗長化には，デュアルシステムとデュプレックスシステムがある
- □ RAID5では，パリティディスクをブロックごとに分散させる

7-2-3 ● 性能設計

DBMSの応答を改善し，快適にデータベースを利用できるようにするための設計が，性能設計です。パフォーマンスチューニングを行い，DBMSに合わせて最適化します。

勉強のコツ

性能設計では，インデックスを用いた処理の高速化についての問題を中心に出題されます。
「5-1-2 インデックス」の内容を中心にDBMSについてしっかり理解しておけば，問題文の仕様に従って性能計算を行うことができます。性能設計の問題は午後Ⅱの設問の一部で出てくることが多いので，一度集中して物理設計に関する設問だけ解いてみると，傾向をつかむことができるのでおすすめです。

性能設計の目的

性能設計は，データの応答速度などのデータベース全体の性能についての設計です。性能設計では，要求仕様などで定義された性能を満たすために**パフォーマンスチューニング**を行います。

パフォーマンスチューニングの手法

パフォーマンスチューニングとは，DBMSのアクセスを高速化するために工夫を施すことです。代表的なものは，SQLの記述方法を改善することによって高速化を図るSQLパフォーマンスチューニングですが，ほかにも様々な手法があります。

主なパフォーマンスチューニングの手法には，次のようなものがあります。

①非正規化，導出属性の追加

テーブルを正規化していると，利用するときにはテーブルを結合させなければなりません。これは性能が下がる原因になるので，処理速度を優先し，あえて正規化を行わないこともあります。特に，導出属性は演算で求められますが，その演算が処理速度に影響を与えるので，事前に計算した値を保持しておくことも多いです。

②インデックスの作成

インデックスを作成することで，データベースのアクセスを高速化できます。しかし，データ量や更新頻度によっては，インデックスを使用するとかえって処理が遅くなることもあるので，適切なインデックス設計を行うことが重要です。

インデックスを最適化するためには，オプティマイザ（最適化するためのソフトウェア）などを利用します。

7

③SQLパフォーマンスチューニング

SQLの記述方法によって性能に差が出ることがあります。例えば，副問合せの構文で用いるIN句とEXISTS句では，同じ結果を返す処理を行う場合でも性能が異なることがよくあります。IN句はテーブルにアクセスして確認するのに対して，EXISTS句は，行の存在を確認するだけなので，テーブルにアクセスせず，インデックスで存在を確認して応答することも可能です。そのため，EXISTS句を利用することで処理を高速化できることもあります。

発展

パフォーマンスチューニングは，DBMSによって大きく異なります。そのため，国家試験である情報処理技術者試験ではあまり出題されません。
もちろん，実務でDBMSを扱う場合は必要とされる知識なので，使用するDBMSについてのパフォーマンスチューニングの手法を知っておくことは重要です。
Oracle Masterには，上級資格として「Oracle Database 11g Performance Tuning Certified Expert」などもあるので，データベーススペシャリスト試験と合わせて取得すれば，相乗効果があります。

④トランザクションの分離レベルを下げる

トランザクションの分離レベルは高いほど整合性が取れますが，パフォーマンスが悪くなります。性能が要求される場合には，あえて分離レベルを下げることによって，トランザクション全体のスループットを向上させることが可能になります。

⑤パーティション化，ディスクの分散

データベースのアクセスが集中しないように，データを複数か所に分散することによって性能を向上させることができます。論理的にパーティション化を行う，または物理的にディスクを分散させるなどの方法があります。

▶▶▶ 覚えよう！

- □ SQLの記述方法やテーブル構造を変えることで，パフォーマンスに大きな差が出る
- □ インデックスは最適化することが重要で，そのためにオプティマイザを使う

7-2-4 運用・保守設計

運用・保守設計では，データベースが障害を起こさず，快適に運用できるように設計を行います。障害回復に備え，定期的にメンテナンスを行い，状況を監視する方法を考えます。

運用・保守設計における考慮

データベースの運用・保守設計に当たり，主に考慮すべき点に次のものがあります。運用時の考え方で大切なことは，問題が生じたときに対応するリアクティブ（受動的）な運用ではなく，自発的に活動するプロアクティブ（能動的）な取り組みを重視することです。

①障害回復

障害が発生した場合にどのように復旧するのかを考えておきます。あらかじめ**バックアップ**や**ログ**を取り，ロールバックやロールフォワードなどを利用して回復を行います。

関連
障害回復については，「5-3 障害回復処理」で詳しく解説しているのでそちらを参考にしてください。
運用設計の問題は午後Ⅱではあまり出題されませんが，出ることもあります。午後Ⅰ対策と合わせて，基本的な考え方は知っておきましょう。

②メンテナンス

データベースは使い続けると処理性能が劣化していきます。ハードウェアの劣化もあるので，定期点検・保守が大切です。また，データベースの追加や削除を繰り返していると，ディスクの使用効率が悪くなったり，インデックスが最適化されなくなったりすることもよくあります。**ディスクやインデックスの再編成や再構成**などを行い，データの配置を定期的に見直すことも重要です。

③監視

データベースの障害や性能劣化は，明らかな故障として見抜けない場合がよくあります。そのため，ログの監視やDBMSのパフォーマンス監視などを行い，状況を確認することが大切です。

④キャパシティプランニング

キャパシティプランニングとは，システムに求められるサービスレベルから，システムに必要なリソースの処理能力や容量，数量などを見積もり，システム構成を計画することです。必要十分なリソースを用意し，長期的に監視することで，将来にわたって応答時間を維持することが可能になります。

スケジュール設計

通常時の運用では，日次処理，週次処理，月次処理など，段階別に運用内容を決めておく必要があります。運用ジョブに対しても，先行ジョブとの関連から**ジョブネットワーク**(ジョブのつながり方)を考慮してスケジュール設計を行います。

BCP（事業継続計画）

障害発生時には，待機系システムへの切替え，データの回復などを行いますが，その手法などはあらかじめ，**BCM**（Business Continuity Management：事業継続管理）に基づき設計されている必要があります。BCMの一環として立案される，企業が事業を継続する上での基本となる計画を**BCP**（Business Continuity Plan：事業継続計画）といいます。

BCPの策定では，**RTO**（Recovery Time Objective：目標復旧時間），**RPO**（Recovery Point Objective：目標復旧時点）を決めておきます。RPOとは，障害時にどの時点までのデータを復旧できるようにするかという目標です。

過去問題をチェック

RPO，RTOの計算については，午後問題でも出題されています。

【RPO，RTOの見積り】

・令和4年秋 午後Ⅰ 問2 設問2

災害などによる致命的なシステム障害からシステムを復旧させることや，そういった障害復旧に備えるための復旧措置のことを**ディザスタリカバリ**(災害復旧)と呼びます。

また，障害が起こると企業活動に重大な影響があるため24時間365日常に稼働し続ける必要があるシステムを**ミッションクリティカルシステム**といいます。ミッションクリティカルシステムには，システム障害が起こっても停止しないように待機系を複数用意するなど，万全の対策が求められます。

▶▶▶ 覚えよう！

- □ 障害回復に備え，あらかじめバックアップやログを取得しておく
- □ 障害に気づかないことも多いので，日々監視をして定期的にメンテナンスを行う

7-3 問題演習

7-3-1 午後問題

問題 データベースの設計・実装 CHECK ▶ □□□

データベースの設計，実装に関する次の記述を読んで，設問1～3に答えよ。

太陽光発電設備，空調設備などの住宅設備メーカであるJ社は，家庭の電気の使用状況を可視化するサービスの提供に向け，節電支援システムの構築を行っている。

〔業務の概要〕

(1) J社は，太陽光発電設備，配電盤，スマートメータ，空調機器などの機器との通信機能をもつコントローラを提供している。ユーザは，住居にコントローラを設置して，節電支援システムに住居及びコントローラの情報を登録する。

(2) コントローラは，J社とネットワーク接続し，住居内の機器から収集した買電，発電，使用電力，機器のログなどの情報をJ社に送信する。J社では，情報をデータベースに蓄積，加工してユーザに節電支援情報を提供する。その一つとして，使用電力量表示画面の例を図1に示す。図1では，使用電力量とその供給元の内訳(買電，発電など)が示される。

(3) 節電支援情報には，日射量を基に算出された標準発電量が含まれる。全国の800観測点で計測された日射量データを外部から取得する。

(4) 自治体，他の企業からの依頼を受けて，蓄積したデータを統計用に集計し，個人情報を含まないアドホック分析用のデータを抽出して提供する。

7

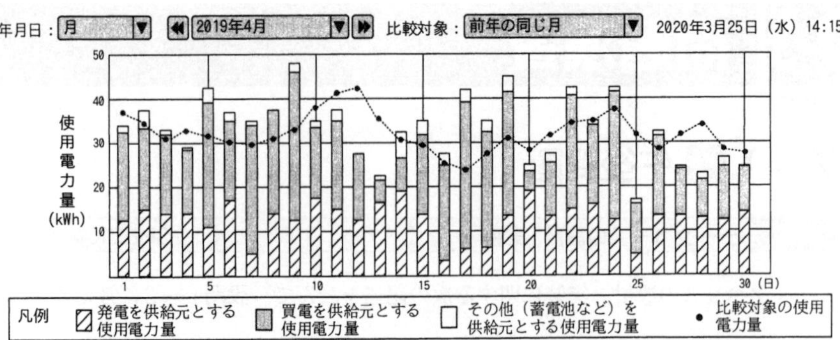

注記１ 年月日は，'年'，'月'，'日'のいずれかを選択し，対応する年，年月，年月日を指定する。
注記２ 比較対象は，年月日が年の場合は'前年'，'前々年'など，月の場合は'前月'，'前年の同じ月'など，日の場合は'前日'，'先月の同じ日'などから選択する。

図1 使用電力量表示画面の例

〔節電支援システムのテーブル構造〕

設計済みのテーブル構造を図2に，主な列とその意味・制約を表1に示す。

電力会社（電力会社番号，電力会社名）
料金プラン（電力会社番号，プラン番号，料金プラン名）
時間帯別料金（電力会社番号，プラン番号，時間帯番号，開始時，終了時，料金単価）
ユーザ（ユーザ番号，メールアドレス，氏名，生年月日，…）
地域（地域コード，地域名）
住居（住居番号，ユーザ番号，地域コード，住所，世帯区分，電力会社番号，プラン番号，緯度，経度）
配電回路（住居番号，回路番号，回路名，入出力区分，…）
機器（住居番号，機器番号，メーカコード，機器種別，商品番号，設置場所，…）
機器ログ（住居番号，年月日，ログ番号，機器番号，時，分，ログ種別，ログテキスト）
日射量（年月日，時，緯度，経度，日射量，標準発電量）
買電（住居番号，年月日，時，分，買電量）
発電（住居番号，回路番号，年月日，時，分，発電量）
使用電力（住居番号，回路番号，年月日，時，分，使用電力量）

図2 節電支援システムのテーブル構造（一部省略）

表1 主な列とその意味・制約

列名	意味・制約
時間帯番号	電力会社が料金プランごとに定める，1 日を複数に区切った時間帯を一意に識別する番号（1~99）
開始時，終了時	時間帯の最初の時と最後の時を表す整数（0~24）。最初の時間帯の開始時は 0，最後の時間帯の終了時は 24 であり，最後の時間帯以外の終了時は，次の時間帯の開始時と一致する。
料金単価	電力量 1kWh 当たりの買電単価
地域コード	複数の市町村をまとめた地域を一意に識別するコード（4 桁の半角英数字）
住居番号	サービスに登録された住居を一意に識別する番号（1~999,999）
世帯区分	住居の世帯構成，住宅の形態を表す区分（3 桁の半角英数字）
緯度，経度	地図上の位置をそれぞれ精度 10，位取り 7 の 10 進数で表す。
ログ番号	住居ごと年月日ごとに機器のログを一意に識別する番号（1~999,999,999）
ログ種別	起動，停止，測定など，ログの種類を表すコード（4 桁の半角英数字）
回路番号	住居内の分電盤内の回路を一意に識別する番号（1~99）
買電量	電力会社から供給を受けた電力量（単位 kWh，0.000~9,999,999.999）
発電量	住居の発電設備で発電された電力量（単位 kWh，0.000~9,999,999.999）
使用電力量	住居内で消費した電力量（単位 kWh，0.000~9,999,999.999）
日射量	各観測点における年月日，時ごとの日射量（単位 kW/㎡，0~999,999）
標準発電量	日射量を基に計算した標準発電量（単位 kWh，0.000~9,999,999.999）

〔節電支援システムの処理〕

節電支援情報の提供，アドホック分析の処理の例を，表2に示す。

表2 処理の例

処理名	内容
処理 1	指定された住居番号について，図 1 の使用電力量表示画面の例に示されたグラフを表示するためのデータを抽出する。当月の買電，発電，当月及び比較対象の使用電力を対象に，年月日ごとにそれぞれ発電量，買電量，使用電力量を集計する。
処理 2	指定された住居番号，年月日，比較対象住居（同じ地域，同じ世帯区分，同じ地域かつ同じ世帯区分のいずれか）について，1 日の使用電力量の比較対象住居中の順位を求めて，住居番号，対象住居数，順位を抽出する。
処理 3	指定された住居番号，年月日，時について，住居番号，発電量，平均標準発電量を抽出する。平均標準発電量は，住居ごとに住居の半径 10 km 以内の地点のうち，住居から距離が近い上位 2 位以上の地点の標準発電量の平均値である。
処理 4	指定された年月について，全住居を対象に，地域ごとに，各住居の 1 か月間の使用電力量の合計を大きい方から順序付けし，順序に沿って住居数が均等になるように 5 階級に分ける。階級に 1~5 の階級番号を付け，地域コード，地域名，階級番号，平均使用電力量を抽出する。
処理 5	指定された住居番号，年月日，ログ種別について，全機器の機器ログを対象に，住居番号，年月日，ログ番号，メーカコード，機器種別，ログテキストを抽出する。

〔RDBMSの仕様〕

1. テーブル・索引

(1)　RDBMSとストレージ間の入出力単位をページという。

(2)　同じページに異なるテーブルのデータが格納されることはない。

(3)　NOT NULL制約を指定しない列には，1バイトのフラグが付加される。

(4)　列の主なデータ型は，表3のとおりである。

(5)　索引にはユニーク索引と非ユニーク索引がある。

(6)　DMLのアクセスパスは，RDBMSによって索引探索又は表探索が選択される。索引探索が選択されるためには，WHERE句又はON句のANDだけで結ばれた一つ以上の等値比較の述語の対象列が，索引キーの全体又は先頭から連続した一つ以上の列に一致していなければならない。

(7)　索引探索では，ページの読込みはバッファを介して行われ，バッファの置換えはLRU方式で行われる。同じページ長のテーブルは，一つのバッファを共有する。バッファごとにバッファサイズを設定する。

(8)　索引のキー値の順番と，キー値が指す行の物理的な並び順が一致している割合（以下，クラスタ率という）が高いほど，隣接するキー値が指す行が同じページに格納されている割合が高い。

表3　列の主なデータ型

データ型	説明
CHAR(n)	n 文字の半角固定長文字列（1≦n≦255）。文字列が n 字未満の場合は，文字列の後方に半角の空白を埋めて n バイトの領域に格納される。
NCHAR(n)	n 文字の全角固定長文字列（1≦n≦127）。文字列が n 字未満の場合は，文字列の後方に全角の空白を埋めて“n×2”バイトの領域に格納される。
NCHAR VARYING(n)	最大 n 文字の全角可変長文字列（1≦n≦4,000）。“値の文字数×2”バイトの領域に格納され，4 バイトの制御情報が付加される。
SMALLINT	−32,768～32,767 の範囲の整数。2 バイトの領域に格納される。
INTEGER	−2,147,483,648～2,147,483,647 の範囲の整数。4 バイトの領域に格納される。
DECIMAL(m,n)	精度 m（1≦m≦31），位取り n（0≦n≦m）の 10 進数。“m÷2+1”の小数部を切り捨てたバイト数の領域に格納される。
DATE	0001-01-01～9999-12-31 の範囲内の日付。4 バイトの領域に格納される。

2. ウィンドウ関数

RDBMSがサポートする主なウィンドウ関数を，表4に示す。

表4 RDBMSがサポートする主なウィンドウ関数

関数の構文	説明
RANK() OVER([PARTITION BY e1] ORDER BY e2 [ASC|DESC])	区画化列を PARTITION BY 句の e1 に，ランク化列を ORDER BY 句の e2 に指定する。対象となる行の集まりを，区画化列の値が等しい部分（区画）に分割し，各区画内で行をランク化列によって順序付けした順位を，1 から始まる番号で返す。同値は同順位として，同順位の数だけ順位をとばす。（例：1,2,2,4,…）
NTILE(e1) OVER([PARTITION BY e2] ORDER BY e3 [ASC|DESC])	階級数を NTILE の引数 e1 に，区画化列を PARTITION BY 句の e2 に，階級化列を ORDER BY 句の e3 に指定する。対象となる行の集まりを，区画化列の値が等しい部分（区画）に分割し，各区画内で行を階級化列によって順序付けし，行数が均等になるように順序に沿って階級数分の等間隔の部分（タイル）に分割する。各タイルに，順序に沿って 1 からの連続する階級番号を付け，各行の該当する階級番号を返す。

注記 1 関数の構文の[ ]で囲われた部分は，省略可能であることを表す。

注記 2 PARTITION BY 句を省略した場合，関数の対象行の集まり全体が一つの区画となる。

注記 3 ORDER BY 句の[ASC|DESC]を省略した場合，ASC を指定した場合と同じ動作となる。

3. クラスタ構成のサポート

(1) シェアードナッシング方式のクラスタ構成をサポートする。クラスタは複数のノードで構成され，各ノードには専用のディスク装置をもつ。

(2) ノードへのデータの配置方法には複製，分散の二つがあり，テーブルごとにどちらかを指定する。複製は，各ノードにテーブルの全行を配置する方法である。分散は，一つ又は複数の列を分散キーとし，その値に基づいてRDBMS内部で生成するハッシュ値によって，各ノードにデータを配置する方法である。

(3) データベースへの要求は，いずれか一つのノードで受け付ける。要求を受け付けたノードは，要求を解析し，自ノードに配置されているデータへの処理は自ノードで処理を行う。自ノードに配置されていないデータへの処理は，当該データが配置されている他ノードに処理を依頼し，結果を受け取る。

〔システムの構成〕

(1) 複数のAPサーバと複数のDBサーバから成る。ユーザは，APサーバを介して操作を行う。APサーバはいずれか一つのDBサーバにアクセスする。

(2) データベースは，シェアードナッシングのクラスタ構成とし，20ノードを配置する。各ノードには同じ仕様のDBサーバを配置する。クラスタ構成によるDBサーバ全体のTPSは，ノード数に比例することを確認している。

(3) 機器ログ，買電，発電，使用電力の各テーブルは，配置方法を分散にし，住居番号を分散キーに指定する。それ以外のテーブルの配置方法は複製にする。

〔データベースの物理設計〕

1. テーブルの行数，所要量見積り

次の前提で主なテーブルの行数，所要量を見積もり，表5を作成した。

(1) 日射量，機器ログ，買電，発電，使用電力は，2年前の1月1日から現在まで，最大3年分のデータを保存する。1年を360日として行数を見積もる。

(2) どのテーブルもページ長を2,000バイト，空き領域率を10%とする。

(3) 見積ページ数は，“見積行数÷ページ当たり平均行数”の小数部を切り上げる。ページ当たり平均行数は，“ページ長×(1－空き領域率)÷平均行長”の小数部を切り捨てる。

(4) 所要量は，“見積ページ数×ページ長”で算出する。

表5 主なテーブルの見積行数・所要量

テーブル名	見積りの前提	見積行数	平均行長（バイト）	見積ページ数	所要量（バイト）
地域	1,000件	1,000	10	6	12k
住居	100,000件	100,000	100	5,556	12M
配電回路	8件／住居	800,000	100	44,445	89M
機器	10件／住居	1,000,000	300	166,667	334M
機器ログ	1日200件／住居	21,600,000,000	80	981,818,182	1,964G
日射量	1日12件／観測点	10,368,000	25	144,000	288M
買電	1日100件／住居	10,800,000,000	18	108,000,000	216G
発電	1日40件／住居	4,320,000,000	20	48,000,000	96G
使用電力	1日500件／住居	54,000,000,000	20	600,000,000	1,200G

注記 表中の単位kは1,000，Mは100万，Gは10億を表す。

2. テーブル定義表の作成

次の方針に基づいてテーブル定義表を作成した。その一部を表6～8に示す。

(1) データ型欄には，適切なデータ型，適切な長さ，精度，位取りを記入する。

(2) NOT NULL欄には，NOT NULL制約がある場合だけYを記入する。

(3) 格納長欄には，RDBMSの仕様に従って，格納長を記入する。

(4) 索引の種類には，P（主キーの索引），U（ユニーク索引），NU（非ユニーク索引）のいずれかを記入し，各構成列欄には，構成列の定義順に1からの連番を記入する。該当する索引がなければどちらも空欄にする。

(5) 主キー及び外部キーには，索引を定義する。

表6 "買電"テーブルのテーブル定義表

列名＼項目	データ型	NOT NULL	格納長（バイト）	索引の種類と構成列		
				P		
住居番号	INTEGER	Y	4	1		
年月日	DATE	Y	4	2		
時	SMALLINT	Y	2	3		
分	SMALLINT	Y	2	4		
買電量	DECIMAL(10,3)	Y	6			

表7 "発電"テーブルのテーブル定義表

列名＼項目	データ型	NOT NULL	格納長（バイト）	索引の種類と構成列		
				P		
住居番号	INTEGER	Y	4	1		
回路番号	SMALLINT	Y	2	2		
年月日	DATE	Y	4	3		
時	SMALLINT	Y	2	4		
分	SMALLINT	Y	2	5		
発電量	DECIMAL(10,3)	Y	6			

表8 "使用電力"テーブルのテーブル定義表

列名＼項目	データ型	NOT NULL	格納長（バイト）	索引の種類と構成列		
				P		
住居番号	INTEGER	Y	4	1		
回路番号	SMALLINT	Y	2	2		
年月日	DATE	Y	4	3		
時	SMALLINT	Y	2	4		
分	SMALLINT	Y	2	5		
使用電力量	DECIMAL(10,3)	Y	6			

3. テーブル構造の検討

表2の処理1では，ストレージからの読込みに時間が掛かるおそれがあるので，次の前提で読込みページ数の予測を行い，必要であれば対策を講じる。

(1) 前提

- 図1の使用電力量表示画面で，年月日の区分を'月'，対応する年月を'2019年4月'，比較対象を'前年の同じ月'として照会を行う。
- "買電"，"発電"，"使用電力"の各テーブルには，住居番号当たりの行数は均等で，どのページにも最大行数分の行が格納されているものとする。
- アクセスパスは，どのテーブルも索引探索が選択されるものとする。索引のバッファヒット率は，100%とする。

(2) 予測

・表9に使用電力量表示画面における読込みページ数の予測をまとめた。

・探索行数は，選択条件に一致する行を求めるために読み込む行数である。

・最小読込みページ数は，クラスタ率が最も高い場合の読込みページ数で，“[a] ÷ [b]”の小数部を切り上げた値に等しい。

・最大読込みページ数は，クラスタ率が最も低い場合の読込みページ数で，[c]に一致する。

・クラスタ率50%の読込みページ数を平均読込みページ数といい，“(最小読込みページ数＋最大読込みページ数)×50%”の小数部を切り上げる。

表9 使用電力量表示画面における読込みページ数の予測（未完成）

テーブル名	結果行数	探索行数	最小読込みページ数	最大読込みページ数
買電	30	3,000		
発電	30	43,200		
使用電力	60	[d]	[e]	[f]

注記 網掛け部分は表示していない。

(3) 対策

表9の結果から照会の応答時間が長すぎると判断した。そこで，次の対策を行うことで，平均読込みページ数を100以下にすることにした。

・照会対象となる電力量を集計した一つ又は複数のテーブルを追加する。

・追加したテーブルには，前日までの集計行を夜間バッチ処理で追加する。

・当日の電力量は“買電”，“発電”，“使用電力”の各テーブルから求め，それ以外の電力量は追加したテーブルから求める。

〔問合せの検討〕

1. 表2の処理3の問合せ

処理3の問合せ内容を表10に整理し，問合せに用いるSQL文を図3に作成した。問合せ内容は，次の要領で記入し，内容のない欄は“—”にする。

(1) 行ごとに構成要素となる問合せを記述する。結果を他の問合せで参照する場合は，行に固有の名前（以下，問合せ名という）を付ける。

(2) 列名又は演算には，テーブルから射影する列名又は演算（MAX関数，AVG関数など）によって求まる項目を“項目名＝[演算の概要]”の形式で記述する。

(3) テーブル名又は問合せ名には，参照するテーブル名又は問合せ名を記入する。

(4) 選択又は結合の内容には，テーブル名又は問合せ名ごとの選択条件，結合の具体的な方法と結合条件を記入する。

表10 処理3の問合せ内容

問合せ名	列名又は演算	テーブル名又は問合せ名	選択又は結合の内容
W1	住居番号，年月日，時，標準発電量，距離=[住居と日射量観測点の距離]	住居，日射量	① 住居から指定された住居番号に一致する行を選択 ② 日射量から指定された年月日，時に一致する行を選択 ③ ①と②の結果の直積から住居と日射量観測点の距離が 10 km 以下の行を選択
W2	住居番号，年月日，時，標準発電量，ランク=[距離を昇順に並べた順位]	W1	W1 の全行を選択
W3	住居番号，年月日，時，平均標準発電量=[住居番号，年月日，時ごとの標準発電量の平均]	W2	ランクが 2 以下の行を選択
W4	住居番号，年月日，時，時間発電量=[住居番号，年月日，時ごとの発電量の合計]	発電	住居番号，年月日，時が指定値に一致する行を選択
—	住居番号，年月日，時，平均標準発電量，時間発電量	W3，W4	① W3 の全行を選択 ② ①の結果と W4 を住居番号，年月日，時で内結合

```
WITH W1 AS (SELECT A.住居番号, B.年月日, B.時, B.標準発電量,
  ST_DISTANCE(ST_POINT(A.経度, A.緯度), ST_POINT(B.経度, B.緯度)) AS 距離
  FROM 住居 A [  g  ] JOIN 日射量 B
  WHERE A.住居番号 = :hv1 AND B.年月日 = CAST(:hv2 AS DATE) AND B.時 = :hv3
    AND ST_DISTANCE(ST_POINT(A.経度, A.緯度), ST_POINT(B.経度, B.緯度)) <= 10000),
W2 AS (SELECT 住居番号, 年月日, 時, 標準発電量,
  RANK() OVER(ORDER BY [  h  ] ASC) AS ランク FROM W1),
W3 AS (SELECT 住居番号, 年月日, 時, [  i  ] FROM W2 WHERE ランク <= 2
  [  j  ]),
W4 AS (SELECT 住居番号, 年月日, 時, [  k  ] FROM 発電 WHERE 住居番号 = :hv1
  AND 年月日 = CAST(:hv2 AS DATE) AND 時 = :hv3
  [  j  ])
SELECT A.住居番号, A.年月日, A.時, A.平均標準発電量, B.時間発電量
  FROM W3 A INNER JOIN W4 B ON A.住居番号 = B.住居番号 AND A.年月日 = B.年月日
   AND A.時 = B.時
```

注記1 ST_POINT(x,y)は，地図上の経度 x，緯度 y に対応する地点情報を返す関数
注記2 ST_DISTANCE(p1,p2)は，地図上の二つの位置 p1，p2 間の距離をメートル単位で返す関数
注記3 hv1，hv2，hv3 は，ホスト変数

図3 処理3の問合せに用いるSQL文（未完成）

7

2. 表2の処理4の問合せ

処理3と同様に，処理4の問合せ内容を表11に整理し，問合せに用いるSQL文を図4に作成した。

表11 処理4の問合せ内容（未完成）

問合せ名	列名又は演算	テーブル名又は問合せ名	選択又は結合の内容
W1	地域コード，住居番号，合計使用電力量=[地域コード，住居番号ごとの使用電力量の合計]	使用電力，住居	① 使用電力から年月日の年月が指定された年月に一致する行を選択 ② [l]
W2	地域コード，住居番号，合計使用電力量，階級番号=[地域コードによって分割した区画ごとに，各住居の合計使用電力量を大きい方から順序付けし，順序に沿って住居数が均等になるように 5 階級に分けて付与した 1～5の番号]	W1	W1の全行を選択
W3	地域コード，階級番号，[m]	W2	W2の全行を選択
－	地域コード，地域名，階級番号，平均使用電力量	W3，地域	① [n] ② [o]

```
WITH W1 AS (SELECT B.地域コード, B.住居番号, SUM(A.使用電力量) AS 合計使用電力量
  FROM ████
  WHERE ████
  GROUP BY B.地域コード, B.住居番号),
W2 AS (SELECT 地域コード, 住居番号, 合計使用電力量,
  NTILE(5) OVER( [ p ] ) AS 階級番号 FROM W1),
W3 AS (SELECT 地域コード, 階級番号, AVG(合計使用電力量) AS 平均使用電力量
  FROM W2 GROUP BY 地域コード, 階級番号)
SELECT A.地域コード, B.地域名, A.階級番号, A.平均使用電力量
  FROM ████
```

注記 網掛け部分は表示していない。

図4 処理4の問合せに用いるSQL文（未完成）

〔性能テストの実装〕

ピーク時の処理性能を見積もった上で，性能テストを実施して検証する。

1. 性能テストの方針

(1) DBサーバ2台による2ノードのクラスタ構成のテスト環境を使用する。各DBサーバの仕様は本番のDBサーバと同じにする。また，ページ長が2,000バイトのバッファには，480,000ページ分のサイズを設定する。

(2) ピーク時の5分間に，表2中の複数の処理が，それぞれ複数同時にDBサーバ

上で実行される状況を模してテストを行い，応答時間を計測して見積りと比較する。処理は，それぞれピーク時の想定に基づきDBサーバごとに50～100の多重度で実行する。

(3) 表5の見積行数を基に，テスト環境の特性を踏まえて，適切な行数，適切な列値，参照整合性を備えたテストデータを作成する。

2. 応答時間の見積り

次の前提に基づいて，トランザクション当たりの応答時間見積りを表12にまとめた。

(1) ページ当たりのバッファへのアクセス時間は，平均0.1ミリ秒である。

(2) ページ当たりのストレージへのアクセス時間は，平均8ミリ秒である。

(3) 各DBサーバは，本テストにおける最大の同時並行処理数を上回る並行処理能力を備えている。

(4) DBサーバ上の実行待ち時間，ネットワーク待ち時間，CPU待ち時間は考慮しない。

表12 トランザクション当たりの応答時間見積り

処理名	トランザクション当たりのアクセスページ数	バッファヒット率	トランザクション当たりの応答時間（ミリ秒）
処理2	5,000	40%	24,200
処理3	100	90%	89
処理5	200	50%	810

3. テストデータの作成

主なテーブルのテストデータの作成要領を表13に示す。

表13 主なテーブルのテストデータの作成要領

テーブル名	行数	テストデータの作成要領
住居	見積行数の10分の1	・住居番号は，1からの連番を付与する。 ・住所などの文字列型の列には，その列の平均的な文字数を基準にランダムな文字列を生成して設定する。 ・外部キー列には，参照先のテーブルの主キー列に存在する値を設定する。 ・地域コードには，適切な列値を設定する。
配電回路	同上	住居に存在する住居番号ごとに，1～8の回路番号を順に設定して行を追加する。回路名など他の列には任意の値を設定する。
買電	同上	住居に存在する住居番号ごと，3年分の年月日ごとに，一定間隔の時，分を設定し，住居番号，年月日，時，分順に行を追加する。
発電，使用電力	同上	配電回路に存在する住居番号，回路番号ごと，3年分の年月日ごとに，一定間隔の時，分を設定し，住居番号，回路番号，年月日，時，分順に行を追加する。
機器ログ	同上	住居に存在する住居番号ごと，3年分の連続する年月日ごとに，連続するログ番号を設定して，住居番号，年月日順に，1日当たり平均200行を追加する。
日射量	見積行数と同数	800地点の緯度，経度は，地図上均等に分散するようにし，緯度・経度の組ごとに，3年分の年月日，時の行を追加する。

4. 性能テストの結果

性能テストの実行結果を図5に示す。図5の処理の実行時間帯の列は，10秒間を表し，網掛け部分は，その処理が1回以上実行された時間帯を表す。応答時間の実測値を表12の見積りと比較したところ，次の差異があった。

差異1：処理5は，どの時間帯でもバッファヒット率が90%を超え，応答時間は見積りの約50分の1だった。

差異2：処理3は，図5中の①及び②の時間帯で応答時間が見積りよりも長かった。

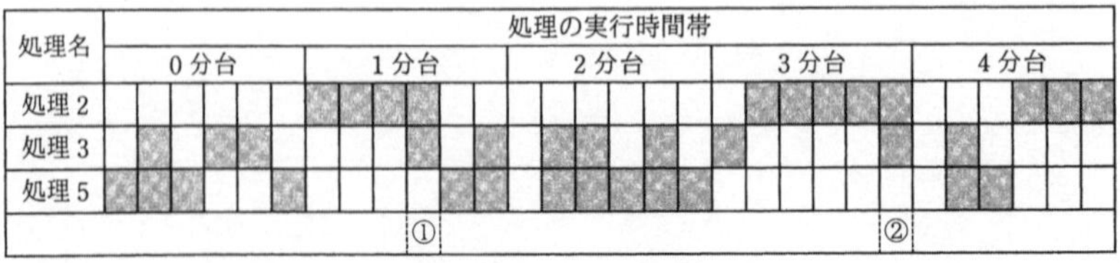

<table>
<tr><td rowspan="2">処理名</td><td colspan="30">処理の実行時間帯</td></tr>
<tr><td colspan="6">0分台</td><td colspan="6">1分台</td><td colspan="6">2分台</td><td colspan="6">3分台</td><td colspan="6">4分台</td></tr>
<tr><td>処理2</td><td></td><td></td><td></td><td></td><td></td><td></td><td>■</td><td>■</td><td>■</td><td>■</td><td></td><td></td><td></td><td></td><td></td><td></td><td></td><td></td><td></td><td>■</td><td>■</td><td>■</td><td>■</td><td>■</td><td></td><td></td><td></td><td>■</td><td>■</td><td>■</td></tr>
<tr><td>処理3</td><td></td><td>■</td><td></td><td>■</td><td>■</td><td></td><td></td><td></td><td></td><td>■</td><td></td><td>■</td><td></td><td>■</td><td>■</td><td></td><td>■</td><td></td><td>■</td><td></td><td></td><td></td><td></td><td>■</td><td></td><td>■</td><td></td><td></td><td></td><td></td></tr>
<tr><td>処理5</td><td>■</td><td>■</td><td>■</td><td></td><td></td><td>■</td><td></td><td></td><td></td><td></td><td>■</td><td>■</td><td></td><td>■</td><td>■</td><td>■</td><td>■</td><td>■</td><td></td><td></td><td></td><td></td><td></td><td></td><td></td><td>■</td><td>■</td><td></td><td></td><td></td></tr>
<tr><td></td><td></td><td></td><td></td><td></td><td></td><td></td><td></td><td></td><td></td><td>①</td><td></td><td></td><td></td><td></td><td></td><td></td><td></td><td></td><td></td><td></td><td></td><td></td><td></td><td>②</td><td></td><td></td><td></td><td></td><td></td><td></td></tr>
</table>

図5 性能テストの実行結果

設問1 〔データベースの物理設計〕について，(1)，(2)に答えよ。

(1) 表2の処理2では，比較対象住居を索引内で絞り込むようにしたい。そのために，“住居”テーブルに，主キー，外部キー以外の索引を一つ定義する。索引を構成する列名を定義順に答えよ。

(2) “3. テーブル構造の検討”について，次の①～③に答えよ。

① 予測について，本文中の[a]～[c]に入れる適切な字句を，本文中の用語を用いて答えよ。また，表9中の[d]～[f]に入れる適切な数値を答えよ。

② 対策について，追加するテーブルのテーブル構造を答えよ。解答に当たっては，巻頭の表記ルールに従うこと。

なお，“列1番，列2番，列3番，列4番”のように，一定の規則で連続する列名は，“列1番，…，列4番”のように間を省略してもよい。また，買電，発電，使用電力を区分する列を用いる場合は，列名を“電力区分”とし，データ型をCHAR(1)とせよ。

③ ②のテーブルを使用して使用電力量照会を行う場合の読込みページ数予測を行い，②のテーブルの最小読込みページ数，最大読込みページ数を答えよ。

設問2 〔問合せの検討〕について，(1)，(2)に答えよ。

(1) 図3中の[g]～[k]に入れる適切な字句を答えよ。

(2) 表11中の[l]～[o]，図4中の[p]に入れる適切な字句を答えよ。

設問3 〔性能テストの実施〕について，(1)，(2)に答えよ。

(1) “3. テストデータの作成”について，次の①，②に答えよ。

① “住居”テーブルの行数は見積行数の10分の1の行数となっている。この行数で本番環境の性能が推測できる理由を50字以内で述べよ。

② 表13の下線部について，地域コードに値を設定する上で留意すべき事項を具体的に50字以内で述べよ。

(2) “4. 性能テストの結果”の差異1，差異2について，最も可能性が高いと考えられる差異の発生原因を，それぞれ具体的に50字以内で述べよ。

（令和2年10月 データベーススペシャリスト試験 午後II 問1）

7

午後問題の解説

データベースの設計，実装に関する問題です。ホームエネルギーマネジメントシステムと連携して収集，蓄積したデータを利用した情報提供サービスを例として，物理設計，データ操作，性能チューニングを行う能力が問われています。具体的には，次の能力が評価されます。

① 論理データモデルを理解し，物理データモデルとして設計する能力
② 適切なインデックスを設計し，評価する能力
③ テストを計画し実施する能力
④ RDBMSにおける処理性能の基礎数値を取得し，性能の妥当性を評価する能力

この問題は，次の段落で構成されています。

本文の段落構成

段落	図表・設問
〔業務の概要〕	図1，図2，表1
〔節電支援システムの処理〕	表2
〔RDBMSの仕様〕	
1. テーブル・索引	表3
2. ウィンドウ関数	表4
3. クラスタ構成のサポート	
〔システムの構成〕	
〔データベースの物理設計〕	設問1
1. テーブルの行数，所要量見積り	表5
2. テーブル定義表の作成	表6，表7，表8
3. テーブル構造の検討	表9
〔問合せの検討〕	設問2
1. 表2の処理3の問合せ	表10，図3
2. 表2の処理4の問合せ	表11，図4
〔性能テストの実施〕	設問3
1. 性能テストの方針	
2. 応答時間の見積り	表12
3. テストデータの作成	表13
4. 性能テストの結果	図5

設問1では，〔業務の概要〕〔節電支援システムの処理〕の内容をもとに，〔RDBMSの仕様〕に合わせてデータベースの物理設計を行います。設問2では，具体的な処理や問合せのSQLについて考えていきます。さらに設問3では，性能テストについて見積りを行い，実際の結果との差異を分析します。様々な範囲の知識が必要な，難易度は高めの問題です。

設問1

〔データベースの物理設計〕についての問題です。索引の設定や，テーブル構造の検討を行っていきます。

(1)

表2の処理2で，比較対象住居を索引内で絞り込むために，“住居”テーブルに追加する索引を答えます。

表2の処理2の内容は，「指定された住居番号，年月日，比較対象住居（同じ地域，同じ世帯区分，同じ地域かつ同じ世帯区分のいずれか）について，1日の使用電力量の比較対象住居中の順位を求めて，住居番号，対象住居数，順位を抽出する」です。比較対象住居は，同じ地域，同じ世帯区分，同じ地域かつ同じ世帯区分のいずれかで指定するので，図2の“住居”テーブルの列では地域コードと世帯区分が索引の対象になります。このとき，〔データベースの物理設計〕2. テーブル定義表の作成（5）に，「主キー及び外部キーには，索引を定義する」とあり，図2の地域コードは外部キーなので，すでに索引が定義されていると考えられます。そのため，必要な索引は，世帯区分で絞り込む索引と「地域コード＋世帯区分」で絞り込む索引の二つです。索引キーでの検索は完全に一致する必要はなく，〔RDBMSの仕様〕1. テーブル・索引（6）に，「索引キーの全体又は先頭から連続した一つ以上の列に一致」とあるとおり，先頭から一つ以上の列に一致すれば索引キーが使用されます。そのため，索引を一つ，｛世帯区分，地域コード｝の順番で作成すると，世帯区分だけでの検索と，世帯区分かつ地域コードが一致する検索の両方で使用できます。したがって，解答は**世帯区分，地域コード**となります。

(2)

“3. テーブル構造の検討”についての問題です。読込みページ数を計算，応答時間を短縮する方法を検討していきます。

①

本文中及び表9中の空欄穴埋め問題です。使用電力量表示画面における読込みページ数の予測について考えていきます。

7

空欄a，b

最小読込みページ数を求めるための式を考えます。

最小読込みページ数は，クラスタ率が最も高い場合の読込みページ数なので，すべてのデータが効率良く，同じページに集まっていると仮定して求めます。探索行数は，選択条件に一致する行を求めるために読み込む行数で，ページ当たり平均行数は，1ページに含まれる平均の行数です。クラスタ率が最高の場合には，索引のキー値の順番と，キー値が指す行の物理的な並び順が一致していると考えられるので，読み込むページ数は探索行数÷ページ当たり平均行数で求められます。したがって，空欄aは**探索行数**，空欄bは**ページ当たり平均行数**となります。

空欄c

最大読込みページ数を求めるために必要なものを考えます。クラスタ率が最も低い場合は，それぞれのページに1行ずつしかレコードがないと考えられるので，探索行数と読込みページ数が一致します。したがって，解答は**探索行数**となります。

空欄d

表9の“使用電力”テーブルでの探索行数を求めます。

〔データベースの物理設計〕3. テーブル構造の検討(1)前提に，「図1の使用電力量表示画面で，年月日の区分を‘月’，対応する年月を‘2019年4月’，比較対象を‘前年の同じ月’として照会」とあります。そのため，‘2019年4月’と‘2018年4月’の合わせて60日分のデータを取得します。このとき，表5「主なテーブルの見積行数･所要量」より，“使用電力”テーブルの見積りの前提は，「1日500件／住居」ですが，探索行数がこの行数と同じになるためには索引で必要な行だけを取得できる場合に限ります。

表9を見ると，“買電”テーブルでは探索行数は3,000行で，表5の“買電”テーブルの見積りの前提「1日100件／住居」のちょうど30日分です。しかし，“発電”テーブルでは探索行数は43,200行で，表5の“発電”テーブルの見積りの前提「1日40件／住居」の30日分より大幅に多くなっています。この違いを検討すると，表6の“買電”テーブルの索引はP（主キーの索引）で，{住居番号，年月日，時，分}となっており，今回の検索で使用するキーを過不足なく満たしています。しかし，表7の“発電”テーブルでは主キー索引が{住居番号，回路番号，年月日，時，分}となっており，回路番号が加わっています。図1を表示するための条件に回路番号がないので，この索引で絞り込めるのは住居番号のみになり，すべての回路番号，年月日，時，分のレコードを読み込んでしまいます。そのため，“発電”テーブルの見積行数4,320,000,000行を住居番号の種類100,000件（“住居”テーブルの見積りの前提より）で絞り込んだ

4,320,000,000［行］÷ 100,000 ＝ 43,200［行］

を探索する必要が出てきます。同様に，表8の“使用電力”テーブルも主キー索引が{住居番号，回路番号，年月日，時，分}となっているので，索引で絞り込めるのは住居番号の

みです。

表5の“使用電力”テーブルの見積行数は54,000,000,000行で，住居番号の種類100,000件で絞り込むと

54,000,000,000［行］÷ 100,000 = 540,000［行］

を探索する必要があり，これが探索行数です。したがって，解答は**540,000**となります。

空欄e

“使用電力”テーブルの最小読込みページ数を求めます。

表5より，“使用電力”テーブルの平均行長は20バイトです。〔データベースの物理設計〕1. テーブルの行数，所要量見積り(2)に「どのテーブルもページ長を2,000バイト，空き領域率を10%」とあり，(3)に「ページ当たり平均行数は，“ページ長×(1－空き領域率)÷ 平均行長”の小数部を切り捨てる」とあるので，ページ当たり平均行数は，

2000［バイト］×(1－0.1)÷ 20［バイト］= 90［行］

です。空欄dで求めた探索行数540,000行を，90［行／ページ］で割ると，

540,000［行］÷ 90［行／ページ］= 6,000［ページ］

です。したがって，解答は**6,000**となります。

空欄f

“使用電力”テーブルの最大読込みページ数を求めます。

空欄cで考えたとおり，最大読込みページ数は，1ページに1行だけデータがあるという想定なので，読込みページ数は探索行数の540,000［行］に一致します。したがって，解答は**540,000**となります。

7

②

対策について，追加するテーブルのテーブル構造を答えます。

〔データベースの物理設計〕3. テーブル構造の検討(3)対策に，「照会対象となる電力量を集計した一つ又は複数のテーブルを追加する」とあり，電力量を集計したテーブルを作成します。このとき，「前日までの集計行を夜間バッチ処理で追加」とあるので，1日ごとの集計となります。表9の“買電”，“発電”，“使用電力”の各テーブルはいずれも住居番号，年月日ごとに集計した結果を図1で使用するので，住居番号，年月日ごとに集計した値をテーブルに格納しておくと応答時間を短くできます。

各テーブルの集計を別々のテーブルにする方法もありますが，設問文中に「買電，発電，使用電力を区別する列を用いる場合は，列名を“電力区分”とし，データ型をCHAR(1)とせよ」とあり，電力区分という列を主キーに追加することで，買電，発電，使用電力それぞれの電力量を同じテーブルに格納することができます。具体的には，日別計テーブルを作成し，{住居番号，年月日，電力区分}を主キーとして，集計した電力量の値を格納します。

したがって，解答は，**日別計(<u>住居番号</u>，<u>年月日</u>，<u>電力区分</u>，電力量)**となります。テー

ブル名“日別計”は任意です。

③

②のテーブルを使用して使用電力量照会を行う場合の読込みページ数予測を行います。

まず，②の“日別計”テーブルでは主キーが{住居番号，年月日，電力区分}ですべて指定できるので索引が使用でき，電力区分“買電”と“発電”は30日分，“使用電力”は前年同月も合わせて60日分のレコードを取得します。それぞれの行は集計されていて1日当たり1行となっているので，30＋30＋60＝120［行］が探索行数となります。

最小読込みページ数

最小読込みページ数を求めるためには，ページ当たり平均行数を求める必要があります。②の“日別計”テーブルを作成するために，それぞれの列の格納長を求めると，次のようになります。

列名	データ型	NOT NULL	格納長(バイト)	理由
住居番号	INTEGER	Y	4	表6～8より
年月日	DATE	Y	4	表6～8より
電力区分	CHAR (1)	Y	1	②の設問文より
電力量	DECIMAL (10, 3)	Y	6	表6～8の買電量，発電量，使用電力量より

合計すると，平均行長は，

4＋4＋1＋6＝15［バイト］

となります。

ページ長はどのテーブルも2000バイトなので，①の空欄eと同様にページ当たり平均行数を求めると，

2000［バイト］×(1－0.1)÷15［バイト］＝120［行］

です。

探索行数は120行なので，最小読込みページ数は，

120［行］÷120［行／ページ］＝1［ページ］

です。したがって，解答は**1**となります。

最大読込みページ数

②の空欄c，fで考えたとおり，最大読込みページ数は，1ページに1行だけデータがあるという想定なので，読込みページ数は探索行数の120［行］に一致します。したがって，解答は**120**となります。

設問2

〔問合せの検討〕についての問題です。表2の処理3，処理4の問合せについて検討し，問合せに用いるSQL文を完成させていきます。

(1)

図3中の空欄穴埋め問題です。表10「処理3の問合せ内容」をもとに，図3の処理3の問合せに用いるSQL文を完成させていきます。

空欄g

問合せW1で，住居 Aと日射量 Bの二つのテーブルを結合(JOIN)するときの条件を考えます。

表10で，問合せ名W1の選択又は結合の内容③に，「①と②の結果の直積から」とあり，①の結果(住居 A)と②の結果(日射量 B)の直積を計算することが分かります。JOINでの結合で直積を計算するためには，CROSS JOIN句を用います。したがって，解答は**CROSS**となります。

空欄h

問合せW2で，`RANK() OVER`で指定する昇順に整列するための列名を答えます。

表10の問合せ名W2の列名または演算に，「ランク=[距離を昇順に並べた順位]」という記述があります。そのため，ランクは“距離”列を昇順に並べて求めます。したがって，解答は**距離**となります。

空欄i

問合せW3で，SELECT句で最後に表示する4番目の列を答えます。

表10より，問合せ名W3の4番目の列は，「平均標準発電量=[住居番号，年月日，時ごとの標準発電量の平均]」とあります。集計される列は標準発電量で，平均(AVG)を求めてAVG(標準発電量) とし，これを別名(AS)で平均標準発電量と名付ければ列名の要件を満たせます。したがって，解答は**AVG(標準発電量) AS 平均標準発電量**となります。

空欄j

問合せW3，W4を求めるSELECT句で，WHERE句の後に付ける条件を考えます。

空欄iの平均標準発電量を求めるときに，「住居番号，年月日，時ごとの標準発電量の平均」とあるので，これを集計するためには，住居番号，年月日，時 の順でグループ化(GROUP BY)する必要があります。したがって，解答は**GROUP BY 住居番号，年月日，時**となります。

空欄k

問合せW4で，SELECT句で最後に表示する4番目の列を答えます。

表10より，問合せ名W4の4番目の列は，「時間発電量=[住居番号，年月日，時ごとの発

電量の合計]」とあります。集計される列は発電量で，合計を求めてSUM(発電量) とし，これを別名(AS)で時間発電量と名付ければ列名の要件を満たせます。したがって，解答は**SUM(発電量) AS 時間発電量**となります。

(2)

表11中，図4中の空欄穴埋め問題です。処理4の問合せ内容について検討し，処理4の問合せに用いるSQL文を完成させていきます。

空欄l

表11の問合せ名W1での，選択又は結合の内容②を答えます。

①の「使用電力から年月日の年月が指定された年月に一致する行を選択」で，使用電力テーブルの必要な行は抽出できます。表11のテーブル名又は問合せ名には，使用電力の他に住居があり，“住居”テーブルから地域コードなどの情報を取得するために，テーブルを結合させる必要があります。図2より，“使用電力”テーブルと“住居”テーブルの共通の列名は住居番号なので，①の結果と住居を住居番号で内結合することで，必要な情報を得ることができます。したがって，解答は①**の結果と住居を住居番号で内結合**となります。

空欄m

表11の問合せ名W3で，必要な列名又は演算を答えます。

W3は，W2の全行を選択し，演算を行います。このとき，表2の処理4に，「階級に1～5の階級番号を付け，地域コード，地域名，階級番号，平均使用電力量を抽出」とあり，W3を用いた表11の最後の演算で，平均使用電力量を利用しています。他に演算する場面がないため，W3で平均使用電力量を算出する必要があります。平均使用電力量を求めるグループは，表2の処理4に，「指定された年月について，全住居を対象に，地域ごとに」とあり，さらに，階級番号をつけてから集計するので，地域コードごと，階級番号ごとに合計使用電力量を平均します。したがって，解答は**平均使用電力量＝[地域コード，階級番号ごとの合計使用電力量の平均]**となります。

空欄n

表11の問合せ名の最後(−)で，W3，地域の二つの問合せ結果を基に最初に行うことを考えます。

W3で，地域コード，階級番号，および空欄mの平均使用電力量を集計しているので，これは特に特定の行を抽出する必要はなく，全行選択します。したがって，解答は**W3の全行を選択**となります。

空欄o

表11の問合せ名の最後(−)で，①でW3の全行を選択した後に行うことを考えます。

W3の列で，最後の列名又は演算「地域コード，地域名，階級番号，平均使用電力量」に足りない列には地域名があります。図2のテーブル構造より，地域名は，“地域”テーブルにあり，W3との共通の列は地域コードです。そのため，①の結果と地域を地域コードで内結合することで，必要な列を抽出することができます。したがって，解答は**①の結果と地域を地域コードで内結合**となります。

空欄p

図4の処理4の問合せに用いるSQL文で，`NTILE(5) OVER()`句のOVERの中に入れる内容を考えます。

表4「RDBMSがサポートする主なウィンドウ関数」の「`NTILE(e1) OVER([PARTITION BY e2] ORDER BY e3[ASC|DESC])`」の説明に「階級数をNTILEの引数e1に，区画化列をPARTITION BY句のe2に，階級化列をORDER BY句のe3に指定する」とあります。図4のNTILEの引数5は階級数で，区画化列をPARTITION BYの後に設定し，ORDER BY句の後に階級化列を指定します。表2の処理4に，「地域ごとに，各住居の1か月間の使用電力量の合計を大きい方から順序付けし，順序に沿って住居数が均等になるように5階級に分ける」とあるので，同じ値で分ける区画化列（PARTITION BY）は地域コード，順序付けする階級化列（ORDER BY）は合計使用電力量で，順序付けのやり方は大きい方からなので降順（DESC）です。したがって，解答は，**PARTITION BY 地域コード ORDER BY 合計使用電力量 DESC** となります。

7

設問3

〔性能テストの実施〕についての問題です。性能テストのテストデータの作成や，性能テストの結果の差異についての検討を行います。

(1)

“3. テストデータの作成”についての問題です。性能テストのテストデータの作成方法について検討していきます。

①

“住居”テーブルについて，見積行数の10分の1の行数で本番環境の性能が推測できる理由を答えます。

〔システムの構成〕(2)に，「データベースは，シェアードナッシングのクラスタ構成とし，20ノードを配置する」とあり，さらに(3)に，「機器ログ，買電，発電，使用電力の各テーブルは，配置方法を分散にし，住居番号を分散キーに指定する」とあります。つまり，本番環境では20ノードのクラスタ構成で，分散するテーブルは住居番号が分散キーです。性能テストでは，〔性能テストの実施〕1. 性能テストの方針(1)で，「DBサーバ2台による2ノードのクラスタ構成のテスト環境を使用」とあり，2ノードのクラスタ構成なので，DBサーバの数は10分の1です。つまり，主キーが住居番号である“住居”テーブルについて，見積行数の10分の1の行数を用意することで，ノード当たりの行数とDBサーバの使用が同じになります。したがって，解答は，**分散するテーブルは住居番号が分散キーであり，ノード当たりの行数とDBサーバの仕様が同じだから**，となります。

②

表13の下線部「地域コードには，適切な列値を設定する」について，地域コードに値を設定する上で留意すべき事項を答えます。

住居の地域コードは“住居”テーブルの行に格納されていますが，①で考えたとおり，“住居”テーブルの行数は10分の1になります。表5の見積りの前提より，“住居”テーブルは100,000件，“地域”テーブルは1,000件なので，1地域当たりの住居数は 100,000 ÷ 1,000 = 100［件／地域］となります。地域当たりの住居数を実データに近い比率で分散するように値を設定し，1地域当たりの住居数が100となるようにすると，性能テストの列値としては適切です。したがって，解答は，**地域当たりの住居数が実データに近い比率で分散するように値を設定する**，または，**1地域当たりの住居数が100となるように値を設定する**，となります。

(2)

“4. 性能テストの結果”の差異1，差異2について，最も可能性が高いと考えられる差異の発生原因をそれぞれで考えていきます。

差異1

差異1「処理5は，どの時間帯でもバッファヒット率が90%を超え，応答時間は見積りの約50分の1だった」について，その発生原因を考えます。

表2より，処理5は，「指定された住居番号，年月日，ログ種別について，全機器の機器ログを対象に，住居番号，年月日，ログ番号，メーカコード，機器種別，ログテキストを抽出する」内容です。図2の“機器ログ”テーブルの主キーは{住居番号, 年月日, ログ番号}です。本番環境ではデータが随時追加されるので，年月日順に行が追加されると考えられます。しかし，性能テストでは，表13の“機器ログ”テーブルのテストデータの作成要領に「連続するログ番号を設定して，住居番号，年月日順に，1日当たり平均200行を追加する」とあり，住居番号，年月日順に行を追加したことが分かります。住居番号，年月日順に行を追加すると，“機器ログ”テーブルの主キーの並びと同じ順となるので，クラスタ率が本番環境よりも高くなってしまうことが想定されます。したがって，解答は，**“機器ログ”テーブルは，住居番号，年月日順に行を追加したことで，クラスタ率が高くなったこと**，となります。

差異2

差異2「処理3は，図5中の①及び②の時間帯で応答時間が見積りよりも長かった」についいて，その発生原因を考えます。

図5より，①および②の時間帯ではどちらも処理2が同時に実行されていることが分かります。表2より，処理2では1日の使用電力量の比較対象住居中の順位を求め，処理3では平均標準発電量を抽出します。どちらも住居，発電，使用電力など，複数のテーブルを使用し，索引検索を利用します。〔RDBMSの仕様〕(7)に，「索引探索では，ページの読込みはバッファを介して行われ，バッファの置換えはLRU方式で行われる。同じページ長のテーブルは，一つのバッファを共有する」とあり，〔データベースの物理設計〕1. テーブルの行数，所要量見積り(2)に，「どのテーブルもページ長を2,000バイト」とあります。つまり，すべてのテーブルでバッファが共有されており，バッファの置換えはLRU方式で行われます。処理3の問合せ内容は表10のとおりであり，住居番号ごとに同じような処理が繰り返されますが，処理2の実行によってバッファがいっぱいになると，再利用して参照するはずの，同時に実行される処理3のページがバッファから追い出されてしまう可能性があります。したがって，解答は，**処理2の実行によって，同時に実行される処理3が参照するページがバッファから追い出されたこと**，となります。

解答例

出題趣旨

家電，センサ，太陽光発電機器などの機器をネットワークに接続して制御し，機器の稼働データを収集，蓄積したデータを集計，加工して情報提供を行うサービスが増えている。こうした分刻みに大量発生するデータを扱うシステムでは，特に性能に配慮した設計，テストが求められる。

本問は，ホームエネルギーマネジメントシステムと連携して収集，蓄積したデータを利用した情報提供サービスを例として，物理設計，データ操作，性能チューニングを行う能力を問うものである。具体的には，①論理データモデルを理解し，物理データモデルとして設計する能力，②適切なインデックスを設計し，評価する能力，③テストを計画し実施する能力，④RDBMSにおける処理性能の基礎数値を取得し，性能の妥当性を評価する能力を評価する。

解答例

設問1

(1)　世帯区分，地域コード

(2)　①　a　探索行数　b　ページ当たり平均行数　c　探索行数
　　d　540,000　e　6,000　f　540,000

②　日別計（住居番号，年月日，電力区分，電力量）

③　**最小読込みページ数**　1
　最大読込みページ数　120

設問2

(1)　g　CROSS　h　距離
i　AVG(標準発電量) AS 平均標準発電量
j　GROUP BY 住居番号, 年月日, 時
k　SUM(発電量) AS 時間発電量

(2)　l　①の結果と住居を住居番号で内結合
m　平均使用電力量＝[地域コード，階級番号ごとの合計使用電力量の平均]
n　W3の全行を選択
o　①の結果と地域を地域コードで内結合
p　PARTITION BY 地域コード ORDER BY 合計使用電力量 DESC

設問3

(1)　①　分散するテーブルは住居番号が分散キーであり，ノード当たりの行数とDBサーバの仕様が同じだから（46字）

②　※次の中から一つを解答

・地域当たりの住居数が実データに近い比率で分散するように値を設定する。（34字）

・1地域当たりの住居数が100となるように値を設定する。（27字）

(2)　**差異1**

“機器ログ”テーブルは，住居番号，年月日順に行を追加したことで，クラスタ率が高くなったこと（45字）

差異2

処理2の実行によって，同時に実行される処理3が参照するページがバッファから追い出されたこと（45字）

採点講評

問1では，ホームエネルギーマネジメントシステムの情報提供サービスを題材に，データベースの設計及び実装について出題した。全体として正答率は低かった。

設問1 (1) では，処理内容に合わせた最適な索引の設計を求めたが，索引構成列の定義順を考慮しない解答が散見された。(2) は，索引探索における入出力ページ数に着目した性能の試算及び改善策について出題したが，正答率は低かった。行の物理的な並び順と索引のキー順の一致度合いによって性能差が出ることを考慮した性能設計を行うように心掛けてほしい。

設問2は，クロス結合の結果行の集計，ウィンドウ関数を用いた問合せについて出題した。全体として正答率は高かったが，ウィンドウ関数の構文を正しく理解していない解答が散見された。ビッグデータの活用に際して，こうした問合せの設計は特に必要とされることであり，是非理解を深めてもらいたい。

設問3は，性能テストについて出題した。全体として正答率は低かった。(1) ②では，性能テストの実施を考慮した解答を期待していたが，システム機能の観点での解答が散見された。(2) の差異1 では，バッファヒット率に言及した解答が多かった。データの投入順序によって性能が変わることを是非知っておいてもらいたい。(2) の差異2 では，処理が並走している点だけに言及した解答が目立った。処理の特性，RDBMSの仕組みを考慮した上で解答してほしい。

7

第8章

セキュリティ

この章では，セキュリティについて学びます。
近年は様々なセキュリティ攻撃が行われており，データベースに関しても情報セキュリティを確保することは不可欠です。
この章では一般的な「セキュリティ」と，データベース特有のセキュリティである「データベースセキュリティ」について取り上げます。
午前Ⅱで必ず出題されるだけでなく，午後Ⅰ，午後Ⅱでもよく出題される内容なので，しっかり押さえておきましょう。

8-1 セキュリティ

セキュリティはもともとネットワーク利用の一部として考えられていました。そのため，ネットワーク技術と密接な関係があります。また，セキュリティは企業の経営や組織の運営などと深く関わるため，セキュリティマネジメントの考え方も重要になります。

8-1-1 情報セキュリティ

情報セキュリティというと，「暗号化する」「ファイアウォールを設置する」などといった技術的なことを思い浮かべがちですが，実は，情報セキュリティには経営寄りの考え方が不可欠です。

> **勉強のコツ**
> 午前のセキュリティ分野の問題は，午前Ⅰだけでなく午前Ⅱでも2問程度出題されます。また，午後ではデータベースと関連したセキュリティについて出題されます。そのため，基本的なセキュリティの考え方を理解しておくことが大切です。

情報セキュリティの目的と考え方

情報セキュリティに関する要求事項を定めた**JIS Q 27001（ISO/IEC 27001）**では，情報セキュリティを確保するためのシステムである情報セキュリティマネジメントシステム（ISMS）について次のように説明しています。

「ISMSの採用は，組織の戦略的決定である。組織のISMSの確立及び実施は，その組織のニーズ及び目的，セキュリティ要求事項，組織が用いているプロセス，並びに組織の規模及び構造によって影響を受ける。」

つまり，「組織の戦略によって決定され，組織の状況によって変わる」というのが情報セキュリティの考え方です。

また，情報セキュリティについては，JIS Q 27000（ISO/IEC 27000）に，**情報の機密性，完全性，可用性を維持すること**と定義されています。これら三つの要素は次のような意味をもち，それぞれの英字の頭文字をとって**CIA**と呼ばれることもあります。

①**機密性**（Confidentiality）

認可されていない個人，エンティティ又はプロセスに対して，情報を**使用させず**，また，**開示しない**特性

②**完全性**(Integrity：**インテグリティ**)

正確さ及び完全さの特性

③**可用性**(Availability)

認可されたエンティティが要求したときに，**アクセス及び使用が可能である**特性

機密性，可用性と違い，完全性だけは**インテグリティ**と英語で出てくることも多いので，押さえておきましょう。

さらに，次の四つの特性を含めることがあります。

④**真正性**(Authenticity)

エンティティは，それが主張どおりであることを確実にする特性

⑤**責任追跡性**(Accountability)

あるエンティティの動作が，その動作から動作主のエンティティまで一意に追跡できることを確実にする特性(JIS X 5004)

⑥**否認防止**(Non-Repudiation)

主張された事象又は処置の発生，及びそれを引き起こしたエンティティを証明する能力

⑦**信頼性**(Reliability)

意図する行動と結果とが一貫しているという特性

8

情報セキュリティの重要性

企業の資産には，商品や不動産など形のあるものだけでなく，顧客情報や技術情報など形のないものもあります。業務に必要なこうした価値のある情報を**情報資産**といいます。ISMSでは，組織がもつ情報資産にとっての**脅威**を洗い出し，**脆弱性**を考慮することによって，最適なセキュリティ対策を考えます。

関連

ISMSについては，「8-1-2 情報セキュリティ管理」で詳しく説明します。

ここでの**脅威**とは，システムや組織に損害を与える可能性があるインシデントの**潜在的な原因**です。**脆弱性**とは，脅威がつけ込むことができる，**資産がもつ弱点**です。

情報資産にとっての脅威と脆弱性を分析し，その結果を**情報資産台帳**に記載し，管理します。

インシデントとは，望まないセキュリティ事象のことで，事業継続を危うくする確率の高いものです。具体的には，セキュリティ事故や攻撃などを指します。インシデントを起こす潜在的な原因が脅威であり，ISMSではこれに対応します。

不正のメカニズム

米国の犯罪学者であるD.R.クレッシーが提唱している**不正のトライアングル理論**では，人が不正行為を実行するに至るまでには，次の不正リスクの3要素が揃う必要があると考えられています。

- **機会**…… 不正行為の実行が可能，または容易となる環境
- **動機**…… 不正行為を行うための事情
- **正当化**… 不正行為を行うための良心の呵責を乗り越える理由

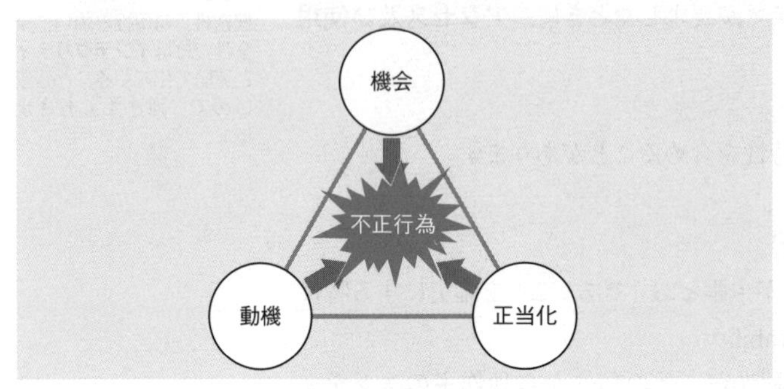

不正のトライアングル

発展
不正などの犯罪が起こらないようにするためには，以前は犯罪原因論という，犯罪の原因をなくすことに重点を置く考え方が主流でした。現在では，犯罪機会論という，犯罪を起こしにくくする環境を整備することも考えられています。

不正のトライアングルを考慮して犯罪を予防する考え方の一つに，英国で提唱された**状況的犯罪予防論**があります。状況的犯罪予防では，次の五つの観点で犯罪予防の手法を整理しています。

1. 物理的にやりにくい状況を作る
2. やると見つかる状況を作る
3. やっても割に合わない状況を作る
4. その気にさせない状況を作る
5. 言い訳を許さない状況を作る

攻撃者の種類と動機・目的

情報セキュリティに関する攻撃者と一口にいっても，次のように様々な種類の人がいます。

- **スクリプトキディ** …… インターネット上で公開されている簡単なクラッキングツールを利用して不正アクセスを試みる攻撃者
- **ボットハーダー** ……… ボットを利用することでサイバー攻撃などを実行する攻撃者

- 内部関係者……………従業員や業務委託先の社員など，組織の内部情報にアクセスできる権限を悪用する攻撃者
- その他（愉快犯，詐欺犯，故意犯など）

情報セキュリティ攻撃の動機や目的も様々です。

- **金銭奪取**……………………金銭的に不当な利益を得ることを目的とした攻撃
- ハクティビズム …………政治的・社会的な思想を基に積極的に行われるハッキング活動
- サイバーテロリズム ……ネットワークを対象に行われるテロリズム。組織や社会機能に大きな打撃を与える

8

暗号化技術

セキュリティ攻撃を防ぐために，様々な暗号化技術が開発され，使われています。暗号化技術とは，普通の文章（平文）を読めない文章（暗号文）に変換することです。読めないようにすることを暗号化，元に戻すことを復号といいます。

暗号化及び復号の際に必要となるのは，その方法である**暗号アルゴリズム**と，暗号化及び復号するための鍵です。暗号化するときに使う鍵が**暗号化鍵**，復号するときに使う鍵が**復号鍵**です。

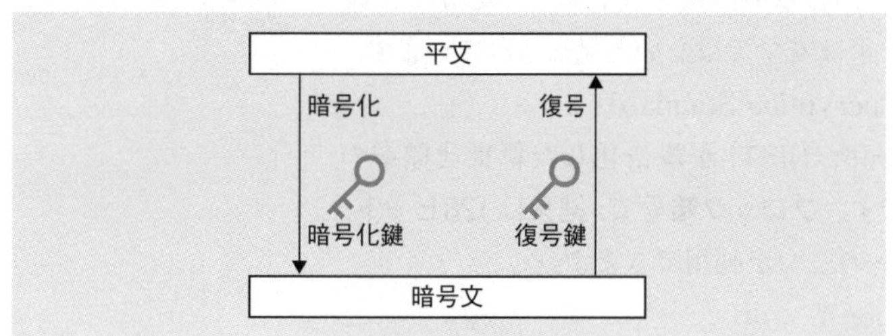

暗号化と復号

暗号化の方式は，共通鍵暗号方式と公開鍵暗号方式の二つに分けられます。それぞれ詳しく見ていきます。

共通鍵暗号方式

暗号化鍵と復号鍵が**共通である**暗号方式です。その共通で使用する鍵を**共通鍵**といい，通信相手だけとの秘密にしておきます。

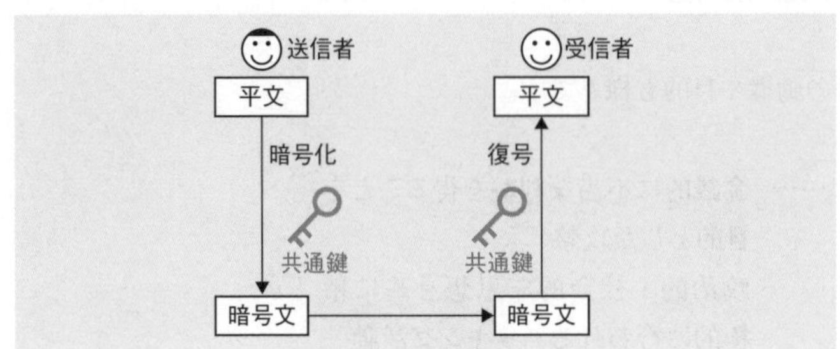

共通鍵暗号方式

共通鍵暗号方式では，暗号化する経路の数だけ鍵が必要になります。また，鍵を秘密にして共有しなければならないので，鍵を**受け渡す方法**が重要です。アルゴリズムが単純で**高速**なため，よく利用される方法です。

●共通鍵暗号方式のアルゴリズム

共通鍵暗号方式には様々なアルゴリズムがあります。代表的なものは以下のとおりです。

①**DES**（Data Encryption Standard）

ブロックごとに暗号化する**ブロック暗号**の一種です。米国の旧国家暗号規格で，**56ビット**の鍵を使います。しかし，鍵長が短すぎるため，近年は安全ではないと見なされています。

②**AES**（Advanced Encryption Standard）

米国立標準技術研究所（NIST）が規格化した新世代標準の方式で，DESの後継です。**ブロック暗号**で，鍵長は**128ビット**，**192ビット**，**256ビット**の三つが利用できます。

③**RC4**（Rivest's Cipher 4）

ビット単位で随時暗号化を行う**ストリーム暗号**の一種です。高速であり，無線LANのWEPなどで使用されています。

発展

共通鍵暗号方式のアルゴリズムでは，排他的論理和の演算を中心に行います。そのため，2度同じ演算をすると元に戻って復号でき，また，コンピュータでの演算を高速に実行することも可能です。

公開鍵暗号方式

暗号化鍵と復号鍵が**異なる**方式です。使用する**人ごとに公開鍵**と**秘密鍵**のペア（**キーペア**）を作ります。そして，公開鍵は相手に渡し，秘密鍵は自分で保管しておきます。

暗号化と復号は，次の二つの方法で行うことが可能です。

1. **公開鍵で暗号化すると，同じ人の秘密鍵で復号できる**
2. **秘密鍵で暗号化すると，同じ人の公開鍵で復号できる**

通常の暗号化では，受信者が自分の秘密鍵で復号できるように，1の方法を使って受信者の公開鍵で暗号化しておきます。

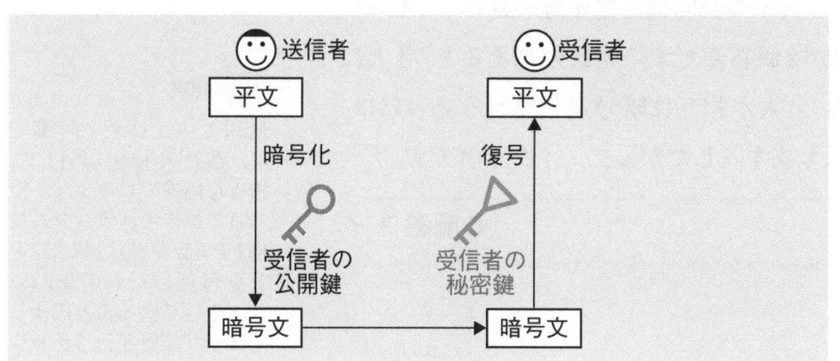

公開鍵暗号方式

発展

暗号化のアルゴリズムとしては公開鍵暗号方式の方が優れているのですが，計算が複雑で遅いという欠点があります。一方，共通鍵暗号方式は，鍵の受渡しが大変です。そのため，共通鍵暗号方式で使う共通鍵を公開鍵暗号方式で暗号化して送るというハイブリッド方式など，**二つの方式を組み合わせる**手法がよく用いられます。

● 公開鍵暗号方式のアルゴリズム

公開鍵暗号方式はアルゴリズムの難易度が高いので種類は多くありません。代表的なものは以下のとおりです。

①**RSA**（Rivest Shamir Adleman）

大きい数での素因数分解の困難さを安全性の根拠とした方式です。公開鍵暗号方式で最もよく利用されています。

②**楕円曲線暗号**（Elliptic Curve Cryptography：ECC）

楕円曲線上の**離散対数問題**を安全性の根拠とした方式です。RSA暗号の後継として注目されています。

それでは，次の問題を考えてみましょう。

8

問題

公開鍵暗号方式を使った暗号通信をn人が相互に行う場合，全部で何個の異なる鍵が必要になるか。ここで，一組の公開鍵と秘密鍵は2個と数える。

ア $n+1$　イ $2n$　ウ $\frac{n(n-1)}{2}$　エ $\log_2 n$

（平成30年春 データベーススペシャリスト試験 午前Ⅱ 問21）

解説

公開鍵暗号方式では，1人ずつ公開鍵と秘密鍵の鍵ペア（キーペア）を作成するため，鍵が2個必要です。人数が増えると，1人につき2個必要となるため，n人が相互に暗号通信を行う場合には，2×n＝2n［個］必要となります。したがって，イが正解です。

≪解答≫イ

発展
情報セキュリティ対策では，改ざん検出以外にも様々な用途でハッシュが使われています。ランダムな値（チャレンジ）にパスワードを付加したものをハッシュ化して送ることによってユーザ認証を行うチャレンジレスポンス方式などがその一例です。

ハッシュ

ハッシュ関数は一方向性の関数で，平文を変換してハッシュ値（ハッシュ）を求めます。送りたいデータと合わせてハッシュ値を送ることで，**改ざんを検出**できます。

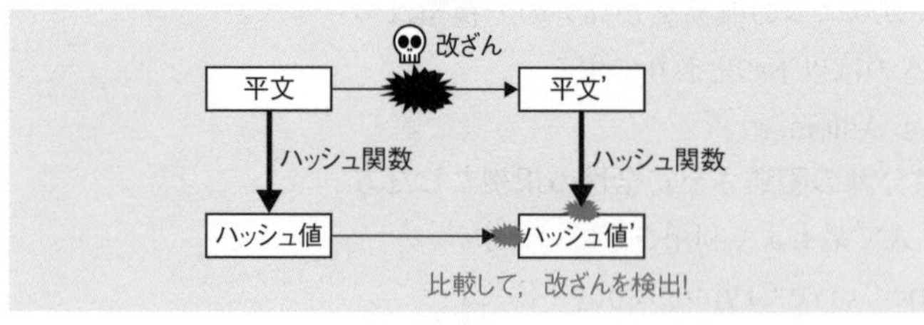

ハッシュ

関連
総務省及び経済産業省は，電子政府推奨暗号の安全性を評価・監視し，暗号技術の適切な実装法や運用法を調査・検討する**CRYPTREC**（Cryptography Research and Evaluation Committees）という活動を行っています。CRYPTRECでは，「電子政府における調達のために参照すべき暗号のリスト」（CRYPTREC暗号リスト）を公開しています。
CRYPTRECの具体的な内容は，CRYPTRECのWebページ（https://www.cryptrec.go.jp/index.html）に記載されています。CRYPTREC暗号リストなどは，こちらを参考にしてください。

● ハッシュ関数のアルゴリズム

ハッシュにもいくつかのアルゴリズムがあります。代表的なものは以下のとおりです。

①**MD5**（Message Digest Algorithm 5）

与えられた入力に対して**128ビット**のハッシュ値を出力する

ハッシュ関数です。理論的な弱点が見つかっています。

②**SHA-1**（Secure Hash Algorithm 1）

NISTが規格化したハッシュ関数です。与えられた入力に対して**160ビット**のハッシュ値を出力します。脆弱性があり，すでに攻撃手法が見つかっています。

③**SHA-2**（Secure Hash Algorithm 2）

SHA-1の後継で，NISTが規格化したハッシュ関数です。それぞれ224ビット，256ビット，384ビット，512ビットのハッシュ値を出力するSHA-224，**SHA-256**，**SHA-384**，**SHA-512**の総称です。現在のところ，SHA-256以上は安全なハッシュ関数と見なされており，米国の新世代標準です。

発展

暗号アルゴリズムは古くなると，コンピュータの計算能力の向上や解読手法の進歩などによって破られやすくなります。このことを暗号アルゴリズムの**危殆化**といい，古いアルゴリズムの使用は推奨されません。具体的には，DESやMD5，SHA-1などは現在推奨されていない暗号アルゴリズムであり，代わりにAESやSHA-2の使用が推奨されています。RSAも，鍵長が短いと破られやすいため，2,048ビット以上の鍵を使用することが推奨されています。

デジタル署名

公開鍵暗号方式は，暗号化以外にも使われます。本人の秘密鍵をもっていることが当の本人であるという真正性の証明になるのです。送信者の秘密鍵で暗号化し，それを受け取った受信者が送信者の公開鍵で復号することによって，本人であるという真正性を確認できます。前述の公開鍵暗号方式の2番目の使い方です。

さらに，ハッシュを組み合わせることで，データの改ざんも検出できます。この方法をデジタル署名といいます。

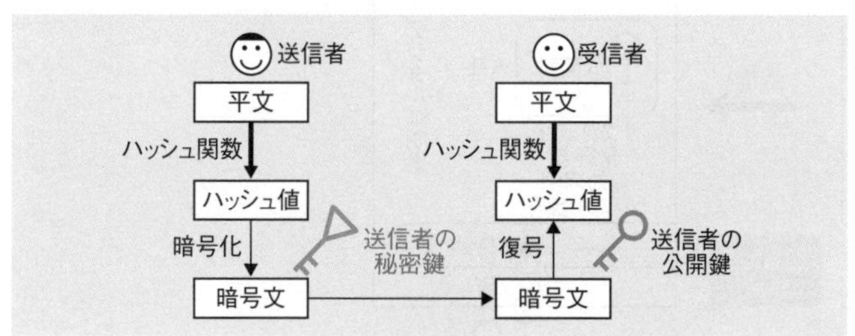

デジタル署名

PKI

PKI（公開鍵基盤）は，公開鍵暗号方式を利用した社会基盤です。政府や信頼できる第三者機関の**認証局**（**CA**：Certificate Authority）に証明書を発行してもらい，身分を証明してもらうことで，個人や会社の信頼を確保します。

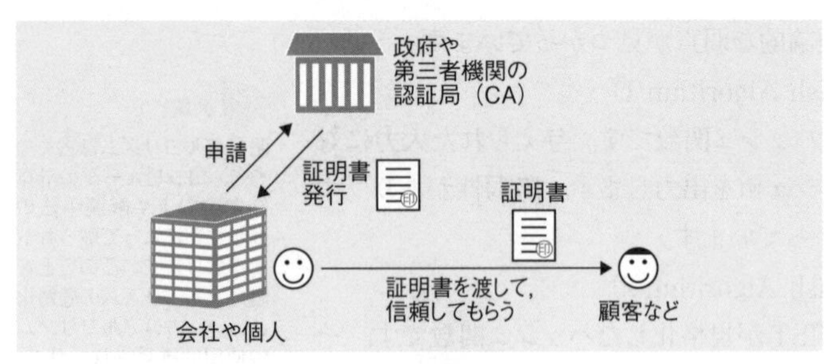

PKIの概要

政府が運営するPKIは一般とは区別され，政府認証基盤(GPKI：Government Public Key Infrastructure)と呼ばれます。

PKIのために，CAではデジタル証明書を発行します。デジタル証明書ではCAがデジタル署名を行うことによって，申請した人や会社の公開鍵などの証明書の内容が正しいことを証明します。

発展
デジタル証明書は，Webブラウザで見ることができます。httpsで始まるWebサイトなどで，Webサーバの証明書を表示させて確認できます。表示方法は，ブラウザやそのバージョンによって異なるので，使用しているブラウザで確認してみましょう。

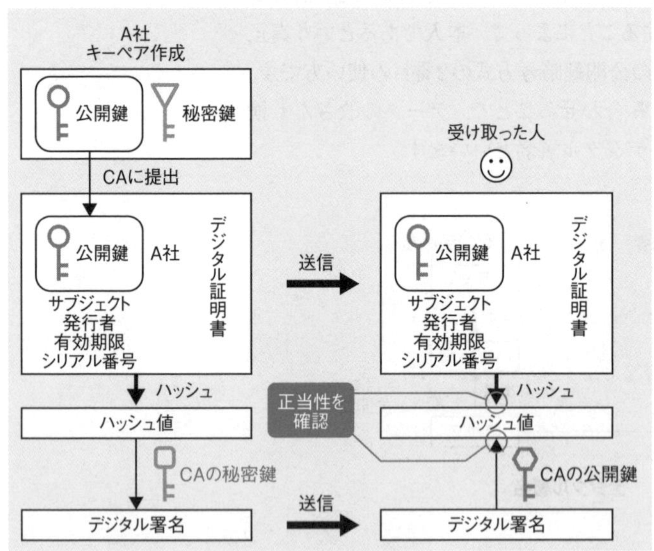

デジタル証明書の役割

デジタル証明書を受け取った人は，CAの公開鍵を用いてデジタル署名を復元し，デジタル証明書のハッシュ値と照合して一致すると，デジタル証明書の正当性を確認することができます。

一般にデジタル証明書は，Webサーバなどのサーバで使用されるサーバ証明書と，クライアントが使用するクライアント証明書に区別されます。

CRLとOCSP

デジタル証明書には有効期限がありますが，その有効期限内に秘密鍵が漏えいしたりセキュリティ事故が起こったりしてデジタル証明書の信頼性が損なわれることがあります。その場合には，CAに申請し，CRL（Certificate Revocation List）に登録してもらいます。CRLは，失効したデジタル証明書のシリアル番号のリストで，これを参照することで，デジタル証明書が失効しているかどうかを確認できます。

また，デジタル証明書の失効情報を取得するためのプロトコルにOCSP（Online Certificate Status Protocol）があります。CRLの代替として提案されており，失効情報を問い合わせる際に使用します。OCSPのやり取りを行うサーバをOCSPレスポンダといいます。

暗号化技術の応用

これまでに解説した公開鍵暗号方式，共通鍵暗号方式及びハッシュの三つを組み合わせた応用技術が広く使われています。代表的なものを以下に挙げます。

①SSL/TLS

SSL（Secure Sockets Layer）は，セキュリティを要求される通信のためのプロトコルです。SSL3.0を基に，TLS（Transport Layer Security）1.0が考案されました。

提供する機能は，認証，暗号化，改ざん検出**の三つ**です。最初に，通信相手を確認するために認証を行います。このとき，サーバがサーバ証明書をクライアントに送り，クライアントがその**正当性を確認**します。クライアントがクライアント証明書を送ってサーバが確認することもあります。

さらに，サーバ証明書の公開鍵を用いて，クライアントはデータの暗号化に使う**共通鍵の種を，サーバの公開鍵で暗号化**して送ります。その種を基にクライアントとサーバで共通鍵を生成し，

SSLが発展してTLSになっており，正確なバージョンとしては，SSL1.0，SSL2.0，SSL3.0，TLS1.0，TLS1.1，TLS1.2，TLS1.3というかたちで順に進化しています。現在のブラウザなどではTLSが使われていることが多いのですが，SSLという名称が広く普及したので，あまり区別せず，TLSをSSLと呼ぶこともあります。

その共通鍵を用いて暗号化通信を行います。また，**データレコードにハッシュ値を付加**して送り，データの改ざんを検出します。

②IPsec（Security Architecture for Internet Protocol）

IPパケット単位でデータの改ざん防止や秘匿機能を提供するプロトコルです。**AH**（Authentication Header）では完全性確保と認証を，**ESP**（Encapsulated Security Payload）ではAHの機能に加えて暗号化をサポートします。また，**IKE**（Internet Key Exchange protocol）により，共通鍵の鍵交換を行います。

③S/MIME（Secure MIME）

MIME形式の電子メールを暗号化し，デジタル署名を行う標準規格です。**認証局（CA）**で正当性が確認できた公開鍵を用います。まず共通鍵を生成し，その**共通鍵でメール本文を暗号化**します。そして，その共通鍵を**受信者の公開鍵で暗号化**し，メールに添付します。このような暗号化方式のことを**ハイブリッド暗号**といいます。組み合わせることで，共通鍵で高速に暗号化でき，公開鍵で安全に鍵を配送できるようになります。また，**デジタル署名**を添付することで，データの真正性と完全性も確認できます。

用語
MIME（Multipurpose Internet Mail Extension）とは，テキストしか使用できなかったインターネットの電子メール規格を拡張したものです。画像や音声，バイナリデータなど，様々なデータを利用することができます。

④PGP（Pretty Good Privacy）

S/MIMEと同様の，電子メールの暗号方式です。違いは，認証局を利用するのではなく，「信頼の輪」の理念に基づき，自分の友人が信頼している人の公開鍵を信頼するという形式をとります。小規模なコミュニティ向きです。

発展
SSHを利用したプログラムには，リモートホストでのファイルコピー用コマンドのrcpを暗号化するscpや，FTPを暗号化するsftpなどがあります。

⑤SSH（Secure Shell）

ネットワークを通じて別のコンピュータにログインしたり，ファイルを移動させたりするプロトコルです。公開鍵暗号方式によって共通鍵の交換を行う**ハイブリッド暗号**を使用します。

▶▶▶覚えよう！

- □ 公開鍵証明書は，認証局の秘密鍵でデジタル署名
- □ RSAは公開鍵暗号方式，AESその他は共通鍵暗号方式

8-1-2 情報セキュリティ管理

情報セキュリティは，技術を導入するだけでは確保できません。万全にするには，どのように計画し，実践及び改善していくかといった情報セキュリティマネジメントが重要です。

情報セキュリティマネジメントシステム

情報セキュリティマネジメントシステム（ISMS：Information Security Management System）は，組織において情報セキュリティを管理するための仕組みです。

ISMSの構築方法や要求事項などはJIS Q 27001（ISO/IEC 27001）に示されています。また，どのようにISMSを実践するかという実践規範はJIS Q 27002（ISO/IEC27002）に示されています。ISMSでは，情報セキュリティ基本方針を基に，次のようなPDCAサイクルを繰り返します。

勉強のコツ

JIS規格やISO規格は，すべての番号を覚えている必要はありませんが，代表的なものを知っておくと役に立ちます。情報セキュリティ関連では，ここに登場する**ISO27001（要求事項）**と**ISO27002（実践規範）**が最もよく出てくるので，押さえておきましょう。

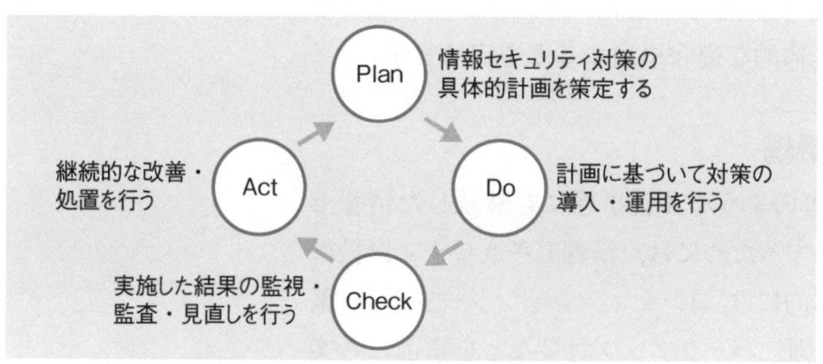

情報セキュリティのPDCAサイクル

PDCAの各フェーズでは，次のような活動を行います。

Planフェーズでは，具体的な計画を立て，情報セキュリティポリシなどを策定します。

Doフェーズでは，組織の全員が情報セキュリティを確保できるように，責任者がリーダシップをとり，法律及び契約によって情報セキュリティを順守させるようにします。そのために，定期的に情報セキュリティ教育や訓練を行う必要があります。

Checkフェーズでは，**内部監査**や**マネジメントレビュー**などのパフォーマンス評価を行います。また，コーポレートガバナンスと，それを支える内部統制の仕組みを情報セキュリティの観点から運

用語

コーポレートガバナンスとは，企業の経営者が利益を最大化する責任を果たしているかを管理監督する仕組みです。
情報セキュリティガバナンスについては，JIS Q 27014で規格化されています。

用する情報セキュリティガバナンスも意識する必要があります。

Actフェーズでは，継続的な改善を行います。

情報セキュリティポリシ

情報セキュリティポリシとは，組織の情報資産を守るための方針や基準を明文化したもので，基本構成は次の二つです。

情報セキュリティポリシはあくまで方針と基準なので，実際の細かい内容は定められていません。そのため，情報セキュリティマネジメントを行う際には，情報セキュリティ対策実施手順や規程類を用意し，詳細な手続きや手順を記述するようにします。

①情報セキュリティ基本方針

情報セキュリティに対する組織の基本的な考え方や方針を示すもので，**経営陣によって承認**されます。目的や対象範囲，管理体制や罰則などについて記述されており，全従業員及び関係者に通知して公表されます。

②情報セキュリティ対策基準

情報セキュリティ基本方針と，**リスクアセスメントの結果**に基づいて対策基準を決めます。適切な情報セキュリティレベルを維持・確保するための具体的な遵守事項や基準を定めます。

情報セキュリティ継続

組織の危機または災害のような非常事態にも継続した情報セキュリティ運用を確実にするためには，情報セキュリティ継続の策定が不可欠です。具体的には，コンティンジェンシープラン（緊急時対応計画）や復旧計画，バックアップ対策などを事前に考案しておきます。

リスクマネジメント

リスクとは，もしそれが発生すれば情報資産に影響を与える不確実な事象や状態のことです。**リスクマネジメント**では，リスクに関して組織を指揮し，管理します。その際に行われるのが**リスクアセスメント**であり，リスク分析によって情報資産に対する脅威と脆弱性を洗い出し，そのリスクの大きさを算出します。なお，リスクの大きさは，そのリスクの**発生確率**と，事象が起こったときの**影響の大きさ**とを組み合わせたもので，金額などで算出されます。

リスク分析の手法として代表的なものに，日本情報処理開発協会（JIPDEC）が開発した**JRAM**（JIPDEC Risk Analysis Method）があります。その後，JIPDECでは2010年に，新たなリスクマネジメントシステムである**JRMS2010**を公表しました。

そして，リスクの大きさに基づき，それぞれのリスクに対してリスク評価を行います。

リスク評価には，**定性的評価**と**定量的評価**の2種類があります。定性的評価はリスクの大きさを金額以外で評価する手法で，定量的評価はリスクの大きさを金額で表す手法です。

リスク対応

リスクを評価した後で，それぞれのリスクに対してどのように対応するかを決めるのが**リスク対応**です。その方法は次の四つに分けることができます。

①リスク最適化（低減）

損失の発生確率や被害額を減少させるような対策を行うことです。一般的なセキュリティ対策はこれにあたります。

②リスク回避

リスクの根本原因を排除することでリスクを処理します。リスクの高いサーバの運用をやめるなどがその一例です。

③リスク移転

リスクを第三者へ移転します。保険をかけるなどしてリスク発生時の費用負担を外部に転嫁するといった方法があります。

④リスク保有（受容）

特にリスクに対応せず，そのことを受容します。

リスク対応の後に残ってしまったリスクのことを**残留リスク**といいます。

それでは，次の問題で確認してみましょう。

用語

リスク対応の考え方には，リスクコントロールとリスクファイナンスがあります。**リスクコントロール**は，技術的な対策など，何か行動することで対策することですが，**リスクファイナンス**は**資金面で対応**することです。

発展

リスク対応は，実際には予算との兼ね合いで行われます。リスク評価で金額が多いものは優先してリスクを最適化しますが，被害額が小さいもの，または発生しても許容できる範囲であれば，リスクを保有し，対応を行わないケースも多く見られます。

8

問題

個人情報の漏えいに関するリスク対応のうち，リスク回避に該当するものはどれか。

ア　個人情報の重要性と対策費用を勘案し，あえて対策をとらない。

イ 個人情報の保管場所に外部の者が侵入できないように，入退室をより厳重に管理する。
ウ 個人情報を含む情報資産を外部のデータセンタに預託する。
エ 収集済みの個人情報を消去し，新たな収集を禁止する。

（平成29年春 情報処理安全確保支援士試験 午前Ⅱ 問9）

解説

リスク回避では，リスクの根本原因を排除してリスクをゼロにします。情報の新たな収集を禁止し，収集済みの情報を消去すると，リスクとなる情報がなくなるので，リスク回避となります。したがって，エが正解です。

アはリスク保有（受容），イはリスク最適化（低減），ウはリスク移転に該当します。

≪解答≫エ

クラウドサービスのリスク

近年利用が進んでいるサービスにクラウドサービスがあります。クラウドサービスはインターネットなどを通じてサービスを提供する方式で，利用する場合は特に情報セキュリティに注意する必要があります。そのため，経済産業省では『クラウドサービス利用のための情報セキュリティマネジメントガイドライン』などを公表し，クラウドサービス利用に特有の情報セキュリティマネジメントについての注意を呼びかけています。

また，ENISA（European Network and Information Security Agency：欧州ネットワーク情報セキュリティ庁）では，クラウドコンピューティングのためのフレームワークやガイドラインを発表しています。ENISAの「Cloud Computing Risk Assessment」によれば，クラウドサービスにおける情報セキュリティ上のリスクは次の3種類のカテゴリに分けられ，代表的なリスクは次のようなものになります。

 関連

『クラウドサービス利用のための情報セキュリティマネジメントガイドライン』については，
https://www.meti.go.jp/policy/netsecurity/downloadfiles/cloudsec2013fy.pdf
に公開されています。
また，ENISA（欧州ネットワーク情報セキュリティ庁）の「Cloud Computing Risk Assessment」は，
https://www.enisa.europa.eu/publications/cloud-computing-risk-assessment
に公開されています。

クラウドサービスにおけるリスク

リスクカテゴリー	代表的なリスク
ポリシーと組織関連のリスク	・ベンダーロックイン ・ガバナンスの喪失 ・コンプライアンスの課題 ・クラウドサービスの終了または障害
法的なリスク	・司法権管轄の違い ・証拠提出命令や電子的証拠開示によるリスク ・データ保護に関するリスク
技術関連のリスク	・隔離の失敗によるリスク ・クラウドサービスプロバイダ従事者による不正によるリスク

関連

クラウドサービスについては,「9-2-1　仮想化とストレージ」で詳しく解説します。

クラウドサービスでは，サービス提供事業者に業務を委託することとなるため，技術関連以外にも様々なリスクが存在します。

それでは，次の問題で確認していきましょう。

問題

クラウドサービスにおける情報セキュリティ上のリスクを“ポリシ及び組織関連のリスク”，“技術関連のリスク”，及び“法的なリスク”に分類したとき，海外に設置されたデータセンタにデータが保管されることに起因するリスクのうち，“法的なリスク”に分類されるものはどれか。

ア　データセンタが設置された国の法執行機関の命令を受けて，保管されたデータが開示されたり，ハードウェアが差し押さえられたりする。

イ　ハイパーバイザの脆(ぜい)弱性によって，サービス運用妨害が引き起こされる。

ウ　不具合によって，データセンタの他のテナントに情報が漏えいする。

エ　利用料金が従量課金制であるので，様々な国から通信回線などのリソースを大量に消費する攻撃が行われ，経済的な損失を被る。

（平成27年春 データベーススペシャリスト試験 午前Ⅱ 問21）

8

解説

海外に設置されたデータセンタでの法的なリスクとは，その設置した国の法律に関わるリスクです。データセンタが設置された国の法執行機関の命令で起こることは法的なリスクなので，アが正解です。

技術関連のリスクに分類されるものはイ，ウ，エです。ポリシ及び組織関連のリスクに分類されるものはウ，エです。

≪解答≫ア

認証の3要素

ユーザを認証する方法には大きく次の3種類があり，これを認証の3要素といいます。

- 記憶…… ある**情報**を持っていることによる認証
  例：パスワード，暗証番号など
- 所持…… ある**物**を持っていることによる認証
  例：ICカード，電話番号，秘密鍵など
- 生体…… ある**特徴**を持っていることによる認証
  例：指紋，虹彩，静脈など

それぞれの認証には一長一短があるので，このうちの2種類以上を組み合わせて**多要素認証**（または**2要素認証**）とすることが重要です。

用語
ICカードは，通常の磁気カードと異なり，情報の記録や演算をするためにICを組み込んでいます。そして，内部の情報を読み出そうとすると壊れるなどして情報を守ります。このような，物理的あるいは論理的に内部の情報を読み取られることに対する耐性のことを**耐タンパ性**といいます。

情報セキュリティ組織・機関

進化する情報セキュリティ攻撃から組織を守るためには，組織の中に情報セキュリティを確保する仕組みを作り，組織同士で連携する必要があります。そのための仕組みとしては次のようなものがあります。

①情報セキュリティ委員会

組織の中における，情報セキュリティ管理責任者（CISO：Chief Information Security Officer）をはじめとした経営層の意思決定組織が**情報セキュリティ委員会**です。

②SOC（セキュリティオペレーションセンター）

SOC（Security Operation Center）は，セキュリティ監視の拠点です。セキュリティ管理サービスを提供するIT企業が複数の顧客への対応を集中して行うためにSOCを用意し，顧客のセキュリティ機器を監視し，サイバー攻撃の検出やその対策を行います。

③CSIRT

CSIRT（シーサート）（Computer Security Incident Response Team）とは，主にセキュリティインシデント対策のためにコンピュータやネットワークを監視し，問題が発生した際にはその原因の解析や調査を行う組織です。CSIRTでは，インシデントを検知，または連絡を受け付け，トリアージ（優先度付け）を行った後に，インシデントレスポンス（対応）を実施します。日本には，他のCSIRTとの情報連携や調整を行う**JPCERT/CC**（Japan Computer Emergency Response Team Coordination Center）があります。

④サイバーレスキュー隊 J-CRAT（ジェイ・クラート）

IPA（情報処理推進機構）では，標的型サイバー攻撃の被害拡大防止のため，経済産業省の協力のもと，相談を受けた組織の被害の低減と攻撃の連鎖の遮断を支援する活動としてサイバーレスキュー隊（J-CRAT：Cyber Rescue and Advice Team against targeted attack of Japan）を発足させました。

J-CRATは，「標的型サイバー攻撃特別相談窓口」にて，広く一般から相談や情報提供を受付けています。提供された情報を基に助言などを行い，さらに，社会や産業に重大な影響を及ぼすと判断される場合には，レスキュー活動を行います。

⑤JVN

JVN（Japan Vulnerability Notes）は，日本で使用されているソフトウェアなどの脆弱性関連情報とその対策情報を提供する脆弱性対策情報ポータルサイトです。JPCERT/CCとIPAが共同で運営しています。

⑥内閣サイバーセキュリティセンター

内閣サイバーセキュリティセンター（NISC：National center of Incident readiness and Strategy for Cybersecurity）は，内閣官房に設置された組織です。サイバーセキュリティ基本法に基づき，内閣にサイバーセキュリティ戦略本部が設置され，同時に内閣官房にNISCが設置されました。サイバーセキュリティ戦略の立案と実施の推進などを行っています。

⑦ホワイトハッカー

コンピュータやネットワークに関する高い技術をもつハッカーと呼ばれる人のうち，その技術を善良な目的に生かす人をホワイトハッカーといいます。サイバー犯罪に対処するためにも，ホワイトハッカーの育成は急務といわれています。

それでは，次の問題を考えてみましょう。

問題

CSIRTの説明として，適切なものはどれか。

ア　JIS Q 15001:2006に適合して，個人情報について適切な保護措置を講じる体制を整備・運用している事業者などを認定する組織

イ　企業や行政機関などに設置され，コンピュータセキュリティインシデントに対応する活動を行う組織

ウ　電子政府のセキュリティを確保するために，安全性及び実装性に優れると判断される暗号技術を選出する組織

エ　内閣官房に設置され，サイバーセキュリティ政策に関する総合調整を行いつつ，“世界を率先する”“強靭で”“活力ある”サイバー空間の構築に向けた活動を行う組織

（平成29年春 データベーススペシャリスト試験 午前Ⅱ 問20）

解説

CSIRT（Computer Security Incident Response Team：シーサート）とは，コンピュータセキュリティインシデントに対応するための組織で，企業や行政機関などに設置されます。したがって，イが正解です。

ア プライバシーマークを認定するJIPDECの説明です。

ウ 暗号評価組織であるCRYPTREC（Cryptography Research and Evaluation Committees）の説明です。

エ 内閣サイバーセキュリティセンターの説明です。

≪解答≫イ

覚えよう！

- □ **リスク対応は，最適化，回避，移転，受容の4種類**
- □ **認証の3要素は，記憶，所持，生体で，多要素認証が大事**

8-1-3 セキュリティ技術評価

情報セキュリティに“完璧な対策”はありません。資金面での限界もありますし，日々新しい攻撃が考案されている現状からも，「すべてのことに対応する」のは現実的ではありません。しかし，最低限の対策は，会社の信用を高めたり，リスクを減少させたりするために必要です。完璧ではなくても，「同業他社や世間一般と同じぐらいのレベル」で守らなければなりません。そこで，「いったいどこまで対策をすればよいのか」を示すために，情報セキュリティに関する様々な規格や制度が制定されています。

ISO/IEC 15408

情報セキュリティマネジメントではなくセキュリティ技術を評価する規格に**ISO/IEC 15408**（JIS規格では**JIS X 5070**）があります。これは，IT関連製品や情報システムのセキュリティレベルを評価するための国際規格です。CC（Common Criteria：コモンクライテリア）とも呼ばれ，主に次のような概念を掲げています。

①ST（Security Target：セキュリティターゲット）

セキュリティ基本設計書のことです。製品やシステムの開発に際して，STを作成することは最も大切なことであると規定されています。利用者が自分の要求仕様を文書化したものです。

②EAL（Evaluation Assurance Level：評価保証レベル）

製品の保証要件を示したもので，製品やシステムのセキュリティレベルを客観的に評価するための指標です。EAL1（機能テストの保証）からEAL7（形式的な設計の検証及びテストの保証）まであり，数値が高いほど保証の程度が厳密です。

JISEC（ITセキュリティ評価及び認証制度）

JISEC（Japan Information Technology Security Evaluation and Certification Scheme）とは，IT関連製品のセキュリティ機能の適切性・確実性をISO/IEC 15408に基づいて評価し，認証する制度です。評価は第三者機関（評価機関）が行い，認証はIPA（独立行政法人情報処理推進機構）が行います。

用語

情報セキュリティマネジメント(ISMS)は，ISO/IEC 27001や27002を基準にしています。そして，そうした規格で定義されている活動を実際に行っているかどうかを**ISMS適合性評価制度**で判断し，それに合致した組織が**ISMS認証**を取得します。つまり，認証を受けるということは，セキュリティ対策が完璧であるということではなく，規格で定義されている対策をひととおり行っているということが認定されるものです。

用語

共通の評価基準であるCCに加え，評価結果を理解し，比較するための評価方法「Common Methodology for Information Technology Security Evaluation」が開発されました。共通評価方法（Common Evaluation Methodology）と略され，その頭文字をとって**CEM**と呼ばれます。ここには，評価機関がCCによる評価を行うための手法が記されています。

JCMVP（暗号モジュール試験及び認証制度）

JCMVP（Japan Cryptographic Module Validation Program）は，暗号モジュールの認証制度です。暗号化機能，ハッシュ機能，署名機能などのセキュリティ機能を実装したハードウェアやソフトウェアなどから構成される暗号モジュールが，セキュリティ機能や内部の重要情報を適切に保護していることについて，評価，認証します。この制度は，製品認証制度の一つとして，IPAによって運用されています。

PCI DSS

PCI DSS（Payment Card Industry Data Security Standard：PCIデータセキュリティスタンダード）とは，**クレジットカード情報の取扱い**のために策定されたセキュリティ標準です。JCB，American Express，Discover，マスターカード，VISAが共同で策定した，クレジット業界におけるグローバルセキュリティ基準です。

PCI DSSは，カード会員情報を格納及び処理するすべての組織が対象となっており，安全なネットワークの構築や維持，カード会員データの保護などに関する具体的な要件が記述されています。

8

SCAP

IPAセキュリティセンターが開発した，情報セキュリティ対策の自動化と標準化を目指した技術仕様を**SCAP**（Security Content Automation Protocol：セキュリティ設定共通化手順）といいます。

現在，SCAPは次の六つの標準仕様から構成されています。

関連
SCAPについては，IPAセキュリティセンターのWebサイトに詳しい説明があります。
https://www.ipa.go.jp/security/vuln/SCAP.html
それぞれの仕様の詳細については，こちらを参考にしてください。

①脆弱性を識別するためのCVE（Common Vulnerabilities and Exposures：共通脆弱性識別子）

個別製品中の脆弱性を対象として，米国政府の支援を受けた非営利団体のMITRE社が採番している識別子です。脆弱性検査ツールやJVNなどの脆弱性対策情報提供サービスの多くがCVEを利用しています。

②セキュリティ設定を識別するためのCCE
(Common Configuration Enumeration:共通セキュリティ設定一覧)

システム設定情報に対して共通の識別番号「CCE識別番号(CCE-ID)」を付与し，セキュリティに関するシステム設定項目を識別します。識別番号を用いることで，脆弱性対策情報源やセキュリティツール間のデータ連携を実現します。

③製品を識別するためのCPE
(Common Platform Enumeration：共通プラットフォーム一覧)

ハードウェア，ソフトウェアなど，情報システムを構成するものを識別するための共通の名称基準です。

④脆弱性の深刻度を評価するためのCVSS
(Common Vulnerability Scoring System:共通脆弱性評価システム)

情報システムの脆弱性に対するオープンで包括的，汎用的な評価手法です。CVSSを用いると，脆弱性の深刻度を同一の基準の下で定量的に比較できるようになります。また，ベンダ，セキュリティ専門家，管理者，ユーザ等の間で，脆弱性に関して共通の言葉で議論できるようになります。

CVSSでは，以下の三つの視点から評価を行います。

- **基本評価基準**(Base Metrics)
  脆弱性そのものの特性を評価する視点
- **現状評価基準**(Temporal Metrics)
  脆弱性の現在の深刻度を評価する視点
- **環境評価基準**(Environmental Metrics)
  製品利用者の利用環境も含め，最終的な脆弱性の深刻度を評価する視点

⑤チェックリストを記述するためのXCCDF
(eXtensible Configuration Checklist Description Format：セキュリティ設定チェックリスト記述形式)

セキュリティチェックリストやベンチマークなどを記述するための仕様言語です。

⑥脆弱性やセキュリティ設定をチェックするためのOVAL (Open Vulnerability and Assessment Language：セキュリティ検査言語)

コンピュータのセキュリティ設定状況を検査するための仕様です。

CWE（共通脆弱性タイプ一覧）

CWE（Common Weakness Enumeration）は，ソフトウェアにおけるセキュリティ上の弱点（脆弱性）の種類を識別するための共通の基準です。CWEでは多種多様な**脆弱性の種類**を脆弱性タイプとして分類し，それぞれにCWE識別子（CWE-ID）を付与して階層構造で体系化しています。脆弱性タイプは，下記の4種類に分類されます。

- ビュー（View）
- カテゴリ（Category）
- 脆弱性（Weakness）
- 複合要因（Compound Element）

脆弱性検査

システムを評価するために脆弱性を発見する検査のことを**脆弱性検査**といいます。検査ツールを利用するほかに，システムに実際に攻撃して侵入を試みるペネトレーションテストなどの手法があります。

覚えよう！

- □ ISO/IEC 15408（CC）は，セキュリティ製品の評価規格
- □ CVSSは，共通脆弱性評価システムで，三つの視点から評価

8

8-1-4 情報セキュリティ対策

情報セキュリティ対策というと技術面での対策を思い浮かべがちですが，それだけでは十分ではありません。人的セキュリティ，物理セキュリティの対策を行い，総合的に情報資産を守っていく必要があります。また，実際のセキュリティ攻撃を知ることで，守る方法が見えてきます。

情報セキュリティ対策の種類

セキュリティ問題は，最終的には「人」が原因で発生することがほとんどです。どんなに強固なファイアウォールを設置しても，内部の人間が会社に不満をもち，セキュリティ犯罪を犯す場合もあります。人的セキュリティを軽視せず，現実的に対処していくことが大切です。

情報セキュリティ対策には，大きく分けて次の3種類があります。

①技術的セキュリティ対策

暗号化，認証，アクセス制御など，セキュリティ技術によるセキュリティ対策です。攻撃を防いで内部に侵入させないための**入口対策**と，侵入された後にそれを外部に広げないための**出口対策**があります。また，一つの対策だけでなく複数の対策を組み合わせる**多層防御**も大切です。

②人的セキュリティ対策

教育，訓練や契約などにより，人に対して行うセキュリティ対策です。管理的セキュリティと呼ばれることもあります。組織における不正行為は**内部関係者**が行うことが多いため，それを防ぐための対策が必要です。IPAでは，『**組織における内部不正防止ガイドライン**』を発表し，内部不正を防止するための証拠確保などの具体的な方法を示しています。

③物理的セキュリティ対策

建物や設備などを対象とした物理的なセキュリティ対策です。入退室管理やバックアップセンタ設置などを行います。離席時にPCの画面を見えないようにする**クリアスクリーン**や，帰宅時には机の上の物をPCなども含めてすべてロッカーに保管して施錠するという**クリアデスク**などの対策を行う必要があります。

個人情報保護対策

個人情報とは，氏名，住所，メールアドレスなど，それ単体もしくは組み合わせることによって個人を特定できる情報のことです。個人情報保護の基本的な考え方は，個人情報は本人の財産なので，それが勝手に別の人の手に渡ったり，間違った方法で使われたり，内容を勝手に変えられたりしないように適切に管理する必要があるということです。そのために，**個人情報の保護に関する法律**（個人情報保護法）では，主に以下のことが定められています。

個人情報保護に関しての標準は，JIS Q 15001「個人情報保護マネジメントシステム」で示されています。基本的な考え方はISMSと同じであり，個人情報保護のためのISMSと考えても差し支えありません。

- 個人情報の**利用目的の特定**と公表
- 個人情報の適正な**管理**
- 本人の権利（開示・訂正・苦情など）への対応

典型的なサイバー攻撃

サイバー攻撃（セキュリティ攻撃）には様々なものがあり，日々進化しています。近年の代表的なサイバー攻撃には，以下のものがあります。

セキュリティ攻撃の手法はどんどん進化しているので，最新の情報を確認することがとても大切です。IPAセキュリティセンターのWebサイト（https://www.ipa.go.jp/security/）を参考に，流行している攻撃手法を理解しておきましょう。

①バッファオーバフロー攻撃（BOF）

バッファの長さを超えるデータを送り込むことによって，バッファの後ろにある領域を破壊して動作不能にし，プログラムを上書きする攻撃です。対策としては，入力文字列長をチェックする方法が一般的ですが，それを言語としてチェックしないC言語やC++言語などは使わないという方法もあります。

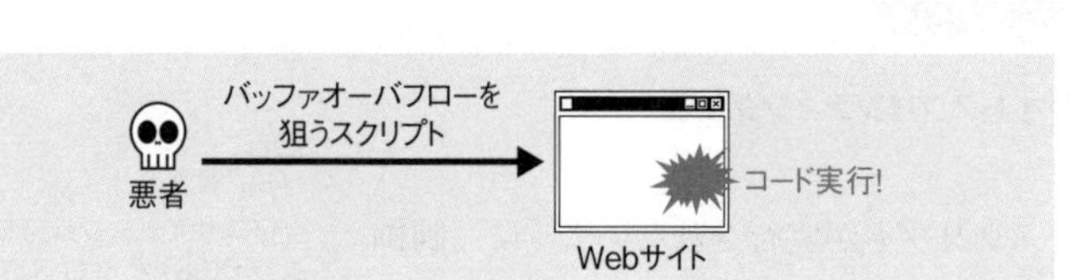

バッファオーバフロー攻撃

②SQLインジェクション

不正なSQLを投入することで，通常はアクセスできないデータにアクセスしたり更新したりする攻撃です。

8

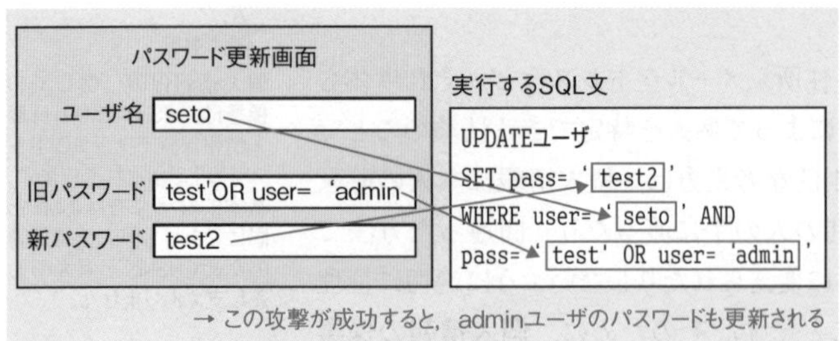

SQLインジェクションの例

このように，SQLインジェクションでは，「'」(シングルクォーテーション) などの制御文字をうまく組み入れることによって，システムが想定しないような操作を実行できます。対策としては，制御文字を置き換える**エスケープ処理**や，プレースホルダを利用するバインド機構が有効です。

> **用語**
> **バインド機構**とは，入力データの部分を埋め込んで文字列を組み立てる際に，文字列の連結ではなく**プリペアドステートメント**という各プログラム言語に用意された関数を利用して，SQL文を事前に組み立てておく方法です。具体的には，
> ```
> preparedStatement("SELECT name FROM table WHERE code=?");
> ```
> といったかたちであらかじめSQL文をコンパイルしておき，「?」の部分に文字列を挿入します。この「?」を**プレースホルダ**と呼びます。

③クロスサイトスクリプティング攻撃 (XSS)

悪意のあるスクリプトを，標的サイトに埋め込む攻撃です。

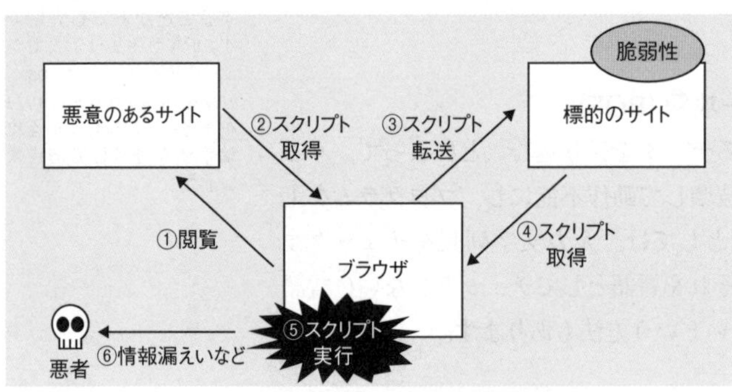

クロスサイトスクリプティング攻撃

対策としては，不正なスクリプトが実行されないように，制御文字をエスケープ処理するなどの方法があります。

> **参考**
> クロスサイトスクリプティング (XSS) とクロスサイトリクエストフォージェリ (CSRF) の違いは，攻撃がブラウザ上で行われるかサーバに向けて行われるかです。クライアントでスクリプトを実行して被害を起こすのがXSSで，スクリプトによってサーバ上に被害を起こすのがCSRFです。

④クロスサイトリクエストフォージェリ攻撃 (CSRF)

Webサイトにログイン中のユーザのスクリプトを操ることで，Webサイトに被害を与える攻撃です。

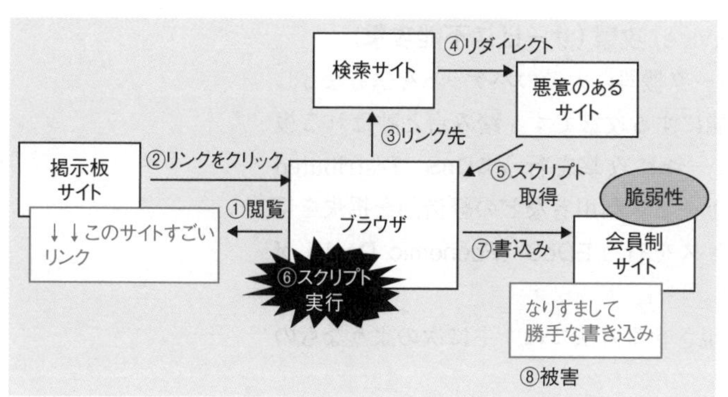

クロスサイトリクエストフォージェリ攻撃

> 発展
> クロスサイトリクエストフォージェリ攻撃の有名な例として，「はまちちゃん」トラップがあります。
> 大手SNSであるmixiで，同時に数多くの日記に「ぼくはまちちゃん，こんにちはこんにちは！！」と書き込まれる事態が発生し，その下にあるリンクをクリックすることで被害が広がりました。

⑤セッションハイジャック

セッションIDやクッキーを盗むことで，別のユーザになりすましてアクセスするという不正アクセスの手口です。

⑥DNSキャッシュポイズニング攻撃

DNSサーバのキャッシュに不正な情報を注入することで，不正なサイトへのアクセスを誘導する攻撃です。インターネット上の特定のWebサーバを参照しようとしたとき，それが書き換わったDNSキャッシュの情報として存在する場合は，本来とは異なるサーバに誘導されることがあります。

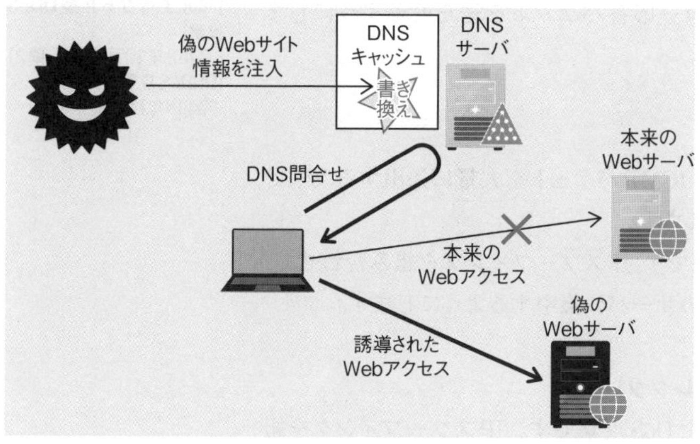

DNSキャッシュポイズニング攻撃

⑦DoS（Denial of Service）攻撃（サービス不能攻撃）

サーバなどのネットワーク機器に大量のパケットを送るなどしてサービスの提供を不能にする攻撃です。踏み台と呼ばれる複数のコンピュータから一斉に攻撃を行うDDoS（Distributed DoS）攻撃や，クラウドサービス利用者などの経済的な損失を目的にして大量のアクセスを行う**EDoS（Economic Denial of Service）攻撃**もあります。

様々なDoS攻撃を実現させる方法には，主に次のようなものがあります。

• SYN Flood

TCPのコネクションの確立要求パケット（SYNパケット）だけを大量に送る攻撃です。コネクションを完全に確立させないため，中途半端なコネクションが大量に残り，正常なサービスが受け付けられなくなります。

• Smurf

ネットワークの接続確認を行う場合に使用するpingなどで用いられるICMPエコー要求の，応答パケットだけを攻撃対象に大量に送出する攻撃です。IPスプーフィングを行い，送信元を攻撃対象に偽装したICMPエコー要求を大量に送ることで，攻撃対象に大量のICMPエコー応答パケットを送らせるようにします。

• ICMP Flood

pingなどを利用して，ICMPパケットを大量に送出する攻撃です。ping爆弾とも呼ばれます。
応答を利用したDoS攻撃です。IPスプーフィングを組み合わせて，DNSの応答が攻撃対象のサーバに集中するようにします。

• DNS amp（DNSリフレクタ）攻撃

DNSの応答を利用したDoS攻撃です。IPスプーフィングを組み合わせて，DNSの応答が攻撃対象のサーバに集中するようにします。

過去問題をチェック

DoS攻撃には，次のような出題があります。

【EDoS攻撃】
・平成28年春 午前Ⅱ 問20

【DNS水責め攻撃】
・平成30年春 午前Ⅱ 問20

【マルチベクトル型DDoS攻撃】
・令和2年10月 午前Ⅱ 問21

【DRDoS攻撃】
・令和5年秋 午前Ⅱ 問19

DNS amp（DNSリフレクタ）攻撃

- DRDoS（Distributed Reflection Denial of Service）攻撃
  （リフレクション攻撃）

DDoS攻撃の一種です。リフレクション攻撃ともいい，送信元を攻撃対象に偽装したパケットを多数のコンピュータに送信し，その応答を攻撃対象に集中させます。DNS以外でも，NTP(Network Time Protocol)など，様々なプロトコルを使用します。

- **DNS水責め攻撃（ランダムサブドメイン攻撃）**

標的の権威DNSサーバに，ランダムかつ大量に生成した存在しないサブドメイン名を問い合わせることによって，権威DNSサーバに負荷をかけます。

- **マルチベクトル型DDoS攻撃**

複数のタイプのDoS攻撃手法を組み合わせ，同時に連携して行うDDoS攻撃です。

それでは，次の問題を考えてみましょう。

8

問題

マルチベクトル型DDoS攻撃に該当するものはどれか。

ア 攻撃対象のWebサーバ1台に対して，多数のPCから一斉にリクエストを送ってサーバのリソースを枯渇させる攻撃と，大量のDNS通信によってネットワークの帯域を消費させる攻撃を同時に行う。

イ 攻撃対象のWebサイトのログインパスワードを解読するために，ブルートフォースによるログイン試行を，多数のスマートフォン，IoT機器などから成るボットネットを踏み台にして一斉に行う。

ウ 攻撃対象のサーバに大量のレスポンスが同時に送り付けられるようにするために，多数のオープンリゾルバに対して，送信元IPアドレスを攻撃対象のサーバのIPアドレスに偽装した名前解決のリクエストを一斉に送信する。

エ 攻撃対象の組織内の多数の端末をマルウェアに感染させ，当該マルウェアを遠隔操作することによってデータの改ざんやファイルの消去を一斉に行う。

（令和2年10月 データベーススペシャリスト試験 午前Ⅱ 問21）

解説

マルチベクトル型DDoS攻撃とは，帯域幅，ネットワーク，アプリケーションなど，複数の攻撃手法を用いて，同時に連携して行う分散型のアクセス不能攻撃です。攻撃対象のWebサーバ1台に対して，多数のPCから一斉にリクエストを送ってサーバのリソースを枯渇させるアプリケーション層を対象とした攻撃と，大量のDNS通信によってネットワークの帯域を消費させる帯域幅への攻撃を同時に行って連携させることは，マルチベクトル型DDoS攻撃に該当します。したがって，アが正解です。

イ ブルートフォース攻撃を分散型で行ったものです。

ウ DNSリフレクタ攻撃（DNS amp攻撃）に該当します。

エ 遠隔操作マルウェアによる攻撃に該当します。

≪解答≫ア

⑧パスワードクラック

パスワードを不正に取得する攻撃です。辞書に出てくる用語を使用する**辞書攻撃**，適当な文字列を組み合わせてパスワードを作成し力任せに攻撃を繰り返す**ブルートフォース攻撃**などがあります。また，ブルートフォース攻撃は，複数回のログイン失敗で**アカウントロック**によって防がれるので，パスワードを固定し，利用者IDの方を変化させる**リバースブルートフォース攻撃**も行われています。ネットワークを盗聴する手法には，認証情報の入ったパケットを取得してそれを再送する**リプレイ攻撃**や，パスワードを盗聴する**スニッフィング**などがあります。さらに近年では，他のサイトで取得したパスワードのリストを利用する**パスワードリスト攻撃**がさかんに行われています。

⑨マルウェアによる攻撃

マルウェアとは，悪意のあるソフトウェアの総称です。コンピュータを乗っ取って暗号化し，身代金を要求する**ランサムウェア**や，セキュリティ攻撃後にその痕跡を消す**rootkit**などがあります。また，新たな脆弱性が発見されたときに確認するため，攻撃を再現するツールとして，**エクスプロイトコード**があります。

参考

マルウェアは，「malicious（悪意のある）」と「software」の合成語です。

8

⑩標的型攻撃

標的型攻撃は，特定の企業や組織を狙った攻撃です。標的とした企業の社員に向けて，関係者を装ってウイルスメールを送付するなどして感染させます。その感染させたPCから攻撃の手を広げて，最終的に企業の機密情報を盗み出します。**APT**（Advanced Persistent Threat：先進的で執拗な脅威）と呼ばれることもあります。

標的型攻撃の手口には，標的の組織や個人がよく利用するWebサイトを改ざんし，そこに標的がアクセスした際にマルウェアなどの導入を仕込む**水飲み場型攻撃**や，複数回のメールのやり取りで担当者を信頼させる**やり取り型攻撃**などがあります。

ウイルス対策ソフトなど定番のセキュリティ対策では防げないことも多いため，攻撃を防ぐ入口対策だけでなく，感染後に被害を広げないための**出口対策**を行うことが重要です。

⑪フィッシング

フィッシングとは，ユーザから情報を奪うための詐欺行為のことです。携帯電話などのSMSを利用したフィッシングである**スミッシング**や，1回クリックしただけで契約したことになり金銭などを要求される**ワンクリック詐欺**などがあります。

⑫SSL/TLSダウングレード攻撃

SSL/TLSの通信では，旧バージョン（SSL 3.0など）に脆弱性があり，暗号解読や中間者攻撃が可能なことがあります。TLSハンドシェイクで提案された通信可能な複数のバージョンのうち最も脆弱なバージョンを指定することで，強度の弱い暗号での通信を行わせることを**SSL/TLSダウングレード攻撃**（またはバージョンロールバック攻撃）といいます。

セキュリティ対策

様々な攻撃から情報資産を守るためには，多くのセキュリティ対策が必要です。代表的な対策を以下に挙げます。

①アカウント管理

ユーザとアカウントを1対1で対応させ，ユーザに必要最小限のアクセス権を与えます。

②ログ管理

ログを収集し,その完全性を管理します。**デジタルフォレンジックス**を意識し，証拠となるようにログを残すことが大切です。

また，複数のサーバのログを一元管理することで，不審なアクセスを見つけやすくなります。

用語
デジタルフォレンジックスとは，法科学の一分野です。不正アクセスや機密情報の漏えいなどで法的な紛争が生じた際に，原因究明や捜査に必要なデータを収集・分析し，その法的な証拠性を明らかにする手段や技術の総称です。
ログを法的な証拠として成立させるためには，ログが改ざんされないような工夫をする必要があります。

③入退室管理

ICカードなどを用いて，入退室を管理・記録します。

④アクセス制御

ファイアウォールなどを用いてアクセスを制御します。

⑤マルウェア対策

ウイルス対策ソフトを全PCに導入し，ウイルス定義ファイルを最新版にアップデートするなど，マルウェアに感染しない対策を行います。また，検疫ネットワークを用いて，ウイルス対策を行っていないPCはネットワークに接続させないという手法も有効です。

⑥不正アクセス対策

IDS／IPSなどの侵入検知／防止システムを導入し，不正アクセスに対処します。

関連

IDS／IPSについては，次項「8-1-5　セキュリティ実装技術」で詳しく解説します。

⑦情報漏えい対策

データを暗号化したり，物理的に持ち出されないようにしたりして，情報が漏えいしないようにします。

PC内部のデータが盗まれないようにする仕組みに，**TPM**(Trusted Platform Module)があります。TPMは，PCなどの機器に搭載され，鍵生成やハッシュ演算及び暗号処理を行うセキュリティチップです。

8

⑧無線LANセキュリティ

WEPやWPAで暗号化，IEEE 802.1Xで認証を行うことなどで，無線LANのセキュリティを確保します。

用語

WEP（Wired Equivalent Privacy），**WPA**（Wi-Fi Protected Access）は，無線LANの暗号化の規格です。WEPには脆弱性が発見されたため，WPAの使用が推奨されています。WPAは改良が重ねられており，現在の最新規格はWPA3となっています。
IEEE 802.1Xは，LAN接続で利用される認証規格です。ポートごとに認証を行い，認証に成功した端末だけがLANに接続できます。

⑨携帯端末のセキュリティ

スマートフォンやタブレットPCなどの携帯端末は，PCと同様の機能をもっています。そのため，ウイルス対策ソフトを導入するなど，PCと同等のセキュリティ対策を講じることが必要です。

⑩ペネトレーションテスト

ペネトレーションテストは，サーバやファイアウォールなどのシステムに対して疑似攻撃を行うテストです。実際に侵入可能かどうかを確かめることによって，システムの安全性を確認します。

⑪迷惑メール対策

迷惑メール対策には，迷惑メールフィルタを作成し，迷惑メールと判断したメールをフィルタリングする方式が一般的です。迷惑メールフィルタの作成方式には，機械学習の一手法であるナイーブベイズ（Naive Bayes）手法を利用し，自動的に学習する**ベイジアンフィルタ**があります。

また，メールの送信元をブラックリストやホワイトリストに登録しておいて判断する方式や，SPFやDKIMなどの送信ドメインを認証するプロトコルを利用する方法があります。

関連
SPF，DKIMについては，「8-1-5 セキュリティ実装技術」で説明しています。

⑫セキュリティ監視

情報漏えいなどのセキュリティ攻撃による被害を防ぐため，重要情報を監視する仕組みを作ることが有効です。**DLP**（Data Loss Prevention）は，機密情報を外部へ漏えいさせないための包括的な対策を行うソフトウェアです。DLPは，PCなどに入れるDLPエージェントと，集中管理を行うDLPサーバ，およびネットワーク上を流れるデータを監視するDLPアプライアンスの3種類の要素で構成されます。DLPを利用することで，特定の重要情報を監視して，利用者によるコピーや送信などの挙動を検知し，ブロックすることが可能となります。

それでは，次の問題を考えてみましょう。

問題

迷惑メールの検知手法であるベイジアンフィルタの説明はどれか。

ア　信頼できるメール送信元を許可リストに登録しておき，許可リストにない送信元からの電子メールは迷惑メールと判定する。

イ　電子メールが正規のメールサーバから送信されていることを検証し，迷惑メールであるかどうかを判定する。

ウ　電子メールの第三者中継を許可しているメールサーバを登録したデータベースの掲載情報を基に，迷惑メールであるかどうかを判定する。

エ　利用者が振り分けた迷惑メールと正規のメールから特徴を学習し，迷惑メールであるかどうかを統計的に判定する。

（令和３年秋 データベーススペシャリスト試験 午前Ⅱ 問20）

解説

ベイジアンフィルタとは，ナイーブベイズを利用して，テキストを統計学的に自動分類することのできるフィルタです。機械学習を用いて利用者が振り分けた迷惑メールと正規のメールから特徴を学習することで，迷惑メールであるかどうかを統計的に判定することができます。したがって，エが正解です。

ア　ホワイトリスト方式による迷惑メール検知の説明です。

イ　SPF（Sender Policy Framework）などのドメイン認証の仕組みによる不正メール検知の説明です。

ウ　ブラックリスト方式による迷惑メール検知の説明です。

≪解答≫エ

▶▶▶覚えよう！

- □　セキュリティ対策は，技術的，人的，物理的の３種類
- □　クライアントで動くのがXSS，サーバで動くのがCSRF

8-1-5 セキュリティ実装技術

セキュリティ実装技術には，OSのセキュリティ，ネットワークセキュリティなど，様々なものがあります。

セキュアOS

セキュアOSとは，セキュリティを強化したOSです。UNIXやWindowsなどの通常のOSは，**DAC**（Discretionary Access Control：任意アクセス制御）と呼ばれる，ユーザが自分自身でアクセス権限を設定できる方式を採用しています。それに対し，セキュアOSでは，**MAC**（Mandatory Access Control：強制アクセス制御）と呼ばれる，管理者がアクセス権限を強制する方式を使用します。また，業務に合わせて**ロール**（役割）を定義することで，**RBAC**（Role Base Access Control：ロールベースアクセス制御）を行うことも可能です。それによって，不要なアクセス権をもたせずに安全を確保するという**最小権限**の原則を満たすことができます。

代表的なセキュアOSには，SELinuxやTrusted Solarisなどがあります。

用語

情報セキュリティ対策の基本的な考え方の一つに，**最小権限の原則**があります。必要以上に権限を与えると，それがセキュリティ犯罪を誘発する原因になるので，権限を最低限に抑えるという考え方です。具体的には，すべてのアクセス権を1人に集中させるのではなく，管理者権限を複数に分け，必要な人に必要なアクセス権のみを与えるという方法などがあります。

ネットワークセキュリティ

ネットワークのセキュリティを守る方法には，次のようなものがあります。

①ファイアウォール（FW）

ファイアウォールは，ネットワークを中継する場所に設置され，あらかじめ設定された**ACL**（Access Control List：アクセス制御リスト）に基づいてパケットを中継したり破棄したりする機能をもつものです。主な方式に，**IPアドレスとポート番号**を基にアクセス制御を行う**パケットフィルタ型**と，HTTP，SMTPなどのアプリケーションプログラムごとに細かく中継可否を設定できる**アプリケーションゲートウェイ型**があります。

インターネットから内部ネットワークへのアクセスは，ファイアウォールによって制御されます。しかし，完全に防御するだけでなく外部に公開する必要があるWebサーバやメールサーバなどの機器もあります。そこで，インターネットと内部ネットワークの間に，中間のネットワークとして**DMZ**（DeMilitarized Zone：非武装地帯）を設定します。

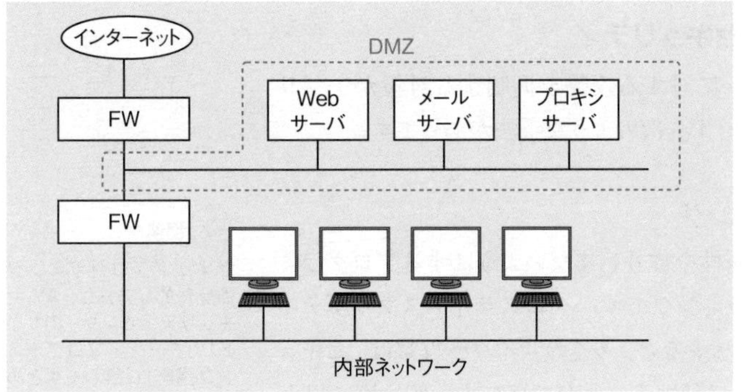

DMZ

DMZを中間に設置することで，内部ネットワークの安全性が高まります。また，DMZに**プロキシサーバ**を置き，PCからインターネットへのWebアクセスなどを中継することもできます。

②IDS ／ IPS

IDS（Intrusion Detection System：侵入検知システム）は，ネットワークやホストをリアルタイムで監視して侵入や攻撃を検知し，管理者に通知するシステムです。ネットワークに接続されてネットワーク全般を管理する**NIDS**（ネットワーク型IDS）と，ホストにインストールされ特定のホストを監視する**HIDS**（ホスト型IDS）があります。また，IDSは侵入を検知するだけで防御はできないので，防御も行えるシステムとして，**IPS**（Intrusion Prevention System：侵入防御システム）も用意されています。

発展

ファイアウォールとIDSの違いは，ファイアウォールではIPヘッダやTCPヘッダなどの限られた情報しかチェックできないのに対して，IDSでは検知する内容を自由に設定できることです。不正なアクセスのパターンを集めた**シグネチャ**を登録しておき，それと照合することで不正アクセスを検出できます。また，正常パターンを登録しておき，それ以外を異常と見なす**アノマリ検出**も可能です。

③NAT ／ NAPT（IPマスカレード）

NAT ／ NAPTによって内部ネットワークにプライベートIPアドレスを使用することで，外から内部ネットワークの存在を隠蔽することができます。**プロキシサーバ**にも同様の効果があります。

用語

NAT（Network Address Translation）は，プライベートIPアドレスをグローバルIPアドレスに1対1で対応させる技術です。
NAPTは，IPアドレスだけでなくポート番号も合わせて変換する技術で，**IPマスカレード**とも呼ばれます。

④VPN（Virtual Private Network）

VPNは，インターネットやIP-VPN網などの共有のネットワー

8

クを利用して仮想的な専用線を構築する技術です。VPNでは，IPパケットを暗号化して通信する**IPsec**や，SSLを利用して暗号化する**SSL-VPN**などによって安全な通信を実現できます。

アプリケーションセキュリティ

Webアプリケーションに対する攻撃を抑制する対策がアプリケーションセキュリティです。次のような手法があります。

①セキュアプログラミング

システム開発時に脆弱性を作り込まないようにするプログラミングがセキュアプログラミングです。クロスサイトスクリプティングやSQLインジェクションなど，多くのサイバー攻撃は，セキュアプログラミングによって避けることができます。例えば，以下の点に配慮してプログラムを組むことなどが大切です。

- 入力値の内容チェックを行う
- SQL文の組み立てはすべてプレースホルダで実装する
- エラーをそのままブラウザに表示しない

関連
セキュアプログラミングの具体的な方法は，IPAセキュリティセンターのサイト「セキュア・プログラミング講座」に詳しくまとめられています。
https://www.ipa.go.jp/security/awareness/vendor/programming/index.html
実務でシステム開発を行う場合には，ぜひ参考にしてみてください。

②脆弱性低減技術

脆弱性低減技術としては，ソースコード静的検査やプログラムの動的検査に加えて，未知の脆弱性を検出する技術であるファジングなどがあります。

③Same Origin Policy

Same Origin Policy（同一生成源ポリシ）とは，あるオリジン（ドメインなどが同一のサイト）から読み込まれた文書やスクリプトを他のオリジンで利用できないように制限する機能です。外部からの干渉を防ぐために利用されます。

④パスワードクラック対策

パスワードファイルを取得されるなどのパスワードクラックへの対策として，パスワードをハッシュ化するときに**ソルト**と呼ばれる文字列を付加する方法があります。また，ハッシュ値の計算を何回も繰り返す**ストレッチング**という手法もあります。

⑤WAF

Webアプリケーションで発生する脆弱性を防ぐ対策としては，WAF（Web Application Firewall）があります。WAFには，脆弱性を取り除ききれなかったWebアプリケーションに対する攻撃を防御する機能があります。

その他のセキュリティ

セキュリティ技術や対策には，ほかにも様々なものが用意されています。代表的なものを以下に示します。

①スパム対策／ウイルス対策

ウイルスの対処方法は，基本的に次の三つです。

- ウイルス対策ソフトをインストールする
- ウイルス定義ファイルを最新状態に更新し続ける
- OSやアプリケーションを最新版にアップデートする

これらが守られていないと，ウイルスやスパムの被害にあう可能性が高くなります。しかし，完全に対応することは不可能であり，脆弱性の発見にウイルス定義ファイルの更新が間に合わないとゼロデイ攻撃にあう場合があります。

用語

ゼロデイ攻撃とは，OSやアプリケーションの修正プログラムが提供されるよりも前に，実際にセキュリティホールを突いた攻撃が行われることです。

②テンペスト技術

PCや周辺機器から発する微弱な電磁波（漏えい電磁波）を受信することで通信を傍受することをテンペスト（TEMPEST: Transient Electromagnetic Pulse Surveillance Technology）技術と呼びます。対抗するためには，電磁波を遮断する部屋に機器を設置するなどの対応が必要です。

③ステガノグラフィ

音声や画像などのデータに秘密のメッセージを埋め込む技術です。同様の技術である電子透かしは，コンテンツに関係がある情報を埋め込んで著作権を守ることが主な目的であるのに対して，ステガノグラフィでは秘匿メッセージをやり取りします。

④時刻認証（タイムスタンプ）

契約書や領収書などが電子化されると，それが改ざんされる危険があります。PKIでのデジタル署名は，他人の改ざんは証明できますが，本人による改ざんには対処できません。そこで，**TSA**（時刻認証局）が提供している**時刻認証**サービスを利用して書類のハッシュ値に時刻を付加し，TSAのデジタル署名を行ったタイムスタンプを付与することによって，その時刻に書類が存在していたこと（**存在性**），その時刻の後に改ざんされていないこと（**完全性**）が証明できます。

⑤ソーシャルエンジニアリング

人間の心理的，社会的な性質につけ込んで秘密情報を入手する手法のことです。上司や重要顧客などを詐称してシステム管理者に電話をかけパスワードなどを聞き出す，ゴミ箱をあさってパスワードなどが書かれた紙を見つけるなどの方法があります。

⑥CAPTCHA

ユーザ認証のときに合わせて行うテストで，利用者がコンピュータでないことを確認するために使われます。名前はCompletely Automated Public Turing test to tell Computers and Humans Apartの頭文字をとったものです。コンピュータには認識困難な画像で，人間は文字として認識できる情報を読み取らせることで，コンピュータで自動処理しているのではないことを確かめます。

⑦トランザクション署名

トランザクションの内容全体に対してデジタル署名を行う技術です。トランザクション内容（取引先口座や金額などの内容すべて）に対してハッシュ値を算出し，認証者の秘密鍵を用いてデジタル署名を生成します。

トランザクション署名を利用することでトランザクション内容の完全性が確認でき，改ざんを検出することができます。銀行などでの送金時にトランザクション署名を用いた認証を行うことを，**送金内容認証**ともいいます。

金融機関などでトランザクション署名を用いる場合には，トランザクション署名の機能をもつハードウェアトークンを利用し，署名用の鍵を不正に取得されにくくすることがあります。

認証プロトコル

ユーザや機器を認証するプロトコルのうち，代表的なものを以下に挙げます。

①SPF（Sender Policy Framework）

電子メールの認証技術の一つで，差出人のIPアドレスなどを基にメールのドメインの正当性を検証します。DNSサーバにSPFレコードとしてメールサーバのIPアドレスを登録しておき，送られたメールと比較します。

②DKIM（Domain Keys Identified Mail）

電子メールの認証技術の一つで，デジタル署名を用いて送信者の正当性を立証します。署名に使う公開鍵をDNSサーバに公開しておくことで，受信者は正当性を確認できます。

③SMTP-AUTH

送信メールサーバで，ユーザ名とパスワードなどを用いてユーザを認証する方法です。通常のSMTPのポート番号ではなく，サブミッションポートと呼ばれる特別なポートを利用する場合が多いです。

④OAuth

あらかじめ信頼関係を構築したサービス間で，ユーザの合意のもと，セキュリティを確保した上でユーザの権限を受け渡しする手法です。

⑤DNSSEC（DNS Security Extensions）

DNSの応答の正当性を保証するための仕様です。DNSのドメイン登録情報にデジタル署名を付加することで，正当な応答レコードであることと，内容が改ざんされていないことを保証します。

用語

DNS（Domain Name System）は，インターネット上のホスト名・ドメイン名とIPアドレスを対応付けて管理するシステムです。

8

⑥Diameter

Diameterは，認証・認可・課金（AAA：Authentication, Authorization, Accounting）プロトコルで，**RADIUS**（Remote Authentication Dial In User Service）の後継です。トランスポート層のプロトコルとしてUDPの代わりにTCPを利用し，セキュリティに関してはTLSを利用して暗号化することが可能です。

RADIUSは，認証と利用事実の記録を一元管理するプロトコルです。トランスポート層のプロトコルにUDPを用います。

覚えよう！

- □ **FWはアクセス制御，IDSは侵入検知，防御するのはIPS**
- □ **内部ネットワークの隠蔽にはNAT／NAPT／プロキシ**

コラム　情報セキュリティの最新情報をチェックする

情報セキュリティについては，攻撃手法もその対策もどんどん進化していきます。そのため，書籍などによる学習では最新技術を追い切れないことはよくあります。そんなときの情報源としてWebサイトは有効ですが，単純にキーワードで検索しているだけでは，信頼できる情報かどうかを見分けるのは難しいでしょう。

そこで，信頼できる最新情報を提供しているWebサイトとして，IPA（Information-technology Promotion Agency, Japan：独立法人情報処理推進機構）の情報セキュリティのページをおすすめします。

https://www.ipa.go.jp/security/

ここでは，「安全なSQLの呼び出し方」などの情報セキュリティに役立つ情報や，「10大脅威」など，その年のセキュリティのトレンドも発信しています。また，セキュリティを啓蒙するための活動として，「まもるくん」などのオリジナルキャラクターや，少女漫画風のパスワード啓発漫画ポスターなど，様々なものが公開されていて，楽しみながら学習ができます。

特別に“がんばってお勉強”という感じで見る必要はないのですが，「最新の情報も少し知っておこう」というくらいの気持ちで定期的にチェックしておくと，時代の流れにも敏感になれるのでいいと思います。

IPAは，情報処理技術者試験を実施している団体でもありますし，ここで発信される情報は試験でもよく出題されます。テキストで勉強するだけでなく，インターネットの情報もしっかりチェックしておくと，試験以外でもいろいろと役立ちます。

8-2 データベースセキュリティ

データベースにはデータを保護するための情報セキュリティが不可欠です。DBMSの仕組みや独自の制御などでデータを保護します。

8-2-1 データベースセキュリティ

DBMSには，利用者認証やロールなどのセキュリティ機能があります。データの暗号化もDBMSの機能を使用することで行えますが，ほかに独自の方法で暗号化することも可能です。

データベースセキュリティに関する出題は，DBMSでのロールを利用したアクセス制御の問題が中心です。SQLの文法に加えて，その仕組みや利用方法なども押さえておきましょう。

利用者認証

DBMSでは，ログイン用のアカウントを設定し，**ユーザ**ごとに利用者認証を行います。それぞれのユーザに，テーブルやビューなどのアクセス権限を設定することが可能です。例えば，表の一部のみにアクセス権限を設定したいときには**ビューを利用**し，ビューに対してユーザのアクセス権限を設定します。

また，Webサーバ上のプログラムからアクセスする場合などは，複数のユーザが同じDBMSアカウントでアクセスするので利用者の記録が残らないことがあります。その場合は，Webサーバ側でアクセス制御をする必要があります。

ロール

DBMSのアカウントには，ユーザだけでなく**ロール**（役割）を設定し，ロールごとにアクセス制御できます。ロールによるアクセス制御のことを**ロールベースアクセス制御**といいます。

ロールをいったん設定すると，ユーザと同様に，テーブルやビューにアクセス権を設定します。そのため，ロールが設定されるユーザに変更があってもロールのアクセス権を変更する必要がないため，異動などに柔軟に対応できます。

ロールのSQL文法などについては，「4-1-2 SQL-DDL」で説明しています。具体的な記述方法はこちらを参考にしてください。

8

暗号化

DBMSの暗号化機能を使用することで，データベースに格納されるデータ自体を暗号化できます。これにより，DBMSが格納されているストレージなどが盗難された場合でもデータを保護することが可能です。

ただし，プログラムからアクセスされた場合には復号して渡されるので，解読可能になります。SQLインジェクションなど，アプリケーションを中継した攻撃に対しては無効なので注意が必要です。

DBMSの暗号化機能のほかに，アプリケーションなどで独自の暗号化を行い，そのデータをDBMSに格納することでデータを保護することも可能です。

ログデータの管理

データベースをはじめとしたシステムへの利用者のアクセスについては，ログ管理を行い，アクセスログを保管して，誰がいつアクセスしたのかを正確に管理する必要があります。ログはただ取得するだけでなく，ログを監視し，定期的にチェックすることが大切です。**ログデータそのものをDBMSで管理**すること，不正検知やデータ分析などに役立てることができます。

ログを監視していることを周知するだけで，内部不正の**抑止効果**になります。周知しても具体的な監視方法を知らせないことが,不正防止に最も効果的です。通常時からログを適切に管理し,問題が起こったときに証拠として活用できるように保管しておくために，**デジタルフォレンジックス**も重要になってきます。

証拠保全技術

ログを証拠として有効活用するために，ログ管理においては様々な証拠保全技術を利用します。代表的な証拠保全技術には次のようなものがあります。

①時刻同期（NTP）

ログを証拠とするには，時刻が正確であり，サーバ間で時刻が合っている必要があります。そのために，時刻を同期するプロトコルであるNTP（Network Time Protocol）を用いて，すべてのサーバの時刻を合わせておきます。時刻同期が行われていると，不正アクセス時のサーバ侵入の順番が分かり，アクセス経路の特定に役立ちます。

②SIEM（Security Information and Event Management）

サーバやネットワーク機器などからログを集め，そのログ情報を分析し，異常があれば管理者に通知する，または対策方法を知らせる仕組みです。セキュリティインシデントにつながるおそれのあるものをリアルタイムで監視し，管理者が素早く検知，対応することを助けます。

③WORM（Write Once Read Many）

書き込みが1回しかできない記憶媒体のことです。読み込みは何度でも可能です。ログなど，改ざんを防止する必要があるデータの書き込みに利用されます。

④ブロックチェーン

仮想通貨などで用いられる分散型台帳技術です。ログごとのハッシュ値を連続でチェーンのようにつなげるデータ構造を使用することで，ログの完全性と順番を保証します。

▶▶▶ 覚えよう！

- ☐ ユーザをまとめてロールとしてアクセス権を管理
- ☐ DBMSの暗号化は，アプリケーション経由では使えない

8

8-3 問題演習

8-3-1 午前問題

問1 デジタル証明書 CHECK ▶ □□□

デジタル証明書に関する記述のうち，適切なものはどれか。

ア　S/MIMEやTLSで利用するデジタル証明書の規格は，ITU-T X.400で標準化されている。
イ　TLSにおいて，デジタル証明書は，通信データの暗号化のための鍵交換や通信相手の認証に利用されている。
ウ　認証局が発行するデジタル証明書は，申請者の秘密鍵に対して認証局がデジタル署名したものである。
エ　ルート認証局は，下位の認証局の公開鍵にルート認証局の公開鍵でデジタル署名したデジタル証明書を発行する。

問2 ネットワーク層での暗号化プロトコル CHECK ▶ □□□

PCからサーバに対し，IPv6を利用した通信を行う場合，ネットワーク層で暗号化を行うのに利用するものはどれか。

ア　IPsec　　イ　PPP　　ウ　SSH　　エ　TLS

問3 インシデントハンドリングの順序 CHECK ▶ □□□

インシデントハンドリングの順序のうち，JPCERTコーディネーションセンター“インシデントハンドリングマニュアル(2015年11月26日)”に照らして，適切なものはどれか。

ア　インシデントレスポンス(対応) → 検知／連絡受付 → トリアージ
イ　インシデントレスポンス(対応) → トリアージ → 検知／連絡受付
ウ　検知／連絡受付 → インシデントレスポンス(対応) → トリアージ
エ　検知／連絡受付 → トリアージ → インシデントレスポンス(対応)

問4 エクスプロイトコード CHECK ▶ □□□

エクスプロイトコードの説明はどれか。

ア 攻撃コードとも呼ばれ，ソフトウェアの脆弱性を悪用するコードのことであり，使い方によっては脆弱性の検証に役立つこともある。
イ マルウェア定義ファイルとも呼ばれ，マルウェアを特定するための特徴的なコードのことであり，マルウェア対策ソフトによるマルウェアの検知に用いられる。
ウ メッセージとシークレットデータから計算されるハッシュコードのことであり，メッセージの改ざん検知に用いられる。
エ ログインのたびに変化する認証コードのことであり，窃取されても再利用できないので不正アクセスを防ぐ。

問5 DRDoS攻撃 CHECK ▶ □□□

DRDoS（Distributed Reflection Denial of Service）攻撃に該当するものはどれか。

ア 攻撃対象のWebサーバ1台に対して，多数のPCから一斉にリクエストを送ってサーバのリソースを枯渇させる攻撃と，大量のDNSクエリの送信によってネットワークの帯域を消費する攻撃を同時に行う。
イ 攻撃対象のWebサイトのログインパスワードを解読するために，ブルートフォースによるログイン試行を，多数のスマートフォン，IoT機器などから成るボットネットを踏み台にして一斉に行う。
ウ 攻撃対象のサーバに大量のレスポンスが同時に送り付けられるようにするために，多数のオープンリゾルバに対して，送信元IPアドレスを攻撃対象のサーバのIPアドレスに偽装した名前解決のリクエストを一斉に送信する。
エ 攻撃対象の組織内の多数の端末をマルウェアに感染させ，当該マルウェアを遠隔操作することによってデータの改ざんやファイルの消去を一斉に行う。

問6 ブロックチェーンのデータ構造 CHECK ▶ □□□

ブロックチェーンのデータ構造の特徴として，適切なものはどれか。

ア　検索のための中間ノードと，実データへのポインタを格納する葉ノードをインデックスとしてもつ。
イ　時刻印を付与された複数のバージョンから成るデータをスナップショットとしてもつ。
ウ　実データから作成したビットマップをインデックスとしてもつ。
エ　直前のトランザクションデータの正当性を検証するためのハッシュ値をもつ。

午前問題の解説

問1 (令和2年10月 データベーススペシャリスト試験 午前Ⅱ 問20改)

《解答》イ

デジタル証明書とは，公開鍵を含めた証明書の内容に認証局がデジタル署名を行うことによって，証明書の内容と公開鍵が改ざんされておらず正しいことと，認証局が個人や会社の身分について信頼性を確認していることを示すものです。TLSにおいて，通信データの暗号化のための鍵交換や通信相手の認証に利用しているので，**イ**が正解です。

ア　デジタル証明書の規格はITU-T X.509です。

ウ　デジタル証明書では，申請者の公開鍵を含む情報に対してデジタル署名を行います。

エ　ルート認証局のデジタル署名は，ルート認証局の秘密鍵で行います。

問2 (令和4年秋 データベーススペシャリスト試験 午前Ⅱ 問21)

《解答》ア

PCからサーバに対しての通信を，ネットワーク層で暗号化して通信を行うことができるプロトコルに，IPsec (Security Architecture for Internet Protocol) があります。IPsecは，IPv6には標準で対応しています。したがって，**ア**が正解です。

イ　PPP (Point-to-Point Protocol) は，電話回線などを用いて，2点間を接続してデータ通信を行うための通信プロトコルです。

ウ　SSH (Secure Shell) は，ネットワーク上で遠隔操作を行うためのプロトコルです。セッション層で暗号化を行います。

エ　TLS (Transport Layer Security) は，PCとサーバ間のTCP (Transmission Control Protocol) 通信を安全に行うためのプロトコルです。トランスポート層の上での暗号化を行います。

問3 (令和3年秋 データベーススペシャリスト試験 午前Ⅱ 問19)

《解答》エ

インシデントハンドリングマニュアル (https://www.jpcert.or.jp/csirt_material/files/manual_ver1.0_20151126.pdf) 2. 基本的ハンドリングフローによると，インシデント全般で共通したフローは次のようになります。

検知／連絡受付 → トリアージ → インシデントレスポンス (対応)

連絡を受けたインシデントに対して，まずトリアージ (優先順位付け) を行い，インシデントに対応するかどうかを決定します。したがって，**エ**が正解です。

8

問4 (令和2年10月 データベーススペシャリスト試験 午前Ⅱ 問19)

《解答》ア

エクスプロイトコードとは，脆弱性を確認するためのコードです。攻撃コードとして，脆弱性を悪用することも可能ですが，脆弱性を検証し，対策に役立てることもできます。したがって，**ア**が正解です。

イ　シグネチャ，またはパターンなどと呼ばれるもので，マルウェア定義ファイルに記録されます。

ウ　HMAC (Hash-based Message Authentication Code) などのメッセージ認証コードに該当します。

エ　ワンタイムパスワードなどの認証コードに該当します。

問5 (令和5年秋 データベーススペシャリスト試験試験 午前Ⅱ 問19)

《解答》ウ

DRDoS (Distributed Reflection Denial of Service) 攻撃とは，DDoS攻撃の一種です。リフレクション攻撃ともいい，送信元を攻撃対象に偽装したパケットを多数のコンピュータに送信し，その応答を攻撃対象に集中させます。オープンリゾルバとは，外部からアクセスできるDNSキャッシュサーバです。多数のオープンリゾルバに，送信元IPアドレスを偽装した名前解決のリクエストを一斉に送信することで，DRDoS攻撃を実現できます。したがって，**ウ**が正解です。

ア　マルチベクトル型DDoS攻撃に該当します。

イ　ブルートフォース攻撃を分散型で行ったものです。

エ　遠隔操作マルウェアによる攻撃に該当します。

問6 (令和5年秋 データベーススペシャリスト試験試験 午前Ⅱ 問18)

《解答》エ

ブロックチェーンのデータ構造は，ハッシュ値を用いたチェーン構造です。取引のデータに加えて，直前のトランザクションデータの正当性を検証するためのハッシュ値を合わせて格納します。したがって，**エ**が正解です。

ア　B^+木などの，木構造のインデックスで使用されるデータ構造です。

イ　時刻印アルゴリズムでの同時実行制御に関するデータ構造です。

ウ　ビットマップインデックスのデータ構造です。

8-3-2 ● 午後問題

問題 RDBMSのセキュリティ CHECK ▶ □□□

RDBMSのセキュリティに関する次の記述を読んで，設問1～3に答えよ。

B社は，個人顧客を対象にした保険会社である。B社では，顧客の個人情報の保護を強化するために，営業支援システムにおけるセキュリティに関する設計を見直すことにした。情報システム部のFさんがその見直しを担当した。

〔RDBMSのビュー及びセキュリティに関する主な仕様〕

(1) 実テーブル(以下，テーブルという)又はビューのアクセス権限(SELECT，INSERT，UPDATE及びDELETEの各権限)をもつユーザは，テーブル又はビューにアクセスすることができる。

(2) ビューにアクセスする場合，そのビューが参照するテーブル又は別のビューのアクセス権限は不要である。

(3) テーブル又はビューのアクセス権限は，ユーザID，ロールに付与される。

(4) ロールは，ユーザIDに付与され，別のロールにも付与されることがある。

〔営業部の組織・業務の概要〕

営業部の組織・業務の概要は次のとおりである。組織の一部を図1に示す。

(1) 営業部及び営業課は，部門番号で識別される。

(2) 社員は，社員番号で識別される。社員には，営業支援システムにログインするためのユーザID (社員番号を使用)が付与されている。

(3) 個人顧客(以下，顧客という)は，顧客番号で識別される。1人の顧客は，一つの営業課によって担当される。

(4) 課長は，部下社員から成る少人数の営業チーム(以下，チームという)を複数編成する。経験豊かな社員については，複数チームに参加させることがある。

(5) チームは，顧客を訪問して面談し，保険に関わる様々な業務を行う。

(6) 各チームは，複数顧客を担当する。同じ顧客を複数チームが担当することはない。

(7) 課長は，随時，チーム編成を変える。チームに編成される社員が変わったり，チームから離れた社員が，また同じチームに戻ったりすることがある。

なお，チーム編成は，営業支援システムによって管理されていない。

8

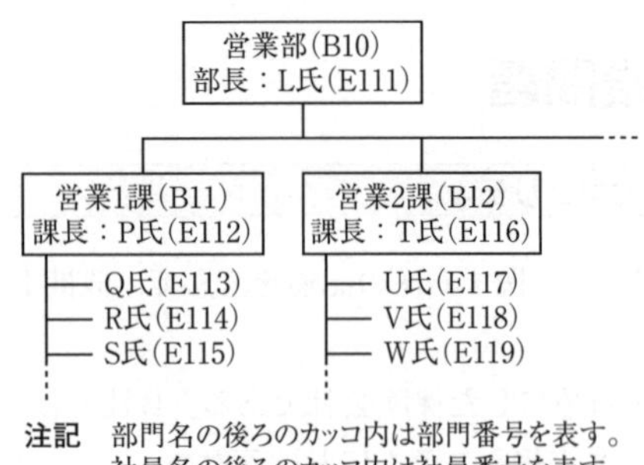

図1 営業部の組織(一部)

〔営業支援システムの概要〕

1. 主なテーブルの構造

営業支援システムで使用される主なテーブルの構造を図2に示す。

部門（部門番号，部門名，部門長社員番号，上位部門番号，所在地，…）
社員（社員番号，所属部門番号，社員名，電話番号，メールアドレス，FAX番号）
顧客（顧客番号，担当部門番号，顧客名，生年月日，住所，電話番号，性別，…）
訪問予定（顧客番号，社員番号，訪問予定日，訪問予定時刻，訪問予定時間，訪問目的）
訪問実績（顧客番号，社員番号，訪問実施日，訪問開始時刻，訪問終了時刻，訪問結果）

図2 主なテーブルの構造(一部省略)

2. セキュリティ要件

B社での顧客の個人情報(以下，個人情報という)とは，顧客名，生年月日，その他の記述などによって特定の個人を識別することができるものをいう。セキュリティに関する設計見直し後の個人情報に関するセキュリティ要件は，次の①～④のとおりである。

① 営業課の社員は，その課が担当する顧客の個人情報にアクセスできる。

② 部門長は，部下がアクセスできる全ての情報にアクセスできる。

③ 個人情報が格納されているテーブルを隠蔽するために，社員にはビューを使わせ，テーブルには直接アクセスさせない。

④ 個人情報にアクセスする必要がなくなった社員については，そのことを反映するためのアクセス制限を直ちに実施する。

3. 操作及び処理の概要

社員が自分のユーザIDを指定してログインした営業支援システムに対する操作，及び営業支援システムによる処理の概要は，次のとおりである。

(1) 社員は，顧客訪問の前に予定を登録し，予定の変更は，その都度，反映する。予定なしに顧客訪問することはない。

(2) 社員は，予定日に顧客訪問を実施後，その実績を登録する。

(3) 社員は，画面上でアクセスを許可されたテーブル名又はビュー名の一覧から一つを選び，選択・集計条件及び結果行の並び順を指定する。

(4) 営業支援システムは，(3)の指定に基づき，実行可能なSQL文を動的に組み立てて実行し，その実行結果を画面に出力する。

〔ビュー及びロールの設計〕

Fさんは，個人情報を含む営業課別ビューのうち，営業1課及び営業2課のビューを，表1のSQL1及びSQL2に示すように設計した。

表1 営業1課及び営業2課のビューの定義

SQL	SQLの構文
SQL1	CREATE VIEW 営業1課ビュー AS SELECT 顧客番号，顧客名，生年月日， 住所，電話番号，性別 FROM 顧客 WHERE 担当部門番号 = 'B11'
SQL2	CREATE VIEW 営業2課ビュー AS [網掛け]

注記 網掛け部分は表示していない。

Fさんは，ビューを用いることを前提に，次のようにロールを設計し，運用することに決めた。営業課別ビューのアクセス権限をロールに付与する手順を，表2に示す。

(1) 部門番号をロール名として，ロールを定義する。

(2) 営業課別ビューのアクセス権限をロールに付与する。

(3) ロールの付与・剥奪については，課長が1営業日前までにデータベース管理者（以下，DBAという）に依頼する。DBAは，課長からの依頼に基づいて，ロールの付与・剥奪をRDBMSに対して実施する。

8

表2 営業課別ビューのアクセス権限をロールに付与する手順（未完成）

SQL	SQLの構文
ア	GRANT ROLE [a], [b] TO [c] ;
イ	GRANT ROLE B10 TO E111 ;
ウ	GRANT ROLE B11 TO E112, E113, E114, E115 ;
エ	GRANT ROLE B12 TO E116, E117, E118, E119 ;
オ	CREATE ROLE B10 ;
カ	CREATE ROLE B11 ;
キ	CREATE ROLE B12 ;
ク	GRANT SELECT ON 営業1課ビュー TO [a] ;
ケ	GRANT SELECT ON 営業2課ビュー TO [b] ;

注記 セミコロンは，SQL文の終端を示す。
ここで示した部門番号及び社員番号は，図1に示したものに限っている。

〔ビューの設計変更〕

Fさんが，設計見直し前の営業支援システムの利用状況を分析したところ，動的に組み立てて実行されたSQL文の中に，“顧客”テーブルに直接アクセスするSQL文，及び複雑でかつ実行回数が多いSQL文があった。前者の例を照会1に，後者の例を照会2に示す。

照会1 社員が過去に登録した訪問予定のうち，その社員が予定日に訪問しなかった顧客の顧客番号，顧客名，社員番号及び訪問予定日を出力する（表3のSQL3を参照）。

照会2 年初からの訪問回数がN回以上の社員について，社員番号，社員名，訪問回数を出力する。ここで，Nは実行時に与えられ，SQL文の動的パラメタの？に設定される（表3のSQL4を参照）。

Fさんは，照会1についてはセキュリティ要件③を満たすために，照会2についてはSQL文を簡単にするために，それぞれビューを使うことにした。

表3 営業支援システムで使用する主なSQLの構文（未完成）

SQL	SQLの構文
SQL3	SELECT K.顧客番号, K.顧客名, HY.社員番号, HY.訪問予定日 FROM 顧客 K [d] 訪問予定 HY ON K.顧客番号 = HY.顧客番号 [e] 訪問実績 HJ ON HY.顧客番号 = HJ.顧客番号 AND HY.社員番号 = HJ.社員番号 AND HY.訪問予定日 = HJ.訪問実施日 WHERE HJ.訪問実施日 IS NULL
SQL4	SELECT S.社員番号, S.社員名, COUNT(*) 訪問回数 FROM 社員 S INNER JOIN 訪問実績 HJ ON S.社員番号 = HJ.社員番号 WHERE HJ.訪問実施日 >= ISODATE('2016-01-01') GROUP BY S.社員番号, S.社員名 HAVING COUNT(*) >= ?
SQL5	SELECT 社員番号, 社員名, 訪問回数 FROM 社員別訪問回数ビュー WHERE

注記 ISODATE関数は，日付を表す文字列をDATE型に変換するユーザ定義関数とする。

〔セキュリティ要件の強化〕

営業支援システムのセキュリティを更に強化するために，セキュリティ要件①が，“チームの社員は，当該チームが担当する顧客の個人情報にアクセスできる。”に変更された。Fさんは，営業課別のロールをチーム別のロールに変更するという対応（**対応案A**）も考えたが，次のような対応（**対応案B**）を採用することにした。

(1) 営業支援システムに，新たに“チームメンバ”テーブルを追加する。当該テーブルへのアクセス権限（DELETE権限以外）を課長に与え，課長が次のような操作を行える機能を追加する。ただし，操作は各営業課内に限られるものとする。
  (a) 営業課内で一意なチーム番号を付与する。
  (b) 営業課内のチームの社員ごとに，担当開始日及び担当終了日を設定した行を登録する。担当終了日が未定の場合は，NULLを設定する。
  (c) 担当開始日の当日又は前日までに，行を登録する。
  (d) 担当開始日列又は担当終了日列を，いつでも変更することができる。
  (e) 過去にどの社員がどのチームのメンバだったかを調べることができる。

(2) “顧客”テーブルにチーム番号列を追加し，営業課別だった表1のSQL1及びSQL2を，営業課共通にするために，表4のSQL6のように変更する。

8

表4 セキュリティ要件の強化後のビューの定義

SQL	SQLの構文

SQL6	CREATE VIEW 営業課ビュー AS
	 SELECT 顧客番号, 顧客名, 生年月日, 住所, 電話番号, 性別
	 FROM 顧客 K INNER JOIN チームメンバ T
	  ON K.担当部門番号 = T.部門番号 AND K.チーム番号 = T.チーム番号
	 WHERE T.社員番号 = CURRENT_USER AND T.担当開始日 <= CURRENT_DATE
	  AND(T.担当終了日 >= CURRENT_DATE OR T.担当終了日 IS NULL)

設問1 〔ビュー及びロールの設計〕について，(1)，(2)に答えよ。

(1) 表2中の［ a ］～［ c ］に入れる適切な字句を答えよ。

(2) 表2のア～ケで示したSQL文を正しい順に並べ替えよ。
なお，正しい順は複数通りあるが，そのうちの一つを答えよ。
（ ）→（ ）→（ ）→（ ）→（ ）→（ ）→（ ）→（ク）→（ケ）

設問2 〔ビューの設計変更〕について，(1)～(3)に答えよ。

(1) 表3中の［ d ］，［ e ］に入れる適切な字句を答えよ。

(2) 表3中のSQL4において，そのままビューの定義に指定できない箇所がある。その箇所を二重線で消せ。

(3) (2)で指定できないとした箇所を除いてビューを定義する。定義したビュー構造を，社員別訪問回数ビュー（社員番号，社員名，訪問回数）とし，SQL4と同じ結果行を得るために，表3中のSQL5（未完成）を作成した。SQL5の空欄に適切な字句を入れて完成させよ。ただし，結果行の並び順については，考慮しなくてよい。

設問3 〔セキュリティ要件の強化〕について，(1)～(3)に答えよ。

(1) “チームメンバ”テーブルの構造を示せ。主キーには実線の下線を付けること。

(2) 図1中の社員のうち，個人情報へのアクセスが許可されているにもかかわらず，表4のSQL6では期待した結果を得られない社員がいる。その社員の社員番号を全て答えよ。また，解決策として，“チームメンバ”テーブルに対して行うべき行の操作を，30字以内で具体的に述べよ。

(3) セキュリティ要件④におけるアクセス制限の実施について，対応案Bが対応案Aに比べて優れている理由を，40字以内で具体的に述べよ。

（平成28年春 データベーススペシャリスト試験 午後Ⅰ 問3）

午後問題の解説

RDBMSのセキュリティについての問題です。RDBMSのアクセス制御技術であるビューやロールについての定義を行います。GRANT文を中心としたSQL文，セキュリティなどについての知識は必要ですが，難易度はそれほど高くありません。

設問1

〔ビュー及びロールの設計〕についての問題です。表2のSQL文を完成し，実行する順番を考えます。

(1)

空欄a～cの穴埋め問題です。GRANT文を完成させていきます。なお，SQLでのロール設定の手順は，以下のとおりです。

SQL GRANT文でロール（役割）を設定する場合，まずCREATE ROLE <ロール名>でロールを作成します。次に，GRANT ROLE <ロール名> TO <ユーザ名>｜<ロール名>で，ロールにユーザまたはロールを割り当てていきます。最後に，GRANT <権限内容> ON <テーブル名>｜<ビュー名> TO <ユーザ名>｜<ロール名>で，テーブルやビューにアクセス権限を割り当てていきます。

空欄a

アのGRANT ROLE文で権限を与えられるロールで，クで営業1課ビューにアクセス権限を与えられる対象を考えます。図1より，営業1課の部門番号はB11で，表2のウで，B11のロールが設定されています。これより，営業1課ビューにアクセス権限を与える相手は，ロールB11だと考えられます。したがって，空欄aは**B11**です。

空欄b

空欄aと同様に，営業2課ビューにアクセス権限を与えられる対象を考えます。図1より，営業2課の部門番号はB12で，表2のエで，B12のロールが設定されています。これより，営業2課ビューにアクセス権限を与える相手は，ロールB12だと考えられます。したがって，空欄bは**B12**です。

空欄c

空欄a，bのロールB11，B12にアクセス権を与えられるロールを考えます。図1より，営業部の部門番号はB10で，表2のオで，B10のロールが設定されています。営業1課，営業2課はいずれも営業部に含まれるので，営業部のアクセス権を設定するのに適当です。したがって，空欄cは**B10**です。

8

(2)

表2のSQL文を正しい順に並び替えます。

ロールを設定する場合，まずロールをCREATE ROLE文で作成する必要があるので，オ，カ，キでB10，B11，B12のロール作成を最初に実行します。次に，各部門ごとにユーザをロールへ割り当てるイ，ウ，エと，営業部全体のロールへユーザ設定を行うアを実行します。最後に，ビューへ権限を割り当てるク，ケを実行します。

したがって，実行順序は，**(オ)→(カ)→(キ)→(イ)→(ウ)→(エ)→(ア)→(ク)→(ケ)**となります。オ，カ，キ及びイ，ウ，エ，アは順不問です。

設問2

〔ビューの設計変更〕についての問題です。セキュリティを強化，またはSQL文を簡単にするために変更した表3のSQL文を完成させていきます。外部結合やグループ化などを考慮する定番のSQL問題です。

(1)

表3中のSQL3の空欄d，eの穴埋め問題です。FROM句のテーブル結合で，"顧客"テーブルと"訪問予定"，"訪問実績"の各テーブルの結合条件を考えます。

〔ビューの設計変更〕の照会1より，「社員が過去に登録した訪問予定のうち，その社員が予定日に訪問しなかった顧客」についての情報を求めるのがSQL3です。これより，"訪問予定"テーブルには登録されているが"訪問実績"テーブルには登録されていないという行を抽出する必要があります。そのため，"訪問予定"テーブルとの結合は単に内部結合(INNER JOIN，または単にJOIN)で問題ありませんが，"訪問実績"テーブルは，左外部結合(LEFT (OUTER) JOIN)で結合する必要があります。

したがって，**空欄dはINNER JOINまたはJOIN，空欄eはLEFT OUTER JOINまたはLEFT JOIN**となります。

(2)

表3中のSQL4において，そのままビューの定義に指定できない箇所を示します。

〔ビューの設計変更〕照会2に，「SQL文の動的パラメタの?」についての記述があります。ビューでは動的パラメタを指定して実行することはできないので，この部分はビューではなく，ビューを呼び出した後のSQL文で実行する必要があります。

したがって，削除する部分は，動的パラメタを含む行，`HAVING COUNT(*) >= ?`です。

(3)

(2)で指定できないとした箇所を除いて作成した社員別訪問回数ビューを用いて，SQL4と同じ結果を得るためのSQL5を完成させます。

社員別訪問回数ビューは，列名が(社員番号，社員名，訪問回数)であり，COUNT(*)で集計された値が訪問回数列となっています。そのため，この列名を使用し，**訪問回数 >= ?**という条件をWHERE句に追加すれば，SQL4と同じ結果を得ることができます。

設問3

〔セキュリティ要件の強化〕についての問題です。“チームメンバ”テーブルを作成し，チームの社員ごとのアクセス制御を実現する方法を考えます。

(1)

“チームメンバ”テーブルの構造を示します。

表4のSQL6より，“チームメンバ”(T)テーブルには，(部門番号，チーム番号，社員番号，担当開始日，担当終了日)の列が必要なことが分かります。

まず，〔セキュリティ要件の強化〕(1)(a)に，「営業課内で一意なチーム番号」とあるので，チームを特定するためには{部門番号，チーム番号}が必要です。

さらに(b)に，「営業課内のチームの社員ごとに，担当開始日及び担当終了日を設定した行を登録する」とあり，社員ごとに担当開始日と担当終了日を設定することが分かります。このとき，社員がいったんチームを抜けて再度担当するなど，複数回チームに設定することが考えられるので，ある社員のチームへの割当てを一意に特定するためには，社員番号だけでなく，担当開始日か担当終了日が必要となります。ただし，担当終了日にはNULLが設定される可能性があるため主キーにはできません。

したがって，主キーは{部門番号，チーム番号，社員番号，担当開始日}となります。まとめると，テーブル構造は次のようになります。

チームメンバ（<u>部門番号</u>，<u>チーム番号</u>，<u>社員番号</u>，<u>担当開始日</u>，担当終了日）

(2)

図1中の社員のうち，個人情報へのアクセスが許可されているにもかかわらず，表4のSQL6では期待した結果を得られない社員について考えます。

SQL6では，“チームメンバ”テーブルを基に，チームメンバとなっている社員番号をチェックして営業課ビューを作成します。しかし，〔営業支援システムの概要〕2. セキュリティ要件の②に「部門長は，部下がアクセスできる全ての情報にアクセスできる」とあります。つまり，

図1の営業部長L氏(E111)は，営業部の全ての情報にアクセスできる必要がありますが，チームメンバとなっていなければ参照できません。同様に，営業1課の課長P氏(E112)，営業2課の課長T氏(E116)も，それぞれの課全体の情報にアクセスできる必要がありますが，現行の状態ではできません。これを解決するためには，部長を全チームに，課長を各チームにメンバとして登録するなど，部門長をメンバに含める必要があります。

したがって，期待した結果を得られない社員は**E111，E112，E116**で，解決策として行うべき操作は，**部長を全チームに，課長を各チームにメンバとして登録する**，または，**各チームの社員の部門長をメンバとして登録する**，となります。

(3)

セキュリティ要件④の「アクセス制限を直ちに実施する」ことについて，対応案Bが対応案Aに比べて優れている理由を具体的に考えます。

対応案Aは，チーム別のロールに変更するというものですが，これは，担当終了日に直ちに変更しないとアクセス制限が実行できません。それに対し，対応案Bでは，課長があらかじめ担当終了日を設定しておく，または終了が分かった時点で担当終了日を更新しておくなどの対処により迅速な対応が可能です。また，〔ビュー及びロールの設計〕(3)に，「ロールの付与・剥奪については，課長が1営業日前までにデータベース管理者に依頼する」とあることから，依頼することによって対応が遅れるおそれが想定されます。

したがって，対応案Bが優れている理由は，**課長は，社員の行の担当終了日を更新することで直ちにアクセスを制限できるから**，または，**課長は，DBAにロールの剥奪を1営業日前までに依頼する必要がないから**，となります。

解答例

出題趣旨

近年，データベースのセキュリティに対する関心がますます高まっている。

本問では，テーブルに格納された顧客の個人情報の保護を強化する目的で設定されたセキュリティ要件を例に取り上げ，RDBMSが提供する機能のうち，ビュー及びロールを利用して要件を実現することを検討し，アクセス権限に関する基本的な知識，ビュー及びロールの設計能力，アクセス権限の付与・剥奪などの運用上の考慮点に関する理解を評価する。

解答例

設問1

(1) a B11　b B12　c B10

(2) (オ)→(カ)→(キ)→(イ)→(ウ)→(エ)→(ア)→(ク)→(ケ)

注記 オ，カ，キは順不同，及び，イ，ウ，エ，アは順不同

設問2

(1) d INNER JOIN **又は** JOIN

e LEFT OUTER JOIN **又は** LEFT JOIN

(2)

```
SELECT S.社員番号, S.社員名, COUNT(*) 訪問回数
 FROM 社員 S INNER JOIN 訪問実績 HJ ON S.社員番号 = HJ.社員番号
 WHERE HJ.訪問実施日 >= ISODATE('2016-01-01')
 GROUP BY S.社員番号, S.社員名
HAVING COUNT(*) >= ?
```

(3)

```
SELECT 社員番号, 社員名, 訪問回数 FROM 社員別訪問回数ビュー
 WHERE 訪問回数 >=?
```


設問3

(1) チームメンバ（部門番号，チーム番号，社員番号，担当開始日，担当終了日）

(2) **社員番号** E111，E112，E116

操作 ※次のうちから一つを解答

- 部長を全チームに，課長を各チームにメンバとして登録する。（28字）
- 各チームの社員の部門長をメンバとして登録する。（23字）

(3) ※次のうちから一つを解答

- 課長は，社員の行の担当終了日を更新することで直ちにアクセスを制限できるから（37字）
- 課長は，DBAにロールの剥奪を1営業日前までに依頼する必要がないから（34字）

採点講評

問3では，テーブルに格納された個人情報を保護する目的で設定されたセキュリティ要件を例にとり，ビュー及びロールを利用した設計及び運用上の考慮点について出題した。全体として正答率は高かった。

設問2では(2)，(3)の正答率は低かった。ビューに定義されるSELECT文には動的パラメタを含むことはできないことを知っておいてもらいたい。

設問3(1)では,主キーに部門番号又は担当開始日が漏れている誤った解答が散見された。表4のSQL6からだけでは何が主キーであるかを判断できないが，チーム番号は営業課内で一意であること，及びチームから離れた社員がまた戻る場合があることを状況記述から読み取ることで，正解を得られたはずである。テーブル構造では，何が主キーであるかを常に把握することを心掛けてほしい。

設問3 (2)では，課長を挙げる解答は多かったが，部長まで思い至らなかったと思われる解答が散見された。セキュリティでは，権限を付与すべき範囲の波及を考慮すべきことに注意してほしい。

設問3 (3)は，正答率が低かった。対応案のAとBのどちらもアクセス制限を実施することはできるが,“直ちに実施する”ことを状況記述から読み取ることで，正解を得られたはずである。

第9章

最新データベース技術

この章では，関係データベース以外のデータベースや，最新のデータベース周辺技術などを取り上げます。
通常の関係データベースでは扱い切れないデータを管理するために，様々なデータベースが考案され，実用化されています。これらのデータベースは，NoSQLと総称されます。
また，データウェアハウス，XMLを扱うためのデータベース，オブジェクト指向のためのデータベースなどについて，その概要を学んでいきます。
さらに，仮想化やストレージなど，データベースの速度や性能に影響するデータベース周辺技術についても学びます。今後の学習や業務に役立てるためにも，データベース技術の現在と未来について，ひととおりのことを押さえておきましょう。

9-1 様々なデータベース

データベースには，これまで取り扱った関係データベースを中心としたデータベース以外にも様々なものがあります。ここでは，NoSQLやデータウェアハウス，オブジェクト指向データベース，XMLDBを取り上げます。

9-1-1 NoSQL

NoSQLは，RDBMS以外のデータベース全般を指します。大量のデータを扱う場合やテーブルの定義が頻繁に変更される場合に対応するなど，用途に応じて様々なNoSQLが存在します。

勉強のコツ
この分野は，データベーススペシャリスト試験では，平成27年春 午前Ⅱ 問18で初めて出題されました。今後普及していく新しい技術ですし進化している途中なので，今から学習しておくと，実務でもいろいろと役立つでしょう。

NoSQLとは

NoSQLは**Not only SQL**の略で，関係データベース管理システム（RDBMS）以外のデータベース全般を指す総称です。RDBMSでは扱い切れないデータに対して，その問題を解決するために考えられたNoSQLが数多くあります。といっても，RDBMSに対抗するものではなく，RDBMSで対応しづらい問題を解決するための仕組みです。

NoSQLの役割

RDBMSは数学の理論を基本としているため，データの一貫性が保証されます。そのため，RDBMSは情報システムの基幹のデータを扱うものとして，広く利用されています。

しかし近年では，ビッグデータの取り扱いなどをはじめとして，データベースに求められる要件が多様化してきています。それらの要件に対応するために，様々なNoSQLが登場してきています。

NoSQLの主な役割には，次のようなものがあります。

①大量のデータを高速に処理する場合にキャッシュとして利用する

RDBMSのキャッシュとしてNoSQLを利用することで，SQL文を実行する回数を減らし，処理を高速化します。

②セッションデータを管理する

セッションデータなど，信頼性があまり要求されないデータにNoSQLはよく利用されます。例えば，Webシステムの最終アクセス時刻などを保管し，SNSで友人がいつログインしたのかを表示するといった利用が挙げられます。

③分散データベースに使用する

1台で性能が確保できないとき，複数台のサーバにトラフィックを分散する場合に，NoSQLは適しています。ただし，分散したサーバ同士での整合性は保証されないことが多いので，そうしたことがあまり要求されない用途に向いています。

NoSQLの種類

NoSQLには様々なデータベースが存在します。共通したデータモデルがあるわけではなく，発展途上で多様なデータベースが存在します。現時点での代表的なNoSQLには次のような種類があります。

①KVS型データベース

発展

KVS型データベースの代表例としては，memcachedやRedis, Riakなどがあります。

KVS（Key-Value Store）型データベースでは，データをキーと値という単位で格納します。検索はキーに対して行われ，キーに対応した値を取り出します。シンプルな構造なので性能が高いのですが，キー以外の検索ができないなど，機能面で劣ります。

また，すべてのデータをメモリ上に置いておかなければならない**オンメモリ型**のKVS型データベースは，キャッシュとして利用されることがあります。

②ドキュメント型データベース

発展

ドキュメント型データベースの代表例としては，MongoDBやCouchDB, ArangoDBなどがあります。

ドキュメントと呼ばれる単位でデータを管理するのがドキュメント型データベースです。ドキュメントはRDBMSのレコードに相当するものですが，あらかじめ構造を決めておく必要がありません。そのため，とりあえず気軽にデータを入れておくという場合には便利です。

多くのドキュメント型データベースでは，ドキュメントはJSON（JavaScript Object Notation）形式で格納されています。

③カラムファミリー型データベース

カラムファミリー型データベースでは，テーブルをベースにした構造を使用しますが，複数の列をまとめた**カラムファミリー**という単位で管理します。次のような概念で，テーブル単位ではなく，カラムファミリーを一つの単位として扱います。

発展
カラムファミリー型データベースは，Googleが発表したBigTableをベースに作られています。
カラムファミリー型データベースの代表例としては，HBaseやCassandraなどがあります。

	カラムファミリー①			カラムファミリー②		
	列1	列2	列3	列4	列5	列6
行1						
行2						
行3						

カラムファミリー

カラムファミリー型では，列が非常に多くなるテーブルや，多くの列が空になるような非定型的なデータを扱いやすくなります。また，多くのサーバに分散することを前提に作られたデータベースなので，**大量のデータを分散して処理**する用途にも優れています。

④グラフ型データベース

各レコードが他のレコードへのリンクをもつようなデータを格納するデータベースです。グラフ理論という数学理論に基づいています。グラフ型データベースの代表的なモデル化技法であるプロパティグラフでは，「ノード」「エッジ」「プロパティ」の3要素によって，ノード間の関係性を表現します。エッジとは二つのノード間の関係を表したもので，プロパティにはノードとエッジの属性情報が格納されます。汎用的ではなく，ある一つの目的に特化したデータベースを作る場合に適しています。

それでは，次の問題を考えてみましょう。

問題

プロパティグラフを表した図のデータモデルを適切に解釈したオブジェクト図はどれか。ここで，モデルの表記にはUMLを用いる。

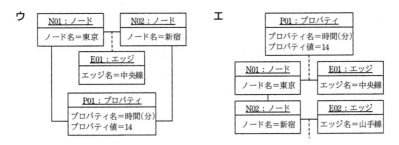

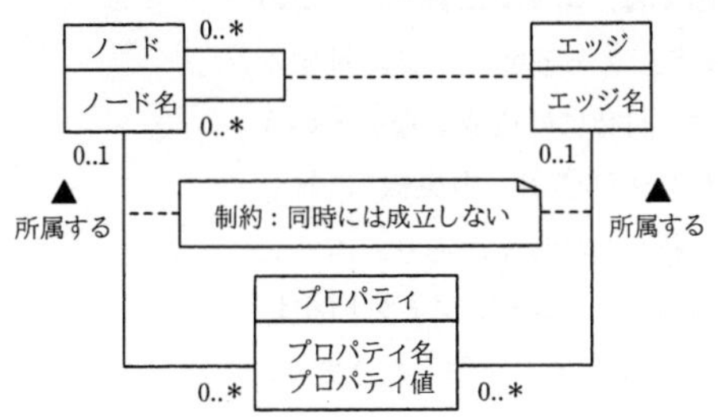

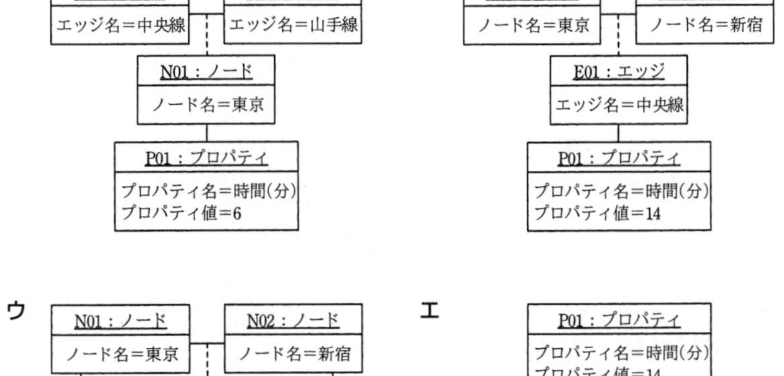

ウ / エ

ウ	エ
N01：ノード ノード名＝東京	P01：プロパティ プロパティ名＝時間(分) プロパティ値＝14
N02：ノード ノード名＝新宿	N01：ノード ノード名＝東京
E01：エッジ エッジ名＝中央線	E01：エッジ エッジ名＝中央線
P01：プロパティ プロパティ名＝時間(分) プロパティ値＝14	N02：ノード ノード名＝新宿
	E02：エッジ エッジ名＝山手線

(平成31年春 データベーススペシャリスト試験 午前Ⅱ 問4)

解説

プロパティグラフとは，グラフ構造を備えたデータを表現する図です。プロパティ（属性）とは，ノードとエッジにおける属性情報を指します。データモデルのUMLでは，エッジに対して二つのノードとの1対多（0..＊）の関連があり，ノードとエッジに対するプロパティの"所属する"に関しては，同時には成立しないという制約があります。そのため，一つのエッジ（E01：中央線）に対して二つのノード（N01：東京，N02：新宿）の関連があり，エッジに所属するプロパティとして時間（14分）があるオブジェクト図は，データモデルとして適切です。したがって，イが正解となります。

なお，意味を解釈すると，このオブジェクトは，中央線の東京―新宿間でかかる時間が14分であるということを示しています。

ア　エッジに対してのノードは二つ必要なので不適切です。

ウ　プロパティの"所属する"は，同時には成立しないという制約があるので不適切です。

エ　プロパティは，ノードまたはエッジのみに所属し，同時には成立しないという制約があるので不適切です。

≪解答≫イ

NoSQLのデメリット

NoSQLは，メリットがある反面，RDBMSでは当然のようにサポートしている機能を備えていない場合も多いので注意が必要です。NoSQLのデメリットとしては，一般に次のようなものが挙げられます。

①トランザクションをサポートしていない

トランザクション機能は，技術的に複雑で，新しく実装するのは困難です。そのため，従来のRDBMSで完成されたトランザクション機能は，ほとんどのNoSQLで実現されていません。データの整合性や同時実行制御などは，利用者が考慮して行う必要があります。

②スキーマがなく，データの性質をつかみにくい

テーブルのように明確な構造があるわけではないので，データの構造やスキーマがつかみづらくなります。そのため，システム内でのデータの状況が把握しづらいという特徴があります。

③主キー以外の検索に向かない

RDBMSではインデックスは様々な列に付与することができます。しかしNoSQLでは，キーの値を基にデータを整理することが多いので，主キー以外の値での検索には向いていません。そのため，主キーとなるキー以外で検索する場合は，高速化が実現できなくなることが多くなります。

上記のデメリットがあるので，NoSQLは，時と場合を選んで最適な状態で使用する必要があります。

■結果整合性

NoSQLでは，通常のRDBMSでは保証される一貫性が保証されないことがよくあります。特にクラウド環境のストレージでは，すべてのデータを最新の状態に保つのは困難です。そこで，**結果整合性**(Eventual Consistency)という考え方ができました。

結果整合性とは，更新をリアルタイムで反映させるのではなく，時間をおいて更新することで，「**時間が経てば必ずストレージに最新情報が反映される**」ことを保証するものです。

通常のRDBMSでのACID特性に対し，結果整合性を含めたNoSQLでのデータベースの特性のことを**BASE特性**といいます。BA（Basically Available：基本的に利用可能），S（Soft-State：厳密ではない状態遷移），E（Eventually Consistent：結果整合性）の頭文字を取ったものです。

完全な同期を取ることはできないため，常に最新の情報を保持する必要がないデータを扱う用途に利用されます。

発展

結果整合性の具体例としては，TwitterやFacebookがあります。これらのデータは，更新が即時に反映されるわけではなく，時間をおいて徐々に反映されていきます。
そのため，瞬間的には整合性がとれていないように見えることもよくあります。

それでは，次の問題を考えてみましょう。

9

問題

BASE特性を満たし，次の特徴をもつNoSQLデータベースシステムに関する記述のうち，適切なものはどれか。

〔NoSQLデータベースシステムの特徴〕

・ネットワーク上に分散した複数のノードから構成される。

・一つのノードでデータを更新した後，他の全てのノードにその更新を反映する。

ア　クライアントからの更新要求を2相コミットによって全てのノードに反映する。

イ　データの更新結果は，システムに障害がなければ，いつかは全てのノードに反映される。

ウ　同一の主キーの値による同時の参照要求に対し，全てのノードは同じ結果を返す。

エ　ノード間のネットワークが分断されると，クライアントからの処理要求を受け付けなくなる。

（令和4年秋 データベーススペシャリスト試験 午前Ⅱ 問1）

解説

BASE特性とは，BA（Basically Available：基本的に利用可能），S（Soft-State：厳密ではない状態遷移），E（Eventually Consistent：結果整合性）の頭文字を取ったものです。クラウドサービスなどでの分散データベースでのシステム全体のトランザクションの特性です。

〔NoSQLデータベースシステムの特徴〕に，「ネットワーク上に分散した複数のノードから構成」「一つのノードでデータを更新した後，他の全てのノードにその更新を反映する」とあります。ここでは更新をすぐに反映させるという必要はなく，結果整合性ということで，データの更新結果は，システムに障害がなければ，いつかは全てのノードに反映されるという特性となります。したがって，イが正解です。

ア RDBMSでの2相コミットではデータが常にConsistency（一貫性）を満たしますが，NoSQLでは必ず成り立つものではありません。

ウ NoSQLデータベースで更新途中のデータの場合には，同一の主キーの値による同時の参照要求に対して，ノードによって異なる結果を返すことがあります。

エ ノード間のネットワークが分散されても，Basically Available（基本的に利用可能）で，それぞれのノードでクライアントからの処理要求を受けることが可能です。

≪解答≫イ

覚えよう！

- □ NoSQLは，RDBMSではないデータベースの総称
- □ NoSQLはRDBMSのトランザクション管理に対応する機能が弱いので，工夫が必要

9-1-2 データウェアハウス

大量のデータ分析処理が必要なデータウェアハウスのような処理形態では，従来型の関係データベースとは異なるテーブル設計が必要になります。また，データの処理形態が異なるので，性能設計も重要です。

過去問題をチェック

データウェアハウスについては，データベーススペシャリスト試験の午前Ⅱで定番として出題される傾向があり，午後でも出題があります。

【データウェアハウスについて】

・平成24年春 午後Ⅰ 問3
・令和2年10月 午後Ⅰ 問3

データウェアハウスのテーブル設計

データウェアハウスのテーブルでは，挿入以外の更新，削除は行われないため，データの更新時異状は起こりません。そのため，データウェアハウスのテーブルは正規化を行いません。

抽出したデータは，すべて一つのファクトテーブルに格納されます。複数の関係データベースを統合する場合には，データクレンジングを行い，データの形式やコード体系を統一します。また，分析軸のデータは**ディメンション（次元）テーブル**に格納されています。

例えば，店舗の売上データを分析するためのデータウェアハウスのテーブル構造をE-R図で書くと，次のようなイメージになります。

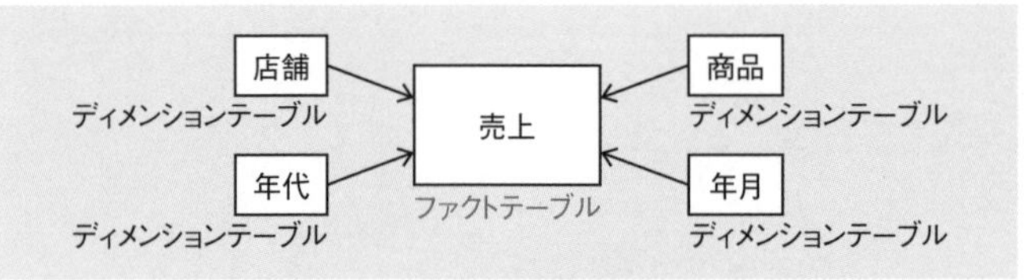

データウェアハウスのE-R図

売上テーブルがファクトテーブルで，その他がディメンションテーブルです。それぞれの分析軸を基に，データの分析を繰り返します。このE-R図の構造は，星形に見えることから**スタースキーマ**と呼ばれます。

発展

スタースキーマからディメンションテーブルを階層化して，さらに細かく分析できるようにした構造もあります。こちらは，雪の結晶のように見えることから**スノーフレークスキーマ**と呼ばれます。

それでは，次の問題を考えてみましょう。

問題

業務系のデータベースから抽出したデータをデータウェアハウスに格納するために，整合されたデータ属性やコード体系などに合うように変換及び修正を行う処理はどれか。

ア クラスタリング　　イ スライシング

ウ ダイシング　　エ データクレンジング

（平成27年春 データベーススペシャリスト試験 午前Ⅱ 問19）

解説

データ属性やコード体系を統一する処理のことをデータクレンジングといいます。したがって，エが正解です。

アのクラスタリング（クラスタ解析）は，データの集合について解析を行い，与えられたデータを自動的に分類し，クラスタ（部分集合）を作ることです。イのスライシングは，多次元のデータを二次元に切り取る操作です。ウのダイシングは，分析の視点を変えることです。

《解答》エ

過去問題をチェック

データウェアハウスに関する問題は，ここで取り上げている問題のほかにも，以下の出題があります。

【ファクトテーブルについて】

・平成21年春 午前Ⅱ 問14

・平成26年春 午前Ⅱ 問17

【ダイスについて】

・平成30年春 午前Ⅱ 問19

データウェアハウスの操作

データウェアハウスでは，様々な角度から分析するために次のような操作を行います。

①スライシング

多次元のデータを2次元の表に切り取る操作です。例えば，商品別年月別の売上表などを切り出し，季節による商品の売上推移を分析します。

②ダイシング（ダイス）

データの分析軸を変更し，視点を変える操作です。例えば，商品ごとに分析していたものを店舗ごとに切り替え，別の視点から分析します。

③ドリリング

分析の深さを詳細にしたりまとめたりして変更する操作です。例えば，年月ごとに行っていた分析を，粒度を上げて年単位にすることをドリルアップ，粒度を下げて日単位にすることをドリルダウンといいます。**ロールアップ，ロールダウン**ともいいます。

それでは，次の問題を考えてみましょう。

問題

OLAP（OnLine Analytical Processing）の操作に関する説明のうち，適切なものはどれか。

ア　集計単位をより大きくする操作をロールアップという。
イ　集計単位をより小さくする操作をスライスアンドダイスという。
ウ　分析軸を入れ替えずにデータの切り口を変えることをダイシングという。
エ　分析軸を入れ替えてデータの切り口を変えることをスライシングという。

（平成23年特別 データベーススペシャリスト試験 午前Ⅱ 問18）

解説

OLAPで用いられるデータウェアハウスでの操作のうち，集計単位をより大きくする操作をロールアップ，またはドリルアップといいます。したがって，アが正解です。

イ　集計単位をより小さくする操作はロールダウン（またはドリルダウン）です。
ウ　分析軸を入れ替えずにデータの切り口を変えて2次元の表に切り分けることをスライシングといいます。
エ　分析軸を入れ替えてデータの切り口を変えることはダイシングです。

≪解答≫ア

ETLツール

ETLツールとは，データウェアハウスを構築するために，基幹系のシステムなどに蓄積されたデータを**抽出**(Extract)し，利用しやすいかたちに**加工**(Transform)し，データウェアハウスに**書き出す**(Load)作業を行うツールです。

従来はETLの作業には多くの工数が必要でしたが，ETLツールの登場で，短期間にETLシステムを構築し，データを移行することが可能になりました。

一般にETLツールには，抽出や書出しのためにデータの流れを画面上でビジュアルに見せる機能や，データクレンジングを行う機能などが含まれています。

▶▶▶覚えよう！

- □ ダイシングは分析の視点を変えること，スライシングはデータを2次元にすること
- □ データクレンジングでデータを一定形式にする作業はETLツールで行う

9-1-3 オブジェクト指向データベース

オブジェクト指向プログラミングで使うオブジェクトのデータを永続化するために格納するデータベースが，オブジェクト指向データベースです。

オブジェクト指向データベース

オブジェクト指向のアプリケーションでは，オブジェクトのデータは一時的なものです。それを保管し格納することを永続化といいますが，これにはデータベースを使用します。この目的のために開発されたデータベースを**オブジェクト指向データベース**（**OODB**：Object Oriented Data Base）といいます。

オブジェクト指向データベースは，オブジェクト指向プログラムと連携して動作するように設計されています。オブジェクト指向データモデルを採用し，オブジェクト（インスタンス）をそのデータベース内に格納します。

オブジェクト指向データベースを実現する専用のデータベース管理システムとして**オブジェクト指向データベース管理システム**（**OODBMS**：Object Oriented Data Base Management System）があります。

> **過去問題をチェック**
> オブジェクト指向モデルに関する問題は，テクニカルエンジニア（データベース）試験で出題されています。
> **【オブジェクト指向モデルについて】**
> ・平成18年春 午後Ⅰ 問1 設問2
> オブジェクト指向に関する知識はあまり問われていないので，モデルの考え方と，UMLなどの応用情報技術者試験レベルの開発知識を身に付けておけば十分です。

OODBMSの問題点

オブジェクト指向開発でのDBMSとしてOODBMSを使う方法は，実はそれほど一般的ではありません。オブジェクト指向言語を使う場合には，OODBMSはオブジェクトをそのまま格納できるため効率が良く，高速化でき，開発が容易というメリットがあります。

しかし，ビジネスでOODBMSを使用しようとすると次のような問題があります。

- 開発支援ツールや管理ツールなどの整備が不十分
- 標準化があまり行われていない
- リカバリ機能など，耐久性に関する機能が弱い
- 大規模なデータの取扱いでの処理機能が弱い

RDBMSほど技術が発展していないので，こういった信頼性の部分でRDBMSに及ばないところがあり，あまり普及していません。

オブジェクト関係データベース

オブジェクト指向データベースについては，OODBMSを利用するのではなく，従来の関係データベースを利用する方法があります。この方法を**オブジェクト関係データベース**といいます。

オブジェクト指向のデータを連携する**O-Rマッピング**（オブジェクトリレーショナルマッピング）という手法を使い，オブジェクトを関係データベースに対応させて格納する方法が一般的です。

▶▶ 覚えよう！

- □ オブジェクト指向データベースは，オブジェクト指向でのインスタンスを格納する
- □ O-Rマッピングを使って，関係データベースにオブジェクトを入れることもできる

9-1-4 XMLDB

XMLを扱うための機能をもつデータベースが，XMLDBです。拡張性が高く，データ構造が変化するシステムを構築することができます。

XMLを扱うデータベース

XML（eXtensible Markup Language）は，特定の用途に限らず汎用的に使うことができる**拡張可能な**マークアップ言語です。文書構造の定義は，DTD（Document Type Definition）で行います。

このXMLを扱うためのデータベースがXMLDBです。関係データベースでは，データ構造はテーブルとして決まっているため，それを変更することは難しいですが，XMLではタグを利用するため，データ構造の変更が容易です。データ構造が変化するシステムを構築することができるので，拡張性が高くなります。

関係データベースでのSQLに該当するものとして，XMLデータベースでは**XQuery**がW3Cで標準化されています。XQueryは，様々なタイプのXMLデータに対して，データ検索や抽出，データ結合を実現します。

また，関係データベースの中には，XQueryで検索する機能を実装しているものもあります。そのため，XMLデータを関係データベースに格納する方法がとられることもよくあります。

過去問題をチェック

XMLに対応付けられる形式のデータを扱う問題は，データベーススペシャリスト試験では次の出題があります。

【XMLに対応付けられる形式のデータを扱う問題】

・平成21年春 午後Ⅰ 問1
XMLに関する知識はあまり問われていませんが，XMLを使用することによって，関係が固定化されないデータを保持する方法が示されています。

▶▶▶ 覚えよう！

- □ XMLのデータを扱うための言語がXQuery
- □ XMLデータを関係データベースで扱う機能をもつDBMSがある

9-2 データベース周辺技術

近年では，クラウドコンピューティングが普及し，様々な仮想ネットワークやストレージ技術が実現されています。こうした環境においてデータベースを適切に使用するためには，データベースだけでなくその周辺技術を理解しておくことが重要です。

9-2-1 仮想化とストレージ

クラウドコンピューティングは，ネットワークを利用してコンピュータ資源を活用する形態です。仮想化やストレージの技術が進化することで，実現可能になりました。クラウドコンピューティングを利用することによって，様々なサービスをネットワーク経由で行うことができるようになります。

仮想化

仮想化とは，コンピュータの物理的な構成と，それを利用するときの論理的な構成を自由に設定する考え方です。具体的には，仮想OSを用いて1台の物理サーバで複数の仮想マシンを稼働させ，それぞれを1台のコンピュータとして利用したり，クラスタリングで複数台のマシンを一つにまとめたりすることです。

サーバの仮想化では，ハードウェアである物理サーバと仮想化ソフトウェアを使って，論理的なイメージである仮想化サーバを構築します。

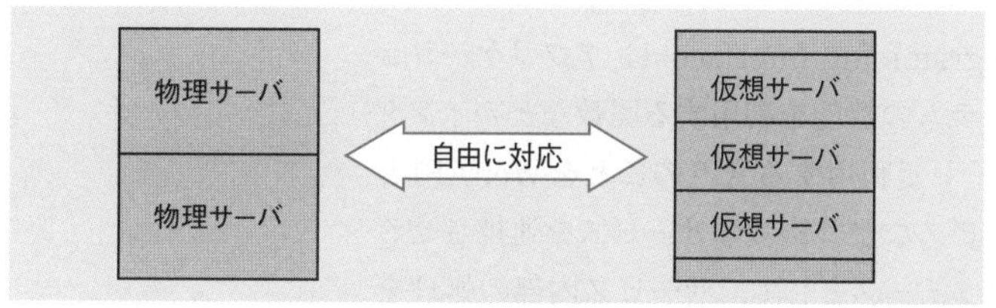

サーバの仮想化

クライアントの仮想化では，仮想環境を構築するサーバ上で，PCの構成情報などについて仮想化ソフトを使って管理します。

仮想化技術は，クラウドコンピューティングの基盤技術でもあ

9

ります。仮想化を行うことで物理的な制約がなくなり，自由に様々な環境を構築することが可能になります。

クラウドコンピューティング

クラウドコンピューティングとは，ソフトウェアやデータなどを，インターネットなどのネットワークを通じて，サービスというかたちで必要に応じて提供する方式です。単に**クラウド**と呼ばれることもあります。

クラウドコンピューティングのサービスの代表的な形態に，SaaS（Software as a Service），PaaS（Platform as a Service），IaaS（Infrastructure as a Service）などがあります。

SaaSは，**ソフトウェア**（アプリケーション）をサービスとして提供するものです。**PaaS**では，OSやミドルウェアなどの基盤（プラットフォーム）を提供します。**IaaS**では，ハードウェアやネットワークなどのインフラを提供します。図にすると，次のようになります。

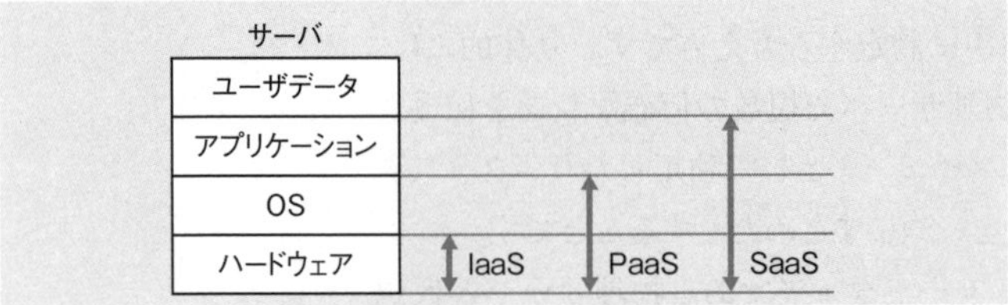

クラウドで提供する部分のIaaS，PaaS，SaaSの違い

API

API（Application Programming Interface）は，アプリケーションから利用できる，システムの機能を利用する関数などのインタフェースです。Webサイトで利用するAPIのことをWebAPIといいます。クラウドサービスなどで複数のサービスを連携させるときには，APIをインタフェースとして，サービス内部の処理を疎結合で連携させることができます。

APIには様々なものがありますが，Indexed Database APIは，Webブラウザ側でデータを保持するためのAPIです。

それでは，次の問題を考えてみましょう。

問題

W3Cで勧告されている，Indexed Database APIに関する記述として，適切なものはどれか。

ア Javaのアプリケーションプログラムからデータベースにアクセスするための標準的なAPIが定義されている。
イ SQL文をホストプログラムに埋め込むためのAPIが定義されている。
ウ Webブラウザ用のストレージの機能として，トランザクション処理のAPIが定義されている。
エ データベースに対する一連の手続きをDBMSに格納し，呼び出すAPIが定義されている。

（令和3年秋 データベーススペシャリスト試験 午前Ⅱ 問17）

解説

Indexed Database APIとは，ファイルなどを含む大量の構造化データをクライアント側で保持するための低レベルのAPIです。Webブラウザ用のストレージの機能として利用でき，様々なトランザクション処理のAPIが定義されています。したがって，ウが正解です。

ア JDBC（Java Database Connectivity）に関する記述です。
イ ODBC（Open Database Connectivity）を使用した，埋込みSQLに関する記述です。
エ ストアドプロシージャに関する記述です。

≪解答≫ウ

ストレージ

ストレージとは，ハードディスクやCD-Rなど，データやプログラムを記録するための装置のことです。従来は，サーバに直接，外部接続装置や内蔵装置として接続するのが一般的でしたが，近年ではネットワークを通じて，コンピュータとは別の場所にあるストレージと接続することも多くなっています。

ストレージを接続する方法には，次の3種類があります。

①**DAS**（Direct Attached Storage）

サーバにストレージを直接接続する従来の方法です。SANやNASが出てきたことで，DASと位置づけるようになりました。

②SAN（Storage Area Network）

サーバとストレージを接続するために**専用のネットワーク**を使用する方法です。ファイバチャネルやIPネットワークを使って，あたかも内蔵されたストレージのように使用することができます。

③NAS（Network Attached Storage）

ファイルを格納するサーバをネットワークに直接接続することで，外部からファイルを利用できるようにする方法です。

用語

ファイバチャネル(FC：Fibre Channel)とは，主にストレージネットワーク用に使用される，ギガビット級のネットワークを構築する技術の一つです。機器の接続に光ファイバや同軸ケーブルを用います。

DASに比べると，SANもNASもストレージを**複数のサーバやクライアントで共有**できるので，**ストレージの資源を効率的に活用する**ことができます。また，物理的なストレージ数を減らせるため，バックアップなども取りやすくなります。

SANとNASの大きな違いは，サーバから見たとき，**SAN**で接続されたストレージは**内蔵のディスク**のように利用できるのに対し，**NAS**では**外部のネットワーク**にあるサーバに接続するように見えることです。

シンプロビジョニング

物理的なサーバでは通常，ハードディスクやSSDなどのストレージの容量は決まっています。その物理的なストレージ容量を仮想化して，必要に応じて自由に変化させることができる技術がシンプロビジョニングです。

それでは，次の問題を考えてみましょう。

問題

ストレージ技術におけるシンプロビジョニングの説明として，適切なものはどれか。

ア　同じデータを複数台のハードディスクに書き込み，冗長化する。

イ　一つのハードディスクを，OSをインストールする領域とデータを保存する領域とに分割する。

ウ　ファイバチャネルなどを用いてストレージをネットワーク化する。

エ　利用者の要求に対して仮想ボリュームを提供し，物理ディスクは実際の使用量に応じて割り当てる。

（令和４年秋 データベーススペシャリスト試験 午前Ⅱ 問22）

解説

ストレージ技術におけるシンプロビジョニングとは，ストレージの仮想化技術です。利用者の要求に応じて大きな容量の仮想ボリュームを提供しますが，実際に割り当てる物理ディスクは実際の使用量に応じたものになります。したがって，エが正解です。

ア　ミラーリングの説明です。

イ　パーティション分割の説明です。

ウ　SAN（Storage Area Network）の説明です。

≪解答≫エ

スケールアップとスケールアウト

サーバのキャパシティ（収容できる全体の能力）を向上させる方法には，スケールアップとスケールアウトの2種類があります。

スケールアップは，サーバのメモリ増設やCPU交換などによってサーバの性能自体を上げる方法です。これに対し，**スケールアウト**は，サーバの台数を増やすことで全体の処理性能を上げる方法です。

データベースサーバの場合は，スケールアウトではデータの不具合が起こりがちなので，スケールアップで対応することが多くなります。

また，クラウドサービスは従量制のため，必要以上にキャパシティを多くすると無駄なコストがかかります。そのため，サーバの性能を下げる**スケールダウン**や，サーバの台数を減らす**スケールイン**を行うことがあります。

シェアードナッシングとシェアードエブリシング

データベースでは通常，複数のプロセスが同じ一つのデータベースを扱います。この考え方をシェアードエブリシングといいます。

過去問題をチェック
シェアードエブリシングについて，データベーススペシャリスト試験では次の出題があります。
【シェアードエブリシングについて】
・平成27年春 午前Ⅱ 問23

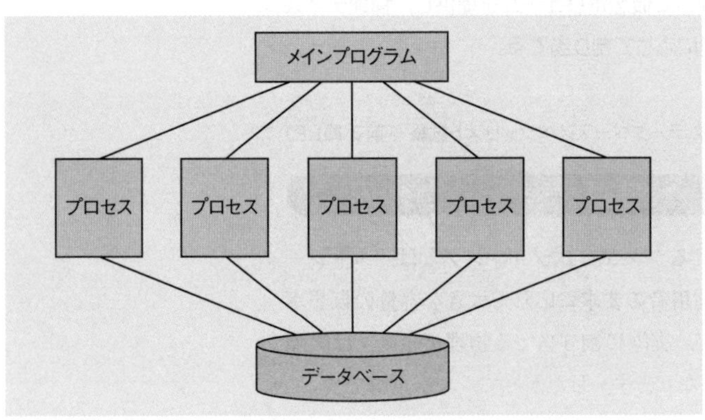

シェアードエブリシング

それに対し，データベースを分割して独立させ，それぞれのプロセスで別々のデータを扱う考え方を**シェアードナッシング**といいます。

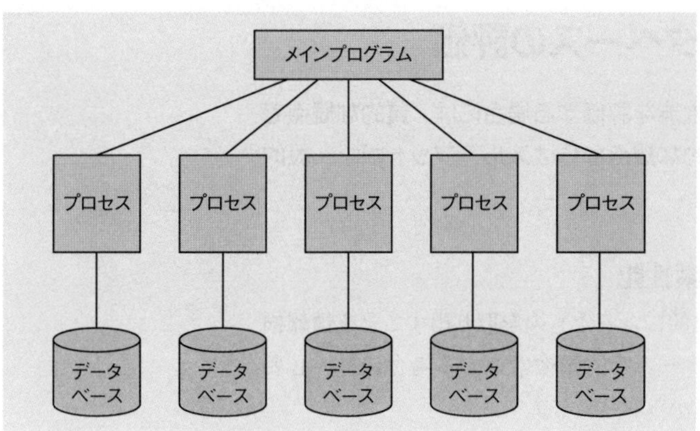

シェアードナッシング

シェアードナッシングでは，データベースへのアクセスを並列で行えるため，高速化を図ることができます。しかし，整合性を確保することが大変なので，整合性があまり重視されず高速化を実現する必要がある場合に使用されます。

例えば，データウェアハウスなどでは，シェアードナッシングを用いて高速化されている製品があります。

9-2-2 データベースの評価

データベースの検索性能を評価する場合には，質的な観点では再現率と精度が，量的な観点からはスループットが，一般的な判断材料になります。

データベースの検索性能

大量のデータ群から目的に合ったものを取り出すことを**情報検索**といいます。データベースで情報検索をする場合には，必要なデータをデータベースから取り出します。

データベースの情報検索の性能は，正確性や網羅性といった**質的な観点**と，処理性能などの**量的な観点**の二つの面で評価します。一般に，量的な観点での測定が行われますが，質的な観点での評価も大切です。

分類性能評価指標

データベースでデータを検索する場合など，必要なデータとそうでないデータの分類には誤りがつきものです。そこで，データの分類がどれくらいうまく行われたかという性能を評価する必要があります。

ここで，PositiveとNegativeの二つにデータを分類するシステムを考えます。Positiveは検索条件に当てはまる，Negativeは当てはまらないに該当します。このとき，予測した結果が実際にはどうなったのかという対応関係は次の四つになり，この表を混同行列(Confusion Matrix)といいます。

混同行列

		予測	
		Positive	Negative
実際	Positive	True Positive (TP)	False Negative (FN)
	Negative	False Positive (FP)	True Negative (TN)

予測結果がTrue（真）もしくはFalse（偽）です。例えば，False Negative（FN)は，Negative（当てはまらない)と予測したものが外れ，実際にはPositive（当てはまる)だったものです。

分類の性能評価に使われる指標は，次の四つです。

正答率(Accuracy) = (TP + TN) ／ (TP + FP + FN + TN)
精度(Precision) = TP ／ (TP + FP)
再現率(Recall) = TP ／ (TP + FN)
F値(F-measure) = 2 ／ ((1 ／ Precision) + (1 ／ Recall))
= 2Precision・Recall ／ (Precision + Recall)

正答率は，全体の事象の中で正答がどれだけあったかを示す指標です。一般的な分類性能は大まかに正答率で評価しますが，PositiveとNegativeのデータ数が大きく異なる場合など，それだけでは不十分な場合も多くあります。

精度(**適合率**ともいいます)は，予測でPositiveだったもののうち，真にPositiveなものの比率です。予測結果の中にどれくらい正答が含まれているかという，**正確性**の指標となります。

再現率は，真にPositiveなものに対し，予測でPositiveと判断できたものの比率です。Positiveをどれくらい抽出できたかという，**網羅性**の指標となります。

F値は，精度と再現率の調和平均です。二つの指標を総合的に評価するときに使用します。

精度と再現率はトレードオフの関係にあります。精度を上げるために分類の誤検出を防ごうとすれば，予測の確度の高いものだけを拾い上げることになるので，見落としの確率を増やすことになり，再現率が下がります。また，再現率を上げるために見落としの確率を下げようとすれば，誤検出の割合も増え，精度が下がります。状況によって，どちらを重視すべきか，または二つを総合的に判断するかを見極めることが大切です。

それでは，次の問題を考えてみましょう。

問題

文献検索システム，データ検索システムなどの情報検索システムを評価する尺度として用いられる再現率（recall ratio）と精度（precision ratio）の組合せとして，適切なものはどれか。ここで，a，b，cは次の件数を示す。

a：蓄積された全てのデータのうち，質問に適合する件数
b：検索結果のデータのうち，質問に適合する件数
c：検索結果のデータの件数

	再現率	精度
ア	$\frac{a}{b}$	$\frac{b}{c}$
イ	$\frac{b}{a}$	$\frac{b}{c}$
ウ	$\frac{b}{a}$	$\frac{c}{b}$
エ	$\frac{c}{b}$	$\frac{a}{b}$

（平成28年春 データベーススペシャリスト試験 午前Ⅱ 問19）

解説

aの件数は，真に質問に適合する（Positive）もので，予測も実際もPositive（TP：True Positive）と，予測でNegativeと判断したが実際にはPositive（FN：False Negative）の和となり，TP＋FNです。

bの件数は，検索結果（予測がPositiveなもの）のうち適合するもの（Positive）なので，TP（True Positive）です。

cの件数は，検索結果（予測がPositiveなもの）なので，予測も実際もPositive（TP：True Positive）と，予測でPositiveと判断したが実際はNegative（FP：False Positive）の和となり，TP＋FPです。

再現率は，真にPositiveなもの全体（a）のうち検索されたもの（b）の割合なので，b／aとなります。精度は，検索結果（c）のうち正答だったもの（b）の割合なので，b／cとなります。

したがって，組合せが正しいイが正解となります。

≪解答≫イ

覚えよう！

- □ 分類を評価する指標には，正答率だけではなく，精度，再現率，F値などがある
- □ 精度は，予測されたものが正解となる割合，再現性は，正解のデータが抽出される割合

コラム

新しい技術への対応

DBMSは時代とともに変化しています。現在も，主流であるRDBMS（関係データベース管理システム）以外に様々なデータベースが存在します。近年は，NoSQLを中心とした，RDBMS以外のデータベースを利用する事例も増えてきています。

しかし，実はデータベースに関しては，ここ10数年では質的な変化は起こっていません。ネットワーク技術などに比べて，データベース技術は理論的な背景がしっかりしており，結局，関係データベースの理論を基にしたRDBMSが他のデータベースよりも優位だからです。以前，RDBMSに置き換わるといわれていたOODB（オブジェクト指向データベース）やXMLDBは，主流になる前にNoSQLに流されていっています。

もちろん，RDBMSですべてのデータを扱うことができるわけではありません。そのため，NoSQLを中心とした，RDBMS以外の技術について学ぶことも大切です。しかし，これらの技術は基本的にRDBMSを補完するものであり，ほとんどの業務はRDBMSで対応することが可能です。こうしたことから，主流が置き換わるということは，しばらくはないと考えられます。

ですから，まずは心おきなくRDBMSについてしっかり学習してください。それが様々な業務に応用できる，実用性のあるスキルになります。その基礎がしっかりできた上で，RDBMSでは実現できない処理を補完する意味で他の技術について学習すると，さらにレベルアップします。

データベーススペシャリスト試験は，ほとんどの問題がRDBMSに関するものです。ここで基本となる技術をしっかり身に付けて，実務でも役立つ基礎を固めていきましょう。

9

9-2-3 ビッグデータとAI

ビッグデータは日々増え続けるため，通常の人間によるデータ分析が困難になってきました。AI（人工知能）の進歩により，ビッグデータの分析は様々な場面で自動化されつつあります。

AIと機械学習，ディープラーニング

AIで利用する技術のうち，最近よく用いられる手法が**機械学習**です。機械学習の一分野であるニューラルネットワークから発展したものが**ディープラーニング**となります。ディープラーニングにより，AIの進化は加速し，様々な実用化が行われています。

AIと機械学習，ディープラーニングの関係を図示すると，次のようになります。

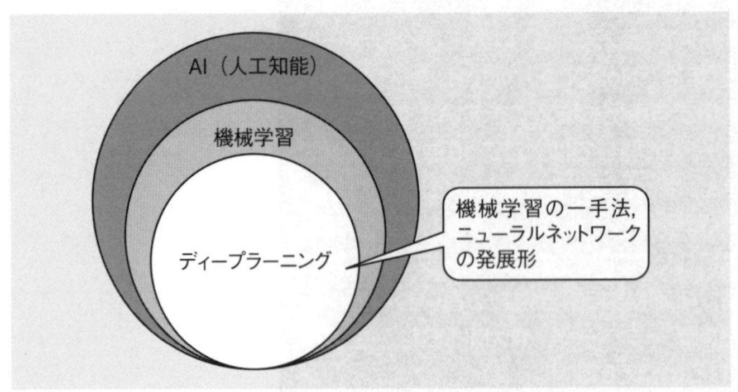

AIと機械学習，ディープラーニングの関係

機械学習

機械学習はAIを実現する技術の一分野であり，コンピュータ（機械）が，データからルールや知識を学習する方法のことです。

機械学習のアルゴリズムは，**教師あり学習**と**教師なし学習**に大別されます。教師あり学習は，入力に対する正しい分類方法を人間が示した訓練データをコンピュータに学習させるものです。教師なし学習とは，データのみを与え，そこからコンピュータが自分で特徴を学習するものです。また，**強化学習**と呼ばれる，機械が試行錯誤をしながら行動パターンを学習していくものもあります。

機械学習の手法には，線形回帰や決定木，ベイズ推定，サポートベクタマシン，ニューラルネットワークなど様々なものがあります。ニューラルネットワークは，人間の脳神経回路を模倣して考えられたものです。

ディープラーニング（深層学習）

ディープラーニングは，ニューラルネットワークの学習を多階層で行う手法です。ディープラーニングでは，ニューラルネットワークの多層化を実現することで，様々な複雑な処理が可能になりました。

ディープラーニングにより，AIの学習精度は飛躍的に向上しました。

AIの応用

機械学習やディープラーニングを主流としたAIの発展により，様々な分野でAIの利用が広がっています。例えば，次のような応用技術が進歩しています。

①FinTech（フィンテック）

FinTechとはFinanceとTechnologyから生じた言葉で，ITを駆使した金融サービスや技術全般を指します。AIの応用としては，金融商品を開発するためのビッグデータの適用や，AIを駆使した金融システムなどがあります。

②バイオテクノロジー

生物科学の分野では，遺伝子などのビッグデータとITにAIを組み合わせた様々な技術が発展しています。生物情報を解析し，新たな生物をデザインする技術や，生物を利用して物質を生産する技術などが実用化されています。

③ロボティックス

ロボットによる自動化にAIが加わることで，自分で学習するロボットを製作することができます。**IoT**（Internet of Things：モノのインターネット）技術との組合せで，大量のセンサデータを用いて，複雑な作業を行わせることが可能です。安価な労働力としての活用や，人間にはできない作業を行わせるなど，様々な技術が実用化されつつあります。

AI，ビッグデータと開発環境

AIの応用で取り上げたような様々なAIを実現させるためには，大量のデータを取り扱う必要があります。これらは**ビッグデータ**に分類されるもので，必要なデータを十分に収集し，AIが分析できるようにすることが重要です。ビッグデータを活用してAIを作成するときには，従来の定型的な開発ではなく，試行錯誤を繰り返し，分析の精度を高めていきます。そのために，**Jupyter Notebook**や**Jupyter Lab**などの対話型の開発環境がよく用いられます。

データベーススペシャリストの役割は，データの分析を行うデータサイエンティストが分析しやすいように，必要なデータを過不足なく用意することです。そのためにも，整合性のとれたきれいなデータにする，正規化やSQLなどの基本的な手法が大切となります。

ビッグデータのためのミドルウェア

ビッグデータを扱うためには様々な分散処理を組み合わせる必要があり，そのためにミドルウェアが必要になってきます。代表的なミドルウェアには，大規模なデータを分散処理するためのソフトウェアライブラリである**Hadoop**や，RDD（Resilient Distributed Datasets）という分散共有メモリの仕組みを使用する**Apache Spark**などがあります。

それでは，次の問題を考えてみましょう。

問題

ビッグデータ処理基盤に利用され，オープンソースソフトウェアの一つであるApache Sparkの特徴はどれか。

ア　MapReduceの考え方に基づいたバッチ処理に特化している。

イ RDD（Resilient Distributed Dataset）と呼ばれるデータ集合に対して変換を行う。
ウ パブリッシュ／サブスクライブ（Publish / Subscribe）型のメッセージングモデルを採用している。
エ マスタノードをもたないキーバリューストアである。

（令和3年秋 データベーススペシャリスト試験 午前Ⅱ 問18）

解説

Apache Sparkは，ビッグデータの処理に最適な，オープンソースの分散処理フレームワークです。RDD（Resilient Distributed Datasets）という分散共有メモリの仕組みがあり，データ集合はパーティション化され，複数マシンで管理されます。したがって，イが正解です。

ア Asakusa Framework など，業務システムのバッチに並列・分散処理の能力を活用するためのHadoop上で動作するフレームワークの特徴です。
ウ Apache Kafka など，複数のアプリケーションやデータベース間でストリームデータを送受信する基盤の特徴です。
エ Redisなど，キーバリュー型のNoSQLデータベースの特徴です。

≪解答≫イ

CEP

イベント処理とは，発生したイベントに対するデータのストリーム（流れ）を追跡して分析し，推論を行う手法です。より複雑な推論を行うため，複数の発生元からのデータを組み合わせる手法を**CEP**（Complex Event Processing：複合イベント処理）といいます。

ビッグデータの処理では，大量のデータをリアルタイムで素早く処理するために，CEPを行います。具体的には，ストリームデータをメモリ上に展開し，あらかじめ設定した条件に合致した場合に対応するアクションを実行します。

それでは，次の問題を考えてみましょう。

9

問題

ビッグデータの処理に使用されるCEP（複合イベント処理）に関する記述として，適切なものはどれか。

ア　多次元データベースを構築することによって，集計及び分析を行う方式である。

イ　データ更新時に更新前のデータを保持することによって，同時実行制御を行う方式である。

ウ　分散データベースシステムにおけるトランザクションを実現する方式である。

エ　連続して発生するデータに対し，あらかじめ規定した条件に合致する場合に実行される処理を実装する方式である。

（令和2年10月 データベーススペシャリスト試験 午前Ⅱ 問15）

解説

CEP（Complex Event Processing：複合イベント処理）とは，複数の事象（イベント）からのデータを組み合わせて分析し，より複雑な状況を処理できるようにすることです。連続した事象で発生するデータに対して，あらかじめ条件を規定しておき，条件に合致した場合に処理を実行することは，CEPに該当します。したがって，エが正解です。

ア　多数の視点（次元）で分析できるデータベースが多次元データベースで，データウェアハウスなどで用いられます。

イ　更新前ログによるロールバックを行うことで整合性を保つ，通常の関係データベースなどで行われる処理です。

ウ　2相コミットなど，分散データベースシステムでの実行制御などが該当します。

≪解答≫エ

▶▶▶覚えよう！

- □　機械学習には，教師あり学習と教師なし学習，強化学習がある
- □　ディープラーニングは，ニューラルネットワークを多階層で実現したもの

9-3 問題演習

9-3-1 午前問題

問1 NoSQLのデータモデル CHECK ▶ □□□

NoSQLのうち，データ構造はキーに対して一つの値をもつデータモデルであり，データ間は疎結合で分散して配置しやすい特徴をもつものはどれか。

ア キーバリューストア　　イ グラフデータベース
ウ 文書データストア　　エ ワイドカラムデータストア

問2 OLAP CHECK ▶ □□□

OLAPによって，商品の販売状況分析を商品軸，販売チャネル軸，時間軸，顧客タイプ軸で行う。データ集計の観点を，商品，販売チャネルごとから，商品，顧客タイプごとに切り替える操作はどれか。

ア ダイス　　イ データクレンジング
ウ ドリルダウン　　エ ロールアップ

問3 スケールイン CHECK ▶ □□□

システムが使用する物理サーバの処理能力を，負荷状況に応じて調整する方法としてのスケールインの説明はどれか。

ア システムを構成する物理サーバの台数を増やすことによって，システムとしての処理能力を向上する。
イ システムを構成する物理サーバの台数を減らすことによって，システムとしてのリソースを最適化し，無駄なコストを削減する。
ウ 高い処理能力のCPUへの交換やメモリの追加などによって，システムとしての処理能力を向上する。
エ 低い処理能力のCPUへの交換やメモリの削減などによって，システムとしてのリソースを最適化し，無駄なコストを削減する。

問4 CEP（複合イベント処理） CHECK ▶ □□□

ビッグデータの処理に使用されるCEP（複合イベント処理）に関する記述として，適切なものはどれか。

ア ストリームデータをメモリ上に展開し，あらかじめ設定した条件に合致した場合に対応するアクションを実行する。
イ ビジネスの結果を表す数値データをファクトテーブル，そのデータの解析に必要なデータを次元テーブルに格納して処理する。
ウ 分散データベースにおいて，関係する全てのプロセスでコミットが可能かを判定する相と，各プロセスで実際のコミットを行う相の二つを経てコミット処理を実行する。
エ 並列分散環境にある多数のサーバによって，分散ファイルシステムに蓄積された大量データをバッチ処理する。

問5 Jupyter Lab CHECK ▶ □□□

機械学習を用いたビッグデータ分析において使用されるJupyter Labの説明はどれか。

ア 定期的に実行するタスクを制御するための，ワークフローを管理するツールである。
イ データ分析を行う際に使用する，対話型の開発環境である。
ウ 並列分散処理を行うバッチシステムである。
エ マスターノードをもたない分散データベースシステムである。

午前問題の解説

問1 (令和2年10月 データベーススペシャリスト試験 午前Ⅱ 問16)

《解答》ア

キーに対して一つの値が対応するデータは，キーバリュー（Key-Value）といいます。NoSQLのうち，データ構造はキーに対して一つの値をもつデータモデルにはキーバリューストアがあります。キーバリューストアはキーと値の対応が基本なので，データ間では疎結合となり，分散して配置しやすい特徴をもちます。したがって，**ア**が正解です。

イ　グラフデータベースは，リレーションを用いてデータの関係性をグラフで示すデータベースなので，データ間は密結合となります。

ウ　文書データストアは，JSON形式のように可変的な文書構造を格納するためのデータストアです。データ構造は柔軟で，キーに対して一つの値という形での限定はされません。

エ　ワイドカラムデータストアは，列指向型のデータベースで，一つのキーに対して複数の値をもちます。

問2 (令和2年10月 データベーススペシャリスト試験 午前Ⅱ 問17)

《解答》ア

OLAP（Online Analytical Processing）とは，分析的な問合せに素早く回答する方法のことです。データ集計の観点を切り替えるときには，分析軸を変更することとなり，この操作をダイス（またはダイシング）といいます。したがって，**ア**が正解です。

イ　整合されたデータ属性やコード体系などに合うように変換及び修正を行う操作です。

ウ　分析の粒度を下げることです。ロールダウンともいいます。

エ　分析の粒度を上げることです。ドリルアップともいいます。

問3 (令和3年秋 高度共通 午前Ⅰ 問5)

《解答》イ

システムが使用する物理サーバの処理能力を，負荷状況に応じて調整する方法のうち，システムを構成するサーバの台数を増やして対応することをスケールアウト，減らして対応することをスケールインといいます。また，サーバ1台1台のCPUやメモリなどの処理能力を上げて対応することをスケールアップ，下げて対応することをスケールダウンといいます。物理サーバの台数を減らすことによって，システムとしてのリソースを最適化し，無駄なコストを削減することはスケールインに該当します。したがって，**イ**が正解です。

ア　スケールアウトの説明です。

ウ スケールアップの説明です。

エ スケールダウンの説明です。

問4 (平成31年春 データベーススペシャリスト試験 午前II 問19)

《解答》ア

ビッグデータの処理に使用されるCEP（Complex Event Processing：複合イベント処理）とは，複数のソースからのデータを組み合わせ，より複雑な状況のパターンを推論するイベント処理です。複数のソースからのストリームデータをメモリ上に展開し，あらかじめ設定した条件に合致したイベントのパターンを抽出します。その後，パターンに対応する処理（アクション）を実行します。したがって，**ア**が正解です。

イ データウェアハウスなどで用いられるスタースキーマに関する記述です。

ウ 2相コミットに関する記述です。

エ Hadoopなどの分散処理技術に関する記述です。

問5 (令和4年秋 データベーススペシャリスト試験 午前II 問17)

《解答》イ

Jupyter Labは，非営利団体Project Jupyterで開発される，データ分析で使用される対話型開発環境の一つです。Project Jupyterの代表的なWebアプリケーションに，ドキュメントとソースコードを一緒に格納できる開発環境であるJupyter Notebookがあります。Jupyter Notebookの次世代として，ファイルブラウザやターミナルなども含めて一体型で提供する開発環境がJupyter Labとなります。したがって，**イ**が正解です。

ア CircleCIなどの，CI/CD（Continuous Integration / Continuous Delivery：継続的インティグレーション / 継続的デリバリー）を行うツールの説明です。

ウ Hadoopなどの，並列分散処理アプリケーションでバッチ処理を行うシステムの説明です。

エ Apache Cassandraなどの，複数台のクラスターで分散データベースを作成するソフトウェアの説明です。

9-3-2 午後問題

問題 データベースの実装・運用 CHECK ▶ □□□

データベースの実装・運用に関する次の記述を読んで，設問に答えよ。

D社は，全国でホテル，貸別荘などの施設を運営しており，予約管理，チェックイン及びチェックアウトに関する業務に，5年前に構築した宿泊管理システムを使用している。データベーススペシャリストのBさんは，企画部門からマーケティング用の分析データ（以下，分析データという）の提供依頼を受けてその収集に着手した。

〔分析データ収集〕

1. 分析データ提供依頼

企画部門からの分析データ提供依頼の例を表1に示す。表1中の指定期間には分析対象とする期間の開始年月日及び終了年月日を指定する。

表1 分析データ提供依頼の例

依頼番号	依頼内容
依頼 1	施設ごとにリピート率を抽出してほしい。リピート率は，累計新規会員数に対する指定期間内のリピート会員数の割合（百分率）である。累計新規会員数は指定期間終了年月日以前に宿泊したことのある会員の総数，リピート会員数は過去 1 回以上宿泊し，かつ，指定期間内に 2 回目以降の宿泊をしたことのある会員数である。リピート会員がいない施設のリピート率はゼロにする。
依頼 2	会員を指定期間内の請求金額の合計値を基に上位から 5 等分に分類したデータを抽出してほしい。
依頼 3	客室の標準単価と客室稼働率との関係を調べるために，施設コード，標準単価及び客室稼働率を抽出してほしい。客室稼働率は，指定期間内の予約可能な客室数に対する同期間内の予約中又は宿泊済の客室数の割合（百分率）である。

2. 宿泊管理業務の概要

宿泊管理システムの概念データモデルを図1に，関係スキーマを図2に，主な属性の意味・制約を表2に示す。宿泊管理システムでは，図2中の関係“予約”，“会員予約”及び“非会員予約”を概念データモデル上のスーパータイプである“予約”にまとめて一つのテーブルとして実装している。

Bさんは，宿泊管理業務への理解を深めるために，図1，図2，表2を参照して，表3の業務ルール整理表を作成した。表3では，Bさんが想定する業務ルールの例が，図1，図2，表2に反映されている業務ルールと一致しているか否かを判定し，一致欄に“○”（一致）又は“×”（不一致）を記入する。エンティティタイプ欄には，判定時に参照する一つ又は複数のエンティティタイプ名を記入する。リレーションシップを表す線及び対応関係にゼロを含むか否かの区別によって適否を判定する場合には，リレーションシップの両端のエンティティタイプを参照する。

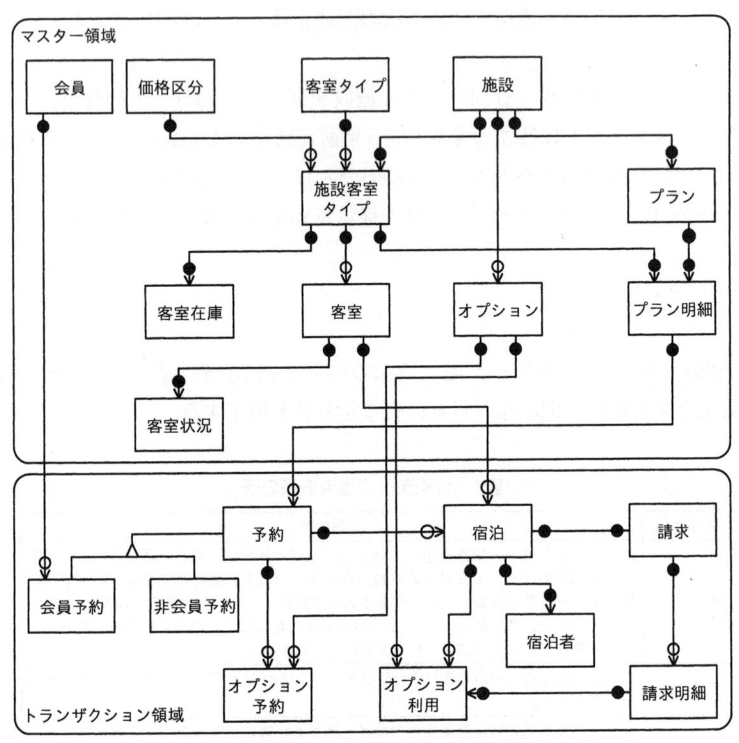

図1　宿泊管理システムの概念データモデル

施設（施設コード，施設区分，施設名，住所，電話番号，…）
客室タイプ（客室タイプコード，客室タイプ名，定員，階数，部屋数，間取り，面積，
　　　ペット同伴可否，備考，…）
価格区分（価格区分コード，価格区分名，標準単価，価格設定規則）
施設客室タイプ（施設コード，客室タイプコード，価格区分コード）
客室（施設コード，客室タイプコード，客室番号，禁煙喫煙区分，客室状態，備考）
客室状況（施設コード，客室番号，年月日，予約可否）
客室在庫（施設コード，客室タイプコード，禁煙喫煙区分，年月日，予約可能数，割当済数）
プラン（施設コード，プランコード，プラン名，チェックイン時刻，チェックアウト時刻，
　　開始年月日，終了年月日，朝食有無，夕食有無，禁煙喫煙区分，備考）
プラン明細（施設コード，プランコード，客室タイプコード，利用料金，連泊割引率）
会員（会員番号，氏名，カナ氏名，メールアドレス，電話番号，生年月日，住所，…）
オプション（施設コード，オプション番号，オプション名，単価，…）
予約（施設コード，予約番号，プランコード，客室タイプコード，予約状態，会員予約区分，
　　当日予約フラグ，利用開始年月日，泊数，人数，客室数，キャンセル年月日，…）
　会員予約（施設コード，予約番号，会員番号）
　非会員予約（施設コード，予約番号，氏名，カナ氏名，メールアドレス，電話番号，住所）
オプション予約（施設コード，予約番号，オプション予約明細番号，オプション番号，
　　　　利用数，…）
宿泊（施設コード，宿泊番号，客室番号，予約番号，人数，チェックイン年月日，
　　チェックアウト年月日）
宿泊者（施設コード，宿泊番号，明細番号，氏名，カナ氏名，住所，電話番号，前泊地，
　　後泊地）
オプション利用（施設コード，宿泊番号，オプション利用番号，オプション番号，利用数，
　　　　請求番号，請求明細番号）
請求（請求番号，施設コード，宿泊番号，宿泊料金，オプション利用料金，請求合計金額）
請求明細（請求番号，請求明細番号，請求金額）

図2　宿泊管理システムの関係スキーマ（一部省略）

表2　主な属性の意味・制約

属性名	意味・制約
施設コード	施設を識別するコード（3桁の半角英数字）
施設区分	'H'（ホテル），'R'（貸別荘）
客室タイプコード	ホテルはシングル，ツインなど，貸別荘はテラスハウス，グランピングなど客室の構造，定員などによる分類である。
標準単価，価格設定規則	標準単価は，各施設が利用料金を決める際に基準となる金額，価格設定規則は，その際に従うべきルールの記述である。
予約可否	'Y'（予約可），'N'（修繕中）
予約可能数，割当済数	予約可能数は，客室状況の予約可否が'Y'の客室数で，手動で設定することもある。割当済数は，予約に割り当てられた客室数の合計である。
予約状態	'1'（予約中），'2'（宿泊済），'9'（キャンセル済）
会員予約区分	'1'（会員予約），'2'（非会員予約）
オプション番号	施設ごとに有償で提供する設備，物品，サービスを識別する番号である。
客室状態	'1'（準備中），'2'（チェックイン可），'3'（チェックイン済），'4'（チェックアウト）

表3 業務ルール整理表（未完成）

項番	業務ルールの例	エンティティタイプ	一致
1	施設ごと客室タイプごとに価格区分を設定し，価格区分ごとに標準単価を決めている。客室は施設ごとに一意な客室番号で識別する。	施設，客室タイプ，価格区分，施設客室タイプ，客室	○
2	全施設共通のプランがある。	プラン	[a]
3	会員は，予約時に登録済の会員番号を提示すれば氏名，住所などの提示を省略できる。	会員，会員予約	[b]
4	同一会員が，施設，プラン，客室タイプ，利用開始年月日が全て同じ複数の予約を取ることはできない。	会員，予約	[c]
5	予約のない宿泊は受け付けていない。飛び込みの場合でも当日の予約手続を行った上で宿泊を受け付ける。	予約，宿泊	[d]
6	連泊の予約を受け付ける場合に，連泊中には同じ客室になるように在庫の割当てを行うことができる。	予約	[e]
7	予約の際にはプラン及び客室タイプを必ず指定する。一つの予約で同じ客室タイプの複数の客室を予約できる。	[ア]	[f]
8	宿泊時には1名以上の宿泊者に関する情報を記録しなければならない。	[イ]	○

3. 問合せの設計

Bさんは，表1の依頼1～依頼3の分析データ抽出に用いる問合せの処理概要及びSQL文をそれぞれ表4～表6に整理した。hv1，hv2はそれぞれ指定期間の開始年月日，終了年月日を表すホスト変数である。問合せ名によって，ほかの問合せの結果行を参照できるものとする。

表4 依頼1の分析データ抽出に用いる問合せ（未完成）

問合せ名	処理概要（上段）とSQL文（下段）
R1	チェックイン年月日が指定期間の終了日以前の宿泊がある会員数を数えて施設ごとに累計新規会員数を求める。
	SELECT A.施設コード, [ウ] AS 累計新規会員数 FROM 宿泊 A INNER JOIN 予約 B ON A.施設コード = B.施設コード AND A.予約番号 = B.予約番号 WHERE B.会員予約区分 = '1' AND A.チェックイン年月日 <= CAST(:hv2 AS DATE) GROUP BY A.施設コード
R2	チェックイン年月日が指定期間内の宿泊があり，指定期間にかかわらずその宿泊よりも前の宿泊がある会員数を数えて施設ごとにリピート会員数を求める。
	SELECT A.施設コード, [ウ] AS リピート会員数 FROM 宿泊 A INNER JOIN 予約 B ON A.施設コード = B.施設コード AND A.予約番号 = B.予約番号 WHERE B.会員予約区分 = '1' AND A.チェックイン年月日 BETWEEN CAST(:hv1 AS DATE) AND CAST(:hv2 AS DATE) AND [エ] (SELECT * FROM 宿泊 C 　INNER JOIN 予約 D ON C.施設コード = D.施設コード AND C.予約番号 = D.予約番号 　WHERE A.施設コード= C.施設コード AND [オ] AND [カ]) GROUP BY A.施設コード
R3	R1，R2から施設ごとのリピート率を求める。
	SELECT R1.施設コード, 100 * [キ] AS リピート率 FROM R1 LEFT JOIN R2 ON R1.施設コード = R2.施設コード

表5　依頼2の分析データ抽出に用いる問合せ

問合せ名	処理概要（上段）と SQL 文（下段）
T1	会員別に指定期間内の請求金額を集計する。
	SELECT C.会員番号, SUM(A.請求合計金額) AS 合計利用金額 FROM 請求 A INNER JOIN 宿泊 B ON A.施設コード = B.施設コード AND A.宿泊番号 = B.宿泊番号 INNER JOIN 予約 C ON B.施設コード = C.施設コード AND B.予約番号 = C.予約番号 WHERE B.チェックイン年月日 BETWEEN CAST(:hv1 AS DATE) AND CAST(:hv2 AS DATE) AND C.会員予約区分 = '1' GROUP BY C.会員番号
T2	T1 から会員を 5 等分に分類して会員ごとに階級番号を求める。
	SELECT 会員番号, NTILE(5) OVER (ORDER BY 合計利用金額 DESC) AS 階級番号 FROM T1

表6　依頼3の分析データ抽出に用いる問合せ

問合せ名	処理概要（上段）と SQL 文（下段）
S1	予約から利用開始年月日が指定期間内に含まれる予約中又は宿泊済の行を選択し，施設コード，価格区分コードごとに客室数を集計して累計稼働客室数を求める。
	SELECT A.施設コード, B.価格区分コード, SUM(A.客室数) AS 累計稼働客室数 FROM 予約 A INNER JOIN 施設客室タイプ B ON A.施設コード = B.施設コード AND A.客室タイプコード = B.客室タイプコード WHERE A.利用開始年月日 BETWEEN CAST(:hv1 AS DATE) AND CAST(:hv2 AS DATE) AND A.予約状態 <> '9' GROUP BY A.施設コード, B.価格区分コード
S2	客室状況から年月日が指定期間内に含まれる予約可能な客室の行を選択し，施設コード，価格区分コードごとに行数を数えて累計予約可能客室数を求める。
	SELECT A.施設コード, C.価格区分コード, COUNT(A.客室番号) AS 累計予約可能客室数 FROM 客室状況 A INNER JOIN 客室 B ON A.施設コード = B.施設コード AND A.客室番号 = B.客室番号 INNER JOIN 施設客室タイプ C ON B.施設コード = C.施設コード AND B.客室タイプコード = C.客室タイプコード WHERE A.予約可否 = 'Y' AND A.年月日 BETWEEN CAST(:hv1 AS DATE) AND CAST(:hv2 AS DATE) GROUP BY A.施設コード, C.価格区分コード
S3	S1，S2 及び価格区分から施設コード，価格区分コードごとに標準単価，客室稼働率を求める。
	SELECT A.施設コード, A.価格区分コード, C.標準単価, 100 * COALESCE(B.累計稼働客室数,0) / A.累計予約可能客室数 AS 客室稼働率 FROM S2 A LEFT JOIN S1 B ON A.施設コード = B.施設コード AND A.価格区分コード = B.価格区分コード INNER JOIN 価格区分 C ON A.価格区分コード = C.価格区分コード

4. 問合せの試験

Bさんは，各SQL文の実行によって期待どおりの結果が得られることを確認する試験を実施した。Bさんが作成した，表5のT2の試験で使用するT1のデータを表7に，T2の試験の予想値を表8に示す。

表7 T2の試験で使用するT1のデータ

会員番号	合計利用金額
100	50,000
101	42,000
102	5,000
103	46,000
104	25,000
105	8,000
106	5,000
107	12,000
108	17,000
109	38,000

表8 T2の試験の予想値（未完成）

会員番号	階級番号
100	1
101	
102	
103	
104	
105	
106	
107	
108	
109	

5. 問合せの実行

Bさんは，実データを用いて，2022-09-01から2022-09-30を指定期間として表4～表6のSQL文を実行して結果を確認したところ，表6の結果行を反映した図3の標準単価と客室稼働率の関係（散布図）に客室稼働率100％を超える異常値が見られた。

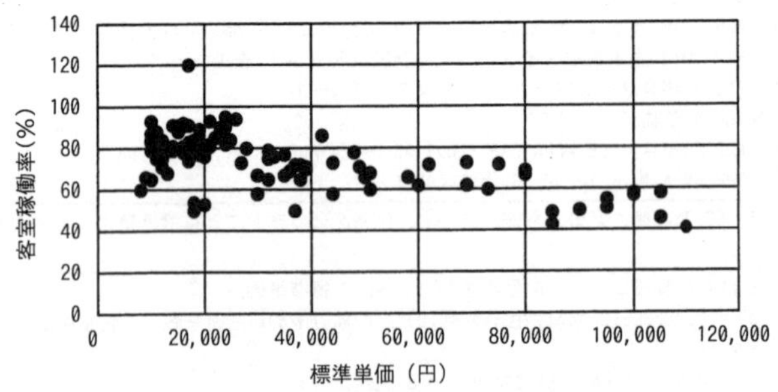

図3 標準単価と客室稼働率の関係（散布図）

〔異常値の調査・対応〕

1. 異常値発生原因の調査手順

Bさんは，次の(1)～(3)の手順で調査を行った。

(1) ①S3のSQL文を変更して再度問合せを実行し，異常値を示している施設コード，価格区分コードの組だけを求める。

(2) (1)で求めた施設コード，価格区分コードについて，S1，S2のSQL文を変更して，施設コード，価格区分コード，客室タイプコードごとの累計稼働客室数，累計予約可能客室数をそれぞれ求める。

(3) (2)の結果から累計稼働客室数，累計予約可能客室数のいずれかに異常が認められたら，その集計に関連するテーブルの行を抽出する。

2. 異常値発生原因の調査結果

調査手順の(1)から施設コード'103'，価格区分コード'C4'を，調査手順の(2)から表9，表10を得た。調査手順の(3)では，累計予約可能客室数に異常があると判断して表11～14を得た。

表9 (2)のS1で得た結果行

施設コード	価格区分コード	客室タイプコード	累計稼働客室数
103	C4	71	5
103	C4	72	10
103	C4	73	14
103	C4	74	7

表10 (2)で得たS2の結果行

施設コード	価格区分コード	客室タイプコード	累計予約可能客室数
103	C4	71	30

表11 (3)で得た"客室状況"テーブルの行(一部省略)

施設コード	客室番号	年月日	予約可否
103	1050	2022-09-01	Y
103	1050	2022-09-02	Y
⋮	⋮	⋮	⋮
103	1050	2022-09-30	Y

表12 (3)で得た"客室"テーブルの行(一部省略)

施設コード	客室タイプコード	客室番号	…
103	71	1050	…

表13 (3)で得た"施設客室タイプ"テーブルの行

施設コード	客室タイプコード	価格区分コード
103	71	C4
103	72	C4
103	73	C4
103	74	C4

表14 (3)で得た"客室タイプ"テーブルの行(一部省略)

客室タイプコード	客室タイプ名	定員	…
71	貸会議室タイプA 9時〜11時	25	…
72	貸会議室タイプA 11時〜13時	25	…
73	貸会議室タイプA 13時〜15時	25	…
74	貸会議室タイプA 15時〜17時	25	…

3. 異常値発生原因の推測

Bさんは，調査結果を基に，施設コード'103'の施設で異常値が発生する状況を次のように推測した。

・客室を会議室として時間帯に区切って貸し出している。

・客室タイプに貸会議室のタイプと時間帯とを組み合わせて登録している。一つの客室(貸会議室)には時間帯に区切った複数の客室タイプがあり，客室と客室タイプとの間に事実上多対多のリレーションシップが発生している。

・②これをS2のSQL文によって集計した結果，累計予約可能客室数が実際よりも小さくなり，客室稼働率が不正になった。

4. 施設へのヒアリング

該当施設の管理者にヒアリングを行い，異常値の発生原因は推測どおりであることを確認した。さらに，貸会議室の運用について次の説明を受けた。

・客室の一部を改装し，会議室として時間貸しする業務を試験的に開始した。

・貸会議室は，9時〜11時，11時〜13時，13時〜15時のように1日を幾つかの連続する時間帯に区切って貸し出している。

・貸会議室ごとに，定員，価格区分を決めている。定員，価格区分は変更することがある。

・宿泊管理システムの客室タイプに時間帯を区切って登録し，客室タイプごとに予約可能数を設定している。さらに，貸会議室利用を宿泊として登録することで，宿泊管理システムを利用して，貸会議室の在庫管理，予約，施設利用，及び請求の手続を行っている。

・貸会議室は全て禁煙である。

・1回の予約で受け付ける貸会議室は1室だけである。

・音響設備，プロジェクターなどのオプションの予約，利用を受け付けている。

・一つの貸会議室の複数時間帯の予約を受けることもある。現在は時間帯ごとに異なる予約を登録している。貸会議室の業務を拡大する予定なので，1回の予約で登録できるようにしてほしい。

5. 対応の検討

(1) 分析データ抽出への対応

Bさんは，③表6中のS2の処理概要及びSQL文を変更することで，異常値を回避して施設ごとの客室稼働率を求めることにした。

(2) 異常値発生原因の調査で判明した問題への対応

Bさんは，異常値発生原因の調査で，④このまま貸会議室の業務に宿泊管理システムを利用すると，貸会議室の定員変更時にデータの不整合が発生する，宿泊登録時に無駄な作業が発生する，などの問題があることが分かったので，宿泊管理システムを変更する方がよいと判断した。

〔RDBMSの主な仕様〕

宿泊管理システムで利用するRDBMSの主な仕様は次のとおりである。

1. テーブル定義

テーブル定義には，テーブル名を変更する機能がある。

2. トリガー機能

テーブルに対する変更操作（挿入，更新，削除）を契機に，あらかじめ定義した処理を実行する。

(1) 実行タイミング（変更操作の前又は後。前者をBEFOREトリガー，後者をAFTERトリガーという），列値による実行条件を定義することができる。

(2) トリガー内では，変更操作を行う前の行，変更操作を行った後の行のそれぞれに相関名を指定することで，行の旧値，新値を参照することができる。

(3) あるAFTERトリガーの処理実行が，ほかのAFTERトリガーの処理実行の契機となることがある。この場合，後続のAFTERトリガーは連鎖して処理実行する。

9

〔宿泊管理システムの変更〕

1. 概念データモデルの変更

Bさんは，施設へのヒアリング結果を基に，宿泊管理業務の概念データモデルに，貸会議室の予約業務を追加することにした。Bさんが作成した貸会議室予約業務追加後のトランザクション領域の概念データモデルを図4に示す。図4では，マスター領域のエンティティタイプとのリレーションシップを省略している。

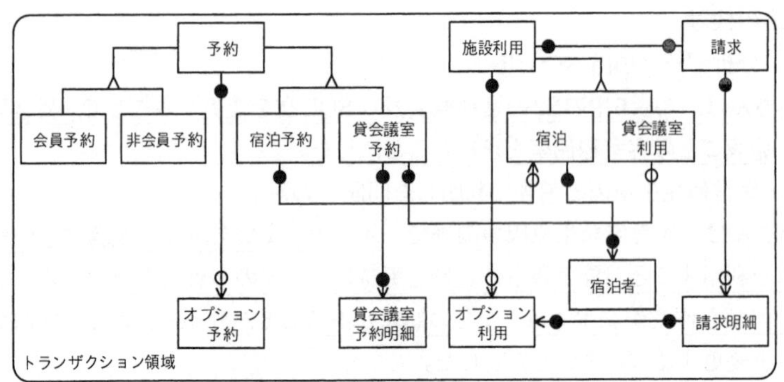

図4 貸会議室予約業務追加後のトランザクション領域の概念データモデル

2. テーブル構造の変更

Bさんは，施設へのヒアリングで聴取した要望に対応しつつ，現行のテーブル構造は変更せずに，貸会議室の予約，利用を管理するためのテーブルを追加することにして図5の追加するテーブルのテーブル構造を設計した。

貸出時間帯（時間帯コード，開始時刻，終了時刻）
貸会議室在庫（ ク ）
貸会議室予約明細（ ケ ）

図5 追加するテーブルのテーブル構造（未完成）

3. テーブル名の変更

図4の概念データモデルでは，エンティティタイプ“宿泊”及び“貸会議室利用”は，エンティティタイプ“施設利用”のサブタイプである。現行の“宿泊”テーブルはエンティティタイプ“施設利用”を実装したものだが，概念データモデル上サブタイプのエンティティタイプ名をテーブル名に用いることによる誤解を防ぐために，“宿泊”テーブルは“施設利用”に名称を変更することにした。

D社では，アプリケーションプログラム（以下，APという）の継続的な改善を実施しており，APのアクセスを停止することなくAPのリリースを行う仕組みを備えている。

貸会議室予約機能のリリースに合わせてテーブル名の変更を行いたいが，“宿泊”テーブルには多くのAPで行の挿入，更新を行っていて，これら全てのAPの改定，試験を行うとリリース時期が遅くなる。そこで，一定の移行期間を設け，移行期間中は新旧両方のテーブル名を利用できるようにデータベースを実装し，必要な全てのAPの改定後に移行期間を終了して“宿泊”テーブルを廃止することにした。

実装に当たって，更新可能なビューを利用した更新可能ビュー方式，トリガーを利用したトリガー同期方式の2案を検討し，移行期間前，移行期間中，移行期間後の手順を表15に，表15中の手順[b2]，[b4]のトリガーの処理内容を表16に整理した。

表15 更新可能ビュー方式，トリガー同期方式の手順

実施時期	更新可能ビュー方式の手順	トリガー同期方式の手順
移行期間前	[a1] 更新可能な“施設利用”ビューを作成する。	[b1] “施設利用”テーブルを新規作成する。 [b2] “宿泊”テーブルの変更を“施設利用”テーブルに反映するトリガーを作成する。 [b3] “宿泊”テーブルから，施設コード，宿泊番号順に，“施設利用”テーブルに存在しない行を一定件数ごとにコミットしながら複写する。 [b4] “施設利用”テーブルの変更を“宿泊”テーブルに反映するトリガーを作成する。
移行期間中	なし	なし
移行期間後	[c1] “施設利用”ビューを削除する。 [c2] “宿泊”テーブルを“施設利用”テーブルに名称を変更する。	[d1] 作成したトリガーを削除する。 [d2] “宿泊”テーブルを削除する。

注記1 [ ]で囲んだ英数字は，手順番号を表す。
注記2 手順内で発生するトランザクションのISOLATIONレベルは，READ COMMITTEDである。

表16 表15中の手順[b2]，[b4]のトリガーの処理内容（未完成）

手順	変更操作	処理内容
[b2]	INSERT	“宿泊”テーブルの追加行のキー値で“施設利用”テーブルを検索し，該当行がない場合に“施設利用”テーブルに同じ行を挿入する。
	UPDATE	“宿泊”テーブルの変更行のキー値で“施設利用”テーブルを検索し，該当行があり，かつ，[コ]場合に，“施設利用”テーブルの該当行を更新する。
[b4]	INSERT	“施設利用”テーブルの追加行のキー値で“宿泊”テーブルを検索し，該当行がない場合に“宿泊”テーブルに同じ行を挿入する。
	UPDATE	“施設利用”テーブルの変更行のキー値で“宿泊”テーブルを検索し，該当行があり，かつ，[ ]場合に，“宿泊”テーブルの該当行を更新する。

注記 網掛け部分は表示していない。

設問1 〔分析データ収集〕について答えよ。

(1) 表3中の [a] ～ [f] に入れる"○"，"×"を答えよ。また，表3中の [ア]，[イ] に入れる一つ又は複数の適切なエンティティタイプ名を答えよ。

(2) 表4中の [ウ] ～ [キ] に入れる適切な字句を答えよ。

(3) 表8中の太枠内に適切な数値を入れ，表を完成させよ。

設問2 〔異常値の調査・対応〕について答えよ。

(1) 本文中の下線①で，調査のために表6中のS3をどのように変更したらよいか。変更内容を50字以内で具体的に答えよ。

(2) 本文中の下線②で，累計予約可能客室数が実際よりも小さくなった理由を50字以内で具体的に答えよ。

(3) 本文中の下線③で，表6中のS2において，"客室状況"テーブルに替えてほかのテーブルから累計予約可能客室数を求めることにした。そのテーブル名を答えよ。

(4) 本文中の下線④について，(a) どのようなデータの不整合が発生するか，(b) どのような無駄な作業が発生するか，それぞれ40字以内で具体的に答えよ。

設問3 〔宿泊管理システムの変更〕について答えよ。

(1) 図5中の [ク]，[ケ] に入れる一つ又は複数の列名を答えよ。なお，[ク]，[ケ] に入れる列が主キーを構成する場合，主キーを表す実線の下線を付けること。

(2) 表15中の更新可能ビュー方式の手順の実施に際して，APのアクセスを停止する必要がある。APのアクセスを停止するのはどの手順の前か。表15中の手順番号を答えよ。また，APのアクセスを停止する理由を40字以内で具体的に答えよ。

(3) 表15中のトリガー同期方式において，APのアクセスを停止せずにリリースを行う場合，表15中の手順では"宿泊"テーブルと"施設利用"テーブルとが同期した状態となるが，手順[b2]，[b3]の順序を逆転させると，差異が発生する場合がある。それはどのような場合か。50字以内で具体的に答えよ。

(4) 表16中の [コ] の条件がないと問題が発生する。どのような問題が発生するか。20字以内で具体的に答えよ。また，この問題を回避するために [コ] に入れる適切な条件を30字以内で具体的に答えよ。

（令和4年秋 データベーススペシャリスト試験 午後Ⅱ 問1）

午後問題の解説

データベースの実装・運用に関する問題です。この問では，宿泊施設の予約業務における分析データ抽出を題材として，データ設計後の論理モデルを理解・検証する能力，問合せを設計・試験する能力，データの異常を調査し修正する能力，継続的な改善をデータベース領域で実践する能力が問われています。

通常のデータベース設計だけでなく，データ分析を行うための設計や，データ分析の結果からシステムを改善していく内容が出題されており，新傾向の問題です。問題文をしっかり読めば解ける部分が多いため，難易度はそれほど高くありません。

この問題は，次の段落で構成されています。

〔分析データ収集〕	設問1
1. 分析データ提供依頼	表1
2. 宿泊管理業務の概要	図1，図2，表2，表3
3. 問合せの設計	表4，表5，表6
4. 問合せの試験	表7，表8
5. 問合せの実行	図3
〔異常値の調査・対応〕	設問2
1. 異常値発生原因の調査手順	
2. 異常値発生原因の調査結果	表9～表14
3. 異常値発生原因の推測	
4. 施設へのヒアリング	
5. 対応の検討	
〔RDBMSの主な仕様〕	
1. テーブル定義	
2. トリガー機能	
〔宿泊管理システムの変更〕	設問3
1. 概念データモデルの変更	図4
2. テーブル構造の変更	図5
3. テーブル名の変更	表15，表16

設問1では，〔分析データ収集〕の内容をもとに，業務整理やSQL文作成を行います。設問2では，〔異常値の調査・対応〕の内容をもとに，異常値の調査のためのSQL文を考え，原因究明と対応を行います。設問3では，〔宿泊管理システムの変更〕の内容をもとに，概念データモデルとテーブル構造を変更していきます。

設問1

〔分析データ収集〕に関する問題です。“1. 分析データ提供依頼”と“2. 宿泊管理業務の概要"，"3. 問合せの設計"の内容をもとに，表3，表4，表8を完成させていきます。業務を整理してSQL文を作成し，実行結果を予想します。

(1)

表3中の空欄穴埋め問題です。業務ルール整理表について，空欄a～fには"○"，"×"のどちらかを，空欄ア，イには一つ又は複数の適切なエンティティタイプ名を答えていきます。

空欄a

表3の項番2"全施設共通のプランがある"について，一致を確認します。

エンティティタイプ"プラン"について，図2の関係スキーマで主キーを確認すると，{施設コード，プランコード}となっています。プランコードは施設ごとに設定されることになるので，全施設共通のプランには対応しておらず，業務ルールと一致しません。したがって，解答は×です。

空欄b

表3の項番3"会員は，予約時に登録済の会員番号を提示すれば氏名，住所などの提示を省略できる"について，一致を確認します。

エンティティタイプ"会員"，"会員予約"について，図1の概念データモデルと図2の関係スキーマを確認すると，エンティティタイプ"会員"と"会員予約"の間には1対多のリレーションシップがあり，関係"会員"の主キー"会員番号"が，関係"会員予約"に外部キーとして設定されています。そのため，予約時に登録済の会員番号があれば，氏名，住所などの情報は関係"会員"の属性から取得できます。したがって，解答は○です。

空欄c

表3の項番4"同一会員が，施設，プラン，客室タイプ，利用開始年月日が全て同じ複数の予約を取ることはできない"について，一致を確認します。

エンティティタイプ"予約"について，図2の関係スキーマを確認すると，主キーが{施設コード，予約番号}だけとなっています。プランコード，客室タイプコードなどは外部キーが設定されていますが，それだけでは一意性の制約はかかりません。現在の関係"予約"では，会員，施設，プラン，客室タイプ，利用開始年月日についての一意性制約は設定されていないので，業務ルールと一致しません。したがって，解答は×です。

空欄d

表3の項番5"予約のない宿泊は受け付けていない"，"飛び込みの場合でも当日の予約手続を行った上で宿泊を受け付ける"について，一致を確認します。

エンティティタイプ"予約"と"宿泊"について，図1の概念データモデルを見ると，1対多のリレーションシップがあり，予約側の対応関係は●です。これは，"宿泊"から見た"予約"が必ず存在することを示しています。そのため，宿泊には必ず予約が必要で，予約のない宿泊は受け付けられない概念データモデルになっていると考えられます。したがって，解答は○です。

空欄e

表3の項番6“連泊の予約を受け付ける場合に，連泊中には同じ客室になるように在庫の割当てを行うことができる”について，一致を確認します。

エンティティタイプ“予約”について，図2の関係スキーマを見ると，予約時に設定されるのは“客室タイプコード”で，客室そのものではありません。図1の概念データモデルでエンティティタイプ“予約”，“宿泊”と“客室”間のリレーションシップを確認すると，エンティティタイプ“予約”と“客室”にはリレーションシップはなく，“客室”からは“宿泊”への1対多のリレーションシップがあります。つまり，客室割当ては予約時ではなく宿泊時に行うので，連泊の予約を受け付けるときに，客室の在庫割当てはできません。したがって，解答は**×**です。

空欄f

表3の項番7“予約の際にはプラン及び客室タイプを必ず指定する”，“一つの予約で同じ客室タイプの複数の客室を予約できる”について，一致を確認します。

エンティティタイプ“予約”について，図2の関係スキーマを見ると，“プランコード”，“客室タイプコード”の外部キーが存在します。図1の概念データモデルでリレーションを確認すると，エンティティタイプ“プラン明細”と“予約”との間に1対多のリレーションシップがあり，“プラン明細”側の対応関係は●です。これは，“予約”から見た“プラン明細”が必ず存在することを示しており，プラン及び客室タイプを指定する必要があります。さらに，図2の関係スキーマを確認すると，関係“予約”には属性“客室数”があるので，一つの予約で同じ客室タイプの複数の客室を予約することができます。したがって，解答は○です。

空欄ア

表3の項番7で使用するエンティティタイプについて答えます。

空欄fで考えたとおり，エンティティタイプ“予約”でプラン及び客室タイプを指定するために，エンティティタイプ“プラン明細”が必要です。エンティティタイプ“プラン明細”と“予約”の二つがあれば，予約の際のプラン及び客室タイプを指定できます。したがって，解答は**プラン明細，予約**です。

空欄イ

表3の項番8“宿泊時には1名以上の宿泊者に関する情報を記録しなければならない”で使用するエンティティタイプについて答えます。

宿泊者の情報については，図2の関係スキーマでは，関係“宿泊者”で氏名や住所などの情報を格納しています。宿泊時に1名以上の宿泊者情報が登録されているかどうかは，宿泊情報を示す関係“宿泊”の行を取得し，対応する関係“宿泊者”の行が1行以上あることで確認できます。したがって，解答は**宿泊，宿泊者**です。

(2)

表4中の空欄穴埋め問題です。依頼1の分析データ抽出に用いる問合せのSQL文について，処理概要をもとに完成させていきます。

空欄ウ

問合せ名“R1”で，「チェックイン年月日が指定期間の終了日以前の宿泊がある会員数」を求める処理を行うSQL文について考えます。空欄ウは，問合せ名“R2”でも使用されているので，両方に当てはまる式を答えます。

問合せ名“R1”のSQL文で空欄ウの後を見ると，“AS 累計新規会員数”となっているので，累計新規会員数を求める式であることが分かります。累計新規会員数については，表1の依頼1に，「累計新規会員数は指定期間終了年月日以前に宿泊したことのある会員の総数」とあるので，会員番号の累計を，重複をカウントせずに求めます。

表4の問合せ名“R1”で使用しているテーブルは，FROM句より“宿泊 A”と“予約 B”の内部結合(INNER JOIN)です。属性“会員番号”については，図2の関係“予約”のサブタイプ“会員予約”に存在します。〔分析データ収集〕2. 宿泊管理業務の概要に，「宿泊管理システムでは，図2中の関係“予約”，“会員予約”及び“非会員予約”を概念データモデル上のスーパータイプである“予約”にまとめて一つのテーブルとして実装している」とあるので，“予約”テーブルに会員番号が実装されていると考えられます。

そのため，“予約”テーブル(別名B)を使用し，COUNT句を使用してB.会員番号の数をカウントすることで会員数が求まります。このとき，重複を許さないので，“DISTINCT B.会員番号”として，重複した会員番号を一つにまとめることが必要です。

したがって，解答は，**COUNT(DISTINCT B.会員番号)**となります。会員番号列は“宿泊”テーブルには存在しないので，テーブルを示すBを省略して，**COUNT(DISTINCT 会員番号)**としても正解です。

空欄エ

問合せ名“R2”のSQL文で，括弧内の副問合せ(SELECT * FROM ～)の前に必要な，WHERE句の条件式を考えます。

問合せ名“R2”の処理概要には，「チェックイン年月日が指定期間内の宿泊があり，指定期間にかかわらずその宿泊よりも前の宿泊がある会員数」とあります。空欄エの上の行ではチェックイン年月日に対するBETWEEN句があり，親問合せで「チェックイン年月日が指定期間内の宿泊」を抽出していると考えられます。副問合せでは，「その宿泊よりも前の宿泊がある会員」の部分を求めていると考えられるので，宿泊があるかどうかをEXISTS句を用いて確認し，ある場合にカウントすることでリピート会員数が求められます。したがって，解答は**EXISTS**です。

空欄オ，カ

問合せ名“R2”のSQL文で，括弧内の副問合せでの，WHERE句の条件式を二つ答えます。空欄エで考えたとおり，副問合せでは，「その宿泊よりも前の宿泊がある会員」を求めるので，親問合せと副問合せで，会員番号が一致している問合せのうち，チェックイン年月日が前のものを求めます。

最初に，会員番号については，空欄ウで考えたとおり，“予約”テーブルに実装されています。FROM句から，親問合せの“予約”テーブルは別名B，副問合せの“予約”テーブルは別名Dとなっているので，“B.会員番号 = D.会員番号”とすることで，会員番号が一致する行を結び付けます。

次に，チェックイン年月日については，図2の関係スキーマを参考にすると，“宿泊”テーブルにあります。FROM句から，親問合せの“宿泊”テーブルは別名A，副問合せの“宿泊”テーブルは別名Cとなっており，親問合せ「よりも前」の宿泊を副問合せで求めるので，“A.チェックイン年月日 > C.チェックイン年月日”となります。

したがって，空欄オは**B.会員番号 = D.会員番号**，空欄カは**A.チェックイン年月日 > C.チェックイン年月日**となります（順不問）。

空欄キ

問合せ名“R3”で，「R1，R2から施設ごとのリピート率」を求める処理を行うSQL文について考えます。

リピート率については，表1の依頼1に，「リピート率は，累計新規会員数に対する指定期間内のリピート会員数の割合（百分率）である」という記述があります。SQL文で，空欄キの前には“100 *”の記述があるので，単純に割合を求めて百分率にします。

R1で累計新規会員数，R2でリピート会員数を求めているので，単純に（リピート会員数 / 累計新規会員数）で求めればいいだけのように見えます。しかし，表1の依頼1には，「リピート会員がいない施設のリピート率はゼロにする」とあるので，リピート会員がいない場合の想定が必要です。

問合せ名“R3”のSQL文では，左外部結合（LEFT JOIN）を使用してR1とR2を結合させており，R1のリピート会員数がない場合には，リピート会員数の値はNULLとなります。NULLの場合に0を返し，そうでない場合にはリピート会員数をそのまま返すときには，COALESCE関数が使用できます。COALESCE(リピート会員数,0) とすることで，リピート会員数がNULLのときに0を返し，リピート率を0とすることができます。

したがって、解答は**COALESCE(リピート会員数,0) / 累計新規会員数**です。

(3)

表8の穴埋め問題です。T2の試験の予想値について，それぞれの行の“会員番号”に対応する太枠内の“階級番号”に適切な数値を入れ，表を完成させていきます。

“階級番号”については，表5の問合せ名“T2”に，「T1から会員を5等分に分類して会員ごとに階級番号を求める」とあります。表7でT1のデータとして合計利用金額が求められて

9

おり，表1の依頼2に，「会員を指定期間内の請求金額の合計値を基に上位から5等分に分類したデータを抽出してほしい」とあるので，合計利用金額を上位から5等分して，上位から順に1～5の数値を階級番号として割り当てることが分かります。会員番号は10個なので，上位から順に1～5の数値を階級番号として割り当てると，2人ずつに区切られます。

表7について，合計利用金額の降順にT1のデータを並び替えると，次のようになります。

会員番号	合計利用金額	階級番号
100	50,000	1
103	46,000	1
101	42,000	2
109	38,000	2
104	25,000	3
108	17,000	3
107	12,000	4
105	8,000	4
102	5,000	5
106	5,000	5

同じ金額の場合（会員番号102と106）をどうするかについては記述がありませんが，同じ階級なので問題ありません。

それぞれの会員番号について，階級番号を考えていくと，次のようになります。

会員番号101

表7より，会員番号101の合計利用金額は42,000円です。上の表では3番目なので，階級番号は2だと考えられます。したがって，解答は**2**です。

会員番号102

表7より，会員番号102の合計利用金額は5,000円です。上の表では9番目なので，階級番号は5だと考えられます。したがって，解答は**5**です。

会員番号103

表7より，会員番号103の合計利用金額は46,000円です。上の表では2番目なので，階級番号は1だと考えられます。したがって，解答は**1**です。

会員番号104

表7より，会員番号104の合計利用金額は25,000円です。上の表では5番目なので，階級番号は3だと考えられます。したがって，解答は**3**です。

会員番号105

表7より，会員番号105の合計利用金額は8,000円です。上の表では8番目なので，階級番号は4だと考えられます。したがって，解答は**4**です。

会員番号106

表7より，会員番号102の合計利用金額は5,000円です。上の表では10番目なので，階級番号は5だと考えられます。したがって，解答は**5**です。

会員番号107

表7より，会員番号107の合計利用金額は12,000円です。上の表では7番目なので，階級番号は4だと考えられます。したがって，解答は**4**です。

会員番号108

表7より，会員番号108の合計利用金額は17,000円です。上の表では6番目なので，階級番号は3だと考えられます。したがって，解答は**3**です。

会員番号109

表7より，会員番号109の合計利用金額は38,000円です。上の表では4番目なので，階級番号は2だと考えられます。したがって，解答は**2**です。

設問2

〔異常値の調査･対応〕に関する問題です。データの異常値から発見された不具合について，状況を抽出するためのSQL文について考え，原因究明と対策の検討を行っていきます。

(1)

本文中の下線①「S3のSQL文を変更して再度問合せを実行し，異常値を示している施設コード，価格区分コードの組だけを求める」について，調査のために表6中のS3を変更する具体的な内容を，50字以内で答えます。

表6のS3のSQLでは，「100 * COALESCE (B.累計稼働客室数, 0) / A.累計予約可能客室数 AS 客室稼働率」の列で，客室稼働率を求めています。異常値については，〔分析データ収集〕“5.問合せの実行”に「客室稼働率100%を超える異常値が見られた」とあるので，客室稼働率が100%を超える行が異常値の行です。

S3のSQL文を変更して再度問合せを実行するとき，異常値を示している行だけを抽出すると，SELECT句にある施設コード，価格区分コードの組も抽出できます。異常値は，客室稼働率が100%よりも大きいので，「WHERE 客室稼働率 > 100」というWHERE句をS3に追加することで求められます。また，元のCOALESCE関数から考えて，累計稼働客室数が累計予約可能客室数より大きい場合に客室稼働率が100%を超えるので，「WHERE 累計稼働客室数 > 累計予約可能客室数」としても同じ結果となります。

したがって，解答は，**客室稼働率が100%よりも大きい行を選択する条件をWHERE句に追加する**，または，**累計稼働客室数が累計予約可能客室数よりも大きい行を選択する条件のWHERE句を追加する**，です。

(2)

本文中の下線②「これをS2のSQL文によって集計した結果，累計予約可能客室数が実際よりも小さくなり，客室稼働率が不正になった」について，累計予約可能客室数が実際よりも小さくなった理由を，50字以内で具体的に答えます。

〔異常値の調査・対応〕1. 異常値発生原因の調査手順(2)に，「(1)で求めた施設コード，価格区分コードについて，S1，S2のSQL文を変更して，施設コード，価格区分コード，客室タイプコードごとの累計稼働客室数，累計予約可能客室数をそれぞれ求める」とあります。表6のS1，S2では客室タイプコードがないので，加えることになります。このとき，〔異常値の調査・対応〕3. 異常値発生原因の推測に，「一つの客室（貸会議室）には時間帯に区切った複数の客室タイプがあり，客室と客室タイプとの間に事実上多対多のリレーションシップが発生している」とあります。そのため，1日に複数回の宿泊がある場合の対応で問題が起こると予想されます。

図2より，関係“客室”の主キーは{施設コード，客室番号}で，客室タイプコードは外部キーなので，一つの客室に対して客室タイプコードは一つしか設定できません。表14を見る限り，“客室タイプ”テーブルには客室タイプコードが少なくとも四つあり，貸会議室として利用する場合，すべての客室タイプコードを同じ客室に登録できる必要があります。しかし，現在のテーブル構造では一つだけしか登録できないと考えられます。

表9で四つの客室タイプが結果行で得られているのにもかかわらず，表10では1行しか表示されていないのは，この“客室”テーブルが関わっていると想定されます。表6のS2では，FROM句が次のかたちになっています。

```
FROM 客室状況 A
INNER JOIN 客室 B ON A. 施設コード = B. 施設コード AND A. 客室番号 = B. 客室番号
INNER JOIN 施設客室タイプ C ON B. 施設コード = C. 施設コード
  AND B. 客室タイプコード = C. 客室タイプコード
```

ここでは，“客室状況”テーブル(A)と“客室”テーブル(B)を内部結合し，“客室”テーブル(B)の客室タイプコードと，“施設客室タイプ”テーブル(C)の客室タイプコードを内部結合しています。表10の結果行を見ると，“客室”テーブルの客室タイプコードには71だけ登録されていると考えられ，客室タイプ72～74に関しては登録されていないと考えられます。そのため，時間帯に区切った客室タイプのうち，“客室”テーブルで対応していないものは，累計予約可能客室数に含まれないことになります。具体的に，客室タイプ72～74に対応する客室数が，累計予約可能客室数にカウントされないとしても正解です。

したがって，解答は，**時間帯に区切った客室タイプのうち，客室に対応しないものが累計予約可能客室数に含まれないから**，または，**客室タイプ72～74に対応する客室数が累計予約可能客室数にカウントされないから**，となります。

(3)

本文中の下線③「表6中のS2の処理概要及びSQL文を変更することで，異常値を回避して施設ごとの客室稼働率を求めることにした」について，表6中のS2において，“客室状況”テーブルに替えて，累計予約可能客室数を求めることにしたテーブル名を答えます。

図2より，関係“客室状況”の主キーは{施設コード，客室番号，年月日}で，同じ年月日で複数の客室タイプコードの客室を登録することができません。客室タイプごとの状況が確認できる関係スキーマとしては，図2に，関係“客室在庫”があります。関係“客室在庫”の主キーは{施設コード，客室タイプコード，禁煙喫煙区分，年月日}なので，予約可能数や割当済数を合計することで，客室タイプコードごとの累計予約可能客室数を求めることが可能です。したがって，解答は**客室在庫**となります。

(4)

本文中の下線④「このまま貸会議室の業務に宿泊管理システムを利用すると，貸会議室の定員変更時にデータの不整合が発生する，宿泊登録時に無駄な作業が発生する，などの問題がある」について，データの不整合と無駄な作業を考えていきます。

(a)

このまま貸会議室の業務に宿泊管理システムを利用することによって，どのようなデータの不整合が発生するかを，具体的に40字以内で答えます。

〔異常値の調査・対応〕4. 施設へのヒアリングに，「貸会議室ごとに，定員，価格区分を決めている。定員，価格区分は変更することがある」とあり，定員は貸会議室ごとに決まります。しかし，図2より，定員については関係“客室タイプ”の属性となっています。そのため，客室タイプごとに定員が登録されており，貸会議室の定員が変更された場合，対応するすべての客室タイプの行を更新する必要があります。このとき，更新漏れなどが発生して，一部の客室タイプのみ更新されることがあると，同じ貸会議室の異なる客室タイプの定員に異なる値が設定されることになります。

したがって，解答は，**同じ貸会議室の異なる客室タイプの定員に異なる値が設定される**，です。

(b)

このまま貸会議室の業務に宿泊管理システムを利用することによって，どのような無駄な作業が発生するかを，具体的に40字以内で答えます。

〔異常値の調査・対応〕4. 施設へのヒアリングに，「貸会議室利用を宿泊として登録することで，宿泊管理システムを利用して，貸会議室の在庫管理，予約，施設利用，及び請求の手続を行っている」とあり，貸会議室の利用を宿泊として登録しています。つまり，貸会議室の利用は，“宿泊”テーブルに登録されることになります。図1より，エンティティタイプ“宿泊”と“宿泊者”のリレーションシップは1対多で互いに必須なので，“宿泊”の

9

登録には1名以上の“宿泊者”が必要です。そのため，貸会議室の利用を“宿泊”テーブルに登録する場合でも，“宿泊者”テーブルへの記録が必要となってしまいます。

したがって，解答は，**宿泊者がないにもかかわらず，1名以上の宿泊者を記録しなければならない**，です。

設問3

〔宿泊管理システムの変更〕に関する問題です。宿泊管理システムの変更に伴う，テーブル構造の変更やトリガの設定について考えていきます。

(1)

図5中の空欄穴埋め問題です。追加するテーブルのテーブル構造ついて，テーブルに入れる一つ又は複数の列名を答えます。

空欄ク

“貸会議室在庫”テーブルの列名をすべて考えます。

図4を見ると，エンティティタイプ“予約”が“宿泊予約”と“貸会議室予約”の二つのサブタイプに分けられています。宿泊の予約については，図2の関係“客室在庫”があり，{施設コード,客室タイプコード,禁煙喫煙区分,年月日}が主キーで,属性として{予約可能数,割当済数}をもちます。基本的に同じ属性が必要だと考えられますが，貸会議室特有の状況に合わせて列を増減させていきます。

まず，貸会議室は〔異常値の調査・対応〕4. 施設へのヒアリングに,「貸会議室は，9時～11時，11時～13時，13時～15時のように1日を幾つかの連続する時間帯に区切って貸し出している」とあり，1日に複数の時間帯での貸出を行います。そのため，主キーとして図5の“貸出時間帯”テーブルにある“時間帯コード”が必要となります。

さらに，4. 施設へのヒアリングには,「貸会議室は全て禁煙である」とあるので，禁煙喫煙区分は不要です。

まとめると，主キーは{施設コード，客室タイプコード，年月日，時間帯コード}となり，主キーごとに{予約可能数，割当済数}を保存します。

したがって，解答は，**施設コード，客室タイプコード，年月日，時間帯コード，予約可能数，割当済数**です。

空欄ケ

“貸会議室予約明細”テーブルの列名をすべて考えます。

図2より，関係“予約”の主キーは{施設コード，予約番号}なので，図4でサブタイプとなる“貸会議室予約”も同じ主キーだと考えられます。〔異常値の調査・対応〕4. 施設へのヒアリングに,「現在は時間帯ごとに異なる予約を登録している」「貸会議室の業務を

拡大する予定なので，1回の予約で登録できるようにしてほしい」とあり，宿泊管理システムの変更で，1回の予約で複数の時間帯を登録するときに“貸会議室予約明細”テーブルを使用すると考えられます。そのため，主キーに時間帯コードを追加し，{施設コード，予約番号，時間帯コード}とします。時間帯以外の新たな情報は必要ないので，列は主キーだけとなります。

したがって，解答は，**施設コード**，**予約番号**，**時間帯コード**です。

(2)

表15中の更新可能ビュー方式の手順の実施に際して，APのアクセスを停止する手順の実施時期と，実施する理由について考えていきます。APのアクセスを停止する理由は，40字以内で具体的に答えます。

表15中で，APのアクセスを停止する前の手順の手順番号を答えます。表15の手順のうち，移行開始前の[a1]は，新しく“施設利用”ビューを作成するだけで，新APが新規に利用するまでは使用されないので停止の必要はありません。

しかし，移行期間後の[c1]は，すでに新APが利用している“施設利用”ビューを削除する処理です。[c2]で“宿泊”テーブルを“施設利用”テーブルに名称変更し終わるまでにアクセスすると，ビューが存在しないので異常終了してしまいます。そのため，[c1]の前でAPのアクセスを停止させ，[c2]の後に再開させる必要があります。

したがって，手順番号は**c1**，その理由は，**新APが“施設利用”テーブルにアクセスすると異常終了するから**，です。

(3)

表15中のトリガー同期方式において，APのアクセスを停止せずにリリースを行う場合に，手順[b2]，[b3]の順序を逆転させたときに差異が発生する場合について，50字以内で具体的に答えます。

表15より，トリガー同期方式の手順で，[b2]は，「“宿泊”テーブルの変更を“施設利用”テーブルに反映するトリガーを作成する」です。トリガーを作成した時点から，“宿泊”テーブルから“施設利用”テーブルに変更が発生するようになります。

[b3]では，「“宿泊”テーブルから，施設コード，宿泊番号順に，“施設利用”テーブルに存在しない行を一定件数ごとにコミットしながら複写する」とあり，こちらでも“宿泊”テーブルから“施設利用”テーブルへの複写が行われます。[b3]を先に行ってから[b2]を行うと，[b3]で“施設利用”テーブルへのデータの複写が済んだ“宿泊”テーブルの行に更新が発生した場合に，“施設利用”テーブルとの差異が発生します。

したがって，解答は，**“施設利用”テーブルへのデータの複写が済んだ“宿泊”テーブルの行への更新が発生した場合**，です。

(4)

表16中の空欄コの条件がないと発生する問題と，発生を回避するための適切な条件（空欄コ）について考えていきます。

問題

表16中の空欄コの条件がないときに発生する問題について，20字以内で具体的に答えます。

表15より，[b2]で作成するトリガーは「“宿泊”テーブルの変更を“施設利用”テーブルに反映するトリガー」で，[b4]で作成するトリガーは「“施設利用”テーブルの変更を“宿泊”テーブルに反映するトリガー」です。互いに逆方向のトリガーなので，表16の[b2][b4]両方の変更操作“UPDATE”にある「該当行があり」の条件だけでは，互いに行が存在する場合に，UPDATEのトリガーが実行され続け，処理の無限ループが発生することになります。

したがって，解答は，**処理の無限ループが発生する**，です。

空欄コ

無限ループの問題を回避するために空欄コに入れる適切な条件を30字以内で具体的に答えます。

データの更新が必要なのは，互いのテーブルの値が異なるときだけで，どちらかのトリガーで更新して一致させた後には，トリガーを実施する必要はありません。[b2]テーブルで“施設利用”テーブルを更新するとき，“宿泊”テーブルの行の旧値と新値を比較して一致していた場合には，すでに更新された後なので更新の必要はありません。トリガーを処理する条件としては，“宿泊”テーブルの行の旧値と新値が一致しない場合のみに限ることで，無限ループの発生を防ぐことができます。

したがって，解答は，**“宿泊”テーブルの行の旧値と新値が一致しない**，です。

解答例

出題趣旨

長年運用を続けたデータベースは，開発時の論理モデルから逸脱したデータをテーブル構造の変更なしに格納していることがある。

本問では，宿泊施設の予約業務における分析データ抽出を題材として，データ設計後の論理モデルを理解・検証する能力，問合せを設計・試験する能力，データの異常を調査し修正する能力，継続的な改善をデータベース領域で実践する能力を問う。

解答例

設問1

(1)　a　×　　b　○　　c　×

　　d　○　　e　×　　f　○

　　ア　プラン明細，予約

　　イ　宿泊，宿泊者

(2)　ウ　COUNT(DISTINCT B.会員番号)　**又は**　COUNT(DISTINCT 会員番号)

　　エ　EXISTS

　　オ　B.会員番号 = D.会員番号

　　カ　A.チェックイン年月日 > C.チェックイン年月日　　※オとカは順不同

　　キ　COALESCE(リピート会員数,0) / 累計新規会員数

(3)

会員番号	階級番号
100	1
101	2
102	5
103	1
104	3
105	4
106	5
107	4
108	3
109	2

設問2

(1)　※以下の中から一つを解答

- 累計稼働客室数が累計予約可能客室数よりも大きい行を選択する条件のWHERE句を追加する　(43字)
- 客室稼働率が100%よりも大きい行を選択する条件をWHERE句に追加する。　(37字)

(2)　※以下の中から一つを解答

- 時間帯に区切った客室タイプのうち，客室に対応しないものが累計予約可能客室数に含まれないから　(45字)
- 客室タイプ72～74に対応する客室数が累計予約可能客室数にカウントされないから　(39字)

(3)　客室在庫

(4) (a) 同じ貸会議室の異なる客室タイプの定員に異なる値が設定される。(30字)

(b) 宿泊者がないにもかかわらず，1名以上の宿泊者を記録しなければならない。(35字)

設問3

(1) ク 施設コード，客室タイプコード，年月日，時間帯コード，予約可能数，割当済数

ケ 施設コード，予約番号，時間帯コード

(2) 手順番号 c1

理由 新AP が“施設利用”テーブルにアクセスすると異常終了するから (30字)

(3) “施設利用”テーブルへのデータの複写が済んだ“宿泊”テーブルの行への更新が発生した場合 (43字)

(4) 問題 処理の無限ループが発生する。(14字)

コ “宿泊”テーブルの行の旧値と新値が一致しない。(23字)

採点講評

問1では，宿泊施設の予約業務における分析データ抽出を題材に，データベースの実装・運用について出題した。全体として正答率は平均的であった。

設問1では，(2) ウ，キの正答率が低かった。SQL文をデータ分析の一環に用いるケースも増えている。SQLの構文及び関数を理解し，データを操作する技術を身に付けてほしい。

設問2では，(2) 及び (4) (b) の正答率が低かった。(2) では，テーブル構造とデータの意味との相違に着目した解答を求めたが，SQL文の構文の問題を指摘する解答が散見された。(4) (b) では，宿泊施設予約の業務ルールをそのまま貸会議室予約に適用することで生じる問題の指摘を求めたが，定員を確認するなど通常の業務を指摘する解答が散見された。

設問3では，(1) 及び (4) の正答率が低かった。(1) では，定義すべき列が欠落している解答，主キーが誤っている解答が散見された。テーブル上で管理する具体的な業務データをイメージしながら，設計したテーブル構造が業務要件を満たしていることを入念に確認するように心掛けてほしい。(4) では，アプリケーションプログラムの継続的な改善を行うために，システムを停止せずにデータベースを変更する手法について理解を深めてほしい。

付録

令和５年度秋期
データベーススペシャリスト試験

◆ 午前Ⅰ　問題
試験時間：50分
問題番号：問1 ～問30
選択方法：全問必須

◆ 午前Ⅰ　解答と解説

◆ 午前Ⅱ　問題
試験時間：40分
問題番号：問1 ～問25
選択方法：全問必須

◆ 午前Ⅱ　解答と解説

◆ 午後Ⅰ　問題
試験時間：1時間30分
問題番号：問1 ～問3
選択方法：2問選択

◆ 午後Ⅰ　解答と解説

◆ 午後Ⅱ　問題
試験時間：2時間
問題番号：問1，問2
選択方法：1問選択

◆ 午後Ⅱ　解答と解説

Q 午前Ⅰ 問題【高度共通】

問題文中で共通に使用される表記ルール

各問題文中に注記がない限り，次の表記ルールが適用されているものとする。

1．論理回路

図記号	説明
	論理積素子（AND）
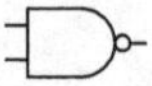	否定論理積素子（NAND）
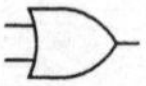	論理和素子（OR）
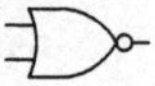	否定論理和素子（NOR）
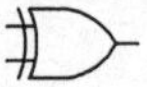	排他的論理和素子（XOR）
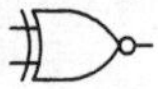	論理一致素子
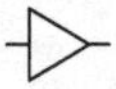	バッファ
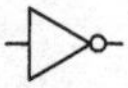	論理否定素子（NOT）
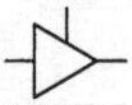	スリーステートバッファ
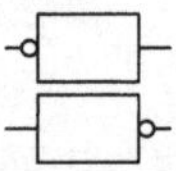	素子や回路の入力部又は出力部に示される○印は，論理状態の反転又は否定を表す。

2．回路記号

図記号	説明
	抵抗（R）
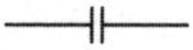	コンデンサ（C）
	ダイオード（D）
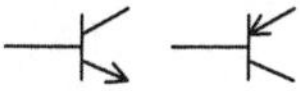	トランジスタ（Tr）
	接地
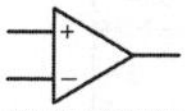	演算増幅器

問1 逆ポーランド表記法（後置記法）で表現されている式 ABCD－×＋において，A＝16，B＝8，C＝4，D＝2のときの演算結果はどれか。逆ポーランド表記法による式AB＋は，中置記法による式A＋Bと同一である。

ア 32　　イ 46　　ウ 48　　エ 94

問2 図のように16ビットのデータを4×4の正方形状に並べ，行と列にパリティビットを付加することによって何ビットまでの誤りを訂正できるか。ここで，図の網掛け部分はパリティビットを表す。

1	0	0	0	1
0	1	1	0	0
0	0	1	0	1
1	1	0	1	1
0	0	0	1	

ア 1　　イ 2　　ウ 3　　エ 4

問3 あるデータ列を整列したら状態0から順に状態1，2，・・・，Nへと推移した。整列に使ったアルゴリズムはどれか。

状態0　3，5，9，6，1，2
状態1　3，5，6，1，2，9
状態2　3，5，1，2，6，9
・
・
・
状態N　1，2，3，5，6，9

ア クイックソート　　イ 挿入ソート
ウ バブルソート　　エ ヒープソート

問4　パイプラインの性能を向上させるための技法の一つで，分岐条件の結果が決定する前に，分岐先を予測して命令を実行するものはどれか。

ア　アウトオブオーダー実行
イ　遅延分岐
ウ　投機実行
エ　レジスタリネーミング

問5　IaC（Infrastructure as Code）に関する記述として，最も適切なものはどれか。

ア　インフラストラクチャの自律的なシステム運用を実現するために，インシデントへの対応手順をコードに定義すること
イ　各種開発支援ツールを利用するために，ツールの連携手順をコードに定義すること
ウ　継続的インテグレーションを実現するために，アプリケーションの生成手順や試験の手順をコードに定義すること
エ　ソフトウェアによる自動実行を可能にするために，システムの構成や状態をコードに定義すること

問6　プリエンプティブな優先度ベースのスケジューリングで実行する二つの周期タスクＡ及びＢがある。タスクＢが周期内に処理を完了できるタスクＡ及びＢの最大実行時間及び周期の組合せはどれか。ここで，タスクＡの方がタスクＢより優先度が高く，かつ，タスクＡとＢの共有資源はなく，タスク切替え時間は考慮しないものとする。また，時間及び周期の単位はミリ秒とする。

ア

	タスクの最大実行時間	タスクの周期
タスクA	2	4
タスクB	3	8

イ

	タスクの最大実行時間	タスクの周期
タスクA	3	6
タスクB	4	9

ウ

	タスクの最大実行時間	タスクの周期
タスクA	3	5
タスクB	5	13

エ

	タスクの最大実行時間	タスクの周期
タスクA	4	6
タスクB	5	15

付録

問7 真理値表に示す3入力多数決回路はどれか。

入力			出力
A	B	C	Y
0	0	0	0
0	0	1	0
0	1	0	0
0	1	1	1
1	0	0	0
1	0	1	1
1	1	0	1
1	1	1	1

ア
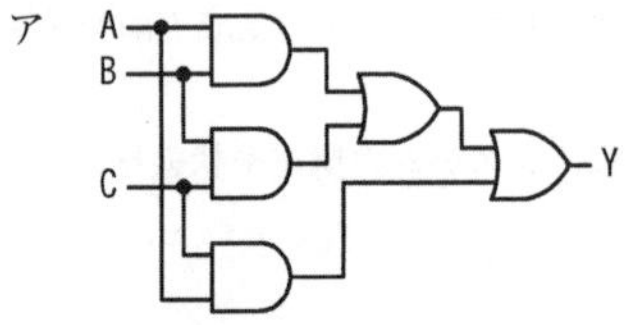

イ
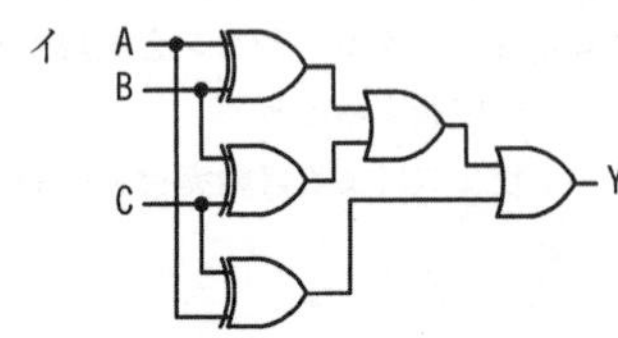

ウ
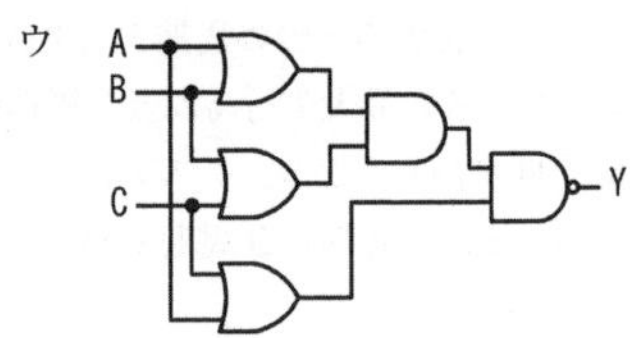

エ
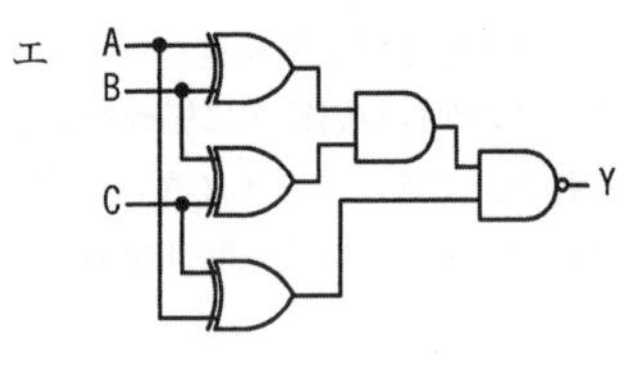

問8 バーチャルリアリティに関する記述のうち，レンダリングの説明はどれか。

ア ウェアラブルカメラ，慣性センサーなどを用いて非言語情報を認識する処理

イ 仮想世界の情報をディスプレイに描画可能な形式の画像に変換する処理

ウ 視覚的に現実世界と仮想世界を融合させるために，それぞれの世界の中に定義された3次元座標を一致させる処理

エ 時間経過とともに生じる物の移動などの変化について，モデル化したものを物理法則などに当てはめて変化させる処理

問9　DBMSをシステム障害発生後に再立上げするとき，ロールフォワードすべきトランザクションとロールバックすべきトランザクションの組合せとして，適切なものはどれか。ここで，トランザクションの中で実行される処理内容は次のとおりとする。

トランザクション	データベースに対する Read 回数 と Write 回数
T1, T2	Read 10, Write 20
T3, T4	Read 100
T5, T6	Read 20, Write 10

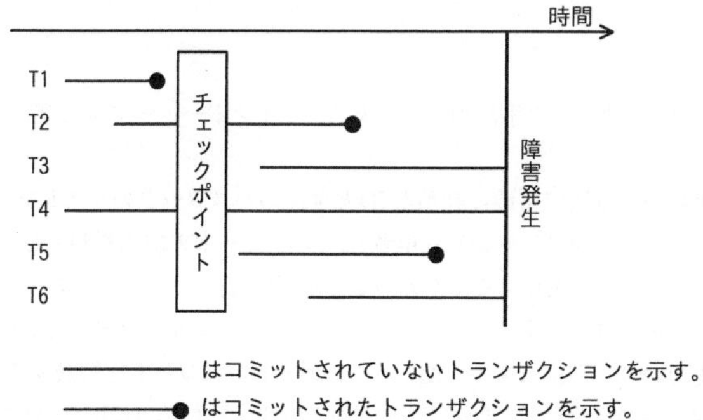

	ロールフォワード	ロールバック
ア	T2, T5	T6
イ	T2, T5	T3, T6
ウ	T1, T2, T5	T6
エ	T1, T2, T5	T3, T6

問10　サブネットマスクが255.255.252.0のとき，IPアドレス172.30.123.45のホストが属するサブネットワークのアドレスはどれか。

ア　172.30.3.0　　イ　172.30.120.0　　ウ　172.30.123.0　　エ　172.30.252.0

付録

問11 IPv4ネットワークにおけるマルチキャストの使用例に関する記述として，適切なものはどれか。

ア LANに初めて接続するPCが，DHCPプロトコルを使用して，自分自身に割り当てられるIPアドレスを取得する際に使用する。
イ ネットワーク機器が，ARPプロトコルを使用して，宛先IPアドレスからMACアドレスを得るためのリクエストを送信する際に使用する。
ウ メーリングリストの利用者が，SMTPプロトコルを使用して，メンバー全員に対し，同一内容の電子メールを一斉送信する際に使用する。
エ ルータがRIP-2プロトコルを使用して，隣接するルータのグループに，経路の更新情報を送信する際に使用する。

問12 パスワードクラック手法の一種である，レインボーテーブル攻撃に該当するものはどれか。

ア 何らかの方法で事前に利用者IDと平文のパスワードのリストを入手しておき，複数のシステム間で使い回されている利用者IDとパスワードの組みを狙って，ログインを試行する。
イ パスワードに成り得る文字列の全てを用いて，総当たりでログインを試行する。
ウ 平文のパスワードとハッシュ値をチェーンによって管理するテーブルを準備しておき，それを用いて，不正に入手したハッシュ値からパスワードを解読する。
エ 利用者の誕生日，電話番号などの個人情報を言葉巧みに聞き出して，パスワードを類推する。

問13 自社の中継用メールサーバで，接続元IPアドレス，電子メールの送信者のメールアドレスのドメイン名，及び電子メールの受信者のメールアドレスのドメイン名から成るログを取得するとき，外部ネットワークからの第三者中継と判断できるログはどれか。ここで，AAA.168.1.5とAAA.168.1.10は自社のグローバルIPアドレスとし，BBB.45.67.89とBBB.45.67.90は社外のグローバルIPアドレスとする。a.b.cは自社のドメイン名とし，a.b.dとa.b.eは他社のドメイン名とする。また，IPアドレスとドメイン名は詐称されていないものとする。

	接続元 IP アドレス	電子メールの送信者のメールアドレスのドメイン名	電子メールの受信者のメールアドレスのドメイン名
ア	AAA.168.1.5	a.b.c	a.b.d
イ	AAA.168.1.10	a.b.c	a.b.c
ウ	BBB.45.67.89	a.b.d	a.b.e
エ	BBB.45.67.90	a.b.d	a.b.c

問14　JPCERTコーディネーションセンター"CSIRTガイド(2021年11月30日)"では，CSIRTを機能とサービス対象によって六つに分類しており，その一つにコーディネーションセンターがある。コーディネーションセンターの機能とサービス対象の組合せとして，適切なものはどれか。

	機能	サービス対象
ア	インシデント対応の中で，CSIRT 間の情報連携，調整を行う。	他の CSIRT
イ	インシデントの傾向分析やマルウェアの解析，攻撃の痕跡の分析を行い，必要に応じて注意を喚起する。	関係組織，国又は地域
ウ	自社製品の脆(ぜい)弱性に対応し，パッチ作成や注意喚起を行う。	自社製品の利用者
エ	組織内 CSIRT の機能の一部又は全部をサービスプロバイダとして，有償で請け負う。	顧客

問15　DKIM (DomainKeys Identified Mail)に関する記述のうち，適切なものはどれか。

ア　送信側のメールサーバで電子メールにデジタル署名を付与し，受信側のメールサーバでそのデジタル署名を検証して送信元ドメインの認証を行う。
イ　送信者が電子メールを送信するとき，送信側のメールサーバは，送信者が正規の利用者かどうかの認証を利用者IDとパスワードによって行う。
ウ　送信元ドメイン認証に失敗した際の電子メールの処理方法を記載したポリシーをDNSサーバに登録し，電子メールの認証結果を監視する。
エ　電子メールの送信元ドメインでメール送信に使うメールサーバのIPアドレスをDNSサーバに登録しておき，受信側で送信元ドメインのDNSサーバに登録されているIPアドレスと電子メールの送信元メールサーバの IP アドレスとを照合する。

問16　アプリケーションソフトウェアの開発環境上で，用意された部品やテンプレートをGUIによる操作で組み合わせたり，必要に応じて一部の処理のソースコードを記述したりして，ソフトウェアを開発する手法はどれか。

ア　継続的インテグレーション　　　イ　ノーコード開発
ウ　プロトタイピング　　　　　　　エ　ローコード開発

問17 組込みシステムのソフトウェア開発に使われるIDEの説明として，適切なものはどれか。

ア エディター，コンパイラ，リンカ，デバッガなどが一体となったツール
イ 専用のハードウェアインタフェースでCPUの情報を取得する装置
ウ ターゲットCPUを搭載した評価ボードなどの実行環境
エ タスクスケジューリングの仕組みなどを提供するソフトウェア

問18 PMBOKガイド第7版によれば，プロジェクト・スコープ記述書に記述する項目はどれか。

ア WBS
イ コスト見積額
ウ ステークホルダー分類
エ プロジェクトの除外事項

問19 プロジェクトのスケジュールを短縮したい。当初の計画は図1のとおりである。作業Eを作業E1，E2，E3に分けて，図2のとおりに計画を変更すると，スケジュールは全体で何日短縮できるか。

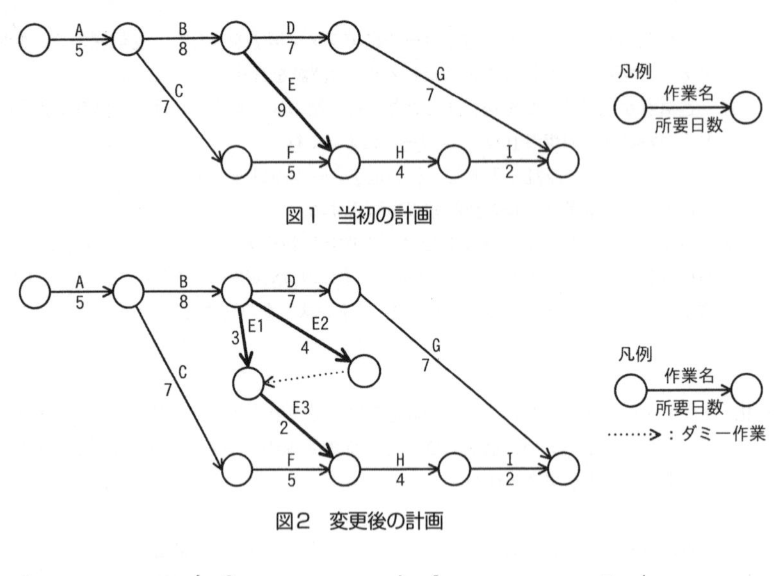

図1 当初の計画

図2 変更後の計画

ア 1
イ 2
ウ 3
エ 4

問20　Y社は，受注管理システムを運用し，顧客に受注管理サービスを提供している。日数が30日，月曜日の回数が4回である月において，サービス提供条件を達成するために許容されるサービスの停止時間は最大何時間か。ここで，サービスの停止時間は，小数第1位を切り捨てるものとする。

〔サービス提供条件〕

・サービスは，計画停止時間を除いて，毎日0時から24時まで提供する。
・計画停止は，毎週月曜日の0時から6時まで実施する。
・サービスの可用性は99%以上とする。

ア　0　　イ　6　　ウ　7　　エ　13

問21　フルバックアップ方式と差分バックアップ方式とを用いた運用に関する記述のうち，適切なものはどれか。

ア　障害からの復旧時に差分バックアップのデータだけ処理すればよいので，フルバックアップ方式に比べ，差分バックアップ方式は復旧時間が短い。
イ　フルバックアップのデータで復元した後に，差分バックアップのデータを反映させて復旧する。
ウ　フルバックアップ方式と差分バックアップ方式とを併用して運用することはできない。
エ　フルバックアップ方式に比べ，差分バックアップ方式はバックアップに要する時間が長い。

問22　販売管理システムにおいて，起票された受注伝票の入力が，漏れなく，かつ，重複することなく実施されていることを確かめる監査手続として，適切なものはどれか。

ア　受注データから値引取引データなどの例外取引データを抽出し，承認の記録を確かめる。
イ　受注伝票の入力時に論理チェック及びフォーマットチェックが行われているか，テストデータ法で確かめる。
ウ　販売管理システムから出力したプルーフリストと受注伝票との照合が行われているか，プルーフリストと受注伝票上の照合印を確かめる。
エ　並行シミュレーション法を用いて，受注伝票を処理するプログラムの論理の正確性を確かめる。

付録

問23　バックキャスティングの説明として，適切なものはどれか。

ア　システム開発において，先にプロジェクト要員を確定し，リソースの範囲内で優先すべき機能から順次提供する開発手法
イ　前提として認識すべき制約を受け入れた上で未来のありたい姿を描き，予想される課題や可能性を洗い出し解決策を検討することによって，ありたい姿に近づける思考方法
ウ　組織において，下位から上位への発議を受け付けて経営の意思決定に反映するマネジメント手法
エ　投資戦略の有効性を検証する際に，過去のデータを用いてどの程度の利益が期待できるかをシミュレーションする手法

問24　SOAを説明したものはどれか。

ア　企業改革において既存の組織やビジネスルールを抜本的に見直し，業務フロー，管理機構及び情報システムを再構築する手法のこと
イ　企業の経営資源を有効に活用して経営の効率を向上させるために，基幹業務を部門ごとではなく統合的に管理するための業務システムのこと
ウ　発注者とITアウトソーシングサービス提供者との間で，サービスの品質について合意した文書のこと
エ　ビジネスプロセスの構成要素とそれを支援するIT基盤を，ソフトウェア部品であるサービスとして提供するシステムアーキテクチャのこと

問25　半導体メーカーが行っているファウンドリーサービスの説明として，適切なものはどれか。

ア　商号や商標の使用権とともに，一定地域内での商品の独占販売権を与える。
イ　自社で半導体製品の企画，設計から製造までを一貫して行い，それを自社ブランドで販売する。
ウ　製造設備をもたず，半導体製品の企画，設計及び開発を専門に行う。
エ　他社からの製造委託を受けて，半導体製品の製造を行う。

問26　市場を消費者特性でセグメント化する際に，基準となる変数を，地理的変数，人口統計的変数，心理的変数，行動的変数に分類するとき，人口統計的変数に分類されるものはどれか。

ア　社交性などの性格　　　イ　職業
ウ　人口密度　　　エ　製品の使用割合

問27　オープンイノベーションの説明として，適切なものはどれか。

ア　外部の企業に製品開発の一部を任せることで，短期間で市場へ製品を投入する。
イ　顧客に提供する製品やサービスを自社で開発することで，新たな価値を創出する。
ウ　自社と外部組織の技術やアイディアなどを組み合わせることで創出した価値を，さらに外部組織へ提供する。
エ　自社の業務の工程を見直すことで，生産性向上とコスト削減を実現する。

問28　スマートファクトリーで使用されるAIを用いたマシンビジョンの目的として，適切なものはどれか。

ア　作業者が装着したVRゴーグルに作業プロセスを表示することによって，作業効率を向上させる。
イ　従来の人間の目視検査を自動化し，検査効率を向上させる。
ウ　需要予測を目的として，クラウドに蓄積した入出荷データを用いて機械学習を行い，生産数の最適化を行う。
エ　設計変更内容を，AIを用いて吟味して，製造現場に正確に伝達する。

問29　発生した故障について，発生要因ごとの件数の記録を基に，故障発生件数で上位を占める主な要因を明確に表現するのに適している図法はどれか。

ア　特性要因図　　イ　パレート図
ウ　マトリックス図　　エ　連関図

問30　匿名加工情報取扱事業者が，適正な匿名加工を行った匿名加工情報を第三者提供する際の義務として，個人情報保護法に規定されているものはどれか。

ア　第三者に提供される匿名加工情報に含まれる個人に関する情報の項目及び提供方法を公表しなければならない。
イ　第三者へ提供した場合は，速やかに個人情報保護委員会へ提供した内容を報告しなければならない。
ウ　第三者への提供の手段は，ハードコピーなどの物理的な媒体を用いることに限られる。
エ　匿名加工情報であっても，第三者提供を行う際には事前に本人の承諾が必要である。

付録

A　午前I　解答と解説

問1

《解答》ア

逆ポーランド表記法（後置記法）で表現されている式ABCD－×＋は木構造の表現なので，グラフに戻すと次のようになります。

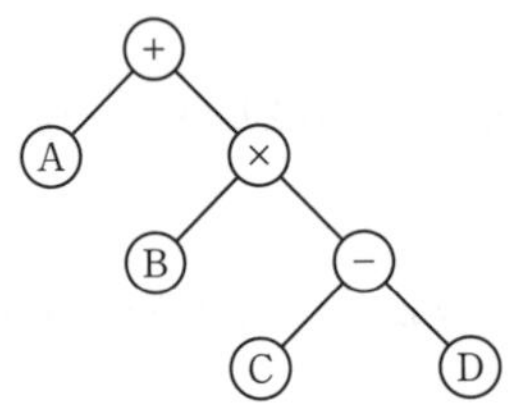

カッコをつけて中置記法に直すと，A＋(B×(C－D))となります。この式に，A＝16，B＝8，C＝4，D＝2を代入すると，次の計算になります。

A＋(B×(C－D))＝16＋(8×(4－2))

＝16＋(8×2)＝16＋16＝32

したがって，アが正解です。

問2

《解答》ア

行と列の両方にパリティビットを付加することで，誤りが発生した部分に該当する行，列のパリティ計算結果が合わなくなります。1ビットの誤りが発生した場合には，行と列の1か所ずつのパリティ計算結果が合わなくなるので，誤りの箇所の行と列が特定でき，訂正することが可能となります。しかし，誤りが2ビット以上となると誤りの箇所が特定できなくなり，訂正できません。したがって，1ビットの誤りのみ訂正できるので，アが正解です。

問3

《解答》ウ

データ列を整列した状態0～状態Nの推移状況から，整列に使ったアルゴリズムを特定します。状態0から状態1の変化では，3番目にあった9が末尾に移動しており，他の順番はそのままです。この挙動は，隣同士を比較して大小関係が逆の場合に入れ替えることを繰り返すバブルソートで出現する状態です。

状態1から状態2でも，2番目に大きい6が末尾から2番目に移動しています。そのため，バブルソートで最大値を取り出す繰返しを実行していると考えられます。したがって，ウが正解です。

ア　クイックソートの場合は基準値の大小で分けるので，状態0から状態1にはなりません。基準値が9だった場合，2と9が入れ替わるかたちになります。

イ　挿入ソートだと，整列済みの配列「3，5，9」に6を挿入するので，状態1が「3，5，6，9」となると考えられます。

ウ　ヒープソートでは，ヒープ木から最大値の9を取り出して末尾の値と入れ替えるので，末尾の2が先頭に来ます。状態1はヒープである必要があるので，「2，6，3，5，1，9」といったかたちになると考えられます。

問4

《解答》ウ

パイプラインは，命令のステージを一つずつずらして，同時に複数の命令を実行させる方法です。分岐条件があると処理の順番が変わり，処理の中断（パイプラインハザード）が発生してしまいます。分岐条件の結果が決定する前に分岐先を予測して命令を実行することを投機実行といい，処理性能を向上させるのに役立ちます。したがって，ウが正解です。

ア　結果に影響を与えない命令を，順番にかかわらず可能な限り先に実行する技法です。

イ　分岐部分を飛ばし，分岐に関係なく実行する部分を先に実行する技法です。

エ　レジスタの番地を付け替えて別のアドレスを用意することで，出力の依存関係を解消する技法です。

問5

《解答》エ

IaC（Infrastructure as Code）とは，システムの構成や状態などインフラに関する情報をコードとして定義することです。クラウドサービスなどでのインフラの準備が，ソフトウェアによる自動実行で可能となります。したがって，エが正解です。

ア　インフラの自律化や自律型のセキュリティ運用などに関する記述です。

イ　API（Application Programming Interface）の連携などをコードに記述することで実現できます。

ウ　CI（Continuous Integration：継続的インテグレーション）でのコード記述に関する内容です。

問6

《解答》ア

プリエンプティブな優先度ベースのスケジューリングでは，タスクAの方が優先度が高いので，タスクBにかかわらず周期的に処理を実行します。その合間にタスクBを実行し，周期内に実行できるかどうかを考える必要があります。

アでは，タスクAの周期4ミリ秒ごとに，2ミリ秒の空きがあります。その間に，8ミリ秒ごとに3ミリ秒のタスクBを実行することが可能です。図にすると，次のようなかたちになります。

1	2	3	4	5	6	7	8	（ミリ秒）
A1	A2	B1	B2	A1	A2	B3	空き	（タスク）

したがって，アが正解です。

イ　タスクBの周期9ミリ秒の間にタスクAが2回処理を行うことがあるので，タスクBの処理を完了できないことがあります。実行すると次のようなかたちとなり，Bの4ミリ秒目が9ミリ秒以内に実行できません。

1	2	3	4	5	6	7	8	9	（ミリ秒）
A1	A2	A3	B1	B2	B3	A1	A2	A3	（タスク）

ウ タスクBの周期13ミリ秒の間に，タスクAが3回処理を行うことがあるので，タスクBの処理が完了できないことがあります。実行すると次のようなかたちとなり，Bの5ミリ秒目が13ミリ秒以内に実行できません。

1	2	3	4	5	6	7	8	9	10	11	12	13	（ミリ秒）
A1	A2	A3	B1	B2	A1	A2	A3	B3	B4	A1	A2	A3	（タスク）

エ タスクBの周期15ミリ秒の間に，タスクAが3回処理を行うことがあるので，タスクBの処理が完了できないことがあります。実行すると次のようなかたちとなり，Bの5ミリ秒目が15ミリ秒以内に実行できません。

1	2	3	4	5	6	7	8	9	10	11	12	13	14	15	（ミリ秒）
A1	A2	A3	A4	B1	B2	A1	A2	A3	A4	B3	B4	A1	A2	A3	（タスク）

問7 《解答》ア

3入力多数決回路とは，三つの入力の多数決で，0の数が多ければ0，1の数が多ければ1を出力する回路です。言い換えると，ABCの三つの入力のうち二つ以上が1なら1を出力します。AとB，AとC，BとCのすべての組合せでAND演算を行うと，二つ以上の1がある場合にはどれかが1になります。そのため，その出力をOR回路を組み合わせて一つにまとめることで，二つ以上1があった場合には1を出力します。そのようにAND回路とOR回路が組み合わされているのは，アです。したがって，アが正解です。

イ 最初の組合せ部分がXOR回路で，値が異なったときに1を出力するので，ABCがすべて0か，すべて1以外では1となります。

ウ 最初がOR回路で，途中がAND回路，最後がNAND回路なので，Bが1でAとCのどちらかが1だったときか，AとCのどちらも1だったとき以外に1を出力する回路です。

エ 最初がXOR回路で，途中がAND回路，最後がNAND回路です。途中のAND回路で1になるときは，BがAとCのどちらとも異なっているときなので，AとCは同じ値となり，XOR演算の結果は0となります。そのため，必ず1を出力する回路です。

問8 《解答》イ

レンダリングとは，データとして与えられた情報を計算によって画像化することです。バーチャルリアリティの場合には，仮想世界の情報をディスプレイに描画可能な画像に変換します。したがって，イが正解です。

ア ポジショントラッキングやモーショントラッキングの説明です。

ウ 幾何学的レジストレーションの説明です。

エ シミュレーションの説明です。

問9　《解答》ア

トランザクションの前進復帰（ロールフォワード）や後退復帰（ロールバック）とは，更新後や更新前のログを用いて，データを変更後，または変更前の状態にすることです。そのため，データをReadしているだけなら前進復帰や後退復帰は必要ないので，トランザクションT3，T4については何もしません。また，チェックポイントによって変更はすべてディスクに反映されるので，コミット後にチェックポイントが来たT1は復帰させる必要はありません。

前進復帰させる必要があるのは，コミット後に障害が発生したためコミットした状態に進めるT2とT5です。後退復帰させる必要があるのは，コミット前に障害が発生したため元に戻すT6のみです。したがって，アが正解です。

問10　《解答》イ

サブネットマスクが255.255.252.0では，3番目の$(252)_{10} = (11111100)_2$なので，先頭から$8 + 8 + 6 = 22$ビットがサブネットワークのアドレスになります。IPアドレス172.30.123.45では，3番目が$(123)_{10} = (01111011)_2$なので，6ビット目までの$(01111000)_2 = (120)_{10}$がネットワーク部分に該当します。したがって，サブネットワークのアドレスは172.30.120.0となり，イが正解です。

問11　《解答》エ

IPv4ネットワークにおけるマルチキャストは，複数の機器に一度にアクセスすることができる仕組みです。RIP-2（Routing Information Protocol version 2）を使用したルータでは，マルチキャストアドレス（224.0.0.9）を使用して，隣接するルータのグループに経路の更新情報を送信することができます。したがって，エが正解です。

ア　DHCP（Dynamic Host Configuration Protocol）では，ネットワーク全体向けにブロードキャストで割り当てられたIPアドレスへの通信を送信します。応答がないことで，そのIPアドレスがネットワーク内で使用されていないことを確認できます。

イ　ARP（Address Resolution Protocol）では，MACアドレスが分からない相手に向けてブロードキャストで全員向けの通信を行い，通信相手を見つけます。

ウ　SMTP（Simple Mail Transfer Protocol）でメールを転送する場合には，1件ごとにユニキャストで行います。メーリングリストの全員に送る場合には，メールアドレスごとに1件ずつメールを送信していきます。

問12　《解答》ウ

レインボー攻撃とは，平文のパスワードに対するハッシュ値をチェーンによって管理するテーブル（レインボーテーブル）をあらかじめ準備しておく攻撃です。ハッシュ値をキーに検索することによって，元のパスワードを推測し，解読する攻撃です。したがって，ウが正解です。

ア　パスワードリスト攻撃に該当します。

イ　ブルートフォース攻撃に該当します。

エ　ソーシャルエンジニアリングに該当します。

問13 《解答》ウ

外部ネットワークからの第三者中継とは，外部の送信者から外部の受信者に宛てて通信を行うことです。ドメイン名を基準とすると，自社のドメインはa.b.cなので，外部のドメインであるa.b.dから，別の外部ドメインであるa.b.eに中継しているウのログは，第三者中継と判断できます。したがって，ウが正解です。

アは内部から外部，イは内部同士，エは外部から内部への通信なので，第三者中継ではありません。

問14 《解答》ア

JPCERTコーディネーションセンター“CSIRTガイド(2021年11月30日)”によると，CSIRTの機能は，サービス対象によって六つに分類されます。そのうちのコーディネーションセンターでは，サービス対象は協力関係にある他のCSIRTで，インシデント対応においてCSIRT間の情報連携，調整を行います。したがって，アが正解です。

イ　分析センターが該当します。

ウ　ベンダーチームが該当します。

エ　インシデントレスポンスプロバイダが該当します。

問15 《解答》ア

DKIM (DomainKeys Identified Mail)とは，電子メールの送信ドメイン認証技術の一つで，デジタル署名を用いて送信者の正当性を立証します。送信側のメールサーバで電子メールにデジタル署名を付与し，受信側のメールサーバでそのデジタル署名を検証することで，送信元ドメインの認証を行うことができます。したがって，アが正解です。

イ　SMTP-AUTHに関する記述です。

ウ　DMARC (Domain-based Message Authentication, Reporting, and Conformance)に関する記述です。

エ　SPF (Sender Policy Framework)に関する記述です。

問16 《解答》エ

アプリケーションソフトウェアの開発環境上で，用意された部品やテンプレートをGUIによる操作で組み合わせて，ソースコードを書かない手法を，ノーコード開発といいます。ノーコードではなく，必要に応じて一部の処理のソースコードを少し記述することは，ローコード開発といいます。したがって，エが正解です。

ア　品質改善や納期短縮のための習慣です。リポジトリなどを活用し，効率的にビルドとテストを実行します。

イ　ソースコードを記述しない開発手法です。

ウ　開発の早い段階で試作品(プロトタイプ)を作成し，それをユーザーが確認し評価する手法です。

問17

《解答》ア

ソフトウェア開発に使われるIDE(Integrated Development Environment:統合開発環境)とは，エディタ，コンパイラ，リンカ，デバッガなどが一体となったツールのことです。具体的な例として，Microsoft社のVisual StudioやVS Code，JetBrains社のIntelliJ IDEAやPyCharmなどがあります。したがって，アが正解です。

イ　BMC（Baseboard Management Controller）の説明です。

ウ　CPU評価ボードの説明です。

エ　OS（Operating System）の説明です。

問18

《解答》エ

プロジェクト・スコープ記述書とは，プロジェクトのスコープとなる作業範囲や必要となる成果物について記述したものです。PMBOKガイド第7版によると，プロジェクト・スコープ記述書は，「プロジェクトのスコープ，主要な成果物，除外事項を記述した文章」とあります。プロジェクトで行わない除外事項をまとめることで，プロジェクトの範囲を明確にします。したがって，エが正解です。

ア　プロジェクトスケジュールマネジメントで計画する内容です。

イ　プロジェクトコストマネジメントで決定する内容です。

ウ　プロジェクトステークホルダマネジメントで記述する内容です。

問19

《解答》ア

図1の当初の計画では，クリティカルパスはA→B→E→H→Iで，5＋8＋9＋4＋2＝28日となります。

図2の変更後の計画では，Eの日程のクリティカルパスはE2→E3で4＋2＝6日となり，3日短縮することはできます。しかし，クリティカルパス上にあるEが3日短くなると，クリティカルパスはA→B→D→Gとなり，5＋8＋7＋7＝27日となってしまいます。そのため，全体でのスケジュールは28－27＝1日しか短縮されません。

したがって，アの1［日］が正解となります。

問20

《解答》イ

月曜日の回数が4回である月では，計画停止が4回発生します。日数が30日の月での，計画停止を除くサービス時間は，次の式で計算できます。

30［日］×24［時間／日］－4［回］×6［時間／回］

＝720［時間］－24［時間］＝696［時間］

〔サービス提供条件〕に「サービスの可用性は99％以上とする」とあるので，停止できるのは，100－99＝1％（0.01）の時間だけです。許容される停止時間は，次の式で計算できます。

696［時間］×0.01＝6.96［時間］≒6［時間］

小数第1位を切り捨てると，最大6時間となります。したがって，イが正解です。

問21 《解答》イ

フルバックアップとは，全体をバックアップすることです。差分バックアップとは，フルバックアップとの差分だけを取得するバックアップです。差分バックアップでの復旧は，フルバックアップのデータで復元した後に，差分バックアップのデータを反映させます。したがって，イが正解です。

ア　差分バックアップ方式の方が復旧時間は長くなります。

ウ　週に一度のフルバックアップ，毎日の差分バックアップなどのようなかたちで併用して運用します。

エ　差分バックアップ方式の方が，差分だけなので，バックアップに要する時間は短くなります。

問22 《解答》ウ

プルーフリストとは，入力データを処理・加工せずそのまま印刷したものです。受注伝票の入力が，漏れなく，かつ，重複することなく実施されていることを確かめる監査手続としては，プルーフリストと受注伝票の照合を照合印で確かめることが効果的です。したがって，ウが正解です。

ア　例外取引データを抽出すると，一部しか確認できません。

イ，エ　一つ一つのデータの論理や正確性はチェックできても，漏れや重複は確認できません。

問23 《解答》イ

バックキャスティングとは，シナリオ作成の手法の一つです。未来のありたい姿を描き，解決策を検討することによって，ありたい姿に近づける思考方法となります。前提として認識すべき制約を受け入れた上で，予想される課題や可能性を洗い出して，ありたい姿から逆算します。したがって，イが正解です。

ア　アジャイル開発などの非ウォーターフォール開発で実施する内容です。

ウ　ボトムアップでのマネジメント手法の説明です。

エ　バックテストの説明です。

問24 《解答》エ

SOA（Service Oriented Architecture：サービス指向アーキテクチャ）とは，ビジネスプロセスの構成要素を提供するアーキテクチャです。IT基盤を，ソフトウェア部品であるサービスとして提供するので，エが正解です。

ア　BPR（Business Process Re-engineering）の説明です。

イ　ERP（Enterprise Resource Planning）の説明です。

ウ　SLA（Service Level Agreement）の説明です。

問25 《解答》**エ**

半導体メーカーが行っているファウンドリーサービスとは，半導体製造のみを専門に行うサービスのことです。他社からの製造委託を受けて，半導体製品の製造を行うことは，ファウンドリーサービスに該当します。したがって，エが正解です。

ア　フランチャイズチェーンにおいて，本部（フランチャイザー）が行うことです。
イ　通常の，半導体製造と販売までをすべて自社で行う企業のことです。
ウ　ファブレス企業の説明です。

問26 《解答》**イ**

市場をセグメント化するときの基準のうち，人口統計的変数（デモグラフィック変数）では，消費者を年齢や性別，所得などの客観的な属性で分類します。職業は，人口統計的変数に分類されます。したがって，イが正解です。

ア　心理的変数に分類されます。
ウ　地理的変数に分類されます。
エ　行動的変数に分類されます。

問27 《解答》**ウ**

オープンイノベーションとは，外部からの知識や情報を活用してイノベーション（革新）を起こし，それを外部にオープンにすることです。自社と外部組織の技術やアイディアなどを組み合わせることで創出した価値を，さらに外部組織へ提供することは，オープンイノベーションに該当します。したがって，ウが正解です。

ア　アウトソーシングなどの外部委託に関する説明です。
イ　通常の，自社内で行うイノベーションの説明です。
エ　工程の見直しなどは，イノベーションではなく，改善の範囲です。

問28 《解答》**イ**

スマートファクトリーで使用されるマシンビジョン（Machine Vision）とは，自動分析に必要なデータを提供するコンピュータービジョンに関する手法です。AIを用いたマシンビジョンでは，従来人間が行っていた目視検査を，マシンビジョンでデータ化してAIで解析することで自動化できます。したがって，イが正解です。

ア　VR（Virtual Reality）を使用する目的です。
ウ　AIを用いた需要予測の目的です。
エ　AIを用いた設計の検証に関する内容です。

問29 《解答》イ

品質管理手法において，主に定量分析に用いられるものがQC七つ道具です。QC七つ道具のうち，項目別に層別して，出現頻度の高い順に並べるとともに，累積和を示して，累積比率を折れ線グラフで表す図をパレート図といいます。パレート図では，発生した故障について，発生要因ごとに故障発生件数を上位から順に並べることで，故障に占める主な要因を明確に表現することが可能です。したがって，イが正解です。

ア　QC七つ道具の一つで，ある特性をもたらす一連の原因を階層的に整理する手法です。

ウ　新QC七つ道具の一つで，目的とその手段など，二つの関係を行と列の二次元に表し，行と列の交差点に二つの関係の程度を記述する手法です。

エ　新QC七つ道具の一つで，問題が複雑にからみ合っているときに，問題の因果関係を明確にすることで原因を特定する手法です。

問30 《解答》ア

個人情報保護法（令和五年改正）では，第四節に匿名加工情報取扱事業者等の義務についての記述があります。第四十四条に，「第三者に提供される匿名加工情報に含まれる個人に関する情報の項目及びその提供の方法について公表する」とあります。そのため，第三者に提供される匿名加工情報については，情報の項目と提供方法を公開しなければなりません。したがって，アが正解です。

イ　匿名加工情報については，個人情報保護委員会規則で定めるところに従う必要はありますが，報告する必要はありません。

ウ　第三者への提供では，提供方法を公開する必要はありますが，媒体に制限はありません。

エ　匿名加工情報については，本人の承諾についての記述はありません。

Q 午前Ⅱ　問題

問1　CAP定理に関する記述として，適切なものはどれか。

ア　システムの可用性は基本的に高く，サービスは利用可能であるが，整合性については厳密ではない。しかし，最終的には整合性が取れた状態となる。
イ　トランザクション処理は，データの整合性を保証するので，実行結果が矛盾した状態になることはない。
ウ　複数のトランザクションを並列に処理したときの実行結果と，直列で逐次処理したときの実行結果は一致する。
エ　分散システムにおいて，整合性，可用性，分断耐性の三つを同時に満たすことはできない。

問2　大文字のアルファベットで始まる膨大な数のデータを，規則に従って複数のノードに割り当てる。このようにあらかじめ定めた規則に従って，複数のノードにデータを分散して割り当てる方法はどれか。

［規則］
・データの先頭文字がA～Gの場合はノード1に格納する。
・データの先頭文字がH～Nの場合はノード2に格納する。
・データの先頭文字がO～Zの場合はノード3に格納する。

ア　2相コミットプロトコル　　イ　コンシステントハッシング
ウ　シャーディング　　エ　レプリケーション

問3　概念データモデルの説明として，最も適切なものはどれか。

ア　階層モデル，ネットワークモデル，関係モデルがある。
イ　業務プロセスを抽象化して表現したものである。
ウ　集中型DBMSを導入するか，分散型DBMSを導入するかによって内容が変わる。
エ　対象世界の情報構造を抽象化して表現したものである。

問4 B^+木インデックスが定義されている候補キーを利用して，1件のデータを検索するとき，データ総件数Xに対するB^+木インデックスを格納するノードへのアクセス回数のオーダーはどれか。

ア $\sqrt{X}$　　イ $\log X$　　ウ X　　エ X!

問5 従業員番号と氏名と使用できるプログラム言語を管理するために，“従業員”表及び“プログラム言語”表を設計する。“プログラム言語を2種類以上使用できる従業員がいる。プログラム言語を全く使用できない従業員もいる。”という状況を管理する“プログラム言語”表の設計として，適切なものはどれか。ここで，実線の下線は主キーを表す。

〔従業員表〕
従業員(<u>従業員番号</u>，氏名)

ア プログラム言語(<u>氏名</u>，プログラム言語)
イ プログラム言語(従業員番号，<u>プログラム言語</u>)
ウ プログラム言語(<u>従業員番号</u>，プログラム言語)
エ プログラム言語(<u>従業員番号</u>，<u>プログラム言語</u>)

問6 関係モデルにおいて，情報無損失分解ができ，かつ，関数従属性保存が成り立つ変換が必ず存在するものはどれか。ここで，情報無損失分解とは自然結合によって元の関係が復元できる分解をいう。

ア 第2正規形から第3正規形への変換
イ 第3正規形からボイス・コッド正規形への変換
ウ 非正規形から第1正規形への変換
エ ボイス・コッド正規形から第4正規形への変換

問7　便名に対して，客室乗務員名の集合及び搭乗者名の集合が決まる関係“フライト”がある。関係“フライト”に関する説明のうち，適切なものはどれか。ここで，便名，客室乗務員名，搭乗者名の組が主キーになっているものとする。

フライト

便名	客室乗務員名	搭乗者名
BD501	東京建一	大阪一郎
BD501	東京建一	京都花子
BD501	横浜涼子	大阪一郎
BD501	横浜涼子	京都花子
BD702	東京建一	大阪一郎
BD702	東京建一	神戸順子
BD702	千葉建二	大阪一郎
BD702	千葉建二	神戸順子

ア　関係“フライト”は，更新時異状が発生することはない。
イ　関係“フライト”は，自明でない関数従属が存在する。
ウ　関係“フライト”は，情報無損失分解が可能である。
エ　関係“フライト”は，ボイス・コッド正規形の条件は満たしていない。

問8　次の表を，第3正規形まで正規化を行った場合，少なくとも幾つの表に分割されるか。ここで，顧客の1回の注文に対して1枚の受注伝票が作られ，顧客は1回の注文で一つ以上の商品を注文できるものとする。

受注番号	顧客コード	顧客名	受注日	商品コード	商品名	単価	受注数	受注金額
1055	A7053	鈴木電気	2023-07-01	T035	テレビA	85,000	10	850,000
1055	A7053	鈴木電気	2023-07-01	K083	無線スピーカーA	23,000	5	115,000
1055	A7053	鈴木電気	2023-07-01	S172	Blu-ray プレイヤーB	78,000	3	234,000
2030	B7060	中村商会	2023-07-03	T050	テレビB	90,000	3	270,000
2030	B7060	中村商会	2023-07-03	S172	Blu-ray プレイヤーB	78,000	10	780,000
3025	C9025	佐藤電気	2023-07-03	T035	テレビA	85,000	3	255,000
3025	C9025	佐藤電気	2023-07-03	K085	無線スピーカーB	25,000	2	50,000
3025	C9025	佐藤電気	2023-07-03	S171	Blu-ray プレイヤーA	50,000	8	400,000
3090	B7060	中村商会	2023-07-04	T050	テレビB	90,000	1	90,000
3090	B7060	中村商会	2023-07-04	T035	テレビA	85,000	2	170,000

ア　2　　イ　3　　ウ　4　　エ　5

付録

問9 “成績”表から，クラスごとに得点の高い順に個人を順位付けした結果を求めるSQL文の，a に入れる字句はどれか。

成績

氏名	クラス	得点
情報太郎	A	80
情報次郎	A	63
情報花子	B	70
情報桜子	B	92
情報三郎	A	78

〔結果〕

氏名	クラス	得点	順位
情報太郎	A	80	1
情報三郎	A	78	2
情報次郎	A	63	3
情報桜子	B	92	1
情報花子	B	70	2

〔SQL文〕

```
SELECT 氏名, クラス, 得点,
   [ a ] () OVER (PARTITION BY クラス ORDER BY 得点 DESC) 順位
  FROM 成績
```

ア CUME_DIST　　イ MAX　　ウ PERCENT_RANK　　エ RANK

問10 表Aと表Bから，どちらか一方にだけ含まれるIDを得るSQL文の a に入れる字句はどれか。

A

ID
100
200
300
400

B

ID
200
400
600
800

〔SQL文〕

```
SELECT COALESCE(A.ID, B.ID)
  FROM A [ a ] B ON A.ID = B.ID
  WHERE A.ID IS NULL OR B.ID IS NULL
```

ア FULL OUTER JOIN　　イ INNER JOIN
ウ LEFT OUTER JOIN　　エ RIGHT OUTER JOIN

問11　関係Rと関係Sにおいて，R÷Sの関係演算結果として，適切なものはどれか。ここで，÷は商演算を表す。

R

店	商品
A	a
A	b
B	a
B	b
B	c
C	c
D	c
D	d
E	d
E	e

S

商品
a
b
c

ア

店
A
A
B
B
B
C
D

イ

店
A
B
C
D

ウ

店
B

エ

店
E

問12　2相ロック方式を用いたトランザクションの同時実行制御に関する記述のうち，適切なものはどれか。

ア　全てのトランザクションが直列に制御され，デッドロックが発生することはない。
イ　トランザクションのコミット順序は，トランザクション開始の時刻順となるように制御される。
ウ　トランザクションは，自身が獲得したロックを全て解除した後にだけ，コミット操作を実行できる。
エ　トランザクションは，必要な全てのロックを獲得した後にだけ，ロックを解除できる。

問13　“部品”表のメーカーコード列に対し，B^{+}木インデックスを作成した。これによって，“部品”表の検索の性能改善が最も期待できる操作はどれか。ここで，部品及びメーカーのデータ件数は十分に多く，“部品”表に存在するメーカーコード列の値の種類は十分な数があり，かつ，均一に分散しているものとする。また，“部品”表のごく少数の行には，メーカーコード列にNULLが設定されている。実線の下線は主キーを，破線の下線は外部キーを表す。

部品(部品コード，部品名，メーカーコード)
メーカー（メーカーコード，メーカー名，住所）

ア　メーカーコードの値が1001以外の部品を検索する。
イ　メーカーコードの値が1001でも4001でもない部品を検索する。
ウ　メーカーコードの値が4001以上，4003以下の部品を検索する。
エ　メーカーコードの値がNULL以外の部品を検索する。

問14　データベースのREDOのべき等(idempotent)の説明として，適切なものはどれか。

ア　REDOによる障害回復の時間を短縮するために，あるルールに従って整合性の取れたデータを記録媒体に適宜反映すること
イ　REDOを繰返し実行しても，正常終了するときには1回実行したときと同じデータの状態になること
ウ　事前に取得していたバックアップデータを記録媒体に復旧し，そのデータに対してREDOを実行すること
エ　トランザクションをコミットする前にREDOに必要な情報を書き出し，データの更新はその後で行うこと

問15　a～cそれぞれの障害に対して，DBMSはロールフォワード又はロールバックを行い回復を図る。適切な回復手法の組合せはどれか。

a　デッドロックによるトランザクション障害
b　ハードウェアの誤動作によるシステム障害
c　データベースの記録媒体が使用不可能となる媒体障害

	a	b	c
ア	ロールバック	ロールフォワード又はロールバック	ロールバック
イ	ロールバック	ロールフォワード又はロールバック	ロールフォワード
ウ	ロールフォワード	ロールバック	ロールフォワード又はロールバック
エ	ロールフォワード又はロールバック	ロールフォワード	ロールバック

問16　トランザクションの隔離性水準を高めたとき，不整合なデータを読み込むトランザクション数と，単位時間に処理できるトランザクション数の傾向として，適切な組合せはどれか。

	不整合なデータを読み込むトランザクション数	単位時間に処理できるトランザクション数
ア	増える	増える
イ	増える	減る
ウ	減る	増える
エ	減る	減る

問17　二つのトランザクションT1とT2を並列に実行した結果が，T1の完了後にT2を実行した結果，又はT2の完了後にT1を実行した結果と等しい場合，このトランザクションスケジュールの性質を何と呼ぶか。

ア　一貫性　　イ　原子性　　ウ　耐久性　　エ　直列化可能性

付録

問18 ブロックチェーンのデータ構造の特徴として，適切なものはどれか。

ア　検索のための中間ノードと，実データへのポインタを格納する葉ノードをインデックスとしてもつ。
イ　時刻印を付与された複数のバージョンから成るデータをスナップショットとしてもつ。
ウ　実データから作成したビットマップをインデックスとしてもつ。
エ　直前のトランザクションデータの正当性を検証するためのハッシュ値をもつ。

問19 DRDoS（Distributed Reflection Denial of Service）攻撃に該当するものはどれか。

ア　攻撃対象のWebサーバ1台に対して，多数のPCから一斉にリクエストを送ってサーバのリソースを枯渇させる攻撃と，大量のDNSクエリの送信によってネットワークの帯域を消費する攻撃を同時に行う。
イ　攻撃対象のWebサイトのログインパスワードを解読するために，ブルートフォースによるログイン試行を，多数のスマートフォン，IoT機器などから成るボットネットを踏み台にして一斉に行う。
ウ　攻撃対象のサーバに大量のレスポンスが同時に送り付けられるようにするために，多数のオープンリゾルバに対して，送信元IPアドレスを攻撃対象のサーバのIPアドレスに偽装した名前解決のリクエストを一斉に送信する。
エ　攻撃対象の組織内の多数の端末をマルウェアに感染させ，当該マルウェアを遠隔操作することによってデータの改ざんやファイルの消去を一斉に行う。

問20 インシデントハンドリングの順序のうち，JPCERTコーディネーションセンター“インシデントハンドリングマニュアル（2021年11月30日）”に照らして，適切なものはどれか。

ア　インシデントレスポンス（対応）→ 検知／連絡受付 → トリアージ
イ　インシデントレスポンス（対応）→ トリアージ → 検知／連絡受付
ウ　検知／連絡受付 → インシデントレスポンス（対応）→ トリアージ
エ　検知／連絡受付 → トリアージ → インシデントレスポンス（対応）

問21　情報セキュリティにおけるエクスプロイトコードに該当するものはどれか。

ア　同じセキュリティ機能をもつ製品に乗り換える場合に，CSV形式など他の製品に取り込むことができる形式でファイルを出力するプログラム
イ　コンピュータに接続されたハードディスクなどの外部記憶装置，その中に保存されている暗号化されたファイルなどを閲覧，管理するソフトウェア
ウ　セキュリティ製品を設計する際の早い段階から実際に動作する試作品を作成し，それに対する利用者の反応を見ながら徐々に完成に近づける開発手法
エ　ソフトウェアやハードウェアの脆弱性を検査又は攻撃するために作成されたプログラム

問22　データからパリティを生成し，データとパリティを4台以上のハードディスクに分散して書き込むことによって，2台までのハードディスクが故障してもデータを復旧できるRAIDレベルはどれか。

ア　RAID0　　イ　RAID1　　ウ　RAID5　　エ　RAID6

問23　キャパシティプランニングの目的の一つに関する記述のうち，最も適切なものはどれか。

ア　応答時間に最も影響があるボトルネックだけに着目して，適切な変更を行うことによって，そのボトルネックの影響を低減又は排除することである。
イ　システムの現在の応答時間を調査して，長期的に監視することによって，将来を含めて応答時間を維持することである。
ウ　ソフトウェアとハードウェアをチューニングして，現状の処理能力を最大限に引き出して，スループットを向上させることである。
エ　パフォーマンスの問題はリソースの過剰使用によって発生するので，特定のリソースの有効利用を向上させることである。

問24　データ中心アプローチの特徴はどれか。

ア　クラス概念，多態，継承の特徴を生かして抽象化し，実体の関連を表現する。
イ　対象システムの要求を，システムがもっている機能間のデータの流れに着目して捉える。
ウ　対象世界の実体を並列に動作するプロセスとみなし，プロセスはデータを通信し合うものとしてモデル化する。
エ　対象とする世界をシステムが扱うデータに着目して捉え，扱うデータを実体関連モデルで整理する。

問25 ステージング環境の説明として，適切なものはどれか。

ア 開発者がプログラムを変更するたびに，サーバにプログラムを直接デプロイして動作を確認し，デバッグするための環境

イ システムのベータ版を広く一般の利用者に公開してテストを実施してもらうことによって，問題点やバグを報告してもらう環境

ウ 保護するネットワークと外部ネットワークとの間に境界ネットワーク（DMZ）を設置して，セキュリティを高めたネットワーク環境

エ 本運用システムとほぼ同じ構成のシステムを用意して，システムリリース前の最終テストを行う環境

A 午前Ⅱ　解答と解説

問1　《解答》エ

CAP定理とは，データベースで満たすべき，一貫性(Consistency：整合性ともいう)・可用性(Availability)・分断耐性(Partition-tolerance)の三つの特性のうち，分散データベースシステムでは同時には最大二つまでしか満たすことができないという理論です。したがって，エが正解です。

ア　結果整合性に関する記述です。

イ　ACID特性の一貫性に関する記述です。

ウ　ACID特性の独立性に関する記述です。

問2　《解答》ウ

シャーディングとはデータベースの負荷分散方法の1種です。あらかじめ定められた，データの先頭文字などで分割するような規則に従って，複数のノードにデータを分散して割り当てる方法は，シャーディングに該当します。したがって，ウが正解です。

ア　2相コミットプロトコルは，分散データベースでのコミットを2相に分けて行う方法です。

イ　コンシステントハッシングは，複数のノードへの割り当てを，ハッシュを用いて実行する方法です。

エ　レプリケーションは，データを他の場所に複製する機能です。

問3　《解答》エ

概念データモデルは，概念設計で作成するデータモデルです。概念データモデルでは，対象世界の情報(データ)構造を抽象化して，E-R図などで表現します。したがって，エが正解です。

ア　論理データモデルの説明です。

イ　業務プロセスのモデルの説明です。

ウ　物理データモデルの説明です。

問4　《解答》イ

B^+木は木構造の一種で，各ノードにデータを最大n件格納できます。

木の根から，各段のノード数を考えると，1，n，n^2，n^3…と指数関数的に増えていきます。d段のB^+木に格納できるデータ数はおよそn^dとなり，段数が1段増えると格納できるデータ数はn倍となります。そのため，データ総件数Xの場合のアクセス回数(段数)は，$X = n^d$のときd段となるので，$d = \log_n X$で求めることができます。オーダーを表すときには，底(n)は気にしないので，log Xとなります。したがって，イが正解です。

問5　《解答》エ

“プログラム言語を2種類以上使用できる従業員がいる。プログラム言語を全く使用できない従業員もいる。”という状況では，従業員とプログラム言語の関係は多対多となります。そのため，“プログラム言語”表では，従業員番号とプログラム言語の両方を主キーとして，複数の従業員の複数のプログラム言語の情報を格納する必要があります。したがって，エが正解です。

付録

問6 《解答》ア

関係モデルにおいて，正規化の過程で情報無損失分解と関数従属性保存が必ず保証されるのは，第1正規形から第3正規形までの変換過程のみです。第2正規形から第3正規形への変換では両方が保証されるので，アが正解です。

イ，エ　ボイス・コッド正規形を考えた変換では，どちらも保証されない可能性があります。

ウ　非正規形から第1正規形への変換では，非正規形ではもっていた構造的な情報が失われる場合があります。

問7 《解答》ウ

関係“フライト”は，便名，客室乗務員名，搭乗者名の三つの属性しかなく，すべての属性の組が主キーです。ある属性から別の属性が一意に決まる，自明でない関数従属は存在しないので，ボイス・コッド正規形までの条件は満たしています。

しかし，関係“フライト”では，便名“BD501”の客室乗務員名は{東京建一，横浜涼子}の2人で，搭乗者名は{大阪一郎，京都花子}の2人となっており，客室乗務員名と搭乗者名の間に関係はありません。つまり，属性“便名”に対して，便名→→客室乗務員名，便名→→搭乗者名の多値従属性が存在します。これは，第4正規形への正規化を行うことで，次のような情報無損失分解が可能です。

便名	客室乗務員名
BD501	東京建一
BD501	横浜涼子
BD702	東京建一
BD702	千葉建二

便名	搭乗者名
BD501	大阪一郎
BD501	京都花子
BD702	大阪一郎
BD702	神戸順子

したがって，ウが正解です。

ア　多値従属性があり，情報の重複が発生しているので，更新時異状が発生することはあります。

イ　自明でない関数従属性は存在しません。

エ　自明でない関数従属性は存在しないので，ボイス・コッド正規形の条件は満たしています。

問8 《解答》ウ

問題文の表を第3正規形に正規化し，分割していきます。表に値が一意である列は存在しません。問題文に，「顧客の1回の注文に対して1枚の受注伝票が作られ，顧客は1回の注文で一つ以上の商品を注文できるものとする」とあり，{受注番号，商品コード}の組合せで行が一意に特定できるので，これが候補キー（主キー）になります。

候補キーの一部である“受注番号”，“商品コード”に対して，受注番号→{顧客コード，顧客名，受注日}，商品コード→{商品名，単価}という部分関数従属があります。そのため，第2正規形にするには，部分関数従属を排除して，次の三つの表にする必要があります。

受注明細

受注番号	商品コード	受注数	受注金額
1055	T035	10	850,000
1055	K083	5	115,000
1055	S172	3	234,000
2030	T050	3	270,000
2030	S172	10	780,000
3025	T035	3	255,000
3025	K085	2	50,000
3025	S171	8	400,000
3090	T050	1	90,000
3090	T035	2	170,000

受注

受注番号	顧客コード	顧客名	受注日
1055	A7053	鈴木電気	2023-07-01
2030	B7060	中村商会	2023-07-03
3025	C9025	佐藤電気	2023-07-03
3090	B7060	中村商会	2023-07-04

商品

商品コード	商品名	単価
T035	テレビA	85,000
K083	無線スピーカーA	23,000
S172	Blu-rayプレイヤーB	78,000
T050	テレビB	90,000
K085	無線スピーカーB	25,000
S171	Blu-rayプレイヤーA	50,000

さらに，受注表には，受注番号→顧客コード→顧客名，の推移的関数従属性があります。そのため，受注表をさらに分割すると，第3正規形の表は次のようになります。

受注

受注番号	顧客コード	受注日
1055	A7053	2023-07-01
2030	B7060	2023-07-03
3025	C9025	2023-07-03
3090	B7060	2023-07-04

顧客

顧客コード	顧客名
A7053	鈴木電気
B7060	中村商会
C9025	佐藤電気

したがって，表は四つに分割されることになり，ウが正解です。

問9 《解答》エ

SQL文で順序を扱うウィンドウ関数専用の関数に，RANK関数があります。RANK() を用いると，PARTITION BY句で区切られたグループごとに，ORDER BY句で整列した結果から順位を付与することができます。したがって，エが正解です。

ア　ORDER BY句で整列した結果から累計分布を求める関数です。

イ　グループごとの最大値を求める関数です。

ウ　整列した結果から，順位をパーセント値（0～1の数値）で付与する関数です。

問10 《解答》ア

表Aと表BをID列を使用して結合するとき，どちらか一方にだけ含まれるIDも含めてすべて表示するときの結合は，FULL OUTER JOIN（完全外部結合）です。FULL OUTER JOINで結合した後，WHERE句でどちらかの列がNULLのものを取り出し，COALESCE句でNULLでない方の列を表示すれば，どちらか一方にだけ含まれるIDを得ることができます。したがって，アが正解です。

イ　INNER JOINでは，両方の表に含まれるIDのみ結合されるので，1行も表示されなくなります。

ウ　LEFT OUTER JOINでは，表Aに含まれないIDが表示されないので，表BにのみÅ存在するIDが表示されません。

エ　RIGHT OUTER JOINでは，表Bに含まれないIDが表示されないので，表Aにのみ存在するIDが表示されません。

問11 《解答》ウ

R÷Sでは，Sの内容をすべて含むRの列の内容を取り出します。Sは商品列のみで，a，b，cとなっているので，商品列にa，b，cをすべて含むRの店列を探します。すると，店列の値がBの場合のみ，a，b，cすべての行があるので，Bが選択されます。したがって，ウが正解です。

ア　RとSを商品で内部結合した場合の，店列の射影になります。

イ　RとSを商品で内部結合した後，店列の射影で重複を排除した場合（DISTINCT）になります。

エ　Sの内容をいずれも含まない場合（NOT EXISTS）になります。

問12 《解答》エ

2相ロックでは，必要なロックをすべて獲得する第1相が終わった後にだけ，ロック解除を実行できる第2相を実行できます。したがって，エが正解です。

ア　2相ロックでも，ロックの順番によってはデッドロックが発生することがあります。

イ　コミット順序は，特に制限はありません。

ウ　通常，コミット時にはロックはかけたままです。トランザクションを終了するとロックは自動的に解除されます。

問13　《解答》ウ

B$^+$木インデックスでは，キーの値ごとに木構造でデータの位置を格納します。大小関係でどの木にあるのかを判定するので，4001以上，4003以下など，範囲を検索するのに向いています。したがって，ウが正解です。

ア，イ，エの，「以外」「でもない」という条件での検索では，B$^+$木は効率的に検索することができません。

問14　《解答》イ

REDOとは，以前の更新をもう一度行うことです。べき等（idempotent）性とは，ある操作を1回行っても複数回行っても結果が同じである性質です。REDOでのべき等な操作では，REDOを繰返し実行しても，正常終了するときには1回実行したときと同じデータの状態になります。したがって，イが正解です。

ア　ログファイルでの障害回復のための，更新前ログや更新後ログの記録媒体への書き出しが該当します。

ウ　REDOではなく，ロールフォワードを実行します。

エ　WAL（Write-Ahead Logging）の説明です。

問15　《解答》イ

a～cそれぞれの障害に対して，DBMSでロールフォワード又はロールバックを行い回復を図る方法は，次のようになります。

a　デッドロックによるトランザクション障害では，トランザクションが途中で止まっているので，ロールバックしてやり直す必要があります。

b　ハードウェアの誤動作によるシステム障害では，トランザクションが途中で終了している場合には，ロールバックでトランザクションを元に戻します。コミットが完了した後，データが記憶媒体に反映されていない場合には，ロールフォワードでコミット済みのトランザクションの実行結果を反映します。

c　データベースの記録媒体が使用不可能となる媒体障害では，バックアップデータで復旧後，ロールフォワードでコミット済みのトランザクションの実行結果を反映します。

したがって，組合せが正しいイが正解です。

問16　《解答》エ

トランザクションの隔離性水準とは，トランザクションの独立性のレベルです。隔離性水準を上げると，トランザクションで処理されるデータが他のトランザクションで読み取られにくくなるので，不整合なデータを読み込むトランザクション数が減ります。しかし，データを読み込めないということは，トランザクション実行中に他のトランザクションが待機することになります。そのため，単位時間に処理できるトランザクション数は減ります。したがって，組合せの正しいエが正解です。

問17 《解答》エ

二つのトランザクションT1とT2で並列に実行したとき，T1の次にT2，もしくはT2の次にT1を実行した結果と最終結果が同じになるスケジュールの性質を，直列化可能性（Serializability）といいます。したがって，エが正解です。

ア　トランザクション処理では，実行前と後でデータの整合性をもち，一貫したデータを確保しなければならないという性質です。

イ　トランザクションは完全に終わる（COMMIT），もしくは元に戻す（ROLLBACK）のいずれかである必要があり，途中で終わってはならないという性質です。

ウ　いったんコミットしたデータは，その後障害が起こっても回復できるようにする必要があるという性質です。

問18 《解答》エ

ブロックチェーンのデータ構造は，ハッシュ値を用いたチェーン構造です。取引のデータに加えて，直前のトランザクションデータの正当性を検証するためのハッシュ値を合わせて格納します。したがって，エが正解です。

ア　B^+木などの木構造のインデックスで使用されるデータ構造です。

イ　時刻印アルゴリズムでの同時実行制御に関するデータ構造です。

ウ　ビットマップインデックスのデータ構造です。

問19 《解答》ウ

DRDoS（Distributed Reflection Denial of Service）攻撃とは，DDoS攻撃の一種です。リフレクション攻撃ともいい，送信元を攻撃対象に偽装したパケットを多数のコンピュータに送信し，その応答を攻撃対象に集中させます。オープンリゾルバとは，外部からアクセスできるDNSキャッシュサーバです。多数のオープンリゾルバに，送信元IPアドレスを偽装した名前解決のリクエストを一斉に送信することで，DRDoS攻撃を実現できます。したがって，ウが正解です。

ア　マルチベクトル型DDoS攻撃に該当します。

イ　ブルートフォース攻撃を分散型で行ったものです。

エ　遠隔操作マルウェアによる攻撃に該当します。

問20 《解答》エ

JPCERTコーディネーションセンター"インシデントハンドリングマニュアル（2021年11月30日）"では，「2. 基本的ハンドリングフロー」で，インシデント全般に対して共通したフローを示しています。フローの順は，検知／連絡受付→トリアージ→インシデントレスポンス（対応）となっています。したがって，エが正解です。

ア，イ　インシデントレスポンス（対応）は連絡を受けてからの対応なので，最初に行うことはできません。

ウ　トリアージは対応の優先順位付けです。すべてに対応できるわけではないので，先に優先順位を決めておき，優先度順でインシデントレスポンスを行います。

問21　《解答》エ

エクスプロイトコードとは，ソフトウェアやハードウェアの脆弱性を利用するために作成されたプログラムで，脆弱性検査などに用いられます。したがって，エが正解です。

ア　移行プログラムの説明です。

イ　暗号管理ソフトウェアの説明です。

ウ　プロトタイピングの説明です。

問22　《解答》エ

RAIDレベルのうち，データから生成するパリティを2台分用意し，4台以上のハードディスクに分散して書き込むことによって，2台までのハードディスクが故障してもデータを復旧できるものはRAID6です。したがって，エが正解です。

ア　複数台のハードディスクにデータを分散することで高速化します。データの復旧はできません。

イ　複数台のハードディスクに同時に同じデータを書き込みます。パリティは書き込みません。

ウ　データからパリティを生成し，データとパリティを3台以上のハードディスクに分散して書き込む方式です。ハードディスクが故障してもデータを復旧できるのは1台分だけです。

問23　《解答》イ

キャパシティプランニングとは，システムに求められるサービスレベルから，システムに必要なリソースの処理能力や容量，数量などを見積もり，システム構成を計画することです。キャパシティプランニングを行って長期的に監視することで，将来にわたって応答時間を維持することが可能になります。したがって，イが正解です。

ア，ウ，エ　パフォーマンスチューニングで行われる内容です。

問24　《解答》エ

データ中心アプローチ（DOA：Data Oriented Approach）とは，業務で扱うデータに着目したアプローチです。対象とする世界をシステムが扱うデータに着目して捉え，扱うデータを実体関連モデル（E-R図）で整理していきます。したがって，エが正解です。

ア　オブジェクト指向アプローチ（OOA：Object Oriented Approach）の特徴です。

イ　データの流れ（データフロー）を表現するDFD（Data Flow Diagram）を用いた開発手法です。

ウ　プロセス中心アプローチ（POA：Process Oriented Approach）の特徴です。

問25　《解答》エ

ステージング環境とは，システム開発の最終段階で用意される，本番とほぼ同じ環境です。ステージング環境を用いてシステムリリース前の最終テストを行うことで，最終的な動作確認を行うことができます。したがって，エが正解です。

ア　開発環境の説明です。

イ　本番環境で行うベータテストに関する説明です。

ウ　境界型防御を行うネットワーク環境に関する説明です。

午後Ⅰ　問題

問題文中で共通に使用される表記ルール

概念データモデル，関係スキーマ，関係データベースのテーブル（表）構造の表記ルールを次に示す。各問題文中に注記がない限り，この表記ルールが適用されているものとする。

1. 概念データモデルの表記ルール

(1)　エンティティタイプとリレーションシップの表記ルールを，図1に示す。

①　エンティティタイプは，長方形で表し，長方形の中にエンティティタイプ名を記入する。

②　リレーションシップは，エンティティタイプ間に引かれた線で表す。

"1対1"のリレーションシップを表す線は，矢を付けない。

"1対多"のリレーションシップを表す線は，"多"側の端に矢を付ける。

"多対多"のリレーションシップを表す線は，両端に矢を付ける。

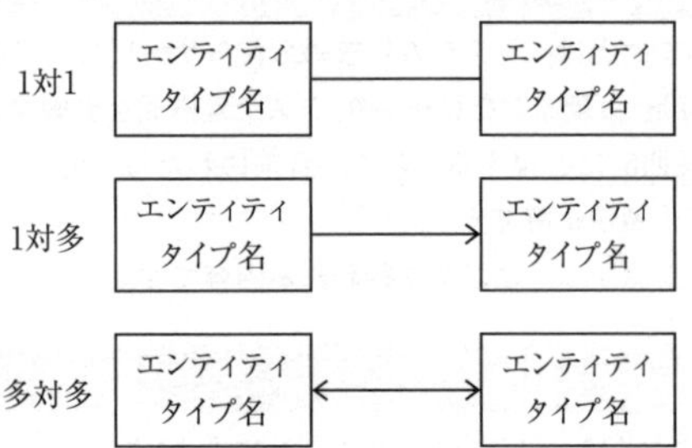

図1　エンティティタイプとリレーションシップの表記ルール

(2)　リレーションシップを表す線で結ばれたエンティティタイプ間において，対応関係にゼロを含むか否かを区別して表現する場合の表記ルールを，図2に示す。

①　一方のエンティティタイプのインスタンスから見て，他方のエンティティタイプに対応するインスタンスが存在しないことがある場合は，リレーションシップを表す線の対応先側に"○"を付ける。

②　一方のエンティティタイプのインスタンスから見て，他方のエンティティタイプに対応するインスタンスが必ず存在する場合は，リレーションシップを表す線の対応先側に"●"を付ける。

“A”から見た“B”も，“B”から見た“A”も，インスタンスが存在しないことがある場合

“C”から見た“D”も，“D”から見た“C”も，インスタンスが必ず存在する場合

“E”から見た“F”は必ずインスタンスが存在するが，“F”から見た“E”はインスタンスが存在しないことがある場合

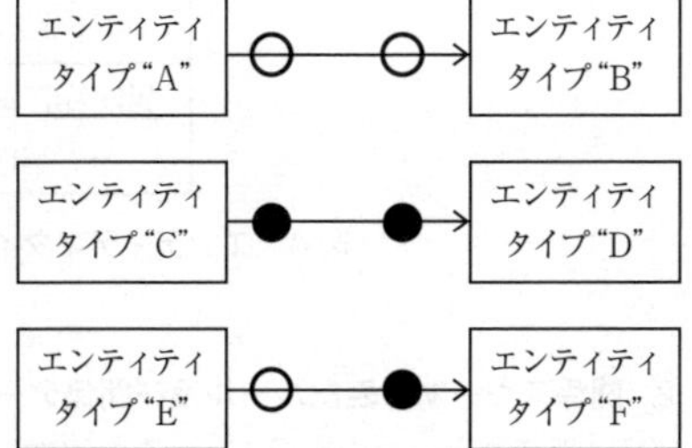

図2　対応関係にゼロを含むか否かを区別して表現する場合の表記ルール

(3)　スーパータイプとサブタイプの間のリレーションシップの表記ルールを，図3に示す。

①　サブタイプの切り口の単位に“△”を記入し，スーパータイプから“△”に1本の線を引く。

②　一つのスーパータイプにサブタイプの切り口が複数ある場合は，切り口の単位ごとに“△”を記入し，スーパータイプからそれぞれの“△”に別の線を引く。

③　切り口を表す“△”から，その切り口で分類されるサブタイプのそれぞれに線を引く。

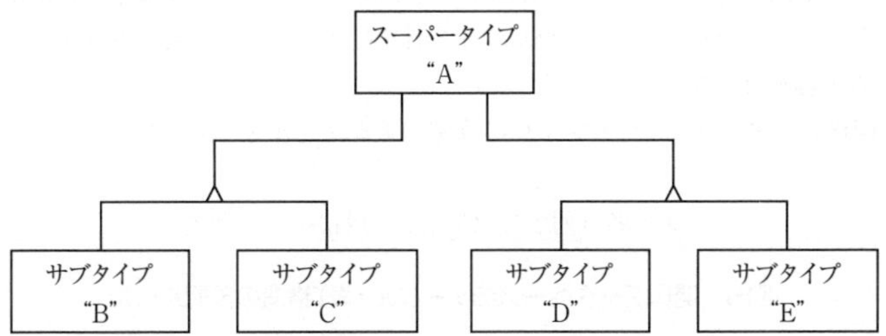

スーパータイプ“A”に二つの切り口があり，それぞれの切り口にサブタイプ“B”と“C”及び“D”と“E”がある例

図3　スーパータイプとサブタイプの間のリレーションシップの表記ルール

(4)　エンティティタイプの属性の表記ルールを，図4に示す。

①　エンティティタイプの長方形内を上下2段に分割し，上段にエンティティタイプ名，下段に属性名の並びを記入する。1)

②　主キーを表す場合は，主キーを構成する属性名又は属性名の組に実線の下線を付ける。

③　外部キーを表す場合は，外部キーを構成する属性名又は属性名の組に破線の下線を付ける。ただし，主キーを構成する属性の組の一部が外部キーを構成する場合は，破線の下線を付けない。

エンティティタイプ名
属性名1，属性名2，… …，属性名n

図4 エンティティタイプの属性の表記ルール

2. 関係スキーマの表記ルール及び関係データベースのテーブル（表）構造の表記ルール

(1) 関係スキーマの表記ルールを，図5に示す。

関係名（属性名1，属性名2，属性名3，…，属性名n）

図5 関係スキーマの表記ルール

① 関係を，関係名とその右側の括弧でくくった属性名の並びで表す。[1] これを関係スキーマと呼ぶ。

② 主キーを表す場合は，主キーを構成する属性名又は属性名の組に実線の下線を付ける。

③ 外部キーを表す場合は，外部キーを構成する属性名又は属性名の組に破線の下線を付ける。ただし，主キーを構成する属性の組の一部が外部キーを構成する場合は，破線の下線を付けない。

(2) 関係データベースのテーブル（表）構造の表記ルールを，図6に示す。

テーブル名（列名1，列名2，列名3，…，列名n）

図6 関係データベースのテーブル（表）構造の表記ルール

関係データベースのテーブル（表）構造の表記ルールは，(1)の①～③で“関係名”を“テーブル名”に，“属性名”を“列名”に置き換えたものである。

注[1] 属性名と属性名の間は“,”で区切る。

問1　電子機器の製造受託会社における調達システムの概念データモデリングに関する次の記述を読んで，設問に答えよ。

基板上に電子部品を実装した電子機器の製造受託会社であるA社は，自動車や家電などの製品開発を行う得意先から電子機器の試作品の製造を受託し，電子部品の調達と試作品の製造を行う。今回，調達システムの概念データモデル及び関係スキーマを再設計した。

〔現行業務〕

1. 組織
   (1)　組織は，組織コードで識別し，組織名をもつ。組織名は重複しない。
   (2)　組織は，階層構造であり，いずれか一つの上位組織に属する。
2. 役職
   役職は，役職コードで識別し，役職名をもつ。役職名は重複しない。
3. 社員
   (1)　社員は，社員コードで識別し，氏名をもつ。同姓同名の社員は存在し得る。
   (2)　社員は，いずれかの組織に所属し，複数の組織に所属し得る。
   (3)　一部の社員は，各組織において役職に就く。同一組織で複数の役職には就かない。
   (4)　社員には，所属組織ごとに，業務内容の報告先となる社員が高々1名決まっている。
4. 得意先と仕入先
   (1)　製造受託の依頼元を得意先，電子部品の調達先を仕入先と呼ぶ。
   (2)　得意先と仕入先とを併せて取引先と呼ぶ。取引先は，取引先コードを用いて識別し，取引先名と住所をもつ。
   (3)　取引先が，得意先と仕入先のどちらに該当するかは，取引先区分で分類している。得意先と仕入先の両方に該当する取引先は存在しない。
   (4)　仕入先は，電子部品を扱う商社である。A社は，仕入先と調達条件（単価，ロットサイズ，納入可能年月日）を交渉して調達する。仕入先ごとに昨年度調達金額をもつ。
   (5)　得意先は，昨年度受注金額をもつ。
5. 品目
   (1)　試作品を構成する電子部品を品目と呼び，電子部品メーカー（以下，メーカーという）が製造している。
      ①　品目は，メーカーが付与するメーカー型式番号で識別する。メーカー型式番号は，メーカー間で重複しない。
      ②　メーカー各社が発行する電子部品カタログでメーカー型式番号を調べると，電子部品の仕様や電気的特性は記載されているが，単価やロットサイズは記載されていない。
   (2)　品目は，メーカーが付けたブランドのいずれか一つに属する。
      ①　ブランドは，ブランドコードで識別し，ブランド名をもつ。
      ②　仕入先は，幾つものブランドを扱っており，同じブランドを異なる仕入先から調達することができる。仕入先ごとに，どのブランドを取り扱っているかを登録している。
   (3)　品目は，品目のグループである品目分類のいずれか一つに属する。品目分類は，品目分類コードで識別し，品目分類名をもつ。

付録

6. 試作案件登録

(1) 得意先にとって試作とは，量産前の設計検証，機能比較を目的に，製品用途ごとに，性能や機能が異なる複数のモデルを準備することをいう。得意先からモデルごとの設計図面，品目構成，及び製造台数の提示を受け，試作案件として次を登録する。

① 試作案件

・試作案件は，試作案件番号で識別し，試作案件名，得意先，製品用途，試作案件登録年月日をもつ。

② モデル

・モデルごとに，モデル名，設計図面番号，製造台数，得意先希望納入年月日をもつ。モデルは，試作案件番号とモデル名で識別する。

③ モデル構成品目

・ モデルで使用する品目ごとに，モデル1台当たりの所要数量をもつ。

④ 試作案件品目

・試作案件で使用する品目ごとの合計所要数量をもつ。

・通常，品目の調達はA社が行うが，得意先から無償で支給されることがある。この数量を得意先支給数量としてもつ。

・合計所要数量から得意先支給数量を減じた必要調達数量をもつ。

7. 見積依頼から見積回答入手まで

(1) 品目を調達する際は，当該品目のブランドを扱う複数の仕入先に見積依頼を行う。

① 見積依頼には，見積依頼番号を付与し，見積依頼年月日を記録する。また，どの試作案件に対する見積依頼かが分かるようにしておく。

② 仕入先に対しては，見積依頼がどの得意先の試作案件によるのか明かすことはできないが，得意先が不適切な品目を選定していた場合に，仕入先からの助言を得るために，製品用途を提示する。

③ 品目ごとに見積依頼明細番号を付与し，必要調達数量，希望納入年月日を提示する。

④ 仕入先に対して，見積回答時には対応する見積依頼番号，見積依頼明細番号の記載を依頼する。

(2) 仕入先から見積回答を入手する。見積回答が複数に分かれることはない。

① 入手した見積回答には，見積依頼番号，見積有効期限，見積回答年月日，仕入先が付与した見積回答番号が記載されている。見積回答番号は，仕入先間で重複し得る。

② 見積回答の明細には，見積依頼明細番号，メーカー型式番号，調達条件，仕入先が付与した見積回答明細番号が記載されている。回答されない品目もある。見積回答明細番号は，仕入先間で重複し得る。

③ 見積回答の明細には，見積依頼とは別の複数の品目が提案として返ってくることがある。その場合，その品目の提案理由が記載されている。

④ 見積回答の明細には，一つの品目に対して複数の調達条件が返ってくることがある。例えば，ロットサイズが1,000個の品目に対して，見積依頼の必要調達数量が300個の場合，仕入先から，ロットサイズ1,000個で単価0.5円，ロットサイズ1個で単価2円，という2通りの見積回答の明細が返ってくる。

8. 発注から入荷まで

(1) 仕入先からの見積回答を受けて，得意先と相談の上，品目ごとに妥当な調達条件を一つだけ選定する。

① 選定した調達条件に対応する見積回答明細を発注明細に記録し，発注ロット数，指定納入年月日を決める。

② 同時期に同じ仕入先に発注する発注明細は，試作案件が異なっても，1回の発注に束ねる。

③ 発注ごとに発注番号を付与し，発注年月日と発注合計金額を記録する。

(2) 発注に基づいて，仕入先から品目を入荷する。

① 入荷ごとに入荷番号を付与し，入荷年月日を記録する。

② 入荷の品目ごとに入荷明細番号を発行する。1件の発注明細に対して，入荷が分かれることはない。

③ 入荷番号と入荷明細番号が書かれたシールを品目の外装に貼って，製造担当へ引き渡す。

〔利用者の要望〕

1. 品目分類の階層化

品目分類を大分類，中分類，小分類のような階層的な構造にしたい。当面は3階層でよいが，将来的には階層を増やす可能性がある。

2. 仕入先からの分納

一部の仕入先から1件の発注明細に対する納品を分けたいという分納要望が出てきた。分納要望に応えつつ，未だ納入されていない数量である発注残ロット数も記録するようにしたい。

〔現行業務の概念データモデルと関係スキーマの設計〕

現行業務の概念データモデルを図1に，関係スキーマを図2に示す。

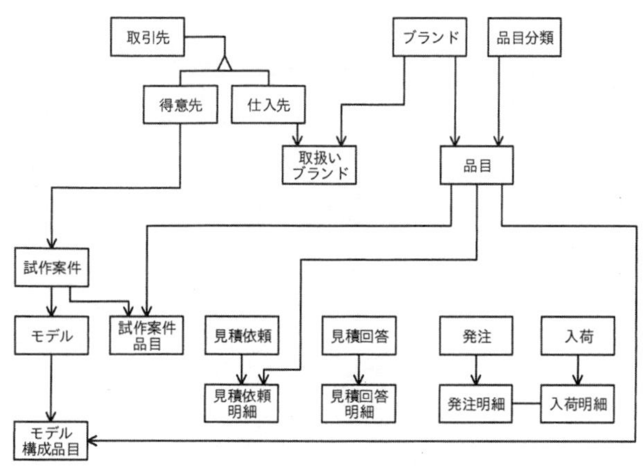

図1 現行業務の概念データモデル（未完成）

社員所属（社員コード，社員氏名，社員所属組織コード，社員所属組織名，社員所属上位組織コード，
　社員所属上位組織名，社員役職コード，社員役職名，報告先社員コード，報告先社員氏名）
取引先（取引先コード，取引先名，取引先区分，住所）
　得意先（取引先コード，昨年度受注金額）
　仕入先（取引先コード，昨年度調達金額）
ブランド（ブランドコード，ブランド名）
品目分類（品目分類コード，品目分類名）
品目（メーカー型式番号，ブランドコード，品目分類コード）
取扱いブランド（取引先コード，ブランドコード）
試作案件（試作案件番号，試作案件名，取引先コード，製品用途，試作案件登録年月日）
モデル（モデル名，［ a ］，製造台数，得意先希望納入年月日，設計図面番号）
モデル構成品目（モデル名，［ a ］，メーカー型式番号，1台当たりの所要数量）
試作案件品目（試作案件番号，メーカー型式番号，合計所要数量，［ b ］）
見積依頼（見積依頼番号，見積依頼年月日，［ c ］）
見積依頼明細（見積依頼番号，見積依頼明細番号，メーカー型式番号，必要調達数量，希望納入年月日）
見積回答（見積依頼番号，見積回答番号，見積有効期限，見積回答年月日）
見積回答明細（見積回答明細番号，見積依頼明細番号，単価，納入可能年月日，［ d ］）
発注（発注番号，発注年月日，発注合計金額）
発注明細（発注番号，発注明細番号，指定納入年月日，［ e ］）
入荷（入荷番号，入荷年月日）
入荷明細（入荷番号，入荷明細番号，発注番号，発注明細番号）

図2　現行業務の関係スキーマ（未完成）

解答に当たっては，巻頭の表記ルールに従うこと。ただし，エンティティタイプ間の対応関係にゼロを含むか否かの表記は必要ない。エンティティタイプ間のリレーションシップとして“多対多”のリレーションシップを用いないこと。属性名は，意味を識別できる適切な名称とすること。関係スキーマに入れる属性を答える場合，主キーを表す下線，外部キーを表す破線の下線についても答えること。

設問1　図2中の関係“社員所属”について答えよ。

(1)　関係“社員所属”の候補キーを全て挙げよ。なお，候補キーが複数の属性から構成される場合は，{ }で括ること。

(2)　関係“社員所属”は，次のどの正規形に該当するか。該当するものを，○で囲んで示せ。また，その根拠を，具体的な属性名を挙げて60字以内で答えよ。第3正規形でない場合は，第3正規形に分解した関係スキーマを示せ。ここで，分解後の関係の関係名には，本文中の用語を用いること。

非正規形　・　第1正規形　・　第2正規形　・　第3正規形

設問2　現行業務の概念データモデル及び関係スキーマについて答えよ。

(1)　図1中の欠落しているリレーションシップを補って図を完成させよ。なお，図1に表示されていないエンティティタイプは考慮しなくてよい。

(2)　図2中の［　a　］～［　e　］に入れる一つ又は複数の適切な属性名を補って関係スキーマを完成させよ。

設問3　〔利用者の要望〕への対応について答えよ。

(1)　“1. 品目分類の階層化”に対応できるよう，次の変更を行う。

(a)　図1の概念データモデルでリレーションシップを追加又は変更する。該当するエンティティタイプ名を挙げ，どのように追加又は変更すべきかを，30字以内で答えよ。

(b)　図2の関係スキーマにおいて，ある関係に一つの属性を追加する。属性を追加する関係名及び追加する属性名を答えよ。

(2)　“2. 仕入先からの分納”に対応できるよう，次の変更を行う。

(a)　図1の概念データモデルでリレーションシップを追加又は変更する。該当するエンティティタイプ名を挙げ，どのように追加又は変更すべきかを，45字以内で答えよ。

(b)　図2の関係スキーマにおいて，ある二つの関係に一つずつ属性を追加する。属性を追加する関係名及び追加する属性名をそれぞれ答えよ。

問2 ホテルの予約システムの概念データモデリングに関する次の記述を読んで，設問に答えよ。

ホテルを運営するX社は，予約システムの再構築に当たり，現状業務の分析及び新規要件の洗い出しを行い，概念データモデル及び関係スキーマを設計した。

〔現状業務の分析結果〕

1. ホテル
   (1) 全国各地に10のホテルを運営している。ホテルはホテルコードで識別する。
   (2) 客室はホテルごとに客室番号で識別する。
   (3) 客室ごとに客室タイプを設定する。客室タイプはホテル共通であり，客室タイプコードで識別する。客室タイプにはシングル，ツインなどがある。
   (4) 館内施設として，レストラン，ショップ，プールなどがある。
2. 会員
   利用頻度が高い客向けの会員制度があり，会員は会員番号で識別する。会員には会員番号が記載された会員証を送付する。
3. 旅行会社
   X社のホテルの宿泊予約を取り扱う複数の旅行会社があり，旅行会社コードで識別する。
4. 予約
   (1) 自社サイト予約と旅行会社予約があり，予約区分で分類する。
   (2) 自社サイト予約では，客はX社の予約サイトから予約する。旅行会社予約では，客は旅行会社を通じて予約する。旅行会社の予約システムからX社の予約システムに予約情報が連携され，どの旅行会社での予約かが記録される。
   (3) 1回の予約で，客は宿泊するホテル，客室タイプ，泊数，客室数，宿泊人数，チェックイン予定年月日を指定する。予約は予約番号で識別する。
   (4) 宿泊時期，予約状況を踏まえて，予約システムで決定した1室当たりの宿泊料金を記録する。
   (5) 客が会員の場合，会員番号を記録する。会員でない場合は，予約者の氏名と住所を記録する。
5. 宿泊
   客室ごとのチェックインからチェックアウトまでを宿泊と呼び，ホテル共通の宿泊番号で識別する。
6. チェックイン
   フロントで宿泊の手続を行う。
   (1) 予約有の場合には該当する予約を検索し，客室を決め，宿泊を記録する。泊数，宿泊人数，宿泊料金は，予約から転記する。泊数，宿泊人数，宿泊料金が予約時から変更になる場合には，変更後の内容を記録する。
   (2) 予約無の場合には泊数，宿泊人数，宿泊料金を確認し，客室を決め，宿泊を記録する。
   (3) 宿泊者が会員の場合，会員番号を記録する。ただし，予約有の場合で宿泊者が予約者と同じ場合，予約の会員番号を宿泊に転記する。
   (4) 一つの客室に複数の会員が宿泊する場合であっても記録できるのは，代表者1人の会員番号だけである。

(5)　宿泊ごとに宿泊者全員の氏名，住所を記録する。

(6)　客室のカードキーを宿泊客に渡し，チェックイン年月日時刻を記録する。

7. チェックアウト

フロントで客室のカードキーを返却してもらう。チェックアウト年月日時刻を記録する。

8. 精算

(1)　通常，チェックアウト時に宿泊料金を精算するが，客が希望すれば，予約時又はチェックイン時に宿泊料金を前払いすることもできる。

(2)　宿泊客が館内施設を利用した場合，その場で料金を支払わずにチェックアウト時にまとめて支払うことができる。館内施設の利用料金は予約システムとは別の館内施設精算システムから予約システムに連携される。

9. 会員特典

会員特典として，割引券を発行する。券面には割引券を識別する割引券番号と発行先の会員番号を記載する。割引券には宿泊割引券と館内施設割引券があり，割引券区分で分類する。1枚につき，1回だけ利用できる。割引券の状態には未利用，利用済，有効期限切れによる失効があり，割引券ステータスで分類する。

(1)　宿泊割引券

①　会員の宿泊に対して，次回以降の宿泊料金に充当できる宿泊割引券を発行し，郵送する。1回の宿泊で割引券を1枚発行し，泊数に応じて割引金額を変える。旅行会社予約による宿泊は発行対象外となる。発行対象の宿泊かどうかを割引券発行区分で分類する。

②　予約時の前払いで利用する場合，宿泊割引券番号を記録する。1回の予約で1枚を会員本人の予約だけに利用できる。

③　ホテルでのチェックイン時の前払い，チェックアウト時の精算で利用する場合，宿泊割引券番号を記録する。1回の宿泊で1枚を会員本人の宿泊だけに利用できる。

(2)　館内施設割引券

①　館内施設割引券を発行し，定期的に送付している会員向けのダイレクトメールに同封する。館内施設の利用料金に充当できる。チェックアウト時の精算だけで利用できる。

②　チェックアウト時の精算で利用する場合，館内施設割引券番号を記録する。1回の宿泊で1枚を会員本人の宿泊だけに利用できる。宿泊割引券との併用が可能である。

〔新規要件〕

会員特典として宿泊時にポイントを付与し，次回以降の宿泊時の精算などに利用できるポイント制を導入する。ポイント制は次のように運用する。

(1)　会員ランクにはゴールド，シルバー，ブロンズがあり，それぞれの必要累計泊数及びポイント付与率を決める。ポイント付与率は上位の会員ランクほど高くする。

(2)　毎月末に過去1年間の累計泊数に応じて会員の会員ランクを決める。

(3)　チェックアウト日の翌日午前0時に宿泊料金にポイント付与率を乗じたポイントを付与する。この場合のポイントの有効期限年月日は付与日から1年後である。

(4)　宿泊料金に応じたポイントとは別に，個別にポイントを付与することがある。この場合のポイントの有効期限年月日は1年後に限らず，任意に指定できる。

(5) ポイントを付与した際に，有効期限年月日及び付与したポイント数を未利用ポイント数の初期値として記録する。

(6) ポイントは宿泊料金，館内施設の利用料金の支払に充当でき，これを支払充当と呼ぶ。支払充当では，支払充当区分（予約時，チェックイン時，チェックアウト時のいずれか），ポイントを利用した予約の予約番号又は宿泊の宿泊番号を記録する。

(7) ポイントは商品と交換することもでき，これを商品交換と呼ぶ。商品ごとに交換に必要なポイント数を決める。ホテルのフロントで交換することができる。交換時に商品と個数を記録する。

(8) 支払充当，商品交換でポイントが利用される都度，その時点で有効期限の近い未利用ポイント数から利用されたポイント数を減じて，消し込んでいく。

(9) 未利用のまま有効期限を過ぎたポイントは失効し，未利用ポイント数を0とする。失効の1か月前と失効後に会員に電子メールで連絡する。失効前メール送付日時と失効後メール送付日時を記録する。

(10) ポイントの付与，支払充当，商品交換及び失効が発生する都度，ポイントの増減区分，増減数及び増減時刻をポイント増減として記録する。具体例を表1に示す。

表1 ポイント増減の具体例

2023年3月31日現在

会員番号	増減連番	ポイント増減区分	ポイント増減数	ポイント増減時刻	有効期限年月日	未利用ポイント数	商品コード	商品名	個数
70001	0001	付与	3,000	2022-01-22 00:00	2023-01-21	0	−	−	−
70001	0002	付与	2,000	2022-01-25 00:00	2022-07-24	0	−	−	−
70001	0003	支払充当	-3,000	2022-04-25 18:05	−	−	−	−	−
70001	0004	商品交換	-1,500	2022-10-25 16:49	−	−	1101	タオル	3
70001	0005	失効	-500	2023-01-22 00:00	−	−	−	−	−
70002	0001	付与	3,000	2022-06-14 00:00	2023-06-13	1,000	−	−	−
70002	0002	支払充当	-2,000	2022-10-14 17:01	−	−	−	−	−

注記 “−”は空値であることを示す。

〔概念データモデルと関係スキーマの設計〕

1. 概念データモデル及び関係スキーマの設計方針

(1) 概念データモデル及び関係スキーマの設計は，まず現状業務について実施し，その後に新規要件に関する部分を実施する。

(2) 関係スキーマは第3正規形にし，多対多のリレーションシップは用いない。

(3) 概念データモデルでは，リレーションシップについて，対応関係にゼロを含むか否かを表す“○”又“●”は記述しない。

(4) サブタイプが存在する場合，他のエンティティタイプとのリレーションシップは，スーパータイプ又はいずれかのサブタイプの適切な方との間に設定する。

2. 〔現状業務の分析結果〕に基づく設計

現状の概念データモデルを図1に，関係スキーマを図2に示す。

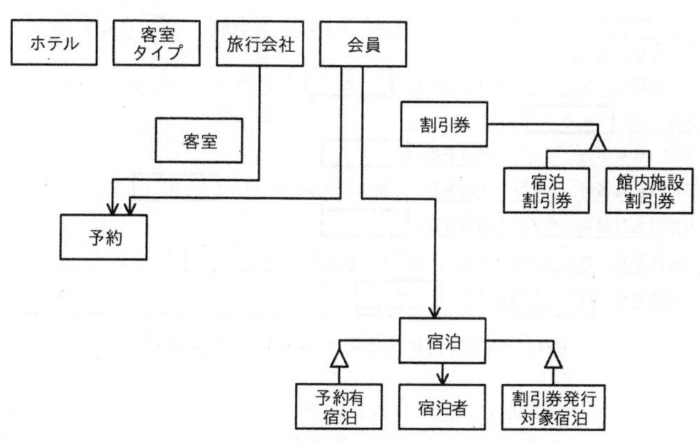

図1　現状の概念データモデル（未完成）

ホテル（ホテルコード，ホテル名）
客室タイプ（客室タイプコード，客室タイプ名，定員数）
客室（ホテルコード，客室番号，［ア］）
旅行会社（旅行会社コード，旅行会社名）
会員（会員番号，メールアドレス，氏名，生年月日，電話番号，郵便番号，住所）
予約（予約番号，予約者氏名，住所，予約区分，チェックイン予定年月日，泊数，客室数，宿泊人数，
　　1室当たり宿泊料金，予約時前払い金額，会員番号，［イ］）
宿泊（宿泊番号，予約有無区分，泊数，宿泊人数，宿泊料金，チェックイン時前払い金額，
　　館内施設利用料金，チェックアウト時精算金額，割引券発行区分，チェックイン年月日時刻，
　　チェックアウト年月日時刻，会員番号，［ウ］）
予約有宿泊（宿泊番号，［エ］）
割引券発行対象宿泊（宿泊番号，割引券発行済フラグ）
宿泊者（宿泊番号，宿泊者明細番号，氏名，住所）
割引券（割引券番号，割引券区分，割引券名，割引金額，有効期限年月日，発行年月日，
　　割引券ステータス，会員番号）
宿泊割引券（割引券番号，発行元宿泊番号）
館内施設割引券（割引券番号，ダイレクトメール送付年月日）

図2　現状の関係スキーマ（未完成）

3.〔新規要件〕に関する設計

新規要件に関する概念データモデルを図3に，関係スキーマを図4に示す。

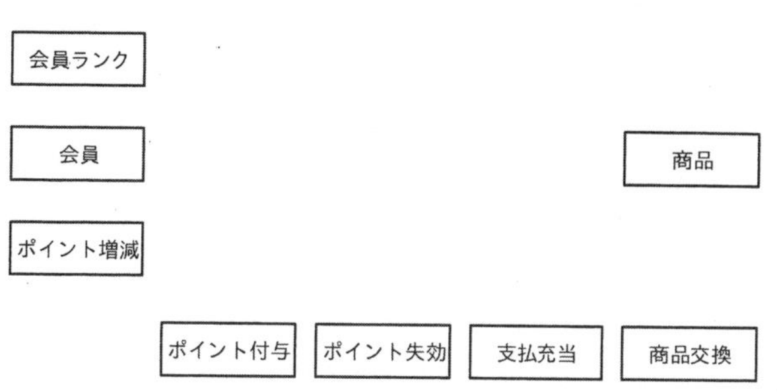

図3　新規要件に関する概念データモデル（未完成）

会員（会員番号，メールアドレス，氏名，生年月日，電話番号，郵便番号，住所，会員ランクコード，過去１年累計泊数）

会員ランク（会員ランクコード，会員ランク名，［　オ　］）

商品（商品コード，［　カ　］）

ポイント増減（会員番号，ポイント増減連番，［　キ　］）

ポイント付与（会員番号，ポイント増減連番，失効前メール送付日時，［　ク　］）

ポイント失効（会員番号，ポイント増減連番，［　ケ　］）

支払充当（会員番号，ポイント増減連番，予約番号，宿泊番号，［　コ　］）

商品交換（会員番号，ポイント増減連番，［　サ　］）

図４　新規要件に関する関係スキーマ（未完成）

解答に当たっては，巻頭の表記ルールに従うこと。また，エンティティタイプ名，関係名，属性名は，それぞれ意味を識別できる適切な名称とすること。関係スキーマに入れる属性名を答える場合，主キーを表す下線，外部キーを表す破線の下線についても答えること。

設問1　現状の概念データモデル及び関係スキーマについて答えよ。

(1)　図1中の欠落しているリレーションシップを補って図を完成させよ。

(2)　図2中の［ア］～［エ］に入れる一つ又は複数の適切な属性名を補って関係スキーマを完成させよ。

設問2　現状の業務処理及び制約について答えよ。

(1)　割引券発行区分の値が発行対象となる宿泊の条件を表2にまとめた。予約有の場合は番号1と2，予約無の場合は番号3の条件を満たしている必要がある。表2中の［a］～［d］に入れる適切な字句を答えよ。

表2　割引券発行区分の値が発行対象となる宿泊の条件

番号	予約有無	条件
1	予約有	該当する［a］の［b］に値が入っていること
2		該当する予約の［c］の値が［d］であること
3	予約無	該当する宿泊の［b］に値が入っていること

(2)　予約時に割引券を利用する場合の制約条件を表3にまとめた。番号1～3全ての条件を満たしている必要がある。表3中の［e］～［j］に入れる適切な字句を答えよ。

表3　予約時に割引券を利用する場合の制約条件

番号	制約条件
1	該当する割引券の［e］の値が［f］であること
2	該当する割引券の［g］の値が［h］であること
3	該当する割引券の［i］の値と該当する予約の［j］の値が一致していること

設問3　新規要件に関する概念データモデル及び関係スキーマについて答えよ。

(1)　図3中の欠落しているリレーションシップを補って図を完成させよ。なお，図3にないエンティティタイプとのリレーションシップは不要とする。

(2)　図4中の［オ］～［サ］に入れる一つ又は複数の適切な属性名を補って関係スキーマを完成させよ。

(3)　ポイント利用時の消込みにおいて，関係“ポイント付与”の会員番号が一致するインスタンスに対する次の条件について，表1の用語を用いてそれぞれ20字以内で具体的に答えよ。

(a)　消込みの対象とするインスタンスを選択する条件

(b)　(a)で選択したインスタンスに対して消込みを行う順序付けの条件

付録

問3 農業用機器メーカーによる観測データ分析システムのSQL設計，性能，運用に関する次の記述を読んで，設問に答えよ。

ハウス栽培農家向けの農業用機器を製造・販売するB社は，農家のDXを支援する目的で，RDBMSを用いたハウス栽培のための観測データ分析システム（以下，分析システムという）を構築することになり，運用部門のCさんが実装を担当した。

〔業務の概要〕

1. 顧客，圃場（ほじょう），農事日付
   (1) 顧客は，ハウス栽培を行う農家であり，顧客IDで識別する。
   (2) 圃場は，農家が農作物を育てる場所の単位で，圃場IDで識別する。圃場には一つの農業用ハウス（以下，ハウスという）が設置され，トマト，イチゴなどの農作物が1種類栽培される。
   (3) 圃場の日出時刻と日没時刻は，圃場の経度，緯度，標高によって日ごとに変わるが，あらかじめ計算で求めることができる。
   (4) 日出時刻から翌日の日出時刻の1分前までとする日付を，農事日付という。農家は，農事日付に基づいて作業を行うことがある。
2. 制御機器・センサー機器，統合機器，観測データ，積算温度
   (1) 圃場のハウスには，ハウスの天窓の開閉，カーテン，暖房，潅水（かんすい）などを制御する制御機器，及び温度（気温），湿度，水温，地温，日照時間，炭酸ガス濃度などを計測するセンサー機器が設置される。
   (2) 顧客は，圃場の一角に設置したB社の統合環境制御機器（以下，統合機器という）を用いて，ハウス内の各機器を監視し，操作する。もし統合機器が何か異常を検知すれば，顧客のスマートフォンにその異常を直ちに通知する。
   (3) 統合機器は，各機器の設定値と各センサー機器が毎分計測した値を併せて記録した1件のレコードを，B社の分析システムに送り，蓄積する。分析システムは，蓄積されたレコードを観測データとして分析しやすい形式に変換し，計測された日付ごと時分ごと圃場ごとに1行を“観測”テーブルに登録する。
   (4) 農家が重視する積算温度は，1日の平均温度をある期間にわたって合計したもので，生育の進展を示す指標として利用される。例えば，トマトが開花してから完熟するまでに必要な積算温度は，1,000～1,100℃といわれている。
   (5) 分析システムの目標は，対象にする圃場を現状の100圃場から段階的に増やし，将来1,000圃場で最長5年間の観測データを分析できることである。

〔分析システムの主なテーブル〕

Cさんが設計した主なテーブル構造を図1に，主な列の意味・制約を表1に示す。また，"観測"テーブルの主な列統計，索引定義，制約，表領域の設定を表2に示す。

顧客（顧客ID，顧客名，連絡先情報，…）
圃場（圃場ID，圃場名，顧客ID，緯度，経度，標高，…）
圃場カレンダ（標準日付，圃場ID，日出時刻，日没時刻，日出方位角，日没方位角）
観測（観測日付，観測時分，圃場ID，農事日付，分平均温度，分日照時間，機器設定情報，…）

図1　テーブル構造（一部省略）

表1　主な列の意味・制約

列名	意味・制約
標準日付	1日の区切りを，0時0分0秒から23時59分59秒までとする日付
観測日付，観測時分	圃場内の各種センサーが計測したときの標準日付と時分。時分は，0時0分から23時59分までの1分単位
農事日付	1日の区切りを，圃場の日出時刻から翌日の日出時刻の1分前までとする日付
分平均温度	ハウス内の温度（気温）の1分間の平均値

表2　"観測"テーブルの主な列統計，索引定義，制約，表領域の設定（一部省略）

列名		列値個数	主索引（列の定義順）	副次索引（列の定義順）	表領域の設定
観測日付			1		表領域のページ長：4,000バイト ページ当たり行数：4行／ページ
観測時分		1,440	2		
圃場ID		1,000	3	1	
農事日付				2	
…		…			
制約	外部キー制約	FOREIGN KEY（観測日付，圃場ID）REFERENCES 圃場カレンダ（標準日付，圃場ID）ON DELETE CASCADE			

注記　網掛け部分は表示していない。

〔RDBMSの主な仕様〕

1. 行の挿入・削除，再編成
   (1) 行を挿入するとき，表領域の最後のページに行を格納する。最後のページに空き領域がなければ，新しいページを表領域の最後に追加し，行を格納する。
   (2) 最後のページを除き，行を削除してできた領域は，行の挿入に使われない。
   (3) 再編成では，削除されていない全行をファイルにアンロードした後，初期化した表領域にその全行を再ロードし，併せて索引を再作成する。
2. 区分化
   (1) テーブルごとに一つ又は複数の列を区分キーとし，区分キーの値に基づいて表領域を物理的に分割することを，区分化という。
   (2) 区分方法には次の2種類がある。
      ・ レンジ区分　：区分キーの値の範囲によって行を区分に分配する。

付録

・　ハッシュ区分：区分キーの値に基づき，RDBMSが生成するハッシュ値によって行を一定数の区分に分配する。区分数を変更する場合，全行を再分配する。

(3)　レンジ区分では，区分キーの値の範囲が既存の区分と重複しなければ区分を追加でき，任意の区分を切り離すこともできる。区分の追加，切離しのとき，区分内の行のログがログファイルに記録されることはない。

(4)　区分ごとに物理的に分割される索引（以下，分割索引という）を定義できる。区分を追加したとき，当該区分に分割索引が追加され，また，区分を切り離したとき，当該区分の分割索引も切り離される。

〔観測データの分析〕

1. 観測データの分析

分析システムは，農家の要望に応じて様々な観点から観測データを分析し，その結果を農家のスマートフォンに表示する予定である。Cさんが設計した観測データを分析するSQL文の例を表3のSQL1に，結果行の一部を後述する図2に示す。

表3　観測データを分析するSQL文の例（未完成）

SQL	SQL 文の構文（上段：目的，下段：構文）
SQL1	圃場ごと農事日付ごとに 1 日の平均温度と行数を調べる。
	WITH R (圃場 ID, 農事日付, 日平均温度, 行数) AS (SELECT [a] , COUNT(*) FROM 観測 GROUP BY [b]) SELECT * FROM R

2. SQL文の改良

顧客に表3のSQL1の日平均温度を折れ線グラフにして見せたところ，知りたいのは日々の温度の細かい変動ではなく，変動の傾向であると言われた。そこでCさんは，折れ線グラフを滑らかにするため，表4のSQL2のように改良した。SQL2が利用した表3のSQL1の結果行の一部を図2に，SQL2の結果行を図3に示す。

表4　改良したSQL文

SQL	SQL 文の構文（上段：目的，下段：構文）
SQL2	指定した圃場と農事日付の期間について，日ごとの日平均温度の変動傾向を調べる。
	WITH R (圃場 ID, 農事日付, 日平均温度, 行数) AS ([網掛け]) SELECT 農事日付, AVG(日平均温度) OVER (ORDER BY 農事日付 ROWS BETWEEN 2 PRECEDING AND CURRENT ROW) AS X FROM R WHERE 圃場 ID = :h1 AND 農事日付 BETWEEN :h2 AND :h3

注記 1　ホスト変数の h1 には圃場 ID を，h2 には期間の開始日（2023-02-01）を，h3 には終了日（2023-02-10）を設定する。

注記 2　網掛け部分は，表 3 の SQL1 の R を求める問合せと同じなので表示していない。

圃場 ID	農事日付	日平均温度	…
○○	2023-02-01	9.0	…
○○	2023-02-02	14.0	…
○○	2023-02-03	10.0	…
○○	2023-02-04	12.0	…
○○	2023-02-05	20.0	…
○○	2023-02-06	10.0	…
○○	2023-02-07	15.0	…
○○	2023-02-08	14.0	…
○○	2023-02-09	19.0	…
○○	2023-02-10	18.0	…

注記　日平均温度は，小数第 1 位まで表示した。

図2　SQL1の結果行の一部

農事日付	X
2023-02-01	
2023-02-02	
2023-02-03	11.0
2023-02-04	12.0
2023-02-05	c
2023-02-06	14.0
2023-02-07	d
2023-02-08	13.0
2023-02-09	e
2023-02-10	17.0

注記 1　X は，小数第 1 位まで表示した。
注記 2　網掛け部分は表示していない。

図3　SQL2の結果行（未完成）

3. 積算温度を調べるSQL文

農家は，栽培している農作物の出荷時期を予測するために積算温度を利用する。Cさんが設計した積算温度を調べるSQL文を，表5のSQL3に示す。

表5　積算温度を調べるSQL文（未完成）

SQL	SQL 文の構文（上段：目的，下段：構文）
SQL3	指定した農事日付の期間について，圃場ごと農事日付ごとの積算温度を調べる。
	WITH R(圃場 ID, 農事日付, 日平均温度, 行数) AS ([網掛け]) SELECT 圃場 ID, 農事日付, SUM(f) OVER (PARTITION BY g ORDER BY h ROWS BETWEEN UNBOUNDED PRECEDING AND CURRENT ROW) AS 積算温度 FROM R WHERE 農事日付 BETWEEN :h1 AND :h2

注記 1　ホスト変数の h1 と h2 には積算温度を調べる期間の開始日と終了日を設定する。
注記 2　網掛け部分は，表 3 の SQL1 の R を求める問合せと同じなので表示していない。

付録

〔“観測”テーブルの区分化〕

1. 物理設計の変更

Cさんは，大容量になる“観測”テーブルの性能と運用に懸念をもったので，次のようにテーブルの物理設計を変更し，性能見積りと年末処理の見直しを行った。

(1) 表領域のページ長を大きくすることで1ページに格納できる行数を増やす。

(2) 圃場IDごとに農事日付の1月1日から12月31日の値の範囲を年度として，その年度を区分キーとするレンジ区分によって区分化する。

(3) 新たな圃場を追加する都度，当該圃場に対してそのときの年度の区分を1個追加する。

2. 性能見積り

表5のSQL3について，表2に示した副次索引から100日間の観測データ144,000行を読み込むことを仮定した場合の読込みに必要な表領域のページ数を，区分化前と区分化後のそれぞれに分けて見積もり，表6に整理して比較した。

表6　区分化前と区分化後の読込みに必要な表領域のページ数の比較（未完成）

比較項目	区分化前	区分化後
ページ当たりの行数（ページ長）	4行（4,000バイト）	16行（16,000バイト）
読込み行数	144,000行	144,000行
読込みページ数	144,000ページ	[ア] ページ

3. 年末処理の見直し

5年以上前の不要な行を効率よく削除し，表領域を有効に利用するための年末処理の主な手順を，区分化前と区分化後のそれぞれについて検討し，表7に整理した。

表7　区分化前と区分化後の年末処理の主な手順の比較（未完成）

	区分化前	区分化後
期限	特になし	元日の日出時刻
手順	1. “圃場カレンダ”に翌年の行を追加する。 2. [イ] 3. “圃場カレンダ”を再編成する。 4. [ウ]	1. “圃場カレンダ”に翌年の行を追加する。 2. “観測”に翌年度の区分を追加する。 3. [エ] 4. [オ] 5. [カ]

注記　二重引用符で囲んだ名前は，テーブル名を表す。

設問1 〔観測データの分析〕について答えよ。

(1) 表3中の［ a ］，［ b ］に入れる適切な字句を答えよ。

(2) SQL1の結果について，1日の行数は，1,440行とは限らない。その理由を30字以内で答えよ。ただし，何らかの不具合によって分析システムにレコードが送られない事象は考慮しなくてよい。

(3) 図3中の［ c ］～［ e ］に入れる適切な数値を答えよ。

(4) 表5中の［ f ］～［ h ］に入れる適切な字句を答えよ。

設問2 〔"観測"テーブルの区分化〕について答えよ。

(1) Cさんは，区分方法としてハッシュ区分を採用しなかった。その理由を35字以内で答えよ。

(2) 表6中の［ ア ］に入れる適切な数値を答えよ。

(3) 区分化前では，副次索引から1行を読み込むごとに，なぜ表領域の1ページを読み込む必要があるか。その理由を30字以内で答えよ。ただし，副次索引の索引ページの読込みについては考慮しなくてよい。

(4) 区分化後の年末処理の期限は，なぜ12月31日の24時ではなく元日の日出時刻なのか。その理由を35字以内で答えよ。

(5) 表7中の［ イ ］～［ カ ］に入れる手順を，それぞれ次の①～⑤の中から一つ選べ。①～⑤が全て使われるとは限らない。ただし，バックアップの取得と索引の保守については考慮しなくてよい。

① "圃場カレンダ"から古い行を削除する。
② "圃場カレンダ"を再編成する。
③ "観測"から古い行を削除する。
④ "観測"を再編成する。
⑤ "観測"から古い区分を切り離す。

A 午後Ⅰ　解答と解説

問1　電子機器の製造受託会社における調達システムの概念データモデリング

≪出題趣旨≫

データベースの設計では，業務内容や業務で取り扱うデータなどの実世界の情報を総合的に理解し，データモデルに反映することが求められる。

本問では，電子機器の製造受託会社における調達システムを題材として，関数従属性，正規化理論などの基礎知識を用いてデータモデルを分析する能力，業務要件をデータモデルに反映する能力，設計変更によるデータモデル及び関係スキーマの適切な変更を行う能力を問う。

≪解答例≫

設問1

(1) {社員コード，社員所属組織コード}
{社員コード，社員所属組織名}

(2) **正規形** 非正規形 ・ (第1正規形) ・ 第2正規形 ・ 第3正規形

根拠 ※以下の中から一つを解答

・全ての属性が単一値をとり，候補キーの一部である“社員コード”に関数従属する“社員氏名”があるから（48字）

・全ての属性が単一値をとり，候補キーの一部である“社員所属組織コード”に関数従属する“社員所属上位組織コード”があるから（59字）

・全ての属性が単一値をとり，候補キーの一部である“社員所属組織名”に関数従属する“社員所属上位組織名”があるから（55字）

関係スキーマ 社員（社員コード，社員氏名）
組織（組織コード，組織名，上位組織コード）
社員所属（社員コード，所属組織コード，役職コード，報告先社員コード）
役職（役職コード，役職名）

設問2

(1)

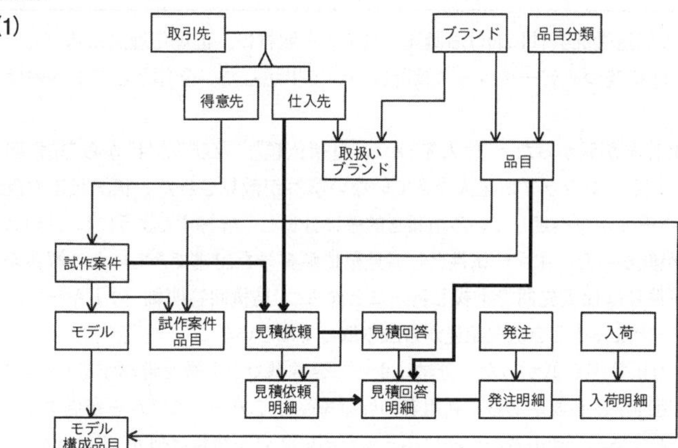

(2) a 試作案件番号
　b 得意先支給数量，必要調達数量
　c 取引先コード，試作案件番号
　d 見積依頼番号，メーカー型式番号，ロットサイズ，提案理由
　e 見積依頼番号，見積回答明細番号，発注ロット数

設問3

(1) (a) ※以下の中から一つを解答

・品目分類に自己参照型のリレーションシップを追加する。（26字）

・品目分類に再帰リレーションシップを追加する。（22字）

・品目分類から自分自身へ1対多のリレーションシップを追加する。（30字）

(b) **関係名** 品目分類
　属性名 上位品目分類コード

(2) (a) 発注明細と入荷明細との間のリレーションシップを，1対1から1対多へ変更する。（38字）

(b) ① **関係名** 発注明細　**属性名** 発注残ロット数
　② **関係名** 入荷明細　**属性名** 入荷ロット数　※①と②は順不同

≪採点講評≫

問1では，電子機器の製造受託会社における調達システムを題材に，正規化理論に基づくデータモデル分析，業務要件に基づくデータベース設計について出題した。全体として正答率は平均的であった。

設問2では，(1)の正答率が低かった。"仕入先"から"見積依頼"，及び"品目"から"見積回答明細"への1対多のリレーションシップが記入できていない解答が散見された。状況記述や概念データモデル，関係スキーマから不足している情報を的確に分析し，解答するようにしてほしい。また，(2) dの正答率が低かった。主キー属性として見積依頼番号を記述できていない解答が目立った。見積回答明細番号は仕入先間で重複し得ることから，"見積回答明細"の主キーは，見積依頼番号との複合キーとなることを状況記述から読み取ってほしい。

設問3では，(2)(b)の正答率が低かった。分納によって発注残ロット数を導出するためには，入荷ロット数を新たに追加する必要がある。利用者の要望を受けてデータモデルを変更することは，実務でもよくあることである。利用者の要望に応えるために必要な情報は何か，不足はないか，日常業務でも常に考えてみてほしい。

≪解説≫

電子機器の製造受託会社における調達システムの概念データモデリングに関する問題です。この問では，電子機器の製造受託会社における調達システムを題材として，関数従属性，正規化理論などの基礎知識を用いてデータモデルを分析する能力，業務要件をデータモデルに反映する能力，設計変更によるデータモデル及び関係スキーマの適切な変更を行う能力が問われています。

定番の正規化やモデリングの内容で，一つ一つの設問の難易度は高くありません。しかし，量が多いので時間内に解くのが難しい問題となっています。

設問1

図2中の関係"社員所属"についての問題です。関係"社員所属"は正規化が終わっておらず，主キーや外部キーの定義がないので，候補キーを考えて第3正規形に分解していきます。

(1)

関係"社員所属"の候補キーを答えます。〔現行業務〕3. 社員(1)に，「社員は，社員コードで識別し，氏名をもつ」とあるので，社員コードは候補キーに含まれます。続いて「同姓同名の社員は存在し得る」とあるので，氏名は社員を識別するキーとしては使えません。

3. 社員(2)に，「社員は，いずれかの組織に所属し，複数の組織に所属し得る」とあるので，複数の組織に所属する場合も管理する必要があります。1. 組織(1)に，「組織は，組織コードで識別」とあるので，組織コードで組織を識別します。続いて「組織名は重複しない」とあるので，組織コードの代わりに組織名でも識別できます。関係"社員所属"では，社員所属組織コード，社員所属組織名で社員が所属する組織コードや組織名を記録しています。関係を識別するキーとしては，社員コードと組み合わせて，{社員コード，社員所属組織コード}，又は{社員コード，社員所属組織名}となります。候補キーをすべて挙げると，解答は，**{社員コード，社員所属組織コード}**，**{社員コード，社員所属組織名}**です。

(2)

関係“社員所属”の正規形とその根拠，及び第3正規形の関係スキーマを答えます。

正規形とその根拠

関係“社員所属”には，繰り返し属性はなく，すべての属性は単一値をもつので，第1正規形の条件は満たします。第2正規形の条件について，部分関数従属性を考え，候補キーの一部である社員コードや社員所属組織コード，社員所属組織名に従属する属性を考えていきます。

〔現行業務〕3. 社員(1)に，「社員は，社員コードで識別し，氏名をもつ」とあるので，社員コード→氏名の部分関数従属性があります。また，部分関数従属性は他にもあり，1. 組織(2)に，「組織は，階層構造であり，いずれか一つの上位組織に属する」とあります。関係“社員所属”の属性にある{社員所属上位組織コード，社員所属上位組織名}の二つは，社員所属組織コード，又は，社員所属組織名のどちらかが決まれば一意に決まります。

したがって，正規形は**第1正規形**です。根拠は，**全ての属性が単一値をとり，候補キーの一部である“社員コード”に関数従属する“社員氏名”があるから**，又は，**全ての属性が単一値をとり，候補キーの一部である“社員所属組織コード”に関数従属する“社員所属上位組織コード”があるから**，又は，**全ての属性が単一値をとり，候補キーの一部である“社員所属組織名”に関数従属する“社員所属上位組織名”があるから**です。

注意点としては，第2正規形で分解する部分関数従属性は(候補キーの一部)→(非キー属性)の関係である点です。候補キー同士は含まれないので，“社員所属組織コード”に関数従属する“社員所属組織名”について記述すると誤りとなります。

関係スキーマ

社員所属(社員コード，社員氏名，社員所属組織コード，社員所属組織名，社員所属上位組織コード，社員所属上位組織名，社員役職コード，社員役職名，報告先社員コード，報告先社員氏名)を，第3正規形に分解します。

第2正規形の条件を満たすため，候補キーの一部に関数従属する属性を分解すると，次のとおりとなります。

社員(<u>社員コード</u>，社員氏名)
社員所属(<u>社員コード</u>，<u>社員所属組織コード</u>，社員役職コード，社員役職名，報告先社員コード，報告先社員氏名)
組織(<u>組織コード</u>，組織名，上位組織コード)

ここで，社員所属コード→社員所属名は分解しなくてもいい(ボイス・コッド正規形では分解する必要あり)ところです。ただ，情報無損失分解なので，分解しても問題ありません。関係“組織”として，組織コード→組織名に分解します。上位組織コード→上位組織名も同様に分解できますが，関係“組織”と同じかたちとなるので集約します。

さらに，第3正規形への分解で，推移的関数従属性について考えます。社員コード→社員役職コード→社員役職名の推移的関数従属性があるので，取り出して関係“役職”を作成します。社員役職コードは外部キーとなります。社員コード→報告先社員コード→報告先社員氏名も推

付録

移的関数従属性です。報告先社員コードは外部キーとなります。分解した後の関係は，関係“社員”と同じかたちとなるので集約します。

そのため，第3正規形では，関係“社員所属”は次のように分解できます。

社員所属（社員コード，社員所属組織コード，社員役職コード，報告先社員コード）
役職（役職コード，役職名）

したがって，解答は，次の四つの関係スキーマとなります。スキーマの順番や，属性の順番は不問です。

役職（役職コード，役職名）
社員（社員コード，社員氏名）
社員所属（社員コード，所属組織コード，役職コード，報告先社員コード）
組織（組織コード，組織名，上位組織コード）

設問2

現行業務の概念データモデル及び関係スキーマについての問題です。図1の概念データモデルと図2の関係スキーマを完成させていきます。

(1)

図1中の欠落しているリレーションシップを補って図を完成させていきます。

エンティティタイプ“仕入先”，“試作案件”と“見積依頼”のリレーションシップ

〔現行業務〕7. 見積依頼から見積回答入手まで(1)に，「複数の仕入先に見積依頼を行う」とあり，①に「見積依頼には，見積依頼番号を付与し」とあります。そのため，見積依頼に仕入先が関連付けられます。また，「どの試作案件に対する見積依頼かが分かるようにしておく」とあるので，試作案件と見積依頼も関連付けられます。

④に，「仕入先に対して，見積回答時には対応する見積依頼番号，見積依頼明細番号の記載を依頼する」とあり，見積依頼は仕入先ごとに作成され，仕入先は一つであると想定されます。仕入先は複数の見積依頼に回答すると考えられるので，エンティティタイプ“仕入先”と“見積依頼”のリレーションシップは1対多です。複数の仕入先に同じ試作案件の見積依頼が行われるため，エンティティタイプ“試作案件”と“見積依頼”のリレーションシップは1対多です。

したがって，図1に **仕入先** → **見積依頼** および **試作案件** → **見積依頼** を記入します。

エンティティタイプ“見積依頼”と“見積回答”のリレーションシップ

〔現行業務〕7. 見積依頼から見積回答入手まで(2)に，「仕入先から見積回答を入手する。見積回答が複数に分かれることはない」とあります。そのため，仕入先に出した見積依頼と，仕入先から送られてきた見積回答は，1対1に対応すると考えられます。そのため，エンティティタイプ“見積依頼”と“見積回答”のリレーションシップは1対1です。

したがって，図1に **見積依頼** — **見積回答** を記入します。

エンティティタイプ“品目”，“見積依頼明細”と“見積回答明細”のリレーションシップ

〔現行業務〕7. 見積依頼から見積回答入手まで(1)③に，「品目ごとに見積依頼明細番号を付与」とあります。(2)③には，「見積回答の明細には，見積依頼とは別の複数の品目が提案として返ってくることがある」とあります。一つの見積依頼明細に対して，複数の見積回答明細が返ってくることになるので，エンティティタイプ“見積依頼明細”と“見積回答明細”のリレーションシップは1対多です。このとき，見積依頼とは別の品目が返ってくることがあるので，見積回答明細では，エンティティタイプ“品目”との間のリレーションシップが必要です。対応する品目は一つなので，エンティティタイプ“品目”と“見積回答明細”のリレーションシップは1対多です。

したがって，図1に**見積依頼明細**→**見積回答明細**および**品目**→**見積回答明細**を記入します。

エンティティタイプ“見積回答明細”と“発注明細”のリレーションシップ

〔現行業務〕8. 発注から入荷まで(1)に，「仕入先からの見積回答を受けて，得意先と相談の上，品目ごとに妥当な調達条件を一つだけ選定する」とあり，見積回答から選ばれる仕入先は一つだけです。①に，「選定した調達条件に対応する見積回答明細を発注明細に記録」とあるので，見積回答明細と発注明細は，1対1に対応すると考えられます。そのため，エンティティタイプ“見積回答明細”と“発注明細”のリレーションシップは1対1です。

したがって，図1に**見積回答明細**—**発注明細**を記入します。

(2)

図2の関係スキーマを完成させる問題です。空欄a～eに入れる一つ又は複数の適切な属性名を補っていきます。

空欄a

関係“モデル”と“モデル構成品目”の両方に必要な属性を答えます。

〔現行業務〕6. 試作案件登録(1)②モデルに，「モデルは，試作案件番号とモデル名で識別する」とあります。図2の関係“モデル”には，“モデル名”はありますが“試作案件番号”がないので，主キーとして追加する必要があります。

また，③モデル構成品目にも，「モデルで使用する品目ごとに」とあり，品目を識別する“メーカー型式番号”はあるので，“試作案件番号”を主キーとして追加します。

したがって，解答は**試作案件番号**です。

空欄b

関係“試作案件品目”に必要な属性を答えます。

〔現行業務〕6. 試作案件登録(1)④試作案件品目に，「得意先から無償で支給されることがある。この数量を得意先支給数量としてもつ」とあるので，“得意先支給数量”を属性として追加します。さらに，「合計所要数量から得意先支給数量を減じた必要調達数量をもつ」とあるので，“必要調達数量”も属性として追加します。

したがって，解答は**得意先支給数量，必要調達数量**です。

空欄c

関係“見積依頼”に必要な属性を答えます。

設問2(1)でエンティティタイプ“仕入先”，“試作案件”と“見積依頼”にそれぞれ1対多のリレー

付録

ションシップを考えました。このリレーションシップを示すため，関係“仕入先”の主キーとなる“取引先コード”と，関係“試作案件”の主キー“試作案件番号”が，外部キーとして関係“見積依頼”に必要となります。

したがって，解答は**取引先コード**，**試作案件番号**です。

空欄d

関係“見積回答明細”に必要な属性を答えます。

設問2 (1) でエンティティタイプ“品目”，“見積依頼明細”と“見積回答明細”にそれぞれ1対多のリレーションシップを考えました。このリレーションシップを示すため，関係“品目”の主キーとなる“メーカー型式番号”と，関係“見積依頼”の主キー“見積依頼番号”が，外部キーとして関係“見積回答明細”に必要となります。

ここで，〔現行業務〕7. 見積依頼から見積回答入手まで (2) ①に，「見積回答番号は，仕入先間で重複し得る」とあるので，見積回答番号だけでは識別できず，見積依頼番号は主キーの一部として必要になります。さらに③に，「見積回答の明細には，見積依頼とは別の複数の品目が提案として返ってくることがある」とあるので，品目を識別するメーカー型式番号が外部キーとして必要になります。続いて，「その場合，その品目の提案理由が記載されている」とあるので，提案理由が属性として必要です。④には，「複数の調達条件が返ってくることがある」とあり，調達条件には「ロットサイズ」が含まれているので，ロットサイズも属性として追加します。

したがって，解答は**見積依頼番号**，**メーカー型式番号**，**ロットサイズ**，**提案理由**です。

空欄e

関係“発注明細”に必要な属性を答えます。

設問2(1) でエンティティタイプ“見積回答明細”と“発注明細”の間に1対1のリレーションシップを考えました。二つの関連を示すため，関係“発注明細”には，関係“見積回答明細”の主キーの組 {見積依頼番号，見積回答明細番号} が外部キーとして必要です。

さらに，〔現行業務〕8. 発注から入荷まで (1) ①に，「発注ロット数，指定納入年月日を決める」とあり，指定納入年月日はすでに図2に記載されているので，“発注ロット数”を属性として追加します。

したがって，解答は**見積依頼番号**，**見積回答明細番号**，**発注ロット数**です。

設問3

〔利用者の要望〕に関する問題です。品目分類の階層化と，仕入先からの分納に対応できるような，概念データモデルと関係スキーマの変更について考えていきます。

(1)

“1. 品目分類の階層化”に対応できるような，概念データモデルと関係スキーマの変更について考えていきます。

(a)

図1の概念データモデルでリレーションシップを追加又は変更するエンティティタイプを考えます。

品目分類の階層化を行うためには，品目分類に1対多のリレーションシップを追加することで，段数に制限のない階層化を行うことが可能となります。このリレーションシップを，再帰リレーションシップ，または自己参照型のリレーションシップといいます。図にすると，次のようなかたちです。

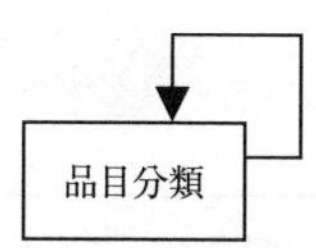

したがって，解答は，**品目分類から自分自身へ1対多のリレーションシップを追加する**，または，**品目分類に再帰リレーションシップを追加する**，または，**品目分類に自己参照型のリレーションシップを追加する**，となります。

(b)

図2の関係スキーマにおいて，属性を追加する関係と，追加する一つの属性を答えます。(a)で考えたとおり，エンティティタイプ"品目分類"が変更されるので，変更される関係名は**品目分類**です。

追加する属性は，1対多のリレーションシップで，上位に該当する品目分類コードを外部キーとしてもつことで，再帰リレーションシップが表現できます。したがって，属性名は**上位品目分類コード**です。

(2)

"2. 仕入先からの分納"に対応できるような，概念データモデルと関係スキーマの変更について考えていきます。

(a)

図1の概念データモデルでリレーションシップを追加又は変更するエンティティタイプを考えます。

〔利用者の要望〕2. 仕入先からの分納に，「一部の仕入先から1件の発注明細に対する納品を分けたいという分納要望」とあります。現在の図1では，エンティティタイプ"発注明細"と"入荷明細"のリレーションシップは1対1です。納品を分けると，一つの発注明細に入荷明細が複数となるので，"発注明細"と"入荷明細"のリレーションシップを1対多に変更する必要があります。したがって，解答は，**発注明細と入荷明細との間のリレーションシップを，1対1から1対多へ変更する**，です。

(b)

図2の関係スキーマにおいて，一つずつ属性を追加する二つの関係について答えていきます。

①

〔利用者の要望〕2. 仕入先からの分納に，「分納要望に応えつつ，未だ納入されていない数量である発注残ロット数も記録するようにしたい」とあります。設問2 (2) 空欄eより，発注ロット数は関係"発注明細"で管理されています。属性"発注残ロット数"を関係"発注明細"に追加することで，発注ロット数に対応する発注残ロット数を，発注明細単位で管理できます。したがって，属性を追加する関係名は**発注明細**，属性名は**発注残ロット数**です。

②

現在のエンティティタイプ"発注明細"と"入荷明細"のリレーションシップは1対1なので，発注ロット数と入荷ロット数は同じだと考えられます。分納にするとロット数が一致しなくなるので，関係"入荷明細"には，属性"入荷ロット数"が別に必要となります。したがって，属性を追加する関係名は**入荷明細**，属性名は**入荷ロット数**です。

問2 ホテルの予約システムの概念データモデリング

≪出題趣旨≫

システムの再構築では，現状業務の概念データモデリングを行い，現状のデータ構造を理解してから新規の概念データモデリングを行うことがある。この場合，現状業務と新規要件を正確に概念データモデルに反映することが求められる。

本問では，ホテルの予約システムの再構築を題材として，現状業務及び新規要件を概念データモデル，関係スキーマに反映する能力，業務処理及び制約の条件を整理する能力を問う。

≪解答例≫

設問1

(1)

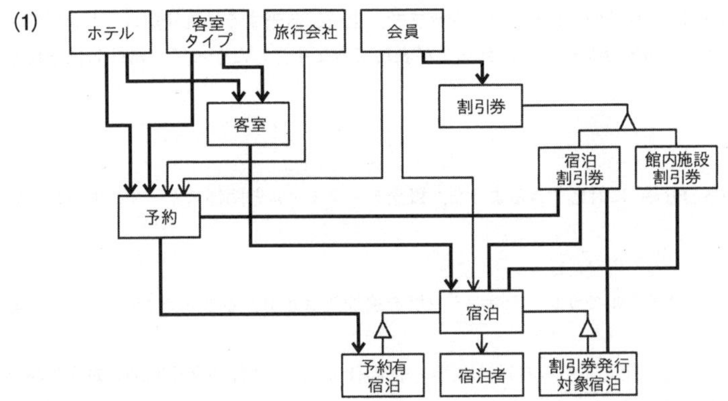

(2) ア 客室タイプコード
イ ホテルコード，客室タイプコード，旅行会社コード，宿泊割引券番号
ウ ホテルコード，客室番号，宿泊割引券番号，館内施設割引券番号
エ 予約番号

設問2

(1) a 宿泊　b 会員番号

c 予約区分　d 自社サイト予約
又は
c 旅行会社コード　d NULL

(2) e 割引券ステータス　f 未利用　g 割引券区分　h 宿泊割引券
又は
e 割引券区分　f 宿泊割引券　g 割引券ステータス　h 未利用

i 会員番号　j 会員番号

設問3

(1)

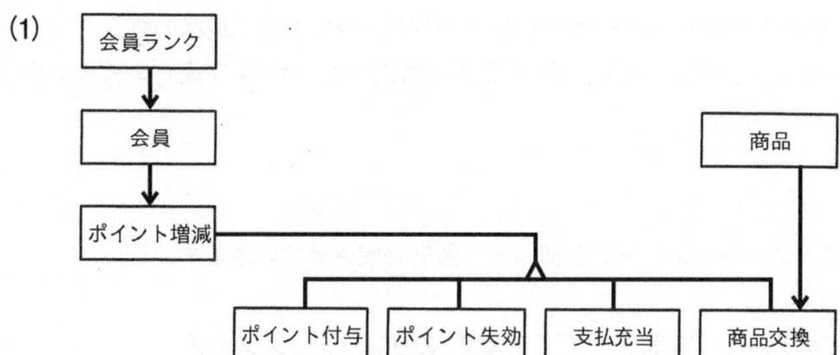

(2)　**オ**　必要累計泊数，ポイント付与率

　　カ　商品名，ポイント数

　　キ　ポイント増減区分，ポイント増減数，ポイント増減時刻

　　ク　有効期限年月日，未利用ポイント数

　　ケ　失効後メール送付日時

　　コ　支払充当区分

　　サ　商品コード，個数

(3)　(a)　未利用ポイント数が0より大きい。（16字）

　　(b)　有効期限年月日が近い順（11字）

≪採点講評≫

問2では，ホテルの予約システムの再構築を題材に，概念データモデル及び関係スキーマ，並びに業務処理及び制約について出題した。全体として正答率は平均的であった。

設問1では，(2) ウの正答率が低かった。宿泊割引券番号と館内施設割引券番号のどちらかだけを記述した解答が散見された。館内施設割引券が宿泊割引券と併用可能であることを，正確に状況記述から読み取ってほしい。

設問2では，(1) aの正答率がやや低かった。aを，宿泊ではなく予約とした誤答が散見された。予約者と宿泊者は異なる場合があり，宿泊者が会員の場合に宿泊割引券が発行されることから正しい条件を導き出してほしい。

設問3では，(2) ク～サの正答率がやや低かった。サブタイプの視点での関係スキーマの属性を整理することは実務でもよくあることであり，理解を深めてほしい。

≪解説≫

ホテルの予約システムの概念データモデリングに関する問題です。この問では，ホテルの予約システムの再構築を題材として，現状業務及び新規要件を概念データモデル，関係スキーマに反映する能力，業務処理及び制約の条件を整理する能力が問われています。

概念データモデリングが中心で，定番の内容の問題であり，難易度は比較的低めです。問題文を整理して，穴埋めを行って解答を完成させていきます。

付録

設問1

現状の概念データモデル及び関係スキーマについての問題です。図1「現状の概念データモデル（未完成）」にリレーションシップを記入し，図2「現状の関係スキーマ（未完成）」の穴埋めを行っていきます。

(1)

図1中の欠落しているリレーションシップを補って，図を完成させていきます。

エンティティタイプ“ホテル”，“客室タイプ”と“客室”のリレーションシップ

〔現状業務の分析結果〕1．ホテル(2)に，「客室はホテルごとに客室番号で識別」とあります。そのため，エンティティタイプ“客室”は“ホテル”とのリレーションシップがあります。客室に対応するホテルは一つで，ホテルには複数の客室があります。そのため，エンティティタイプ“ホテル”と“客室”に1対多のリレーションシップが必要です。

続いて(3)に，「客室ごとに客室タイプを設定する」とあるので，エンティティタイプ“客室”は“客室タイプ”とのリレーションシップがあります。客室に対応する客室タイプは一つで，一つの客室タイプには複数の客室があります。そのため，エンティティタイプ“客室タイプ”と“客室”に1対多のリレーションシップが必要です。

したがって，図1に**ホテル**→**客室**，**客室タイプ**→**客室**の二つのリレーションシップを追加します。

エンティティタイプ“ホテル”，“客室タイプ”と“予約”のリレーションシップ

〔現状業務の分析結果〕4．予約(3)に，「1回の予約で，客は宿泊するホテル，客室タイプ，泊数，客室数，宿泊人数，チェックイン予定年月日を指定する」とあります。このうち，ホテルと客室タイプは，エンティティタイプ“ホテル”と“客室タイプ”があり，エンティティタイプ“予約”とのリレーションシップを設定することで，ホテルや客室タイプの情報を取得することができます。ホテルや客室タイプは予約ごとに一つ設定し，複数のホテルや客室タイプがあるので，エンティティタイプ“ホテル”，“客室タイプ”と“予約”のリレーションシップはともに1対多です。

したがって，図1に**ホテル**→**予約**，**客室タイプ**→**予約**の二つのリレーションシップを追加します。

エンティティタイプ“客室”と“宿泊”のリレーションシップ

〔現状業務の分析結果〕5．宿泊に，「客室ごとのチェックインからチェックアウトまでを宿泊と呼び」とあり，エンティティタイプ“客室”と“宿泊”にはリレーションシップが必要です。宿泊に対応する予約は一つで，客室には日ごとに予約が入るので，エンティティタイプ“客室”と“宿泊”のリレーションシップは1対多となります。

したがって，図1に**客室**→**宿泊**のリレーションシップを追加します。

エンティティタイプ“予約”と“予約有宿泊”のリレーションシップ

〔現状業務の分析結果〕6．チェックイン(1)に，「予約有の場合には該当する予約を検索し，客室を決め，宿泊を記録する」とあり，エンティティタイプ“予約”と“予約有宿泊”にはリレーションシップが必要です。ここで，5. 宿泊には「客室ごと」とあり，4. 予約(3)には「客室数」があるので，複数の客室が一つの予約に対応します。そのため，エンティティタイプ“予約”と“予約有宿泊”のリレーションシップは1対多となります。

したがって，図1に予約→予約有宿泊のリレーションシップを追加します。

エンティティタイプ“会員”と“割引券”のリレーションシップ

〔現状業務の分析結果〕9. 会員特典に，「会員特典として，割引券を発行する。券面には割引券を識別する割引券番号と発行先の会員番号を記載する」とあるので，エンティティタイプ“会員”と“割引券”にはリレーションシップが必要です。割引券に対応する会員は1人で，割引券は複数発行すると考えられるので，エンティティタイプ“会員”と“割引券”のリレーションシップは1対多となります。

したがって，図1に会員→割引券のリレーションシップを追加します。

エンティティタイプ“宿泊割引券”と“予約”，“宿泊”，“割引券対応宿泊”のリレーションシップ

〔現状業務の分析結果〕9. 会員特典(1)宿泊割引券①に，「会員の宿泊に対して，次回以降の宿泊料金に充当できる宿泊割引券」とあり，さらに「1回の宿泊で割引券を1枚発行」とあります。この宿泊は，「発行対象の宿泊かどうかを割引券発行区分で分類する」とあり，図1にはスーパータイプ“宿泊”のサブタイプとして，“割引券発行対象宿泊”があります。宿泊割引券が発行されるのはエンティティタイプ“割引券発行対象宿泊”だけだと考えられます。そのため，エンティティタイプ“割引券発行対象宿泊”と“宿泊割引券”に1対1のリレーションを追加します。

続く②に，「予約時の前払いで利用する場合，宿泊割引券番号を記録する」とあり，さらに「1回の予約で1枚」とあります。そのため，エンティティタイプ“予約”と“宿泊割引券”に1対1のリレーションを追加します。

さらに③に，「ホテルでのチェックイン時の前払い，チェックアウト時の精算で利用する場合，宿泊割引券番号を記録する」とあり，続いて「1回の宿泊で1枚」とあります。そのため，エンティティタイプ“宿泊”と“宿泊割引券”に1対1のリレーションを追加します。

したがって，図1に宿泊割引券―割引券発行対象宿泊，予約―宿泊割引券，宿泊割引券―宿泊の三つのリレーションシップを追加します。

エンティティタイプ“館内施設割引券”と“宿泊”のリレーションシップ

〔現状業務の分析結果〕9. 会員特典(2)館内施設割引券②に，「1回の宿泊で1枚を会員本人の宿泊だけに利用できる」とあります。そのため，エンティティタイプ“館内施設割引券”と“宿泊”のリレーションシップは1対1となります。

したがって，図1に館内施設割引券―宿泊のリレーションシップを追加します。

(2)

図2中の空欄穴埋め問題です。一つ又は複数の適切な属性名を補って，関係スキーマを完成させていきます。

付録

空欄ア

関係“客室”に追加が必要な属性を答えます。

設問1 (1)で，エンティティタイプ“客室タイプ”と“客室”に1対多のリレーションシップを追加しました。そのため，関係“客室”には，リレーションシップを示す外部キーとして，関係“客室タイプ”の主キー“客室タイプコード”を追加する必要があります。したがって，解答は**客室タイプコード**です。

空欄イ

関係“予約”に追加が必要な属性を答えます。

設問1 (1)で，エンティティタイプ“ホテル”と“客室タイプ”から“予約”に1対多のリレーションシップを追加しました。そのため，関係“予約”には，リレーションシップを示す外部キーとして，関係“ホテル”の主キー“ホテルコード”と，関係“客室タイプ”の主キー“客室タイプコード”を追加する必要があります。

また，図1のリレーションシップでは，エンティティタイプ“旅行会社”から“予約”への1対多のリレーションシップがあります。対応する外部キーが関係“予約”に存在しないので，関係“旅行会社”の主キー“旅行会社コード”を追加する必要があります。

さらに,設問1(1)では,エンティティタイプ“予約”と“宿泊割引券”に1対1のリレーションシップを追加しました。1対1のリレーションシップでは，時系列で後になる方に外部キーを追加するのが通例です。宿泊割引券を使用して予約を行うので，関係“予約”に外部キーとして，関係“宿泊割引券”の主キー“割引券番号”を追加します。

したがって，空欄イには，**ホテルコード**，**客室タイプコード**，**旅行会社コード**，**宿泊割引券番号**の四つの属性を記述します(順不問)。

空欄ウ

関係“宿泊”に追加が必要な属性を答えます。

設問1 (1)で，エンティティタイプ“客室”と“宿泊”に1対多のリレーションシップを追加しました。そのため,関係“宿泊”に,外部キーとして関係“客室”の主キー{ホテルコード,客室番号}の組が必要です。

また，設問1 (1)では，エンティティタイプ“宿泊割引券”，“館内施設割引券”から“宿泊”に1対1のリレーションシップを追加しました。1対1のリレーションシップでは，時系列で後になる方に外部キーを追加するので，割引券を使用する宿泊の方で外部キーを設定します。そのため，関係“宿泊”に外部キーとして，関係“宿泊割引券”と“館内施設割引券”の主キー“割引券番号”を追加します。二つの割引券番号は両方必要で，二つを区別する必要があるので，それぞれ“宿泊割引券番号”，“館内施設割引券番号”とします。

したがって，空欄ウには，**ホテルコード**，**客室番号**，**宿泊割引券番号**，**館内施設割引券番号**の四つの属性を記述します(順不問)。

空欄エ

関係“予約有宿泊”に追加が必要な属性を答えます。

設問1 (1)で，エンティティタイプ“予約”と“予約有宿泊”に1対多のリレーションシップを追加しました。そのため，関係“予約有宿泊”には，外部キーとして，関係“予約”の主キー“予約番号”が必要となります。したがって，解答は**予約番号**です。

設問2

現状の業務処理及び制約についての問題です。表2「割引券発行区分の値が発行対象となる宿泊の条件」と，表3「予約時に割引券を利用する場合の制約条件」について完成させていきます。

(1)

表2に関する空欄穴埋め問題です。割引券発行区分の値が発行対象となる宿泊の条件について考えていきます。

空欄a，b

表2の番号1で，“予約有”のときの条件を考えます。

〔現状業務の分析結果〕9. 会員特典に，「会員特典として，割引券を発行する」とあります。そのため，割引券を発行するためには，会員である必要があります。6. チェックイン(3)に「宿泊者が会員の場合，会員番号を記録する」とあるので，会員の宿泊には会員番号が記録されていると考えられます。そのため，該当する宿泊の会員番号に値が入っていることを確認すれば，会員の予約であることを確認できます。したがって，空欄aは**宿泊**，空欄bは**会員番号**です。

空欄bは，表2の番号3“予約無”の条件にもあります。こちらも該当する「宿泊」となっているので，問題なく当てはまります。

空欄c，d

表2の番号2で，“予約有”のときの条件を考えます。

〔現状業務の分析結果〕9. 会員特典(1)宿泊割引券①に，「旅行会社予約による宿泊は発行対象外となる」とあります。旅行会社予約かどうかは，4. 予約(1)に「自社サイト予約と旅行会社予約があり，予約区分で分類する」とあり，関係“予約”の“予約区分”の値で区別します。そのため，該当する予約の予約区分の値が自社サイト予約の場合に，旅行会社予約でないことを確認できます。したがって，空欄cは**予約区分**，空欄dは**自社サイト予約**となります。

また，設問1 (2)空欄イで旅行会社コードを追加しました。旅行会社による予約の場合，旅行会社コードが設定されます。そのため，旅行会社コードがNULLで値が入っていない場合には，自社サイト予約であると判断することができます。したがって，別解として，空欄cが**旅行会社コード**，空欄dが**NULL**でも正解となります。

付録

(2)

表3に関する空欄穴埋め問題です。予約時に割引券を利用する場合の制約条件について考えていきます。

空欄e，f

表3の番号1に該当する制約条件を答えます。

〔現状業務の分析結果〕9. 会員特典に，「割引券の状態には未利用，利用済，有効期限切れによる失効があり，割引券ステータスで分類する」とあります。割引券を利用するには，割引券ステータスが未利用である必要があります。したがって，空欄eは**割引券ステータス**，空欄fは**未利用**です。

空欄g，h

表3の番号2に該当する制約条件を答えます。

〔現状業務の分析結果〕9. 会員特典に「割引券には宿泊割引券と館内施設割引券があり，割引券区分で分類する」とあります。(1) 宿泊割引券②には,「予約時の前払いで利用する場合」とあり,予約時に利用できます。しかし,(2) 館内施設割引券①には,「チェックアウト時の精算だけで利用できる」とあるので,予約時には利用できません。そのため,予約時に利用する割引券は宿泊割引券のみになります。

したがって,空欄gは**割引券区分**,空欄hは**宿泊割引券**です。

なお,表3の番号1,2は同じ内容なので,空欄e,fと空欄g,hの組合せは順不問になります。

空欄i,j

表3の番号3に該当する制約条件を考えます。

〔現状業務の分析結果〕9. 会員特典 (1) 宿泊割引券②に「1回の予約で1枚を会員本人の予約だけに利用できる」とあります。会員本人の予約であると確認するため,割引券の会員番号の値と該当する予約の会員番号の値が一致していることを制約条件とします。したがって,空欄iは**会員番号**,空欄jは**会員番号**です。

設問3

新規要件に関する概念データモデル及び関係スキーマについての問題です。図3の概念データモデルと図4の関係スキーマを完成させ,ポイント利用時の消込みについて考えていきます。

(1)

図3中の欠落しているリレーションシップを補って,図を完成させていきます。

エンティティタイプ"会員"と,"会員ランク","ポイント増減"のリレーションシップ

〔新規要件〕(2) に,「毎月末に過去1年間の累計泊数に応じて会員の会員ランクを決める」とあり,図4の関係"会員"には外部キー"会員ランクコード"があります。そのため,エンティティタイプ"会員ランク"と"会員"には1対多のリレーションシップがあると考えられます。

また,図4の関係"ポイント増減"には主キーの一部として"会員番号"があります。ポイントは会員ごとに付与されるので,エンティティタイプ"会員"と"ポイント増減"には1対多のリレーションシップがあると考えられます。

したがって,図3に 会員ランク → 会員,会員 → ポイント増減 の二つのリレーションシップを記入します。

エンティティタイプ"ポイント増減"と,"ポイント付与","ポイント失効","支払充当","商品交換"のリレーションシップ

〔新規要件〕(10) に,「ポイントの付与,支払充当,商品交換及び失効が発生する都度,ポイントの増減区分,増減数及び増減時刻をポイント増減として記録する」とあります。そのため,スーパータイプ"ポイント増減"は,サブタイプ"ポイント付与","支払充当","商品交換","ポイント失効"の四つに分けられると考えられます。

そのため図3に,スーパータイプ"ポイント増減"から以下のようにリレーションシップを記入します。

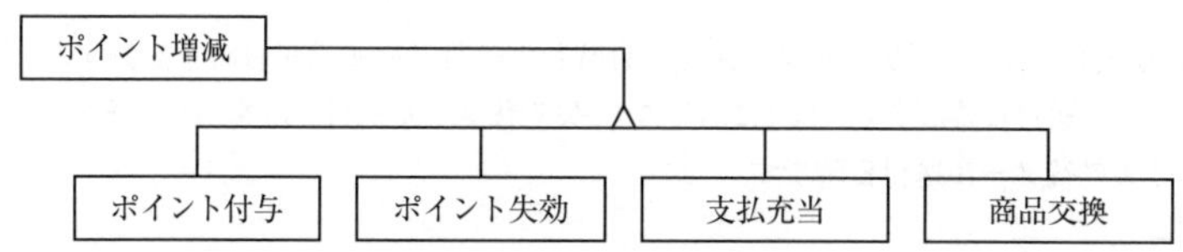

エンティティタイプ“商品”，“商品交換”のリレーションシップ

〔新規要件〕(7) に，「ポイントは商品と交換することもでき，これを商品交換と呼ぶ。商品ごとに交換に必要なポイント数を決める」とあります。商品交換は商品ごとに行うので，エンティティタイプ“商品”と“商品交換”には1対多のリレーションシップがあると考えられます。したがって，図3に**商品**→**商品交換**のリレーションシップを追加します。

(2)

図4中の空欄穴埋め問題です。一つ又は複数の適切な属性名を補って関係スキーマを完成させていきます。

空欄オ

関係“会員ランク”に追加が必要な属性を答えます。

〔新規要件〕(1) に，「会員ランクにはゴールド，シルバー，ブロンズがあり，それぞれの必要累計泊数及びポイント付与率を決める」とあるので，必要累計泊数とポイント付与率が属性として必要になります。したがって，解答は**必要累計泊数，ポイント付与率**です。

空欄カ

関係“商品”に追加が必要な属性を答えます。

〔新規要件〕(7) に，「商品ごとに交換に必要なポイント数を決める」とあるので，ポイント数が必要です。また，表1から属性を洗い出すと，{商品コード，商品名} が，商品に関する属性としてあります。商品コードは図4にあるので，商品名とポイント数が，追加する必要のある属性となります。したがって，解答は**商品名，ポイント数**です。

空欄キ

関係“ポイント増減”に追加が必要な属性を答えます。

〔新規要件〕(10) に，「ポイントの付与，支払充当，商品交換及び失効が発生する都度，ポイントの増減区分，増減数及び増減時刻をポイント増減として記録する」とあります。表1の列名も合わせて考えると，ポイント増減区分，ポイント増減数，及びポイント増減時刻を記入する必要があります。四つのサブタイプすべてで記録するので，スーパータイプ“ポイント増減”に三つの属性を追加します。したがって，解答は**ポイント増減区分，ポイント増減数，ポイント増減時刻**です。

空欄ク

関係“ポイント付与”に追加が必要な属性を答えます。

〔新規要件〕(5) に，「ポイントを付与した際に，有効期限年月日及び付与したポイント数を未利用ポイント数の初期値として記録する」とあるので，有効期限年月日，未利用ポイント数が属性として必要です。したがって，解答は**有効期限年月日，未利用ポイント数**です。

空欄ケ

関係“ポイント失効”に追加が必要な属性を答えます。

〔新規要件〕(9) に,「失効前メール送付日時と失効後メール送付日時を記録する」とあり, 失効前メール送付日時はすでに図4にあるので,失効後メール送付日時を追加します。したがって,解答は**失効後メール送付日時**です。

空欄コ

関係“支払充当”に追加が必要な属性を答えます。

〔新規要件〕(6) に,「支払充当では, 支払充当区分(予約時, チェックイン時, チェックアウト時のいずれか), ポイントを利用した予約の予約番号又は宿泊の宿泊番号を記録する」とあります。予約番号と宿泊番号はすでに外部キーとしてあるので, 支払充当区分を属性として追加します。したがって, 解答は**支払充当区分**です。

空欄サ

関係“商品交換”に追加が必要な属性を答えます。

設問3 (1) で, エンティティタイプ“商品”と“商品交換”に1対多のリレーションシップを追加しました。そのため, 関係“商品交換”には, リレーションシップを示す外部キーとして, 関係“商品”の主キー “商品コード”を追加する必要があります。

また,〔新規要件〕(7) に,「交換時に商品と個数を記録する」とあり, 個数が属性として必要となります。表1にも列“個数”があります。

したがって, 解答は**商品コード**, **個数**です。

(3)

ポイント利用時の消込みにおいて, 関係“ポイント付与”の会員番号が一致するインスタンスに対する (a), (b) の条件について, 表1の用語を用いてそれぞれ20字以内で答えていきます。

(a)

消込みの対象とするインスタンスを選択する条件について考えます。

〔新規要件〕(9) に「未利用のまま有効期限を過ぎたポイントは失効し, 未利用ポイント数を0とする」とあり, 失効すると未利用ポイント数が0となります。消込みの対象とするインスタンスでは未利用ポイント数を減少させるので, 未利用ポイント数が0より大きい必要があります。したがって, 解答は, **未利用ポイント数が0より大きい**, です。

(b)

(a) で選択したインスタンスに対して消込みを行う順序付けの条件について考えます。

〔新規要件〕(8) に「支払充当, 商品交換でポイントが利用される都度, その時点で有効期限の近い未利用ポイント数から利用されたポイント数を減じて, 消し込んでいく」とあります。有効期限を表す属性には, 設問3 (2) で図4の空欄クに追加した, 有効期限年月日があります。有効期限年月日が近い順に消し込んでいけば, 想定どおりの順序付けになります。したがって, 解答は, **有効期限年月日が近い順**です。

問3　農業用機器メーカーによる観測データ分析システムのSQL設計，性能，運用

≪出題趣旨≫

近年，日本では農業構造の変化に対応するべく，持続可能かつ生産効率が高いスマート農業を実現するためにデジタル技術を活用する取組が進められている。データベーススペシャリストには，最終利用者である農家の要望を理解して，協業するデータ分析者又はデータサイエンティストに適切なデータを迅速かつ効率良く提供することが求められている。

本問では，農業用ハウスの機器から送られる大量の観測データを，データベースに蓄積する観測データ分析データシステムを題材として，農作業の特徴を考慮して設計されたテーブル構造を理解した上で，農産物の生育状況をSQLのウィンドウ関数を利用して効果的に分析する能力，テーブルが大容量になることから表領域を適切に区分化して運用する能力，さらに，実装に不可欠な性能見積りを行う能力を問う。

≪解答例≫

設問1

(1) a　圃場ID，農事日付，AVG（分平均温度）
　　b　圃場ID，農事日付

(2) ※以下の中から一つを解答
・日出時刻が日々異なり1日の分数が同じとは限らないから（26字）
・農事日付の1日は1，440分とは限らないから（22字）

(3) c　14.0　　d　15.0　　e　16.0

(4) f　日平均温度　　g　圃場ID
　　h　※以下の中から一つを解答
　　・農事日付
　　・圃場ID，農事日付

設問2

(1) ※以下の中から一つを解答
・区分を追加する都度，全体の行の再分配が必要になるから（26字）
・同じ圃場に異なる圃場の観測データが混在する可能性があるから（29字）
・レンジ区分でも区分の行数をほぼ同じにする利点が得られるから（29字）

(2) ア　9,000

(3) 同じ圃場の行は，1ページに1行しか格納できないから（25字）

(4) 元日の日出時刻までのデータは前日の農事日付に含まれるから（28字）

(5) イ　①　　ウ　④　　エ　⑤　　オ　①　　カ　②

付録

≪採点講評≫

問3では，農業用ハウスのための観測データ分析データシステムを題材に，ウィンドウ関数を用いたSQL設計，大容量のテーブルの区分化，及び性能見積りについて出題した。全体として正答率は平均的であった。

設問1では，(2)の正答率がやや低かった。〔業務の概要〕1.(4)及び表1において，農事日付の1日の区切りが日出時刻であるという説明から，農事日付の1日が1,440分とは限らない理由を正しく理解し，正答を導き出してほしい。また，(4) gの正答率がやや低かった。gを，圃場IDではなく農事日付とする誤答が散見された。表5のSQL文の目的は，分析の対象が複数の圃場である場合，分析のウィンドウを圃場IDで区画に分け，そのウィンドウ区画ごとに当該圃場の日平均温度を農事日付順に集計して積算温度を求めることである。SQLのウィンドウ関数は，試行錯誤が容易な強力なツールであるだけでなく，ウィンドウ区画の役割を理解して活用すれば，観測データを一層多角的に分析ができるようになる。

設問2では，(2)ア，(3)ともに正答率が低かった。圃場ごと年度ごとに区分化することで同じページ内に別の圃場の観測データが混ざらないことを読み取り，正答を導き出してほしい。ページ長を大きくしたことに加えて，区分化によって大きな改善効果を得ていることに着目してほしい。

大容量のテーブルでは，性能と運用の効率化のために表領域の区分化を設計することが多いので，その設計の妥当性を評価するために性能見積りを行う技術を，是非，身に付けてほしい。

≪解説≫

農業用機器メーカーによる観測データ分析システムのSQL設計，性能，運用に関する問題です。この問では，農業用ハウスの機器から送られる大量の観測データを，データベースに蓄積する観測データ分析データシステムを題材として，農作業の特徴を考慮して設計されたテーブル構造を理解した上で，農産物の生育状況をSQLのウィンドウ関数を利用して効果的に分析する能力，テーブルが大容量になることから表領域を適切に区分化して運用する能力，さらに，実装に不可欠な性能見積りを行う能力が問われています。

SQLのウィンドウ関数の理解と，区分化したときに必要な処理が問題のポイントとなります。ウィンドウ関数は近年定番化しているので，きちんと学習していれば容易に解ける問題です。

設問1

〔観測データの分析〕に関する問題です。観測データを分析するSQL文を完成させ，改良したSQL文の結果行を答えます。さらに，積算温度を調べるSQL文を作成していきます。

(1)

表3中の空欄穴埋め問題です。観測データを分析するSQL文の例について，適切な字句を記入し，完成させていきます。

空欄a

SELECT句で表示する列名について考えます。

WITH句で一時的なテーブルRを作成する部分となります。Rの列名が（ 圃場ID，農事日付，日平均温度，行数）となっており，行数はCOUNT(*)ですでに表4に記載されています。図1のテーブル構造に，“観測”テーブルに“圃場ID”列と“農事日付”列はすでにあるので，そのまま使用します。日平均温度は，“観測”テーブルに“分平均温度”列があり，平均を求めればよいので，平均を求める関数AVGを使用し，AVG(分平均温度) とします。したがって，解答は，**圃場ID，農事日付，AVG(分平均温度)**です。

空欄b

GROUP BY句でグループ化する列について考えます。

表3のSQL1の目的に，「圃場ごと農事日付ごとに1日の平均温度と行数を調べる」とあるので，圃場を識別する圃場IDと，農事日付をグループ化すれば，AVG(分平均温度)で圃場ごとの1日の平均値が得られます。したがって，解答は**圃場ID，農事日付**です。

(2)

SQL1の結果について，1日の行数は，1,440行とは限らない理由を30字以内で答えます。

通常の1日単位で，1分ごとに24時間ずっとデータを取得すると，60［分／時］×24［時／日］=1,440［分／日］で，1日当たり1,440行となります。しかし，今回取得するものは“農事日付”単位です。〔業務の概要〕1. 顧客，圃場，農事日付(4)に，「日出時刻から翌日の日出時刻の1分前までとする日付を，農事日付という」とあります。日出時刻を基準としているので，農事日付が切り替わる時刻は日々異なり，1日の分数が1,440分とは限りません。そのため，1日の行数は，1,440行とは限らなくなります。

したがって，解答は，**日出時刻が日々異なり1日の分数が同じとは限らないから**，または，**農事日付の1日は1,440分とは限らないから**，です。

(3)

図3中の空欄穴埋め問題です。SQL2の結果行について，適切な数値を答えていきます。

ここで，SQL2に，「AVG(日平均温度) OVER (ORDER BY 農事日付 ROWS BETWEEN 2 PRECEDING AND CURRENT ROW) AS X」とあり，Xの値はこの式で求まります。OVER句は，集計単位の範囲指定を行います。ORDER BY句で農業日付で整列し，「ROWS BETWEEN 2 PRECEDING AND CURRENT ROW」で，二つ前の行(2 PRECEDING)から，現在の行(CURRENT ROW)までの3行分の値を取得します。最後にAVG(日平均温度)で，値を平均すると，Xが求まります。

空欄c

農事日付“2023-02-05”のXの値を求めます。

図2のSQL1の結果行は農事日付の昇順に並んでいるので，“2023-02-05”の二つ前となる“2023-02-03”から，“2023-02-04”，“2023-02-05”の3日分の日平均温度を取得します。平均値は，次の式で求まります。

$$\frac{10.0+12.0+20.0}{3}=\frac{42.0}{3}=14.0$$

したがって，解答は**14.0**です。

空欄d

農事日付“2023-02-07”の，Xの値を求めます。

二つ前となる“2023-02-05”から，“2023-02-06”，“2023-02-07”の3日分の日平均温度を取得し，平均すると次のようになります。

付録

$$\frac{20.0+10.0+15.0}{3}=\frac{45.0}{3}=15.0$$

したがって，解答は**15.0**です。

空欄e

農事日付“2023-02-09”の，Xの値を求めます。

二つ前となる“2023-02-07”から，“2023-02-08”，“2023-02-09”の3日分の日平均温度を取得し，平均すると次のようになります。

$$\frac{15.0+14.0+19.0}{3}=\frac{48.0}{3}=16.0$$

したがって，解答は**16.0**です。

(4)

表5中の空欄穴埋め問題です。積算温度を調べるSQL文について，適切な字句を答えていきます。

空欄f

SELECT句で集計関数SUMを使用して集計する列を考えます。

SQL3の目的には「圃場ごと農事日付ごとの積算温度を調べる」とあり，求めるのは積算温度です。〔業務の概要〕2. 制御機器・センサー機器，統合機器，観測データ，積算温度(4)に，「農家が重視する積算温度は，1日の平均温度をある期間にわたって合計したもの」とあります。積算温度で合計するのは1日の平均温度です。FROM句で使用しているテーブルはRで，1日の平均温度である“日平均温度”列が存在するので，この列を合計します。したがって，解答は**日平均温度**です。

空欄g

PARTITION BY句で指定する列について考えます。

OVER句で集計を行うとき，PARTITION BY句で区切り対象の列を指定し，列の値が同じもので分割して集計することができます。積算温度は，圃場ごとに完全に分割して集計するものなので，圃場IDでパーティションを分ける必要があります。したがって，解答は**圃場ID**です。

空欄h

ORDER BY句で指定する列について考えます。

積算温度は，日平均気温をある期間で合計して求めます。そのため，農事日付で並べ，順番に日平均気温を取得する必要があります。したがって，解答は**農事日付**です。PARTITION BY句で分割しているので不要ですが，**圃場ID，農事日付**と圃場IDを追加しても同じ結果が得られるので正解です。

設問2

〔“観測”テーブルの区分化〕に関する問題です。区分方法の選択理由や，読込みに必要なページ数，年末処理の手順などについて，順に考えていきます。

(1)

Cさんが，区分方法としてハッシュ区分を採用しなかった理由を，35字以内で答えます。

〔RDBMSの主な仕様〕2. 区分化(2)に，レンジ区分とハッシュ区分の2種類の区分方法の説明があり，ハッシュ区分には「区分数を変更する場合，全行を再分配する」という記述があります。〔“観測”テーブルの区分化〕1. 物理設計の変更(3)に，「新たな圃場を追加する都度，当該圃場に対してそのときの年度の区分を1個追加する」とあり，区分は頻繁に追加され，区分数が変更されると考えられます。区分を追加する都度，全体の行の再分配が必要になるため，ハッシュ区分は適していないと考えられます。したがって，解答は，**区分を追加する都度，全体の行の再分配が必要になるから**，です。

また，ハッシュ区分のデメリットとして，ハッシュ値ではデータをランダムに分配されます。ハッシュ値の偶然の一致によって，同じ圃場に異なる圃場の観測データが混在する可能性が出てきます。レンジ区分で圃場IDで区切ることで，混在する可能性をなくすことができます。したがって，**同じ圃場に異なる圃場の観測データが混在する可能性があるから**，も別解となります。

さらに，ハッシュ区分はハッシュ値で一定数の区分に分配することが利点です。しかし，〔“観測”テーブルの区分化〕1. 物理設計の変更(2)に，「圃場IDごとに農事日付の1月1日から12月31日の値の範囲を年度として，その年度を区分キーとするレンジ区分によって区分化する」とあります。一定期間ごとに取得されるデータは毎年同じ行数となると考えられ，レンジ区分でも区分の行数をほぼ同じにする利点が得られます。したがって，**レンジ区分でも区分の行数をほぼ同じにする利点が得られるから**，も正解です。

(2)

表6中の空欄穴埋め問題です。区分化前と区分化後の読込みに必要な表領域のページ数の比較について，適切な数値を答えます。

空欄ア

区分化後の読込みページ数を考えます。

表6より，区分化後はページ当たりの行数が16行で，読込み行数は144,000行です。区分化してあるので同じ圃場，年度のデータが同じページに集中していると考えられ，読込みページ数は次の式で計算できます。

144,000［行］／16［行／ページ］= 9,000［ページ］

したがって，解答は**9,000**です。

(3)

区分化前には，副次索引から1行を読み込むごとに，表領域の1ページを読み込む必要がある理由について，30字以内で答えます。

〔RDBMSの主な仕様〕1. 行の挿入・削除，再編成(1)に，「行を挿入するとき，表領域の最後のページに行を格納する」とあります。“観測”テーブルでは観測のレコードを順に書き込むので，時系列の順番で，圃場が異なるレコードが混在して記録されます。そのため，同じ圃場の行は1ページに1行しか格納されず，行数と同じページ数を読み込む必要が出てきます。したがって，解答は，**同じ圃場の行は，1ページに1行しか格納できないから**，です。

(4)

区分化後の年末処理の期限が，12月31日の24時ではなく元日の日出時刻となる理由を，35字以内で答えます。

〔“観測”テーブルの区分化〕1. 物理設計の変更(2)に，「圃場IDごとに農事日付の1月1日から

12月31日の値の範囲」とあります。農事日付は24時ではなく，日出時刻を基準に変更されます。元日の日出時刻までのデータは，前日の農事日付に含まれることになるため，年末処理の期限は，元日の日出時刻となります。したがって，解答は，**元日の日出時刻までのデータは前日の農事日付に含まれるから**，です。

(5)

表7中の空欄穴埋め問題です。区分化前と区分化後の年末処理の主な手順の比較について，手順を，①～⑤の中から選択していきます。

空欄イ

区分化前の，「1.“圃場カレンダ”に翌年の行を追加する」の後に行うことを考えます。

〔“観測”テーブルの区分化〕3. 年末処理の見直しに，「5年以上前の不要な行を効率よく削除し，表領域を有効に利用するための年末処理」とあり，5年以上前の不要な行を削除する方法を考えます。表2より，“観測”テーブルには，“圃場カレンダ”テーブルへの外部キー制約があり，「ON DELETE CASCADE」とあります。つまり，“圃場カレンダ”から5年以上前の古い行を削除することで，“観測”の古い行も合わせて削除することができます。したがって，解答は①の“圃場カレンダ”から古い行を削除する，です。

空欄ウ

区分化前の，「3. “圃場カレンダ”を再編成する」の後に行うことを考えます。

空欄イのとおり，“圃場カレンダ”から古い行を削除すると，“観測”からも古い行が削除されます。そのため，“観測”も再編成が必要となります。したがって，解答は④の“観測”を再編成する，です。

空欄エ

区分化後の，「2. “観測”に翌年度の区分を追加する」の後に行うことを考えます。

区分化後は，“観測”は年度ごとに区分化されているので，古い区分を切り離すことで，不要な古い行を削除することができます。したがって，解答は⑤“観測”から古い区分を切り離す，です。

空欄オ

区分化後，4番目に行うことを考えます。

“観測”テーブルについては区分化後の処理が終わりましたが，区分化に関係ない，“圃場カレンダ”テーブルはそのままです。区分化前と同様，“圃場カレンダ”から古い行を削除することで，5年以上前の行を削除できます。したがって，解答は①の“圃場カレンダ”から古い行を削除する，です。

空欄カ

区分化後に，空欄オの後に行うことを考えます。

“圃場カレンダ”テーブルは特に区分化されていないので，古い行を削除した後に再編成する必要があります。したがって，解答は②の“圃場カレンダ”を再編成する，です。

Q 午後Ⅱ　問題

問題文中で共通に使用される表記ルール
※P.666 ～ 668を参照

問1　生活用品メーカーの在庫管理システムのデータベース実装・運用に関する次の記述を読んで，設問に答えよ。

D社は，日用品，園芸用品，電化製品などのホームセンター向け商品を製造販売しており，販売物流の拠点では自社で構築した在庫管理システムを使用している。データベーススペシャリストのEさんは，マーケティング，経営分析などに使用するデータ（以下，分析データという）の提供依頼を受けてその収集に着手した。

〔分析データの提供依頼〕
分析データ提供依頼の例を表1に示す。

表1　分析データ提供依頼の例

依頼番号	依頼内容
依頼 1	商品の出荷量の傾向を把握するため，出荷数量を基にした Z チャートを作成して可視化したい。Z チャートは，物流拠点，商品，年月を指定して指定年月と指定年月の 11 か月前までを合わせた 12 か月を表示範囲とした，商品の月間出荷数量，累計出荷数量，移動累計出荷数量の三つの折れ線グラフである。累計出荷数量は，グラフの表示範囲の最初の年月から各年月までの月間出荷数量の累計である。移動累計出荷数量は，各年月と各年月の 11 か月前までを合わせた 12 か月の月間出荷数量を累計したものである。
依頼 2	出庫作業における移動距離を短縮して効率化を図るため，出庫の頻度を識別できるヒートマップを作成して可視化したい。ヒートマップは，物流拠点の棚のレイアウト図上に，各棚の出庫頻度区分を色分けしたものである。出庫頻度区分は，指定した物流拠点及び期間において，棚別に集計した出庫回数が多い順に順位付けを行い，上位 20%を‘高’，上位 50%から‘高’を除いたものを‘中’，それ以外を‘低’としたものである。
依頼 3	年月別の在庫回転率を時系列に抽出してほしい。在庫回転率は，数量，金額を基に算出し，算出の根拠となった数値も参照したい。また，月末前でもその時点で最新の情報を 1 日に複数回参照できるようにしてほしい。

〔在庫管理業務の概要〕

在庫管理業務の概念データモデルを図1に，主な属性の意味・制約を表2に示す。在庫管理システムでは，図1の概念データモデル中のサブタイプをスーパータイプのエンティティタイプにまとめた上で，エンティティタイプをテーブルとして実装している。Eさんは，在庫管理業務への理解を深めるために，図1，表2を参照して表3の業務ルール整理表作成した。表3では，項番ごとに，幾つかのエンティティタイプを対象に，業務ルールを列記した①～④が，概念データモデルに合致するか否かを判定し，合致する業務ルールの番号を全て記入している。

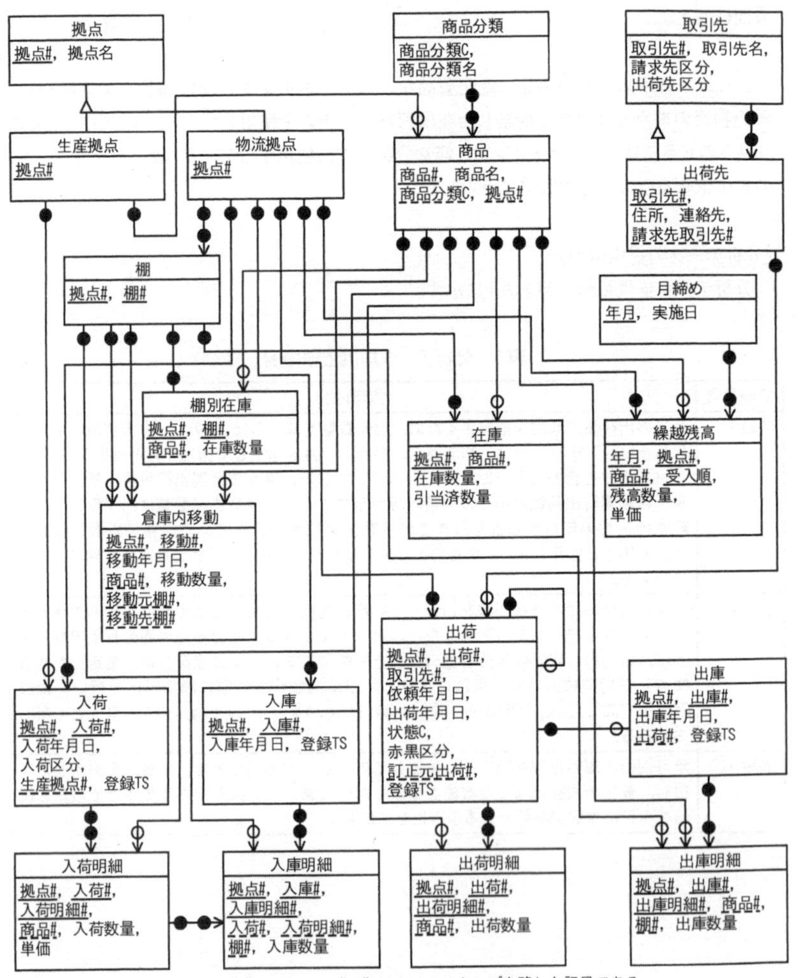

図1 在庫管理業務の概念データモデル

表2　主な属性の意味・制約

属性名	意味・制約
拠点#，棚#	拠点#は拠点を識別する番号，棚#は拠点内の棚を識別する番号
請求先区分，出荷先区分	請求先区分は取引先が請求先か否か，出荷先区分は取引先が出荷先か否かの区分で，一つの取引先が両方に該当することもある。
単価	生産拠点で製造原価を基に定めた商品の原単価である。
状態C	出荷の状態を‘出荷依頼済’，‘出庫指示済’，‘出荷済’，‘納品済’，‘出荷依頼キャンセル済’，‘取消済’，‘訂正済’などで区分する。
赤黒区分，訂正元出荷#	出荷の訂正は，赤黒処理によって行う。赤黒処理では，出荷数量を全てマイナスにした取消伝票（以下，赤伝という）及び訂正後の出荷数量を記した訂正伝票（以下，黒伝という）を作成する。赤黒区分は，赤伝，黒伝の区分であり，訂正元出荷#は，訂正の元になった出荷の出荷#である。赤伝及び黒伝の出荷数量，赤黒区分，訂正元出荷#，登録TS以外の属性には，訂正元と同じ値を設定する。
登録TS	入荷，入庫，出荷，出庫の登録TSには，時刻印を設定する。

表3　業務ルール整理表（未完成）

項番	エンティティタイプ名	業務ルール	合致する業務ルール
1	生産拠点， 商品， 商品分類	① [a] ② 一つの生産拠点では一つの商品だけを生産する。 ③ 商品はいずれか一つの商品分類に分類される。 ④ 商品分類は階層構造をもつ。	①，③
2	物流拠点， 商品， 在庫	① 在庫を記録するのは物流拠点だけである。 ② 全拠点を集計した商品別在庫の記録をもつ。 ③ 各拠点では全商品について在庫の記録を作成する。 ④ 拠点ごと商品ごとに在庫数量，引当済数量を記録する。	[b]
3	商品， 棚， 棚別在庫	① 一つの棚に複数の商品を保管する。 ② 同じ商品を複数の棚に保管することがある。 ③ 同じ棚#を異なる拠点の棚に割り当てることがある。 ④ 各棚には保管する商品があらかじめ決まっている。	[c]
4	取引先， 出荷先， 出荷	① 取引先に該当するのは出荷先だけである。 ② 請求先には出荷先が一つ決まっている。 ③ 出荷先には請求先が一つ決まっている。 ④ 請求先と出荷先とが同じになることはない。	[d]
5	入荷， 入荷明細， 入庫， 入庫明細	① 入荷#ごとに一つの入庫#を記録する。 ② 入庫は入庫の実施単位に拠点#，入庫#で識別する。 ③ 入荷した商品を入庫せずに出荷することもある。 ④ 入荷明細を棚に分けて入庫明細に記録する。	[e]
6	出荷， 出荷明細， 出庫， 出庫明細	① 出庫は出荷と同じ単位で行う。 ② 出荷明細には出庫明細との対応を記録する。 ③ 出荷に対応する出庫を記録しない場合がある。 ④ 商品ごとの出庫数量は出荷数量と異なる場合がある。	[f]

付録

〔問合せの検討〕

Eさんは，依頼1に対応するために図2のZチャートの例を依頼元から入手し，Zチャートを作成するための問合せの内容を，表4に整理した。表4中のT1は月間出荷数量，T2は移動累計出荷数量，T3は累計出荷数量を求める問合せである。

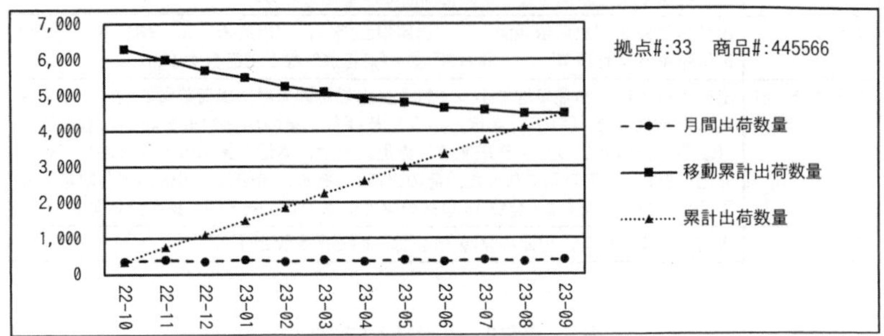

図2 Zチャートの例

表4 依頼1の問合せの検討（未完成）

問合せ名	列名又は演算	テーブル名又は問合せ名	選択又は結合の内容
T1	年月＝[出荷年月日の年月を抽出]，月間出荷数量＝[年月でグループ化した各グループ内の出荷数量の合計]	出荷，出荷明細	① 出荷明細から指定した商品の行を選択 ② 出荷から指定した拠点，かつ，出荷年月日の年月が，指定年月の［ ア ］か月前の年月以上かつ指定年月以下の範囲の行を選択 ③ ①と②の結果行を拠点#，出荷#それぞれが等しい条件で内結合
T2	年月，月間出荷数量，移動累計出荷数量＝[選択行を年月の昇順で順序付けし，行ごとに現在の行を起点として，［ イ ］から［ ウ ］までの範囲にある各行の月間出荷数量の合計]	T1	全行を選択
T3	年月，月間出荷数量，移動累計出荷数量，累計出荷数量＝[選択行を年月の昇順で順序付けし，行ごとに現在の行を起点として，［ エ ］から［ オ ］までの範囲にある各行の月間出荷数量の合計]	T2	年月が，指定年月の［ カ ］か月前の年月以上かつ指定年月以下の範囲の行を選択

注記1 行ごとに問合せを記述し問合せ名を付ける。問合せ名によって問合せ結果行を参照できる。
注記2 列名又は演算には，テーブルから射影する列名又は演算によって求まる項目を“項目名＝[演算の内容]”の形式で記述する。
注記3 テーブル名又は問合せ名には，参照するテーブル名又は問合せ名を記入する。
注記4 選択又は結合の内容には，テーブル名又は問合せ名ごとの選択条件，結合の具体的な方法と結合条件を記入する。

依頼2について図3のSQL文の検討を行い，実装したSQL文を実行して図4のヒートマップの例を作成した。

```
WITH S1 AS (
  SELECT S.拠点#, SM.棚#
  FROM 出庫 S
    INNER JOIN 出庫明細 SM ON S.拠点# = SM.拠点# AND S.出庫# = SM.出庫#
  WHERE S.拠点# = :hv1 AND S.出庫年月日 BETWEEN :hv2 AND :hv3
), S2 AS (
  SELECT [   キ   ] AS 出庫回数
  FROM 棚 T
    LEFT JOIN S1 ON S1.拠点# = T.拠点# AND S1.棚# = T.棚#
  WHERE T.拠点# = :hv1
  [   ク   ]
), S3 AS (
  SELECT 棚#, RANK() OVER ( [   ケ   ] ) AS 出庫回数順位
  FROM S2
)
SELECT 棚#,
  CASE
    WHEN (100 * [   コ   ] OVER() ) <= 20 THEN '高'
    WHEN (100 * [   コ   ] OVER() ) <= 50 THEN '中'
    ELSE '低'
  END AS 出庫頻度区分
FROM S3
```

注記 ホスト変数hv1～hv3には，指定された拠点#，出庫年月日の開始日及び終了日がそれぞれ設定される。

図3 依頼2の問合せを実装したSQL文（未完成）

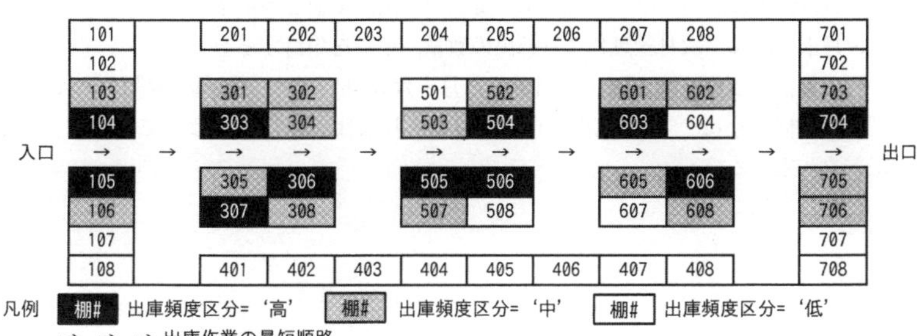

図4 ヒートマップの例

〔依頼3への対応〕

Eさんは，在庫回転率及びその根拠となる数値（以下，計数という）の算出方法を確認した上で，分析データを作成する仕組みを検討することにした。

1. 計数の算出方法確認

在庫管理業務では，次のように，年月，拠点，商品ごとに計数を算出している。

- 月締めを行う。月締めは対象月の翌月の第5営業日までに実施する。
- 月締めまでの間は，前月分の出荷であっても訂正できる。
- 月末時点の在庫を，先入先出法によって評価し，在庫金額を確定する。在庫金額算出に際して，商品有高表及び残高集計表を作成する。商品有高表の例を表5に，残高集計表の例を表6に示す。

(1) 商品有高表

・前月末時点の残高を繰り越して受入欄に記入する。残高は，入荷ごとに記録するので，複数入荷分の残高があれば入荷の古い順に繰り越す。

・受入，払出の都度，収支を反映した残高を記入する。例えば，表5中の行2の残高には行1の受入を反映した残高を転記し，行3の残高には行2の受入を反映した残高を記入している。

・当月中の入荷を受入欄に，出荷を払出欄に記入する。入荷の入荷年月日，出荷の出荷年月日を受払日付とし，受払日付順及び入出荷の登録順に記入する。

・出荷による払出は，入荷の古い順に残高を引き落とし，複数入荷分の残高を引き落とす場合は，残高ごとに行を分ける。入出荷による変更後の在庫を入荷の古い順に残高欄に記入する。

・赤伝は，受払日付に発生日ではなく，訂正元出荷と同じ受払日付でマイナスの払出を記入する。

・月末時点の残高を入荷の古い順に払出欄に記入して次月に繰り越す。

(2) 残高集計表

年月，拠点，商品ごとに，商品有高表を集計・計算して月初残高，当月受入，当月払出，月末残高，在庫回転率の数量，金額をそれぞれ次のように求める。

・月初残高は，前月繰越による受入の数量，金額を集計する。

・当月受入は，当月中の入荷による受入の数量，金額を集計する。

・月末残高は，次月繰越による払出の数量，金額を集計する。

・当月払出は，“月初残高＋当月受入－月末残高”によって，数量，金額をそれぞれ求める。

・在庫回転率は，“当月払出÷((月初残高＋月末残高)÷2)”によって，数量，金額をそれぞれ求める。

表5　商品有高表の例（未完成）

年月:2023-09　拠点#:33　商品#:112233　出力日:2023-10-02　　　単価，金額の単位 円

行	受払日付	摘要区分	受入			払出			残高（在庫）		
			数量	単価	金額	数量	単価	金額	数量	単価	金額
1	09-01	前月繰越	100	80	8,000				100	80	8,000
2	09-01	前月繰越	300	85	25,500				100	80	8,000
3									300	85	25,500
4	09-04	出荷				30	80	2,400	70	80	5,600
5									300	85	25,500
6	09-07	出荷				70	80	5,600	300	85	25,500
7						40	85	3,400	260	85	22,100
8	09-12	入荷	150	90	13,500				260	85	22,100
9									150	90	13,500
10	09-17	出荷				50	85	4,250	g	h	
11									150	90	13,500
12	09-17	赤伝				▲50	85	▲4,250	i	j	
13									k	l	
14	09-17	黒伝				260	85	22,100			
15						40	90	3,600			
16	09-19	入荷	300	95	28,500				110	90	9,900
17									300	95	28,500
18	09-24	出荷				60	90	5,400	50	90	4,500
19									300	95	28,500
20	09-30	次月繰越				50	90	4,500	300	95	28,500
21	09-30	次月繰越				300	95	28,500	0	—	0

注記　網掛け部分は表示していない。“▲”は負数を表す。“—”は空値を表す。

表6　残高集計表の例（一部省略）

年月	拠点#	商品#	数量					金額				
			月初残高	当月受入	当月払出	月末残高	在庫回転率	月初残高	当月受入	当月払出	月末残高	在庫回転率
2023-09	33	112233	400	450	500	350	1.33	33,500	42,000	42,500	33,000	1.28
⋮	⋮	⋮	⋮	⋮	⋮	⋮	⋮	⋮	⋮	⋮	⋮	⋮

2. 計数を格納するテーブル設計

Eさんは，鮮度の高い分析データを提供するために，商品有高表及び残高集計表の計数をテーブルに格納することにして図5のテーブルを設計した。

(1) “受払明細”テーブル

商品有高表の受入，払出のどちらかに数量，単価，金額の記載のある行を格納する。

・受払#には，年月，拠点#，商品#ごとに，商品有高表中の受入又は払出の数量に記載のある行を対象に1から始まる連番を設定する。一つの出荷が複数の残高から払い出される場合には，払出の行を分け，それぞれに受払#を振る。

・摘要区分には，‘前月繰越’，‘出荷’，‘入荷’，‘赤伝’，‘黒伝’，‘次月繰越’のいずれかを設定する。

付録

(2)　“受払残高”テーブル

・受払明細ごとに，受払による収支を反映した後の残高数量を，基になる受入ごとに記録する。残高の基になった受入（前月繰越又は入荷）の受払#，単価を，受払残高の基受払#，単価に設定する。

(3)　“残高集計”テーブル

・受払明細及び受払残高の対象行を“残高集計表”の作成要領に従って集計・計算して“残高集計”テーブルの行を作成する。

受払明細（<u>年月</u>，<u>拠点#</u>，<u>商品#</u>，<u>受払#</u>，受払年月日，摘要区分，数量，単価）
受払残高（<u>年月</u>，<u>拠点#</u>，<u>商品#</u>，<u>受払#</u>，<u>基受払#</u>，残高数量，単価）
残高集計（<u>年月</u>，<u>拠点#</u>，<u>商品#</u>，月初残高数量，当月受入数量，当月払出数量，月末残高数量，月初残高金額，当月受入金額，当月払出金額，月末残高金額）

図5　計数を格納するテーブルのテーブル構造

3. 計数を格納する処理

Eさんは，入荷又は出荷の登録ごとに行う一連の更新処理（以下，入出荷処理という）に合わせて，図5中のテーブルに入出荷を反映した最新のデータを格納する処理（以下，計数格納処理という）を行うことを考えた。

(1)　計数格納処理の概要

①　入出荷の明細ごとに，“受払明細”テーブルに赤伝，黒伝を含む新規受払の行を作成する。赤伝，黒伝の発生時には，同じ年月，拠点#，商品#で，その受払よりも先の行を全て削除した上で，入出荷の明細から行を再作成する。これを洗替えという。

②　①によって変更が必要になる“受払残高”テーブルの行を全て削除した上で，再作成する。

③　変更対象の計数を集計して“残高集計”テーブルの行を追加又は更新する。

④　計数は，計数格納処理の開始時点で登録済の入出荷だけを反映した状態にする。

(2)　計数格納処理の処理方式検討

Eさんは，計数格納処理の実装に当たって，次の二つの処理方式案を検討し，表7の比較表を作成した。

案1：　入出荷処理と同期して行う方式。同一トランザクション内で入出荷処理及び計数格納処理を実行する。

案2：　入出荷処理と非同期に行う方式。入出荷処理で，登録された入出荷のキー値（拠点#，入荷#，出荷#）を連携用のワークテーブル（以下，連携WTという）に溜めておき，一定時間おきに計数格納処理を実行する。

・入出荷処理では，トランザクション内で一連の更新処理を行い，最後に連携WTに行を追加してトランザクションを終了する。

・計数格納処理では，実行ごとに次のように処理する。

(a)　連携WT全体をロックし，連携WTの全行を処理用のワークテーブル（以下，処理WTという）に追加後，連携WTの全行を削除してコミットする。

(b)　処理WT，入荷，入荷明細，出荷，及び出荷明細から必要な情報を取得し，年月，拠点#，商品#の同じ行ごとに，まとめて次のように処理する。

・赤伝，黒伝がなければ，登録TSの順に受払を作成する。
・赤伝，黒伝があれば，洗替えの起点となる行を1行選択し，その行に対応する受払を作成する。そして，起点となる行を基に，入荷，入荷明細，出荷，出荷明細から対象となる行を入荷年月日又は出荷年月日，登録TSの順に取得して洗替えを行う。

(c)　処理WTの全行を削除してコミットする。

表7　処理方式案の比較表

評価項目	案1	案2
分析データの鮮度	○常に最新	△一定時間ごとに最新
全体的な処理時間	△入出荷処理の処理時間増加	○変わらない
計数格納処理エラーの影響	△入出荷処理に影響あり	○入出荷処理に影響なし

注記　“○”は一方の案が他方の案よりも優れていることを，“△”は劣っていることを表す。

表7を基に，処理方式案を次のように判断した。

(1)　分析データの鮮度については，どちらの案でも依頼3の要件を満たす。

(2)　入出荷処理への影響について，表5において，2023-10-03に次のそれぞれの出荷の登録を仮定して，“受払明細”テーブルへの追加及び削除行数を調べることで，追加処理による遅延の大きさを推測した。
・09-26の出荷数量40の出荷明細を追加入力すると，次月繰越の2行を削除，出荷1行及び新たな次月繰越1行の2行を追加することになる。
・09-04の出荷を取り消す赤伝を追加すると，“受払明細”テーブルに合計で11行の削除，12行の追加を行うことになる。
・案1では，特に出荷の赤伝，黒伝から受払を作成する場合に，追加処理による入出荷処理の遅延が大きくなる。案2では，①連携WTに溜まった入出荷情報をまとめて処理することで，計数格納処理における出荷の赤伝，黒伝の処理時間を案1よりも短縮できる。

(3)　案1では入出荷処理の性能及び計数格納処理エラーの業務への影響が大きいことから，案2を採用することにした。なお，導入に先立って，②計数格納処理が正しく動作することを検証することにした。

4. 分析データの検証

Eさんは，計数格納処理を実行して得たデータを用いて，ある拠点，商品の過去12か月の在庫回転率を時系列に取得して表8を得た。一定の方法で，数量，金額それぞれの在庫回転率を母集団とする外れ値検定を行ったところ，2023-09の金額の在庫回転率だけが外れ値と判定された。外れ値は，業務上の要因によって生じる場合もあれば，入力ミスなどによって生じる異常値の場合もある。

表8について，Eさんは次のように推論した。

①　数量と金額の在庫回転率は，ほぼ同じ傾向で推移するが，材料費の値上がりなどに起因して，製造原価が上昇する傾向にあるとき，金額による在庫回転率は［ m ］する傾向がある。

②　2023-09の数量の在庫回転率は前月とほぼ同じ水準であるにもかかわらず，金額の在庫回転率が極端に低い値になっていることから，異常値であることが疑われる。

③　この推論を裏付けるには，“受払明細”テーブルから当該年月，拠点，商品の一致する行のうち，“摘要区分＝‘［ n ］’”の行の［ o ］に不正な値がないかどうかを調べればよい。

表8　ある拠点，商品の在庫回転率（2022-10～2023-09）

在庫回転率	2022年			2023年								
	10月	11月	12月	1月	2月	3月	4月	5月	6月	7月	8月	9月
数量	0.86	0.84	0.87	0.93	0.88	0.86	0.94	0.97	0.85	0.76	0.93	0.88
金額	0.84	0.83	0.86	0.96	0.88	0.86	0.94	0.97	0.88	0.80	0.93	0.18

5. 概念データモデルの変更

図5のテーブルをエンティティタイプ，列名を属性名として，概念データモデルに追加する。Eさんは，追加するエンティティタイプ間及び図1中のエンティティタイプとの間のリレーションシップについて，追加するエンティティタイプの外部キーと参照先のエンティティタイプを表9の形式で整理した。

表9　追加するエンティティタイプの外部キーと参照先のエンティティタイプ（未完成）

追加エンティティタイプ名	外部キーの属性名	参照先エンティティタイプ名
受払明細	年月，拠点#，商品#	残高集計
受払残高	年月，拠点#，商品#，受払#	受払明細
残高集計		

設問1　〔在庫管理業務の概要〕について答えよ。

(1)　表3中の［ a ］に入れる適切な業務ルールを，エンティティタイプ“生産拠点”と“商品”との間のリレーションシップに着目して25字以内で答えよ。

(2)　表3中の［ b ］～［ f ］に入れる適切な番号（①～④）を全て答えよ。

設問2　〔問合せの検討〕について答えよ。

(1)　図2において，累計出荷数量のグラフは始点から終点への直線の形状，移動累計出荷数量のグラフは右肩下がりの形状となっている。この二つのグラフから読み取れる商品の出荷量の傾向を，それぞれ30字以内で答えよ。

(2)　表4中の［ ア ］，［ カ ］に入れる適切な数値，及び［ イ ］～［ オ ］に入れる適切な字句を答えよ。ここで，［ イ ］～［ オ ］は次の字句から選択するものとし，nを含む字句を選択する場合は，演算及び選択の対象行が必要最小限の行数となるように，nを適切な数値に置き換えること。

最初の行，n 行前の行，現在の行，n 行後の行，最後の行

(3)　図3中の［ キ ］～［ コ ］に入れる適切な字句を答えよ。

(4)　図4において，二つの棚に配置されている商品を相互に入れ替えて効率化を図る場合，最も効果が高いと考えられる，入替えを行う棚の棚＃の組を答えよ。

(5)　(4)の対応を記録するために更新が必要となるテーブル名を二つ挙げ，それぞれ行の挿入，行の更新のうち，該当する操作を○で囲んで示せ。

テーブル名	操作
	行の挿入　・　行の更新
	行の挿入　・　行の更新

設問3　〔依頼3への対応〕について答えよ。

(1)　表5中の［ g ］～［ l ］に入れる適切な数値を答えよ。

(2)　本文中の下線①では，どのように処理を行うべきか。次の(a)，(b)における対象行の選択条件を，列名を含めて，それぞれ35字以内で具体的に答えよ。

(a)　処理WTに，同じ年月，拠点＃，商品＃の赤伝，黒伝が複数ある場合に，洗替えの起点となる行を選択する条件

(b)　(a)の洗替えの起点となる行を基に，洗替えの対象となる入荷，入荷明細，出荷，出荷明細を取得するときに，計数格納処理の開始時点で登録済の入出荷だけを反映した状態にするために指定する条件。ただし，入荷年月日又は出荷年月日が，起点となる行の入荷年月日又は出荷年月日よりも大きい条件を除く。

(3)　本文中の下線②では，処理結果が正しいことをどのように確認したらよいか。確認方法の例を60字以内で具体的に答えよ。

(4)　本文中の［ m ］～［ o ］に入れる適切な字句を答えよ。

(5)　表9中の太枠内の空欄に適切な字句を入れて表を完成させよ。ただし，空欄は全て埋まるとは限らない。

問2 ドラッグストアチェーンの商品物流の概念データモデリングに関する次の記述を読んで，設問に答えよ。

ドラッグストアチェーンのF社は，商品物流の業務改革を検討しており，システム化のために概念データモデル及び関係スキーマを設計している。

〔業務改革を踏まえた商品物流業務〕

1. 社外及び社内の組織と組織に関連する資源

(1) ビジネスパートナー（以下，BPという）

① BPは仕入先である。仕入先には，商品の製造メーカー，流通業である商社又は問屋がある。

② BPは，BPコードで識別し，BP名をもつ。

(2) 配送地域

① 全国を，気候と交通網を基準にして幾つかの地域に分けている。

② 配送地域は，複数の郵便番号の指す地域を括（くく）ったものである。都道府県をまたぐ配送地域もある。

③ 配送地域は配送地域コードで識別し，配送地域名，地域人口をもつ。

(3) 店舗

① 店舗は，全国に約1,500あり，店舗コードで識別し，店舗名，住所，連絡先，店舗が属する配送地域などをもつ。

② 店舗の規模や立地によって販売の仕方が変わるので，床面積区分（大型か中型か小型かのいずれか）と立地区分（商業立地かオフィス立地か住宅立地かのいずれか）をもつ。

(4) 物流拠点

① 物流拠点は，拠点コードで識別し，拠点名，住所，連絡先をもつ。

② 物流拠点の機能には，在庫をもつ在庫型物流拠点（以下，DCという）の機能と，積替えを行って店舗への配送を行う通過型物流拠点（以下，TCという）の機能がある。

③ 物流拠点によって，TCの機能だけをもつところと，DCとTCの両方の機能をもつところがある。

④ 物流拠点に，DCの機能があることはDC機能フラグで，TCの機能があることはTC機能フラグで分類する。

⑤ TCは，各店舗に複数のDCから多数の納入便の車両が到着する混乱を防止するために，DCから届いた荷を在庫にすることなく店舗への納入便に積み替える役割を果たす。

⑥ DCは配送地域におおむね1か所配置し，TCは配送地域に複数配置する。

⑦ DCには，倉庫床面積を記録している。

⑧ TCは，運営を外部に委託しているので，委託先物流業者名を記録している。

(5) 幹線ルートと支線ルート

① DCからTCへの配送を行うルートを幹線ルート，TCから配送先の店舗を回って配送を行うルートを支線ルートという。

② 支線ルートは，TCごとの支線ルートコードで識別している。また，支線ルートには，車両番号，配送先店舗とその配送順を定めている。支線ルートの配送先店舗は8店舗前後にしている。支線ルート間で店舗の重複はない。

2.商品に関連する資源

(1)　商品カテゴリー

①　商品カテゴリーには，部門，ライン，クラスの3階層木構造のカテゴリーレベルがある。商品カテゴリーはその総称である。

②　部門には，医薬品，化粧品，家庭用雑貨，食品がある。

③　例えば医薬品の部門のラインには，感冒薬，胃腸薬，絆創膏（ばんそうこう）などがある。

④　例えば感冒薬のラインのクラスには，総合感冒薬，漢方風邪薬，鼻炎治療薬などがある。

⑤　商品カテゴリーは，カテゴリーコードで識別し，カテゴリーレベル，カテゴリー名，上位のどの部門又はラインに属するかを表す上位のカテゴリーコードを設定している。

(2)　アイテム

①　アイテムは，色やサイズ，梱包の入り数が違っても同じものだと認識できる商品を括る単位である。例えば缶ビールや栄養ドリンクでは，バラと6缶パックや10本パックは異なる商品であるが，アイテムは同じである。

②　アイテムによって属する商品は複数の場合だけでなく一つの場合もある。

③　アイテムは，アイテムコードで識別し，アイテム名をもつ。

④　アイテムには，調達先のBP，温度帯（常温，冷蔵，冷凍のいずれか），属するクラスを設定している。また，同じアイテムを別のBPから調達することはない。

⑤　BPから，全てのDCに納入してもらうアイテムもあるが，多くのアイテムは一部のDCだけに納入してもらう。

⑥　F社が自社で保管・輸送できるのは常温のアイテムだけであり，冷凍又は冷蔵の保管・輸送が必要なアイテムはBPから店舗に直納してもらう。これを直納品と呼び，直納品フラグで分類する。直納品に該当するアイテムには直納注意事項をもつ。

(3)　商品

①　商品は，BPが付与したJANコードで識別する。

②　商品は，商品名，標準売価，色記述，サイズ記述，材質記述，荷姿記述，入り数，取扱注意事項をもつ。

3. 業務の方法・方式

(1)　物流網（物流拠点及び店舗の経路）

①　物流網は，効率を高めることを優先するので，DCからTC，TCから店舗は，木構造を基本に設計している。ただし，全てのDCが全てのアイテムをもつわけではないので，DCからTCの構造には例外としてたすき掛け（TCから見て木構造の上位に位置するDC以外のDCからの経路）が存在している。

②　DCでは，保有するアイテムが何かを定めている。

③　直納品を除いて，店舗に配送を行うTCは1か所に決めている。

④　DCからTC，TCから店舗についての配送リードタイム（以下，リードタイムをLTという）を，整数の日数で定めている。DCからTCの配送LTを幹線LTと呼び，TCから店舗への配送LTを支線LTと呼ぶ。

⑤　幹線LTは，1日を数え始めとするLTで，ほとんどの場合は1日であるが，2日を要することもある。例えば九州にあるDCにしかない商品を，全国販売のために全国の

TCへ配送する場合，東北以北のTCへは1日では届かないケースが存在する。

⑥ TCに対してどのDCから配送するかは，TCが必要とする商品の在庫が同じ配送地域のDCにあればそのDCからとし，なければ在庫をもつ他のDCからたすき掛けとする。ただし，全体のたすき掛けは最少になるようにする。

⑦ 支線LTは，0日を数え始めとするLTで，ほとんどの店舗への配送が積替えの当日中に行うことができるように配置しているので，当日中に配送できる店舗への支線LTは0日である。ただし，離島にある店舗の中には0日では配送できない場合もある。

⑧ 店舗は，次を定めている。

・どの商品を品揃えするか。

・直納品を除くDC補充品（DCから配送を受ける商品）について，どのDCの在庫から補充するか。

(2) 補充のやり方

① 店舗又はDCは，商品の在庫数が発注点を下回ったら，定めておいたロットサイズ（以下，ロットサイズをLSという）で要求をかける。ここで，DCが行う要求は発注であり，店舗が行う要求は補充要求である。

② 店舗へのDCからの補充のために，商品ごとに全店舗一律の補充LSを定めている。

③ DCでは，DCごと商品ごとに，在庫数を把握し，発注点在庫数，DC納入LT，DC発注LSを定めている。

④ 店舗では，品揃えの商品ごとの在庫数を把握し，発注点在庫数を定めている。また，直納品の場合，加えて直納LTと直納品発注LSを定めている。

⑤ 店舗から補充要求を受けたDCは，宛先を店舗にして，その店舗に配送を行うTCに向けて配送する。

(3) DCから店舗への具体的な配送方法

① ものの運び方

・配送は，1日1回バッチで実施する。

・DCは，店舗からの補充要求ごとに商品を出庫し，依頼元の店舗ごとに用意した折りたたみコンテナ（以下，コンテナという）に入れる。

・その日に出庫したコンテナを，依頼元の店舗へ配送するTCに向かうその日の幹線ルートのトラックに積み，出荷する。

・TCは，幹線ルートのトラックが到着するごとに，配送する店舗ごとに用意したかご台車にコンテナを積み替える。かご台車には店舗コードと店舗名を記したラベルを付けている。

・TCは，全ての幹線ルートのトラックからかご台車への積替えを終えると，かご台車を支線ルートのトラックに積み込む。

・TCは，支線ルートのトラックを出発させる。

・支線ルートのトラックは，順に店舗を回り，コンテナごと店舗に納入する。

② 指示書の作り方

・店舗の補充要求は，商品の在庫数が発注点在庫数を割り込む都度，店舗コード，補充要求年月日時刻，JANコードを記して発行する。

・DCの出庫指示書は，店舗から当該DCに届いた補充要求を基に，配送指示番号をキーとして店舗ごと出庫指示年月日ごとに出力する。出庫指示書の明細には，配送指示明細番号を付与して店舗からの該当する補充要求を対応付けて，出庫する商品と出庫指示数を印字する。

・出庫したら，出庫指示書の写しをコンテナに貼付する。

・DCからの幹線ルートの出荷指示書は，その日（出荷指示年月日）に積むべきコンテナの配送指示番号を明細にして行き先のTCごとにまとめて出力する。

・TCの積替指示書は，積替指示番号をキーとしてその日の支線ルートごとに伝票を作る。積替指示書の明細は，配送先店舗ごとに作り，その内訳に店舗へ運ぶコンテナの配送指示番号を印字する。

・店舗への配送指示書は，積替指示書の写しが，配送先店舗ごとに切り取れるようになっており，それを用いる。

(4)　BPへの発注，入荷の方法

①　DCは，その日の出庫業務の完了後に，在庫数が発注点在庫数を割り込んだ商品について，発注番号をキーとして発注先のBPごとに，当日を発注年月日に指定してDC発注を行う。DC発注の明細には，明細番号を付与して対象のJANコードを記録する。

②　店舗は，直納品の在庫数が発注点在庫数を割り込むごとに直納品の発注を行い，直納品の発注では，店舗，補充要求の年月日時刻，対象の商品を記録する。

③　DC及び店舗へのBPからの入荷は，BPが同じタイミングで納入できるものがまとめて行われる。入荷では，入荷ごとに入荷番号を付与し，どの発注明細又は直納品発注が対応付くかを記録し，併せて入荷年月日を記録する。

④　DC及び店舗は，入荷した商品ごとに入庫番号を付与して入庫を行い，どの発注明細又は直納品発注が対応付くかを記録する。

〔設計した概念データモデル及び関係スキーマ〕

1. 概念データモデル及び関係スキーマの設計方針

(1)　関係スキーマは第3正規形にし，多対多のリレーションシップは用いない。

(2)　リレーションシップが1対1の場合，意味的に後からインスタンスが発生する側に外部キー属性を配置する。

(3)　概念データモデルでは，リレーションシップについて，対応関係にゼロを含むか否かを表す“○”又は“●”は記述しない。

(4)　概念データモデルは，マスター及び在庫の領域と，トランザクションの領域とを分けて作成し，マスターとトランザクションとの間のリレーションシップは記述しない。

(5)　実体の部分集合が認識できる場合，その部分集合の関係に固有の属性があるときは部分集合をサブタイプとして切り出す。

(6)　サブタイプが存在する場合，他のエンティティタイプとのリレーションシップは，スーパータイプ又はいずれかのサブタイプの適切な方との間に設定する。

2. 設計した概念データモデル及び関係スキーマ

マスター及び在庫の領域の概念データモデルを図1に，トランザクションの領域の概念データモデルを図2に，関係スキーマを図3に示す。

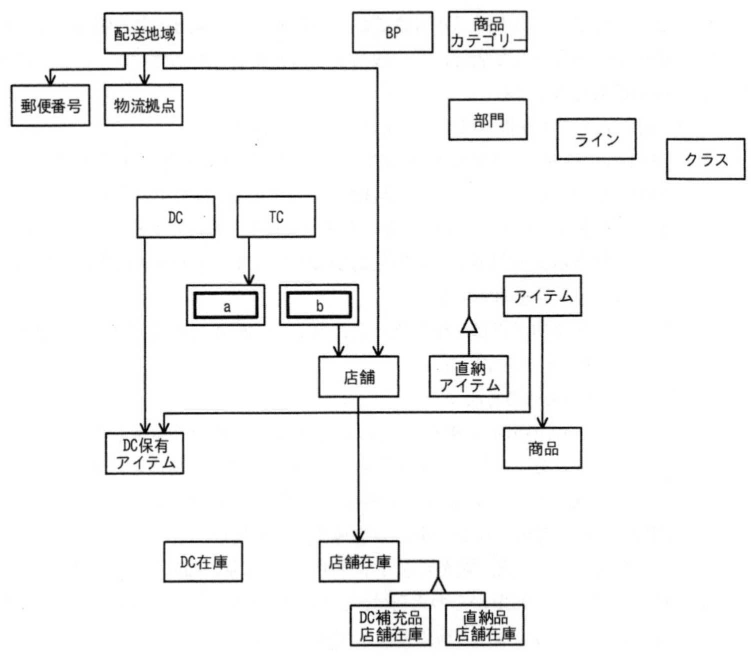

図1　マスター及び在庫の領域の概念データモデル（未完成）

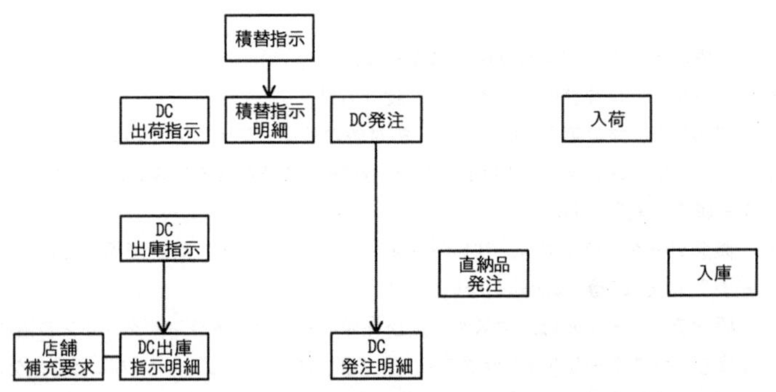

図2　トランザクションの領域の概念データモデル（未完成）

配送地域（配送地域コード，配送地域名，地域人口）
郵便番号（郵便番号，都道府県名，市区町村名，町名，［ア］）
物流拠点（拠点コード，拠点名，住所，連絡先，［イ］）
　DC（［ウ］）
　TC（［エ］）
［a］（［オ］）
［b］（［カ］）
店舗（店舗コード，店舗名，住所，連絡先，床面積区分，立地区分，配送地域コード，［キ］）
商品カテゴリー（カテゴリーコード，カテゴリー名，［ク］）
　部門（部門カテゴリーコード，売上比率）
　ライン（ラインカテゴリーコード，［ケ］）
　クラス（クラスカテゴリーコード，［コ］）
BP（BP コード，BP 名）
アイテム（アイテムコード，アイテム名，直納品フラグ，［サ］）
　直納アイテム（直納アイテムコード，直納注意事項）
商品（JAN コード，商品名，標準売価，色記述，サイズ記述，材質記述，荷姿記述，入り数，
　　取扱注意事項，［シ］）
DC 保有アイテム（DC 拠点コード，アイテムコード）
DC 在庫（DC 拠点コード，［ス］）
店舗在庫（店舗コード，JAN コード，［セ］）
　DC 補充品店舗在庫（店舗コード，DC 補充品 JAN コード，［ソ］）
　直納品店舗在庫（店舗コード，直納品 JAN コード，［タ］）

店舗補充要求（店舗コード，補充要求年月日時刻，DC 補充品 JAN コード）
DC 出庫指示（配送指示番号，［チ］）
DC 出庫指示明細（配送指示番号，配送指示明細番号，［ツ］）
DC 出荷指示（出荷指示番号，［テ］）
積替指示（積替指示番号，［ト］）
積替指示明細（積替指示番号，配送先店舗コード）
DC 発注（発注番号，［ナ］）
DC 発注明細（発注番号，発注明細番号，［ニ］）
直納品発注（［ヌ］）
入荷（入荷番号，［ネ］）
入庫（入庫番号，［ノ］）

注記　図中の［a］，［b］には，図 1 の［a］，［b］と同じ字句が入る。

図3　関係スキーマ（未完成）

解答に当たっては，巻頭の表記ルールに従うこと。また，エンティティタイプ名及び属性名は，それぞれ意味を識別できる適切な名称とすること。

付録

設問 次の設問に答えよ。

(1) 図1中の [a]，[b] に入れる適切なエンティティタイプ名を答えよ。

(2) 図1は，幾つかのリレーションシップが欠落している。欠落しているリレーションシップを補って図を完成させよ。

(3) 図2は，幾つかのリレーションシップが欠落している。欠落しているリレーションシップを補って図を完成させよ。

(4) 図3中の [ア] ～ [ノ] に入れる一つ又は複数の適切な属性名を補って関係スキーマを完成させよ。また，主キーを表す実線の下線，外部キーを表す破線の下線についても答えること。

A 午後Ⅱ　解答と解説

問1　生活用品メーカーの在庫管理システムのデータベース実装・運用

≪出題趣旨≫

DXへの取組では，KPIを設定し，その数値を見ながら継続的に活動することも多く，KPIの算出値には高い精度及び鮮度が要求される。データベーススペシャリストは，KPIとなる項目の意味を理解した上で，データベース技術を適切に活用して，利用者に情報を提供することが求められる。

本問では，生活用品メーカーの在庫管理業務を題材として，データベースの設計，実装，利用者サポートの分野において，①論理データモデルを理解する能力，②物理データモデルを設計する能力，③問合せを設計する能力，④データの意味，特性を説明する能力を問う。

≪解答例≫

設問1

(1) a　※以下の中から一つを解答

- 一つの商品は一つの生産拠点だけで生産する。（21字）
- 一つの生産拠点では複数の商品を生産する。（20字）

(2) b　①，④　　c　②，③　　d　③

e　②，④　　f　①，③，④

設問2

(1) **累計出荷数量**

直近1年は毎月の出荷数量の増減がない。（19字）

移動累計出荷数量　※以下の中から一つを解答

- 各月の出荷数量が前年同月比で全て減少している。（23字）
- グラフ表示範囲の1年前の期間の出荷数量は減少傾向だった。（28字）

(2) ア　22

イ　11行前の行　　ウ　現在の行　　※イとウは順不同

エ　最初の行　　オ　現在の行　　※エとオは順不同

カ　11

(3) キ　T.棚#, COUNT(S1.棚#)

ク　GROUP BY T.棚#

ケ　ORDER BY 出庫回数 DESC

コ　出庫回数順位 / COUNT(*)

(4) 307　と　604　の組

付録

(5)

テーブル名	操作
棚別在庫	行の挿入 ・ (行の更新)
倉庫内移動	(行の挿入) ・ 行の更新

設問3

(1) g 210　h 85　i 260
j 85　k 150　l 90

(2) (a) ※以下の中から一つを解答

・入荷年月日又は出荷年月日，登録TSの昇順に並べた先頭の行であること (33字)

・受払日付，登録順が最も古い入出荷であること (21字)

(b) ※以下の中から一つを解答

・登録TSが処理WT内で最大の登録TS以下であること (25字)

・登録TSが計数格納処理の開始日時以前であること (23字)

・拠点#，入荷#，出荷#が連携WTに存在しないこと (24字)

(3) ※以下の中から一つを解答

・拠点#ごと，商品#ごとに入荷数量，出荷数量を集計した値が残高集計の当月受入数量，当月払出数量とそれぞれ一致する。 (56字)

・該当月の入荷明細，出荷明細の行に対応する受払明細の行を突合し，各々一行だけ対応する行が存在する。 (48字)

・該当月の入荷，入荷明細，出荷，出荷明細を基に作成した商品有高表及び残高集計表の計数が計数格納処理の結果と一致する。 (57字)

(4) m 下降　n 入荷　o 単価

(5)

追加エンティティタイプ名	外部キーの属性名	参照先エンティティタイプ名
受払明細	年月，拠点#，商品#	残高集計
受払残高	年月，拠点#，商品#，受払#	受払明細
	年月，拠点#，商品#，基受払#	受払明細
残高集計	拠点#	物流拠点
	商品#	商品

≪採点講評≫

問1では，生活用品メーカーの在庫管理システムを題材に，データベースの実装・運用について出題した。全体として正答率は平均的であった。

設問1では，(2) dの正答率がやや低かった。スーパータイプと排他的ではないサブタイプとのリレーションシップの特徴をよく理解し，もう一歩踏み込んで考えてほしい。

設問2では，(2) ア，(3) の正答率が低かった。(2) アでは，11と誤って解答した受験者が多かった。グラフの表示範囲の移動累計出荷数量のグラフを描くには，グラフの表示期間の最初の年月の11か月前の年月から指定年月までの計23か月分の月間出荷数量のデータが必要となる。グラフが表すデータの意味を正しく把握した上で設計に反映するよう心掛けてほしい。(3) では，集計，ソート，順位付けなどのヒートマップを作成する上で必要となる処理を正しく理解できていない解答が多かった。データをグラフなどで可視化する際にも役立つので，SQLの集計関数やウィンドウ関数の使い方を身に付けてほしい。

設問3では，(2) (b)，(3)，(5) の正答率が低かった。(2) (b) では，洗替えの際に計数格納処理開始後に登録された入出荷を除いて計数を求める必要がある点に着目していない解答が散見された。(3) では，計数格納処 理の実行結果を正確に確認する方法を求めているのに対し，テストの実行方法，テストケースについての解答が散見された。(5) では，外部キーによる参照制約の有無に着目していない解答が散見された。この設問で問われている内容は，データベースを用いた処理方式の設計を行う際に必要とされることであり，是非知っておいてもらいたい。

≪解説≫

生活用品メーカーの在庫管理システムのデータベース実装・運用に関する問題です。この問では，生活用品メーカーの在庫管理業務を題材として，データベースの設計，実装，利用者サポートの分野において，①論理データモデルを理解する能力，②物理データモデルを設計する能力，③問合せを設計する能力，④データの意味，特性を説明する能力，が問われています。

データ分析系のSQLをはじめ，データ分析を前提とした概念データモデルやテーブル構造の検討を行う問題です。比較的新しい傾向ですが，近年増えてきており，今後に役立つ知識が詰まった問題となっています。

設問1

〔在庫管理業務の概要〕に関する問題です。図1，表2を参照して，表3の業務ルール整理表（未完成）を完成させていきます。

(1)

表3中の空欄穴埋め問題です。適切な業務ルールを，エンティティタイプ“生産拠点”と“商品”との間のリレーションシップに着目して25字以内で答えます。

空欄a

表3の項番1（エンティティタイプ名「生産拠点，商品，商品分類」）で，①に入る業務ルールを考えます。

図1「在庫管理業務の概念データモデル」で，エンティティタイプ“生産拠点”と“商品”との

間のリレーションシップは1対多(1対0..)となっています。そのため，一つの商品は一つの生産拠点だけで生産することになります。また，一つの生産拠点では複数の商品を生産することができます。

したがって，解答は，**一つの商品は一つの生産拠点だけで生産する**，または，**一つの生産拠点では複数の商品を生産する**，です。

(2)

表3中の空欄穴埋め問題です。合致する業務ルールについて，適切な番号(①〜④)を全て答えていきます。

空欄b

表3の項番2（エンティティタイプ名「物流拠点，商品，在庫」）で，合致する業務ルールを選択します。業務ルール①〜④について，合致するかどうかを考えていくと，次のようになります。

① ○ 図1のエンティティタイプ“物流拠点”と“在庫”の間には1対多のリレーションシップがあります。どちらも●が付いているので，必ず対応するインスタンスが存在します。同じスーパータイプ“拠点”のサブタイプ“生産拠点”と“在庫”の間にはリレーションシップはないので，在庫を記録するのは物流拠点だけといえます。

② × エンティティタイプ“商品”と関連付く在庫には“棚別在庫”，“在庫”の二つがあります。エンティティタイプ“棚別在庫”の主キーは{拠点#，棚#}で，“在庫”の主キーは{拠点#，商品#}です。どちらも拠点ごとの在庫で，全拠点を集計した商品別在庫の記録はありません。

③ × ①のとおり，在庫を記録するのは物流拠点だけです。エンティティタイプ“生産拠点”とのリレーションシップでは，“入荷”を経由した“入荷明細”で，商品の入荷数量を管理しているだけで，在庫は記録されていません。

④ ○ エンティティタイプ“在庫”では，主キーが{拠点#，商品#}で，拠点ごと商品ごとに在庫数量，引当済数量を記録しています。

したがって，解答は①，④です。

空欄c

表3の項番3（エンティティタイプ名「商品，棚，棚別在庫」）で，合致する業務ルールを選択します。業務ルール①〜④について，合致するかどうかを考えていくと，次のようになります。

① × エンティティタイプ“棚別在庫”は主キーが{拠点#，棚#}で，外部キーとして“商品#”があります。表2の属性名「拠点#，棚#」に，「拠点#は拠点を識別する番号，棚#は拠点内の棚を識別する番号」とあり，二つの主キーで一つの棚を識別します。商品#は主キーではなく，棚ごとに一つしかないので，複数の商品を保管することはできません。

② ○ エンティティタイプ“商品”と“棚別在庫”のリレーションシップは1対多です。そのため，同じ商品を複数の棚に保管することができます。

③ ○ 表2の属性名「拠点#，棚#」で，「棚#は拠点内の棚を識別する番号」とあり，棚#は拠点#ごとに一意です。異なる拠点#では，同じ棚#を割り当てることが可能です。

④ × エンティティタイプ“棚”には，主キー {拠点#，棚#} しかありません。1対1のリレーションシップでエンティティタイプ“棚別在庫”があり，外部キーとして商品#を設定

することで商品を管理しています。そのため，各棚に保管する商品はあらかじめ決まってはおらず，商品#を変更することで商品の変更が可能です。

したがって，解答は②，③です。

空欄d

表3の項番4（エンティティタイプ名「取引先，出荷先，出荷」）で，合致する業務ルールを選択します。業務ルール①～④について，合致するかどうかを考えていくと，次のようになります。

① × 図1より，スーパータイプ“取引先”のサブタイプが“出荷先”です。包含的な関係なので，“出荷先”に含まれない“取引先”が存在することが考えられます。また，表2の属性名「請求先区分，出荷先区分」に，「請求先区分は取引先が請求先か否か，出荷先区分は取引先が出荷先か否かの区分で，一つの取引先が両方に該当することもある」とあり，出荷先区分が否となる取引先が考えられます。

② × エンティティタイプ“取引先”と“出荷先”に1対多のリレーションシップがあります。エンティティタイプ“出荷先”に外部キー“請求先取引先#”があり，一つの請求先に複数の出荷先が対応することが考えられます。

③ ○ エンティティタイプ“取引先”と“出荷先”のリレーションシップは1対多です。そのため，出荷先に対する請求先は一つに決まります。

④ × 表2の属性名「請求先区分，出荷先区分」に，「一つの取引先が両方に該当することもある」とあり，請求先と出荷先の両方に該当する取引先はあります。

したがって，解答は③です。

空欄e

表3の項番5（エンティティタイプ名「入荷，入荷明細，入庫，入庫明細」）で，合致する業務ルールを選択します。業務ルール①～④について，合致するかどうかを考えていくと，次のようになります。

① × 図1のエンティティタイプ“入荷”と“入庫”にはリレーションシップはありません。“入荷明細”と“入庫明細”に1対多のリレーションシップがあります。一つの入荷明細が複数の入庫明細に対応することがあるので，入荷#と入庫#が1対1に対応するとは限りません。

② ○ エンティティタイプ“入庫”の主キーは，{拠点#，入庫#}です。入庫の実施単位は，拠点#，入庫#で識別しています。

③ × エンティティタイプ“入荷明細”と“入庫明細”には，1対多のリレーションシップがあります。どちらも●が付いており，入荷明細に対応する入庫明細は必ず存在します。入荷した商品を入庫せずに出荷することはありません。

④ ○ エンティティタイプ“入荷明細”には“棚#”は存在せず，“入庫明細”では外部キーとして“棚#”があり，“棚”とのリレーションシップが存在します。そのため，入荷明細を棚に分けて入庫明細に記録すると考えられます。

したがって，解答は②，④です。

空欄f

表3の項番6（エンティティタイプ名「出荷，出荷明細，出庫，出庫明細」）で，合致する業務ルールを選択します。業務ルール①～④について，合致するかどうかを考えていくと，次のようになります。

① ○ エンティティタイプ“出荷”と“出庫”には1対1のリレーションシップがあります。そのため，出庫と出荷は同じ単位で行うと考えられます。

② × エンティティタイプ“出荷明細”には“出庫明細”とのリレーションシップはなく，対応を記録する外部キーもありません。

③ ○ エンティティタイプ“出荷”と“出庫”のリレーションシップは1対1ですが，“出庫”の方の印が○になっています。これは，“出庫”に対応する“出荷”のインスタンスが存在しない可能性があることを示しています。

④ ○ エンティティタイプ“出荷”には，外部キー“訂正元出荷#”があります。表2の属性名「赤黒区分，訂正元出荷#」に，「出荷の訂正は，赤黒処理によって行う。赤黒処理では，出荷数量を全てマイナスにした取消伝票（以下，赤伝という）及び訂正後の出荷数量を記した訂正伝票（以下，黒伝という）を作成する」とあります。そのため，出庫数量は赤黒処理で訂正され，出荷数量と異なる場合があります。

したがって，解答は①，③，④です。

設問2

〔問合せの検討〕に関する問題です。依頼1と依頼2に対応するための問合せの検討を行い，演算の内容やSQL文を整理していきます。さらに，ヒートマップを使用した棚の入れ替え作業と，対応の記録のためのテーブル更新について考えていきます。

(1)

図2「Zチャートの例」にある，二つのグラフから読み取れる商品の出荷量の傾向について，それぞれ30字以内で答えていきます。

累計出荷数量

図2にある累計出荷数量は，点線で示されている右肩上がりのグラフです。始点から終点への直線の形状となっていることから，累計出荷数量は一定数ずつ増加していることが読み取れます。これは，直近1年は毎月の出荷数量の増減がなく，同じ出荷数量が続いていることを示しています。したがって，解答は，**直近1年は毎月の出荷数量の増減がない**，です。

移動累計出荷数量

図2にある移動累計出荷数量は，実線で示されている上部のグラフです。右肩下がりの形状となっていることから，グラフ表示範囲の1年前の期間の出荷数量は減少傾向だったことが読み取れます。これは，各月の出荷数量が前年同月比で全て減少していることを示しています。したがって，解答は，**グラフ表示範囲の1年前の期間の出荷数量は減少傾向だった**，または，**各月の出荷数量が前年同月比で全て減少している**，です。

(2)

表4「依頼1の問合せの検討（未完成）」についての空欄穴埋め問題です。空欄ア，カは適切な数値を答えます。空欄イ～オは選択問題で，適切な字句を「最初の行，n行前の行，現在の行，n行後の行，最後の行」の中から選択し，nを適切な数値に変えて答えていきます。

空欄ア

問合せ名T1の「選択又は結合の内容」②の空欄穴埋めを行います。出荷年月日の年月が，指定年月の何か月前の年月以上かを問われているので確認します。

〔分析データの提供依頼〕表1の依頼1では，「Zチャートは，物流拠点，商品，年月を指定して指定年月と指定年月の11か月前までを合わせた12か月を表示範囲とした」とあります。さらに，「移動累計出荷数量は，各年月と各年月の11か月前までを合わせた12か月の月間出荷数量を累計したものである」とあるので，移動累計出荷数量を計算するための月間出荷数量を取得する必要があります。表示範囲の最小年月が11か月前で，11か月前の移動累計出荷数量を求めるためにはその11か月前からの月間出荷数量が必要なので，11＋11＝22か月前からの月間出荷数量を取得することになります。したがって，解答は**22**です。

空欄イ，ウ

問合せ名T2で，選択行を年月の昇順で順序付けした後に，移動累計出荷数量を求めるのに合計する範囲を考えます。

〔分析データの提供依頼〕表1の依頼1では，「移動累計出荷数量は，各年月と各年月の11か月前までを合わせた12か月の月間出荷数量を累計したものである」とあります。年月の昇順で順序付けしてあるので，11か月前の月間出荷数量は，11行前の行になります。当月は現在の行となるので，11行前の行から現在の行までの範囲にある各行の月間出荷数量の合計が，移動累計出荷数量となります。

したがって，空欄イは**11行前の行**，空欄ウは**現在の行**です。範囲の前後は逆転していても問題ないので，順不問となります。

空欄エ，オ

問合せ名T3で，選択行を年月の昇順で順序付けした後に，累計出荷数量を求めるのに合計する範囲を考えます。

〔分析データの提供依頼〕表1の依頼1では，「累計出荷数量は，グラフの表示範囲の最初の年月から各年月までの月間出荷数量の累計である」とあります。年月の昇順で順序付けしてあるので，最初の行が最初の年月です。当月は現在の行となるので，最初の行から現在の行までの範囲にある各行の月間出荷数量の合計が，累計出荷数量となります。

したがって，空欄エは**最初の行**，空欄オは**現在の行**です。範囲の前後は逆転していても問題ないので，順不問となります。

空欄カ

問合せ名T3で，「選択又は結合の内容」の空欄穴埋めを行います。年月が，指定年月の何か月前の年月以上かを問われているので確認します。

問合せ名T3は，空欄エ，オで考えたとおり，累計出荷数量を求める問合せです。〔分析データの提供依頼〕表1の依頼1では，「累計出荷数量は，グラフの表示範囲の最初の年月から各年月までの月間出荷数量の累計である」とあり，グラフの表示範囲については，少し前に「指定年月の11か月前までを合わせた12か月を表示範囲とした」という記述があります。そのため，グラフの表示範囲の最初の年月は11か月前となります。したがって，解答は**11**です。

(3)

図3中の空欄穴埋め問題です。「依頼2の問合せを実装したSQL文（未完成）」について，適切な字句を答えていきます。

空欄キ

WITH句で，S2を作成するときに使用するSELECT文で表示する列名について考えます。

空欄キの後に「AS 出庫回数」とあり，出庫回数を求める必要があることが分かります。表1の依頼2に，「出庫頻度区分は，指定した物流拠点及び期間において，棚別に集計した出庫回数が多い順に順位付けを行い」とあるので，出庫回数は棚ごとに集計して求めます。

「FROM 棚 T」とあるので，“棚”テーブルを別名Tとして使用します。物流拠点(拠点#)が指定された後の棚は“T.棚#”としてすべての棚を取得できます。「LEFT JOIN S1」とあるので，S1で“出庫”,”出庫明細”テーブルから求めた出庫を，棚#を基準にカウントすることで，出庫回数を求めることができます。具体的には，COUNT(S1.棚#) とすることで，出庫明細の該当する棚の行数が分かります。ここで，左外部結合(LEFT OUTER JOIN)を使用しているので，出庫がない棚も抽出されます。

したがって，解答は**T.棚#, COUNT(S1.棚#)**です。

空欄ク

S2を求めるときに，WHERE句の後に追加する内容を考えます。

空欄キのとおり，出庫回数は“T.棚#”ごとに集計して求めます。そのため，グループ化を行う必要があり，GROUP BY句を使用して，T.棚#ごとに出庫をまとめます。したがって，解答は**GROUP BY T.棚#**です。

空欄ケ

WITH句で，S3を作成するときに使用するRANK()関数でのOVER句内の内容について考えます。

RANK()関数はランキング(同率で番号を飛ばした値)を付与します。OVER句はウィンドウを指定する部分で，ORDER BY句で，順序を指定することができます。空欄ケの後に「AS 出庫回数順位」とあるので，出庫回数をランキングすることが想定されます。表1の依頼2に，「棚別に集計した出庫回数が多い順に順位付けを行い」とあるので，出庫回数は多い順，つまり降順(DESC)に並べる必要があります。したがって，解答は**ORDER BY 出庫回数 DESC**です。

空欄コ

最後のSELECT文で，CASE句の条件式(WHEN)に設定する内容について考えます。

表1の依頼2に，「棚別に集計した出庫回数が多い順に順位付けを行い，上位20%を‘高’，上位50%から‘高’を除いたものを‘中’，それ以外を‘低’としたものである」とあります。S3で出庫回数順位を求めているので，100×出庫回数順位／全体の棚数でパーセントを求めることができます。ここで，空欄コの後ろにOVER句があり，OVER()としてウィンドウ全体を示しているので，全体の棚数は，ウィンドウ全体の行数を求めるCOUNT(*)で求められます。まとめると，「WHEN (100 * 出庫回数順位/COUNT(*) OVER ()) <= 20」とすることで上位20%までの順位の行を，続いて「WHEN (100 * 出庫回数順位/COUNT(*) OVER ()) <= 50」とすることで上位20%を除いた上位50%までの順位の行を抽出できます。したがって，解答は**出庫回数順位/COUNT(*)**です。

(4)

図4「ヒートマップの例」において，二つの棚に配置されている商品を相互に入れ替えて効率化を図る場合，最も効果が高いと考えられる，入替えを行う棚の棚#の組を答えます。

図4では，入口から出口までの出庫作業の最短経路の周りに，出庫頻度区分が‘高’のものと‘中’

のものが集中しています。一つ，棚＃が604のものだけ，出庫頻度区分が‘低’なので，これを入れ替えることを考えます。出庫頻度区分が‘高’のもののうち，棚＃が307のものだけ最短経路上にないので，307と604を入れ替えると効率化を図ることができます。したがって，解答は**307**と**604**の組です。

(5)

(4)の対応を記録するために更新が必要となるテーブルを二つ考え，そのテーブルで行うことが行の挿入，行の更新のうちどちらの操作かを答えていきます。

①

図1より，棚を入れ替えるとき，どの棚にどの商品を格納しているかを管理するのは“棚別在庫”テーブルです。主キー{拠点＃，棚＃}ごとに，外部キーで“商品＃”を保持しています。該当する棚の“商品＃”を更新することで，棚に格納する商品を入れ替えることができます。したがって，テーブル名は**棚別在庫**，操作は**行の更新**となります。

②

図1より，棚を入れ替えるとき，どの棚に移動したのかを管理するのは，“倉庫内移動”テーブルです。主キー{拠点＃，移動＃}ごとに，外部キーで{商品＃，移動元棚＃，移動先＃}を保持しており，商品ごとの移動元と移動先の棚を記録できます。棚を入れ替えるときには，二つの商品について2行，移動元と移動先の棚＃を設定して行を追加することで，移動の記録が残ります。したがって，テーブル名は**倉庫内移動**，操作は**行の挿入**となります。

設問3

〔依頼3への対応〕に関する問題です。計数の算出方法確認，計数を格納するテーブル設計，計数を格納する処理，分析データの検証，および概念データモデルの変更について，それぞれ考えていきます。

(1)

表5中の空欄穴埋め問題です。商品有高表の例について，適切な数値を答えていきます。

空欄g，h

表5の10行目で，残高（在庫）の数量と単価を求めます。

〔依頼3への対応〕1. 計数の算出方法確認 (1) 商品有高表に，「残高は，入荷ごとに記録するので，複数入荷分の残高があれば入荷の古い順に繰り越す」とあるので，10行目は最も古い出荷（8行目の単価85の行に対応）になります。10行目の適用区分は“出荷”となっており，(1) 商品有高表に，「出荷による払出は，入荷の古い順に残高を引き落とし」という記述があるので，払出の数量50を，最も古い単価85の行の入荷数量260より引き落とします。そのため残高は，260 − 50 = 210となります。したがって，空欄gは**210**，空欄hは**85**です。

空欄i，j

表5の12行目で，残高（在庫）数量と単価を求めます。

12行目の適用区分は“赤伝”となっており，〔依頼3への対応〕1. 計数の算出方法確認 (1) 商品有高表に，「赤伝は，受払日付に発生日ではなく，訂正元出荷と同じ受払日付でマイナスの払出を記入する」とあります。赤伝は，出荷の訂正は赤黒処理によって行うときの，出荷数量を全てマイナスにするものです。12行目は10行目に対応する，最も古い単価85の入荷を表す行だと考えられます。そのため，空欄gで計算した残高210を，マイナス伝票▲50で取り消すことになります。そのため残高は，210 + 50 = 260となります。したがって，空欄iは**260**，空欄jは**85**です。

空欄k，l

表5の13行目で，残高（在庫）数量と単価を求めます。

12行目と13行目は適用区分"赤伝"の対応で，13行目は2番目の入荷を記述している行だと考えられます。対応する11行目の単価90の行は，8行目の09-12での入荷で追加されたもので，まだ出荷の順番が来ていません。そのため，受入時の数量150がそのまま保持されていると考えられます。したがって，空欄kは**150**，空欄lは**90**です。

(2)

本文中の下線①「連携WTに溜まった入出荷情報をまとめて処理することで，計数格納処理における出荷の赤伝，黒伝の処理時間を案1よりも短縮できる」について，どのように処理を行うべきかを，(a)，(b)の場合に分けて，列名を含めて，それぞれ35字以内で具体的に答えていきます。

(a)

処理WTに，同じ年月，拠点#，商品#の赤伝，黒伝が複数ある場合に，洗替えの起点となる行を選択する条件について，対象行の選択条件を考えます。

〔依頼3への対応〕3. 計数を格納する処理(2)計数格納処理の処理方式検討の案2 (b)に,「起点となる行を基に，入荷，入荷明細，出荷，出荷明細から対象となる行を入荷年月日又は出荷年月日，登録TSの順に取得して洗替えを行う」とあります。赤伝，黒伝は入荷年月日又は出荷年月日，登録TSの順に取得するので，起点となる行は，赤伝，黒伝は入荷年月日又は出荷年月日，登録TSの昇順に並べた先頭の行であると考えられます。したがって，解答は，**入荷年月日又は出荷年月日，登録TSの昇順に並べた先頭の行であること**，です。

また，1. 計数の算出方法確認(1)商品有高表に，「入荷の入荷年月日，出荷の出荷年月日を受払日付とし，受払日付順及び入出荷の登録順に記入する」とあるので，受払日付，登録順でも同じ順に並ぶと考えられ，最も古い入出荷が起点となる行になると考えられます。したがって，**受払日付，登録順が最も古い入出荷であること**，でも正解です。

(b)

(a)の洗替えの起点となる行を基に，洗替えの対象となる入荷，入荷明細，出荷，出荷明細を取得するときに，計数格納処理の開始時点で登録済の入出荷だけを反映した状態にするために指定する条件を考えます。設問文に，「ただし，入荷年月日又は出荷年月日が，起点となる行の入荷年月日又は出荷年月日よりも大きい条件を除く」とあるので，年月日についてはすでに指定されていると考えます。

表2の属性名"登録TS"には，「入荷，入庫，出荷，出庫の登録TSには，時刻印を設定する」とあり，登録された時刻が確認できます。〔依頼3への対応〕3. 計数を格納する処理(2)計数格納処理の処理方式検討の案2 (a)に,「連携WT全体をロックし，連携WTの全行を処理用のワークテーブル（以下，処理WTという）に追加後，連携WTの全行を削除してコミットする」とあり，計数格納処理の開始時点で，処理WTに連携WTの内容がコピーされます。計数格納処理の開始時点で登録済の入出荷だけを反映した状態にするためには，処理WT内で最大の登

録TSを求め，この値以下であることを比較することで確認できます。したがって，解答は，**登録TSが処理WT内で最大の登録TS以下であること**，又は，**登録TSが計数格納処理の開始日時以前であること**，となります。

また，処理WTに追加した連携WTの行は，全行を削除してコミットされます。そのため，入出荷のキー値（拠点#，入荷#，出荷#）が連携WTに存在しない場合には，処理WTの作成後に追加された同じ入出荷の行がないことが確認できます。したがって，**拠点#，入荷#，出荷#が連携WTに存在しないこと**，も正解です。

(3)

本文中の下線②「計数格納処理が正しく動作することを検証する」について，処理結果が正しいことを確認する方法の例を，60字以内で具体的に答えます。

〔依頼3への対応〕3. 計数を格納する処理（1）計数格納処理の概要③で，「変更対象の計数を集計して“残高集計”テーブルの行を追加又は更新する」とあり，図5の“残高集計”テーブルには，当月受入数量，当月払出数量の列があります。この二つの数値は，{年月，拠点#，商品#}ごとに，計数格納処理が終わった後の値から算出されています。元の入出荷の明細で，当該年月の拠点ごと，商品ごとに入荷数量，出荷数量を集計した値を求め，その値と当月受入数量，当月払出数量が一致するかどうかで，処理結果が正しいことを確認できます。したがって，解答は，**拠点#ごと，商品#ごとに入荷数量，出荷数量を集計した値が残高集計の当月受入数量，当月払出数量とそれぞれ一致する**，となります。

また，合計金額ではなく行を確認する方法もあります。（1）計数格納処理の概要②で，「“受払残高”テーブルの行を全て削除した上で，再作成する」とあり，“受払残高”テーブルは係数格納処理で変更されています。元の入荷明細，出荷明細から該当月の行を取り出し，受払明細の行と突合して，各々一行だけ対応する行が存在することを確認することで，行の重複や欠損がないことが確認できます。したがって，**該当月の入荷明細，出荷明細の行に対応する受払明細の行を突合し，各々一行だけ対応する行が存在する**，も正解です。

さらに，〔依頼3への対応〕1. 計数の算出方法確認では，該当月の入荷，入荷明細，出荷，出荷明細を基に商品有高表及び残高集計表を作成しています。この値は元の入荷明細や出荷明細の値から算出したものなので，計数格納処理で算出した受払残高や残高集計の値と比較し，結果が一致することで処理結果が正しいことを確認できます。したがって，**該当月の入荷，入荷明細，出荷，出荷明細を基に作成した商品有高表及び残高集計表の計数が計数格納処理の結果と一致する**，も正解です。

(4)

本文中の空欄穴埋め問題です。表8の推論について，適切な字句を答えていきます。

空欄m

製造原価が上昇する傾向にあるときの，金額による在庫回転率の傾向について考えます。

在庫回転率は，一定期間内に商品が入れ替わった回数を示す指標です。在庫数による計算方法と，金額による計算方法があります。金額による計算方法では，期間中の出庫金額／期間中の平均在庫金額で，在庫回転数を求めます。製造原価が上昇する傾向にあるときには，同じ在庫数でも平均在庫金額が上昇するので，金額による在庫回転率は下降する傾向になります。したがって，解答は**下降**です。

空欄n，o

異常値であるという推論を裏付けるために，“受払明細”テーブルから取り出す内容について考えます。

在庫の金額は，数量×単価で求められます。数量の在庫回転率に問題がないにもかかわらず，金額の在庫回転率が極端に低い値になっているということは，入荷して在庫となった商品の単価が誤っている可能性が考えられます。〔依頼3への対応〕2. 計数を格納するテーブル設計 (1) “受払明細”テーブルに，「摘要区分には，‘前月繰越’，‘出荷’，‘入荷’，‘赤伝’，‘黒伝’，‘次月繰越’のいずれかを設定する」とあるので，概要区分＝‘入荷’の行を選択します。図5より，“受払明細”テーブルには“単価”列があるので，単価が不正な値かどうかを確認できます。したがって，空欄nは**入荷**，空欄oは**単価**です。

(5)

表9中の太枠内の空欄に適切な字句を入れて，表を完成させていきます。追加エンティティタイプ“受払残高”と“残高集計”それぞれに分けて考えていきます。

受払残高

〔依頼3への対応〕2. 計数を格納するテーブル設計 (2) “受払残高”テーブルに，「受払明細ごとに，受払による収支を反映した後の残高数量を，基になる受入ごとに記録する」とあり，こちらは表9に，エンティティタイプ“受払明細”とのリレーションシップとして，外部キーの属性名 {年月，拠点#，商品#，受払#} の記述があります。

(2) “受払残高”テーブルの続く文章に，「残高の基になった受入（前月繰越又は入荷）の受払#，単価を，受払残高の基受払#，単価に設定する」という記述があり，こちらは表9に記述がありません。同じエンティティタイプ“受払明細”とのリレーションシップとなりますが，基受払#を使用するので，外部キーの属性名は {年月，拠点#，商品#，基受払#} となります。

したがって，外部キーの属性名は，**年月，拠点#，商品#，基受払#**，参照先エンティティタイプ名は**受払明細**の行を表9に追加します。

残高集計

図5のテーブル構造で，“残高集計”テーブルには，“拠点#”，“商品#”の列があります。図1より，“拠点#”がキーとなるエンティティタイプには，“拠点”，“生産拠点”，“物流拠点”の三つがあります。設問1 (2) の空欄bで考えたとおり，在庫を管理するのは物流拠点だけです。そのため，参照先のエンティティタイプ名は“物流拠点”となります。また，“商品#”については，エンティティタイプ名“商品”を参照すれば，商品に関わる情報を取得することができます。

したがって，外部キーの属性名は**拠点#**，参照先エンティティタイプ名は**物流拠点**の行と，外部キーの属性名は**商品#**，参照先エンティティタイプ名は**商品**の行の2行を表9に追加します。

問2　ドラッグストアチェーンの商品物流の概念データモデリング

≪出題趣旨≫

概念データモデリングでは，データベースの物理的な設計とは異なり，実装上の制約に左右されずに実務の視点に基づいて，対象領域から管理対象を正しく見極め，モデル化する必要がある。概念データモデリングでは，業務内容などの実世界の情報を総合的に理解・整理し，その結果を概念データモデルに反映する能力が求められる。

本問では，ドラッグストアチェーンの商品物流業務を題材として，与えられた状況から概念データモデリングを行う能力を問う。具体的には，①トップダウンにエンティティタイプ及びリレーションシップを分析する能力，②ボトムアップにエンティティタイプ及び関係スキーマを導き出す能力を問う。

≪解答例≫

設問1

(1)　a　幹線ルート　　　b　支線ルート

(2)

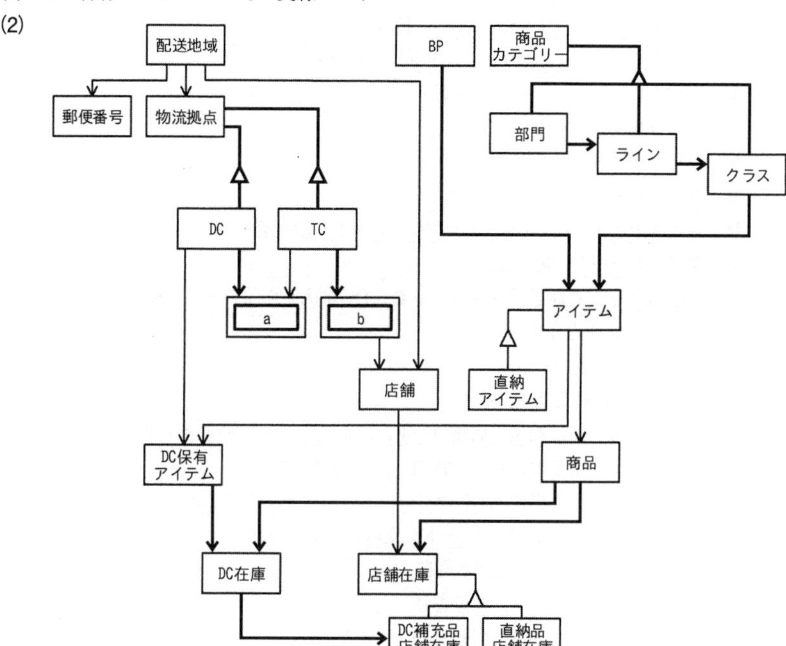

(3)

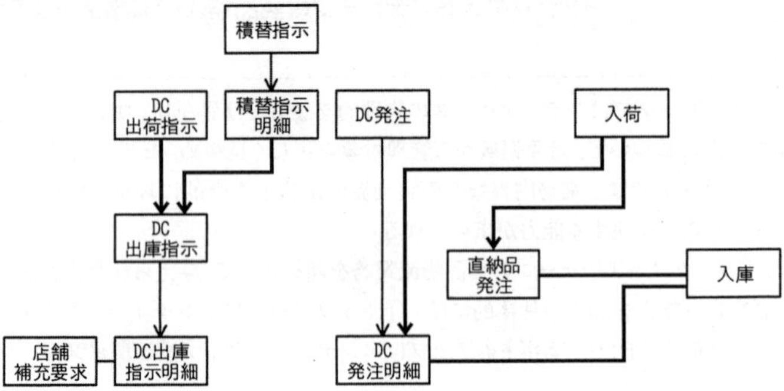

積替指示
DC出荷指示
積替指示明細
DC発注
入荷
DC出庫指示
直納品発注
入庫
店舗補充要求
DC出庫指示明細
DC発注明細

(4)
ア 配送地域コード
イ DC機能フラグ，TC機能フラグ，配送地域コード
ウ DC拠点コード，倉庫床面積
エ TC拠点コード，委託先物流業者名
オ DC拠点コード，TC拠点コード，幹線LT
カ TC拠点コード，支線ルートコード，車両番号
キ 支線LT，TC拠点コード，支線ルートコード，配送順
ク カテゴリーレベル
ケ 部門カテゴリーコード
コ ラインカテゴリーコード
サ 調達先BPコード，クラスカテゴリーコード，温度帯
シ アイテムコード，補充LS
ス JANコード，在庫数，発注点在庫数，DC納入LT，DC発注LS
セ 在庫数，発注点在庫数
ソ 要求先DC拠点コード
タ 直納LT，直納品発注LS
チ 出庫指示年月日，配送先店舗コード，出荷指示番号，積替指示番号
ツ 店舗コード，補充要求年月日時刻，DC補充品JANコード
テ 出荷指示年月日，出荷元DC拠点コード，出荷先TC拠点コード
ト 積替指示年月日，TC拠点コード，支線ルートコード
ナ 発注DC拠点コード，発注年月日
ニ DC補充品JANコード，入荷番号
ヌ 店舗コード，補充要求年月日時刻，直納品JANコード，入荷番号
ネ 入荷年月日
ノ 発注番号，発注明細番号，店舗コード，補充要求年月日時刻，直納品JANコード

≪採点講評≫

問2では，ドラッグストアチェーンの商品物流を題材に，概念データモデル及び関係スキーマについて出題した。全体として正答率は平均的であった。

(1)，(2)及び(4)のア～タは，マスター及び在庫の領域についての概念データモデル及び関係スキーマの完成問題であり，正答率は高かった。

一方，(3)及び(4)のチ～ノは，トランザクションの領域についての概念データモデル及び関係スキーマの完成問題であり，正答率は低かった。

マスター及び在庫の領域は，状況記述の資源に関する説明からリレーションシップ及び必要な属性を読み取るだけで正答を導くことができる。しかしトランザクションの領域は，状況記述の業務の方法・方式から業務手順と業務の中で連鎖する情報を想定した上で，リレーションシップ及び必要な属性を見極めないと正答を導くことができない。この差によって後者の正答率が低くなったと考えられる。

日常業務での実践において，業務要件を満たす業務手順はどのようなものか，その業務を成立させるためにどのような情報の連鎖が必要になるか，限られた中で仮説を立て，それを検証してデータモデリングを行う習慣を身に付けてほしい。

≪解説≫

ドラッグストアチェーンの商品物流の概念データモデリングに関する問題です。この問では，ドラッグストアチェーンの商品物流業務を題材として，与えられた状況から概念データモデリングを行う能力が問われています。具体的には，①トップダウンにエンティティタイプ及びリレーションシップを分析する能力，②ボトムアップにエンティティタイプ及び関係スキーマを導き出す能力が問われています。

久しぶりに出題された，概念データモデルと関係スキーマを設計するだけの問題です。分量が多いので制限時間内に完答するのは厳しいですが，難易度は高くありません。

付録

設問

図1，図2の概念データモデルと図3の関係スキーマを完成させる問題です。〔業務改革を踏まえた商品物流業務〕の内容を，〔設計した概念データモデル及び関係スキーマ〕の設計方針で整理していきます。

(1)

図1中の空欄穴埋め問題です。マスター及び在庫の領域の概念データモデルについて，適切なエンティティタイプ名を答えていきます。

空欄a

エンティティタイプ“TC”から1対多のリレーションシップがあるエンティティタイプを考えます。

〔業務改革を踏まえた商品物流業務〕1. 社外及び社内の組織と組織に関連する資源(4)物流拠点②に，「積替えを行って店舗への配送を行う通過型物流拠点（以下，TCという）の機能がある」とあり，TCは通過型物流拠点です。続く(5)幹線ルートと支線ルート①に，「DCからTCへの配送を行うルートを幹線ルート」とあります。幹線ルートは，配送を行うTCを属性としてもつので，エンティティタイプ“TC”から“幹線ルート”に1対多のリレーションシップがあると考えられます。したがって，解答は**幹線ルート**です。

空欄b

エンティティタイプ“店舗”に1対多のリレーションシップがあるエンティティタイプを考えます。

〔業務改革を踏まえた商品物流業務〕1. 社外及び社内の組織と組織に関連する資源(5)幹線ルートと支線ルート①に，「TCから配送先の店舗を回って配送を行うルートを支線ルートという」とあり，支線ルートは店舗と関連があると考えられます。続く②に，「支線ルートの配送先店舗は8店舗前後にしている。支線ルート間で店舗の重複はない」とあるので，エンティティタイプ“支線ルート”と“店舗”間のリレーションシップは1対多です。したがって，解答は**支線ルート**です。

(2)

図1「マスター及び在庫の領域の概念データモデル（未完成）」について，欠落しているリレーションシップを補って図を完成させていきます。

エンティティタイプ“物流拠点”と，“DC”，“TC”のリレーションシップ

〔業務改革を踏まえた商品物流業務〕1. 社外及び社内の組織と組織に関連する資源(4)物流拠点②に，「物流拠点の機能には，在庫をもつ在庫型物流拠点（以下，DCという）の機能と，積替えを行って店舗への配送を行う通過型物流拠点（以下，TCという）の機能がある」とあります。そのため，物流拠点はDCとTCの2種類となり，スーパータイプ“物流拠点”に対応するサブタイプが“DC”，“TC”です。サブタイプ間の関係については，③に，「物流拠点によって，TCの機能だけをもつところと，DCとTCの両方の機能をもつところがある」とあり，DCとTCは排他的な関係ではありません。そのため，スーパータイプ“物流拠点”◁－サブタイプ“DC”と，スーパータイプ“物流拠点”◁－サブタイプ“TC”は，別々に設定する必要があります。

したがって，図1に，以下のリレーションシップを記入します。

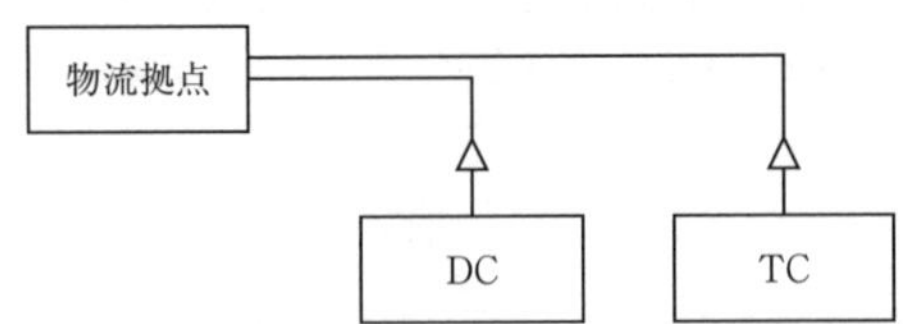

エンティティタイプ“DC”，“TC”と，“a(幹線ルート)”，“b(支線ルート)”のリレーションシップ

〔業務改革を踏まえた商品物流業務〕1. 社外及び社内の組織と組織に関連する資源(5)幹線ルートと支線ルート①に，「DCからTCへの配送を行うルートを幹線ルート，TCから配送先の店舗を回って配送を行うルートを支線ルートという」とあります。空欄aのエンティティタイプ“幹線ルート”は，DCからTCへの配送なので，エンティティタイプ“TC”からだけでなく，“DC”からも1対多のリレーションシップが必要です。また，空欄bのエンティティタイプ“支線ルート”は，TCからの配送なので，“TC”から“支線ルート”に1対多のリレーションシップが必要です。

したがって，図1に，DC→ a ，TC→ b の二つのリレーションシップを記入します。

エンティティタイプ“商品カテゴリー”と，“部門”，“ライン”，“クラス”のリレーションシップ

〔業務改革を踏まえた商品物流業務〕2. 商品に関連する資源(1)商品カテゴリー①に，「商品カテゴリーには，部門，ライン，クラスの3階層木構造のカテゴリーレベルがある。商品カテゴリーはその総称である」とあります。そのため，商品カテゴリーは部門，ライン，クラスの三つで，スーパータイプ“商品カテゴリー”に対応するサブタイプが“部門”，“ライン”，“クラス”です。部門，ライン，クラスは3階層木構造で，排他的なサブクラスとなります。そのため，図1に以下のリレーションシップを記入します。

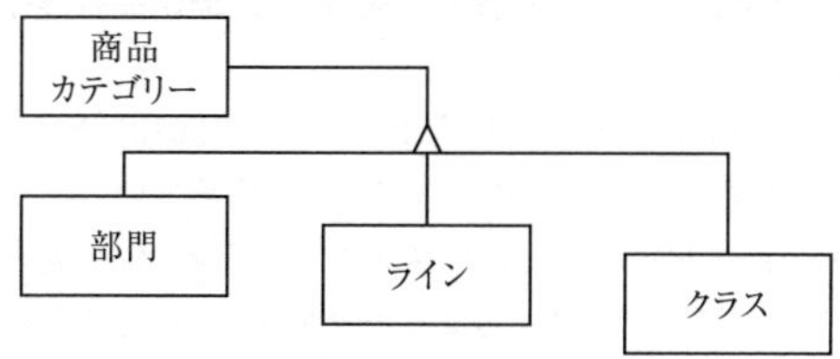

エンティティタイプ“部門”，“ライン”，“クラス”間のリレーションシップ

〔業務改革を踏まえた商品物流業務〕2. 商品に関連する資源(1)商品カテゴリー①に「商品カテゴリーには，部門，ライン，クラスの3階層木構造のカテゴリーレベルがある」とあり，③に「例えば医薬品の部門のラインには」，④に「例えば感冒薬のラインのクラスには」とあり，木構造は根から，木，ライン，クラスとなると考えられます。木構造では，子に対する親は一つだけなので，親→子の間で1対多のリレーションシップが存在します。そのため，エンティティタイプ“部門”と“ライン”，“ライン”と“クラス”の間に，それぞれ1対多のリレーションシップが必要です。

したがって，図1に，部門→ライン，ライン→クラスの二つのリレーションシップを記入します。

エンティティタイプ“BP”，“クラス”と“アイテム”のリレーションシップ

〔業務改革を踏まえた商品物流業務〕2. 商品に関連する資源(2)アイテム④に，「アイテムには，調達先のBP，温度帯(常温，冷蔵，冷凍のいずれか)，属するクラスを設定している」とあります。そのため，エンティティタイプ“アイテム”と“BP”，“クラス”の間にはリレーションシップが必要です。続いて「同じアイテムを別のBPから調達することはない」とあるので，アイテムに対応するBPは一つです。クラスも「属するクラス」とあるので，対応するクラスは一つだと考えられます。そのため，エンティティタイプ“BP”，“クラス”と“アイテム”の間に，それぞれ1対多のリレーションシップが必要です。

したがって，図1に，BP→アイテム，クラス→アイテムの二つのリレーションシップを記入します。

エンティティタイプ“DC保有アイテム”，“商品”と“DC在庫”のリレーションシップ

〔業務改革を踏まえた商品物流業務〕3. 業務の方法・方式(1)物流網(物流拠点及び店舗の経路)②に「DCでは，保有するアイテムが何かを定めている」とあり，DC在庫は，DC保有アイテムの在庫をもつことが分かります。また，(2)補充のやり方③に「DCでは，DCごと商品ごとに，在庫数を把握し」とあり，DC在庫は，DCごと商品ごとに管理します。そのため，エンティティタイプ“DC保有アイテム”，“商品”と“DC在庫”の間に，それぞれ1対多のリレーションシップが必要です。

したがって，図1に，DC保有アイテム→DC在庫，商品→DC在庫の二つのリレーションシップを記入します。

エンティティタイプ“店舗在庫”，“DC補充品店舗在庫”，“直納品店舗在庫”と“DC在庫”，“商品”のリレーションシップ

〔業務改革を踏まえた商品物流業務〕3. 業務の方法・方式(2)補充のやり方④に，「店舗では，品揃えの商品ごとの在庫数を把握し，発注点在庫数を定めている。また，直納品の場合，加えて直納LTと直納品発注LSを定めている」とあります。そのため，店舗在庫は，DC補充品か直納品かにかかわらず，商品ごとに管理することが分かります。そのため，エンティティタイプ“商品”と“店舗在庫”の間に，1対多のリレーションシップが必要です。

また，(1)物流網(物流拠点及び店舗の経路)⑧で店舗は，「直納品を除くDC補充品(DCから配送を受ける商品)について，どのDCの在庫から補充するか」を定めています。そのため，店舗在庫のうちのDC補充品店舗在庫だけは，補充するDC在庫が決まります。そのため，エンティティタイプ“DC在庫”と“DC補充品店舗在庫”の間に，1対多のリレーションシップが必要です。

したがって，図1に，DC在庫→DC補充品店舗在庫，商品→店舗在庫の二つのリレーションシップを記入します。

(3)

図2「トランザクションの領域の概念データモデル(未完成)」について，欠落しているリレーションシップを補って図を完成させていきます。

エンティティタイプ“DC出荷指示”，“積替指示明細”と“DC出庫指示”のリレーションシップ

〔業務改革を踏まえた商品物流業務〕3. 業務の方法・方式(3) DCから店舗への具体的な配送方法②指示書の作り方に，「DCの出庫指示書は，店舗から当該DCに届いた補充要求を基に，配送指示番号をキーとして店舗ごと出庫指示年月日ごとに出力する」とあります。さらに，「DCからの幹線ルートの出荷指示書は，その日(出荷指示年月日)に積むべきコンテナの配送指示番号を明細にして行き先のTCごとにまとめて出力する」とあります。つまり，配送指示番号をキーとしたDC出庫指示は，DC出荷指示では行き先のTCごとにまとめられます。そのため，エンティティタイプ“DC出荷指示”と“DC出庫指示”のリレーションシップは1対多となります。

続いて，「TCの積替指示書は，積替指示番号をキーとしてその日の支線ルートごとに伝票を作る。積替指示書の明細は，配送先店舗ごとに作り，その内訳に店舗へ運ぶコンテナの配送指示番号を印字する」とあります。つまり，配送指示番号をキーとしたDC出庫指示は，積替指示ではその日の支線ルートごとにまとめられます。積替指示明細は配送先店舗ごとに作られますが，店舗へ運ぶコンテナが複数あり，配送指示番号が複数となる可能性があります。そのため，エンティティタイプ“積替指示明細”と“DC出庫指示”のリレーションシップは1対多となります。

したがって，図2に，DC出荷指示→DC出庫指示，積替指示明細→DC出庫指示の二つのリレーションシップを記入します。

エンティティタイプ“入荷”と“DC発注明細”，“直納品発注”のリレーションシップ

〔業務改革を踏まえた商品物流業務〕3. 業務の方法・方式(4) BPへの発注，入荷の方法③に，「入荷では，入荷ごとに入荷番号を付与し，どの発注明細又は直納品発注が対応付くかを記録し」とあります。発注明細については，(4) BPへの発注，入荷の方法①に「DC発注の明細には，明細番号を付与して対象のJANコードを記録する」とあり，DC発注の明細に限られます。そのため，エンティティタイプ“入荷”は，“DC発注明細”，“直納品発注”と関連付けられる必要があります。

ここで，③には，「DC及び店舗へのBPからの入荷は，BPが同じタイミングで納入できるものがまとめて行われる」とあるので，一つの入荷に対して，複数の発注明細や直納品発注がまとめられると考えられます。そのため，エンティティタイプ“入荷”から，“DC発注明細”と“直納品発注”へのリレーションシップはともに1対多となります。

したがって，図2に，入荷→DC発注明細，入荷→直納品発注の二つのリレーションシップを記入します。

エンティティタイプ“入庫”と“DC発注明細”，“直納品発注”のリレーションシップ

〔業務改革を踏まえた商品物流業務〕3. 業務の方法・方式(4) BPへの発注，入荷の方法④に，「DC及び店舗は，入荷した商品ごとに入庫番号を付与して入庫を行い，どの発注明細又は直納品発注が対応付くかを記録する」とあります。そのため，エンティティタイプ“入庫”は，“DC発注明細”，“直納品発注”と関連付けられる必要があります。入庫は「入荷した商品ごとに」とあるので，商品(JANコード)単位に分けられます。そのため，まとめられる前の商品単位で管理するDC発注明細や直納品発注と同じ単位となります。以上より，エンティティタイプ“入庫”から，“DC発注明細”と“直納品発注”へのリレーションシップはともに1対1となります。

したがって，図2に，DC発注明細—入庫，直納品発注—入庫の二つのリレーションシップを記入します。

付録

(4)

図3中の空欄穴埋め問題です。一つ又は複数の適切な属性名を補って関係スキーマを完成させていきます。主キーを表す実線の下線，外部キーを表す破線の下線についても忘れずに付けていくことが大切です。属性の並びは任意です。

空欄ア

関係“郵便番号”に追加が必要な属性について考えます。

〔業務改革を踏まえた商品物流業務〕1. 社外及び社内の組織と組織に関連する資源(2) 配送地域②に，「配送地域は，複数の郵便番号の指す地域を括ったものである」とあります。また，図1の概念データモデルでは，エンティティタイプ“配送地域”と“郵便番号”に1対多のリレーションシップがあります。そのため，関係“郵便番号”には，外部キーとして，関係“配送地域”

の主キーとなる“配送地域コード”が必要となります。したがって，解答は**配送地域コード**です。

空欄イ

関係“物流拠点”に追加が必要な属性について考えます。

〔業務改革を踏まえた商品物流業務〕1. 社外及び社内の組織と組織に関連する資源(4)物流拠点④に，「DCの機能があることはDC機能フラグで，TCの機能があることはTC機能フラグで分類する」とあります。③に「DCとTCの両方の機能をもつところがある」という記述もあるので，“DC機能フラグ”と“TC機能フラグ”の属性を両方用意する必要があります。

また，⑥に，「DCは配送地域におおむね1か所配置し，TCは配送地域に複数配置する」とあり，図1の概念データモデルでは，エンティティタイプ“配送地域”と“物流拠点”に1対多のリレーションシップがあります。そのため，関係“物流拠点”には，外部キーとして，関係“配送地域”の主キーとなる“配送地域コード”が必要となります。

したがって，解答は，**DC機能フラグ，TC機能フラグ，配送地域コード**です。

空欄ウ

関係“DC”に必要な属性について考えます。

設問(2)で考えたとおり，エンティティタイプ“DC”はスーパータイプ“物流拠点”のサブタイプです。そのため，主キーは同じ拠点コードとなります。名前で区別するために，“DC拠点コード”とします。

〔業務改革を踏まえた商品物流業務〕1. 社外及び社内の組織と組織に関連する資源(4)物流拠点⑦に，「DCには，倉庫床面積を記録している」とあるので，属性として“倉庫床面積”が必要となります。

したがって，解答は**DC拠点コード，倉庫床面積**です。

空欄エ

関係“TC”に必要な属性について考えます。

設問(2)で考えたとおり，エンティティタイプ“TC”はスーパータイプ“物流拠点”のサブタイプです。そのため，主キーは同じ拠点コードとなります。名前で区別するために，“TC拠点コード”とします。

〔業務改革を踏まえた商品物流業務〕1. 社外及び社内の組織と組織に関連する資源(4)物流拠点⑧に，「TCは，運営を外部に委託しているので，委託先物流業者名を記録している」とあるので，属性として“委託先物流業者名”が必要となります。

したがって，解答は**TC拠点コード，委託先物流業者名**です。

空欄オ

関係“空欄a（幹線ルート）”に必要な属性について考えます。

〔業務改革を踏まえた商品物流業務〕1. 社外及び社内の組織と組織に関連する資源(5)幹線ルートと支線ルート①に，「DCからTCへの配送を行うルートを幹線ルート」とあり，幹線ルートでは，DCとTCの組合せを管理します。設問(2)で考えたとおり，エンティティタイプ“空欄a（幹線ルート）”には，“DC”と“TC”からの1対多のリレーションシップがあり，これらの主キーを外部キーとして属性にします。行の識別が二つの組合せとなるので，主キーとして{DC拠点コード，TC拠点コード}となります。主キーと外部キーが重なる場合は破線の下線は必要ないので，この二つの属性には実線の下線を記述します。

また，幹線ルートに関する属性としては，3. 業務の方法・方式(1)物流網（物流拠点及び店舗の経路）④に，「DCからTC，TCから店舗についての配送リードタイム（以下，リードタイムをLTという）を，整数の日数で定めている」とあります。続いて，「DCからTCの配送LTを幹線LTと呼び」とあり，⑤に詳細が記述されています。そのため，“幹線LT”が属性として必要となります。

したがって，解答は**DC拠点コード**，**TC拠点コード**，**幹線LT**です。

空欄カ

関係“空欄b（支線ルート）”に必要な属性について考えます。

〔業務改革を踏まえた商品物流業務〕1. 社外及び社内の組織と組織に関連する資源（5）幹線ルートと支線ルート①に，「TCから配送先の店舗を回って配送を行うルートを支線ルート」とあり，②に「支線ルートは，TCごとの支線ルートコードで識別」とあります。そのため，主キーは，{TC拠点コード，支線ルートコード}の組合せになります。

続いて，「支線ルートには，車両番号，配送先店舗とその配送順を定めている」とあります。「支線ルートの配送先店舗は8店舗前後にしている」とあり，配送先店舗は複数です。設問（2）で考えたとおり，図1でエンティティタイプ“空欄b（支線ルート）”と“店舗”に1対多のリレーションシップがあり，配送先店舗や配送順の情報は，関係“店舗”の方で管理すると考えられます。そのため，関係“空欄b（支線ルート）”の属性としては，“車両番号”だけ追加します。

したがって，解答は，**TC拠点コード**，**支線ルートコード**，**車両番号**です。

空欄キ

関係“店舗”に追加が必要な属性について考えます。

設問（2）で追加したとおり，図1でエンティティタイプ“空欄b（支線ルート）”と“店舗”に1対多のリレーションシップがあります。そのため，関係“店舗”には，外部キーとして，関係“空欄b(支線ルート)”の主キーとなる{TC拠点コード,支線ルートコード}の組合せが必要となります。

また，〔業務改革を踏まえた商品物流業務〕1. 社外及び社内の組織と組織に関連する資源（5）幹線ルートと支線ルート②に，「支線ルートには，車両番号，配送先店舗とその配送順を定めている」とあります。空欄カで考えたとおり，配送先店舗の配送順は，関係“店舗”で管理します。そのため，属性“配送順”を追加します。

さらに，3. 業務の方法・方式（1）物流網（物流拠点及び店舗の経路）④に，「TCから店舗への配送LTを支線LTと呼ぶ」とあり，⑦に「支線LTは，0日を数え始めとするLTで，ほとんどの店舗への配送が積替えの当日中に行うことができるように配置しているので，当日中に配送できる店舗への支線LTは0日である」とあります。支線LTは支線ルートごとではなく，店舗ごとに設定されるので，関係“店舗”に属性“支線LT”が必要となります。

したがって，解答は**支線LT**，**TC拠点コード**，**支線ルートコード**，**配送順**です。

空欄ク

関係“商品カテゴリー”に追加が必要な属性について考えます。

設問（2）で考えたとおり，エンティティタイプ“商品カテゴリー”はスーパータイプで，“部門”，“ライン”，“クラス”のすべてに共通する属性を保持します。〔業務改革を踏まえた商品物流業務〕2. 商品に関連する資源（1）商品カテゴリー⑤に，「商品カテゴリーは，カテゴリーコードで識別し，カテゴリーレベル，カテゴリー名，上位のどの部門又はラインに属するかを表す上位のカテゴリーコードを設定している」とあり，カテゴリーレベルと上位のカテゴリーコードが図3には存在しません。上位のカテゴリーコードは最上位の“部門”では必要ないので，サブタイプに記述します。属性“カテゴリーレベル”は共通なので，関係“商品カテゴリー”に追加します。

したがって，解答は**カテゴリーレベル**です。

空欄ケ

関係“ライン”に追加が必要な属性について考えます。

設問(2)と空欄クで考えたとおり，エンティティタイプ“ライン”はスーパータイプ“商品カテゴリー”のサブタイプで，“部門”から“ライン”に1対多のリレーションシップがあります。そのため，上位カテゴリーコートとして，関係“部門”の主キー“部門カテゴリーコード”を，関係“ライン”に追加します。

したがって，解答は**部門カテゴリーコード**です。

空欄コ

関係“クラス”に追加が必要な属性について考えます。

設問(2)と空欄クで考えたとおり，エンティティタイプ“クラス”はスーパータイプ“商品カテゴリー”のサブタイプで，“ライン”から“クラス”に1対多のリレーションシップがあります。そのため，上位カテゴリーコートとして，関係“ライン”の主キー“ラインカテゴリーコード”を，関係“クラス”に追加します。

したがって，解答は**ラインカテゴリーコード**です。

空欄サ

関係“アイテム”に追加が必要な属性について考えます。

〔業務改革を踏まえた商品物流業務〕2. 商品に関連する資源(2)アイテム④には，「アイテムには，調達先のBP，温度帯(常温，冷蔵，冷凍のいずれか)，属するクラスを設定している」とあり，属性“温度帯”と，BPやクラスを特定する情報が必要です。ここで，設問(2)で考えたとおり，エンティティタイプ“BP”，“クラス”と“アイテム”の間に，それぞれ1対多のリレーションシップがあります。そのため，関係“BP”の主キー“BPコード”と，関係“クラス”の主キー“クラスカテゴリーコード”が，外部キーとして必要です。BP，調達先だと分かるように，“調達先BPコード”とします。(そのままでも問題ありません)

したがって，解答は**調達先BPコード**，**クラスカテゴリーコード**，**温度帯**です。

空欄シ

関係“商品”に追加が必要な属性について考えます。

図1より，エンティティタイプ“アイテム”と“商品”に1対多のリレーションシップがあります。〔業務改革を踏まえた商品物流業務〕2. 商品に関連する資源(2)アイテム②に，「アイテムによって属する商品は複数の場合だけでなく一つの場合もある」とあるので，商品に対応するアイテムは一つです。そのため，関係“アイテム”の主キー“アイテムコード”を，外部キーとして追加します。

また，3. 業務の方法・方式(2)補充のやり方②に，「店舗へのDCからの補充のために，商品ごとに全店舗一律の補充LSを定めている」とあるので，関係“商品”には属性“補充LS”が必要となります。

したがって，解答は**アイテムコード**，**補充LS**です。

空欄ス

関係“DC在庫”に追加が必要な属性について考えます。

〔業務改革を踏まえた商品物流業務〕3. 業務の方法・方式(2)補充のやり方③に，「DCでは，

DCごと商品ごとに，在庫数を把握し，発注点在庫数，DC納入LT，DC発注LSを定めている」とあります。そのため，識別の主キーは，DCと商品の主キーを組み合わせた{DC拠点コード，JANコード}となります。そのため，主キーとして“JANコード”を追加します。また，属性として，“在庫数”，“発注点在庫数”，“DC納入LT”，“DC発注LS”の追加も必要です。

したがって，解答は**JANコード，在庫数，発注点在庫数，DC納入LT，DC発注LS**です。

空欄セ

関係“店舗在庫”に追加が必要な属性について考えます。

図1より，エンティティタイプ“店舗在庫”はサブタイプ“DC補充品店舗在庫”，“直納品店舗在庫”のスーパークラスなので，両者に共通する属性のみ格納します。〔業務改革を踏まえた商品物流業務〕3. 業務の方法・方式(2)補充のやり方④に，「店舗では，品揃えの商品ごとの在庫数を把握し，発注点在庫数を定めている」とあるので，属性として“在庫数”，“発注点在庫数”の追加が必要です。

したがって，解答は**在庫数，発注点在庫数**です。

空欄ソ

関係“DC補充品店舗在庫”に追加が必要な属性について考えます。

〔業務改革を踏まえた商品物流業務〕3. 業務の方法・方式(1)物流網(物流拠点及び店舗の経路)⑧で店舗は，「直納品を除くDC補充品(DCから配送を受ける商品)について，どのDCの在庫から補充するか」を定めており，補充するDCを特定する必要があります。設問(2)では，エンティティタイプ“DC在庫”と“DC補充品店舗在庫”の間に，1対多のリレーションシップを追加しました。そのため，関係“DC補充品店舗在庫”には，外部キーとして関係“DC在庫”の主キー{DC拠点コード，JANコード}が必要です。JANコードは主キーとしてすでにあるので，名前が分かりやすいように“要求先DC拠点コード”として，外部キーの属性を追加します。

したがって，解答は**要求先DC拠点コード**です。

空欄タ

関係“直納品店舗在庫”に追加が必要な属性について考えます。

〔業務改革を踏まえた商品物流業務〕3. 業務の方法・方式(2)補充のやり方④に，「直納品の場合，加えて直納LTと直納品発注LSを定めている」とあります。そのため，属性として“直納LT”と“直納品発注LS”を属性として追加する必要があります。

したがって，解答は**直納LT，直納品発注LS**です。

空欄チ

関係“DC出庫指示”に追加が必要な属性について考えます。

〔業務改革を踏まえた商品物流業務〕3. 業務の方法・方式(3) DCから店舗への具体的な配送方法②指示書の作り方に，「DCの出庫指示書は，店舗から当該DCに届いた補充要求を基に，配送指示番号をキーとして店舗ごと出庫指示年月日ごとに出力する」とあります。そのため，属性“出庫指示年月日”を追加する必要があります。

また，設問(3)では，エンティティタイプ“DC出荷指示”，“積替指示明細”と“DC出庫指示”の間に，それぞれ1対多のリレーションシップを追加しました。そのため，関係“DC出荷指示”の主キー“出荷指示番号”と，関係“積替指示明細”の主キー{積替指示番号，配送先店舗コード}の組合せが，外部キーとして必要となります。

したがって，解答は**出庫指示年月日，配送先店舗コード，出荷指示番号，積替指示番号**です。

空欄ツ

関係“DC出庫指示明細”に追加が必要な属性について考えます。

〔業務改革を踏まえた商品物流業務〕3. 業務の方法・方式(3) DCから店舗への具体的な配送方法②指示書の作り方に，「出庫指示書の明細には，配送指示明細番号を付与して店舗からの該当する補充要求を対応付けて，出庫する商品と出庫指示数を印字する」とあります。図2の概念データモデルでは，エンティティタイプ“店舗補充要求”と“DC出庫指示明細”に1対1のリレーションシップがあるので，対応付けのために関係“店舗補充要求”の主キー｛店舗コード，補充要求年月日時刻，DC補充品JANコード｝を外部キーとして追加します。

したがって，解答は**店舗コード**，**補充要求年月日時刻**，**DC補充品JANコード**です。

空欄テ

関係“DC出荷指示”に追加が必要な属性について考えます。

〔業務改革を踏まえた商品物流業務〕3. 業務の方法・方式(3) DCから店舗への具体的な配送方法②指示書の作り方に，「DCからの幹線ルートの出荷指示書は，その日(出荷指示年月日)に積むべきコンテナの配送指示番号を明細にして行き先のTCごとにまとめて出力する」とあります。そのため，属性として“出荷指示年月日”を追加し，幹線ルートで出荷元DCと出荷先TCを識別する情報を追加します。具体的には属性“出荷元DC拠点コード”，“出荷先TC拠点コード”を関係“空欄a (幹線ルート)”の外部キーとして追加します。

したがって，解答は**出荷指示年月日**，**出荷元DC拠点コード**，**出荷先TC拠点コード**です。

空欄ト

関係“積替指示”に追加が必要な属性について考えます。

〔業務改革を踏まえた商品物流業務〕3. 業務の方法・方式(3) DCから店舗への具体的な配送方法②指示書の作り方に，「TCの積替指示書は，積替指示番号をキーとしてその日の支線ルートごとに伝票を作る」とあります。空欄テと同様に，「その日」を識別するための属性“積替指示年月日”を追加します。また，支援ルートを特定する情報も必要です。具体的には属性“TC拠点コード”，“支線ルートコード”を関係“b(支線ルート)”の外部キーとして追加します。

したがって，解答は**積替指示年月日**，**TC拠点コード**，**支線ルートコード**です。

空欄ナ

関係“DC発注”に追加が必要な属性について考えます。

〔業務改革を踏まえた商品物流業務〕3. 業務の方法・方式(4) BPへの発注，入荷の方法①に，「DCは，その日の出庫業務の完了後に，在庫数が発注点在庫数を割り込んだ商品について，発注番号をキーとして発注先のBPごとに，当日を発注年月日に指定してDC発注を行う」とあります。そのため，属性“発注年月日”と，発注を行うDCを識別するための情報が必要です。具体的には属性“発注DC拠点コード”を関係“DC”の外部キーとして追加します。

したがって，解答は**発注DC拠点コード**，**発注年月日**です。

空欄ニ

関係“DC発注明細”に追加が必要な属性について考えます。

〔業務改革を踏まえた商品物流業務〕3. 業務の方法・方式(4) BPへの発注，入荷の方法①に，「DC発注の明細には，明細番号を付与して対象のJANコードを記録する」とあります。そのため，対象のJANコードを記録するため，属性“DC補充品JANコード”を，関係“商品”の外部キーとして設定します。

また，設問(3)で，エンティティタイプ“入荷”から，“DC発注明細”への1対多のリレーションシップを追加しました。そのため，関係“入荷”の主キー“入荷番号”を，外部キーとして追加する必要があります。

したがって，解答は**DC補充品JANコード**，**入荷番号**です。

空欄ヌ

関係“直納品発注”に必要な属性について考えます。

〔業務改革を踏まえた商品物流業務〕3. 業務の方法・方式(4) BPへの発注，入荷の方法②に，「直納品の発注では，店舗，補充要求の年月日時刻，対象の商品を記録する」とあります。そのため，店舗を示す“店舗コード”，補充要求の年月日時刻を示す“補充要求年月日時刻”，及び対象の商品を示す“直納品JANコード”を属性として追加します。ここで，店舗発注と異なり直納品発注は明細がなく，商品ごとに行が作成されると考えられます。そのため，{店舗コード，補充要求年月日時刻，直納品JANコード}の組合せで主キーとします。

また，設問(3)で，エンティティタイプ“入荷”から，“直納品発注”への1対多のリレーションシップを追加しました。そのため，関係“入荷”の主キー“入荷番号”を，外部キーとして追加する必要があります。

したがって，解答は**店舗コード**，**補充要求年月日時刻**，**直納品JANコード**，**入荷番号**です。

空欄ネ

関係“入荷”に追加が必要な属性について考えます。

〔業務改革を踏まえた商品物流業務〕3. 業務の方法・方式(4) BPへの発注，入荷の方法③に，「入荷では，入荷ごとに入荷番号を付与し，どの発注明細又は直納品発注が対応付くかを記録し，併せて入荷年月日を記録する」とあります。入荷の対応は空欄ニ，ヌで外部キーを設定したので，ここでは属性“入荷年月日”を追加します。

したがって，解答は**入荷年月日**です。

空欄ノ

関係“入庫”に追加が必要な属性について考えます。

〔業務改革を踏まえた商品物流業務〕3. 業務の方法・方式(4) BPへの発注，入荷の方法④に，「DC及び店舗は，入荷した商品ごとに入庫番号を付与して入庫を行い，どの発注明細又は直納品発注が対応付くかを記録する」とあります。発注明細又は直納品発注の対応については，設問(3)で考えたとおり，エンティティタイプ“入庫”から，“DC発注明細”と“直納品発注”へのリレーションシップはともに1対1となります。対応を示すためには，関係“DC発注明細”の主キー{発注番号，発注明細番号}と，関係“直納品発注”の主キー{店舗コード，補充要求年月日時刻，直納品JANコード}を，外部キーとして追加する必要があります。

したがって，解答は**発注番号**，**発注明細番号**，**店舗コード**，**補充要求年月日時刻**，**直納品JANコード**です。

参考文献

- E.F.Codd. A relational model of data for large shared data banks. Communications of the ACM, Vol.13, No.6, pp.377-387, 1970
- DAMA International. データマネジメント知識体系ガイド 第二版. 日経BP社, 2018
- 増永良文. データベース入門[第2版](Computer Science Library 14). サイエンス社, 2021
- 増永良文. リレーショナルデータベース入門[新訂版](Information & Computing - 43). サイエンス社, 2003
- JIS X 3005 データベース言語SQL規格群
  - JIS X 3005-1:2014 第1部：枠組(SQL/Foundation)
  - JIS X 3005-2:2015 第2部：基本機能(SQL/Foundation)
- Kevin Kline. SQL in a Nutshell (SQLクイックリファレンス) 3rd Edition. O'Reilly Media, 2008
- Joe Celko. プログラマのためのSQL 第4版 すべてを知り尽くしたいあなたに. 翔泳社, 2013
- 加嵜長門, 田宮直人. ビッグデータ分析・活用のためのSQLレシピ. マイナビ出版, 2017
- 西潤史郎. SQLデータ分析・活用入門. ソシム, 2019
- 森谷和弘・鈴木雅也. データサイエンス100本ノック 構造化データ加工編ガイドブック. ソシム, 2022
- 北川源四郎他. 教養としてのデータサイエンス. 講談社, 2021
- 北川源四郎他. 応用基礎としてのデータサイエンス. 講談社, 2023
- Alex Petrov. 詳説データベース ストレージエンジンと分散データシステムの仕組み. オライリー・ジャパン, 2021
- Martin Kleppmann. データ指向アプリケーションデザイン – 信頼性, 拡張性, 補修性の高い分散システム設計の原理. オライリー・ジャパン, 2019
- Neal Ford, Mark Richards, Pramod Sadalage, Zhamak Dchghani. ソフトウェアアーキテクチャ・ハードパーツ 分散アーキテクチャのためのトレードオフ分析. オライリー・ジャパン, 2022
- ゆずたそ・渡部徹太郎・伊藤徹郎. 実践的データ基盤への処方箋. 技術評論社, 2021
- 成冨ミヲリ. 絵はすぐに上手くならない デッサン・トレーニングの思考法. 彩流社, 2015
- Ian Robinson, Jim Webber, Emil Eifrem. グラフデータベース. オライリー・ジャパン, 2015

INDEX

索引

記号

数字

A

B

C

U

V

W

X

あ

い

う

え

お

か

き

く

け

こ

さ

し

す

せ

そ

た

な

に

ね

の

は

ひ

わ

■著者

瀬戸 美月（せと みづき）

株式会社わくわくスタディワールド代表取締役

「わくわくする学び」をテーマに，企業研修やオープンセミナーなどで，単なる試験対策にとどまらない学びを提供中。また，情報処理技術者試験を中心としたIT系ブログ「わく☆すたブログ」や，ITの全般的な知識を学ぶサイト「わくわくアカデミー」など，様々なサイトを運営。

独立系ソフトウェア開発会社，IT系ベンチャー企業でシステム開発，Webサービス立ち上げなどに従事した後独立。企業研修やセミナー，勉強会などで，数多くの受験生を20年以上指導。

保有資格は，情報処理技術者試験全区分，狩猟免許（わな猟），データサイエンス数学ストラテジスト（中級☆☆☆），データサイエンティスト検定（リテラシーレベル），Python 3 エンジニア認定データ分析試験，他多数。

著書は，『徹底攻略 情報セキュリティマネジメント教科書』『徹底攻略 応用情報技術者教科書』『徹底攻略 ネットワークスペシャリスト教科書』『徹底攻略 情報処理安全確保支援士教科書』『徹底攻略 基本情報技術者の午後対策Python編』『徹底攻略 基本情報技術者の科目B実践対策 [プログラミング・アルゴリズム・情報セキュリティ]』（以上，インプレス），『新 読む講義シリーズ 8 システムの構成と方式』（アイテック）他多数。

わく☆すたAI

わくわくスタディワールド社内で開発されたAI（人工知能）。
情報処理技術者試験の問題を中心に，現在いろいろなことを学習中。今回は，自然言語処理などのデータサイエンスの知見を利用し，出題傾向の分析，試験問題の分類を中心に活躍。内部でGPT-4も利用。
近い将来，参考書を自分で全部書けるようになることを目標に，日々学習中。

ホームページ：https://wakuwakustudyworld.co.jp

STAFF

編集	水橋明美（株式会社ソキウス・ジャパン）
	小田麻矢
校正協力	白地昭豊鏡
本文デザイン	株式会社トップスタジオ
表紙デザイン	馬見塚意匠室
副編集長	片元 諭
編集長	玉巻秀雄

■商品に関する問い合わせ先

このたびは弊社商品をご購入いただきありがとうございます。本書の内容などに関するお問い合わせは、下記のURLまたは二次元バーコードにある問い合わせフォームからお送りください。

https://book.impress.co.jp/info/

上記フォームがご利用いただけない場合のメールでの問い合わせ先
info@impress.co.jp

※お問い合わせの際は、書名、ISBN、お名前、お電話番号、メールアドレス に加えて、「該当するページ」と「具体的なご質問内容」「お使いの動作環境」を必ずご明記ください。なお、本書の範囲を超えるご質問にはお答えできないのでご了承ください。

- ●電話やFAX でのご質問には対応しておりません。また、封書でのお問い合わせは回答までに日数をいただく場合があります。あらかじめご了承ください。
- ●インプレスブックスの本書情報ページ https://book.impress.co.jp/books/1123101134 では、本書のサポート情報や正誤表・訂正情報などを提供しています。あわせてご確認ください。
- ●本書の奥付に記載されている初版発行日から1 年が経過した場合、もしくは本書で紹介している製品やサービスについて提供会社によるサポートが終了した場合はご質問にお答えできない場合があります。

■落丁・乱丁本などの問い合わせ先
FAX　03-6837-5023
service@impress.co.jp
※古書店で購入された商品はお取り替えできません。

徹底攻略 データベーススペシャリスト教科書
令和 6 年度

2024 年 3 月 21 日　初版発行

著　者　株式会社わくわくスタディワールド　瀬戸美月

発行人　高橋隆志

発行所　株式会社インプレス
〒101-0051　東京都千代田区神田神保町一丁目105番地
ホームページ　https://book.impress.co.jp/

印刷所　日経印刷株式会社

ISBN978-4-295-01879-7 C3055

Printed in Japan